Antonella Sparvoli
Francesca Sparvoli
Aldo Zullini

scienze BIOLOGICHE

Livello base

con eBook+

Atlas

ISBN 978-88-268-1528-2

Edizioni:
5 6 7 8 9 10
2019 2020 2021

DIREZIONE EDITORIALE: Progetti di Editoria s.r.l.
COORDINAMENTO EDITORIALE E REDAZIONALE: Ugo Scaioni
REDAZIONE: Roberto Rustico, Lelia Parisi
PROGETTO GRAFICO E VIDEOIMPAGINAZIONE: Mario Muollo
DISEGNI: Vavassori & Vavassori
COPERTINA: Vavassori & Vavassori
STAMPA: Litotipografia Alcione s.r.l. Lavis (TN)

Con la collaborazione della Redazione e dei Consulenti dell'I.I.E.A.

La casa editrice ATLAS opera con il Sistema Qualità conforme alla nuova norma UNI EN ISO 9001: 2008 certificato da CISQ CERTICARGRAF.

Il presente volume è conforme alle disposizioni ministeriali in merito alle caratteristiche tecniche e tecnologiche dei libri di testo.

REFERENZE FOTOGRAFICHE
Archivio Maurizio Ferraris, Archivio Mowgli, Archivio R. Briano, Archivio C. Cuoco, Archivio S. Calvillo, Archivio A. Zullini, Archivio E. Sparvoli, Archivio P. Miracca, Istituto di Parassitologia veterinaria dell'Università di Milano, Dipartimento di Biologia dell'Università di Milano, Max Planck Institut Heidelberg, Agip Review, Archives de l'Académie des Sciences de l'Institut de France, Asgrow, Ausimont, Biotec, CNRI (France), ENEA, ENI, Hoechst, Kodak, NASA, Röhm, Science S'Avenir, Sigma-Tau, Ciba-Geigy, Telespazio, Archivio Atlas.

SCIENZE
BIOLOGICHE
ATLAS
xutcb4hyma2y50wm

Questo volume è disponibile anche in versione digitale.
Per scaricarla:

1. prendi nota del codice stampato sul bollino, presente in questa pagina solo sulle copie destinate alla vendita;
2. segui le istruzioni sul sito della Casa Editrice **www.edatlas.it**

Presentazione

SCIENZE BIOLOGICHE: CARATTERISTICHE GENERALI

Questo nuovo corso *Scienze biologiche*, elaborato secondo le Nuove Indicazioni Nazionali, si pone un duplice obiettivo:
– da un lato si presenta come un **puntuale aggiornamento** relativo ai continui e straordinari sviluppi della ricerca scientifica, che ogni giorno segna nuove e sempre più avanzate conquiste nell'ambito della biologia molecolare, della biochimica e della biologia evoluzionista;
– dall'altro lato, è strutturato e didatticamente concepito per assecondare l'apprendimento di un metodo d'indagine, favorire l'assimilazione di un profondo senso critico, l'autonomia di ricerca, anche attraverso le nuove tecnologie, e lo sviluppo di una mentalità scientifica, come **competenze** da utilizzare nel personale percorso di crescita.

Proprio a tale fine, a conclusione di ciascun capitolo, si propone la serie di attivazioni didattiche "***Sviluppo delle competenze***". Oltre ai *Concetti in sintesi*, alle *Verifiche* di *conoscenza* e *abilità*, è presente una prova di competenza vera e propria, strutturata per stimolare e sviluppare nello studente la capacità di risolvere problemi legati alla realtà quotidiana attraverso l'uso e la messa in pratica di quanto ha acquisito fino a quel momento; allo stesso modo, è proposta anche la parte in lingua straniera ***Bio in English***, con i concetti chiave della disciplina ed esercizi strutturati e preparati direttamente in lingua inglese.

■ STRUTTURA E CONTENUTI DELL'OPERA

Il testo è strutturato in due macro-aree precedute da un'introduzione di carattere generale:

- la prima parte "***Introduzione alla biologia***" presenta uno sguardo d'insieme sull'organizzazione del mondo vivente e pone le basi per l'indagine sperimentale;
- la *Parte A* ***La cellula: la struttura, le funzioni e i principi dell'ereditarietà*** presenta la cellula come unità strutturale e funzionale degli esseri viventi;
- la *Parte B* ***Il sistema vivente: l'evoluzione e la biodiversità*** è dedicata al mondo dei viventi, ai suoi meccanismi di funzionamento, all'evoluzione e alla biodiversità.

■ EBOOK+ PER COMPUTER, TABLET E LIM

L'edizione cartacea si integra con la versione *eBook+* arricchita di contenuti digitali integrativi e di espansioni multimediali così contrassegnate nel volume:

- audio introduzioni ai capitoli
- audiosintesi
- video e animazioni
- gallerie di immagini
- verifiche interattive
- tavola periodica interattiva

■ CONTENUTI DIGITALI INTEGRATIVI SUL SITO DELLA CASA EDITRICE

Ai contenuti digitali integrativi dell'*eBook+* si affiancano ulteriori contenuti integrativi disponibili sul sito della Casa Editrice, in particolare:

- ***Approfondimenti***
- ***Mappe di sintesi***
- ***Verifiche delle competenze***

MATERIALI MULTIMEDIALI E DIDATTICI PER L'INSEGNANTE

Per l'Insegnante sono disponibili i **Materiali Didattici**, che comprendono *i piani di programmazione annuale*, capitolo per capitolo, i *Test d'ingresso*, i *Test di verifica* con relative soluzioni, oltre che le soluzioni di tutte le verifiche presenti nel testo base.
Tale Guida didattica è proposta a stampa e in formato pdf nell'area riservata sul sito della Casa Editrice.
È disponibile, inoltre, per i Docenti che adottano l'opera, un **DVD-*Rom*** con tutti i materiali didattici digitali per le lezioni con la LIM.

L'editore

Introduzione
alla biologia

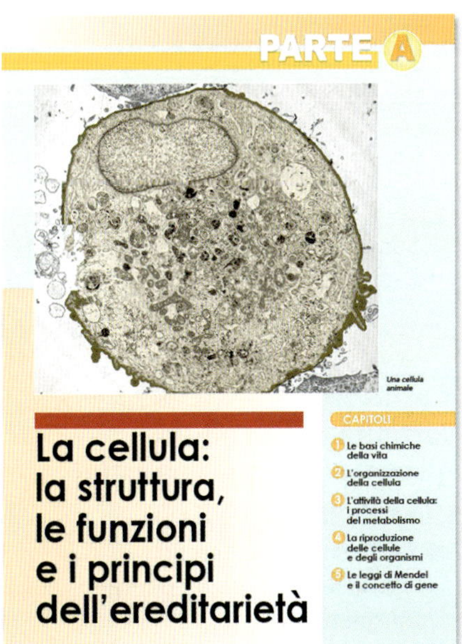
PARTE A
CAPITOLI
La cellula:
la struttura,
le funzioni
e i principi
dell'ereditarietà

PARTE B
Il sistema vivente: l'evoluzione e la biodiversità
CAPITOLI

Capitolo 7

Capitolo 8

Capitolo 9

L'ecologia: ecosistemi, comunità e popolazioni 276

Capitolo 10

Ecologia: dagli ecosistemi alla biosfera 303

©Gionata Buttarelli

Introduzione alla biologia

Una ninfa di Ortottero, posata su un fiore di Trifolium pratense*, si è appena liberata del vecchio esoscheletro* (a sinistra nella foto) *e mostra un abbozzo di ali: un altro passo nella metamorfosi che porterà l'insetto alla sua forma adulta.*

Lo studio del mondo vivente

Introduzione

Una delle caratteristiche degli esseri viventi è la reattività agli stimoli esterni. A questa capacità si affida l'idra per procurarsi il cibo. Nell'immagine un'idra ha appena catturato una dafnia, un minuscolo crostaceo noto come "pulce d'acqua". L'idra, comune nelle acque dolci, è uno cnidario (come le meduse e i coralli) a forma di piccolo polipo (misura qualche millimetro) che dispone di una semplice rete nervosa. La superficie del suo corpo è disseminata di cellule urticanti dotate di sensori che abbondano nei tentacoli. Se una potenziale preda sfiora i sensori, gli stimoli sono rilevati dalla rete nervosa che mette in azione le cellule urticanti: queste estroflettono filamenti che penetrano come aghi nella preda e vi iniettano sostanze paralizzanti.

OBIETTIVI

- Riconoscere e descrivere le caratteristiche che distinguono gli organismi viventi dagli oggetti inanimati.
- Accennare alla relazione che esiste tra l'idea di evoluzione e i processi di adattamento e selezione naturale.
- Descrivere il modello di organizzazione del sistema vivente basato su più livelli gerarchici e identificare i principali di tali livelli.
- Distinguere tra sistema chiuso e sistema aperto.
- Distinguere le principali discipline biologiche.
- Descrivere le varie fasi del metodo sperimentale e saperle riconoscere in applicazioni concrete.
- Indicare la differenza tra ipotesi e teoria.

1 Le caratteristiche comuni dei viventi

1.1 Vivente e non vivente

La **biologia** (dal greco *bios* = vita) è la scienza che studia la **vita**, con l'obiettivo di descrivere e interpretare le forme, le strutture e le funzioni degli organismi viventi sotto differenti profili (per esempio, biochimico, fisiologico, anatomico, genetico, evolutivo ed ecologico, per citare i principali).

Sono trascorsi, come si presume, poco meno di 4 miliardi di anni da quando la vita è comparsa sulla Terra e possiamo oggi osservare il risultato su grande scala che essa ha prodotto, in questo lunghissimo intervallo di tempo, sul nostro pianeta: la vita ne ha progressivamente colonizzato l'originario involucro fisico, fatto di rocce, acqua e gas, con una sorta di rivestimento di materiale biologico organizzato in una fitta trama di organismi straordinariamente vari (*fig. 1*) e in continuo rinnovamento che formano quell'insieme chiamato *biosfera*.

1

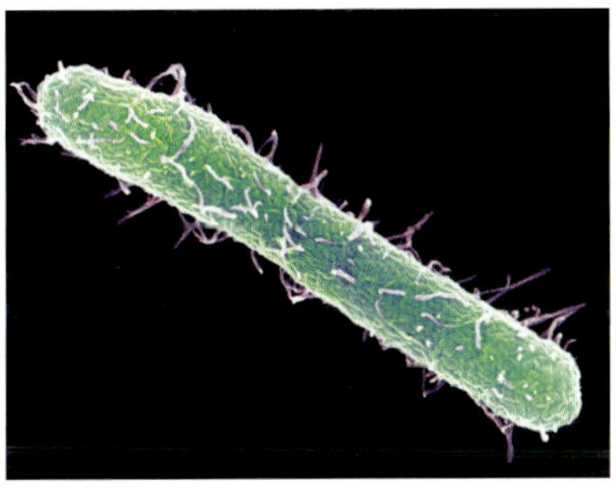
a

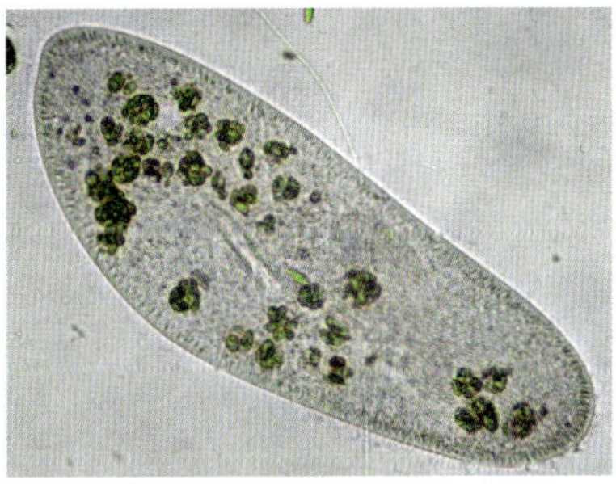
b

c

d

e

Fig. 1
Una rappresentanza delle forme viventi.
a. salmonella (batterio);
b. paramecio (protista);
c. spugnola (fungo);
d. ciliegio (pianta);
e. orso polare (animale).

Ciò che ha permesso alle primordiali forme viventi di diffondersi e diversificarsi fino a popolare l'intero pianeta va ricercato in una serie di caratteristiche che le accomunano e che, prese nel loro insieme, permettono di distinguere con ragionevole certezza *ciò che è vivente da ciò che non lo è*.
Non a caso si è usata l'espressione "ragionevole certezza": ancora oggi, infatti, la scienza non è grado di definire in modo incontrovertibile che cos'è la vita, anche perché esistono strutture, tra cui i virus, che si collocano al confine tra vivente e non vivente e mostrano come questa distinzione sia molto più sfumata di quanto si riteneva un tempo.
I biologi concordano comunque nel qualificare come entità **viventi** tutte quelle che condividono le caratteristiche fondamentali riassunte nella pagina seguente, che esamineremo nelle pagine successive.

Punti chiave

CARATTERISTICHE FONDAMENTALI DEI VIVENTI

- **COMPLESSITÀ E ORDINE:** i viventi possiedono strutture complesse e ordinate che hanno come unità costitutive le **cellule**.
- **UTILIZZAZIONE DI ENERGIA E MATERIALI:** i viventi acquisiscono dall'ambiente energia e sostanze chimiche che utilizzano, tramite i processi del **metabolismo**, per la propria crescita e il proprio sostentamento.
- **OMEOSTASI:** i viventi sono in grado di mantenere stabili le condizioni chimiche e fisiche del proprio ambiente interno tramite meccanismi di autoregolazione.
- **REATTIVITÀ:** i viventi possiedono la capacità di rispondere agli stimoli provenienti dall'ambiente esterno.
- **INFORMAZIONE GENETICA:** i viventi dispongono di un programma, basato su un codice racchiuso nel materiale genetico presente in ogni cellula, che reca le istruzioni per lo svolgimento di tutte le attività e le funzioni vitali.
- **RIPRODUZIONE:** i viventi sono in grado di generare nuovi individui a cui trasmettono per via ereditaria la propria specifica informazione genetica.
- **CRESCITA E SVILUPPO:** i viventi durante la loro esistenza attraversano fasi in cui, a partire da una singola cellula di partenza, accrescono la propria massa corporea e sviluppano i propri organi.
- **EVOLUZIONE:** i viventi discendono da un antenato comune per graduali modifiche nel tempo, frutto di processi di adattamento all'ambiente e sulle quali agisce la selezione naturale.

1.2 Complessità e ordine

COMPLESSITÀ. La chiave per potere apprezzare pienamente la complessità delle strutture degli organismi viventi sta nella loro intima costituzione interna, accessibile solo ai più potenti microscopi elettronici. Possiamo comunque farcene un'idea ricorrendo all'immaginazione: supponiamo di prendere un minuscolo campione di materia vivente, come un frammento di foglia o un lembo di pelle animale, e di effettuarne uno "smontaggio chimico", fino a isolarne le singole molecole costituenti.

Al termine otterremmo un incredibile assortimento di *differenti composti*, formati per la maggior parte, circa il 95%, da appena *4 elementi chimici*: ossigeno, carbonio, idrogeno e azoto.

Potremmo subito osservare che il composto più abbondante consiste di semplici molecole d'acqua (H_2O), composte da due atomi di idrogeno e uno di ossigeno, che costituiscono all'incirca i 3/4 della massa degli organismi viventi. Ma è la parte restante dei composti che rappresenta lo specifico *materiale biologico* di base di cui sono fatti i viventi. Vi compaiono, in netta prevalenza, molecole che arrivano a contenere da centinaia, a migliaia e fino a decine di migliaia di atomi riuniti in imponenti strutture molecolari: queste includono *composti del carbonio* quali carboidrati, lipidi, proteine e acidi nucleici.

Le molecole che più si segnalano per numero e varietà di forme e dimensioni sono le *proteine*, le sostanze fondamentali che assicurano lo svolgimento basilare delle funzioni vitali. Le proteine sono straordinariamente più complesse di qualsiasi altra sostanza presente nel mondo inanimato e sono un esempio significativo della **complessità** sotto il profilo *molecolare* degli organismi viventi (*fig. 2*).

Immaginiamo ora che le molecole separate possano riunirsi e ritornare come si trovavano nella materia vivente di partenza. Le vedremmo assemblarsi in aggregati di varia forma, chiamati *organuli*, e distribuirsi entro spazi ben delimitati.

2

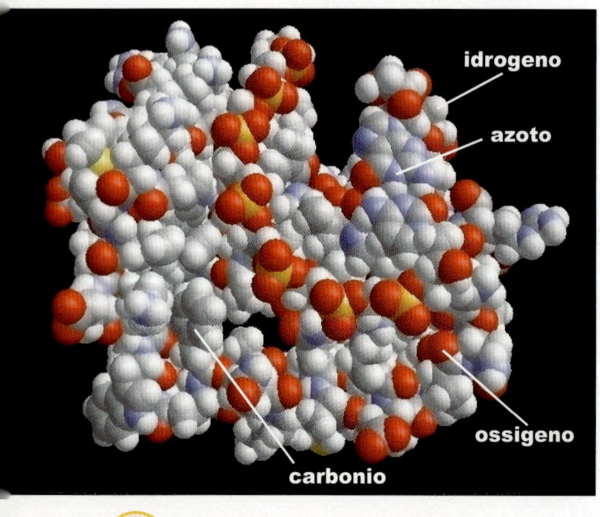

Fig. 2 Modello molecolare di una proteina.

3

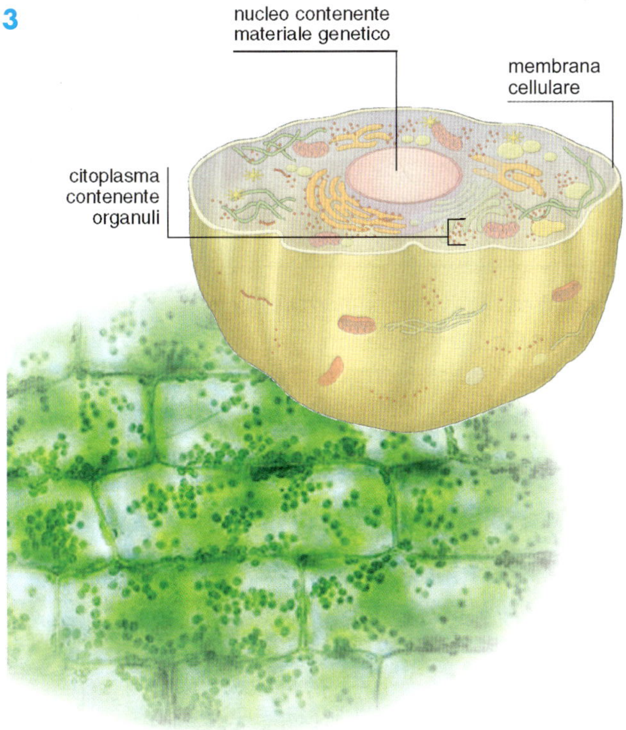

Fig. 3
Modello base di cellula (in questo caso di tipo animale). I numerosissimi tipi di cellule sono tutti riconducibili a uno stesso schema costruttivo generale:
– un involucro (**membrana cellulare**) che racchiude materia fluida (**citoplasma**) in cui sono immersi numerosi costituenti cellulari (**organuli**);
– il **materiale genetico**, costituito da **DNA** (acido desossiribonucleico), una molecola di grandi dimensioni che svolge un compito fondamentale nel funzionamento e nella riproduzione della cellula. Questa sostanza, tranne che nelle cellule più semplici (dette *procarioti*, come quelle dei batteri), è racchiusa in un **nucleo**. Sullo sfondo, cellule vegetali.

Sono ora diventati le parti di **cellule**, le unità costitutive di tutti gli organismi viventi e (*fig. 3*). Le cellule sono quindi anch'esse strutture complesse, in quanto sono il risultato finale dell'associazione di numerosi componenti più piccoli: possiamo perciò parlare di **complessità** sotto il profilo *cellulare*.
Alcuni organismi, come i batteri, molte specie di alghe e i lieviti, sono fatti di una singola cellula e sono detti *unicellulari*. Le piante, gli animali e quasi tutti i funghi sono formati da molte cellule (spesso molti miliardi) e sono detti *pluricellulari*.

ORDINE. Una cellula di batterio (*fig. 4*), anche se misura in genere pochi millesimi di millimetro o micrometri (μm), è fatta da molti milioni di molecole appartenenti a circa 7000 composti chimici differenti. Le cellule vegetali e animali contengono addirittura decine di migliaia di composti diversi. Le molecole di tutte queste sostanze devono ordinatamente aggregarsi nei vari componenti cellulari secondo precisi criteri. Pensiamo ora che in un organismo pluricellulare estremamente elaborato come quello umano sono assemblati più di diecimila miliardi (10^{13}) di cellule appartenenti a circa 200 tipi diversi, del diametro in genere di 10 o 20 μm (una gocciolina di sangue, di 1 mm^3 cubo di volume, contiene 4 o 5 milioni di cellule).
I vari tipi di cellule sono poi riuniti ordinatamente in *tessuti* (tessuto muscolare, nervoso ecc.) e questi in *organi* (per esempio, cuore, fegato, cervello, o anche l'ala di una farfalla o il guscio di una tartaruga, il fiore di una pianta).

4

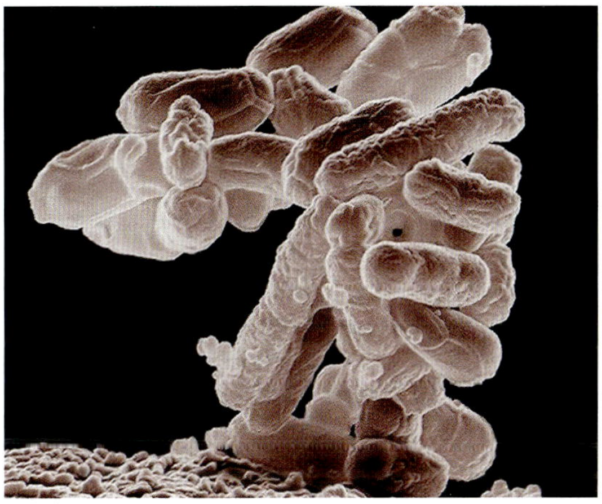

Fig. 4
Batteri del genere *Escherichia coli*, simili a quelli presenti nel nostro intestino: ogni batterio ha dimensioni comprese all'incirca tra 2 e 3 micrometri (μm).
L'immagine in falso colore ottenuta al microscopio elettronico a scansione è ingrandita 10 000 volte.
(*U.S. Department of Agricolture*).

Ogni **essere vivente** è quindi l'espressione di una **grande complessità** strutturale e di un elevatissimo **grado di ordine** o, in altre parole, è un insieme **altamente complesso e organizzato**.

RISPONDI

■ Perché si sostiene che i viventi presentano elevata complessità a livello molecolare e cellulare?

■ Un cristallo di minerale presenta una forma geometrica che riflette la regolare disposizioni delle particelle (atomi o molecole) costituenti. È giustificato affermare che, in termini di complessità e ordine, è simile a una cellula?

1.3 Utilizzazione di energia e materiali

Punti chiave

Le strutture complesse e ordinate degli organismi viventi devono rimanere tali nel tempo e ciò è possibile grazie allo svolgimento ininterrotto di processi che richiedono la continua **utilizzazione** di **energia** e di **materiali** provenienti dall'ambiente.

Il Sole costituisce la fonte primaria di energia per i viventi: si tratta di una forma di *energia radiante* che le cellule delle piante verdi sono in grado di assumere direttamente, attraverso il processo di *fotosintesi*, per fare combinare tra loro sostanze chimiche semplici prelevate dall'esterno (acqua e diossido di carbonio, oltre a sali minerali).
In tal modo l'energia solare viene trasformata in *energia chimica*, cioè è trasferita nei legami chimici di molecole organiche più complesse di quelle di partenza, quali i carboidrati (come il glucosio), che costituiscono il nutrimento delle piante stesse. Parte di queste molecole elaborate dalle cellule delle piante rappresenta la fonte diretta o indiretta di energia chimica, e quindi di nutrimento, per le cellule di quasi tutti gli altri organismi. Per sfruttare l'energia contenuta nelle molecole organiche queste vengono opportunamente demolite in seguito a una reazione con l'ossigeno assunto dall'ambiente, in un processo chiamato *respirazione cellulare*: in tal modo le cellule possono disporre opportunamente dell'energia che serve loro per mantenersi, crescere e costruire altre cellule.
Tali processi, schematizzati nella *figura 5*, comportano in realtà una complessa catena di reazioni chimiche.

L'insieme delle trasformazioni in cui vengono ora costruite ora demolite molecole di svariate sostanze e sono eliminati i materiali di scarto prende il nome di **metabolismo**, termine che significa "cambiamento", "trasformazione".

In questo senso ogni cellula è paragonabile a un minuscolo e operosissimo laboratorio chimico, dove in ogni momento sono mobilitati e manipolati milioni se non miliardi di molecole.

5

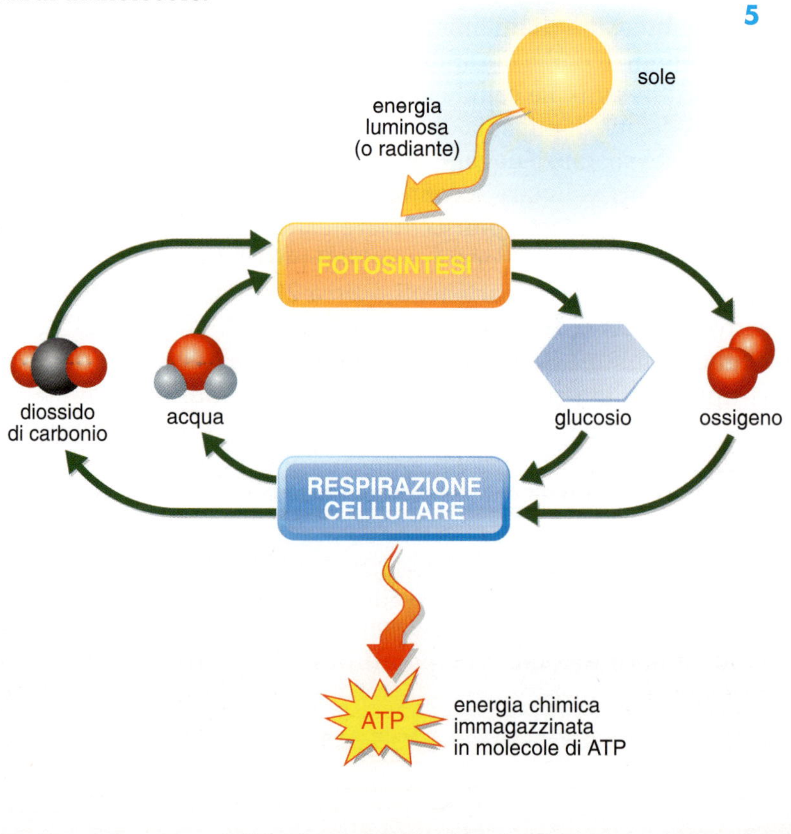

Fig. 5
Lo schema mostra in modo molto semplificato il collegamento tra la fotosintesi e la respirazione cellulare, i due processi alla base del metabolismo che consentono alla maggior parte del mondo vivente di utilizzare l'energia solare. Questa viene sfruttata nella fotosintesi per trasformare diossido di carbonio (CO_2) e acqua (H_2O) in glucosio (uno zucchero) + ossigeno (O_2); nella respirazione cellulare il glucosio e l'ossigeno reagiscono tra di loro e si trasformano in CO_2 e H_2O: l'energia chimica che si libera nella reazione viene accumulata in particolari molecole, indicate con la sigla ATP, che sono la fonte energetica di pronto impiego per tutte le attività delle cellule.

1.4 Omeostasi

Il corretto svolgimento dei processi che avvengono nelle cellule richiede che le condizioni fisico-chimiche dell'ambiente interno di un organismo si conservino nel tempo abbastanza vicine a certi valori ottimali, a fronte delle variazioni che possono subire le condizioni dell'ambiente esterno.
Per esempio, anche se la temperatura ambientale va incontro a forti mutamenti, la temperatura del nostro corpo deve rimanere relativamente costante per non compromettere le attività vitali delle cellule.

La condizione di relativa stabilità dell'ambiente interno di un organismo è detta **omeostasi** (deriva da una parola greca il cui significato può essere reso con l'espressione "rimanere simile", cioè "restare costante").
Tale condizione è mantenuta grazie all'attivazione di una serie di processi di *autoregolazione* basati su **meccanismi di retroazione**: essi tendono a ripristinare la situazione di equilibrio fisico e chimico dell'ambiente interno se questa viene alterata, entro certi limiti.

APPROFONDIMENTO ON LINE
- I meccanismi di retroazione

Numerosi sono i meccanismi di retroazione omeostatici che operano negli animali (in particolare i mammiferi) e sono, per esempio, in grado di controllare:
- la temperatura corporea (*termoregolazione*) (*fig. 6*);
- la quantità di acqua presente nel corpo;
- la composizione, l'acidità (pH) e la pressione del sangue.

Un ruolo particolarmente importante nella regolazione omeostatica nei mammiferi è svolto dai *reni* che rimuovono l'eccesso di acqua, sali e urea dal sangue.
L'omeostasi agisce anche attraverso meccanismi controllati dal sistema nervoso che inducono nell'organismo *comportamenti* appropriati: per esempio, quello di assumere acqua se il livello idrico corporeo si è ridotto.

6

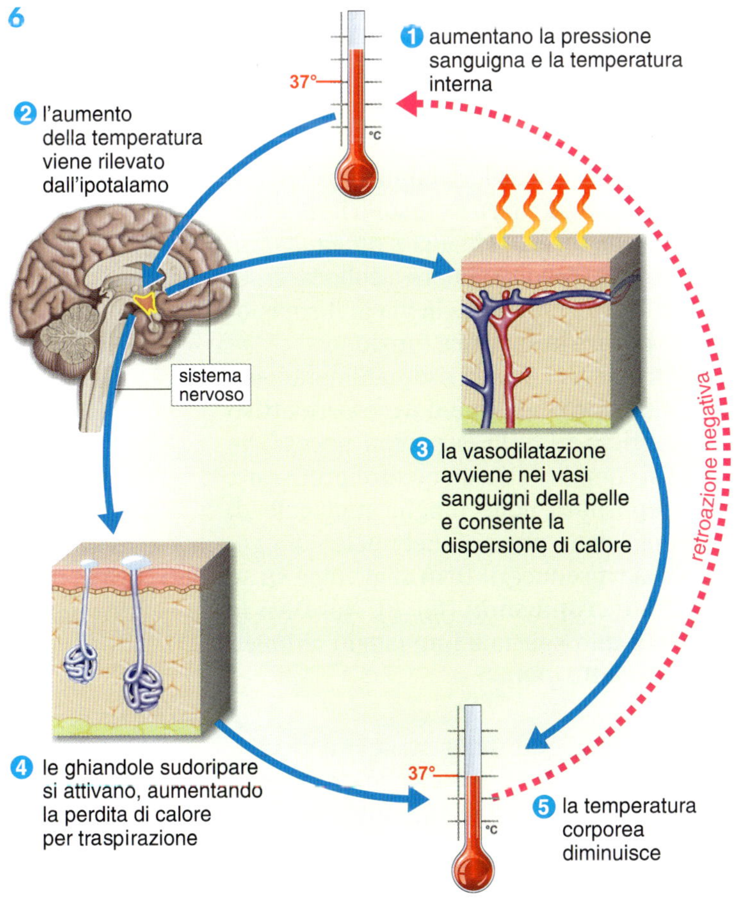

RISPONDI
- In che modo i viventi assumono energia dall'ambiente e in quale forma essa è convertita e resa disponibile per le cellule?
- Perché è importante l'omeostasi? Quale funzione svolgono i meccanismi di retroazione?

Fig. 6
Uno dei principali meccanismi omeostatici è la termoregolazione che permette in molti animali, uomo compreso, di mantenere la temperatura corporea entro valori accettabili. Un eventuale aumento della temperatura corporea (che di norma non supera i 37 °C nell'uomo) è rilevata da una zona del cervello, detta ipotalamo, che funziona come un termostato. Attraverso il sistema nervoso, l'ipotalamo invia segnali che inducono una dilatazione dei vasi sanguigni periferici (vasodilatazione) e stimolano le ghiandole sudoripare della pelle: il maggiore afflusso di sangue e l'evaporazione del sudore consentono una dispersione di calore all'esterno che abbassa la temperatura e la riporta a valori normali (**meccanismo di retroazione**) e a questo punto l'ipotalamo si disattiva.

1.5 Reattività agli stimoli esterni

Fig. 7a
Un'antilope cerca di sfuggire all'inseguimento di un predatore (ghepardo).

Gli organismi viventi manifestano **reattività**, cioè sono in grado di reagire agli stimoli provenienti dall'ambiente esterno e di mettere in atto *risposte finalizzate*, cioè tali da produrre un beneficio o ridurre al minimo un eventuale pericolo.

7a

Consideriamo gli animali: essi percepiscono, grazie a speciali organi, come quelli della vista, dell'olfatto o dell'udito, vari tipi di segnali (luminosi, chimici, acustici) che indicano, per esempio, la presenza di prede o di predatori e li inducono, rispettivamente, a tentativi di cattura oppure di fuga (*fig. 7a*).

La reattività presuppone che gli esseri viventi abbiano in varia misura la capacità di **movimento** autonomo. Questa si manifesta in modo evidente negli animali che devono in ogni caso spostarsi per cercare cibo, trovare il partner con cui accoppiarsi, proteggere se stessi e la propria prole dai pericoli dell'ambiente fisico e dalle insidie degli altri animali.

Anche le piante hanno la capacità di percepire l'ambiente esterno e, pur essendo fisse al suolo, hanno la possibilità di muovere alcune loro parti, come le radici, alla ricerca di acqua, e il fusto o le foglie, alla ricerca di luce. Alcune piante carnivore possiedono foglie modificate che, quando avvertono la presenza di insetti, sono in grado di richiudersi su se stesse e di intrappolarli (*fig. 7b*).

Fig. 7b
Una pianta carnivora, la venere acchiappamosche (*Dionaea muscipula*), mentre ha appena catturato una preda.

7b

1.6 Informazione genetica

In ogni cellula, come sappiamo, avvengono contemporaneamente migliaia di reazioni chimiche, vincolate a precisi requisiti. Per esempio:
- ogni molecola coinvolta deve essere puntualmente sintetizzata o decomposta nei tempi e nelle quantità richieste;
- i prodotti finali delle varie trasformazioni devono raggiungere esattamente la loro specifica destinazione nell'intricata catena di montaggio del metabolismo cellulare.

Consideriamo il caso delle *proteine*, sostanze di basilare importanza per lo svolgimento dell'intero complesso di attività cellulari. Esse sono il risultato dell'assemblaggio di numerose unità di tipo diverso chiamate *amminoacidi*: queste ultime, via via che sono predisposte, devono andare a collocarsi secondo un ordine prestabilito nella struttura molecolare in via di formazione, affinché la proteina finale possa esplicare la specifica funzione.

Perché l'insieme di tali processi si svolga ordinatamente, occorre una "sorgente di informazione", cioè deve essere attivo un *programma* che impartisca tutte le istruzioni necessarie affinché ogni operazione si compia entro un quadro prefissato. Questo programma è depositato nelle lunghe molecole di **DNA** (acido desossiribonucleico), presenti nel nucleo di ogni cellula: quando la cellula si riproduce, il DNA si avvolge su se stesso in strutture chiamate **cromosomi** (*fig. 8*). Nel DNA le istruzioni sono "scritte" in uno speciale linguaggio chimico basato su unità funzionali, dette ***geni***.

Gene
È un tratto di DNA contenente le istruzioni necessarie per la produzione di una specifica proteina. Un gene è responsabile della comparsa di un certo carattere nell'individuo, come per esempio il colore degli occhi.

Per **informazione genetica** si intende l'insieme delle istruzioni veicolate dai geni che sono ereditate e che sovrintendono alla costruzione, al funzionamento e alla riproduzione di ogni organismo vivente: per questo si parla anche di **informazione ereditaria**.

Fig. 8
Rappresentazione di un filamento di molecola di DNA che nei cromosomi si presenta avvolta su se stessa in forma compatta.

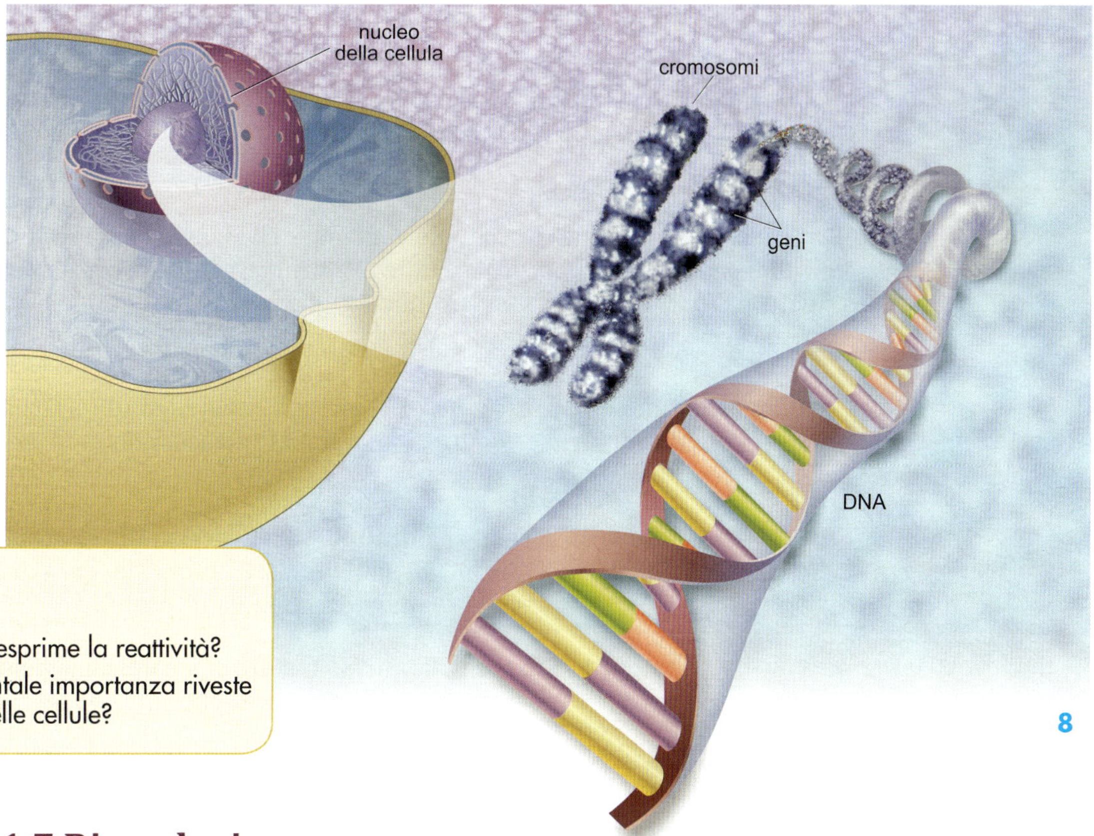

8

RISPONDI

- Quale capacità esprime la reattività?
- Quale fondamentale importanza riveste il DNA presente nelle cellule?

1.7 Riproduzione

La **riproduzione** è la capacità di ciascun essere vivente di generare un altro individuo simile a se stesso, cioè appartenente alla propria specie.

9a

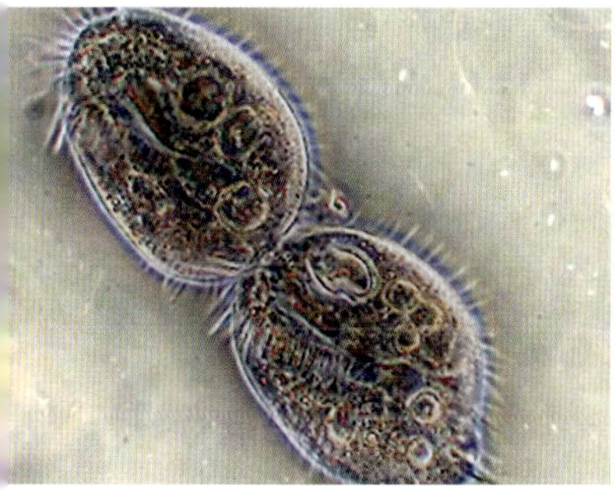

Fig. 9a. Riproduzione asessuata: fase finale della scissione di un protista (protozoo), un organismo unicellulare. (Immagine ottenuta al microscopio ottico).

Ciò che consente a un organismo di riprodursi è la possibilità di duplicare il proprio programma genetico (fisicamente di replicare la molecola di DNA) e di trasmetterne una copia alla propria discendenza. Per questo motivo, si dice anche che il DNA rappresenta il **materiale ereditario**, che svolge funzioni analoghe alla memoria di un computer.

La riproduzione può essere di due tipi fondamentali:

– *asessuata* quando i nuovi nati derivano da un solo genitore, come nel caso degli organismi *unicellulari*, quali batteri o i protisti. Questi si riproducono per *scissione*, duplicando il proprio DNA e dividendosi in due cellule figlie che sono, sotto il profilo genetico, uguali alla "cellula madre" (*fig. 9a*);

– *sessuata* quando i nuovi nati si originano a partire da due genitori differenti, come avviene per la maggior parte degli organismi pluricellulari, uomo compreso. La riproduzione sessuata comporta la *fecondazione*, cioè la fusione di due tipi cellule chiamate *gameti*: una *cellula uovo* (*gamete femminile*) e uno *spermatozoo* (*gamete maschile*) prodotti da due individui di sesso opposto (*fig. 9b*).

Dalla cellula creata in seguito alla fusione, detta *zigote*, che contiene una combinazione *unica* di geni provenienti da entrambi i genitori, si originerà un nuovo individuo che assomiglierà ai genitori, cioè apparterrà alla stessa ***specie***, ma sarà diverso da tutti e due.

9b

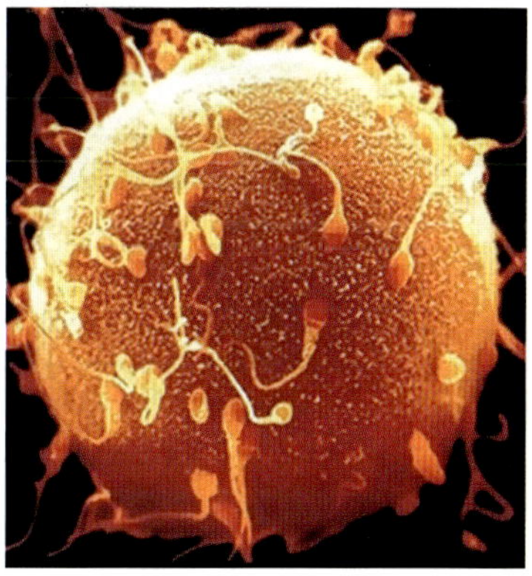

Fig. 9b. Riproduzione sessuata: dalla fusione tra una cellula uovo e uno degli spermatozoi che le si affollano intorno si origina la cellula di un nuovo individuo.

Specie
Ciascuno dei gruppi di popolazioni naturali costituite da individui in grado di incrociarsi tra loro e dare origine a prole feconda.

1.8 Crescita e sviluppo

Gli organismi pluricellulari si originano in genere, come detto, da *una singola cellula di partenza*, l'uovo fecondato (*zigote*), e quindi, al termine di una serie di trasformazioni, le loro dimensioni si accrescono fino a raggiungere quelle dello stadio adulto.

La **crescita** rappresenta il graduale aumento della massa corporea dell'individuo che si sta formando in seguito alla proliferazione controllata dello zigote, nel corso della quale si producono, attraverso molteplici divisioni, tutte le svariate altre cellule necessarie.

Contemporaneamente al processo di crescita, le cellule si differenziano in più tipi (*differenziamento cellulare*) e si organizzano secondo un preciso disegno.

Si chiama **sviluppo** l'organizzazione dei vari tipi di cellule nei diversi tessuti e organi che darà origine progressivamente a un individuo adulto.

Ciò si verifica in più fasi tra cui, particolarmente importante, è quella dello *sviluppo embrionale* che precede la nascita (*fig. 10*).

Rispondi

- Che cosa distingue la riproduzione sessuata da quella asessuata?
- In che cosa consiste il differenziamento cellulare?

10

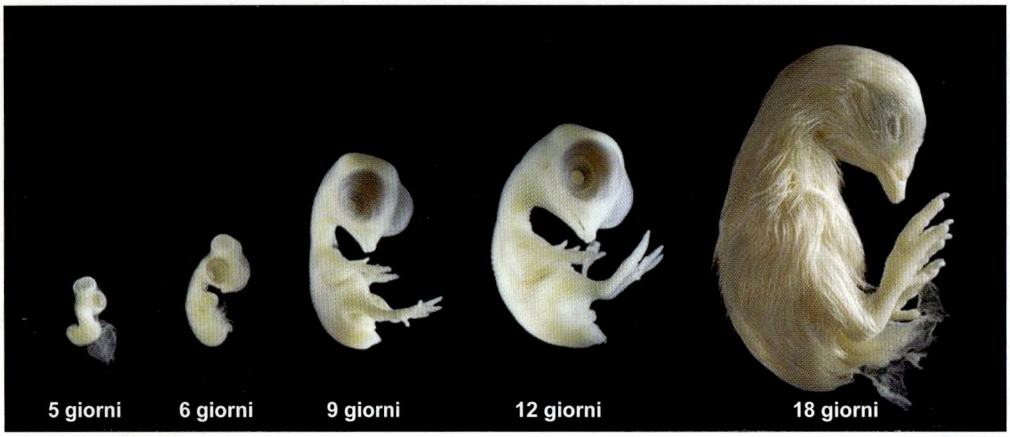

Fig. 10
Le immagini documentano alcuni stadi dello sviluppo di un embrione di pollo, dal momento della fecondazione, su campioni prelevati dall'uovo. Al 21° giorno l'embrione è pronto per la schiusa e inizia a rompere il guscio dell'uovo.
(Foto: Michelle Leung.)

1.9 Evoluzione

Attraverso la riproduzione sessuata ciascun genitore trasmette ai figli il proprio materiale ereditario. Ogni figlio, perciò, non risulta del tutto uguale né al padre né alla madre, poiché possiede "caratteri" ereditati da entrambi. Talvolta, però, il nuovo individuo acquisisce anche qualche caratteristica nuova, più o meno evidente, diversa da quelle dei suoi progenitori (per esempio, nel colore del pelo o nella forma del naso): questa può essere dovuta a piccoli cambiamenti nella struttura molecolare del DNA ereditato, causati da vari fattori, tra cui errori nella fase di duplicazione del DNA.
Tali modificazioni sono dette *mutazioni* e determinano, nell'ambito di ogni specie, numerose **variazioni individuali** che sono trasmesse alle successive generazioni (sono cioè ereditabili). Può accadere che una variazione possa costituire per un organismo un vantaggio, in quanto gli consente un migliore

11

(Foto: Lauro Magris.)

Fig. 11
Un comune tipo di adattamento a scopo di difesa dai predatori è il mimetismo, come nel caso dell'insetto foglia (*Phyllium giganteum*), che si confonde in modo sorprendente con la vegetazione circostante.

adattamento alle condizioni dell'ambiente in cui vive o ai loro eventuali cambiamenti: potrebbe trattarsi di una sia pur lieve variazione nella forma, nella colorazione esterna o nella struttura del corpo che ne rende più difficile la cattura da parte di altri organismi predatori (*fig. 11*); oppure, la variazione può riguardare una funzione fisiologica e conferire, per esempio, una maggiore resistenza al freddo o al caldo o alla sete.
A questo punto entra in azione il meccanismo della **selezione naturale** che premia gli individui meglio adattati: questi infatti hanno, rispetto agli altri individui di una popolazione, maggiori probabilità di sopravvivere e riprodursi e quindi di trasmettere tali vantaggi alla propria discendenza. In altre parole, la selezione naturale favorisce gli organismi che sono più attrezzati a vivere in un dato ambiente (*fig. 12*).

12

1. Una popolazione di coleotteri comprende all'inizio individui con differenti colorazioni.
2. Gli uccelli catturano con maggiore frequenza gli insetti di colore più chiaro.
3. La popolazione di coleotteri più chiari si riduce progressivamente di numero.
4. Nel tempo si forma una popolazione di coleotteri formata solo da individui di colore più scuro.

Fig. 12
Un esempio di come opera la selezione naturale.

Le variazioni possono accumularsi, nel tempo, nel corso delle generazioni e condurre alla formazione di organismi con caratteristiche assai diverse da quelle originali. È così che, nell'arco di epoche geologiche, gli esseri viventi si sono differenziati in una moltitudine sempre più ampia di nuove specie.

L'**evoluzione** dei viventi può essere intesa come il processo attraverso il quale tutte le specie viventi discendono dalle primissime forme di vita, in seguito a graduali cambiamenti dovuti a variazioni ereditarie sulle quali agisce il meccanismo della **selezione naturale**.

APPROFONDIMENTO *ON LINE*
• Charles Darwin

I principi fondamentali dell'evoluzione furono teorizzati a metà dell'Ottocento dal naturalista inglese **Charles Darwin** (1809-1882) e rappresentarono una svolta di enorme portata nella storia della biologia: mostrarono, infatti, come l'origine dell'attuale straordinaria varietà degli esseri viventi possa essere spiegata in base a cause naturali.

Rispondi

- Quali relazioni esistono tra i seguenti concetti: variazioni individuali, adattamento e selezione naturale?
- Quale risultato produce su tempi lunghi l'evoluzione?

2 L'organizzazione del sistema vivente

2.1 Dagli atomi alla biosfera

Pensiamo al corpo umano e alla molteplicità di strutture, forme e funzioni che lo caratterizzano: essa deriva dal modo in cui il complesso delle cellule e degli organi che lo compongono interagiscono e formano qualcosa di più e di diverso rispetto alla somma delle singole parti componenti, cioè un "tutto organizzato", altrimenti detto un ***sistema***, quello che è il nostro organismo. Ma, a ben vedere, ognuno dei componenti di un essere vivente può essere considerato un sistema, a partire dai suoi costituenti molecolari: una *molecola* è infatti un insieme integrato e organizzato di *atomi* (che possono essere intesi come sistemi formati da più particelle interagenti – protoni, neutroni ed elettroni); un insieme integrato di molecole forma poi un sistema costituito da un *organulo cellulare* e così via.

Sistema
Può essere definito come un insieme di componenti che si integrano reciprocamente e interagiscono formando un tutto organizzato.

Procedendo in questo modo, si può costruire un modello ideale di organizzazione, una sorta di organigramma, dell'intero mondo vivente inteso come un sistema (*vedi approfondimento a pag 24*).

Punti chiave

Il mondo vivente può essere rappresentato secondo un modello basato su **sistemi strutturali** disposti a vari **livelli di organizzazione**, secondo un ordine gerarchico: passando da un livello a quello successivo compaiono **strutture più complesse** e si manifestano nuove proprietà, dette **proprietà emergenti**, assenti nel livello precedente.

I principali livelli di organizzazione del mondo vivente, schematizzati nella *figura 13* (pagina a fronte), si possono così definire:

- ai due livelli di organizzazione di base si collocano singoli **atomi** e singole **molecole**, le cui associazioni formano il sistema **organulo cellulare**, al livello successivo;
- gli organuli si integrano tra di loro, con un ulteriore salto di livello, nel sistema **cellula**, l'unità vivente che si esprime negli *organismi unicellulari*;
- attraverso i due livelli seguenti, di **tessuto** (sistema costituito da cellule) e di **organo** (sistema costituito da tessuti), si passa al livello di **sistema di organi** (o **apparati**) e infine a quello di **organismo pluricellulare**.

L'organizzazione della vita si estende oltre il singolo individuo, poiché ogni organismo fa parte di sistemi più vasti (*sistemi sociali*), dove avvengono interazioni *tra organismi* e tra *organismi e ambiente*:

- i due successivi livelli sono quelli di **popolazione** (sistema costituito da organismi della **stessa specie** che vivono in uno dato luogo) e di **comunità** (sistema formato da popolazioni di **specie diverse** che coabitano in una certa area);
- considerando l'insieme di una comunità e del relativo ambiente fisico, si passa al livello di **sistema ecologico** o **ecosistema**, in cui si integrano una componente vivente e una non vivente; qui si definiscono per gli organismi i due fondamentali *ruoli ecologici* di **produttori** e di **consumatori** (*vedi al punto 2. 2*);
- infine, l'integrazione di tutti gli ecosistemi costituisce il livello di organizzazione più ampio del sistema vivente, quello di **biosfera**.

Rispondi

- Che cosa si intende per proprietà emergenti?
- Quale dei seguenti livelli di organizzazione del sistema vivente include tutti gli altri elencati: organulo, apparato, cellula, ecosistema, tessuto, popolazione, molecola, organo?

PRINCIPALI LIVELLI DI ORGANIZZAZIONE DEL SISTEMA VIVENTE

13

			DISCIPLINE DI STUDIO
BIOSFERA	parte della Terra abitata da organismi viventi: comprende componenti sia viventi sia non viventi		ECOLOGIA
ECOSISTEMA	l'insieme di una comunità e dell'ambiente fisico in cui essa vive e con cui interagisce		
COMUNITÀ	due o più popolazioni di specie diverse che vivono e interagiscono nella medesima area		BIOLOGIA EVOLUTIVA
POPOLAZIONE	gruppo di organismi della medesima specie che vivono nella stessa area		GENETICA DELLE POPOLAZIONI
ORGANISMO PLURICELLULARE	un singolo essere vivente costituito da molte cellule		
SISTEMA DI ORGANI O APPARATO	insieme di due o più organi che cooperano nell'esecuzione di una specifica funzione del corpo	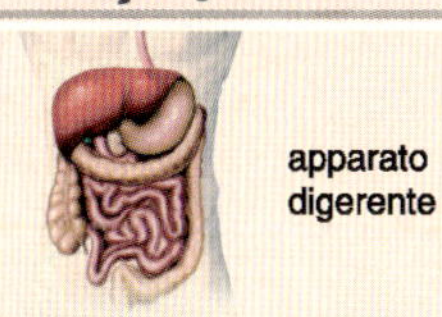	FISIOLOGIA
ORGANO	struttura solitamente formata da più tipi di tessuti, organizzati in un'unità funzionale	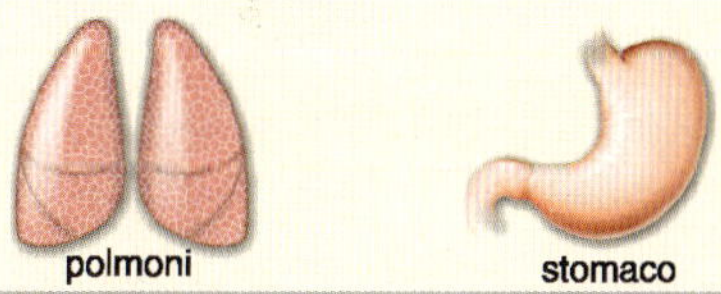	ANATOMIA
TESSUTO	gruppi di cellule (perlopiù simili) che compiono una funzione specifica		ISTOLOGIA
CELLULA	la più piccola unità vivente formata da numerosi organuli e quindi da un grandissimo numero di molecole diverse	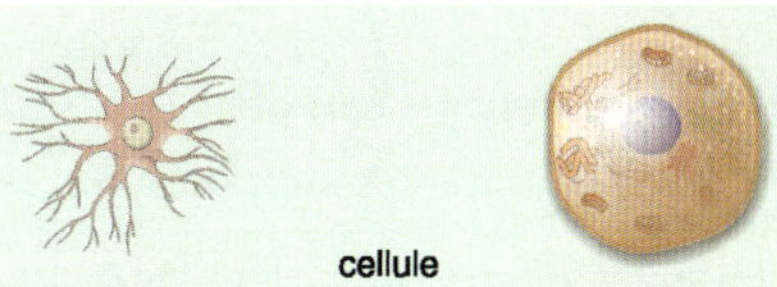	BIOLOGIA CELLULARE E GENETICA
ORGANULO	struttura contenuta in una cellula formata da vari tipi di molecole e adibita a una funzione specifica	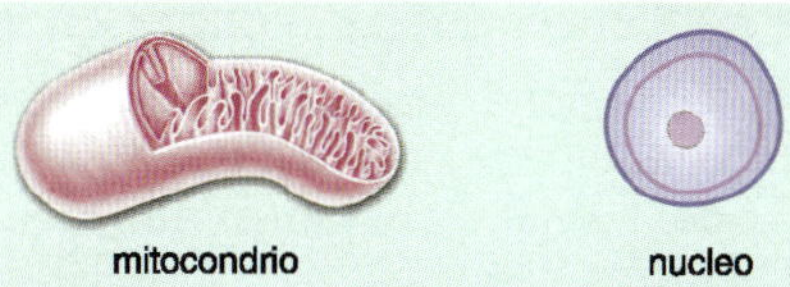	
MOLECOLA	una aggregazione di atomi uguali o diversi	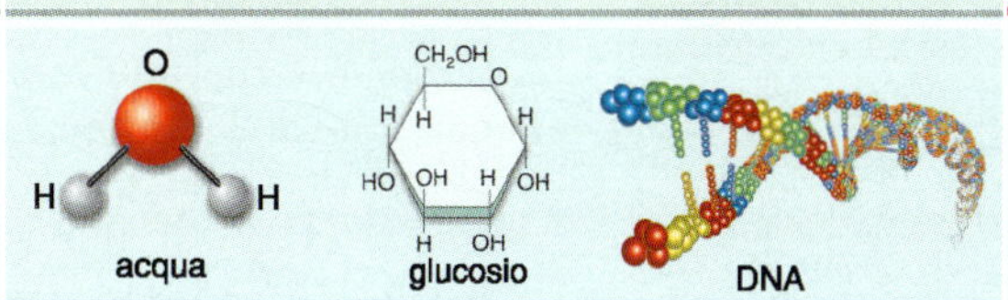	BIOLOGIA MOLECOLARE E BIOCHIMICA
ATOMO	la più piccola parte di un elemento chimico che ne conserva le proprietà chimiche e fisiche	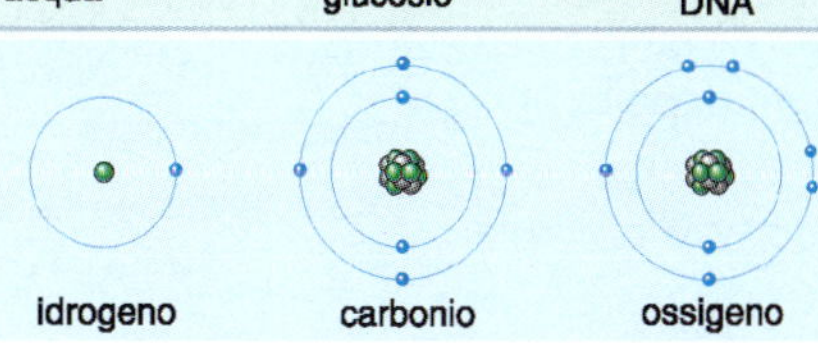	CHIMICA

Il pensiero biologico

Il programma della vita

di Salvador Luria

La vita ha due aspetti scientifici: quello di *vita nell'azione* e quello di *vita nel tempo*. La vita nell'azione è rappresentata dal funzionamento degli organismi viventi e dagli eventi molecolari e atomici che derivano dalla presenza della vita stessa: questo è l'argomento della *biochimica*. La vita nel tempo è la permanenza, oppure la scomparsa e la sostituzione di organismi per morte individuale, o per generazione e proliferazione differenziata di nuove specie – in una parola, è l'*evoluzione*.

Questi due aspetti, la biochimica e l'evoluzione, fanno della vita un fenomeno unico nella storia della Terra; un fenomeno che aveva già impresso un marchio profondo sull'aspetto, sul clima, sulla struttura stessa del pianeta, molto prima della comparsa dell'uomo.

La vita ha una caratteristica che la distingue da qualsiasi altro fenomeno naturale: segue un programma. Tutti gli altri fenomeni naturali si verificano più o meno a caso, come il movimento delle nubi portate da venti mutevoli o la disintegrazione degli atomi radioattivi o la collisione delle molecole in un liquido riscaldato. [...]

Il programma della vita si snoda nel meraviglioso svilupparsi di un embrione in un organismo completo, nello sbocciare di una specie fino a occupare un particolare ambiente, nella sostituzione creativa di specie con specie, nel corso dell'evoluzione; [...] il programma della vita è stato scritto in una sostanza unica: la sostanza dei geni. [...] È una sostanza la cui impalcatura rimane stabile pur presentando una quasi infinita varietà di modelli individuali. Essa provvede alla propria "copia" con un'accuratezza impensabile in qualsiasi altra specie molecolare conosciuta. Allo stesso tempo, questa sostanza programmata è capace di mutarsi e i suoi cambiamenti diventano la base dell'evoluzione biologica.

Il programma della vita, incorporato nella sostanza dei geni ed espresso nelle forme degli organismi e nella loro evoluzione, non assomiglia ai programmi coscienti delle imprese umane – siano esse opere d'arte o attività sociali. Non è un progetto per il futuro: è un inventario del presente, l'insieme delle potenzialità incorporate nella sostanza dei geni.

Brani tratti da Salvador Luria, *La vita: un esperimento non finito*, Zanichelli, Bologna, 1973, pagg. 5-7. Luria nel 1969 fu insignito del Premio Nobel per la medicina.

RISPONDI

- Qual è la "sostanza dei geni" nella quale l'autore sostiene che sia stato scritto il programma della vita?
- Quali proprietà vengono attribuite a questa sostanza?

ATTIVITÀ

Calcoliamo il numero di cellule del nostro corpo

Tutti gli esseri viventi sono fatti di cellule: ne hanno una sola i batteri, i protozoi e certe alghe; ne hanno mille, milioni o miliardi gli organismi più grandi.

Ma di quante cellule siamo fatti noi? Se ci si accontenta di un'approssimazione, il calcolo non è difficile. Proviamoci a farlo nel modo più semplice.

- Sappiamo che le cellule umane hanno un diametro che perlopiù va da meno di 10 μm, cioè 10 millesimi di mm (il che significa che 100 cellule messe in fila formano 1 mm), a poche decine di micrometri. La cellula umana più grande è la cellula uovo (dalla quale siamo nati) che ha un diametro di circa 100 μm, cioè 1/10 di mm, poco più del diametro di un capello.
- Sappiamo, inoltre, che il peso di un uomo o di un qualsiasi animale è molto simile al peso di un medesimo volume d'acqua. Infatti, la densità dell'acqua, che è di un grammo per centimetro cubo (1 g/cm^3) è quasi uguale o di poco inferiore alla densità della materia vivente.
- Supponiamo, per semplicità, che tutte le nostre cellule abbiano forma cubica (molte hanno davvero questa forma) con lati di 10 μm. In tal caso avranno ciascuna un volume pari a:

$$10\,\mu m \cdot 10\,\mu m \cdot 10\,\mu m = 1000\,\mu m^3$$

$$\text{o } \mathbf{10^3\,\mu m^3}$$

Siccome 1 cm^3 equivale a un cubo con lato di 1 cm, cioè di 10 mm ovvero di 10 000 μm, il suo volume sarà di $(10\,000)^3\,\mu m^3 =$
$= 1\,000\,000\,000\,000\,\mu m^3$
o $\mathbf{10^{12}\,\mu m^3}$, cioè mille miliardi di micrometri cubi.

Tale volume, in base al rapporto

$$\mathbf{10^{12} / 10^3 = 10^9}$$

è un miliardo di volte più grande del volume di una cellula.

Ciò significa che 1 miliardo (10^9) di cellule umane occupano il volume di un centimetro cubo e quindi pesano circa 1 grammo.

In altre parole, una cellula pesa mediamente 1 miliardesimo di grammo, cioè 1 nanogrammo (1 ng).

A questo punto abbiamo tutti gli elementi per calcolare che una persona che pesa per esempio 50 kg sarà indicativamente costituita da $10^{13} – 10^{14}$ cellule. *Con quali operazioni si arriva a questo risultato?* Controlla la tua risposta qui di seguito.

RISPOSTA
Se una persona pesa 50 kg (cioè 50 000 g), allora avrà circa 50 000 · 10^9 cellule, cioè 5 · 10^4 · 10^9 ossia 5 · 10^{13} cellule.
Concludendo, e tenendo conto degli errori di approssimazione, possiamo dire che il corpo umano è fatto da circa $10^{13} – 10^{14}$ cellule.

2.2 Organismi autotrofi ed eterotrofi

Gli organismi presenti in un ecosistema, secondo come si procurano le proprie risorse vitali (energia e materiali), si distinguono in due grandi gruppi strettamente interconnessi: *produttori* e *consumatori.*

Gli organismi **produttori** sono in grado di utilizzare **direttamente l'energia** per produrre le sostanze di cui si nutrono: sono perciò chiamati **autotrofi** (dal greco *autòs* = se stesso e *trophè* = nutrimento), cioè "che nutrono se stessi".

I produttori comprendono *piante*, *alghe* e alcuni *batteri*, tutti capaci di compiere la **fotosintesi**, cioè di assorbire e convertire l'*energia solare* in energia chimica attraverso una reazione chimica che trasforma il diossido di carbonio (CO_2) e l'acqua (H_2O) in materia organica (molecole di zuccheri e di altri composti organici).

Gli organismi **consumatori** ricavano l'energia necessaria cibandosi di altri organismi, cioè della loro materia organica, e perciò sono detti **eterotrofi** (*hèteros* = altro, diverso).

I consumatori comprendono la maggior parte dei batteri, i funghi e gli animali.
Parte dei consumatori (come gli animali **erbivori**) si nutre *direttamente* di organismi autotrofi, mentre un'altra parte (gli animali **carnivori**) si ciba di organismi eterotrofi. Gli eterotrofi includono anche i **decompositori**, quali batteri, funghi e piccoli animali, che si nutrono dei resti di altri organismi e ne trasformano la materia organica in sostanze semplici che sono *rimesse in ciclo*, di nuovo disponibili per gli autotrofi.

Punti chiave

L'azione concertata dei produttori e dei consumatori (*fig. 14*) svolge due funzioni fondamentali per l'esistenza del mondo vivente:

- mantiene un costante **flusso unidirezionale di energia** che, a partire dagli organismi autotrofi, *passa attraverso* tutti i componenti dell'ecosistema come *energia chimica*; questa è utilizzata da produttori e consumatori per sostenere le proprie attività vitali (metabolismo, movimento ecc.) e si converte parzialmente in *calore* che ritorna all'ambiente;
- assicura una continua **circolazione di materia**, cioè di sostanze nutrienti, grazie agli scambi tra gli organismi e l'ambiente.

RISPONDI

■ Su che cosa si basa la distinzione tra organismi autotrofi e organismi eterotrofi?

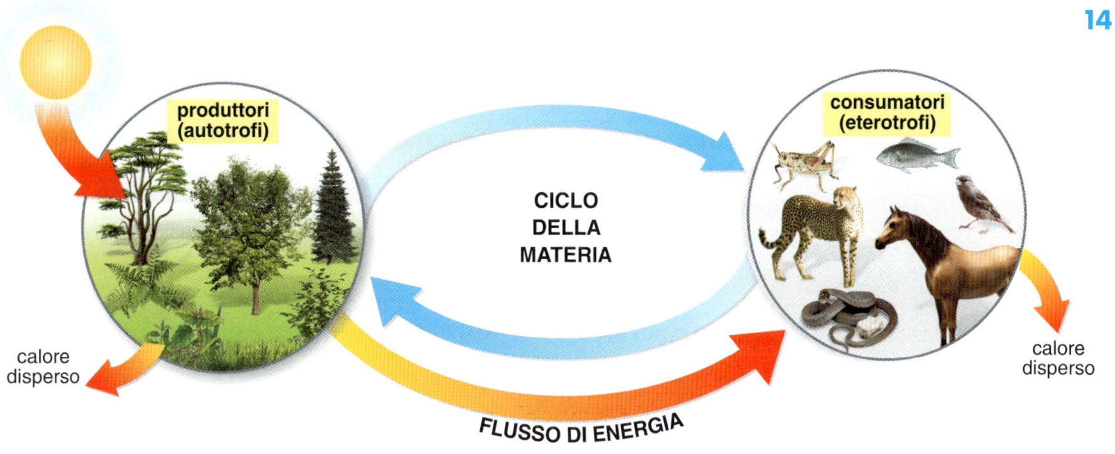

Fig. 14
Il flusso di energia e la circolazione di materia in un ecosistema grazie all'azione degli organismi autotrofi ed eterotrofi.

Il mondo vivente è un sistema chiuso o un sistema aperto?

Parlando di sistemi, è utile fare una distinzione tra due tipi fondamentali: *sistemi chiusi* e *sistemi aperti*.

- Un **sistema chiuso** scambia con lo spazio esterno, cioè con l'ambiente, solo energia e non materia.

Per esempio, il pianeta Terra nel suo complesso, se si esclude l'apporto trascurabile di materia fornito dai meteoriti, scambia con lo spazio extraterrestre (l'ambiente al di fuori dell'atmosfera) solo energia, che costantemente riceve dal Sole come energia radiante e che alla fine restituisce allo spazio come calore. Il *sistema Terra* può essere perciò considerato un sistema chiuso (*fig. 15*).

15

Fig. 15
La Terra nel suo insieme si può considerare un sistema chiuso, poiché scambia con l'ambiente esterno solo energia.

Un altro esempio di sistema chiuso è la lampadina: essa scambia con l'ambiente energia che riceve in forma di elettricità e restituisce in forma di energia luminosa e calore, mentre l'ampolla di vetro sigillata impedisce ogni scambio di materia con l'esterno.

- Un **sistema aperto** scambia con l'ambiente sia energia sia materia.

Tutti i sistemi viventi sono esempi di *sistemi aperti*. Possiamo verificare questa affermazione esaminando due differenti livelli di organizzazione: quello di singolo organismo e quello di ecosistema.

Singolo organismo. Consideriamo una pianticella piantata in un vaso su un terrazzo e analizziamo gli scambi fondamentali (*entrate/uscite*) che il *sistema pianticella* deve intrattenere con l'ambiente circostante per sopravvivere.

– Entrate: energia solare, diossido di carbonio (CO_2), acqua (H_2O) e sali minerali (durante la fotosintesi); ossigeno (O_2) (durante la respirazione cellulare).

– Uscite: ossigeno (durante la fotosintesi); energia (come calore), diossido di carbonio e acqua (durante la respirazione cellulare).

La pianticella è quindi un **sistema aperto** perché scambia con l'ambiente energia e materia (come elementi e composti chimici).

Ecosistema. Consideriamo ora la stessa pianticella non più come un sistema a se stante, ma come componente di un sistema più ampio, un ecosistema, cioè un'associazione di organismi di specie differenti che vivono in stretta relazione reciproca e con una data porzione di ambiente fisico: per esempio, l'ecosistema di un bosco è caratterizzato da una data comunità di piante, animali, funghi e microrganismi, dal tipo di suolo, dalla disponibilità di acqua e dalle condizioni climatiche.
Per la nostra pianticella ora l'ambiente esterno è l'ecosistema stesso.
Un ecosistema non è delimitato da un confine fisico netto come la superficie esterna di un organismo, di una cellula

2.3 La biodiversità del sistema vivente

Attualmente si stima che viva sulla Terra almeno una decina di milioni di specie di organismi, che rappresentano nel loro insieme la **biodiversità** del nostro pianeta.

La varietà di forme viventi viene suddivisa dai biologi in tre grandi raggruppamenti: **Archei**, **Batteri** ed **Eucarioti** (*vedi figura 17 alla pagina 26*).

■ Gli **Archei** e i **Batteri** sono organismi **unicellulari** simili alle prime forme di vita apparse sulla Terra: entrambi sono costituiti da cellule relativamente semplici, di tipo ***procariote***, che sono prive di nucleo (il materiale genetico, cioè il DNA, è sparso nel citoplasma).

■ Procariote
Significa "nucleo primitivo" (dal latino *pro* = "primitivo", e dal greco *kàryon* = "nucleo").

o di una molecola, ma per semplicità di studio possiamo rappresentarlo confinato entro uno spazio ideale (*fig. 16*), mentre tutto ciò che si trova al di fuori è il suo ambiente.
L'esistenza di un ecosistema dipende sempre dagli scambi di energia e materia che intervengono complessivamente con l'ambiente, ma che ora si verificano su ampia scala e secondo regole complesse: occorre infatti che l'energia acquisita dagli organismi produttori sia in parte trasferita sotto forma di sostanze nutrienti agli organismi consumatori e a quelli decompositori attraverso opportune *catene alimentari*.

Possiamo comunque concludere che anche un **ecosistema è un sistema aperto**, costituito da altrettanti sistemi aperti quanti sono gli organismi componenti, e tutti in comunicazione tra di loro e in grado di influenzarsi a vicenda.
Di fatto, un ecosistema non è quasi mai un'unità isolata circondata da un ambiente fisico, ma è strettamente associato ad altri ecosistemi circostanti, con i quali è in continua relazione.
Per esempio, un bosco può essere contiguo a ecosistemi differenti come una prateria, un lago o un tratto di mare. Tra i vari ecosistemi sussistono frequenti scambi per opera di animali in transito o di altri fattori: per esempio, i semi delle piante possono essere trasportati altrove dal vento o dalle piogge e dai corsi d'acqua oppure dagli uccelli.

16

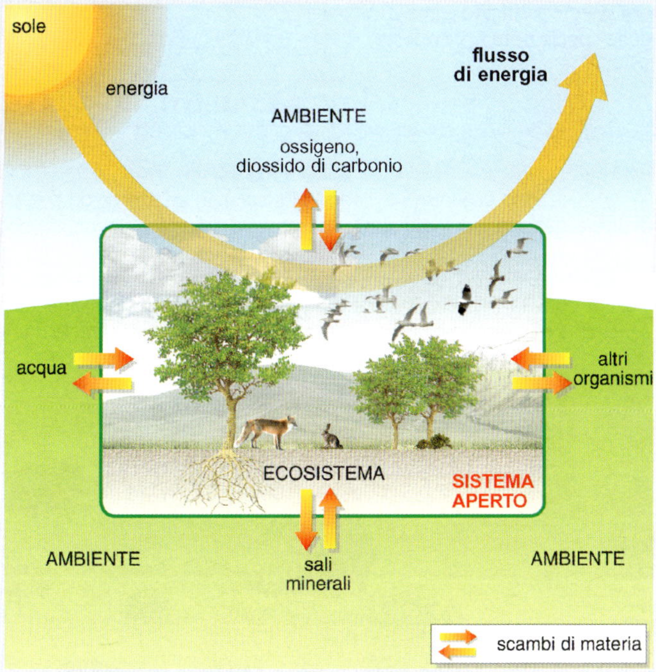

Fig. 16
Un ecosistema è considerato un sistema aperto, in quanto scambia con l'ambiente circostante sia materia sia energia.

COME MANTENERE ORDINE IN UN SISTEMA APERTO. In conclusione, un sistema aperto, come può essere un organismo vivente o un ecosistema, è interessato da un continuo *flusso di energia* e da un'incessante *circolazione di materia* che coinvolgono ogni suo singolo componente, chiamato a svolgere un compito ben preciso e a interagire in modo coordinato con gli altri componenti.
Come si può intuire, un'organizzazione così complessa è inevitabilmente esposta a molteplici rischi di disfunzione che potrebbero logorarla e farla rapidamente precipitare in una situazione di disordine.

In realtà, i sistemi viventi riescono a ridurre al minimo questi rischi e a conservarsi relativamente stabili nel tempo grazie alla loro capacità di autoregolazione.
Questa è basata su una serie di meccanismi di *retroazione* (a cui abbiamo accennato in precedenza): tali meccanismi agiscono quando qualcosa rischia di modificare le condizioni di stabilità del sistema, riportandolo in una nuova situazione di equilibrio.
Per esempio, se in un ecosistema si registra una crescita eccessiva di una popolazione di erbivori, le specie vegetali rischiano di venire decimate, con grave danno per l'intera comunità vivente: questa situazione tende a favorire un aumento del numero di predatori degli erbivori, per cui la popolazione di questi ultimi sarà ridotta a una dimensione compatibile con le risorse vegetali dell'ecosistema. In tal modo viene ristabilita una *condizione di equilibrio*.

RISPONDI

- Che cosa caratterizza un sistema aperto?
- Un ecosistema e un'automobile sono entrambi sistemi aperti? Motiva la risposta.

Archei e Batteri sono quindi **organismi procarioti**: gli studiosi li hanno assegnati a due distinti domini in considerazione di alcune loro caratteristiche differenti (per esempio, per quanto riguarda il tipo di metabolismo e la composizione della membrana cellulare).

- Gli **Eucarioti** comprendono organismi sia **unicellulari** sia **pluricellulari** (che sono in netta prevalenza) e sono costituiti da cellule di tipo ***eucariote***, provviste di un nucleo che racchiude il DNA e che, inoltre, sono più grandi (almeno dieci volte in lunghezza) e complesse di quelle procarioti.

Il dominio degli Eucarioti è suddiviso in:
- **Protisti**;
- **Funghi**;
- **Piante**;
- **Animali**.

Eucariote
Significa letteralmente "nucleo ben fatto" o "vero nucleo" (dal greco *eu* = "bene" e *kàryon*).

Fig. 17
Nello schema, le dimensioni dei vari settori sono indicativamente proporzionali al numero delle specie conosciute che sono finora state classificate (circa 2 milioni). Gli animali comprendono circa i 3/4 delle specie note e, di queste, gli insetti rappresentano la maggioranza.

EUCARIOTI

• ANIMALI
Sono organismi eucarioti pluricellulari ed eterotrofi che si nutrono di altri organismi per *ingestione* e successiva digestione in un'apposita cavità del corpo o all'interno delle singole cellule. Includono erbivori, carnivori, parassiti e decompositori e comprendono una classe, quella degli Insetti, che conta il maggior numero di specie in assoluto (circa 1 milione): per confronto, i Mammiferi sono presenti in un numero di specie assai più ridotto, circa 4500.

• PIANTE
Sono organismi eucarioti pluricellulari e autotrofi, in quanto praticano la *fotosintesi*. Rappresentano, nel complesso, la fonte alimentare di buona parte della comunità vivente.

• FUNGHI
Sono organismi eucarioti, in genere pluricellulari, ed eterotrofi: si nutrono dei resti di altri organismi per *assorbimento* della loro materia organica (secernono all'esterno del loro corpo particolari proteine, dette enzimi, e poi assorbono le sostanze da questi digerite).

• PROTISTI
Sono organismi eucarioti in prevalenza unicellulari. Alcuni sono eterotrofi e si nutrono per *ingestione* oppure per *assorbimento* di sostanze nutrienti presenti nell'ambiente; altri, come per esempio le alghe, sono autotrofi in quanto praticano la *fotosintesi*, analogamente alle piante.

17

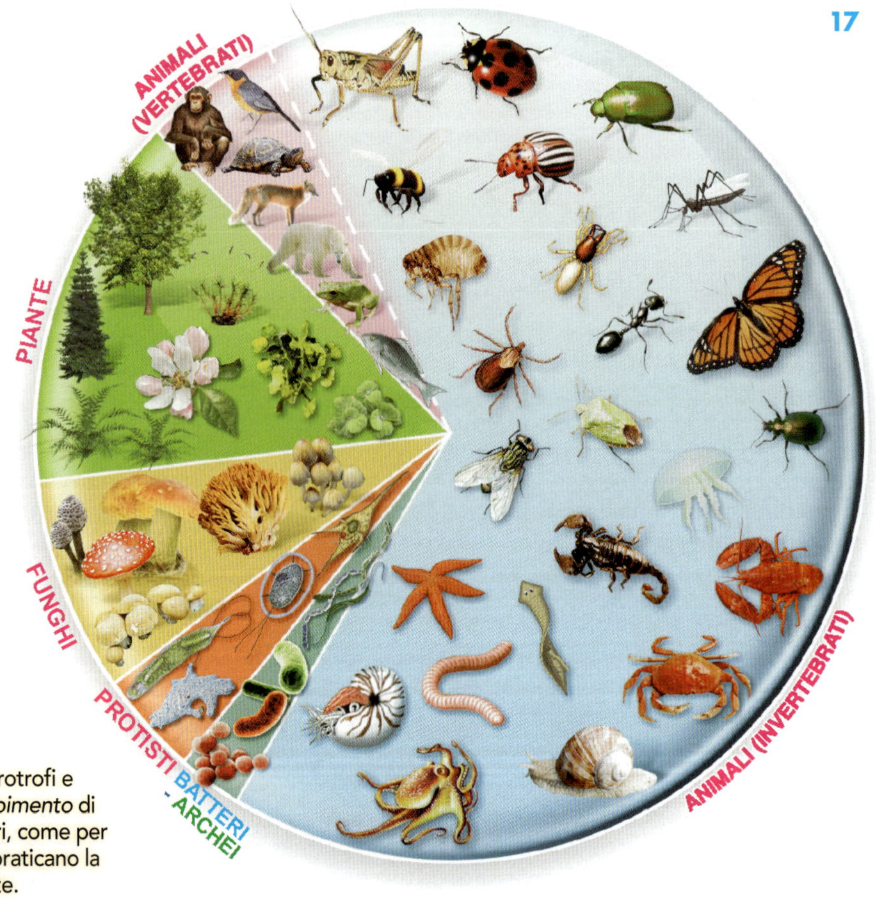

BATTERI

Sono gli organismi procarioti più diffusi: si trovano praticamente dappertutto, nel terreno, nelle acque, nel nostro intestino e sulla nostra pelle. Alcuni sono autotrofi (praticano la *fotosintesi*), mentre per la maggior parte sono eterotrofi e si nutrono per assorbimento.

ARCHEI

Sono organismi procarioti adattati a vivere in ambienti estremi, caratterizzati da elevate temperature (come si registrano presso sorgenti idrotermali) o in acque che presentano elevata acidità o che sono ipersaline (hanno un'alta concentrazione di sali). Sono in genere eterotrofi.

3 Le scienze biologiche e il metodo sperimentale

3.1 La biologia si articola in varie discipline

Punti chiave

Lo studio scientifico degli organismi viventi, come già accennato, può essere affrontato a differenti livelli ai quali fanno capo varie **discipline** distinte che confluiscono nel comune alveo della **biologia**; per questo si parla di **scienze biologiche** o **scienze della vita**.

Tra le scienze biologiche rientrano la **zoologia**, la **botanica**, la **biologia cellulare**, l'**anatomia**, la **fisiologia**, la **biochimica**, la **genetica**, la **biologia molecolare** e l'**ecologia**, solo per citarne alcune (*fig. 18*). Va comunque osservato che spesso i confini tra le varie discipline biologiche sono difficili da tracciare.

LE PRINCIPALI SCIENZE BIOLOGICHE 18

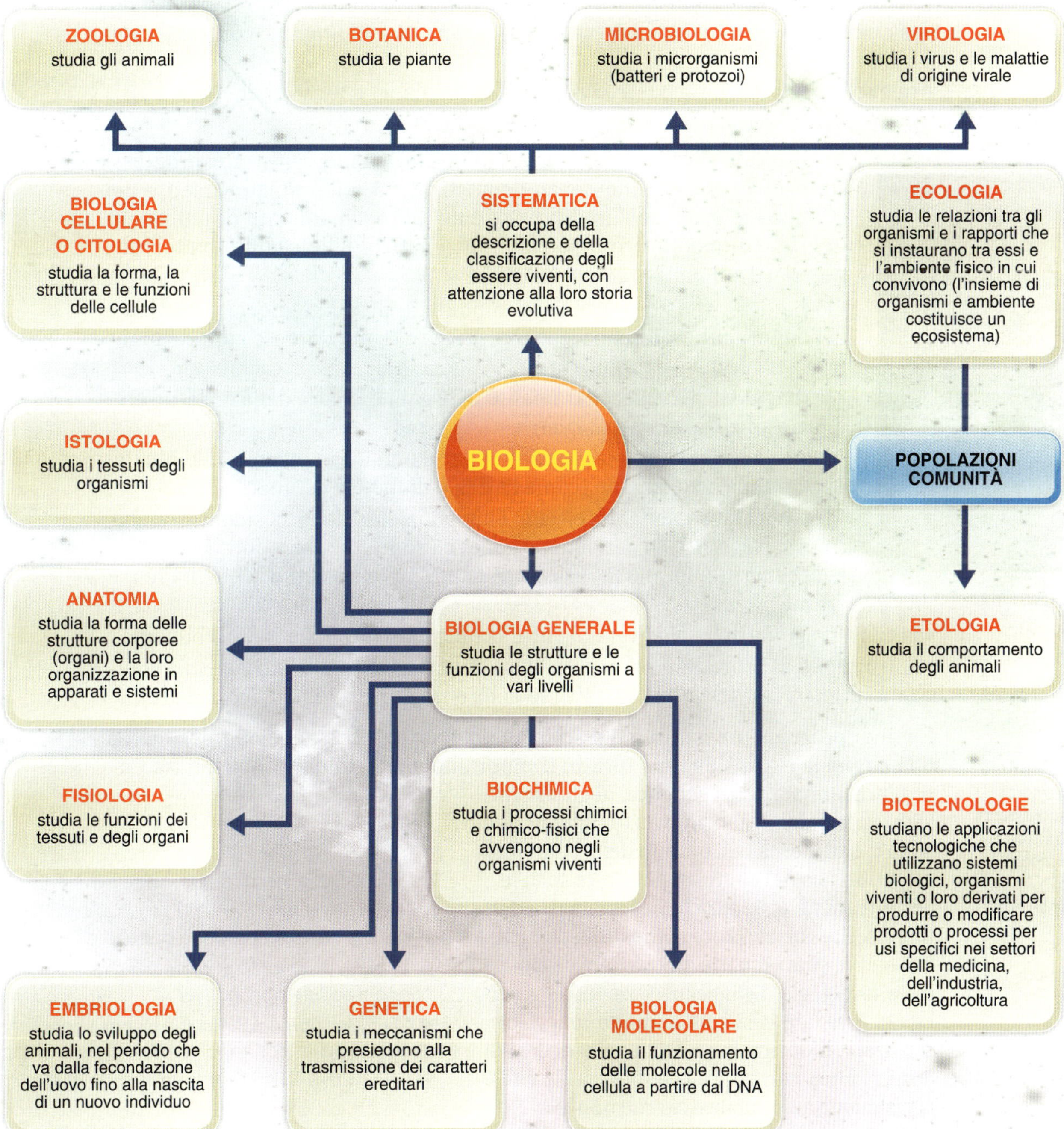

Da un punto di vista generale, le scienze biologiche condividono una serie di conoscenze e strumenti concettuali e matematici che stanno alla base della **fisica** e della **chimica** e che permettono di interpretare gli aspetti fondamentali del comportamento della materia: per esempio, la fisica stabilisce i principi e le leggi che descrivono il moto, le forze e le trasformazioni dell'energia, mentre la chimica stabilisce quelli che descrivono la costituzione atomica e molecolare delle sostanze e le interazioni tra le sostanze che causano cambiamenti nella loro composizione.

Punti chiave

Al pari della fisica, della chimica e di tutte le scienze della natura, la **biologia** fonda la propria indagine su una procedura basata su osservazioni, ipotesi ed esperimenti, nota come *metodo sperimentale* (*vedi al punto 3.2*): per questo le scienze della natura sono dette **scienze sperimentali**.

Le scienze biologiche hanno stretti legami con altre discipline, come la *medicina*, la *farmacologia*, l'*agraria* e la *veterinaria,* e le loro applicazioni hanno numerose e importanti ricadute in vari settori, per esempio:
- in quello *igienico-sanitario* (prevenzione e cura delle malattie);
- in quello *ecologico-ambientale* (servizi di diagnostica biologica e controllo degli inquinamenti);
- in quello *agricolo* (lotta contro i parassiti delle piante e le avversità naturali);
- in quelli dell'*industria alimentare* e *farmaceutica*.

19

©John Innes Center di Norwich, UK.

Fig. 19 Pomodori transgenici "neri" ad elevato contenuto di antociani (molecole con caratteristiche antitumorali e antiossidanti), ottenuti con la tecnologia del DNA ricombinante, confrontati con normali pomodori rossi.

Negli ultimi decenni le scienze biologiche hanno registrato progressi straordinari nelle conoscenze della struttura e del funzionamento del DNA, la molecola dell'ereditarietà, e nel perfezionamento di procedure in grado di modificare il patrimonio genetico delle cellule (batteriche, vegetali e animali) (*fig. 19*).

Ciò ha determinato lo sviluppo imponente dell'**ingegneria genetica** e delle **biotecnologie**, che ha aperto nuove e rivoluzionarie applicazioni e prospettive in vari campi, tra cui:
- la diagnostica medica, il trapianto di organi e la cura delle malattie ereditarie grazie alla *terapia genica*;
- la produzione di farmaci e vaccini per combattere alcune delle più importanti malattie umane (come l'AIDS, il diabete e la tubercolosi);
- l'attività agroalimentare, con l'introduzione delle cosiddette *piante transgeniche*, nel cui patrimonio genetico sono stati introdotti geni estranei che ne migliorano la resa, la resistenza ai parassiti e la qualità nutrizionale;
- la conservazione della *biodiversità*, intesa come fondamentale risorsa biologica;
- l'attuazione di procedimenti per l'utilizzo di materiali di origine vegetale come fonti di *energia alternativa*, attraverso la loro trasformazione in *biocarburanti*.

I grandi progressi registrati dalle scienze biologiche, e che appaiono destinati a una continua espansione nel futuro, comportano anche taluni problemi associati alla manipolazione genetica degli organismi: questi sollevano nuove tematiche che sono dibattute sia nell'ambito della comunità scientifica sia nel contesto politico e sociale. Soprattutto, è avvertita la necessità di effettuare scelte che rendano compatibili con i valori etici le straordinarie innovazioni dischiuse dalle tecnologie di "ingegnerizzazione genetica": si è venuta così configurando una nuova scienza, la **bioetica**, impegnata nella ricerca di criteri idonei per fissare i confini tra ciò che è socialmente accettabile e ciò che non lo è.

RISPONDI

- Quali discipline studiano, rispettivamente, i microrganismi e le piante?
- Di che cosa si occupa la genetica?
- In quali principali settori le scienze biologiche hanno ricadute applicative?
- Quali fondamentali progressi nelle conoscenze biologiche hanno determinato lo sviluppo dell'ingegneria genetica e delle biotecnologie?

3.2 La conoscenza scientifica e il metodo sperimentale

La strada che ci permette di comprendere la realtà fisica di cui siamo parte passa attraverso la sua **conoscenza scientifica**.
Questa convinzione ha un'origine che va ricercata nelle idee introdotte nell'antica Grecia dai filosofi ionici, tra cui Talete di Mileto, vissuti intorno al 600 a. C. Essi furono i primi a sostenere che:

Punti chiave

i **fenomeni naturali** si svolgono secondo schemi fissi, non dettati dal capriccio di misteriose divinità e questo perché a ogni fenomeno è possibile fare corrispondere una **causa naturale** che lo produce.
È attraverso la ricerca di queste cause che l'uomo è posto in grado di *comprendere razionalmente* gli eventi che accadono nel mondo reale.

20

Ad Aristotele (384-322 a.C.), uno dei maggiori filosofi dell'antica Grecia, si devono, oltre a numerose osservazioni, i primi tentativi di inquadrare e interpretare le conoscenze fino ad allora acquisite sul mondo vivente.

ARISTOTELE. In seguito, nel IV secolo a. C., visse uno dei più insigni filosofi greci, **Aristotele** (*fig. 20*), che è anche considerato il maggiore naturalista dell'antichità. Aristotele studiò e dissezionò molti animali e ne propose una classificazione assai avanzata per quei tempi. Inventò molti nomi che usiamo tuttora (per esempio, Cetacei, Coleotteri) e fece i primi studi sullo sviluppo degli embrioni. Osservatore instancabile, scrisse libri su vari argomenti scientifici.
Aristotele, tuttavia, partiva dall'idea che si potesse studiare la natura con gli strumenti della sola ragione e non avvertì l'esigenza di compiere esperimenti a sostegno delle sue conclusioni, né quella di effettuare misure. Perciò giunse talvolta a conclusioni del tutto errate: un esempio è l'idea della *generazione spontanea*, secondo cui taluni organismi viventi trarrebbero origine dalla materia non vivente (come materiali organici in decomposizione o fango).

L'opera e il pensiero di Aristotele si imposero comunque nei secoli successivi come indiscussi punti di riferimento per gli studiosi della natura e le sue concezioni, comprese quelle errate, continuarono, per tutto il Medio Evo e fino alle soglie del Rinascimento, a essere accettate dalla scienza ufficiale come le più valide e incontrovertibili.

LA RIVOLUZIONE DI GALILEI. Il quadro cambiò nel Rinascimento grazie a nuove correnti di pensiero e a nuove figure di studiosi che avvertivano l'esigenza di rinnovamento della cultura dominante, rimasta ancorata alla tradizione.
Si diffuse la tendenza a leggere con spirito critico i testi aristotelici e quelli degli autori antichi in generale: furono così posti in luce errori o interpretazioni arbitrarie dei fatti descritti e, in una parola, furono messe in discussione presunte "verità scientifiche" che erano state accreditate e tramandate nel tempo. Tutto ciò contribuì, insieme ad altri fattori, alla graduale affermazione, culminata agli inizi del XVII secolo, di un nuovo modo, rivoluzionario, di fare scienza: il *metodo sperimentale*, una prassi capace di garantire che lo studio e l'interpretazione dei fenomeni seguano regole, per quanto possibile, obiettive e universalmente riconosciute.
Il merito di avere per primo formalizzato con chiarezza il metodo sperimentale viene riconosciuto a **Galileo Galilei** (*fig. 21*), pur non sottovalutando i contributi di altri pensatori allo sviluppo di questa nuova concezione. Nato nell'ambito dello studio della fisica, il metodo galileiano ben presto si estese anche alle altre discipline e pose le basi della scienza come l'intendiamo oggi.

21

Fig. 21 Galileo Galilei (1564-1642) ritratto da Justus Sustermans.

Il **metodo sperimentale** è una procedura che stabilisce i criteri secondo cui deve essere condotta un'indagine scientifica e si articola in alcuni passaggi o fasi essenziali, tra cui l'esigenza di formulare ipotesi verificabili per mezzo di esperimenti.

APPROFONDIMENTO *ON LINE*
- Aristotele
- Galileo Galilei
- Storia della Biologia

Le **fasi del metodo sperimentale** si possono così idealmente sintetizzare (*fig. 22*):

Punti chiave

- **osservazione** del fenomeno oggetto di studio (e raccolta di informazioni al riguardo) e **identificazione del problema** che si intende affrontare;
- **formulazione di un'ipotesi**, cioè di una spiegazione provvisoria di come si suppone avvenga il fenomeno osservato;
- **verifica sperimentale**, cioè effettuazione di esperimenti che possano convalidare l'ipotesi oppure confutarla (in questo caso si deve proporre una *nuova ipotesi*);
- **conclusione**, cioè elaborazione e comunicazione dei risultati sperimentali se questi confermano l'ipotesi. La conclusione può essere enunciata come *legge* o può confluire in una *teoria*.

RISPONDI

- Perché si attribuisce ai filosofi ionici dell'antica Grecia il merito di avere posto le basi della conoscenza scientifica della natura?
- Come concepiva Aristotele lo studio della natura?
- Qual è la relazione tra ipotesi ed esperimento nell'ambito del metodo sperimentale?

Va comunque precisato che nella pratica della ricerca scientifica spesso le fasi non si susseguono nell'ordine ideale prima indicato, ma possono concatenarsi in modo più tortuoso e imprevedibile, a seconda del campo di indagine, del tipo di fenomeno studiato e delle circostanze.

Prima di esaminare più in dettaglio le fasi del metodo sperimentale, può essere istruttivo descrivere una delle sue prime, anche se relativamente semplici, applicazioni biologiche nel XVII secolo (*vedi approfondimento a lato*).

22a

Fig. 22a
Cannocchiali utilizzati da Galileo per compiere le osservazioni astronomiche nel 1609-1610. *Sotto*, incastonata in una cornice di ebano, la lente obiettiva impiegata per quelle osservazioni. Gli oggetti sono conservati presso il Museo Galileo di Firenze.

22b

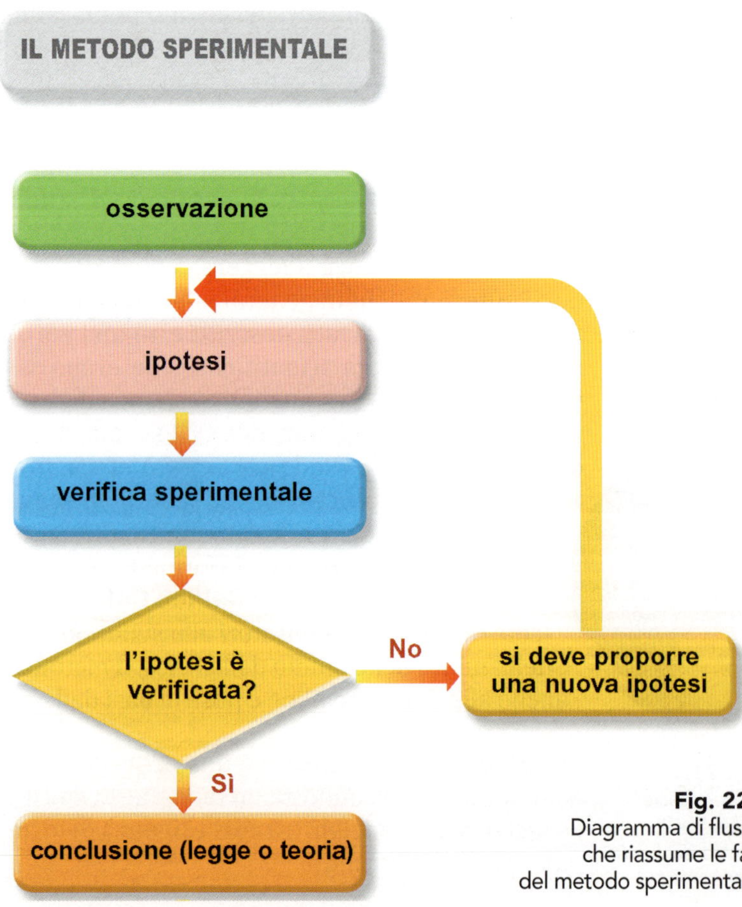

Fig. 22b
Diagramma di flusso che riassume le fasi del metodo sperimentale.

Redi e la confutazione dell'idea di generazione spontanea

Il medico e poeta aretino **Francesco Redi** (1626-1698), seguace di Galilei, condusse esperimenti per spiegare perché la carne in putrefazione, dopo un certo tempo, diventa brulicante di larve bianche di mosca (o "vermi", come venivano chiamate). All'epoca era ancora convinzione comune (nel solco della tradizione aristotelica) che le larve di mosca si generassero spontaneamente nella carne in via di decomposizione (*idea della generazione spontanea*).

Redi fissò la sua attenzione iniziale su un fenomeno che era ben noto: le mosche si posavano frequentemente sopra la carne fresca esposta all'aria e dopo pochi giorni comparivano le larve. A questo proposito, Redi si era documentato su ciò che aveva affermato, alcuni decenni prima, il medico e anatomista inglese **William Harvey**, lo scopritore della circolazione sanguigna: questo scienziato aveva suggerito l'idea che potessero esistere uova e semi troppo piccoli per potere essere visti a occhio nudo.

In base a questi elementi (**osservazione**), Redi si domandò se le larve si originassero in seguito allo schiudersi delle uova deposte dalle mosche nella carne (**individuazione del problema**) e avanzò la seguente supposizione: se si impedisce alle mosche di entrare in contatto con la carne, si può *prevedere* che non compaiono larve (**formulazione dell'ipotesi**).

23

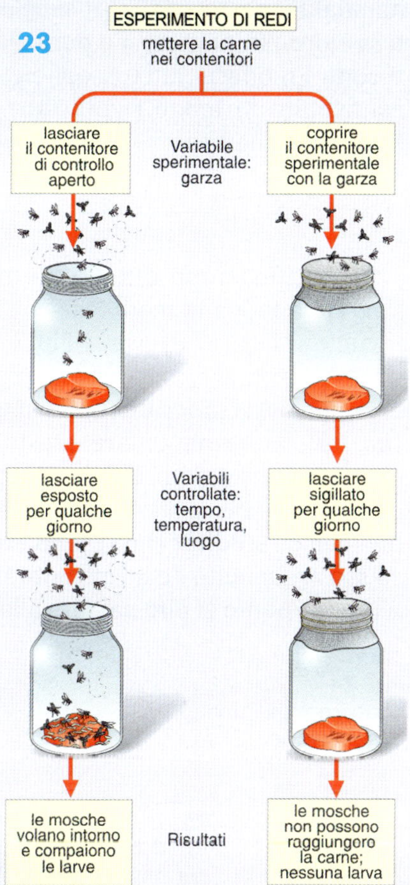

Fig. 23
Ricostruzione schematica dell'esperimento di Redi.

A questo punto, Redi pensò di mettere alla prova la sua ipotesi con un esperimento (**verifica sperimentale**), procedendo in questo modo:

- dispose in alcuni contenitori di vetro puliti altrettanti differenti tipi di carne e li coprì con della garza sottile a trama fitta per tenere lontane le mosche (*contenitori sperimentali*); dispose in un ugual numero di contenitori gli stessi tipi di carne e li lasciò aperti (*contenitori di controllo*) (nella *figura* 23 si considerano per semplicità due contenitori, uno sperimentale e uno di controllo, con lo stesso tipo di carne);
- trascorsi alcuni giorni, Redi osservò che i contenitori aperti pullulavano di larve, mentre queste erano assenti nei contenitori protetti dalla garza.

I risultati confermavano l'ipotesi avanzata e permettevano di accertare che la carne non era in grado di generare spontaneamente larve di mosca (**conclusione**); di conseguenza, si poteva dimostrare la falsità dell'idea di generazione spontanea, almeno *provvisoriamente*: non si poteva infatti escludere che essa potesse verificarsi in altri casi diversi da quello considerato da Redi.

La credibilità dell'idea di generazione spontanea fu comunque intaccata, ma dovettero trascorrere circa due secoli perché fosse definitivamente abbandonata grazie agli esperimenti del biologo francese **Louis Pasteur** (1857) condotti sui microrganismi.

APPROFONDIMENTO *ON LINE*
- La questione della generazione spontanea
- La vita nasce dalla vita
- Francesco Redi, Louis Pasteur e William Harvey

RISPONDI

■ Quale ipotesi fu avanzata da Redi?

3.3 Le fasi del metodo sperimentale

■ OSSERVAZIONE E IDENTIFICAZIONE DEL PROBLEMA

La natura in ogni momento offre un quadro complesso di fenomeni che presentano una molteplicità di aspetti in attesa di essere rilevati, esplorati, descritti, misurati e collegati tra loro.

Punti chiave

L'**osservazione** è il momento in cui viene indirizzata l'attenzione su un aspetto della realtà che si intende indagare. Osservare va inteso nel significato di *guardare* ciò che ci circonda con il desiderio di conoscerlo, per arrivare a scoprire *quello che in realtà è* (come fece Redi). Occorre quindi essere *preparati a osservare*, con mente sgombra da idee preconcette e convinzioni dogmatiche.

L'osservazione iniziale di uno scienziato può essere frutto di un'esperienza diretta effettuata sul campo oppure in laboratorio, o può derivare da riflessioni, da studi e ricerche precedenti fatti da lui stesso o, come spesso accade, da altri autori.

24

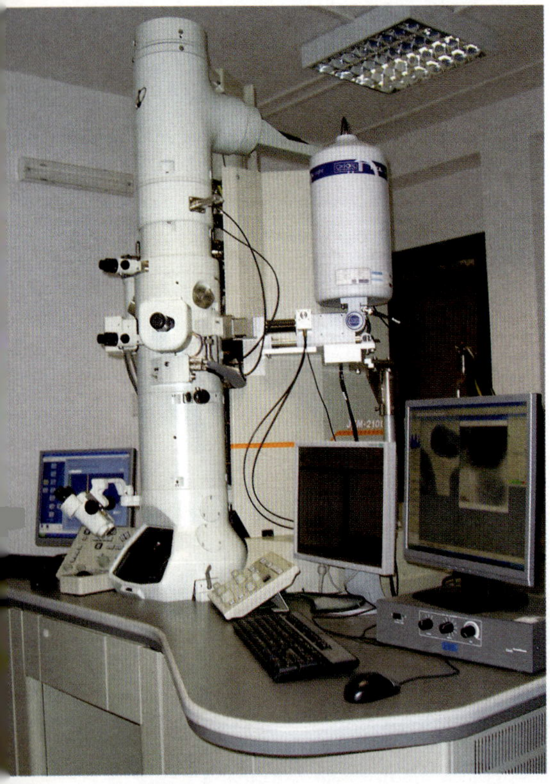

Va detto che la capacità di osservazione si è enormemente ampliata a partire dal XVII secolo, grazie all'uso di strumenti sempre più numerosi e perfezionati: un esempio tra i tanti sono i moderni microscopi elettronici (*fig. 24*), che hanno contribuito in modo significativo ai recenti progressi delle scienze biologiche.

> *Punti chiave*
>
> L'**identificazione del problema** è il momento in cui si mette a fuoco in modo chiaro l'aspetto della realtà che si vuole spiegare attraverso l'indagine scientifica.

È importante sapere definire il problema nel modo giusto (*fig. 25*). Ma prima di fare questo lo scienziato si deve documentare consultando la letteratura scientifica (*ricerca bibliografica*) per raccogliere i dati e le informazioni resi disponibili da altri studiosi che si sono eventualmente occupati dello stesso argomento da lui affrontato.
A questo punto si può passare alla fase successiva.

Fig. 24
Microscopio elettronico a trasmissione.

25

Fig. 25
Supponiamo di mettere a germogliare in due diversi tipi di terriccio, A e B, lo stesso numero di semi di una pianta, riforniti della stessa quantità di acqua, e di osservare una crescita rigogliosa nel caso A e stentata nel caso B.
Ci possiamo chiedere:
1. "quale sostanza vantaggiosa per la crescita della pianta manca nel terriccio B ed è invece presente nel terriccio A?", oppure
2. "il terriccio B è carente di una sostanza necessaria o, invece, contiene in eccesso una sostanza che frena lo sviluppo della pianta?"
La seconda domanda imposta meglio il problema perché prevede una possibilità alternativa.

Formulazione dell'ipotesi

Una volta raccolta la documentazione necessaria e inquadrato il problema, occorre operare in modo da dare una risposta alla domanda scaturita dal problema.

> La **formulazione di un'ipotesi** è il momento in cui viene proposta un'*interpretazione provvisoria* del fenomeno osservato, con l'intento di *prevedere come* esso si svolge.

L'ipotesi deve soddisfare alcuni criteri:
- deve essere, per quanto possibile, *semplice*;
- deve essere in grado di interpretare *tutte* le osservazioni effettuate fino a quel momento;
- deve essere tale che si possano effettuare, da parte di altri ricercatori, esperimenti che la confermino o la smentiscano (o, come si dice, che la "falsifichino").

Verifica sperimentale

La **verifica sperimentale** è il momento in cui viene allestito, ove possibile, un esperimento che possa confermare o negare la validità delle previsioni contenute nell'ipotesi.

In questa fase sono individuabili schematicamente le seguenti operazioni:
- progettazione ed esecuzione dell'esperimento;
- scelta delle grandezze fisiche, cioè delle proprietà misurabili del fenomeno oggetto di studio (*vedi al paragrafo 3.4*), e della strumentazione adatta per effettuare le misure;
- raccolta di dati, per esempio, in forma di tabelle e grafici, e loro elaborazione.

Punti chiave

È molto importante che l'esperimento sia condotto in **condizioni controllate**: il suo andamento può essere infatti influenzato da vari fattori ambientali, detti **variabili**, oltre che dal fattore che si vuole studiare, detto **variabile sperimentale**.

Per esempio, nell'esperimento di Redi molti fattori potrebbero influenzare la comparsa di larve: oltre al contatto delle mosche con la carne, anche la temperatura, l'epoca dell'anno o il luogo dove si compie l'esperimento.
Redi operò su un'unica variabile, ossia la *possibilità di accesso degli insetti alla carne* e divise i contenitori con la carne in due gruppi: *il gruppo di controllo*, dove era consentito il libero accesso delle mosche, e il *gruppo sperimentale* dove l'accesso era impedito da una garza.
I contenitori dei due gruppi si trovavano nelle stesse condizioni tranne una: l'*assenza* o la *presenza* della copertura di garza (*variabile sperimentale*); tutti gli altri fattori mantenuti costanti sono detti *variabili controllate*.
L'introduzione nell'esperimento della prova di controllo garantisce che i risultati ottenuti dipendano *soltanto dalla variabile sperimentale* scelta e non da altri fattori (*vedi l'approfondimento a pag. 35*).

Se un singolo esperimento conferma le previsioni, *non significa* che la fase sperimentale sia conclusa: il risultato potrebbe essere frutto del caso o di una coincidenza e perciò l'esperimento va ripetuto più volte e i vari risultati, se costituiti da dati numerici, vanno sottoposti all'analisi statistica.

Se i riscontri sono tutti positivi, l'ipotesi viene provata; se invece i risulti sono in contraddizione con l'ipotesi di partenza, questa va scartata e sostituita con un'ipotesi alternativa da sottoporre a una nuova verifica sperimentale.
Come affermò il fisico Albert Einstein: *"Per quanto numerosi, gli esperimenti non potranno mai darmi la certezza assoluta che ho ragione; un solo esperimento può essere invece sufficiente a dimostrare che ho torto"*.

Conclusione

In questa fase viene certificata e resa nota la conferma dell'ipotesi iniziale, corredata dalle prove a suo sostegno.

• Dall'ipotesi alla legge

Se l'ipotesi riceve ulteriori conferme da altri ripetuti esperimenti, ne esce rafforzata e può essere enunciata come *legge*.

Una **legge** riassume la descrizione dei fatti interpretati da un'ipotesi ed evidenzia la "regolarità" riscontrata nei risultati sperimentali.

Una legge può essere di tipo *qualitativo* o *quantitativo*:
- una **legge qualitativa** è esprimibile solo a parole; ne è un esempio, in biologia, l'affermazione "*nel nucleo di una cellula sono contenute le istruzioni necessarie per la costruzione delle proteine*";
- una **legge quantitativa** è esprimibile in forma matematica, come avviene comunemente in fisica, anche se non mancano esempi in biologia (un caso è quello delle leggi di Mendel, alla base della genetica, che descrivono in *quali percentuali* si distribuiscono nella discendenza i caratteri ereditari dei genitori).

• Dall'ipotesi alla teoria

Una **teoria** è un'ipotesi che, oltre a essere convalidata da numerose e autorevoli prove,
- si dimostri in grado di spiegare in modo semplice e unificante una grande quantità di osservazioni;
- abbia un'ampia capacità di prevedere fatti non ancora osservati o risultati non ancora acquisiti per mezzo di esperimenti.

Tra gli esempi, si possono citare, in fisica, la *teoria della meccanica* (cioè dei corpi in movimento) di Isaac Newton e, in biologia, la *teoria dell'evoluzione* di Charles Darwin che si segnalano, entrambe, per l'elevatissimo numero di fatti di cui riescono a rendere conto.
Va comunque tenuto ben presente che una teoria non è immutabile, nel senso di costituire una verità assoluta, ma costantemente soggetta a essere o smentita o affinata e modificata, come conseguenza del progredire continuo della conoscenza scientifica.

• La comunicazione dei risultati

Una volta ultimato il lavoro di sperimentazione, gli autori della ricerca comunicano i risultati ottenuti alla comunità scientifica, a cui spetta il compito di valutarne l'importanza e di verificare l'attendibilità della metodologia impiegata per il loro conseguimento.

Punti chiave

I **risultati** sono resi noti sotto forma di articoli, quasi sempre scritti in inglese, pubblicati su riviste internazionali che possono essere specialistiche, cioè rivolte a uno specifico settore di ricerca, o generaliste, cioè dedicate a più settori. La pubblicazione avviene dopo che l'articolo è stato sottoposto all'esame di un comitato di esperti ed è stato da questi approvato.

In certi casi l'articolo scientifico è liberamente disponibile in Internet (*freely available on line*), ma più spesso è reso disponibile un suo riassunto (*abstract*), mentre l'accesso al testo completo è consentito agli abbonati della rivista, o è a pagamento.
La comunicazione dei risultati può avvenire, infine, anche in occasione di conferenze o congressi internazionali.

Rispondi

- In che cosa consiste l'individuazione del problema?
- Che cosa significa formulare un'ipotesi?
- Qual è la differenza tra una legge qualitativa e una legge quantitativa?
- Quando un'ipotesi viene riconosciuta come teoria?

APPROFONDIMENTO *ON LINE*
- L'attività di ricerca in campo biologico

Indagine sperimentale su un allevamento di pesci

Un imprenditore possiede due allevamenti (chiamiamoli A e B) di pesci, tutti della medesima varietà, in due differenti località alimentate con l'acqua di uno stesso torrente, quindi contenente disciolti sali dello stesso tipo e nella stessa quantità.
In entrambi i casi i pesci, divisi in varie vasche a seconda dell'età, sono alimentati con lo stesso tipo di cibo, in modo che, in ciascuna vasca, ogni pesce ne riceva l'identica razione. Insomma, i due allevamenti sono l'esatta copia l'uno dell'altro. Tuttavia in un allevamento, quello situato più a valle (B), i pesci crescono in media più rapidamente che nell'altro. Nasce quindi il problema di capire il perché.
Uno studioso, interpellato a questo proposito, dopo avere fatto tutti i controlli necessari, si accorge che i due allevamenti sono in tutto e per tutto uguali, tranne che per una condizione: la temperatura dell'acqua.
Nell'allevamento B, dove i pesci crescono meglio, la temperatura dell'acqua è di fatto superiore rispetto all'altro, situato a un'altitudine maggiore.

Lo studioso allora azzarda un'ipotesi ragionevole: la crescita dei pesci potrebbe dipendere dalla temperatura dell'acqua. Per stabilire se l'ipotesi è corretta, lo studioso deve ricorrere all'esperimento, operando in condizioni controllate. Può per esempio prelevare dall'allevamento A due campioni costituiti da uno stesso numero di pesci appena nati e, dopo averli pesati, introdurli in due vasche apposite, sempre alimentate dall'acqua del torrente, che supponiamo si trovi a una temperatura di 16 °C (*fig. 26*).
Nella vasca 2 l'acqua viene leggermente riscaldata (poniamo a 20 °C, la stessa temperatura che essa ha nell'allevamento B): qui viene introdotto un campione di pesci, che chiamiamo **gruppo sperimentale**, perché è quello su cui si effettua l'esperimento; l'altro campione, nella vasca 1, a 16 °C, rappresenta il **gruppo di controllo** e si trova nelle stesse condizioni di temperatura dell'allevamento A; entrambi i gruppi, che per semplicità assumiamo dello stesso peso iniziale, ricevono la stessa razione giornaliera di cibo. Si tratta a questo punto di pesare a intervalli regolari, per esempio ogni 5 giorni, per la durata, poniamo di un mese (31 giorni), i due gruppi di pesci e riportare la media dei dati in una tabella e quindi su un grafico (*fig. 27*). Se si osserva che i pesci nella vasca più calda crescono più rapidamente, si avrà una prima conferma dell'ipotesi di partenza: la temperatura influisce effettivamente sulla crescita dei pesci. Per sicurezza, si ripete più volte l'esperimento: se si ottiene un analogo risultato, l'ipotesi risulta pienamente confermata. Dividendo l'incremento di peso dei pesci per il numero di giorni mensili meno uno (cioè per 30), si ricava la loro velocità di crescita media mensile espressa in grammi/giorno.
Lo studioso può allora trarre questa conclusione: in base agli esperimenti condotti, allevando la stessa varietà di pesci in acqua a due temperature differenti, a parità delle altre condizioni, la velocità di crescita media mensile sarà maggiore per i pesci tenuti in acqua più calda.

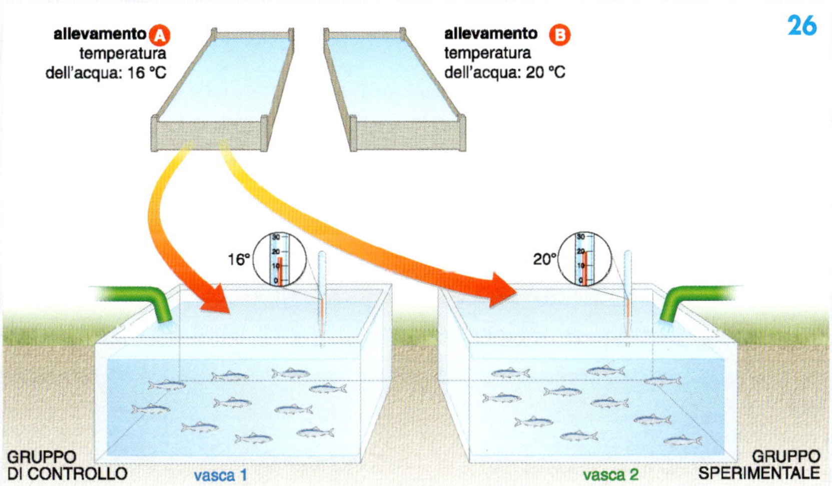

26

Fig. 26
Modello che rappresenta le due situazioni sperimentali (si considerano 2 campioni costituiti dallo stesso numero di pesci).

Fig. 27
In base ai dati della tabella qui sotto, si costruisce un grafico, che riporta la variazione del peso dei pesci in funzione del tempo.

TEMPO	PESO (grammi)	
	Pesci vasca 1	Pesci vasca 2
1° giorno	100	100
6° giorno	105	107
11° giorno	110	114
16° giorno	115	122
21° giorno	121	130
26° giorno	127	140
31° giorno	132	150

27

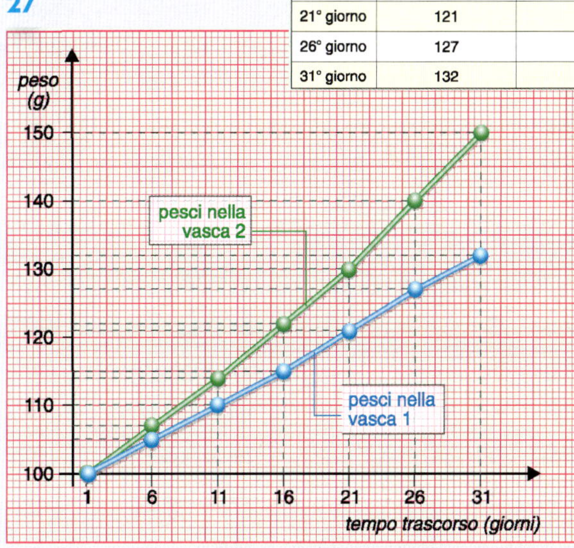

RISPONDI

■ Sapresti indicare nell'esperimento descritto le fasi che si riferiscono a: *osservazione, ipotesi, verifica sperimentale, conclusione*?

3.4 Grandezze fisiche e unità di misura

Gli oggetti e i fenomeni di cui si occupa la scienza possiedono **proprietà che si possono misurare**, dette **grandezze fisiche**: ne sono esempio la *massa*, il *volume*, la *temperatura*, la *pressione*.

Punti chiave

Per misurare una grandezza occorre metterla a confronto con una **unità di misura**. Per convenienza sono stabilite le unità di misura di alcune **grandezze fondamentali** e da queste vengono ricavate le unità di misura relative alle altre grandezze, che vengono dette **grandezze derivate**.

Le unità di misura adottate dal **Sistema Internazionale**, **SI** (universalmente riconosciuto), sono basate su **sette grandezze fondamentali**, riportate nella *tabella 1* unitamente alle loro unità di misura.

Nella *tabella 2* sono indicate alcune importanti **grandezze derivate** e le relative unità di misura. Le grandezze derivate si ottengono componendo tra loro le grandezze fondamentali: le loro unità di misura si originano dalla combinazione delle unità di misura delle grandezze fondamentali. Per esempio, la *velocità* ha come unità di misura il *metro al secondo*, ottenuta dalla combinazione dell'unità di *lunghezza* con quella di *tempo*.

Il SI stabilisce anche le regole per ottenere i **sottomultipli** e i **multipli** delle unità di misura e i **prefissi** da associare al nome dell'unità base per indicarli, come illustrato nella *tabella 3*.

RISPONDI

- Che cos'è una grandezza fisica?
- Qual è l'unità di misura del tempo?
- Come si chiama la milionesima parte del metro?

APPROFONDIMENTO ON LINE

- Conoscenze fisiche di base per lo studio della Biologia

Tabella 1. Grandezze fondamentali nel SI

GRANDEZZE FONDAMENTALI	UNITÀ DI MISURA	
nome	nome	simbolo
lunghezza	metro	m
massa	chilogrammo	kg
tempo	secondo	s
temperatura	kelvin	K
intensità di corrente	ampère	A
quantità di sostanza	mole	mol
intensità luminosa	candela	cd

Tabella 2. Alcune grandezze derivate dal SI

GRANDEZZE DERIVATE	UNITÀ DI MISURA	
nome	nome	simbolo
volume	metro cubo	m^3
velocità	metro al secondo	m/s
forza	newton	$N = kg \cdot m/s^2$
pressione	pascal	$Pa = N/m^2$
densità	chilogrammo per dm^3	kg/dm^3
energia	joule	$J = N \cdot m$
carica elettrica	coulomb	$C = A \cdot s$

Tabella 3. Multipli e sottomultipli delle grandezze del SI

MULTIPLI				SOTTOMULTIPLI			
PREFISSO E SIMBOLO		MOLTIPLICA L'UNITÀ DI MISURA PER		PREFISSO E SIMBOLO		DIVIDE L'UNITÀ DI MISURA PER	
giga-	G	un miliardo di volte	(10^9)	deci-	d	dieci volte	(10^{-1})
mega-	M	un milione di volte	(10^6)	* centi-	c	cento volte	(10^{-2})
* chilo-	k	mille volte	(10^3)	* milli-	m	mille volte	(10^{-3})
etto-	h	cento volte	(10^2)	* micro-	μ	un milione di volte	(10^{-6})
deca-	da	dieci volte	(10)	* nano-	n	un miliardo di volte	(10^{-9})

*comunemente usato nel linguaggio scientifico

Richiamo di alcuni concetti fisici essenziali

Massa e peso

La **massa** di un corpo può essere definita come la grandezza che misura la **quantità di materia** che costituisce il corpo stesso: la sua unità di misura nel SI è il **chilogrammo (kg)**.

Il **peso** di un corpo rappresenta la **forza di gravità** che ne attrae la massa: nel SI è misurato in **newton (N),** ma nella pratica corrente si usa come unità di misura il **chilogrammo-peso (kg-peso)**.

Energia

L'**energia** è la capacità di un corpo o di un sistema di compiere lavoro: la sua unità di misura nel SI è il **joule (J)**. Esistono **molte forme di energia** (*tabella 4*) che si possono tutte trasformare le une nelle altre. Due forme fondamentali di energia sono l'**energia cinetica** e l'**energia potenziale,** la cui somma rappresenta l'**energia meccanica.**

Tabella 4. Alcune delle principali forme di energia

Energia meccanica	È data dalla somma di energia cinetica (posseduta da un corpo in movimento) e di energia potenziale (posseduta da un corpo che si trova a una certa altezza dal suolo). L'energia associata al vento (energia eolica) e quella connessa all'acqua in movimento (energia idrica) sono due forme di energia meccanica.
Energia termica	È quella che può essere trasferita da un corpo più caldo a un corpo più freddo come **calore**; deriva dal movimento delle particelle che costituiscono la materia o *moto di agitazione termica*; è anche l'energia liberata come calore quando si brucia una sostanza combustibile.
Energia elettrica	È associata a cariche elettriche in movimento, provocato, per esempio, da un generatore di corrente.
Energia chimica	È quella associata alla rottura e alla formazione dei legami chimici tra atomi e molecole e si libera nel corso delle reazioni chimiche.
Energia radiante	Detta anche **energia elettromagnetica**, è quella emessa dal Sole e che raggiunge la Terra sotto forma di radiazioni elettromagnetiche (è sfruttata dalle piante nella fotosintesi e dai pannelli solari).
Energia nucleare	È "racchiusa" nel nucleo degli atomi e si libera nel caso di reazioni di *fusione termonucleare* che avvengono nelle stelle (e quindi nel Sole) e di *fissione* nucleare sfruttate nelle centrali elettronucleari.

Temperatura e calore

La **temperatura** misura **quanto** un corpo è caldo o freddo e può essere definita come il **livello termico** del corpo stesso. Per la sua misura nel SI si fa riferimento alla **scala assoluta** o **scala Kelvin,** che ha come unità di misura il **grado Kelvin (K)**; per gli usi pratici si fa riferimento alla **scala Celsius** o **scala centigrada,** che ha come unità di misura il **grado Celsius** (°**C**).

Il **calore** è **energia termica** che si trasferisce da un corpo a una certa temperatura ad un altro a temperatura inferiore. La sua unità di misura nel SI è il **joule (J)**; un'altra unità di misura del calore molto utilizzata è la **caloria (cal).**

Passaggi di stato fisico

Le sostanze possono cambiare il loro **stato fisico** o **stato di aggregazione** in seguito a **passaggi di stato** dovuti a variazioni della temperatura o della pressione (*tabella* 5 e *fig.* 28).

Tabella 5. I passaggi di stato

Fusione	È il passaggio dallo stato solido allo stato liquido
Solidificazione	È il passaggio dallo stato liquido allo stato solido
Vaporizzazione	È il passaggio dallo stato liquido allo stato aeriforme. È detta **evaporazione** se interessa solo la superficie del liquido, **ebollizione** se interessa l'intera massa del liquido
Condensazione (liquefazione)	È il passaggio dallo stato aeriforme (vapore) allo stato liquido; il passaggio di un gas allo stato liquido è detto liquefazione
Sublimazione	È il passaggio diretto dallo stato solido allo stato aeriforme
Brinamento	È il passaggio diretto dallo stato aeriforme (vapore) allo stato solido

Fig. 28
Schema riassuntivo dei passaggi di stato.

28

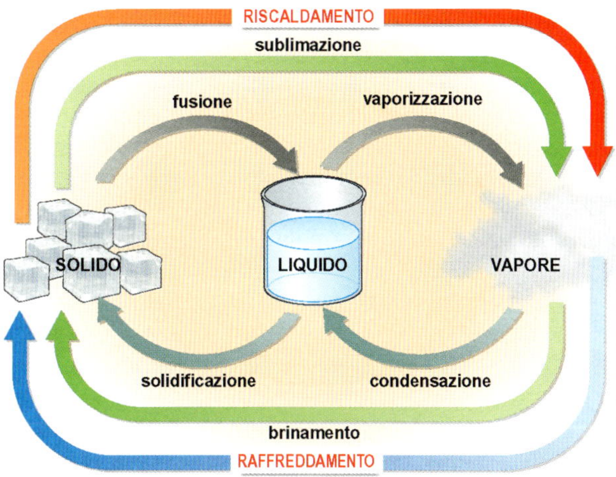

Sviluppo delle competenze

CONCETTI IN SINTESI

Audiosintesi

1. La **biologia** è la scienza della vita e si propone di descrivere e interpretare le forme, le strutture e le funzioni degli organismi viventi.
I biologi hanno individuato un insieme di **caratteristiche dei viventi** che permette di distinguerli con ragionevole certezza dagli oggetti inanimati. Le principali sono:

- **complessità e ordine**. I viventi possiedono strutture altamente complesse e ordinate che hanno come unità costitutive le **cellule**;
- **utilizzazione di energia e materiali**. I viventi acquisiscono dall'ambiente energia, la cui fonte primaria è il Sole, e sostanze chimiche che utilizzano, tramite i processi del **metabolismo**, per la propria crescita e il proprio sostentamento;
- **omeostasi**. I viventi sono in grado di mantenere stabili le condizioni chimiche e fisiche del proprio ambiente interno grazie alla capacità di mettere in atto processi basati su meccanismi di autoregolazione;
- **reattività**. I viventi possiedono la capacità di rispondere agli stimoli provenienti dall'ambiente esterno mettendo in atto risposte finalizzate;
- **informazione genetica** (o **informazione ereditaria**). I viventi dispongono di un programma, basato su un codice racchiuso nel materiale genetico presente in ogni cellula, che reca le istruzioni per lo svolgimento di tutte le attività e le funzioni vitali;
- **riproduzione**. I viventi sono in grado di generare nuovi individui a cui trasmettono per via ereditaria la propria specifica informazione genetica;
- **crescita e sviluppo**. I viventi durante la loro esistenza attraversano fasi in cui, a partire da una singola cellula di partenza, accrescono la propria massa corporea e sviluppano i propri organi;
- **evoluzione**. I viventi discendono da un antenato comune per graduali modifiche nel tempo, frutto di processi di **adattamento** all'ambiente, e sulle quali agisce il meccanismo della **selezione naturale**.

2. Il mondo vivente può essere rappresentato secondo un modello ideale basato su **sistemi strutturali** disposti a vari **livelli di organizzazione**; passando da un livello a quello successivo compaiono **strutture più complesse** e si manifestano nuove proprietà, dette **proprietà emergenti**, assenti nel livello precedente.
A partire dal livello di base, relativo agli atomi e alle molecole, si giunge al livello di organizzazione più ampio del sistema vivente, quello di biosfera, passando attraverso vari livelli intermedi di complessità crescente: organulo cellulare – cellula – tessuto – organo – sistema di organi – organismo pluricellulare – popolazione – comunità – ecosistema.

Gli organismi, secondo come si procurano le proprie risorse vitali, si distinguono in due grandi gruppi strettamente interconnessi:

- **produttori**, che sono in grado di utilizzare **direttamente energia** per produrre le sostanze di cui si nutrono: sono perciò chiamati **autotrofi**, cioè "che nutrono sé stessi";
- **consumatori**, che ricavano l'energia necessaria cibandosi di altri organismi, cioè della materia organica da essi immagazzinata, e perciò sono detti **eterotrofi**.

Esistono due tipi fondamentali di sistema: chiusi e aperti.

- Un **sistema chiuso** scambia con lo spazio esterno, cioè con l'**ambiente**, solo **energia** e **non materia**.
- Un **sistema aperto** scambia con l'**ambiente** sia **energia** sia **materia**.

Tutti i sistemi viventi sono esempi di sistemi aperti.

Le differenti specie di organismi attualmente identificati sono raggruppati in: **Batteri**, **Archei** ed **Eucarioti** (comprendenti **Protisti**, **Funghi**, **Piante** e **Animali**).

3. La biologia è una scienza ramificata in numerose discipline che costituiscono le **scienze biologiche**, indirizzate allo studio prevalente di determinati aspetti che caratterizzano gli organismi viventi.
Le scienze biologiche, al pari delle altre scienze della natura, tra cui la fisica e la chimica, sono **scienze sperimentali**.
Il **metodo sperimentale**, formalizzato da **Galilei**, è una procedura che stabilisce i criteri secondo cui deve essere condotta un'indagine scientifica e si articola nelle seguenti **fasi** fondamentali:

– **osservazione** del fenomeno oggetto di studio e **identificazione del problema** che si intende affrontare;

– **formulazione di un'ipotesi**, cioè di una spiegazione provvisoria di come si suppone avvenga il fenomeno osservato;

– **verifica sperimentale**, cioè effettuazione di esperimenti che possano convalidare l'ipotesi oppure confutarla (in questo caso si deve proporre una nuova ipotesi);

– **conclusione**, cioè elaborazione e comunicazione dei risultati sperimentali se questi confermano l'ipotesi. La conclusione può essere enunciata come **legge** o può confluire in una **teoria**.

Una **grandezza fisica** è una proprietà di un oggetto o di un fenomeno che può essere misurata per confronto con un'**unità di misura**.

Verifica le CONOSCENZE

Verifiche interattive

1. Le caratteristiche comuni dei viventi

1 **Stabilisci quali delle seguenti affermazioni sono vere (V) e quali false (F), indicando in quest'ultimo caso il termine corretto.**

	V	F
a. Le più piccole unità viventi sono le molecole.	❑	❑
....		
b. Il citoplasma è racchiuso nella membrana cellulare.	❑	❑
....		
c. I tessuti sono formati da organi.	❑	❑
....		
d. Gli organismi possono essere unicellulari o pluricellulari.	❑	❑
....		
e. La complessità e l'ordine che caratterizzano i viventi possono sussistere grazie ai processi del metabolismo.	❑	❑
....		
f. La varietà degli organismi viventi ha avuto origine attraverso il processo di omeostasi.	❑	❑
....		
g. È tipica degli organismi unicellulari la riproduzione sessuata.	❑	❑
....		
h. L'evoluzione si fonda sul meccanismo della selezione naturale.	❑	❑

2 **Scegli il completamento corretto.**

1. I differenti composti chimici che costituiscono la cellula di un batterio sono circa
   - **a.** un centinaio
   - **b.** 7000
   - **c.** 700
   - **d.** 70 000
2. Metabolismo significa
   - **a.** crescita
   - **b.** sviluppo
   - **c.** trasformazione
   - **d.** reattività
3. Nella fotosintesi l'energia solare si trasforma in
   - **a.** calore
   - **b.** energia elettrica
   - **c.** energia chimica
   - **d.** energia cinetica
4. Il numero di cellule costituenti del corpo umano è di almeno
   - **a.** 10^5
   - **b.** 10^8
   - **c.** 10^{11}
   - **d.** 10^{13}
5. Tutti i tipi di cellule hanno in comune
   - **a.** la membrana cellulare, il citoplasma e il nucleo
   - **b.** la membrana cellulare, vari organuli cellulari e il DNA
   - **c.** la membrana cellulare, gli organuli cellulari e il nucleo
   - **d.** la membrana cellulare, il citoplasma e il DNA

3 **Completa le seguenti definizioni.**

a. La fonte primaria di energia per i viventi

....

b. Insieme delle trasformazioni che avvengono nelle cellule in cui sono sia costruite sia demolite molecole di svariate sostanze

....

c. Il controllo della temperatura corporea che avviene tramite i meccanismi dell'omeostasi

....

d. La fondamentale risorsa che viene resa disponibile per la cellula tramite il metabolismo

....

e. La molecola in cui è depositato il programma necessario per la costruzione, il funzionamento e la riproduzione di ogni essere vivente

....

2. L'organizzazione del sistema vivente

4 **Stabilisci quali delle seguenti affermazioni sono vere (V) e quali false (F), indicando in quest'ultimo caso il termine corretto.**

	V	F
a. Nel passaggio dal livello di organizzazione di tessuto a quello di cellula si ha un aumento di complessità.	❑	❑
....		
b. Una comunità è un sistema che deriva dall'integrazione di più ecosistemi.	❑	❑
....		
c. Il sistema organismo pluricellulare include tutti i livelli di organizzazione che lo precedono in ordine gerarchico.	❑	❑
....		
d. L'ecosistema è il livello di organizzazione più ampio del sistema vivente.	❑	❑
....		
e. Il sistema vivente è un sistema aperto.	❑	❑
....		
f. Un acquario con dentro dei pesci è un sistema chiuso.	❑	❑
....		

Sviluppo delle competenze

	V	F
g. Gli organismi consumatori sono autotrofi.	❑	❑
....		
h. In una cellula eucariote il DNA è racchiuso in un nucleo.	❑	❑
....		
i. Batteri e Archei sono costituiti da cellule di tipo procariote.	❑	❑
....		
l. Gli Animali sono costituiti da cellule di tipo procariote o eucariote.	❑	❑
....		
m. I Protisti sono in prevalenza unicellulari.	❑	❑
....		

5 Scegli il completamento corretto.

1. I sistemi che si integrano in successione e vanno a costituire un organismo pluricellulare sono in ordine di complessità crescente
   a. tessuto – organulo – cellula – organo – apparato
   b. organulo – cellula – organo – apparato – tessuto
   c. organulo – cellula – tessuto – organo – apparato
   d. organulo – cellula – tessuto – apparato – organo
2. Una popolazione è un sistema costituito da
   a. comunità
   b. specie
   c. organismi della stessa specie
   d. ecosistemi
3. Gli organismi eterotrofi
   a. producono le sostanze di cui si nutrono
   b. sono organismi produttori
   c. si nutrono a spese di altri organismi
   d. sono capaci di fotosintesi
4. Non sono organismi eucarioti
   a. Piante
   b. Archei
   c. Funghi
   d. Protisti

3. Le scienze biologiche e il metodo sperimentale

6 Stabilisci quali delle seguenti affermazioni sono vere (V) e quali false (F), indicando in quest'ultimo caso il termine corretto.

	V	F
a. La disciplina biologica che studia i microrganismi è la citologia.	❑	❑
....		
b. L'istologia studia la struttura e le funzioni della cellula.	❑	❑
....		
c. Il comportamento degli animali è oggetto di studio dell'etologia.	❑	❑
....		
d. Aristotele visse nel IV secolo d.C.	❑	❑
e. Il ragionamento è una delle fasi del metodo sperimentale.	❑	❑
....		
f. Nel metodo sperimentale la fase che precede la conclusione è l'ipotesi.	❑	❑
....		
g. Una grandezza fisica è una proprietà osservabile della materia.	❑	❑
....		
h. La temperatura nel SI si misura in gradi centigradi.	❑	❑
....		
i. La velocità è una grandezza derivata.	❑	❑
....		
l. Il prefisso mega- moltiplica l'unità di misura per un miliardo di volte.	❑	❑
....		
m. Il prefisso che divide l'unità di misura per un miliardo di volte è micro-.	❑	❑
....		
n. La milionesima parte del metro è il nanometro.	❑	❑
....		

7 Scegli il completamento corretto.

1. Un'ipotesi scientifica è
   a. l'enunciazione di una teoria
   b. una possibile spiegazione di un fenomeno
   c. la raccolta di informazioni intorno a un fenomeno
   d. la verifica di un fenomeno con l'esperimento
2. La verifica sperimentale
   a. precede la formulazione di un'ipotesi
   b. è la prima fase del metodo sperimentale
   c. serve a provare la validità di un'ipotesi
   d. presuppone l'enunciazione di una teoria
3. In un esperimento le variabili che lo sperimentatore decide di controllare sono dette
   a. misurabili
   b. dipendenti
   c. indifferenti
   d. indipendenti
4. L'unità di misura dell'energia è
   a. coulomb
   b. joule
   c. newton
   d. mole
5. Esprimendo la massa in kg, la densità si misura in
   a. kg/m^3
   b. kg/cm^3
   c. kg/dm^3
   d. kg/m^2

Verifica le ABILITÀ

1 Collega ogni termine della colonna A con il termine logicamente associato della colonna B.

A	B
1. stimolo	**a.** DNA
2. autoregolazione	**b.** cellula
3. geni	**c.** embrione
4. unicellulare	**d.** reattività
5. organuli	**e.** complessità
6. energia chimica	**f.** ecosistema
7. sviluppo	**g.** omeostasi
8. adattamento	**h.** batterio
9. organi	**i.** evoluzione
10. proteina	**l.** metabolismo
11. comunità	**m.** apparato

2 Rispondi ai seguenti problemi.

A. Considera le due seguenti caratteristiche degli organismi viventi: utilizzazione dell'energia e omeostasi. Secondo te la capacità di utilizzare l'energia potrebbe sussistere in assenza di omeostasi?
Motiva la tua risposta.

....

....

....

....

....

....

B. Che cosa significa l'affermazione: "la selezione naturale premia gli organismi più adatti"?

....

....

....

....

....

3 Disponi in ordine di complessità crescente i seguenti livelli di organizzazione del sistema vivente inserendo le lettere corrispondenti nei cerchietti:

a. ecosistema – **b.** atomo – **c.** tessuto – **d.** biosfera – **e.** cellula – **f.** comunità – **g.** apparato – **h.** popolazione – **i.** organismo – **l.** organulo – **m.** molecola – **n.** organo.

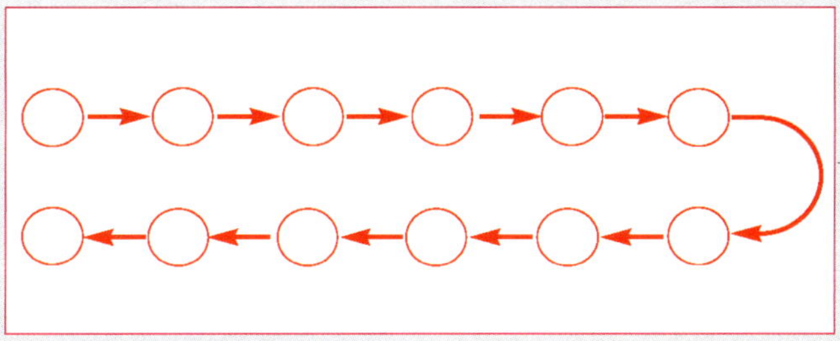

4 Completa le seguenti frasi.

a. Un sistema aperto scambia con l'esterno

....

b. Un sistema chiuso scambia con l'esterno

....

c. La Terra è considerata un sistema

....

5 Completa e rispondi.

A. Osserva lo schema e inserisci in corrispondenza delle lettere i termini opportuni scelti tra i seguenti.

[*ambiente – aperto – chiuso – esterno – flusso di energia – fonte di energia – scambi di energia – scambi di materia*]

B. Cita alcuni esempi di scambi di materia:

....

....

....

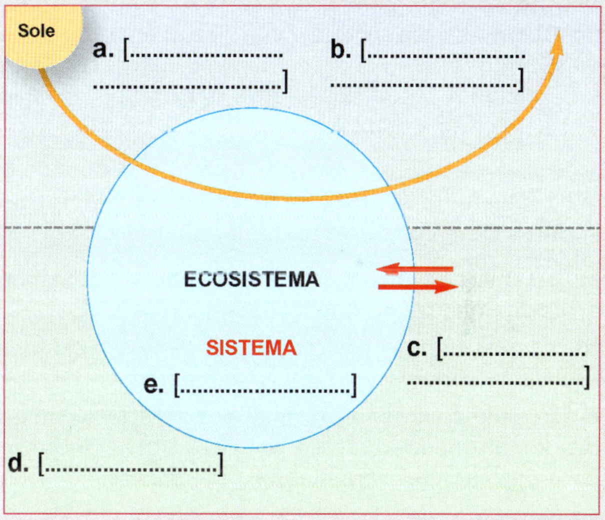

6 Tenendo presenti le fasi del metodo sperimentale, indica quali delle seguenti affermazioni si possono considerare osservazioni (O) e quali conclusioni (C) circa il fenomeno riportato.

a. Lo zucchero, messo in acqua, dopo un po' non si vede più. [........]

b. L'acqua è in grado di sciogliere molte sostanze. [........]

c. Il ghiaccio è freddo. [........]

d. L'acqua solidifica a 0 °C. [........]

e. Il ghiaccio galleggia sull'acqua. [........]

f. Il ghiaccio è più leggero dell'acqua. [........]

Sviluppo delle competenze

7 **Indica a quale livello di organizzazione si manifesta la prima fondamentale differenza tra un batterio e un animale e spiega perché.**

....

....

....

....

8 **Scegli l'affermazione che ritieni corretta.**

Considera l'esperimento condotto da Francesco Redi per confutare l'idea di generazione spontanea.

I risultati ottenuti dimostrarono che:

1. Solo se la carne era esposta all'aria poteva dare origine a organismi viventi.

2. Se la carne non veniva esposta all'aria non si sviluppavano vermi.

3. I vermi si generavano solo se la carne veniva a contatto con le mosche.

9 **Analizza la seguente situazione.**

OSSERVAZIONE: d'estate le persone si vestono preferibilmente di bianco o di colori chiari.

IPOTESI: questi colori aiutano a difendere dal caldo meglio dei colori scuri.

Vuoi confermare questa ipotesi sfruttando la luce solare e utilizzando opportunamente i seguenti materiali: due piattini, due cubetti di ghiaccio identici, un cartoncino bianco, un cartoncino nero.

a. Come procederesti per allestire l'esperimento per confermare l'ipotesi di partenza?

b. Quale fenomeno ti aspetti di osservare e perché?

c. L'ipotesi risulta confermata?

Verifica di competenze

• UOVA CHE NON SI SCHIUDONO

Uno studente di biologia fu informato che molte uova depositate dagli uccelli in una certa zona non riuscivano ad arrivare alla schiusa e che il problema era sorto da quando i contadini avevano cominciato a spargere un erbicida XYZ su quelle aree di terreno. Formulò allora una prima ipotesi.

10 **1. Quale delle seguenti formulazioni dell'ipotesi può essere considerata quella più corretta?**

a. "se delle uova sane e normali sono trattate con erbicidi, non arriveranno mai alla schiusa";

b. "l'esposizione ai principi tossici degli erbicidi è la causa che impedisce la schiusa delle uova";

c. "se delle uova sane e normali sono trattate con erbicidi contenenti lo stesso principio attivo di quello osservato non arriveranno mai alla schiusa".

Intanto, però, la stagione era cambiata e al momento in cui i contadini avevano ripreso a spruzzare l'erbicida, le giornate si erano fatte insolitamente calde. Lo studente pensò allora di riformulare l'ipotesi: "la causa che uccide le uova può essere l'erbicida oppure l'innalzamento di temperatura". Passò quindi all'esperimento.

2. Che cosa rappresentano il "fattore temperatura" e il "fattore erbicida"?

....

....

Lo studente raccolse due covate di tre uova della stessa specie di uccello e le mise nell'incubatrice del proprio laboratorio:
– per testare il fattore temperatura dispose la prima covata, senza insetticida, a una temperatura maggiore (35 °C) rispetto a quella normale (25 °C), per simulare l'aria particolarmente calda registrata nella stagione corrente (*figura A*); tutte le uova si dischiusero regolarmente;
– per testare il fattore erbicida dispose la seconda covata in condizioni normali di temperatura (25 °C), con una concentrazione di erbicida simile a quella che si poteva ritenere fosse presente nell'ambiente naturale (*figura B*); nessun uovo si dischiuse.

Lo studente ripetè più volte l'esperimento e ottenne sempre lo stesso risultato: ne concluse che la causa del problema osservato era sicuramente l'erbicida. Ne parlò con il suo professore che senza esitazione gli disse: "il tuo non è un esperimento controllato e non ha validità scientifica".

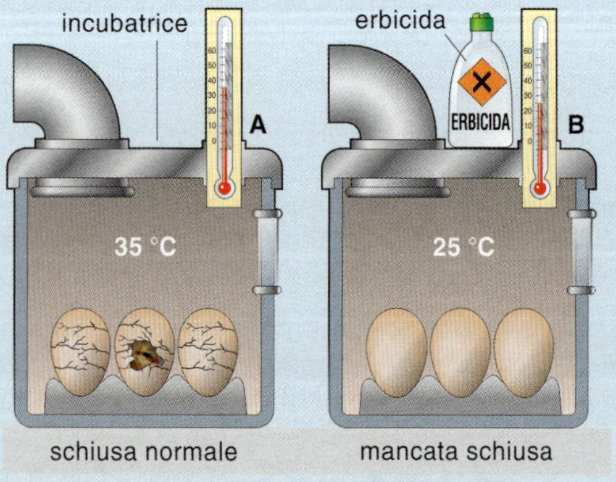

3. Che cosa intendeva dire il professore?

....

....

....

APPROFONDIMENTO ON LINE
• Mappa interattiva

SUMMARY

1. ***Biology*** *is the science of life and is dedicated to the description and interpretation of the forms, structures and functions of living organisms.*
Biologists have identified a set of ***characteristics of living things*** *allowing us to distinguish them from inanimate objects with reasonable confidence.*
The main are:

– ***complexity and organisation****. Living things display extremely complex and highly organised structures. Their constitutive unit is the* ***cell****;*

– ***use of energy and materials****. A living thing acquires energy (the Sun being its primary source) and chemical substances from the environment. These are employed for its own growth and sustenance through the processes of* ***metabolism****;*

– ***homeostasis****. Living things are able to maintain stable chemical and physical conditions in their internal environment thanks to the ability to control processes based on autoregulating mechanisms;*

– ***response to stimuli****. Living things are able to react to environmental stimuli with directed responses;*

– ***genetic information*** *(or* ***hereditary information****). Living things are provided with a program, based on a code enclosed in the genetic material, that carries the necessary information for the performance of all vital activities and functions;*

– ***reproduction****. All living things are able to generate new individuals to whom they transmit their own specific genetic information by heredity;*

– ***growth and development****. During their life, living things go through phases: starting from an early single cell they increase their own body mass and develop their own organs;*

– ***evolution****. Living things descend, through gradual modifications occurring over time, from a common ancestor. This is the result of environmental* ***adaptation*** *processes on which* ***natural selection*** *mechanisms are acting.*

2. *The living world can be represented according to an ideal model based on different* ***structural systems*** *arranged at various levels of organisation; moving from one level to the next,* ***more complex structures*** *appear and new properties are observed which were absent in the previous level: they are called* ***emerging properties****.*
Starting from the base level, related to atoms and molecules, we reach the broadest level of organisation of living systems, the biosphere, by passing through various intermediate levels of complexity: cellular organelle - cell - tissue - organ - system of organs - multicellular organism - population - community - ecosystem.

Based on how they procure their vital resources, organisms are divided in two, tightly connected groups:

– ***producers****, are able to directly use energy to produce nutrient substances: these are therefore called* ***autotrophs****, meaning "that they feed themselves";*

– ***consumers****, obtain the necessary energy by feeding on the organic matter of other organisms, and are therefore called* ***heterotrophs****.*

Two types of fundamental systems exist: close and open systems.

– A ***closed system*** *exchanges with the outside space (the environment) only* ***energy*** *but not* ***matter****.*

– An ***open system*** *exchanges* ***energy*** *and* ***matter*** *with the* ***environment****.*

All living systems are examples of open systems.

The different species of organisms identified so far are grouped in: ***Bacteria****,* ***Archea*** *and* ***Eukaryota*** *(including* ***Protists****,* ***Fungi****,* ***Plants*** *and* ***Animals****).*

3. *Biology is ramified in numerous disciplines, collectively know as* ***life sciences****.*
Life sciences, as for other natural sciences such as physics and chemistry, are ***experimental sciences****.*
The ***experimental method****, formalised by* ***Galilei****, defines the criteria for carrying out a scientific investigation and is structured in the following fundamental* ***phases****:*

– ***observation*** *of the phenomenon being studied and* ***identification of the problem*** *we intend to investigate;*

– ***formulation of a hypothesis****, that is a temporary explanation of how we think the observed phenomenon occurs;*

– ***experimental verification****, that is carrying out experiments that might validate or reject the hypothesis (if rejected a new hypothesis has to be proposed);*

– ***conclusion****, that is processing and presenting the experimental results should these confirm the hypothesis. The conclusion can be expressed as a* ***law*** *or can converge into a* ***theory****.*

A ***physical quantity*** *is a property of an object or phenomenon that can be measured with reference to a* ***unit of measurement****.*

EXERCISES

1 Complete the following definitions by inserting the correct word.

a. The fluid material surrounded by a cellular membrane. ....

b. The ability of a living organism to react to external stimuli. ....

c. Process by which living organisms generate new individuals of the same species.

....

d. The ability of a living organism to maintain constant internal body conditions.

....

2 Decide which of the following levels of organisation of a living system includes all the others.

a. organism
b. population
c. molecule
d. community
e. cell
f. apparatus
g. tissue
h. organ

3 Complete the following sentences by inserting the correct terms from those listed below.

a. All living organisms are composed of ....

b. All living organisms need a source of .... and chemicals to sustain themselves.

c. When a plant turns toward the light, it is .... to an external stimulus.

d. When living organisms ...., the offspring resemble the parents.

e. Living organisms are suited, that is .... to their environment.

f. Very often, the next step after the formulation of an hypothesis is ....

g. Multicellular organisms often reproduce by means of .... reproduction.

h. .... is a series of complex chemical .... that require certain chemical and physical conditions to work properly; the cellular .... is maintained at these relatively constant conditions using .... mechanisms, which are at the basis of ....

[*adapted – asexual – cells – environment – energy – evolution – experimentation – homeostasis – metabolism – molecules – reproduce – reactions – regulation – responding – sexual – species – theory*]

4 Complete the following passage by inserting the correct terms from those listed below.

Evolution begins when certain individuals of a .... inherit a genetic modification or .... which causes them to be better suited or .... to a particular environment.
The organisms with these new characteristics have a better chance to .... and are more likely to reproduce and pass them to their ...., while those without them are more likely to die young. This is the way in which natural .... acts. Over time, an increasing part of the population will possess these advantageous characters: if this continues over many .... there may be a change or .... in the characters of the species as a whole.

[*adapted – community – die – environment – evolution – generations – mutation – offspring – selection – species – survive*]

5 Which of the following is not necessarily an important consideration in the scientific method?

a. continued observation
b. a carefully controlled experiment
c. accepting a hypothesis
d. the elimination of competing hypothesis
e. conclusion based on the observed data

6 Write down the correct quantity for each of the following units of measurement, specifying whether it is fundamental (F) or derived (D).

a. metre .... [.......]
b. joule .... [.......]
c. second .... [.......]
d. ampere .... [.......]
e. cubic metre .... [.......]
f. kelvin .... [.......]
g. mole .... [.......]
h. metre per second .... [.......]

7 Complete the following sentences by filling in the correct word (write the symbol for units of measurement).

a. Mass is measured in... [..........]
b. Electric current is measured in... [..........]
c. M/s measures ... [..]
d. Pa measures ... [..]
e. K measures ... [..]
f. Force is measured in... [..........]
g. The quantity that measures the force of gravity is... [....................]

PARTE A

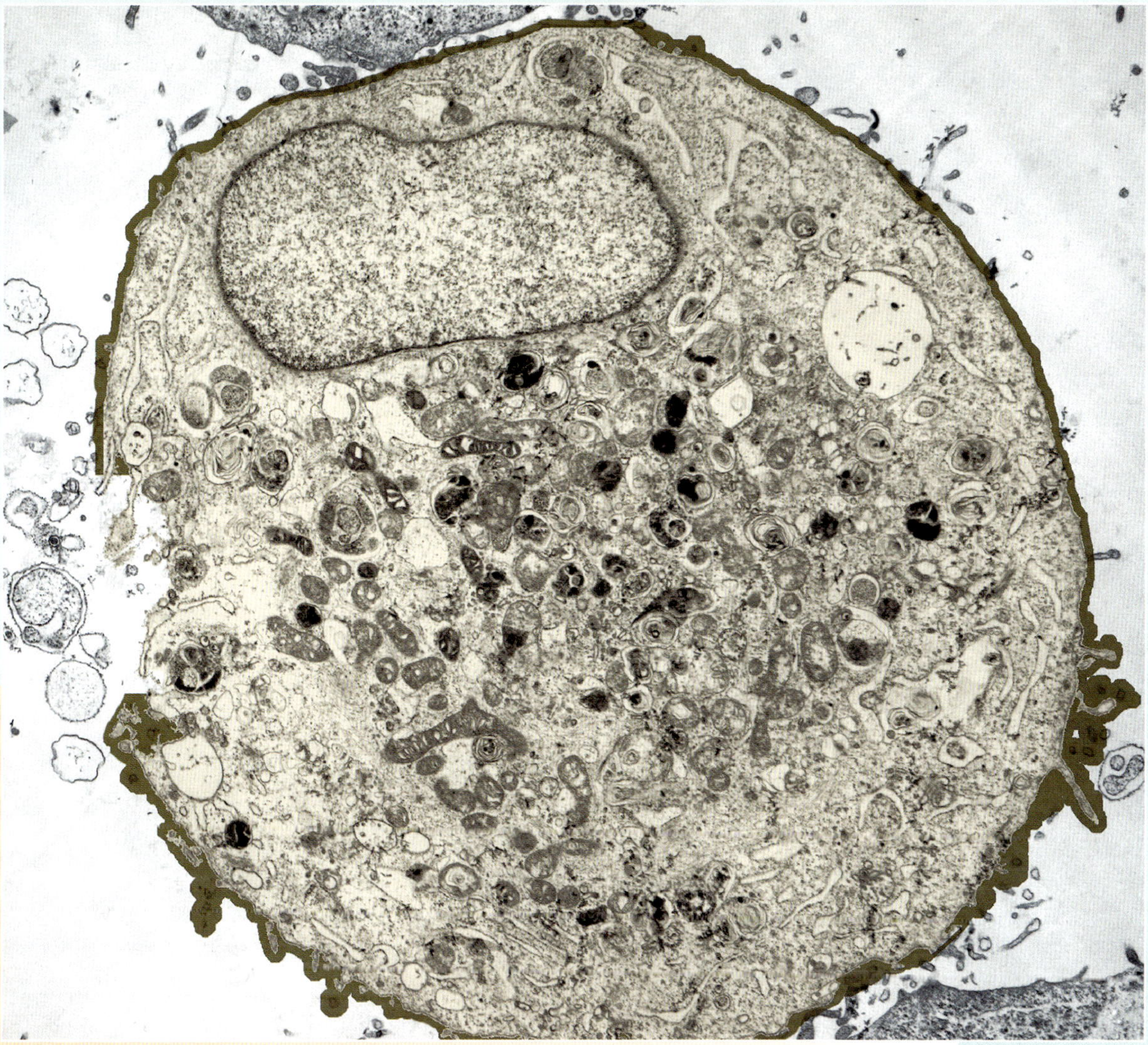

Una cellula animale.

La cellula: la struttura, le funzioni e i principi dell'ereditarietà

CAPITOLI

CAPITOLO 1

Le basi chimiche della vita

Introduzione

Il ragno è un esempio molto istruttivo della capacità degli organismi viventi di applicare a proprio vantaggio talune proprietà delle versatili biomolecole.
Nella realizzazione della tela con cui intrappola gli insetti, il ragno mostra di possedere i geni, è il caso di dire, del costruttore di strutture in fibra ultrasottile, simile per composizione alla seta. Si tratta di filamenti fatti di fibroina, una proteina fibrosa unita ad altre molecole, che il ragno secerne da ghiandole addominali. Rispetto alla comune seta, quella filata dai ragni possiede caratteristiche superiori quanto a resistenza, elasticità e robustezza: di fatto è paragonabile, per certi versi, al kevlar, una tecnofibra nota per le prestazioni meccaniche molto avanzate.
Nella ragnatela i fili radiali che partono dal centro e quello a spirale hanno una composizione leggermente diversa: i primi servono da intelaiatura di base e consistono di fibre rigide poco elastiche; il filamento a spirale serve a catturare prede ed è elastico e appiccicoso.

OBIETTIVI

- **Esporre i concetti essenziali che definiscono la natura atomica della materia.**
- **Indicare le modalità di formazione dei legami chimici e descrivere il legame ionico e il legame covalente.**
- **Saper collegare le caratteristiche molecolari dell'acqua alle sue varie proprietà di fondamentale importanza biologica.**
- **Descrivere le caratteristiche chimiche del carbonio che sono alla base delle straordinarie proprietà e funzioni delle molecole biologiche.**
- **Sapere descrivere e riconoscere le caratteristiche generali, le modalità di formazione e le funzioni biologiche delle principali classi di biomolecole: carboidrati, lipidi, proteine e acidi nucleici.**

1 La materia è fatta di atomi

1.1 Atomi, elementi e composti

In senso fisico, per **materia** si intende tutto ciò che occupa uno spazio e che possiede una massa: è quindi tale ogni oggetto inanimato, come un sasso, una roccia o una goccia d'acqua e ogni organismo vivente, come un batterio, un filo d'erba o un uomo.

Tutte le innumerevoli forme di materia non vivente e vivente hanno un'origine comune: sono infatti il risultato dell'aggregazione di piccolissime *unità fondamentali*, gli **atomi**, ricevuti in dotazione dal nostro pianeta al tempo della sua formazione, avvenuta circa 4,5 miliardi di anni fa. In natura esistono 90 tipi diversi di atomi, ai quali ne va aggiunta un'altra trentina che è stata ottenuta artificialmente in laboratorio mediante reazioni nucleari. I vari atomi differiscono tra loro per numero di protoni, volume, massa e altre proprietà chimiche e fisiche.

Una *sostanza semplice* costituita da atomi dello stesso tipo è detta **elemento chimico**.

Si può definire l'**atomo** come la più piccola parte di materia che conserva le caratteristiche chimiche di un elemento chimico.

Tavola periodica interattiva

Punti chiave

Gli **elementi** *chimici* sono **sostanze semplici** perché non possono essere scomposti attraverso una reazione chimica in sostanze differenti.

APPROFONDIMENTO *ON LINE*
- Tavola periodica degli elementi

Ciascuno degli elementi e dei rispettivi atomi è rappresentato per mezzo di un **simbolo** costituito da una o da due lettere: per esempio, **Ca** indica il *calcio*, **Fe** il *ferro*, **C** il *carbonio*, **Na** il *sodio* (sono tutti solidi), **O** l'*ossigeno* (è un gas).

Tutti gli elementi noti sono riuniti e ordinati, secondo opportuni criteri, in un particolare schema, la **tavola periodica degli elementi**.

In termini di costituzione chimica elementare, la materia non vivente e quella vivente presentano differenze marcate. Se confrontiamo i 6 elementi percentualmente più abbondanti presenti nella *crosta terrestre* e nel *corpo umano* (*fig. 1*), vediamo che solo due sono comuni a entrambi gli elenchi: l'**ossigeno** e il **calcio**.

1

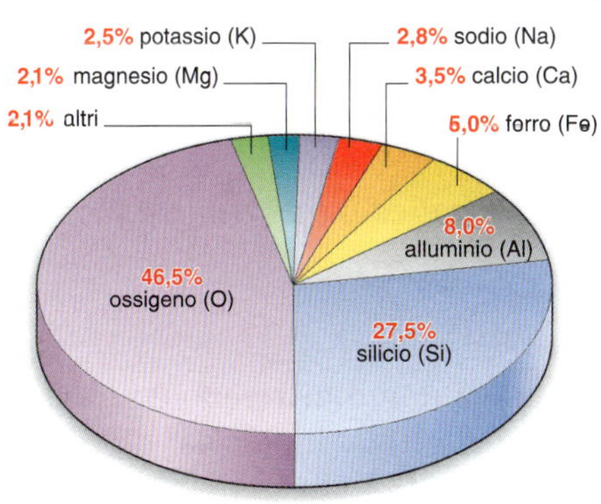

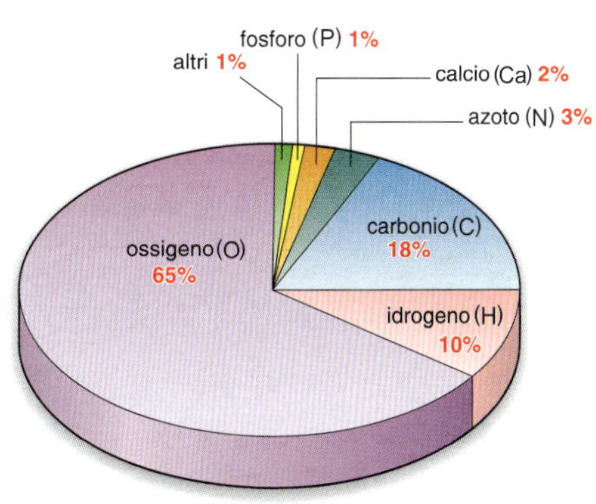

Fig. 1
La composizione chimica elementare della crosta terrestre e del corpo umano a confronto (dati espressi come % in peso dei principali elementi presenti).
Se scomponessimo chimicamente un uomo adulto del peso di 70 kg, potremmo recuperare circa: 45-46 kg di ossigeno; 12-13 kg di carbonio; 7 kg di azoto; 1,4 kg di calcio; 0,7 kg di fosforo; 1 kg tra zolfo, sodio, potassio, cloro, magnesio e ferro.

Nella crosta terrestre l'elemento più abbondante (in termini di peso) dopo l'ossigeno è il **silicio**, mentre nel corpo umano è il **carbonio** (è proprio quest'ultimo che fa la differenza tra materia vivente e inanimata, come vedremo in seguito).

Gli atomi hanno una naturale tendenza a unirsi tra loro, cioè a combinarsi chimicamente, tramite particolari forze attrattive chiamate *legami chimici*: per questo si presentano il più delle volte riuniti in gruppi di atomi di diverso tipo che danno origine a *sostanze composte* o *composti*.

APPROFONDIMENTO ON LINE
- La classificazione della materia
- Elenco degli elementi presenti negli organismi viventi

Un **composto** è una sostanza costituita da **due o più elementi differenti** combinati chimicamente tra loro in **proporzioni fisse**.

Punti chiave

I ***composti chimici*** si possono scomporre negli elementi costituenti attraverso ***reazioni chimiche***.

Sono esempi di composti l'*acqua* (formata da idrogeno e ossigeno), il *diossido di carbonio* (carbonio e ossigeno), il *cloruro di sodio* (cloro e sodio), il *glucosio* (carbonio, idrogeno e ossigeno).

Sia gli elementi sia i composti sono **sostanze pure** (o brevemente **sostanze**), perché hanno una **composizione definita e costante** e **conservano sempre le stesse proprietà** (come la temperatura di fusione o di ebollizione, a una data pressione).

Composti chimici

Sono distinti in due grandi categorie:
- **composti inorganici**, che costituiscono i minerali e le rocce e in genere la materia inanimata;
- **composti organici** o **composti del carbonio** che costituiscono le strutture degli organismi viventi.

Reazioni chimiche

Processi nel corso dei quali le sostanze che vi prendono parte, dette **reagenti**, si trasformano in sostanze differenti, dette **prodotti**.

1.2 Dagli atomi alle molecole

Se due o più atomi si uniscono tra loro mediante un opportuno tipo di legame (detto *covalente*, come vedremo più avanti), danno origine a una nuova entità chimica chiamata *molecola*.

Una **molecola** è un raggruppamento di due o più atomi, *uguali* o *diversi*, e rappresenta la **più piccola parte di un elemento** o di un **composto** che è *capace di esistenza indipendente e che conserva le proprietà della sostanza stessa*.

Le molecole degli **elementi** sono costituite da *due o più atomi uguali* mentre le molecole dei **composti** sono formate da *due o più atomi differenti*.

Una molecola è rappresentata da una **formula chimica**, che indica il *tipo e numero di atomi* in essa presenti (il numero 1 viene omesso).

Fig. 2 Esempi di molecole di un elemento (**a**) e di un composto (**b**).

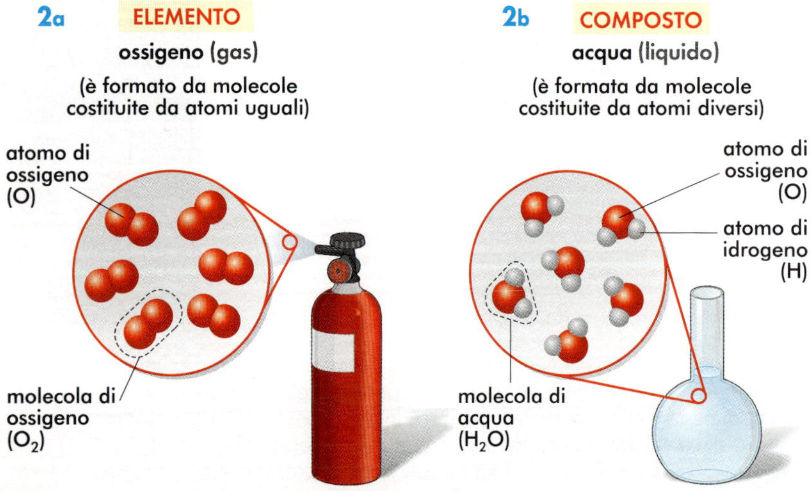

Per esempio:
- due atomi di ossigeno uniti insieme formano una molecola di ossigeno (formula $\mathbf{O_2}$), il gas presente nell'aria (*fig. 2a*);
- la molecola dell'acqua consiste di 1 atomo di ossigeno e 2 atomi di idrogeno (formula $\mathbf{H_2O}$) (*fig. 2b*);
- la molecola del glucosio, un composto organico (è uno zucchero), contiene 6 atomi di carbonio, 12 di idrogeno e 6 di ossigeno (formula $\mathbf{C_6H_{12}O_6}$).

1.3 L'identità degli atomi

Dimensioni. Le dimensioni degli atomi sono incredibilmente piccole. Possiamo farcene un'idea in questo modo.
Gli atomi hanno diametri atomici variabili, ma molto indicativamente possiamo assumere che misurino in media 0,4 nanometri (nm), cioè meno di un milionesimo di millimetro (mm): per coprire la distanza di 1 mm (la misura di una capocchia di spillo) dovremmo disporne in fila circa 2,5 milioni.

Struttura. "Atomo" deriva da una parola greca che significa "indivisibile". In realtà, gli atomi non sono entità indivisibili e uniformi, come si riteneva fin verso la fine del XIX secolo: possiedono infatti una struttura interna, costituita da tre tipi di *particelle subatomiche* di dimensioni molto inferiori a quelle dell'atomo nel suo complesso.

Punti chiave

Particelle subatomiche:

- **protoni**, dotati di una carica elettrica elementare di segno positivo (+);
- **neutroni**, privi di carica elettrica;
- **elettroni**, dotati di una carica elettrica elementare di segno negativo (−).

I protoni e i neutroni hanno massa circa uguale e sono riuniti in una zona centrale, detta **nucleo** (solo l'idrogeno possiede un nucleo formato da un unico protone).

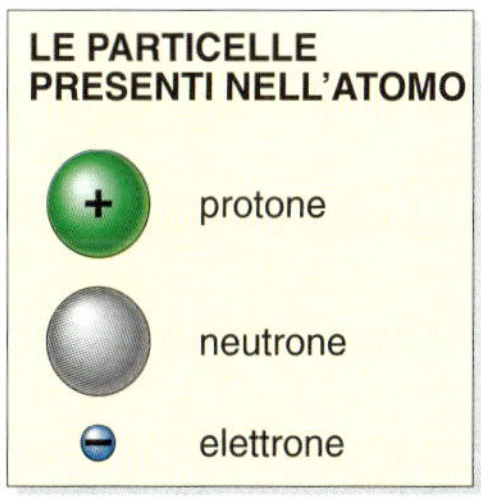

Quark

In realtà neppure i protoni e i neutroni si possono considerare indivisibili: nei primi anni Sessanta del secolo scorso si è infatti scoperto che entrambi sono a loro volta costituiti da particelle elementari ancora più piccole, chiamate **quark**.

I *protoni* e gli *elettroni* portano due cariche *uguali in valore assoluto* e di *segno opposto*, per cui sono soggetti a reciproca attrazione.

Gli elettroni sono molto più piccoli dei protoni (hanno una massa 1836 volte inferiore) e si muovono a velocità elevatissima intorno al nucleo: l'attrazione tra protoni ed elettroni impedisce a questi ultimi di "schizzare via" (*fig. 3a*).

Il movimento degli elettroni si compie entro spazi situati a certe distanze dal nucleo, che sono paragonabili a *gusci* o **strati** disposti in successione: è il cosiddetto **modello a strati**, una rappresentazione utile, anche se molto approssimata e semplificata, della distribuzione degli elettroni (*fig. 3b*).
In quanto particelle cariche in movimento, gli elettroni possiedono *energia*, tanto più elevata quanto più distano dal nucleo: per questo gli strati elettronici sono più propriamente denominati **livelli energetici**.

3a

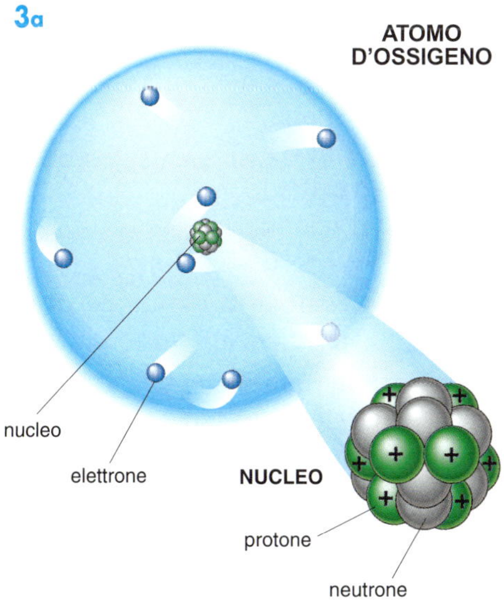

3b

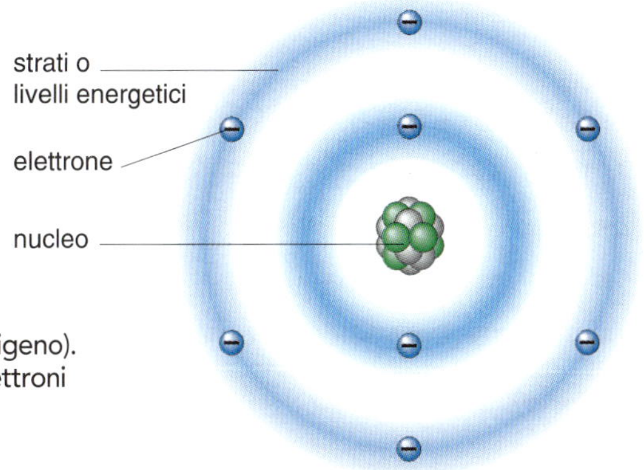

Fig. 3
Due modi per rappresentare un atomo (in questo caso di ossigeno). (**a**) Lo schema cerca di rendere l'idea del movimento degli elettroni intorno al nucleo. (***b***) Modello a strati, utile per visualizzare la disposizione spaziale degli elettroni.

Numeri distintivi degli atomi. Tutti gli atomi di un certo elemento hanno nel loro nucleo lo **stesso numero di protoni**, detto **numero atomico**: è questo il parametro che determina l'identità di ogni tipo di atomo o elemento, in quanto ne condiziona le caratteristiche chimiche.
L'idrogeno (H), con un solo protone nel nucleo, ha numero atomico 1; il carbonio (C), con 6 protoni, ha numero atomico 6; l'ossigeno (O), con 8 protoni, ha numero atomico 8.
I neutroni contribuiscono, insieme ai protoni, a determinare la **massa** dell'atomo (la massa degli elettroni è praticamente trascurabile): la somma del **numero dei protoni** e **dei neutroni** è detta **numero di massa**.

Ioni. In un atomo elettricamente neutro, il *numero degli elettroni è uguale a quello dei protoni*: in certe circostanze, tuttavia, un atomo può *perdere elettroni* e trasformarsi in uno **ione positivo** o **catione** o può *acquistare elettroni* e trasformarsi in uno **ione negativo** o **anione**.
Cationi e anioni di elementi diversi tendono ad attrarsi e a unirsi con un tipo di legame (detto *ionico*), formando *composti ionici*.

Isotopi. Il numero di massa permette di fare confronti immediati tra le masse degli elementi: per esempio, dire che un atomo di elio è quattro volte più "pesante" di un atomo di idrogeno (*fig. 4*).
Tuttavia, mentre il numero dei protoni (*numero atomico*) è **fisso per ogni tipo di atomo**, il **numero dei neutroni può variare**.

Gli atomi di uno **stesso elemento** che hanno un **numero differente di neutroni** (e quindi un diverso numero di massa) sono detti **isotopi**.

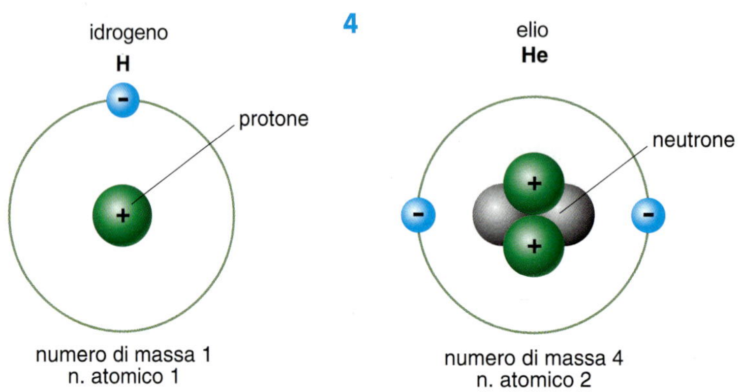

Fig. 4
L'atomo di elio, con 2 protoni e 2 neutroni, ha numero di massa 4 ed è quattro volte più massiccio dell'atomo di idrogeno che ha un solo protone.

In natura, la maggior parte degli elementi è in realtà una *miscela di isotopi*, tra cui uno è predominante. Per esempio, il carbonio nella forma più comune (circa il 99% di abbondanza) contiene **6 protoni** e **6 neutroni** ed è indicato come **carbonio-12** o ^{12}**C** (12 è il numero di massa); la frazione residua di carbonio consiste di altri isotopi, tra cui il **carbonio-13** o ^{13}**C** (**6 protoni** e **7 neutroni**) e il **carbonio-14** o ^{14}**C** (**6 protoni** e **8 neutroni**).

Il carbonio-14 possiede un nucleo instabile e tende a trasformarsi emettendo radiazioni ed energia: è perciò un **isotopo radioattivo** o **radioisotopo**.
Molti elementi presentano radioisotopi, che in genere sono un grave fattore di rischio per i viventi.
Per altri versi, i **radioisotopi** *sono utili in varie applicazioni*, per esempio nello studio di processi biologici e, in medicina, nella diagnosi e nella terapia di malattie.

APPROFONDIMENTO *ON LINE*
- L'utilità dei radioisotopi

RISPONDI

- Perché di un elemento o di un composto si dice che sono sostanze pure?
- Come si rappresenta la formula di una molecola di ammoniaca (formata da un atomo di azoto e tre atomi di idrogeno)?
- Che cosa distingue un protone da un neutrone?
- È corretto oppure no affermare che il numero atomico e il numero di massa sono entrambi fissi per ogni atomo?

2 La configurazione elettronica degli atomi e i legami chimici

2.1 Come gli elettroni si sistemano intorno al nucleo

All'aumentare del numero atomico, aumenta il numero degli elettroni che devono trovare posto intorno al nucleo. Come abbiamo visto accennando al modello a strati dell'atomo:

Punti chiave

gli **elettroni** vanno a occupare via via, in base al loro numero, i successivi **strati** o **livelli energetici** posti a distanze crescenti dal nucleo.

Gli elettroni nel primo *livello energetico*, il più vicino al nucleo, hanno energia minore, cioè sono più stabili, degli elettroni nel *secondo livello* e questi ultimi hanno energia minore degli elettroni nel *terzo livello* e così via.

Il primo livello può ospitare al massimo **2 elettroni**, il secondo e il terzo livello possono accogliere, ciascuno, fino a un massimo di **8 elettroni** (*fig. 5a*).

Partendo dall'idrogeno, che ha un solo elettrone, e proseguendo con gli elementi con numero atomico crescente (elio, litio ecc.), gli elettroni si dispongono progressivamente intorno al nucleo a cominciare dagli strati più interni: completato uno strato, iniziano a riempire quello successivo (*fig. 5b*). Va precisato che sono gli elettroni del livello esterno quelli che determinano il **comportamento chimico** degli atomi, cioè la loro tendenza più o meno pronunciata a prendere parte a *reazioni chimiche*.

Gli atomi che possiedono il **livello esterno completo** (con il numero massimo consentito di elettroni) manifestano la **massima stabilità chimica**, cioè hanno la **minima tendenza a interagire** con altri atomi: è il caso di un piccolo gruppo di elementi, i **gas nobili**, presenti in piccole quantità nell'atmosfera, tra cui l'*elio*, con 2 elettroni esterni, il *neon* e l'*argo*, entrambi con 8 elettroni esterni.

5a

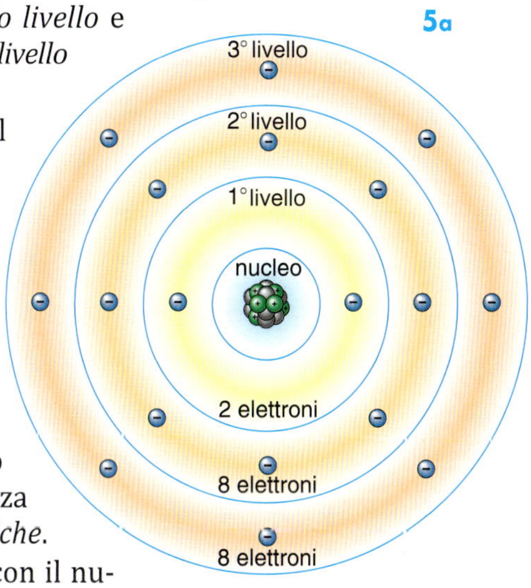

Fig. 5a Rappresentazione dei primi 3 livelli energetici di un atomo: il primo livello può contenere al massimo 2 elettroni, i secondo e il terzo livello possono contenerne al massimo 8.

5b

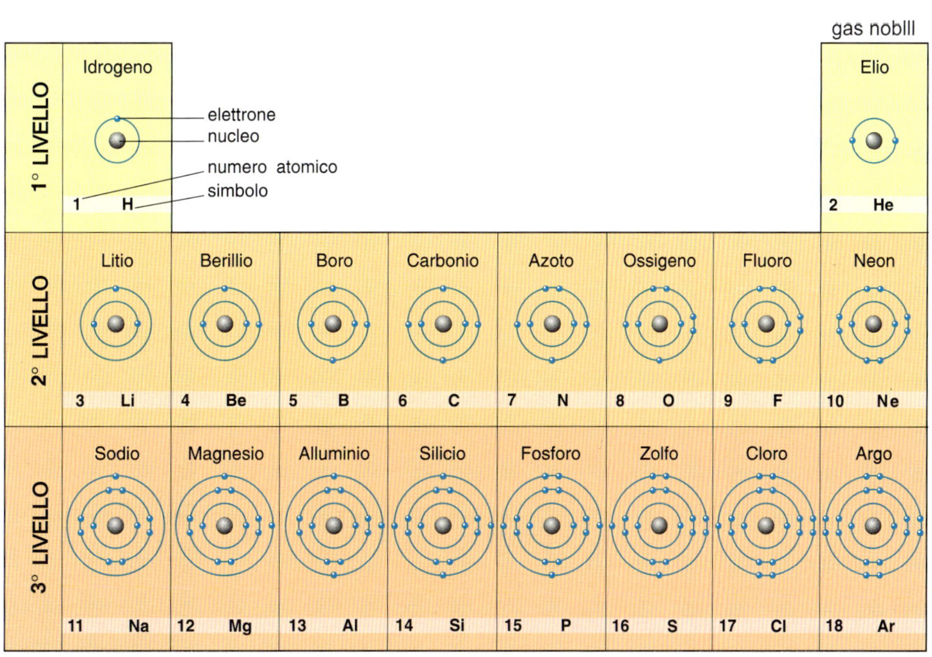

Fig. 5b I primi 18 elementi della tavola periodica.

Gli atomi di tutti gli altri elementi, cioè la stragrande maggioranza, hanno il **livello esterno incompleto** e sono perciò in varia misura *instabili*: tendono quindi spontaneamente a interagire con altri atomi per trasferire, acquisire o condividere elettroni, al fine di *completare il loro livello elettronico esterno*. È questa la "molla" che spinge gli atomi a combinarsi e ricombinarsi tra di loro attraverso **reazioni chimiche** in cui impegnano gli elettroni del livello esterno nella formazione di *legami chimici*.

APPROFONDIMENTO *ON LINE*
- Le reazioni chimiche

■ Elettronegatività

Per esprimere la minore o maggiore tendenza degli atomi a cedere oppure ad acquisire elettroni, si ricorre al concetto di **elettronegatività**:
- gli elementi che tendono fortemente ad acquisire elettroni sono *molto elettronegativi* (per esempio, il cloro);
- quelli che invece tendono fortemente a cedere elettroni sono *molto poco elettronegativi* (per esempio, il sodio);
- altri elementi in cui non prevale nettamente né l'una né l'altra tendenza possiedono un'*elettronegatività intermedia* (per esempio, il carbonio e l'idrogeno).

2.2 I legami chimici: le forze che uniscono gli atomi

I **legami chimici** sono forze che tengono insieme gli atomi.
Due sono i principali tipi di legami chimici: il *legame ionico* e il *legame covalente*.

■ Il legame ionico comporta un trasferimento di elettroni. Consideriamo due elementi: il sodio (Na) e il cloro Cl), tra i quali sussiste una forte differenza di **elettronegatività**.
L'atomo di Na ha un solo elettrone nel livello esterno (il terzo): tenderà quindi a perderlo e diventare uno **ione positivo Na^+**, per ritrovarsi con il livello esterno (il secondo) completo di 8 elettroni (*fig. 6a*).
L'atomo di Cl ha 7 elettroni esterni: tenderà perciò ad acquisire un elettrone per trasformarsi nello **ione negativo Cl^-** e completare così il suo livello esterno.
Se un atomo di Na e uno di Cl si trovano sufficientemente vicini, il sodio tenderà a cedere il suo elettrone eccedente al cloro, che lo accoglierà prontamente: si generano così due ioni con carica opposta che si attraggono fortemente tra loro stabilendo un *legame* (*fig. 6b*).

Si chiama **legame ionico** la forza attrattiva elettrostatica che tiene uniti **ioni positivi** e **ioni negativi**.

Dall'unione tra **Na^+** e **Cl^-** si origina un *composto ionico*, il cloruro di sodio (**NaCl**), il comune sale da cucina, presente nel minerale salgemma (*fig. 6c*).

6a

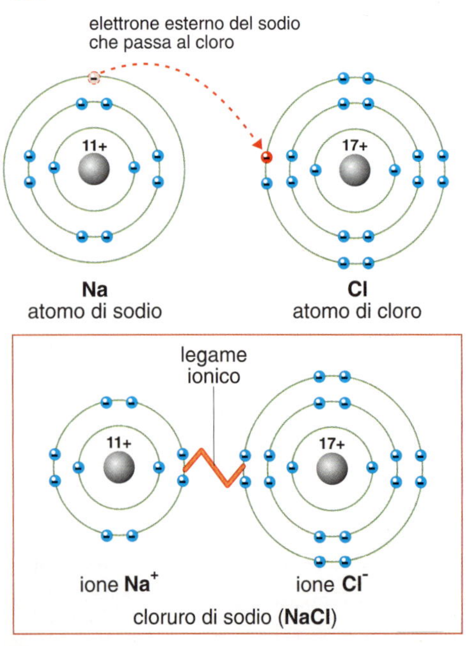

Fig. 6
(**a**) Un atomo di sodio cede l'unico elettrone esterno a un atomo di cloro, al quale manca un elettrone per completare il proprio livello esterno: si formano in tal modo uno ione sodio con carica positiva, Na^+, e uno ione cloro con carica negativa, Cl^-. L'attrazione elettrostatica che si crea tra i due ioni di carica opposta costituisce il **legame ionico**. (**b**) Più ioni Na^+ e Cl^- si uniscono tra loro in modo ordinato originando un composto ionico, il cloruro di sodio, che si presenta con una tipica struttura cristallina nel salgemma (**c**).

6b

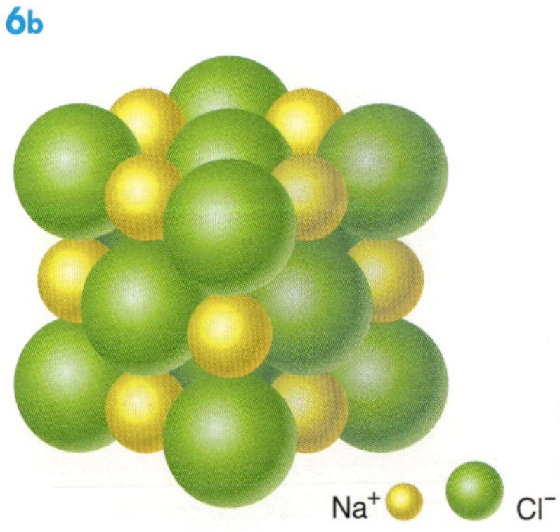

6c

I **composti ionici** includono sostanze molto diffuse, note come *sali*, che costituiscono la maggior parte dei minerali presenti nelle rocce e hanno una struttura tipicamente cristallina. Sono anche chiamati *aggregati cristallini*, in quanto in essi i legami ionici interessano un numero imprecisabile di ioni di carica opposta: per questo motivo *non si presentano in forma di molecole distinte.*

Il legame covalente comporta una condivisione di elettroni. Due atomi possono completare il loro livello energetico esterno e unirsi tra loro, anziché scambiandosi elettroni, *mettendo in comune ciascuno uno o più elettroni.* Si stabilisce così un:

legame covalente che consiste nella condivisione da parte di due atomi di **una** o **più coppie di elettroni** del livello esterno; gli elettroni condivisi entrano a far parte dei livelli energetici esterni di entrambi gli atomi.

L'unione di atomi tramite legami covalenti porta alla formazione di **molecole**. Se gli atomi sono di uno stesso elemento si produce una *molecola elementare*; se appartengono a elementi diversi si ottiene un una *molecola di composto.*

Consideriamo due atomi di **idrogeno**: condividendo il loro unico elettrone, formano un **legame covalente singolo**, completano entrambi il loro livello energetico esterno con 2 elettroni e danno origine a una *molecola biatomica di idrogeno* (**H_2**), il gas presente in piccole frazioni nell'atmosfera (*fig. 7a*). La coppia di elettroni di un legame covalente si indica con un trattino che unisce i due atomi: **H–H** nel caso dell'idrogeno (questa notazione è detta *formula di struttura*).

Un atomo può formare più legami covalenti, in base a quanti elettroni gli occorrono per completare il livello esterno. Consideriamo un altro elemento gassoso presente come molecole biatomiche, l'**ossigeno** (**O_2**). I suoi due atomi, ciascuno con 6 elettroni esterni, condividono **2 coppie di elettroni** che danno origine a un **legame covalente doppio** o **doppio legame** (**O = O**): in tal modo, ogni atomo dispone di 8 elettroni esterni (*fig. 7b*).

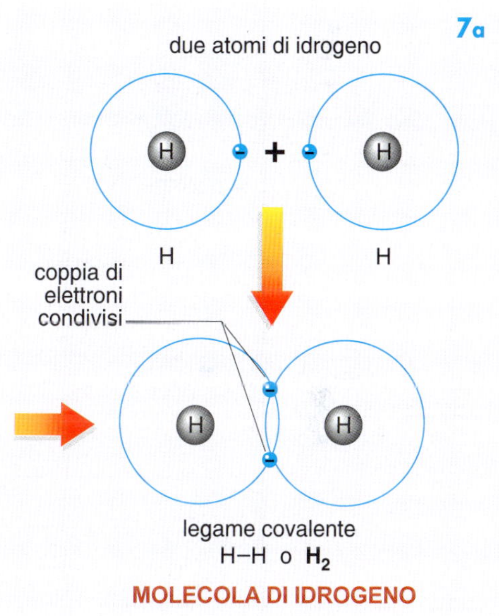

Fig. 7
(**a**) Formazione della molecola di idrogeno e relativa configurazione elettronica; (**b**), (**c**), configurazioni elettroniche della molecola di ossigeno e di acqua.

Tra i numerosissimi composti, uno dei più noti è l'**acqua** (**H_2O**), in cui un atomo di ossigeno è unito a due atomi di idrogeno, con due legami covalenti singoli (*fig. 7c*), che formano tra loro un angolo un po' maggiore di 90°.

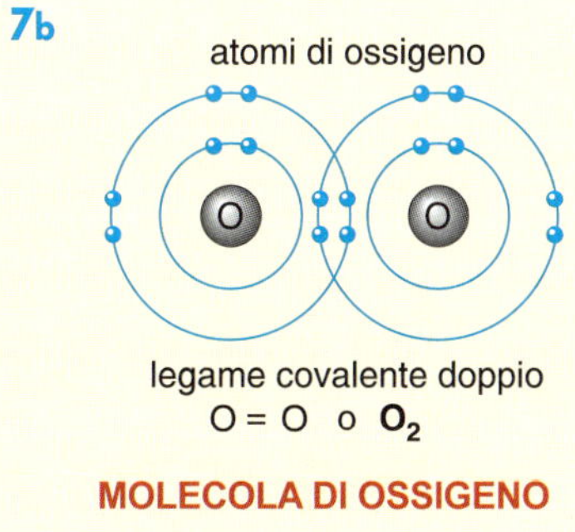

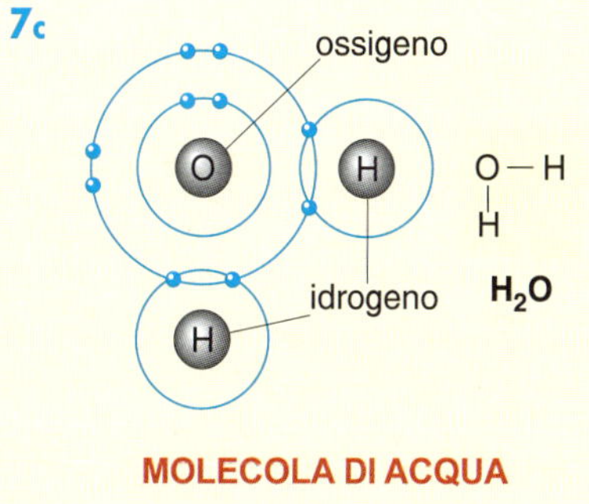

7d

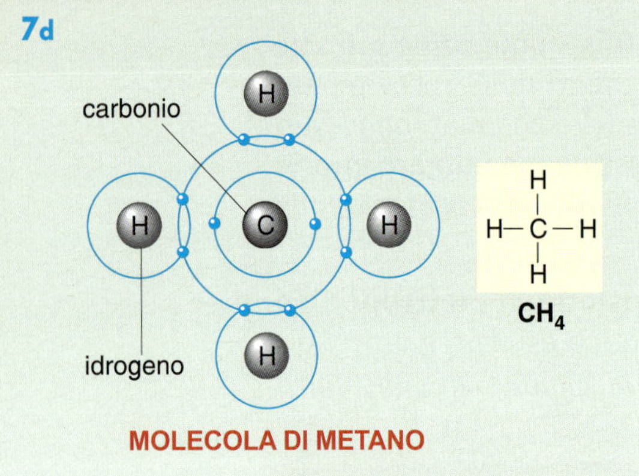

Il **carbonio**, che possiede 4 elettroni esterni, può formare 4 legami covalenti: per esempio, unendosi con 4 atomi di idrogeno forma una molecola di **metano** (*fig. 7d*), un idrocarburo, il più semplice dei composti organici.

La *figura 8* esemplifica alcuni modi per rappresentare le molecole.

Fig. 7d
Configurazione elettronica della molecola di metano.

8

FORMULE E MODELLI PER RAPPRESENTARE LE MOLECOLE

FORMULA		MODELLI MOLECOLARI	
MOLECOLARE	DI STRUTTURA	A SFERE E BASTONCINI	A SFERE COMPATTE
H_2 idrogeno	H—H		
O_2 ossigeno	O=O	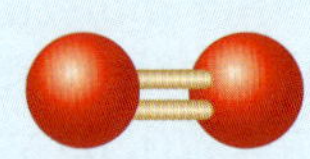	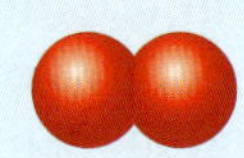
H_2O acqua	H–O–H	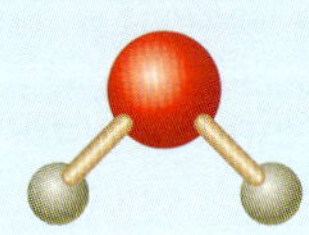	
CH_4 metano	H–C(H)(H)–H	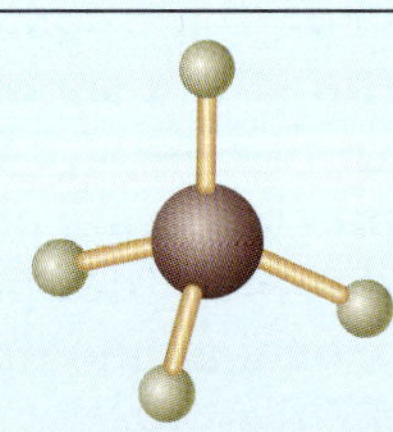	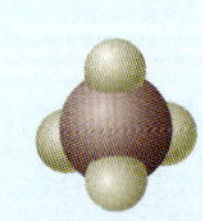

Fig. 8
La figura esemplifica alcuni modi per rappresentare le molecole.

I legami covalenti possono essere apolari o polari. Gli atomi coinvolti in un legame covalente tendono naturalmente ad attirare a sé gli elettroni condivisi. Gli atomi di uno stesso elemento, ovviamente, si disputano gli elettroni in modo equo, come nel caso delle molecole di *idrogeno* o di *ossigeno*; ciò accade anche se si legano atomi differenti, a patto che abbiano un'elettronegatività abbastanza simile, come l'*idrogeno* e il *carbonio* nella molecola di metano.

In questo caso si parla di legami **covalenti apolari**.

Se, invece, la differenza di elettronegatività fra due atomi che si legano è marcata, come nel caso dell'*ossigeno* e dell'*idrogeno*, l'atomo più elettronegativo, che è l'ossigeno, attrae a sé gli elettroni di legame con molta più forza dell'idrogeno: in questo caso si formano legami **covalenti polari**. L'esempio più tipico è la molecola dell'acqua, di cui tratteremo qui di seguito.

RISPONDI

- Perché possiamo affermare che l'atomo di argo è sicuramente più stabile dell'atomo di ossigeno?
- In che cosa differisce un legame ionico da un legame covalente?

3 L'acqua: il composto inorganico fondamentale per la vita

3.1 La molecola polare dell'acqua e il legame idrogeno

Nella molecola dell'acqua l'ossigeno è più elettronegativo dell'idrogeno e attrae a sé con più forza gli elettroni di legame: di conseguenza, sull'atomo di ossigeno si addensa una **parziale carica negativa**, indicata con il simbolo δ^-, mentre sugli atomi di idrogeno si localizza un'equivalente **parziale carica positiva** δ^+ (*fig. 9*). La molecola d'acqua nel suo insieme è elettricamente neutra, ma presenta alle due estremità, rispettivamente, un *polo negativo* e un *polo positivo* e possiede la caratteristica forma piegata ad angolo. Per questo

i due legami O – H sono detti **covalenti polari** e quindi l'acqua ha una **molecola polare**.

9

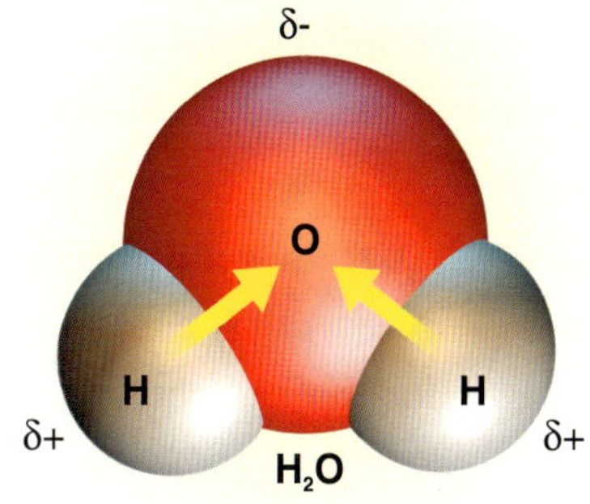

Fig. 9 Rappresentazione della molecola polare dell'acqua.

Le molecole polari dell'acqua si attraggono reciprocamente. Vediamo come interagisce una molecola d'acqua con le altre molecole circostanti (*fig. 10a*):

– può stabilirsi un'attrazione tra ciascuno dei suoi due atomi di idrogeno, con carica δ^+, e l'atomo di ossigeno, con carica δ^-, di altre due molecole;

– può stabilirsi una forza attrattiva tra il suo atomo di ossigeno (δ^-) e due atomi di idrogeno (δ^+) di altre due molecole.

A causa di queste attrazioni elettrostatiche, si forma un tipo di *legame debole intermolecolare*, detto **legame idrogeno**, che permette a ogni molecola d'acqua di unire a sé, anche se in modo labile, fino a quattro altre molecole. Come risultato, le molecole d'acqua risultano tra loro *associate* in una fitta trama di legami idrogeno che non sono permanenti, ma che si rompono e si ricostituiscono continuamente (*fig. 10b*). Il legame idrogeno rientra in quei tipi di *interazioni deboli*, dovute a blande forze attrattive, che interessano le molecole e che sono molto meno intense dei legami ionici o covalenti tra gli atomi (*legami forti*). Anche tra molecole *non polari* possono stabilirsi interazioni dovute a debolissime forze attrattive (dette forze di *van der Waals*).

10a

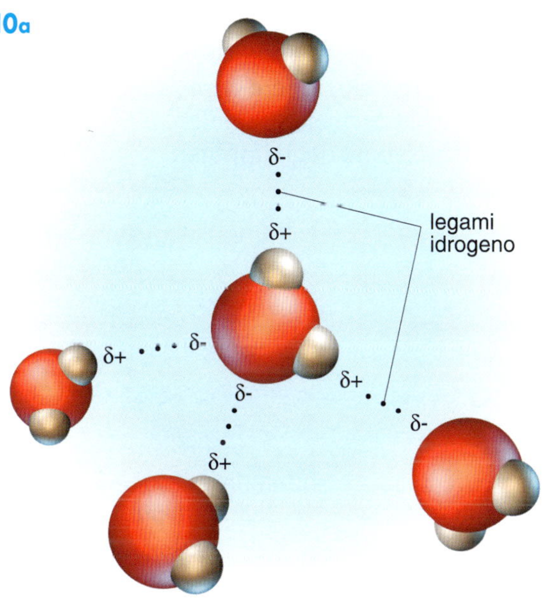

Fig.10
(**a**) Legami idrogeno che una molecola d'acqua può formare con altre molecole.
(**b**) Particolare della rete di legami idrogeno tra molecole d'acqua estesa all'intera massa liquida.

10b

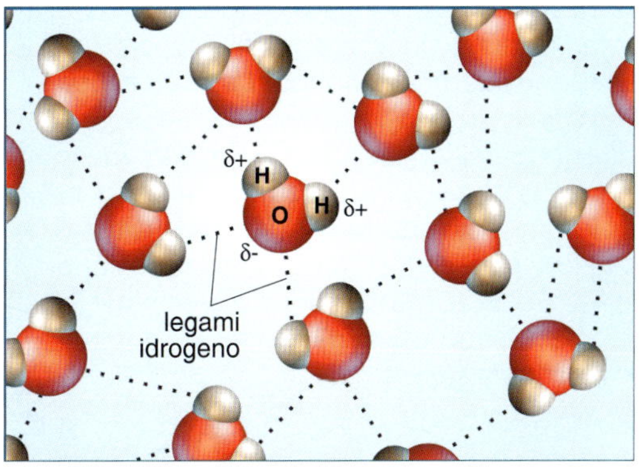

RISPONDI

■ Perché si dice che l'acqua possiede una molecola polare?

3.2 Le proprietà uniche dell'acqua

La vita, come tutto fa credere, si è originata nell'acqua, forse di tiepide lagune, poco meno di 4 miliardi di anni fa e nell'acqua si è evoluta. L'acqua possiede caratteristiche speciali che, come noto, la rendono essenziale per la vita e che sono dovute sostanzialmente alla *natura polare* delle sue molecole e alla conseguente presenza di *legami idrogeno*. Si osserva che l'acqua è il solo composto, tra quelli più comuni, che sia presente in natura *contemporaneamente* nei **tre stati fisici** (solido, liquido e vapore). Va sottolineato che l'acqua, in assenza di legami idrogeno, bollirebbe, anziché a 100 °C, a decine di gradi sottozero e, nelle condizioni medie terrestri, esisterebbe solo allo stato gassoso, come avviene per esempio, con il diossido di carbonio (CO_2). Va anche rammentato che l'acqua è presente, in ragione del 60-95% in peso, in tutti i vari tipi di cellule, dove svolge funzioni insostituibili per la loro attività: nell'acqua sono dissolte o disperse svariate *molecole biologiche* e molti *sali minerali* (l'altra componente *inorganica* della materia vivente) e avvengono numerose reazioni chimiche alle quali essa stessa spesso partecipa. L'acqua, infine, consente il trasporto di varie sostanze all'interno degli organismi (per esempio, attraverso la circolazione del sangue negli animali e il movimento della linfa nelle piante).

11

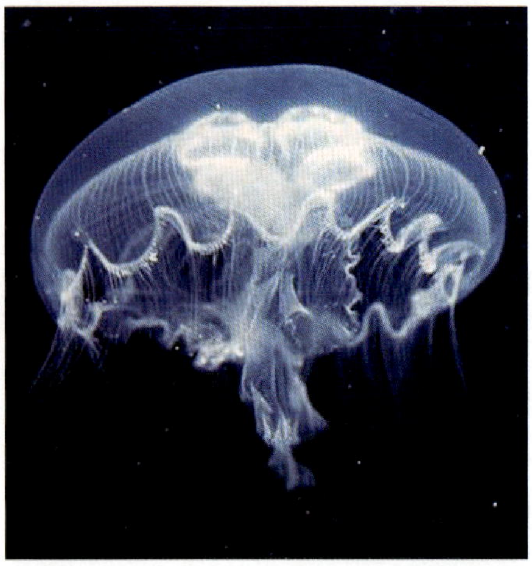

Fig. 11
Le meduse sono animali marini composti per oltre il 90% di acqua.

I **sali minerali** sono presenti nelle cellule come ioni in soluzione e comprendono sali di **calcio**, elemento indispensabile per la formazione delle ossa, e sali di **sodio** e **potassio**, necessari per la trasmissione degli impulsi nervosi.

Esaminiamo di seguito le principali proprietà di interesse biologico dell'acqua.

Proprietà dell'acqua di interesse biologico

COESIONE, TENSIONE SUPERFICIALE, ADESIONE, CAPILLARITÀ

• **COESIONE.** Grazie ai legami idrogeno, le molecole d'acqua hanno, come già accennato, una spiccata attitudine ad attrarsi reciprocamente.

È detta **coesione** la tendenza delle molecole di una stessa sostanza a rimanere unite tra di loro.

La coesione tra le molecole d'acqua è molto più intensa di quella che si osserva nella maggior parte delle sostanze liquide.
Un'importante proprietà dipendente dalla coesione è la *tensione superficiale*.

• **TENSIONE SUPERFICIALE.** È così chiamata la forza che agisce *sullo strato di molecole situate alla superficie di un liquido*. Queste possono interagire mediante forze di coesione, oltre che tra di loro, *solo* con le molecole sottostanti. Sono quindi soggette a una *tensione* verso l'interno che non può essere controbilanciata verso l'esterno (*fig. 12a*). In pratica, tendono a essere "tirate verso il basso" e nello stesso tempo a restare ancora più unite tra di loro, tanto più tenacemente quanto maggiore è la coesione che le caratterizza.
Poiché nell'acqua la coesione è molto forte, la **tensione superficiale** è **particolarmente elevata**: il velo di molecole superficiali agisce come una sorta di pellicola compatta ed elastica che, entro certi limiti, si lascia deformare senza rompersi.
Lo possiamo osservare se appoggiamo con cautela un piccolo oggetto metallico, come un ago, sulla superficie dell'acqua in un bicchiere: vediamo che non affonda. La resistenza offerta dalla tensione superficiale è in grado di sostenere il peso dell'ago. Questo ci spiega perché certi insetti dotati di zampe lunghe e sottili ricoperte da una fitta peluria sono in grado di appoggiarsi sull'acqua e di camminarvi sopra (*fig. 12b*).
Anche la predilezione dell'acqua a raccogliersi in gocce tendenzialmente sferiche su una superficie non porosa e levigata, come quella di una foglia (*fig. 12c*) (ma anche vetro, metallo o plastica), si spiega con la tensione superficiale: questa tende infatti a ridurre al minimo la superficie libera del liquido e la sfera è la forma geometrica che offre la minima superficie.

12a 12b 12c

Fig. 12
(**a**) Lo schema mostra come una molecola d'acqua immersa nella massa liquida è soggetta a interazioni in tutte le direzioni a differenza di quanto accade a una molecola alla superficie. Ciò è all'origine della tensione superficiale. (**b**) Certi insetti, come i Gerris, sono in grado di sfruttare la tensione superficiale dell'acqua per muoversi agevolmente sulla superficie liquida. (**c**) La tendenza dell'acqua a riunirsi in gocce è la manifestazione della sua elevata tensione superficiale.

• **ADESIONE.** L'acqua è in grado di interagire tramite la formazione di legami deboli anche con le molecole di sostanze differenti. In casi come questi:

l'attrazione tra molecole di sostanze diverse è chiamata **adesione.**

L'acqua ha un'elevata capacità di aderire alla superficie di molte sostanze con cui viene a contatto e, se queste sono porose, penetra lungo i pori e impregna o, come si dice, *imbibisce*, tutto il corpo (per esempio, una spugna, un vaso di terracotta, un foglio di carta): è per questo che l'acqua viene assorbita e "bagna" numerosi materiali. Una proprietà dipendente dall'adesione, a cui contribuisce anche la coesione, è la *capillarità*.

• **CAPILLARITÀ.** È la capacità dell'acqua di risalire *spontaneamente* lungo le pareti di tubi sottili, detti *capillari*, muovendosi contro la forza di gravità; più il tubo è sottile, più l'acqua risale al suo interno. La capillarità è alla base di importanti fenomeni: per esempio, causa la risalita dell'acqua verso la superficie nei suoli porosi (*fig. 13*) e contribuisce alla risalita della linfa nei vasi conduttori delle piante.

13

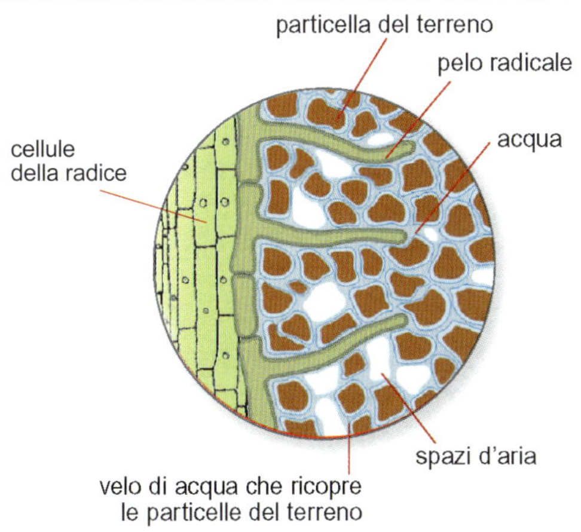

Fig. 13
L'acqua che le piante riescono ad assorbire è quella che passa per capillarità tra le particelle del terreno.

CAPACITÀ DI REGOLARE LA TEMPERATURA

L'acqua possiede due proprietà che le conferiscono la capacità di funzionare come un efficace *regolatore termico*:

– può assorbire o cedere grandi quantità di calore senza che vari molto la sua temperatura o, come si dice, possiede un elevato *calore specifico*;

– assorbe per *evaporazione* una notevole quantità di calore che ha come effetto un raffreddamento.

• **CALORE SPECIFICO.** È detta **calore specifico** la quantità di calore necessaria per aumentare di 1 °C la temperatura di 1 kg di una sostanza o di un materiale. L'acqua possiede un **elevato calore specifico**, superiore a quello della maggior parte degli altri corpi; in pratica si riscalda lentamente e altrettanto lentamente si raffredda: la ragione va sempre ricercata nella *presenza di legami idrogeno*.
Rammentiamo che la temperatura di un corpo è correlata al movimento disordinato delle sue molecole (*moto di agitazione termica*): quando l'acqua viene riscaldata, una parte notevole dell'energia fornita è inizialmente assorbita per rompere un numero consistente di legami idrogeno: solo così le molecole possono muoversi in modo indipendente e contribuire all'innalzamento della temperatura.
Quando, viceversa, l'acqua si raffredda, si intensifica la formazione di legami idrogeno e questo processo libera energia come calore, rallentando in tal modo l'abbassamento di temperatura.
Grazie a questi meccanismi, le acque degli oceani possono accumulare e cedere ingenti quantità di calore, pur registrando modeste variazioni di temperatura.
Nella stagione fredda restituiscono gradualmente il calore assorbito nei mesi caldi e sono in grado di moderare il clima delle regioni costiere: agiscono in pratica come giganteschi termostati, che, grazie anche alle correnti oceaniche, mantengono la temperatura terrestre entro valori compatibili per gli esseri viventi.
Per gli organismi animali e vegetali, che sono costituiti per la maggior parte di acqua, questa sua proprietà è molto importante perché contribuisce a *stabilizzare la temperatura corporea interna* contro il rischio di brusche e pericolose variazioni.

• **EVAPORAZIONE.** Nell'acqua, come in ogni liquido, alcune molecole superficiali, in base alla temperatura, acquistano una mobilità sufficiente a vincere le forze di coesione interna e a passare allo stato gassoso: il processo è chiamato **evaporazione** e si intensifica in seguito a riscaldamento.
Nell'acqua l'evaporazione implica la *rottura di legami idrogeno* e ciò comporta l'assorbimento di una rilevante quantità di calore: di conseguenza la sua superficie si raffredda. Questo meccanismo è utilmente sfruttato dagli organismi che vivono sulla terraferma per tenere sotto controllo la propria temperatura: tra questi l'uomo che, come sappiamo, basa sull'evaporazione del sudore il sistema di termoregolazione della temperatura corporea.

MINORE DENSITÀ DEL GHIACCIO

Nella maggior parte dei casi, quando raffreddiamo una sostanza liquida fino al punto di solidificazione, il solido che si forma precipita sul fondo del recipiente, perché diventa più denso del liquido. L'acqua fa eccezione: quando solidifica, il **ghiaccio** che si produce assume una **densità minore** e rimane a galla sulla massa liquida. Si osserva che la densità dell'acqua raggiunge il valore massimo (1 g/cm^3) a 4 °C e, al diminuire della temperatura, si riduce gradualmente: a 0 °C. Il ghiaccio che si forma ha una densità di circa 0,9 g/cm^3, che corrisponde a un aumento di volume del 9%. Ciò accade perché le molecole d'acqua vincolate dai legami idrogeno si dispongono stabilmente in una struttura spaziale ordinata, di tipo cristallino, che occupa un volume maggiore rispetto a quello di una massa equivalente di acqua liquida (*fig. 14*). Il ghiaccio, rimanendo in superficie, forma uno strato che funge da isolante termico e impedisce che l'acqua sottostante si raffreddi al di sotto di 0 °C e congeli. Questa circostanza ha importanti conseguenze biologiche perché rende possibile la vita degli organismi acquatici.

POTERE SOLVENTE

L'acqua ha la capacità di agire come efficace **solvente**, cioè di dissolvere moltissime sostanze, sia inorganiche (sali minerali e gas) sia organiche, formando **soluzioni acquose** (*vedi al seguente punto 3.3*). Questa proprietà è di importanza basilare dal punto di vista biologico.
Le sostanze che si dissolvono in acqua, dette **idrofile** (che hanno affinità per l'acqua), sono **polari**.
Le sostanze che non possono dissolversi nell'acqua, dette **idrofobe** (che hanno avversione per l'acqua), sono **apolari** e quindi prive di cariche parziali (come gli oli e i grassi).

14

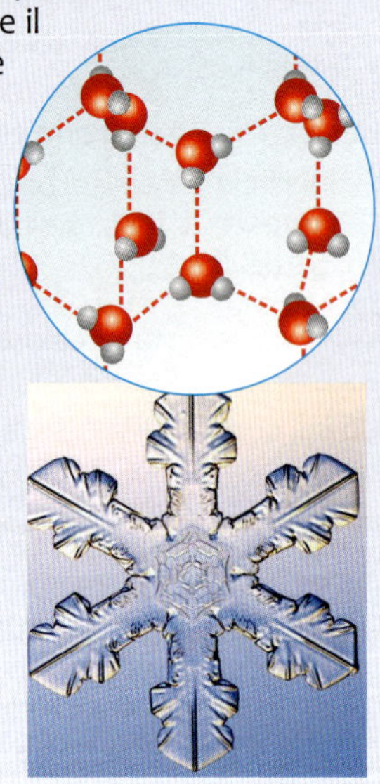

Fig. 14
Le molecole d'acqua disposte nella regolare struttura cristallina del ghiaccio occupano un volume maggiore rispetto a quando sono allo stato liquido.

APPROFONDIMENTO *ON LINE*
- **Trasformazioni fisiche della materia: i passaggi di stato**

RISPONDI
- Che cosa determina la forte coesione tra le molecole di acqua?
- Perché l'elevata capacità termica dell'acqua si rivela utile per gli organismi viventi?
- Perché il ghiaccio è meno denso dell'acqua allo stato liquido?

3.3 Le soluzioni acquose

L'acqua, per la natura polare delle sue molecole, ha, come sappiamo, un'elevata capacità di portare in *soluzione* vari composti formati da ioni, come i sali (*fig. 15*) o da molecole polari (come l'alcol etilico, il glucosio o gli amminoacidi), cioè dotate di cariche parziali e che quindi interagiscono facilmente con l'acqua.

Una **soluzione** è un *miscuglio omogeneo* di due o più sostanze, trasparente, i cui componenti sono mescolati così intimamente che risultano indistinguibili anche con un microscopio elettronico.

Una soluzione è formata da un **solvente**, il componente presente in maggiore quantità, e da una o più sostanze differenti in esso dissolte (solide, liquide o gassose), chiamate **soluti**, presenti in quantità minore. Gli esempi di **soluzioni acquose** (dove il solvente è l'acqua) sono numerosissimi, a partire dal mare che contiene numerosi sali dissolti e dalle acque dolci (compresa l'acqua che beviamo) che hanno sempre un certo tenore di sali.

15

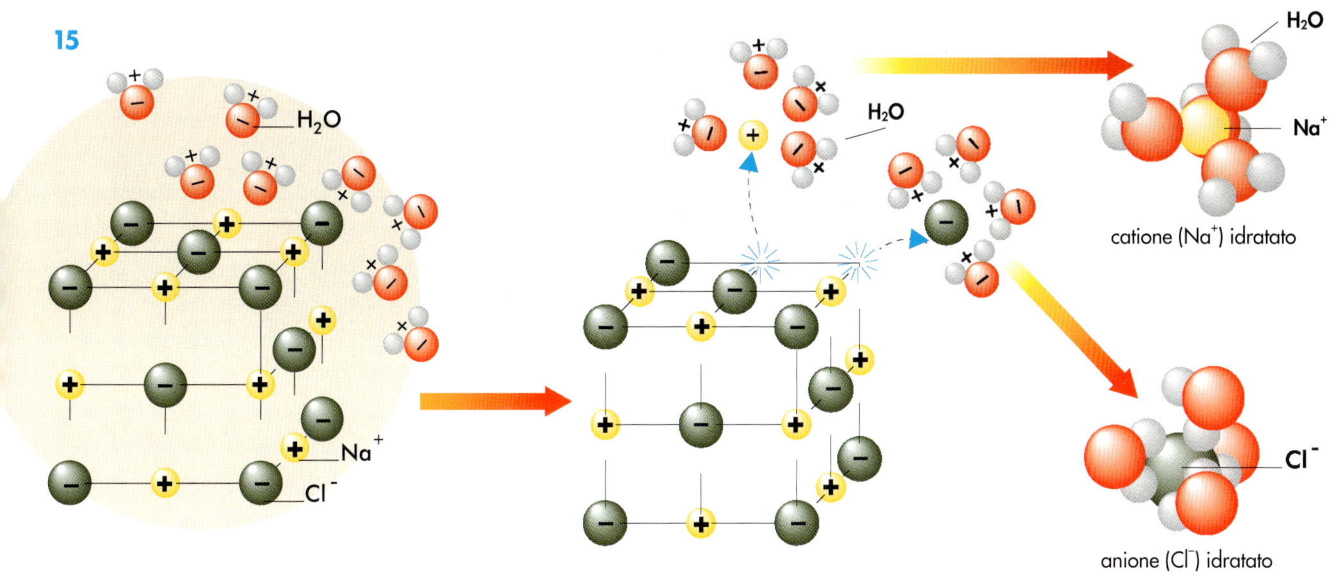

Fig. 15
L'acqua scioglie i composti ionici come il cloruro di sodio (NaCl), poiché le sue molecole dipolari si insinuano tra gli ioni nella struttura cristallina, rivolgendo l'estremità con polarità positiva verso gli ioni negativi o anioni (Cl^-) e l'estremità con polarità negativa verso gli ioni positivi o cationi (Na^+). In questo modo gli ioni vengono circondati da molecole d'acqua, cioè idratati, e portati in soluzione.

Sono soluzioni acquose liquidi fisiologici come il sudore e l'urina.

Punti chiave

La composizione di una soluzione si definisce in termini di **concentrazione**, che indica la quantità di soluto presente in una certa quantità di soluzione. La concentrazione può essere espressa in vari modi: in genere è data in **grammi di soluto per litro di soluzione** (g/ℓ).

Soluzioni di acidi e basi. Il succo di limone o l'aceto sono entrambi soluzioni acquose: se li assaggiamo, avvertiamo il tipico sapore aspro, definito "acido". Che cosa rende acide queste soluzioni?
Per rispondere a questa domanda consideriamo che nell'acqua alcune molecole (circa una ogni mezzo miliardo) sono sempre *dissociate*, cioè scisse, in un uguale numero di **ioni idrogeno** (**H^+**) e **ioni idrossido** (**OH^-**):

$$H_2O \leftrightarrow H^+ + OH^-$$

Certi composti, quando si dissolvono in acqua, liberano ioni H^+ facendone aumentare la concentrazione ed è proprio l'**eccesso di ioni H^+** che rende acida la soluzione risultante: la nostra lingua è capace di avvertire questa situazione e ci trasmette una sensazione di "acidità".

Sono chiamati **acidi** i composti che **cedono all'acqua ioni H^+**.

Ne sono esempi l'*acido citrico* presente nel succo di limone e l'*acido acetico* presente nell'aceto; nel nostro stomaco è presente un acido forte, *l'acido cloridrico* (HCl), componente dei succhi gastrici.

Viceversa, altri composti, come l'*idrossido di sodio* (NaOH), si dissolvono in acqua liberando ioni idrossido OH^- che si combinano con ioni H^+ e formano molecole d'acqua: fanno in tal modo **diminuire la concentrazione degli ioni H^+** e rendono *basica* la soluzione.

Sono chiamati **basi** o **alcali** i composti che **sottraggono all'acqua ioni H^+**.

Oltre a NaOH, altri comuni composti che si comportano come basi sono il *bicarbonato di sodio* e *l'ammoniaca*.

16

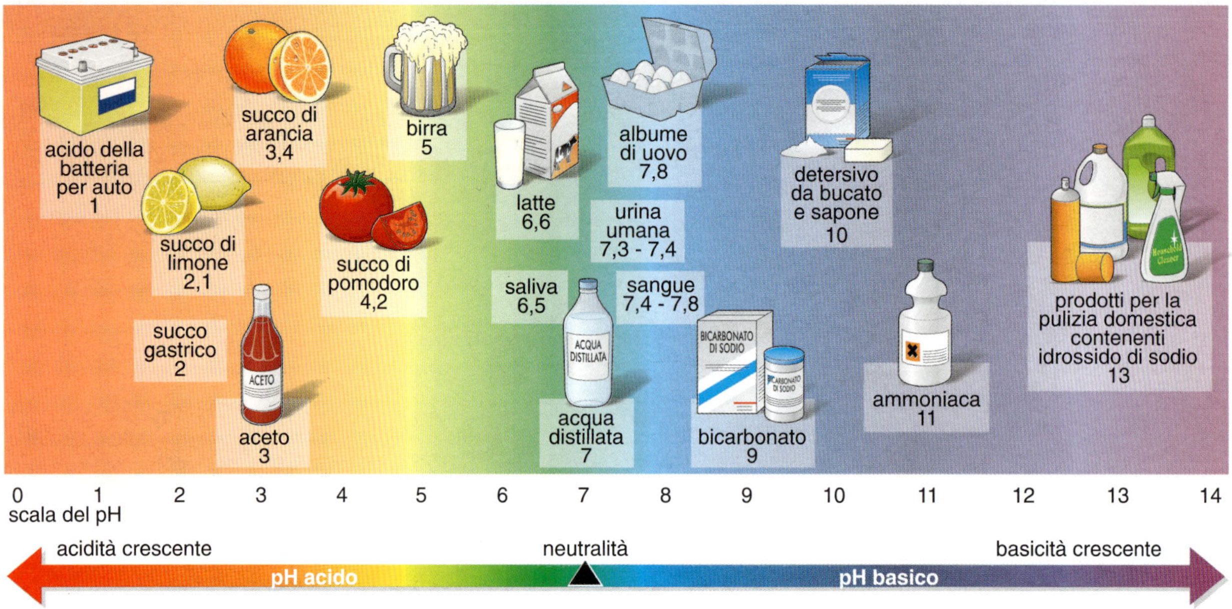

Fig. 16
La scala del pH, con i valori indicativi del pH di alcuni prodotti e sostanze.

Per esprimere l'acidità delle soluzioni si fa riferimento alla **scala del pH** ("piacca"): i suoi valori sono collegati matematicamente alla concentrazione degli ioni H^+ e sono compresi fra **0** (che indica la **massima acidità**) e **14** (che indica la la **minima acidità** cioè la **massima basicità**) (*fig. 16*).
Le soluzioni si dicono **acide** per valori di pH compresi fra 0 e 7, **basiche** per valori di pH compresi fra 7 e 14.
Una soluzione con pH = 7 contiene la stessa quantità di ioni H^+e OH^- e viene detta **neutra**, cioè né acida né basica: tale è per definizione l'acqua distillata.
Una soluzione che differisce da un'altra di 1 unità di pH ha, rispetto a questa, una concentrazione di ioni H^+ 10 volte superiore o 10 volte inferiore: per esempio (*vedi la fig. 16*), la soluzione acida (per la presenza di acido solforico) contenuta nelle batterie per automobile (pH = 1) è circa 10 volte più acida del succo di limone (pH = 2,1) e 100 volte più acida dell'aceto (pH =3).
Gli acidi e le basi, posti in contatto reciproco, si *neutralizzano* e formano **sali**.

APPROFONDIMENTO *ON LINE*
- **Neutralizzazione tra acidi e basi: i sali**
- **Acidi e basi di comune impiego**
- **Misurazione del pH di alcune sostanze**

L'importanza biologica del pH. Le reazioni chimiche nelle cellule si svolgono in soluzione acquosa e ogni variazione della concentrazione di ioni H^+ ha ripercussione sulla loro attività. Per questo le cellule sono estremamente sensibili anche a piccole variazioni di pH (un ambiente troppo acido o troppo basico può essere letale) (*fig. 17*): di fatto, per il buon funzionamento dei processi biochimici le condizioni ottimali di acidità sono quelle prossime alla neutralità (pH tra 6 e 8). È quindi della massima importanza che il pH si mantenga entro questi valori.
Le cellule riescono a *tamponare*, cioè a mantenere costante il proprio pH, grazie a sistemi di controllo, detti **sistemi tampone**: questi sono basati sulla proprietà che hanno certi costituenti cellulari (per esempio, carbonati e fosfati) di *accettare* o *rilasciare* ioni H^+ in base alle circostanze: se gli ioni H^+aumentano, la sostanza tampone li sottrae dalla soluzione, in caso contrario essa cede ioni H^+alla soluzione.
Si tratta quindi di un meccanismo di *autoregolazione omeostatico*.

Fig. 17
Il paramecio, un protozoo ciliato, è un organismo unicellulare capace di avvertire anche piccole variazioni di pH nell'acqua in cui nuota.

17

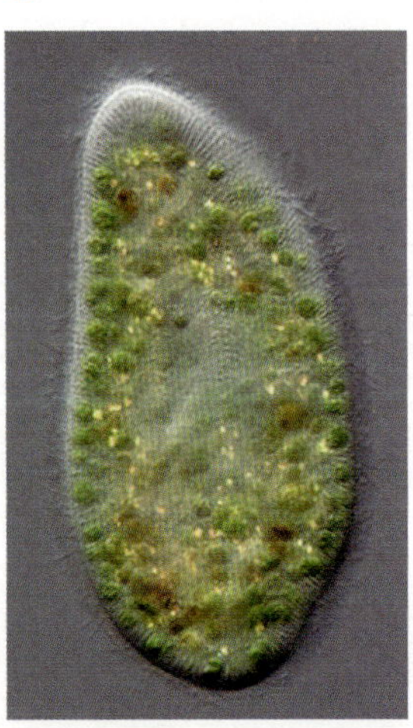

RISPONDI
- Quali sono i componenti di una soluzione?
- Qual è la differenza tra un acido e una base?
- Per quale intervallo di valori di pH una soluzione è basica?

4 La chimica del carbonio e le molecole biologiche

4.1 Architetture molecolari di carbonio

La tradizionale suddivisione dei composti chimici in *inorganici* e *organici* risale ai primi del 1800. I composti riconosciuti come "specifici" degli *organismi* viventi risultavano sempre formati da sequenze di **atomi di carbonio**, uniti ad atomi di pochi altri elementi: apparve quindi naturale designarli come **composti organici**, per distinguerli da quelli **inorganici**, tipici della materia *non vivente*. Oggi i composti organici o **composti del carbonio** comprendono numerosissimi derivati del petrolio ottenuti per sintesi e assenti in natura (come detergenti, coloranti, farmaci, pesticidi e materie plastiche): ne sono noti oltre 2 milioni.

Dello studio dei composti organici specifici degli esseri viventi, denominati **molecole biologiche** o **biomolecole**, si occupa, come sappiamo, la **biochimica**.

Ciò che distingue i composti organici da tutti gli altri è l'enorme varietà delle loro strutture molecolari che spesso sono straordinariamente complesse.
Il motivo va ricercato nelle peculiari proprietà dell'**atomo di carbonio**: questo elemento, innanzitutto, ha 4 elettroni nello strato esterno (*fig. 18a*) e può quindi formare *4 legami covalenti* singoli con altrettanti atomi, di carbonio o di altri elementi (i legami possono essere anche *doppi* o *tripli*).
I legami hanno una particolare orientazione spaziale: lo possiamo osservare nel **metano**, il più semplice degli **idrocarburi** (composti organici formati solo da carbonio e idrogeno che sono i costituenti principali del *petrolio* e del *gas naturale*).
Nella molecola di metano (*fig. 18b*) l'atomo di carbonio è unito a 4 atomi di idrogeno: i legami puntano ai quattro vertici di un immaginario tetraedro (delineato dal tratteggio nella figura).
Se osserviamo le molecole di altri idrocarburi (*figure 18c-d-e*), possiamo renderci conto che gli **atomi di carbonio** hanno una spiccata attitudine a unirsi tra loro in **catene** più o meno lunghe, **lineari** o **ramificate** oppure **chiuse ad anello**.

L'intelaiatura di atomi di carbonio o *scheletro carbonioso* è estremamente versatile e si presta a dare origine ad architetture molecolari le più varie per dimensioni e forma e nello stesso tempo duttili e resistenti: quanto di meglio per realizzare le strutture viventi e consentirne la straordinaria diversificazione.

18a

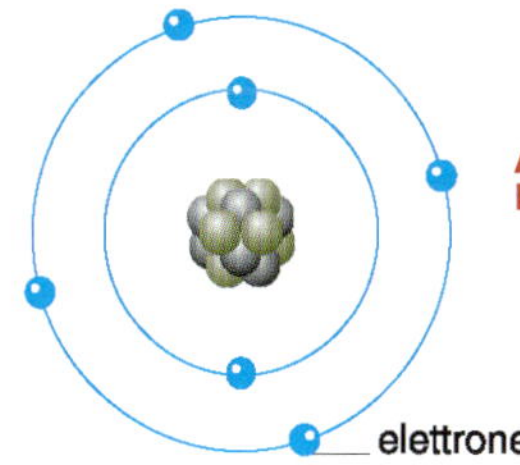

18b

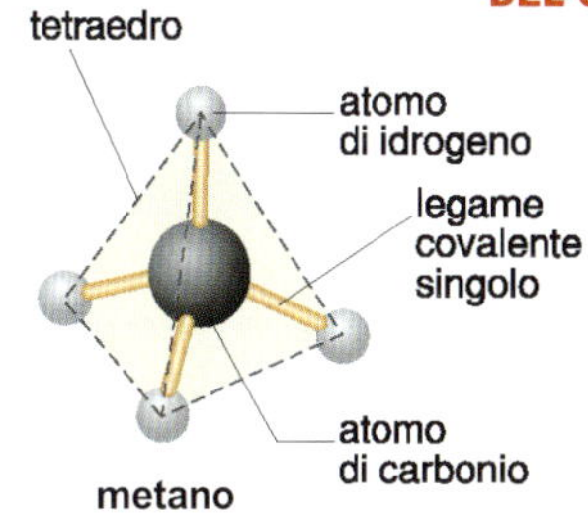

18c

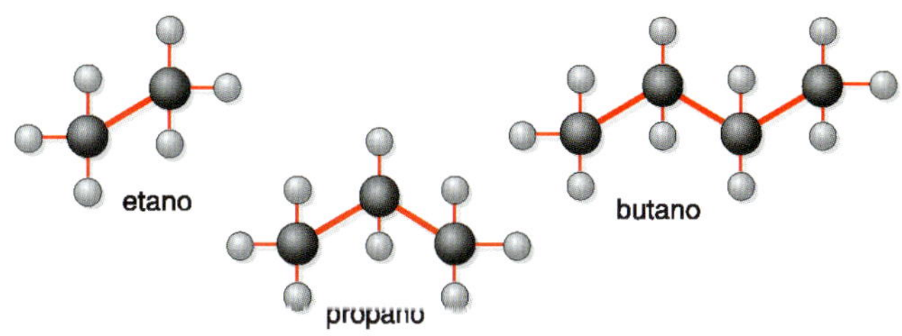

Catene lineari di atomi di lunghezza variabile

18d

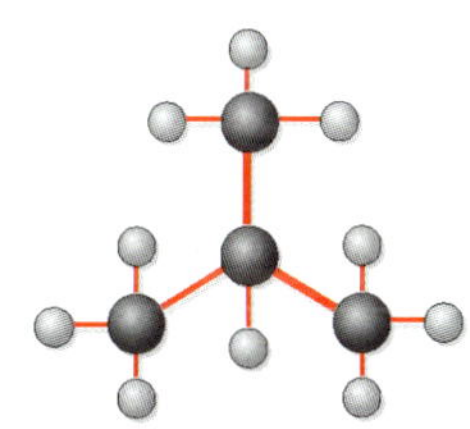

Catena ramificata

18e

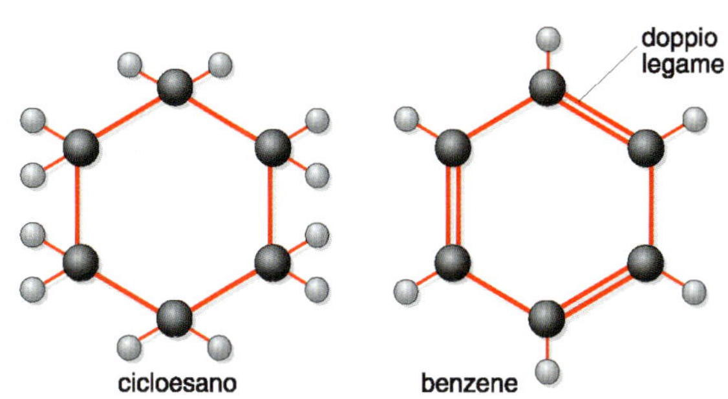

Catene di atomi di carbonio chiuse ad anello (strutture cicliche)

Fig. 18
(**a**) Configurazione elettronica dell'atomo di carbonio e, (**b**), disposizione spaziale tetraedrica dei 4 legami covalenti del carbonio nel metano. (**c**)-(**d**)-(**e**) Le strutture molecolari, relativamente semplici, di alcuni idrocarburi esemplificano le possibilità degli atomi di carbonio di assemblarsi in forma di catene lineari, ramificate o chiuse ad anello. Da notare che il butano e l'isobutano hanno la stessa formula molecolare C_4H_{10}, ma diversa distribuzione spaziale degli atomi costituenti, cioè differente struttura molecolare: composti di questo tipo sono detti **isomeri** e hanno proprietà chimiche differenti.

I gruppi funzionali. I vari composti organici differiscono per le dimensioni e la forma del loro *scheletro carbonioso* e per gli atomi e i gruppi di atomi che vi sono legati. Questi ultimi, negli idrocarburi, sono sempre atomi di *idrogeno*: poiché C e H hanno circa la stessa elettronegatività, i loro legami sono *apolari*, perciò le risultanti molecole sono in genere stabili e insolubili in acqua.
Quando invece il carbonio si lega anche ad atomi di elementi diversi, in particolare *ossigeno* e *azoto* (oltre a *fosforo* e *zolfo*), la differenza di elettronegatività si fa più accentuata, per cui si formano legami *polari*: ne derivano composti che sono spesso solubili in acqua e in genere molto reattivi.

Si chiamano **gruppi funzionali** i gruppi di atomi che influenzano in modo determinante le caratteristiche chimiche dei composti organici in cui sono presenti.

Alcuni dei principali gruppi funzionali sono indicati nella *tabella 1*; la classificazione dei composti organici è basata sul tipo di gruppo funzionale.
Le molecole organiche possono contenere più gruppi funzionali: per esempio gli *amminoacidi* contengono un gruppo *amminico* e un gruppo *carbossilico*.

Rispondi

- Quanti legami covalenti è in grado di formare il carbonio? Perché?
- In quali composti compaiono il gruppo carbossilico e il gruppo amminico?

Tabella 1. Alcuni dei principali gruppi funzionali dei composti organici

Gruppo funzionale	Formula*	Nome dei composti	Esempi
Ossidrilico	R – OH	Alcoli	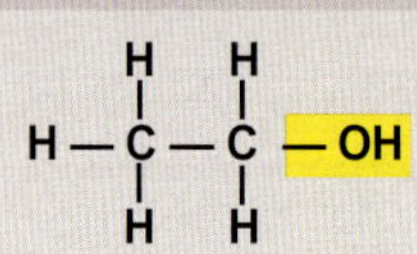 *etanolo*
Carbonilico	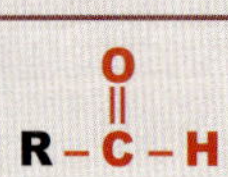	Aldeidi	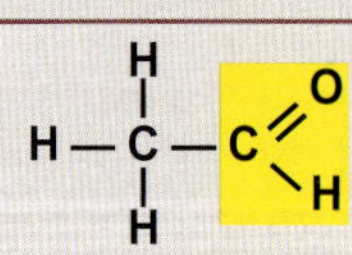 *acetaldeide*
	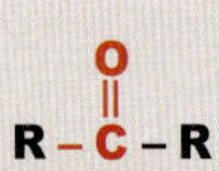	Chetoni	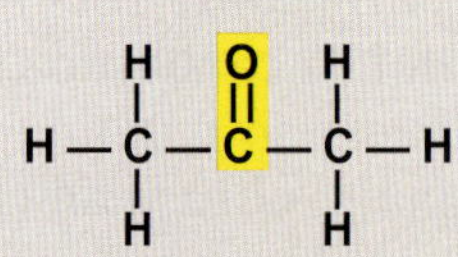 *acetone*
Carbossilico		Acidi carbossilici	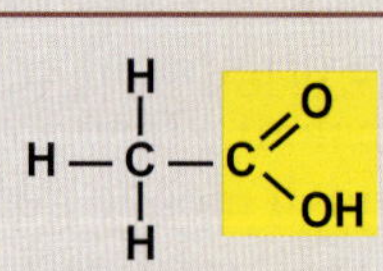 *acido acetico*
Amminico	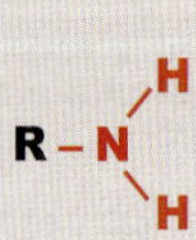	Ammine	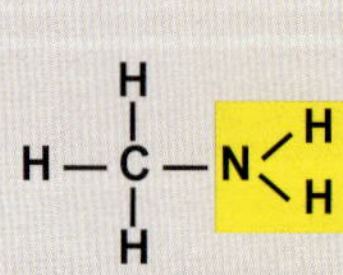 *metilammina*

*R rappresenta il radicale costituito dal resto della molecola.

Il gruppo funzionale fa la differenza

L'**etano** e l'**etanolo** hanno lo stesso scheletro carbonioso:

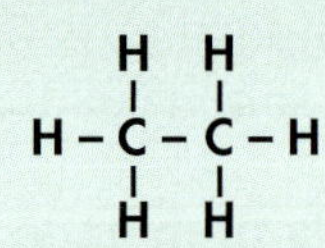
etano

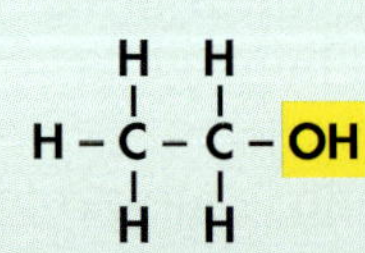
etanolo

Tuttavia, la semplice presenza di un gruppo ossidrile – OH al posto di un atomo di idrogeno, – H, fa sì che i due composti siano completamente diversi.
L'etano è un gas inodore che bolle a – 88 °C ed è immiscibile con l'acqua, mentre l'etanolo è un liquido di odore caratteristico, miscibile con l'acqua in tutte le proporzioni, che bolle a circa 78 °C.

4.2 Le biomolecole delle cellule

In una cellula sono presenti come sappiamo diverse migliaia di differenti **molecole biologiche** o **biomolecole** che svolgono le più svariate funzioni, dagli scambi energetici, al rifornimento di materiali, alla trasmissione di informazioni (*fig. 19*).

Punti chiave

Le **biomolecole** sono suddivise in quattro classi principali:
carboidrati **lipidi** **proteine** **acidi nucleici**.

Vanno citate altre due classi di composti organici importanti dal punto di vista biologico, le **vitamine** e gli *ormoni* (*vedi pag. 68*), presenti nell'organismo in piccole quantità, ma indispensabili per il corretto svolgimento di molti processi vitali.

Monomeri e polimeri. Le biomolecole hanno spesso grandi dimensioni: possono infatti arrivare a contenere anche migliaia o addirittura milioni di atomi uniti da legami covalenti e sono allora designate con il termine di *macromolecole* (come, per esempio, le proteine). Nelle cellule queste grosse molecole sono in genere costruite legando tra loro in sequenza molecole molto più piccole: come risultato si ottengono lunghe catene chiamate nel linguaggio chimico *polimeri*.

Un **polimero** (letteralmente, formato da "molte parti") è una macromolecola che deriva dall'unione di un numero consistente di molecole più piccole, dette **monomeri** ("una sola parte").

Per esempio, una *proteina* è un *polimero* che deriva dall'unione di numerose molecole di *amminoacidi* (*monomeri*); allo stesso modo, la *cellulosa* (un carboidrato) deriva dall'unione di numerose molecole di *glucosio*.

La formazione o **sintesi** di polimeri a partire da monomeri viene in genere operata dagli organismi viventi tramite un processo detto **condensazione** che di norma implica, a ogni passaggio, l'*eliminazione* di una molecola di acqua (*fig. 20a*)

Quando invece occorre la *demolizione* del polimero, per rendere disponibili le molecole di monomero si attua nelle cellule un processo opposto alla condensazione: questo causa la rottura dei legami tra i monomeri in seguito all'*addizione* di acqua (*fig. 20b*) e prende il nome di **idrolisi** ("scissione mediante dissoluzione operata dall'acqua").

Negli organismi viventi i processi di condensazione e di idrolisi sono promossi o, come si dice, "catalizzati", da specifici *enzimi* (particolari proteine).

RISPONDI

- In che modo si forma un polimero?
- Che differenza c'è fra una reazione di condensazione e una di idrolisi?

19

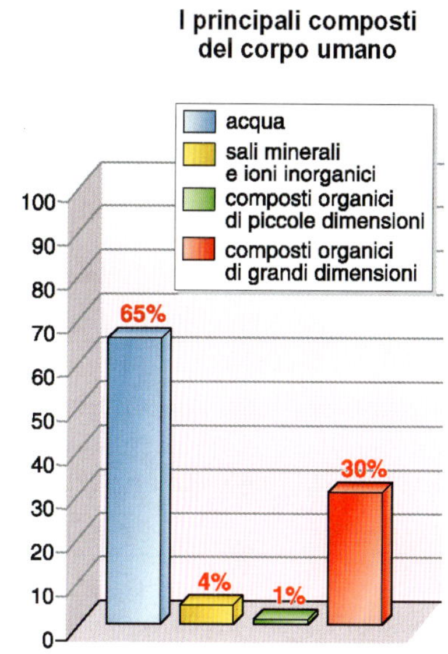

Fig. 19
Circa un terzo del peso corporeo di un uomo adulto è rappresentato da biomolecole (per oltre la metà costituite da *proteine*, seguite da *lipidi* e *carboidrati*).

APPROFONDIMENTO ON LINE
- Vitamine

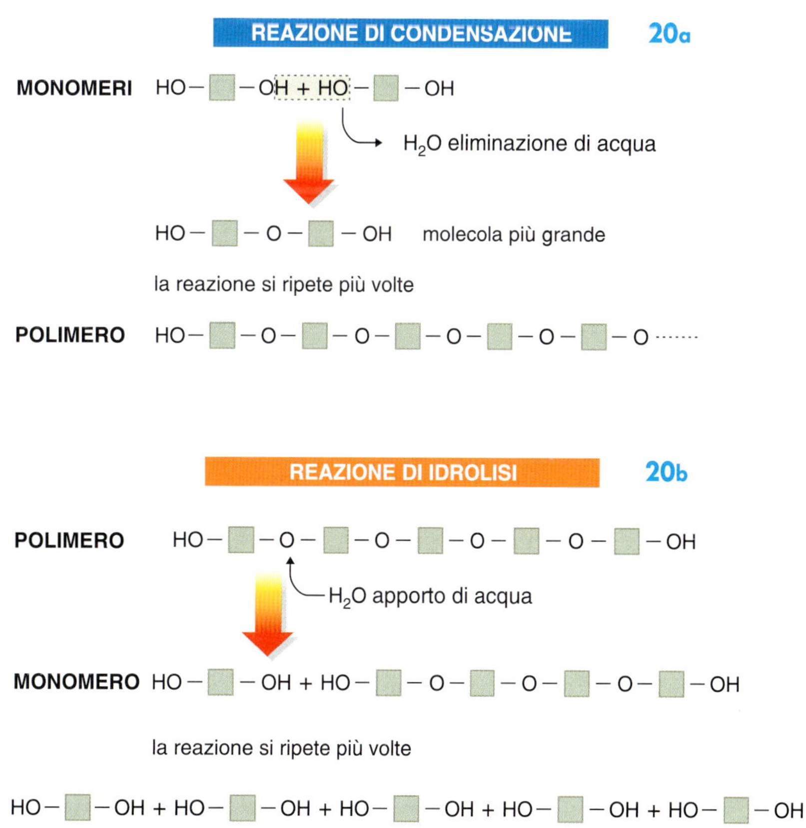

Fig. 20
(**a**) Schema del processo di sintesi di un polimero per ripetute reazioni di condensazione di monomeri, ciascuna accompagnata dall'eliminazione di una molecola di acqua.
(**b**) Schema del processo di demolizione di un polimero in seguito a reazioni di idrolisi: ciascuna richiede l'addizione di una molecola di acqua.

5 I carboidrati

5.1 Molecole con funzione energetica e strutturale

I **carboidrati** o **glucidi** sono composti contenenti *carbonio, idrogeno* e *ossigeno*. Sono in molti casi rappresentabili con la formula $C_n(H_2O)_n$, in cui il rapporto tra gli atomi di idrogeno e di ossigeno è uguale a quello che si osserva nell'acqua (H_2O): da qui il termine "carboidrati" (non sempre, tuttavia, il rapporto tra H e O risulta rispettato per cui si considera più corretta la denominazione **glucidi**, dal greco *glykỳs* = dolce).
Sono composti di fondamentale importanza biologica perché forniscono l'*energia chimica* necessaria per le attività delle cellule. Nelle piante e in alcuni animali hanno anche *funzione strutturale*.

Punti chiave

I carboidrati sono distinti principalmente in:
- **monosaccaridi** (letteralmente "singoli zuccheri") tra cui *glucosio, fruttosio* e *galattosio*;
- **disaccaridi** (formati dall'unione di due molecole di monosaccaridi), tra cui *saccarosio*;
- **polisaccaridi** (polimeri formati da numerose unità di monosaccaridi), tra cui *amido, glicogeno, cellulosa*.

21

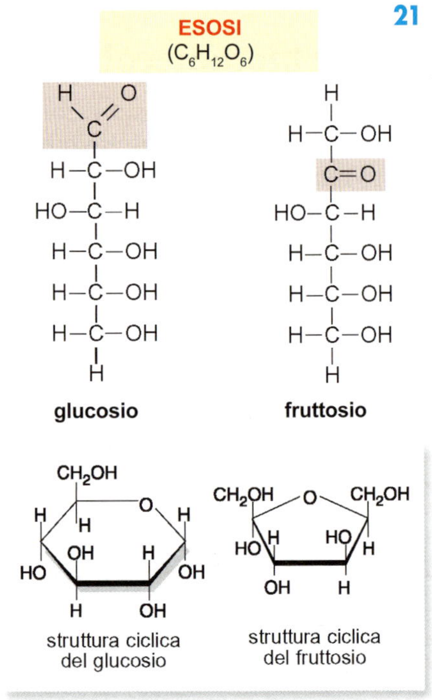

Fig. 21
Formule di struttura dei due principali esosi, il *glucosio* e il *fruttosio*. In basso sono rappresentate le formule semplificate delle strutture cicliche (ad anello esagonale e pentagonale) che di preferenza assumono le rispettive molecole quando si trovano in soluzione acquosa (ciò vale per la maggior parte dei monosaccaridi). La chiusura ad anello avviene tra il carbonio del gruppo carbonilico (C = O) e il penultimo carbonio dal basso (l'ossigeno del gruppo – OH di quest'ultimo fa da ponte tra i due atomi di carbonio). I simboli C degli atomi di carbonio posti ai vertici dei poligoni sono omessi per semplicità.

5.2 Monosaccaridi e disaccaridi

Sono anche chiamati genericamente **zuccheri**.

Monosaccaridi o zuccheri semplici. Hanno molecole costituite da una corta catena di atomi di carbonio (da tre a sette): i principali monosaccaridi di rilevanza biologica contengono **5** e **6** atomi di carbonio e sono detti rispettivamente *pentosi* ed *esosi*.
Sono solubili in acqua, data la presenza nelle loro molecole di vari gruppi funzionali ossidrilici (–OH), oltre a un gruppo carbonilico (C = O), che può essere aldeidico e chetonico.
I **pentosi** includono il *ribosio* e il *desossiribosio* costituenti degli *acidi nucleici*.
Gli **esosi** (*fig. 21*) comprendono il *glucosio* (particolarmente abbondante in alcuni frutti carnosi come l'uva) e il *fruttosio* (presente in vari frutti e nel miele); un altro importante zucchero esoso è il *galattosio*, presente nel latte.
Il **glucosio** è il più importante e il più diffuso dei monosaccaridi, prodotto dalle piante nel processo di fotosintesi, a partire da CO_2 e H_2O. Fornisce la maggior parte dell'energia necessaria alla vita cellulare: la completa demolizione di 1 g di glucosio a CO_2 e H_2O produce circa 4 chilocalorie (kcal). Inoltre, dal glucosio derivano, in seguito a varie trasformazioni biochimiche, praticamente tutti i composti organici necessari agli organismi viventi.

Disaccaridi. Sono formati da due **molecole di monosaccaridi** unite tra loro attraverso una reazione di *condensazione*: il legame si stabilisce tra due rispettivi gruppi ossidrilici con liberazione di una molecola d'acqua.
Per condensazione di una molecola di *glucosio* e una di *fruttosio* si forma il più importante disaccaride, il **saccarosio**, il comune zucchero da tavola (*fig. 22*), presente nella canna da zucchero e nella barbabietola.
Un altro importante disaccaride è il *lattosio*, lo zucchero del latte, costituito da *glucosio* e *galattosio*.

22

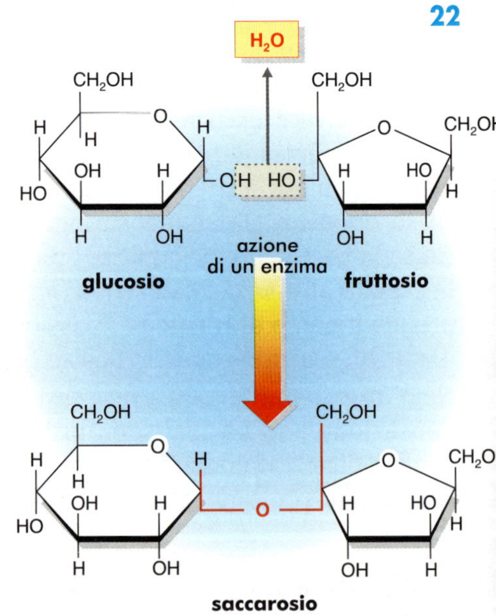

Fig. 22
Il saccarosio deriva dalla condensazione di una molecola di glucosio con una di fruttosio, in presenza di un enzima, accompagnata dall'eliminazione di una molecola d'acqua.

5.3 Polisaccaridi

Sono polimeri risultanti dall'unione in lunghe catene di numerose unità di monosaccaridi, in seguito a ripetute reazioni di condensazione. I più importanti polisaccaridi sono l'*amido*, il *glicogeno* e la *cellulosa*, tutti **polimeri del glucosio**, che si differenziano per il modo in cui i monomeri sono legati tra loro.

■ **AMIDO.** È la principale riserva energetica delle *piante* ed è immagazzinato principalmente nelle radici e nei semi. Le sue molecole tendono ad avvolgersi su se stesse in forma di elica e possono essere lineari o ramificate (*fig. 23a*). L'amido rappresenta un'importante fonte di glucosio per l'uomo: il nostro organismo è in grado di demolire per *idrolisi* le sue lunghe catene nelle unità costituenti, grazie all'aiuto di enzimi; per questo la nostra dieta è in buona parte basata su cereali e patate che hanno un ricco contenuto di amido.

■ **GLICOGENO.** È il polisaccaride che svolge, nell'*uomo* e in *molti animali*, una funzione di riserva energetica simile a quella dell'amido. È prevalentemente accumulato nel fegato (*fig. 23b*) e nei muscoli scheletrici: le sue molecole sono molto più ramificate di quelle dell'amido.

■ **CELLULOSA.** È anch'essa costituita da lunghe catene lineari, ma i legami tra le unità di glucosio sono orientati in modo differente rispetto all'amido: ciò consente alle sue molecole di formare tra loro *legami idrogeno* che le mantengono unite in fasci paralleli, organizzati in *microfibrille*, riunite in *fibrille* cementate tra loro da altri tipi di polimeri. Ne deriva un materiale fibroso rigido e molto resistente, adatto per realizzare strutture: è infatti il costituente fondamentale delle pareti delle cellule vegetali e il componente principale del legno (*fig. 24*). La cellulosa è inoltre insolubile in acqua e resistente all'attacco chimico. Per la sua grande diffusione, la cellulosa è considerata il polimero organico più abbondante in natura.

Un polisaccaride simile alla cellulosa, ma costituito da unità differenti, è la **chitina**, importante componente strutturale del rivestimento esterno protettivo (*esoscheletro*) degli invertebrati, come insetti e crostacei, e presente anche nella parete cellulare di funghi e lieviti.

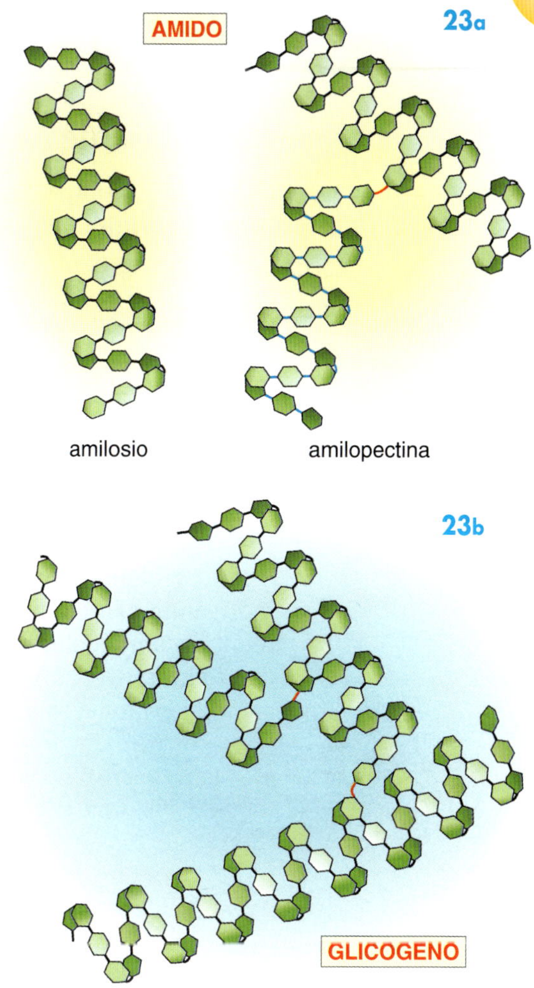

Fig. 23
(**a**) Schema delle catene di glucosio dei due componenti dell'amido, l'amilosio e l'amilopectina: sono lineari nel primo e ramificate nella seconda.
(**b**) Nel glicogeno le catene sono più ramificate rispetto all'amilopectina.

24

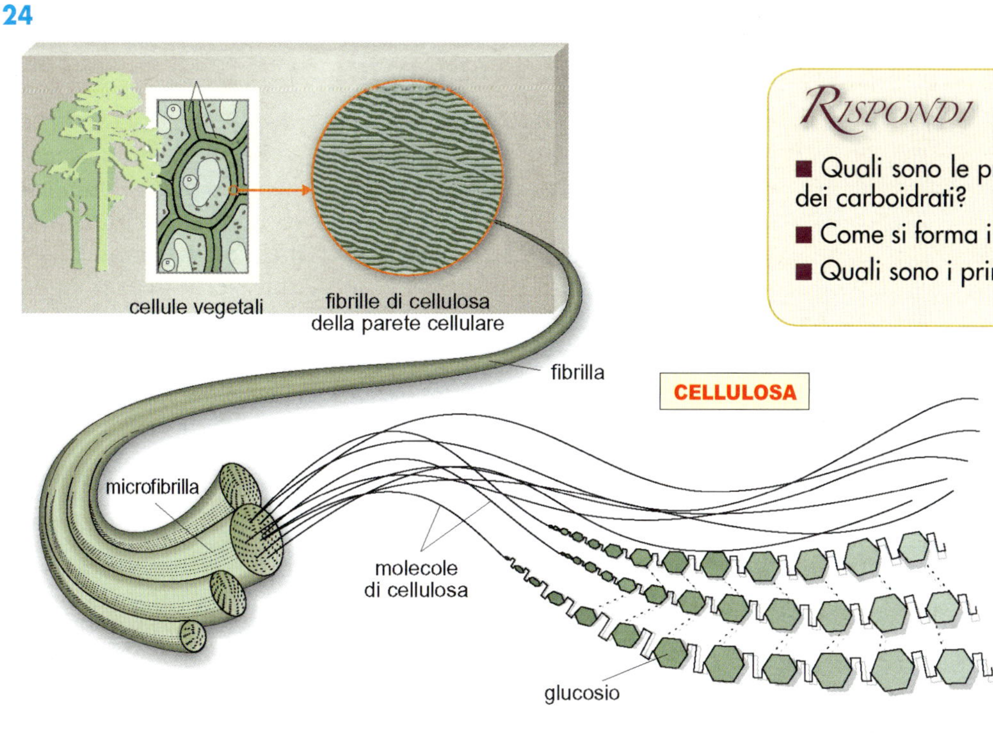

Fig. 24
Nella cellulosa le catene di glucosio si presentano allineate e unite da legami idrogeno che permettono loro di organizzarsi in microfibrille che formano la parete cellulare delle cellule vegetali.

RISPONDI

■ Quali sono le principali funzioni biologiche dei carboidrati?
■ Come si forma il saccarosio?
■ Quali sono i principali polisaccaridi?

6 I lipidi

6.1 Molecole ricche di energia e poco amanti dell'acqua

I **lipidi** sono composti organici formati per la maggior parte da *carbonio*, *idrogeno* e *ossigeno* (possono contenere anche *fosforo* e *azoto*). Sono sostanze di origine vegetale o animale che in prevalenza sono *insolubili in acqua*. Ciò ha una spiegazione: le loro molecole sono in genere costituite da lunghe catene di atomi di carbonio e idrogeno uniti con *legami apolari*, il che le rende idrorepellenti (o idrofobe); questi composti sono inoltre meno densi dell'acqua.

Punti chiave

Le principali categorie di **lipidi** sono:
trigliceridi **fosfolipidi** **cere** **steroidi**

I lipidi svolgono diverse e importanti funzioni biologiche: per esempio, rappresentano per molti animali un importante mezzo di *accumulo di energia chimica* (i *trigliceridi*); sono fondamentali *componenti strutturali* delle membrane biologiche (i *fosfolipidi*); fungono da *rivestimento protettivo superficiale* per animali (pelle, piume) e piante (foglie) (le *cere*); svolgono il ruolo di *ormoni* (gli *steroidi*).

25

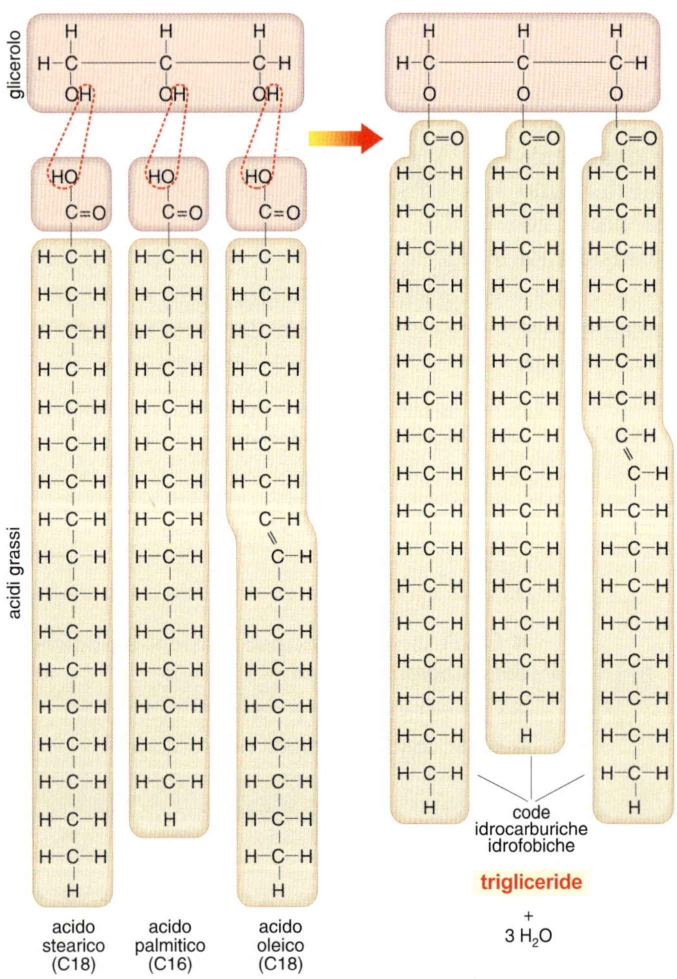

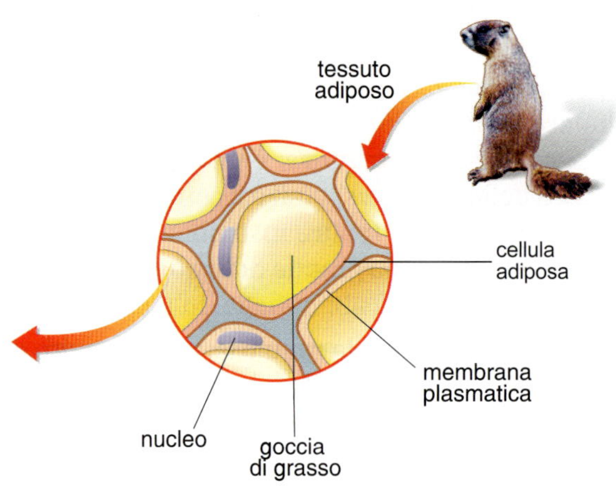

6.2 Trigliceridi

I **trigliceridi** sono i lipidi più semplici e diffusi nel mondo animale e vegetale (comunemente chiamati *grassi* e *oli*). Si formano per unione (*condensazione*) di **una** molecola di **glicerolo** (un alcol, detto anche **glicerina**) con **tre** molecole di acidi carbossilici, noti come **acidi grassi**, uguali o diverse: queste sono costituite da catene "idrocarburiche" più o meno lunghe (da 4 a 24 atomi di carbonio), terminanti con un **gruppo carbossilico** (COOH) (*fig. 25*).

Fig. 25
Formazione di una molecola di trigliceride per **condensazione** di una molecola di glicerolo e tre molecole di acidi grassi differenti.
La condensazione avviene tra ogni gruppo carbossilico delle tre molecole di acidi grassi e ciascuno dei tre gruppi ossidrile (OH) della molecola di glicerolo; si formano anche tre molecole di acqua.
Nell'esempio, gli acidi stearico e palmitico hanno solo legami singoli e sono detti **saturi**, mentre l'acido oleico possiede un doppio legame e viene detto **insaturo**.

RISPONDI

■ Da che cosa si parte per produrre un trigliceride?

Gli acidi grassi sono detti **saturi** se tra gli atomi di carbonio della catena sono presenti solo *legami semplici*; **insaturi** se nella catena vi è un *doppio legame* (C = C); **polinsaturi** se vi sono *due* o *più doppi legami*.
L'assenza o la presenza di *doppi legami* nelle catene idrocarburiche degli acidi grassi di partenza determina lo stato fisico del trigliceride.
I trigliceridi in cui prevalgono acidi grassi saturi sono *solidi* a temperatura ambiente e sono denominati **grassi**: sono tali in genere quelli di origine animale, come il lardo e il burro.
Se prevalgono acidi grassi insaturi avremo trigliceridi *liquidi* a temperatura ambiente, denominati **oli**: sono quelli di origine vegetale che si trovano concentrati nei semi (per esempio, di mais, girasole, arachidi) o nei frutti (per esempio nelle olive) e di origine animale, come gli oli di pesce.
Il fatto che queste sostanze siano liquide è dovuto proprio alla presenza abbondante di doppi legami, che causano piegamenti nelle catene di acidi grassi: queste rimangono più distanziate tra loro, e quindi sono più mobili, rispetto a ciò che avviene nelle catene di acidi grassi saturi e, di conseguenza hanno una temperatura di fusione inferiore.

APPROFONDIMENTO *ON LINE*
- Come trasformare i grassi in saponi

Funzioni. La funzione principale dei trigliceridi è quella di costituire una riserva energetica: 1g di lipidi permette di immagazzinare circa 9 kcal di energia, cioè più del doppio rispetto ai carboidrati. Gli animali possono contare come scorte di energia essenzialmente sui trigliceridi, accumulati nelle cellule del tessuto adiposo (come, per esempio, i depositi di grasso sottocutaneo) (*fig. 26*).
Le piante, invece, come sappiamo, dispongono anche e soprattutto di scorte energetiche in forma di amido.
Gli animali che vivono nei climi rigidi sono muniti di uno spesso strato di grasso sottocutaneo che funge anche da efficace isolante termico che li aiuta a sopravvivere.

26
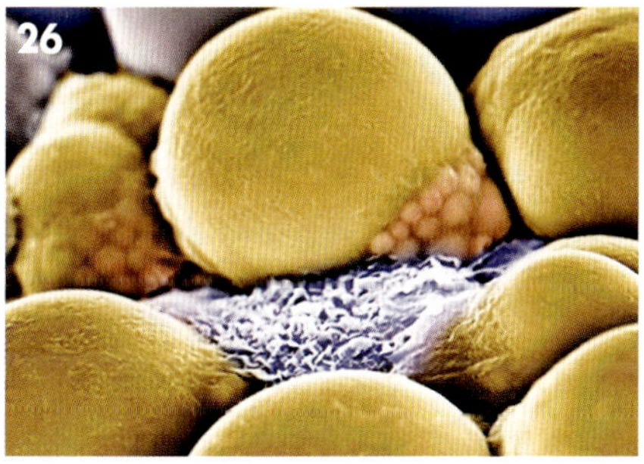

Fig. 26
Cellule del tessuto adiposo osservate al microscopio elettronico a scansione.

RISPONDI

■ Tra un trigliceride e un fosfolipide esistono almeno due differenze importanti. Quali?

6.3 Fosfolipidi

I **fosfolipidi** sono un'altra categoria importante di lipidi: differiscono dai trigliceridi perché il glicerolo è legato a 2 *molecole di acidi grassi* (anziché 3) e a un *gruppo fosfato*, a sua volta unito a una piccola molecola organica (*fig. 27a*).
La parte contenente il gruppo fosfato costituisce la *testa idrofila*, in quanto è solubile in acqua, mentre le due catene idrocarburiche di acidi grassi sono dette *code idrofobe*, perché insolubili in acqua.
I fosfolipidi sono quindi *parzialmente solubili* in acqua, a differenza dei trigliceridi, e questo comportamento li rende idonei a formare le *membrane cellulari*. Infatti, in presenza di acqua le molecole di fosfolipidi tendono a disporsi in modo da formare un doppio strato, sistemandosi con le code idrofobe rivolte le une verso le altre e con le teste idrofile rivolte verso l'ambiente acquoso. In tal modo si produce un **doppio strato**

27a
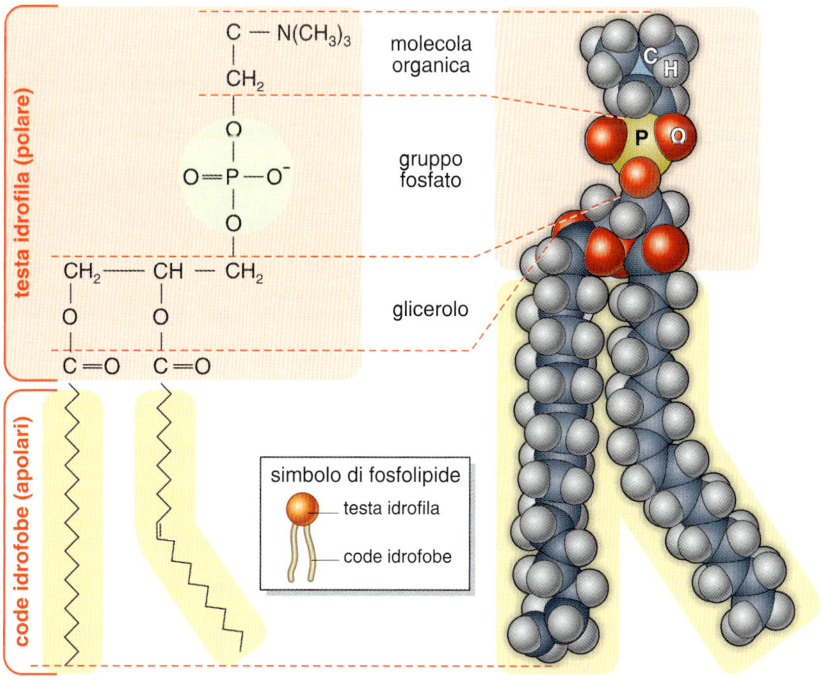

Fig. 27a
Formula di struttura e modello molecolare di un fosfolipide, con evidenziati i costituenti della testa idrofila e delle code idrofobe.

fosfolipidico, con forma laminare o approssimativamente sferica, che è la struttura di base delle membrane cellulari. (*fig. 27b*).

Simili per struttura ai fosfolipidi sono i **glicolipidi**: in questi, a differenza che nei primi, il terzo atomo di carbonio della molecola di glicerolo, invece che a un gruppo fosfato, è legato a uno *zucchero*. I glicolipidi si trovano sulla superficie esterna delle membrane cellulari, dove svolgono l'importante funzione di "riconoscimento" di specifiche sostanze chimiche presenti nell'ambiente esterno della cellula.

27b

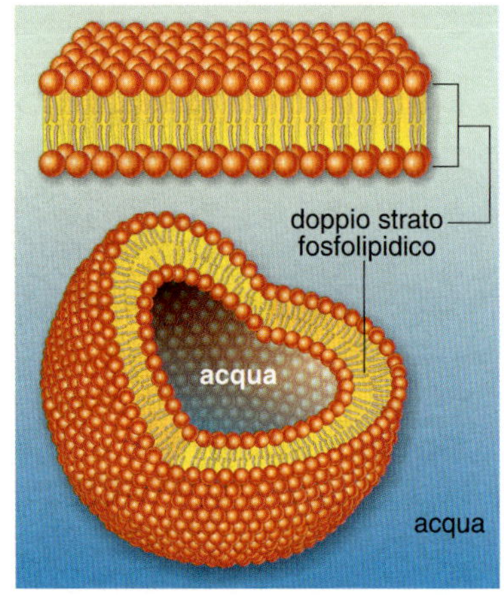

Fig. 27b
Schema della formazione di un doppio strato fosfolipidico in ambiente acquoso.

28

Fig. 28
Le penne di anatra sono ricoperte da uno strato di cera che le rende impermeabili all'acqua.

6.4 Cere e steroidi

■ **CERE.** Le **cere** sono un gruppo di lipidi che derivano dall'unione di *una molecola* di *acido grasso* con una lunga catena idrocarburica di una molecola di un *alcol* diverso dal glicerolo, contenente un maggior numero di atomi di carbonio. Per questa loro struttura le cere hanno consistenza solida e una spiccata impermeabilità all'acqua: sono quindi materiali idonei a fungere da rivestimenti protettivi idrorepellenti sulla superficie delle foglie e di alcuni frutti e sulle penne degli uccelli (*fig. 28*).

■ **STEROIDI.** Gli ***steroidi*** includono particolari lipidi le cui molecole presentano una struttura di base formata da *quattro anelli di atomi di carbonio* "condensati", cioè riuniti tra di loro. In natura esistono differenti tipi di steroidi, ciascuno con una funzione caratteristica.

Nei tessuti animali lo steroide più abbondante è il **colesterolo** (*fig. 29*), che è un importante componente delle *membrane cellulari*. Viene prodotto nelle cellule del fegato ed è utilizzato dall'organismo anche per ottenere per sintesi altri steroidi, tra cui gli **ormoni** sessuali (come estrogeni e testosterone) e varie altre sostanze.

Il colesterolo è presente nel sangue: se si segue una dieta troppo ricca di grassi saturi (presenti soprattutto in alimenti di origine animale) i suoi livelli possono diventare eccessivi e rappresentare un rischio per la salute: infatti il colesterolo tende a formare depositi nelle arterie e a ostruirle e in tal modo può favorire le malattie circolatorie.

■ **Steroidi**
Sono così chiamati perché la loro struttura base formata da 4 anelli è la stessa presente nell'idrocarburo policiclico sterano.

■ **Ormoni**
Gli **ormoni** sono molecole prodotte dalle ghiandole endocrine presenti nel nostro organismo, come per esempio le ghiandole surrenali, la tiroide, i testicoli e le ovaie. Si possono considerare "messaggeri chimici" e svolgono l'importante funzione di regolare l'attività di tessuti e organi detti "bersagli".
Ciascun ormone agisce specificamente su un determinato bersaglio, che raggiunge trasportato nel flusso del sangue.
Tra i principali **ormoni steroidei** possiamo citare:
- gli *ormoni sessuali maschili* o androgeni, come il *testosterone*;
- gli *ormoni sessuali femminili*, come gli *estrogeni* e i progestinici (tra cui il *progesterone*);
- gli *ormoni corticosteroidi* o della *corteccia surrenale* (come il *cortisone*), che controllano il metabolismo dei carboidrati e dei composti azotati.

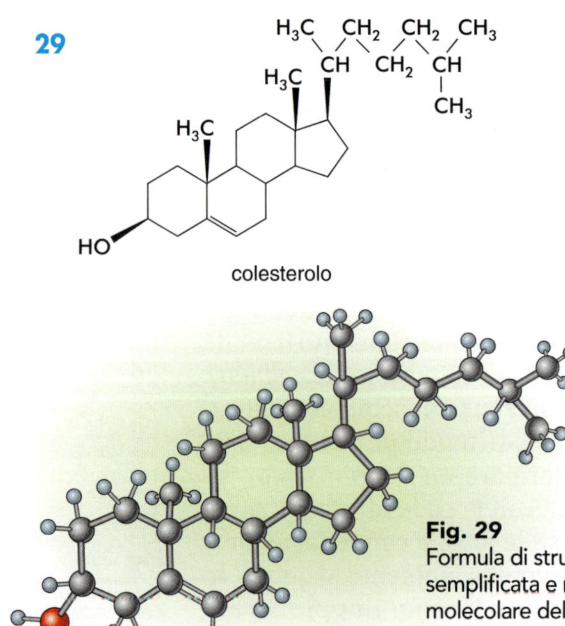

Fig. 29
Formula di struttura semplificata e modello molecolare del colesterolo.

7 Le proteine

7.1 Molecole straordinariamente varie e versatili

Le **proteine** sono **polimeri** formati dall'unione di unità di base (monomeri) chiamati **amminoacidi**, presenti in un assortimento di venti tipi diversi. Rappresentano importanti componenti strutturali delle cellule e degli organismi viventi e partecipano a ogni attività biologica. La maggioranza delle proteine è costituita all'incirca da un migliaio di amminoacidi. Si stima che nell'organismo umano siano presenti all'incirca 25-30 000 proteine, ma il loro numero potrebbe essere anche superiore.

Punti chiave

Ogni **proteina** svolge una **funzione specifica**, determinata, oltre che dalla **sequenza di amminoacidi** nella sua molecola, dalla precisa **struttura tridimensionale** che questa assume.

APPROFONDIMENTO *ON LINE*
- Le proteine coniugate

Le proteine possono avere forma allungata (*proteine fibrose*) o compatta e arrotondata (*proteine globulari*, come l'insulina di *figura 30*); possono inoltre essere costituite *solo* da amminoacidi (*proteine semplici*) oppure essere associate a molecole organiche non proteiche o ioni metallici (**proteine coniugate**, tra cui *glicoproteine*, *lipoproteine* e *metalloproteine*). In base al tipo di *funzione* generale svolta, le proteine si possono riunire nelle seguenti classi principali.

PRINCIPALI CLASSI DELLE PROTEINE

- **Proteine strutturali.** Sono i materiali costitutivi dei peli dei mammiferi, come la *cheratina*, e delle fibre di tessuto connettivo che forma i tendini e i legamenti, come il *collagene*.
- **Proteine contrattili.** Consentono l'attività dei muscoli, come l'*actina* e la *miosina*.
- **Proteine di trasporto.** Provvedono alla mobilitazione di altre molecole, per esempio consentendone il transito attraverso la membrana plasmatica.
- **Proteine regolatrici.** Comprendono *ormoni* che agiscono da messaggeri chimici e concorrono al coordinamento delle attività dell'organismo, come l'*insulina* (*fig. 30*), che controlla la concentrazione di glucosio nel sangue (*glicemia*).
- **Proteine di difesa.** Includono gli *anticorpi* presenti nel sangue che hanno il compito di contrastare le infezioni che minacciano l'organismo.
- **Proteine di riserva.** Rappresentano una fonte di amminoacidi utile, per esempio, per l'embrione in via di sviluppo, come l'*albumina*, presente nel bianco d'uovo.
- **Enzimi.** Sono proteine che facilitano lo svolgimento delle reazioni chimiche nelle cellule, cioè agiscono come *catalizzatori.* Sono la classe forse più importante di proteine.

30

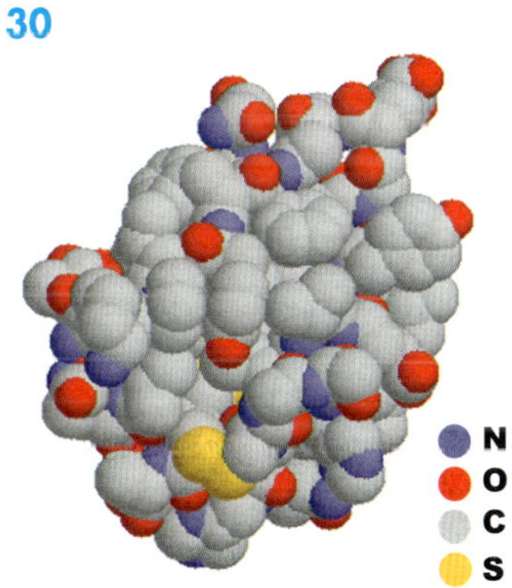

Fig. 30
Modello molecolare semplificato (sono omessi gli atomi di H) della molecola dell'insulina.

7.2 Le proteine consistono di catene di amminoacidi

Gli **amminoacidi** sono una classe di composti organici contenenti atomi di *carbonio*, *idrogeno*, *ossigeno* e *azoto* e, talvolta, anche di *zolfo*. Hanno una struttura di base costituita da un atomo di carbonio centrale, a cui sono uniti (*fig. 31*):
- un **gruppo amminico** (**NH_2**) a carattere basico;
- un **gruppo carbossilico** (**COOH**) a carattere acido;
- un **atomo di idrogeno**;
- un *gruppo variabile* o **catena laterale** indicato come **R**, diverso da un amminoacido all'altro, che rappresenta il *carattere distintivo* di ciascuna molecola.

31

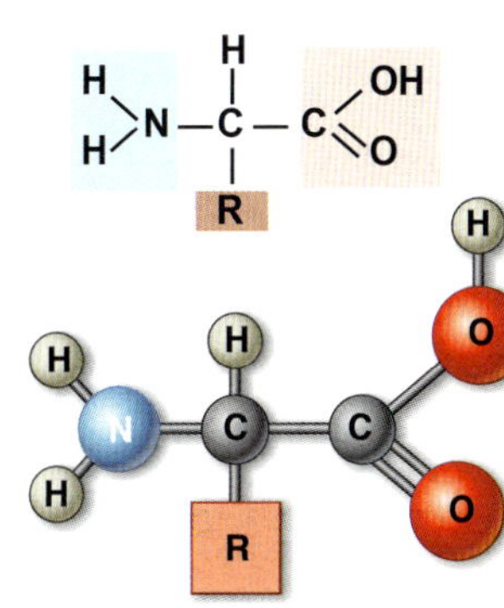

Fig. 31
Formula di struttura e modello molecolare di un amminoacido.

Tabella 2. Amminoacidi naturali e alcuni esempi di loro strutture

Nome	Simbolo
□ Acido aspartico	Asp
□ Acido glutammico	Glu
△ Alanina	Ala
□ Arginina	Arg
• Asparagina	Asn
• Cisteina	Cys
△ Fenilalanina*	Phe
△ Glicina	Gly
• Glutammina	Gln
△ Isoleucina*	Ile
□ Istidina*	His
△ Leucina*	Leu
□ Lisina*	Lys
△ Metionina*	Met
△ Prolina	Pro
• Serina	Ser
• Tirosina	Tyr
• Treonina*	Thr
△ Triptofano*	Trp
△ Valina	Val

Esempi — R apolare | R idrofilo (polare) | R idrofilo (con carica ionica)

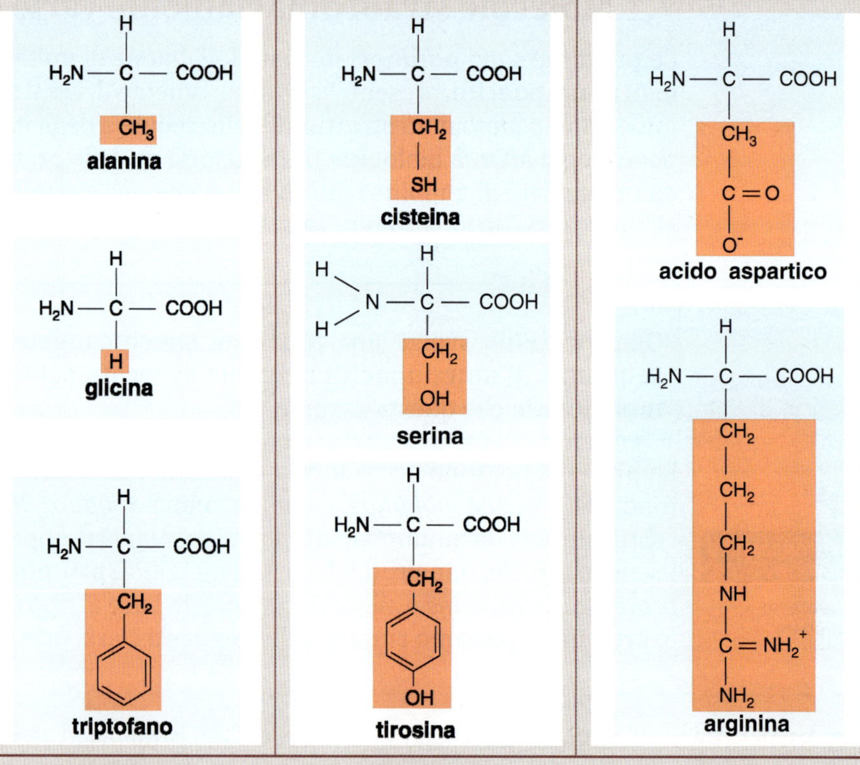

*Amminoacidi essenziali.
Gruppo R: △ apolare; • idrofilo (polare); □ idrofilo (con carica ionica).

Come detto, nelle proteine sono presenti **20 tipi** di amminoacidi diversi che si possono suddividere in alcune classi, a seconda della **natura del gruppo R** (*tab. 2*), che può essere: *apolare*, insolubile in acqua; *idrofilo* (o *polare*), solubile in acqua; *idrofilo con carica elettrica*, a comportamento acido o basico, solubile in acqua.

Alcuni amminoacidi sono detti **essenziali** perché il nostro organismo (come quello degli animali in genere) non è in grado di sintetizzarli e li deve quindi assumere con gli alimenti.

Gli amminoacidi si uniscono tra loro attraverso la formazione di un legame covalente detto **legame peptidico**, che si stabilisce fra il **gruppo amminico** di un amminoacido e il **gruppo carbossilico** di un altro amminoacido, con l'eliminazione di **una molecola di acqua**: si tratta quindi di una **reazione di condensazione**.

L'unione di *due* amminoacidi forma un **dipeptide** (*fig. 32*), di *tre* amminoacidi un **tripeptide**; una molecola formata da *oltre tre* amminoacidi è chiamata **polipeptide**.

Il termine "**proteina**" è di solito riservato a **catene polipeptidiche** costituite da oltre cinquanta amminoacidi: tipicamente, una proteina è costituita all'incirca da 1000 amminoacidi, ma alcune proteine complesse possono contarne fino a 100 000.

Fig. 32
Due amminoacidi, in seguito a una reazione di condensazione, si uniscono con un legame peptidico formando un dipeptide. L'aggiunta progressiva alla catena iniziale di un numero consistente di altri amminoacidi dà luogo a una proteina.

RISPONDI

- Qual è la funzione delle proteine strutturali?
- Come è costituita la molecola di un amminoacido?
- In che modo a partire dagli amminoacidi si formano le proteine?

32

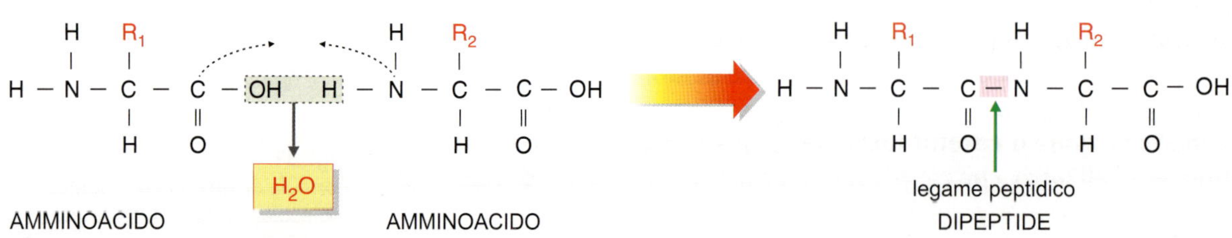

7.3 La struttura delle proteine

Le molecole delle proteine, in base al modo in cui le catene di amminoacidi si avvolgono e si ripiegano su stesse, assumono precise forme spaziali o *conformazioni* che determinano le loro specifiche proprietà.
In generale si distinguono forme allungate, come nelle *proteine fibrose*, oppure tondeggianti, come nelle *proteine globulari*. Nella conformazione di una proteina si possono individuare **quattro livelli strutturali** di complessità crescente: si parla, rispettivamente, di **struttura primaria**, **secondaria**, **terziaria** e **quaternaria**.

I livelli strutturali delle proteine

STRUTTURA PRIMARIA. La **struttura primaria**, o *di base*, di una proteina è rappresentata dalla sequenza lineare degli amminoacidi (*catena polipeptidica*), cioè dal loro numero e dall'**ordine** esatto con cui essi sono legati gli uni agli altri tramite legami peptidici covalenti (*fig. 33*). Le cellule dispongono di un meccanismo biochimico, controllato dai geni (attraverso gli acidi nucleici), tanto preciso che consente loro di legare insieme, l'uno dopo l'altro, *nel numero e nella successione richiesta*, i vari amminoacidi necessari senza commettere errori. Anche solo un piccolo cambiamento nella sequenza può causare gravi alterazioni nelle funzioni della proteina finale.

33

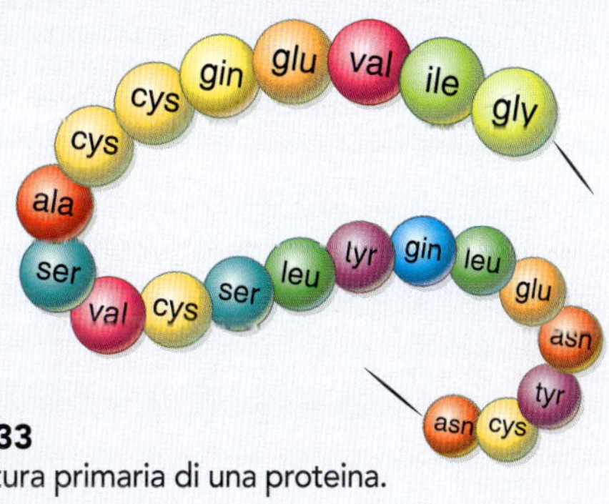

Fig. 33
Struttura primaria di una proteina.

STRUTTURA SECONDARIA. La struttura primaria di una proteina è la condizione necessaria, ma non sufficiente, a renderla biologicamente attiva. Perché le sue proprietà possano manifestarsi, la molecola deve arrivare ad acquisire un'opportuna forma tridimensionale. Come primo passo, la catena polipeptidica va incontro a particolari *piegamenti* e la conformazione spaziale assunta rappresenta la sua **struttura secondaria** che può essere di due tipi:

- ad **alfa-elica**, consistente in un regolare avvolgimento a spirale della catena polipeptidica (*fig. 34a*);
- a **foglietto ripiegato** o **foglietto beta**, in cui tratti di una stessa catena polipeptidica si dispongono gli uni accanto agli altri in modo da formare una sorta di lamina pieghettata a fisarmonica (*fig. 34b*).

In entrambi i casi, la forma assunta dalla catena polipeptidica è dovuta a *legami idrogeno*: questi coinvolgono l'idrogeno di un *gruppo amminico* (N–H) di un amminoacido e il carbonio di un *gruppo carbossilico* (C=O) di un altro amminoacido (situato lungo la stessa catena polipeptidica nella struttura ad alfa-elica, o su un'altra catena nella struttura a foglietto ripiegato).

Fig. 34
(**a**, **b**) I due principali tipi di strutture secondarie.
(**c**) La struttura base di un capello è formata da protofibrille costituite da tre catene intrecciate di alfa cheratina, riuniti in fasci (fibrille) contenuti nelle singole cellule.

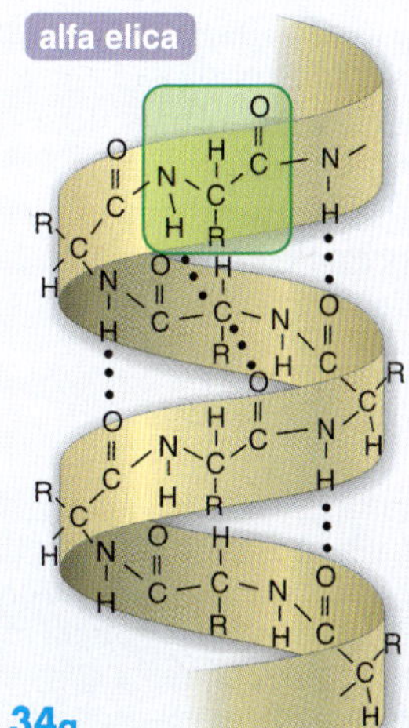

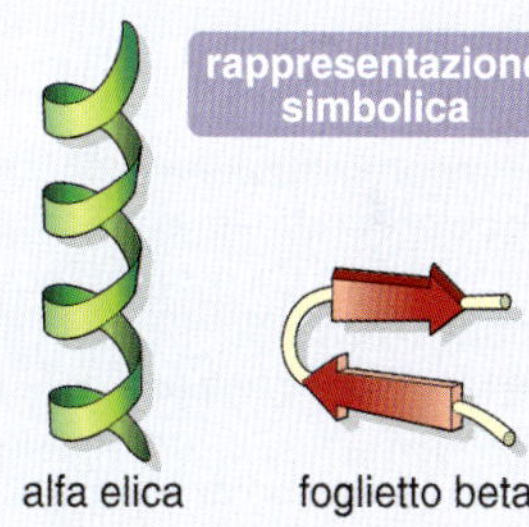

34a

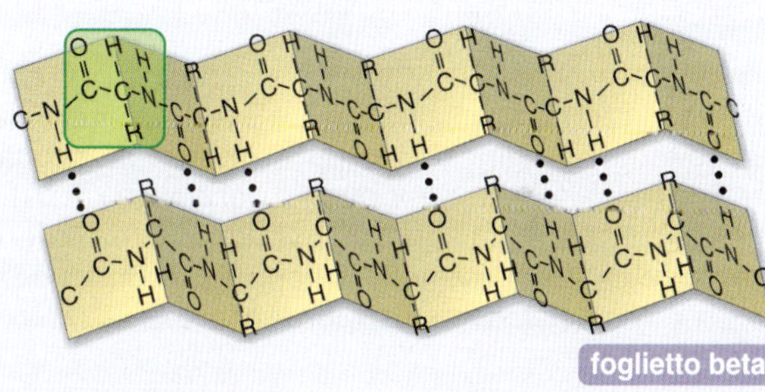

34b

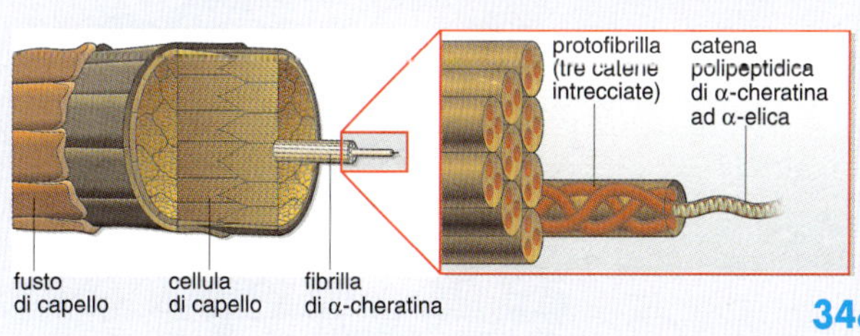

34c

Le catene di amminoacidi con strutture secondarie regolari e continue ad alfa-elica o a foglietto beta sono caratteristiche delle **proteine fibrose** che si presentano in forma di sottili filamenti. La struttura ad alfa-elica conferisce una notevole resistenza ed elasticità: è il caso dell'*alfa-cheratina*, la proteina di cui sono fatti i capelli (*fig. 34c*) e la lana, e il *collagene*, componente del tessuto connettivo (pelle, cartilagini, ossa, legamenti); quest'ultimo è la proteina più abbondante nei vertebrati.
La struttura a foglietto beta è in grado di conferire resistenza, ma non elasticità, come nel caso della *beta-cheratina* del tessuto corneo (unghie, corna, penne) e della *fibroina*, il principale componente della seta.

Struttura terziaria. Le proteine fibrose prima descritte sono tuttavia una minoranza. Nella maggior parte dei casi, infatti, una proteina è formata da *segmenti* di strutture secondarie (solo ad alfa-elica, solo a foglietto beta o combinazioni di entrambe), unite tra di loro da *tratti di raccordo* della catena polipeptidica che sono privi di strutture regolari: in corrispondenza di questi tratti i vari segmenti si ripiegano su se stessi, per effetto di *interazioni* che coinvolgono i gruppi laterali R (*descritte nella pagina a lato*). Come conseguenza, la molecola proteica si raggomitola (*fig. 35a*) assumendo una conformazione tridimensionale compatta e ben definita, che rappresenta la **struttura terziaria**: questa è caratteristica delle **proteine globulari**, come per esempio la **mioglobina** (*fig. 35b*), la proteina dei muscoli scheletrici in grado di legare l'ossigeno per mezzo di un gruppo non proteico, detto *gruppo eme*, associato alla sua molecola. La mioglobina contiene quasi solo segmenti polipeptidici ad alfa-elica.
La struttura terziaria delle proteine globulari è ricca di protuberanze e rientranze che conferiscono a ciascuna di esse forme altamente specializzate per svolgere precise funzioni: la *stretta correlazione tra la struttura terziaria di una proteina e la sua attività biologica* è evidenziata dal fenomeno della *denaturazione* (*vedi scheda alla pagina seguente*).

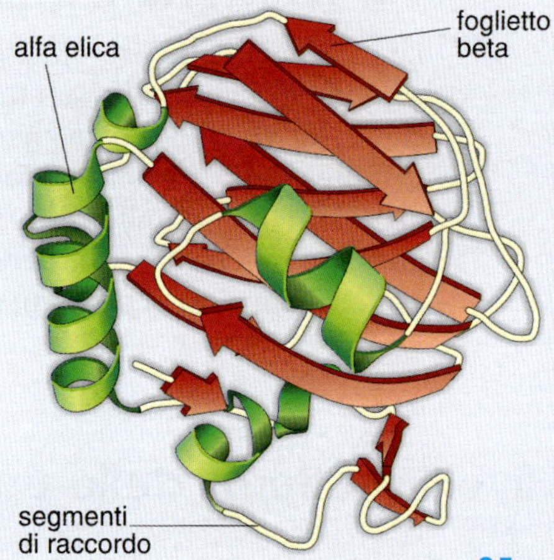

35a

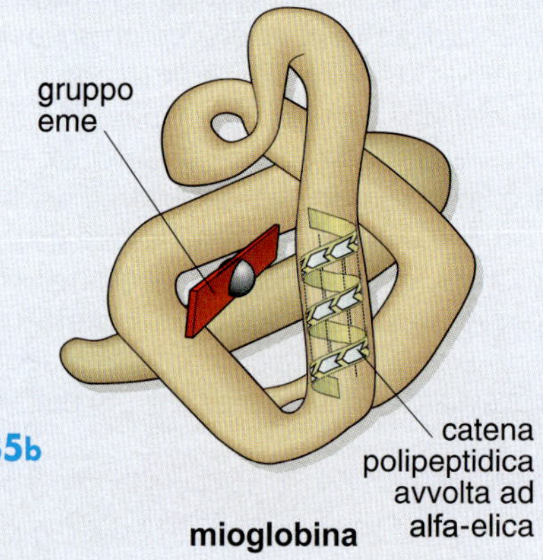

35b

Fig. 35
(**a**) Rappresentazione della struttura terziaria di una generica proteina globulare costituita da segmenti di alfa-elica misti a segmenti di foglietti beta (indicati dai rispettivi simboli); il filamento sottile in colore chiaro indica i tratti di raccordo di catena polipeptidica priva di struttura regolare.
(**b**) La struttura terziaria della mioglobina, rappresentata in modo da evidenziarne la forma raggomitolata, adatta per ospitare al suo interno un gruppo non proteico (eme; *vedi la fig. 36*).

Struttura quaternaria. Varie proteine presentano un livello organizzativo ancora superiore, detto **struttura quaternaria**, che risulta dall'associazione di due o più catene polipeptidiche distinte o *subunità*: queste sono tenute insieme da vari tipi di interazioni deboli. L'esempio tra i più noti di proteina con struttura quaternaria è l'*emoglobina*, componente dei globuli rossi del sangue adibita al trasporto dell'ossigeno dai polmoni alle cellule: è costituita da 4 subunità di due tipi differenti, entrambi simili alla mioglobina (*fig. 36*), ciascuna contenente un gruppo eme. Il gruppo eme contiene ferro (come ione ferro Fe^{2+}) che ha il compito di legare l'ossigeno che deve essere trasportato.

36

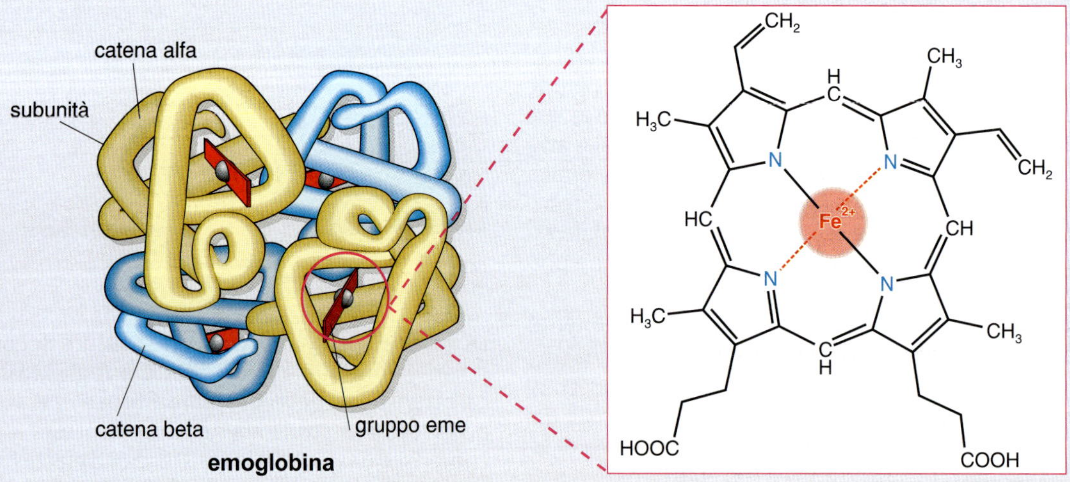

Fig. 36
Esempio di struttura quaternaria dell'emoglobina costituita da 4 subunità uguali due a due.
A lato, struttura chimica del gruppo eme.

Rispondi

- Che cosa si intende per struttura primaria di una proteina?
- Quali sono le due principali strutture secondarie di una proteina e in che cosa differiscono?

Interazioni che stabilizzano la struttura terziaria. La struttura terziaria di una proteina globulare è il risultato complessivo di alcuni tipi di interazioni tra gruppi laterali R che creano collegamenti tra vari punti della catena. Dobbiamo tenere conto che una proteina è in contatto con le molecole polari dell'acqua presente nella cellula: le interazioni che si producono nella sua molecola determinano ripiegamenti tali da farle assumere la conformazione più stabile in rapporto alla natura polare dell'ambiente circostante. Le principali interazioni riguardano (*fig. 37*): *gruppi idrofobi* che sono respinti dall'acqua e tendono a orientarsi verso l'interno e ad avvicinarsi (*attrazione idrofoba*); *gruppi idrofili* che formano *legami idrogeno* e altri di tipo acido (con carica –) e di tipo basico (con carica +) che formano *legami ionici*; gruppi contenenti atomi di *zolfo* che formano *legami covalenti* chiamati *ponti disolfuro*.

37

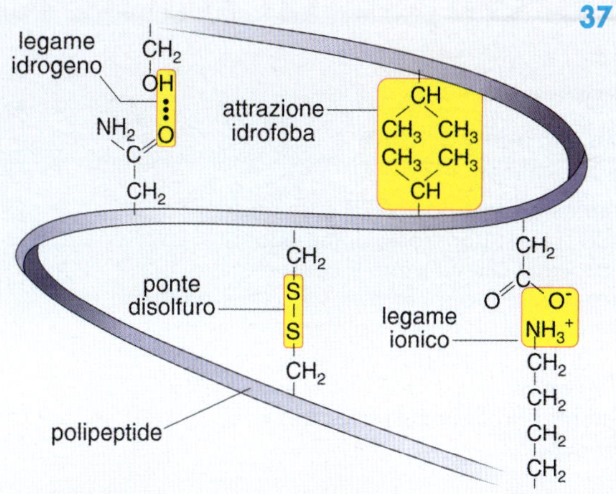

Fig. 37
I principali tipi di interazioni tra parti di una stessa catena polipeptidica che stabilizzano la struttura terziaria.

Scienze e realtà

La denaturazione delle proteine

Le strutture (secondaria, terziaria e quaternaria) di una proteina, che ne determinano la conformazione spaziale, sono assicurate da legami relativamente deboli: questi possono rompersi in modo irreversibile a causa di temperature elevate e di variazioni sensibili di pH o in seguito al contatto con sostanze chimiche o solventi organici.

Una proteina globulare, per esempio, non è più in grado di rimanere avvolta, quindi **perde la sua struttura terziaria** e si svolge (*fig. 38a*): come conseguenza diventa inattiva, cioè **perde la sua funzionalità biologica** e questo processo è noto come **denaturazione.**

Le *elevate temperature* determinano, in particolare, la rottura dei legami idrogeno.

Possiamo osservare ciò che succede nel caso dell'*albumina*, la proteina globulare contenuta nell'albume dell'uovo, che si trova dispersa in soluzione tra molecole d'acqua. Quando cuociamo un uovo, in seguito alla rottura dei legami idrogeno le molecole dell'albumina si svolgono e diventano insolubili, per cui "precipitano" assumendo l'aspetto di una sostanza solida bianca (*fig. 38b*).

Le *variazioni di pH* causano un effetto denaturante in particolare in seguito alla rottura dei legami ionici, poiché alterano le cariche presenti nei gruppi R acidi e basici.

Certe sostanze chimiche (dette *riducenti*) rompono i *ponti disolfuro*. Su questo effetto si basa il trattamento che consente di dare forma ai capelli mediante la permanente. I capelli sono costituiti da catene di alfa-cheratina unite tra loro da numerosi ponti disolfuro che possono essere rotti e ripristinati, consentendo di rendere i capelli ondulati a piacere per un periodo abbastanza lungo (*fig. 38c*).

38a

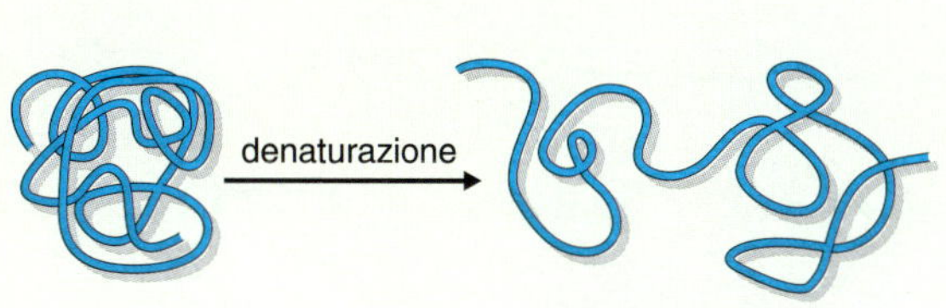

38b

Fig. 38
(**a** e **b**) Denaturazione di una proteina globulare. La cottura di un uovo provoca la denaturazione termica dell'albumina, che si trasforma in una sostanza solida bianca.

38c

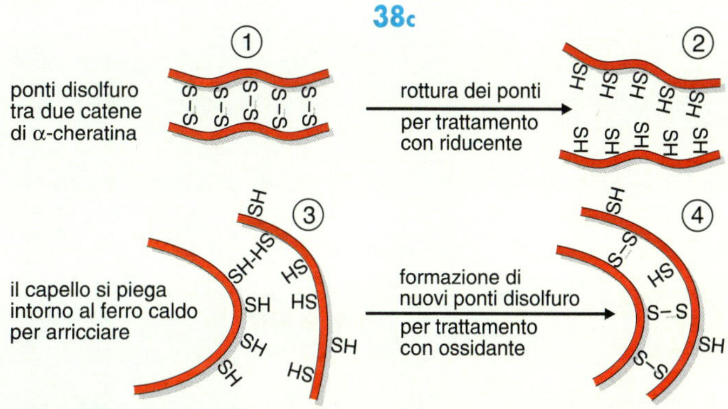

Fig. 38c
(**c**) Ponti disolfuro e permanente.
I capelli vengono dapprima trattati con una sostanza chimica riducente che rompe i ponti disolfuro (*1* e *2*), quindi sono avvolti intorno a un ferro caldo che li piega nel modo voluto (*3*) e infine trattati, dopo lavaggio, con un'altra sostanza ossidante che ripristina i ponti disolfuro, ma tra punti differenti della catena (*4*).

8 Gli acidi nucleici

■ Un altro importante nucleotide: l'ATP

L'**adenosintrifosfato** o **ATP** è un nucleotide legato a tre gruppi fosfato impiegato nei processi che liberano e consumano energia. I tre gruppi fosfato sono uniti da due legami che si possono facilmente scindere per idrolisi: questo processo è accompagnato dalla liberazione di una cospicua quantità di energia prontamente utilizzabile dalla cellula.

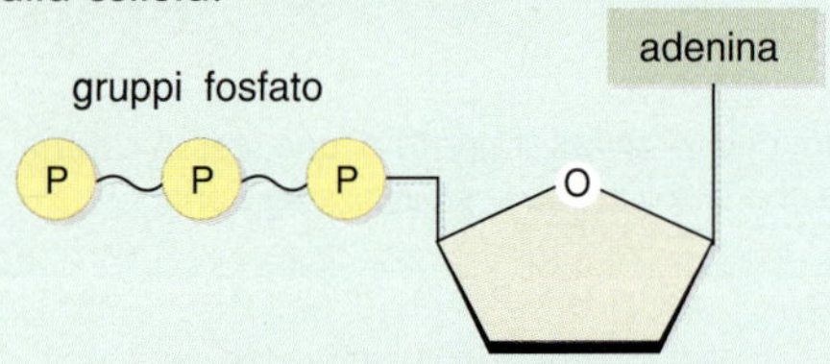

ATP
(adenosintrifosfato)

8.1 Il progetto e il programma della vita

Gli **acidi nucleici** sono polimeri costituiti da unità chiamate **nucleotidi** e rappresentano la base molecolare su cui si fonda l'espressione della vita. Furono rinvenuti per la prima volta nel nucleo della cellula e a ciò si deve il loro nome.
Esistono due tipi di acidi nucleici: l'**acido desossiribonucleico** o **DNA** e l'**acido ribonucleico** o **RNA**.

La molecola del **DNA**, presente (anche se non esclusivamente) nel nucleo cellulare, contiene, in codice, le informazioni genetiche che presiedono allo svolgimento di tutte le funzioni rappresentative di ogni organismo vivente.
In particolare, il DNA fornisce le istruzioni necessarie per la costruzione o sintesi delle proteine e le trasmette all'**RNA** che ha il compito di tradurle in pratica nel citoplasma cellulare, assemblando le molecole degli amminoacidi nelle precise sequenze prescritte.

8.2 Catene di nucleotidi formano gli acidi nucleici

Un **nucleotide** è formato dalla combinazione di tre diversi componenti (*fig. 39*):
- un **gruppo fosfato** (simile a quello presente nei fosfolipidi);
- uno **zucchero** con **5** atomi di carbonio (*pentoso*), che è il *desossiribosio* nel DNA e il *ribosio* nell'RNA;
- una **base azotata**, che è una molecola con struttura ciclica contenente azoto.

  Nel DNA sono presenti 4 differenti di basi azotate: **adenina** (**A**), **guanina** (**G**), **citosina** (**C**), **timina** (**T**). Una quinta base azotata, chiamata *uracile* è presente *solo nell'RNA* (al posto della *timina*).

I nucleotidi si uniscono tra loro in lunghissimi filamenti o *catene polinucleotidiche*, in seguito alla formazione di legami tra lo zucchero di un nucleotide e il gruppo fosfato di un altro nucleotide (*fig. 40*). Ne risulta uno scheletro costituito da unità "fosfato-zucchero".

39

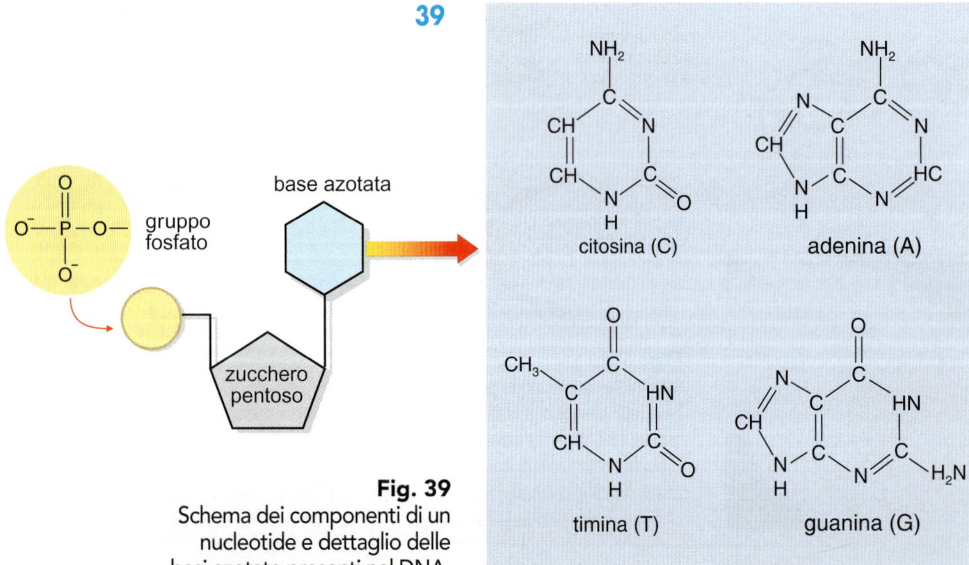

Fig. 39
Schema dei componenti di un nucleotide e dettaglio delle basi azotate presenti nel DNA.

40

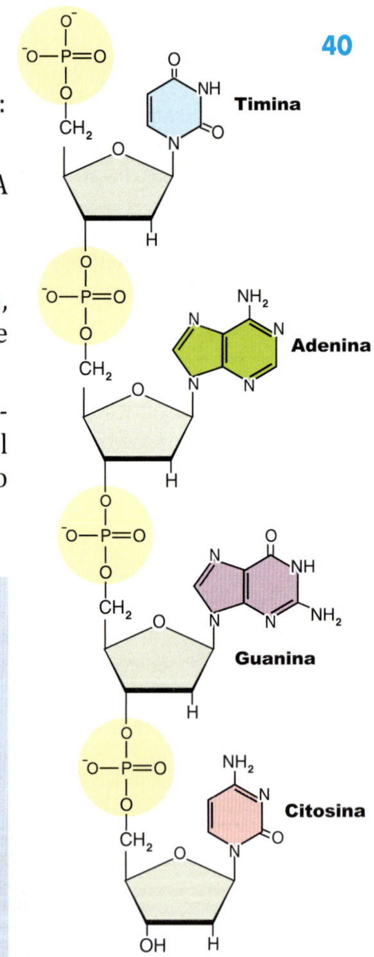

Fig. 40
Frammento di catena polinucleotidica che mostra il collegamento tra le unità di nucleotidi.

8.3 La doppia elica del DNA

Mentre la molecola di RNA consiste in *un solo filamento*, la **molecola di DNA** è costituita da **due catene polinucleotidiche** unite da *legami idrogeno* che associano tra di loro le **coppie di basi azotate** che sporgono verso il centro (*fig. 41a*).
Le due catene polinucleotidiche non rimangono distese, ma di fatto si avvolgono su se stesse per effetto di particolari interazioni intramolecolari, in modo da formare una *doppia spirale* nota come **doppia elica** (*fig. 41b* e *c*).
Si può immaginare una scala a pioli che, in seguito a torsione, sia avvolta su se stessa in più spire, in modo che i pioli si mantengano perpendicolari all'asse della spirale: i due montanti corrispondono agli scheletri delle due catene costituiti da unità "fosfato- zucchero" e i pioli corrispondono alle coppie di basi azotate.

La doppia elica del DNA è una struttura spaziale estremamente ordinata, di tipo cristallino. L'accoppiamento tra le basi azotate delle due catene può avvenire solo secondo un preciso criterio, in quanto gli abbinamenti possibili, che garantiscono la maggiore uniformità e stabilità della struttura, sono:

- **A** con **T** (**adenina** con **timina**) o viceversa;
- **G** con **C** (**guanina** con **citosina**) o viceversa.

Le coppie **A-T** e **G-C** sono dette **basi complementari**.

Questa caratteristica fondamentale del DNA rappresenta un fattore fondamentale per consentire il processo di duplicazione del materiale ereditario.
La struttura a doppia elica del DNA fu scoperta nel 1953 dal fisico inglese **Francis Crick** e dal biochimico statunitense **James Watson** e costituisce un traguardo di eccezionale importanza nella recente storia della biologia.

APPROFONDIMENTO *ON LINE*
- Francis Crick
- James Watson

RISPONDI

- Quali funzioni svolge il DNA nel nucleo cellulare?
- Da quali componenti chimici è formato un nucleotide?
- In che modo sono tra loro collegate le due catene polinucleotidiche nella molecola di DNA?

41a

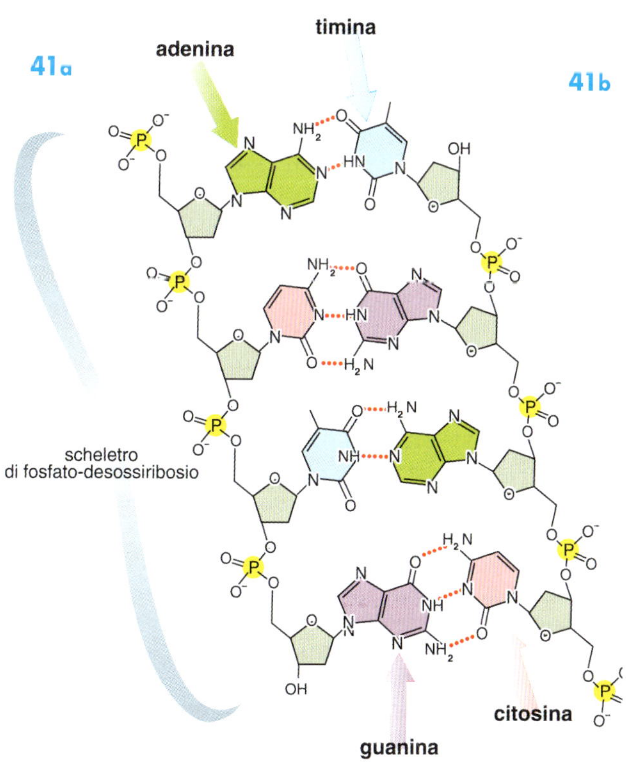

41b

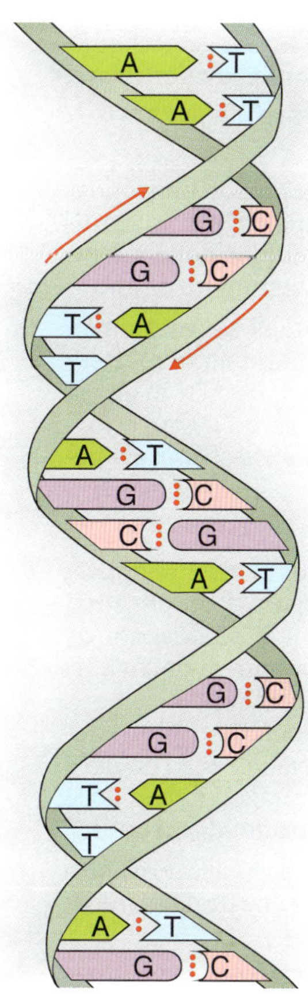

41c

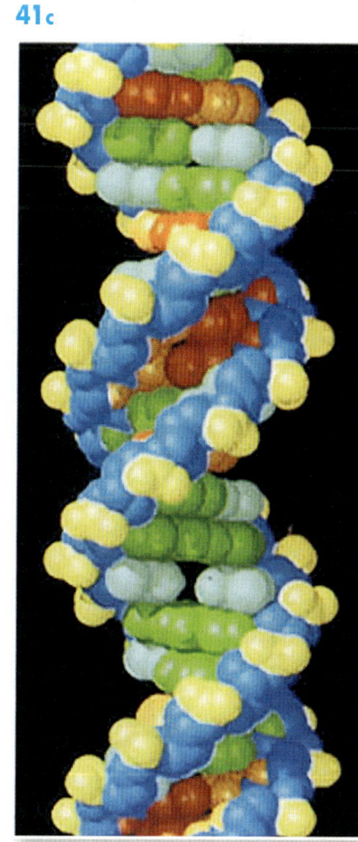

Fig. 41
(**a**) Struttura chimica di un tratto disteso di doppio filamento di DNA: in rosso sono evidenziati i legami idrogeno tra le coppie di basi complementari. (**b**) Modello schematico, cosiddetto a nastro, di un segmento di DNA.
(**c**) Modello molecolare di DNA realizzato al computer.

Sviluppo delle competenze

CONCETTI IN SINTESI

Audiosintesi

1. Gli **atomi** sono le unità costitutive di ogni forma di materia, presenti in natura in 90 tipi differenti. Una sostanza costituita da atomi dello stesso tipo è detta **elemento chimico**, mentre un **composto** è una sostanza costituita da **due o più elementi differenti** combinati chimicamente tra loro in **proporzioni fisse**.

Una **molecola** è un'aggregazione di due o più atomi, uguali o diversi: è la più piccola parte di un elemento o composto capace di esistenza indipendente e che conserva le proprietà della sostanza stessa.

Un **atomo** è formato da tre tipi di particelle: **protoni**, con carica elettrica positiva, **neutroni** privi di carica, entrambi riuniti nel **nucleo** centrale, ed **elettroni**, con carica elettrica negativa, che si muovono intorno al nucleo entro spazi chiamati **strati** o **livelli energetici**.

L'identità degli atomi di ogni dato elemento è determinata dal **numero dei protoni** presenti nel nucleo, detto **numero atomico**.

2. Gli **elettroni** si distribuiscono intorno al nucleo in modo da occupare una serie successiva di **strati** o **livelli energetici.** Gli atomi che possiedono un livello energetico esterno **completo** sono particolarmente stabili. Gli atomi della maggior parte degli elementi hanno il livello energetico esterno **incompleto di elettroni** e sono perciò in varia misura instabili; per conseguire una struttura elettronica più stabile, tendono a interagire con altri atomi per trasferire, acquisire o condividere elettroni.
Si creano in tal modo forze che tengono insieme gli atomi, dette **legami chimici**, che sono di due tipi principali: **ionici** o **covalenti**; l'unione di due o più atomi tramite legami covalenti porta alla formazione di **molecole**.
Nel **legame ionico** due ioni con carica opposta sono tenuti insieme da forze elettrostatiche. Nel **legame covalente** due atomi condividono una o più coppie di elettroni.

3. L'**acqua** è un composto inorganico che riveste una fondamentale importanza biologica, grazie a una serie di straordinarie proprietà fisico-chimiche che dipendono dalle interazioni tra le sue molecole polari dovute a **legami idrogeno**.

Tra le proprietà dell'acqua vi è la capacità di agire come efficace **solvente**, cioè di portare in **soluzione** numerose sostanze. Alcuni composti, detti **acidi** e **basi**, dissolti in acqua sono in grado, rispettivamente, di cedere o sottrarre ioni idrogeno e di formare soluzioni acide e basiche. Per esprimere il grado di acidità di una soluzione si usa la scala del **pH**.

4. Le molecole che costituiscono la materia vivente appartengono in gran parte ai **composti organici** o **composti del carbonio** e presentano strutture di base formate da sequenze di atomi di carbonio uniti ad atomi di pochi altri elementi (soprattutto idrogeno, ossigeno, azoto).
Sono anche denominate **molecole biologiche** o **biomolecole** e si distinguono dai composti inorganici per l'enorme varietà, unita spesso alla grande complessità: ciò deriva dalle particolari caratteristiche chimiche dell'**atomo di carbonio**.

I composti organici sono classificati in base alla presenza nelle loro molecole di **gruppi funzionali** che ne determinano le specifiche proprietà.

I principali tipi di molecole biologiche rientrano in quattro classi - i **carboidrati**, i **lipidi**, le **proteine** e gli **acidi nucleici** - e hanno spesso grandi dimensioni o, come si dice, sono **macromolecole** o **polimeri**: questi derivano dall'unione di molecole più piccole (**monomeri**), con eliminazione di molecole d'acqua nel corso di reazioni di **condensazione** e possono essere scissi nei monomeri di partenza, per aggiunta di molecole di acqua, nel corso di reazioni di **idrolisi**.

5. I **carboidrati** sono la più abbondante fonte di energia per gli esseri viventi e svolgono anche una funzione strutturale nelle piante e in alcuni animali.
I carboidrati più semplici sono i **monosaccaridi**, di cui fa parte il **glucosio**, presente nelle cellule di tutti gli organismi.

Dall'unione di due molecole di monosaccaridi derivano i **disaccaridi**, mentre dall'unione di numerose molecole di monosaccaridi derivano i **polisaccaridi**, come l'**amido**, il **glicogeno** e la **cellulosa**.

6. I **lipidi** sono composti in genere insolubili in acqua e hanno un ruolo importante come riserva energetica e come componenti strutturali.

Le due classi principali di lipidi sono:

- i **trigliceridi**, contenuti nel tessuto adiposo degli animali, ottenuti dall'unione di una molecola di **glicerolo** con tre molecole di **acidi grassi**;
- i **fosfolipidi**, componenti delle membrane cellulari, ottenuti dall'unione di una molecola di **glicerolo** con due molecole di **acidi grassi** (code idrofobe) e un **gruppo fosfato** carico negativamente (testa idrofila).

Altre classi importanti di lipidi sono le **cere** e gli **steroidi**.

7. Le **proteine** sono polimeri costituiti da lunghe catene di **amminoacidi**. Questi sono presenti in natura in 20 tipi che differiscono tra loro per le caratteristiche del gruppo laterale R. Le proteine svolgono svariate funzioni che dipendono dalla struttura tridimensionale, unica, che ciascuna di esse assume. Le principali funzioni sono: strutturale, contrattile, di trasporto, di difesa, di regolazione e catalitica (o enzimatica).
In ogni molecola di proteina si possono riconoscere fino a **quattro livelli di organizzazione strutturale**: la struttura **primaria**, data dalla sequenza di amminoacidi, quella **secondaria**, data dal ripiegamento di sequenze di amminoacidi, quella **terziaria**, data dalla configurazione tridimensionale, quella **quaternaria**, data dall'associazione di due o più subunità proteiche.

8. Gli **acidi nucleici** sono polimeri costituiti da monomeri detti **nucleotidi**, ciascuno formato dalla combinazione di tre diversi componenti: un **gruppo fosfato**, uno **zucchero** a 5 atomi di carbonio e una **base azotata**.
Esistono due tipi di acidi nucleici: l'**acido desossiribonucleico** o **DNA**, costituente dei cromosomi e depositario dell'informazione genetica, formato da **due catene di nucleotidi** avvolte l'una sull'altra a formare una **doppia elica**, e l'**acido ribonucleico** o **RNA**, che provvede a tradurre l'informazione genetica del DNA operando la sintesi delle proteine.

Verifica le CONOSCENZE

Verifiche interattive

1. La materia è fatta di atomi

2. La configurazione elettronica degli atomi e i legami chimici

1 **Stabilisci quali delle seguenti affermazioni sono vere (V) e quali false (F), indicando in quest'ultimo caso il termine corretto.**

	V	F
a. L'atomo di un elemento è identificato dal numero dei protoni.	❑	❑
....		
b. Il nucleo atomico è formato da protoni ed elettroni.	❑	❑
....		
c. Il numero di massa di un atomo è la somma del numero dei protoni e dei neutroni.	❑	❑
....		
d. Un atomo che ha perso un elettrone è uno ione negativo.	❑	❑
....		
e. Gli isotopi sono atomi di uno stesso elemento con un numero diverso di elettroni.	❑	❑
....		
f. Gli atomi si legano per mezzo di protoni ed elettroni.	❑	❑
....		
g. I gas nobili hanno i livelli esterni completi di elettroni.	❑	❑
....		
h. Il legame covalente è tipico dei composti come il cloruro di sodio.	❑	❑
....		
i. Nella molecola di ossigeno è presente un legame covalente.	❑	❑
....		

2 **Scegli il completamento corretto.**

1. Gli atomi di un elemento molto elettronegativo
a. tendono a legarsi ad atomi di altri elementi molto elettronegativi
b. formano legami covalenti con atomi di altri elementi poco elettronegativi
c. tendono ad acquistare elettroni
d. tendono a perdere elettroni

2. In un atomo il livello energetico più vicino al nucleo può ospitare
a. un solo elettrone **b.** fino a 8 elettroni
c. 2 elettroni **d.** da 2 a 4 elettroni

3. Si caratterizza per la presenza di legami ionici
a. NaCl **b.** H_2O **c.** NH_3 **d.** CH_4

4. Tra due atomi di uno stesso elemento si può stabilire un legame
a. covalente apolare **b.** idrogeno
c. covalente polare **d.** ionico

5. È l'elemento più abbondante nel corpo umano
a. H **b.** Ca **c.** O **d.** C

3 **Completa le seguenti frasi inserendo i termini corretti.**

1. Un .... è una sostanza .... indicata da un simbolo formato da una o due ....

2. Un atomo, acquistando o cedendo ...., diventa rispettivamente uno ione .... detto anche .... e uno ione .... detto anche ....

3. L'acqua: il composto inorganico fondamentale per la vita

4 **Stabilisci quali delle seguenti affermazioni sono vere (V) e quali false (F), indicando in quest'ultimo caso il termine corretto.**

	V	F
a. Tra le molecole d'acqua si esercita una forte adesione.	❑	❑
....		
b. Una soluzione è un miscuglio eterogeneo.	❑	❑
....		
c. In una soluzione acquosa il soluto può essere un gas.	❑	❑
....		
d. In una soluzione il solvente si discioglie nel soluto.	❑	❑
....		
e. La concentrazione di una soluzione è la quantità di soluto totale.	❑	❑
....		
f. Una soluzione acida contiene ioni H^+ in eccesso rispetto agli ioni OH^-.	❑	❑
....		
g. In una soluzione acida il pH è maggiore di 7.	❑	❑
....		

5 **Scegli il completamento corretto.**

1. L'acqua raggiunge la massima densità alla temperatura di
a. 3 °C
b. 0 °C
c. 2 °C
d. 4 °C

2. Un acido è una sostanza che in soluzione
a. sottrae all'acqua ioni H^+
b. fa aumentare la concentrazione degli ioni OH^-
c. determina un pH maggiore di 7
d. libera ioni H^+

3. Una soluzione con pH 6 è
a. neutra
b. debolmente acida
c. molto acida
d. debolmente basica

Sviluppo delle competenze

6 **Completa le seguenti frasi.**

a. La molecola dell'acqua è ...., in quanto presenta una parziale carica .... in corrispondenza degli atomi di .... e una parziale carica .... in corrispondenza dell'atomo di ossigeno; le interazioni che di conseguenza si stabiliscono tra le molecole d'acqua sono dette ....

b. La tendenza delle molecole d'acqua a rimanere molto unite tra di loro è dovuta a intense forze di .... e questo giustifica l'elevata .... dell'acqua.

c. L'acqua è più densa allo stato .... e ciò spiega perché il .... galleggia; l'acqua inoltre si riscalda e si raffredda .... poiché possiede un elevato ....

d. La capacità dell'acqua di risalire lungo le pareti di tubi sottili è detta .... e contribuisce alla risalita della .... nei vasi conduttori delle ....

4. La chimica del carbonio e le molecole biologiche

7 **Stabilisci quali delle seguenti affermazioni sono vere (V) e quali false (F), indicando in quest'ultimo caso il termine corretto.**

	V	F
a. Il gruppo funzionale ossidrilico è tipico delle aldeidi.	❑	❑
....		
b. Le molecole biologiche possono contenere atomi di zolfo.	❑	❑
....		
c. Negli idrocarburi lo scheletro carbonioso è prevalentemente legato ad atomi di idrogeno.	❑	❑
....		
d. Un polimero deriva dall'unione di monomeri.	❑	❑
....		
e. I composti organici sono quelli prodotti solo dall'attività degli organismi viventi.	❑	❑
....		
....		

8 **Scegli il completamento corretto.**

1. Gli idrocarburi sono costituiti
   a. solo da atomi di carbonio
   b. da atomi di carbonio, idrogeno e ossigeno
   c. da atomi di carbonio e idrogeno
   d. da atomi di carbonio e ossigeno
2. Nel metano il carbonio è unito all'idrogeno per mezzo di
   a. due legami covalenti doppi
   b. quattro legami covalenti singoli
   c. un legame covalente singolo e un legame covalente triplo
   d. un legame covalente triplo
3. La scissione di un polimero nei monomeri costituenti si chiama
   a. condensazione
   b. idrolisi
   c. decomposizione
   d. sintesi
4. La formula che rappresenta il gruppo carbossilico è costituita da
   a. un atomo di C, due atomi di H, un atomo di O
   b. un atomo di C, un atomo di H, due atomi di O
   c. due atomi di O, un atomo di C, un atomo di H
   d. un atomo di C, due atomi di O, un atomo di H

9 **Indica il completamento errato.**

1. Nelle molecole biologiche il carbonio può essere unito ad atomi di
   a. azoto
   b. silicio
   c. zolfo
   d. fosforo
2. Una reazione di condensazione
   a. dà come prodotto un polimero
   b. comporta il consumo di acqua
   c. consiste nell'unione di monomeri
   d. è accompagnata dalla liberazione di acqua

5. I carboidrati

10 **Stabilisci quali delle seguenti affermazioni sono vere (V) e quali false (F), indicando in quest'ultimo caso il termine corretto.**

	V	F
a. Il glucosio è uno zucchero pentoso.	❑	❑
....		
b. Il fruttosio contiene 5 atomi di carbonio.	❑	❑
....		
c. Il glicogeno è un polimero del glucosio.	❑	❑
....		
d. Il saccarosio è il più importante polisaccaride.	❑	❑
....		
e. Il lattosio è un disaccaride.	❑	❑
....		
f. La chitina è un polisaccaride.	❑	❑
....		

11 **Scegli il completamento corretto.**

1. Il lattosio è
   a. uno zucchero semplice
   b. un disaccaride
   c. un monosaccaride
   d. un polisaccaride
2. È prodotto nel corso della fotosintesi
   a. fruttosio
   b. saccarosio
   c. glucosio
   d. ribosio

3. Il glucosio e il fruttosio differiscono
   a. per la diversa disposizione degli atomi nella molecola
   b. perché il glucosio è un esoso e il fruttosio è un pentoso
   c. per il numero di atomi di ossigeno
   d. perché hanno una formula differente

6. I lipidi

12 **Stabilisci quali delle seguenti affermazioni sono vere (V) e quali false (F), indicando in quest'ultimo caso il termine corretto.**

	V	F
a. I trigliceridi sono componenti dei grassi di origine vegetale.	❑	❑
b. Le cere sono una sottoclasse di fosfolipidi.	❑	❑
c. L'acido oleico è un tipico acido grasso saturo.	❑	❑
d. Il glicerolo è un alcol.	❑	❑
e. I trigliceridi sono dotati di una parte della molecola molto solubile in acqua e di un'altra parte poco solubile.	❑	❑
f. Il colesterolo è un componente della membrana plasmatica.	❑	❑

13 **Scegli il completamento corretto.**

1. I grassi si formano
   a. per idrolisi dei lipidi
   b. per condensazione tra una molecola di glicerolo e due molecole di acidi grassi
   c. per condensazione tra due molecole di glicerolo e una molecola di acidi grassi
   d. per condensazione tra tre molecole di acidi grassi e una molecola di glicerolo
2. I vari tipi di grassi e oli differiscono gli uni dagli altri
   a. per il modo in cui avviene la loro sintesi
   b. per il tipo di acidi grassi che si uniscono al glicerolo
   c. per il tipo di elementi chimici presenti
   d. per il tipo di legami che si formano tra gli acidi grassi e il glicerolo
3. Le molecole dei fosfolipidi
   a. hanno una coda idrofila e una testa idrofoba
   b. hanno una coda idrofoba costituita da una catena idrocarburica
   c. hanno cariche elettriche a entrambe le estremità
   d. contengono fosforo

7. Le proteine

14 **Stabilisci quali delle seguenti affermazioni sono vere (V) e quali false (F), indicando in quest'ultimo caso il termine corretto.**

	V	F
a. Negli amminoacidi il gruppo amminico e il gruppo laterale sono uniti a due diversi atomi di carbonio.	❑	❑
b. Gli amminoacidi esistenti in natura sono una quindicina.	❑	❑
c. Una catena polipeptidica è formata da amminoacidi.	❑	❑
d. La lisina è un'importante proteina.	❑	❑
e. In una proteina sono presenti legami peptidici.	❑	❑
f. Nella determinazione della struttura terziaria di una proteina intervengono anche legami idrogeno.	❑	❑
g. Gli enzimi sono proteine globulari.	❑	❑

15 **Scegli il completamento corretto.**

1. Un legame peptidico si forma tra due amminoacidi
   a. in seguito a una reazione di condensazione tra il gruppo carbossilico di un amminoacido e il gruppo amminico dell'altro per aggiunta di una molecola d'acqua
   b. in seguito a una reazione di condensazione tra i loro due gruppi R
   c. in seguito a una reazione di condensazione tra i loro gruppi amminici
   d. in seguito a una reazione di condensazione tra il gruppo carbossilico di un amminoacido e il gruppo amminico dell'altro
2. In una proteina la sequenza di amminoacidi rappresenta la struttura
   a. secondaria
   b. a foglietto beta
   c. primaria
   d. terziaria
3. La forma tridimensionale di una proteina è chiamata
   a. struttura quaternaria
   b. struttura ad alfa elica
   c. struttura terziaria
   d. struttura primaria

8. Gli acidi nucleici

16 **Stabilisci quali delle seguenti affermazioni sono vere (V) e quali false (F), indicando in quest'ultimo caso il termine corretto.**

	V	F
a. L'adenina è un nucleotide.	❑	❑
....		
b. Il DNA contiene lo zucchero ribosio.	❑	❑
....		
c. Nel DNA la base guanina è sempre accoppiata con la base citosina.	❑	❑
....		
d. Nel DNA le coppie di basi complementari sono unite tra loro da legami idrogeno.	❑	❑
....		

17 **Scegli il completamento corretto.**

1. Il DNA e l'RNA differiscono perché
a. solo il DNA è un polimero
b. solo l'RNA contiene uno zucchero pentoso
c. contengono una diversa base azotata
d. solo il DNA contiene adenina

2. Un nucleotide
a. contiene uno zucchero disaccaride
b. può contenere adenina unita a un gruppo fosfato
c. contiene sempre ribosio
d. può contenere desossiribosio

Verifica le ABILITÀ

1 **Completa il seguente schema di modello atomico inserendo i termini opportuni negli spazi indicati dai numeri.**

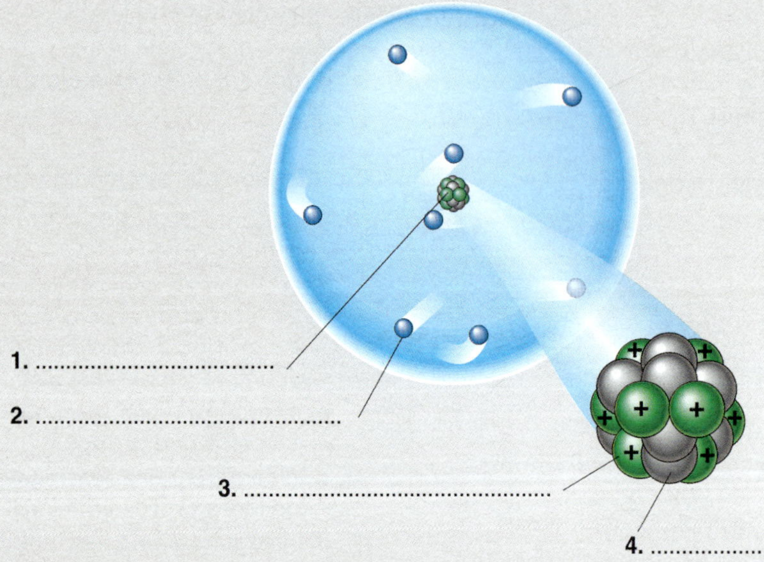

2 **Esamina i seguenti ioni e stabilisci quanti elettroni hanno in più (P) o in meno (M) dei rispettivi atomi.**

a. O^{--} [..........] **b.** Mg^{++} [..........] **c.** Na^{+} [..........] **d.** F^{-} [..........]

3 **Inserisci a lato di ogni elemento o composto la lettera corrispondente al tipo di legame chimico che lo caratterizza.**

[..........] **1.** O_2
[..........] **2.** Cl_2
[..........] **3.** H_2O
[..........] **4.** N_2
[..........] **5.** NaCl
[..........] **6.** CH_4

A. legame ionico
B. legame covalente triplo
C. legame covalente semplice
D. legame covalente doppio
E. legame covalente polare

4 **Scrivi la formula di struttura delle molecole di ossigeno, acqua e metano e per ciascuna indica se sono presenti legami singoli (LS), legami doppi (LD), legami polari (LP) o legami apolari (LA).**

ossigeno [..........]

acqua [..........]

metano [..........]

5 **Quale tra queste affermazioni non si può applicare al legame ionico? Perché?**

a. Si forma tra due atomi con marcata differenza di elettronegatività.
b. Si forma tra atomi di elementi diversi o uguali.
c. Si forma quando un atomo cede un elettrone a un altro atomo.
d. Si forma tra atomi di elementi differenti.

6 **L'azoto, il più abbondante gas atmosferico, è presente come molecole biatomiche, N_2. Un atomo di azoto possiede 5 elettroni nel livello esterno. Quanti elettroni possono condividere due atomi di azoto per unirsi tra loro e conseguire, entrambi, un livello esterno completo? Che tipo di legame ci si attende che formino?**

....

azoto

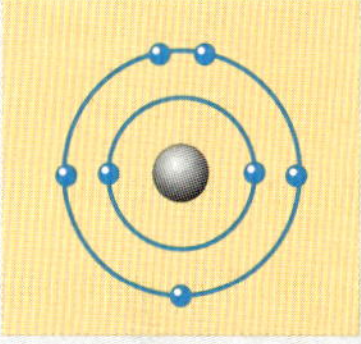

7 **Rispondi alle seguenti domande.**

1. Per quale motivo i legami tra l'atomo di ossigeno e i due atomi di idrogeno nell'acqua sono covalenti polari?

....

2. In che modo la presenza di legami covalenti polari nell'acqua determina la formazione di legami idrogeno tra le sue molecole?

....

3. Una soluzione acquosa contiene cloruro di sodio a una concentrazione di 10 g/l.
Quanti grammi di NaCl sono presenti in 250 ml di soluzione?

....

4. Per quale motivo il sudore concorre a mantenere costante la temperatura corporea?

....

5. Quali sono e come sono uniti tra loro i componenti di un nucleotide?

....

6. Quali sono le coppie di basi azotate complementari che tengono unite le due catene polinucleotidiche del DNA?

....

8 **Inserisci nel brano i termini mancanti scegliendo tra quelli riportati in basso (due termini sono stati omessi).**

La struttura .... di una proteina è determinata dalla sequenza degli .... nella catena .... Le interazioni tra i vari amminoacidi, dovuti a legami .... che si stabiliscono tra essi fanno sì che la catena polipeptidica si avvolga a elica su se stessa o si ripieghi assumendo una struttura .... che può essere principalmente ad .... o .... Nella maggior parte dei casi una proteina presenta una combinazione di queste due strutture secondarie e in seguito a vari tipi di .... la catena polipeptidica si ripiega su se stessa assumendo una struttura ....; la presenza di numerose protuberanze e rientranze conferisce alla proteina una forma specifica per svolgere precise .... Molte proteine hanno una struttura .... che risulta dall'associazione di due o più catene polipeptidiche distinte, dette ....

[*alfa-elica – amminoacidi – a foglietto ripiegato – funzioni – idrogeno – interazioni – primaria – quaternaria – secondaria – terziaria*]

Sviluppo delle competenze

9 **Indica a quali categorie di molecole biologiche corrispondono i seguenti composti. Sottolinea quali sono dei polimeri.**

a. timina [..........]
b. acido stearico [..........]
c. emoglobina [..........]
d. galattosio [..........]
e. colesterolo [..........]
f. amido [..........]
g. cheratina [..........]
h. glicerolo [..........]
i. acido glutammico [..........]
l. glicogeno [..........]
m. insulina [..........]
n. ribosio [..........]
o. citosina [..........]

CATEGORIE BIOLOGICHE
1. carboidrati
2. lipidi
3. proteine
4. acidi nucleici

10 **Osserva la figura relativa alle strutture delle proteine e:**

a. inserisci correttamente i seguenti termini:
[*alfa elica – alfa eliche miste a foglietti beta – amminoacidi – foglietto ripiegato – subunità*]

b. collega ciascuna delle seguenti definizioni con **A**, **B**, **C** o **D**.

1. struttura primaria [..........]
2. struttura secondaria [..........]
3. struttura terziaria [..........]
4. struttura quaternaria [..........]
5. proteina costituita da due o più catene di amminoacidi [..........]
6. sequenza lineare di amminoacidi [..........]

A

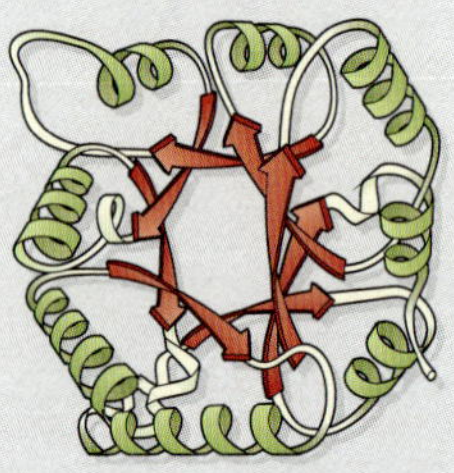

[...]

B

[...]

C

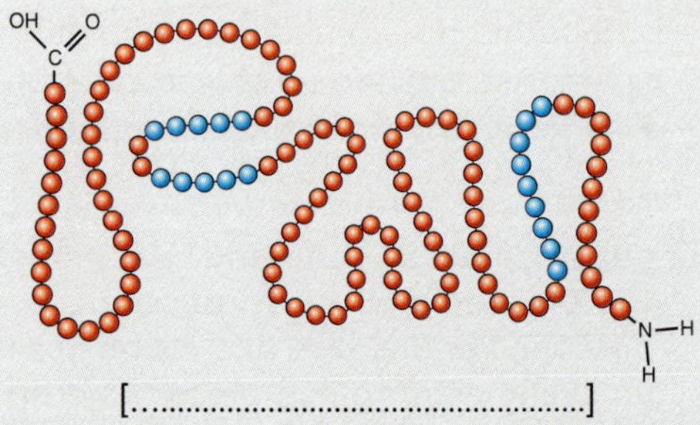

[...]

D

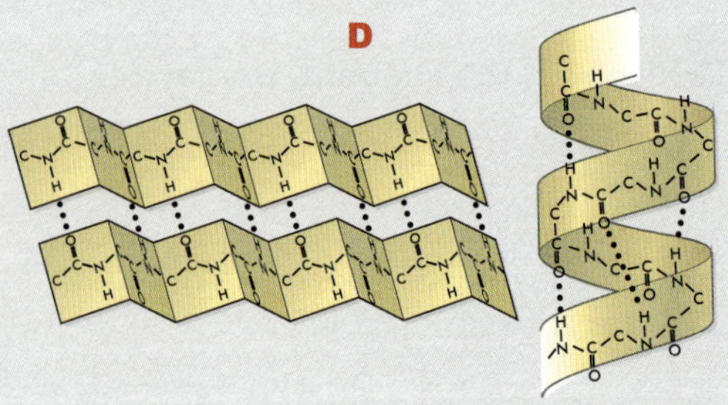

[......................................] [......................................]

Verifica di competenze

• LE BIOMOLECOLE

Tutte le cellule e quindi tutti gli organismi sono formati da biomolecole e in misura minore, ma non meno importante, da composti inorganici.

11 **1. Che cosa significa "biomolecola"? Fornisci il nome di almeno due biomolecole che conosci e indica dove si possono trovare nel nostro corpo.**

2. Quali sono i tipi di composti inorganici più comuni nel corpo umano?

3. Indica almeno due funzioni dell'acqua nel corpo di un organismo.

4. Cita un elemento che si trova nelle proteine ma non nei trigliceridi.

5. Osserva le figure.

A

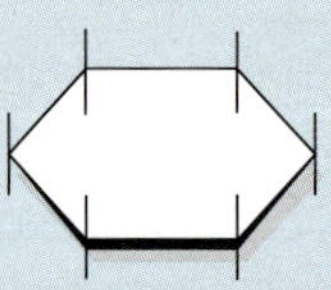

B

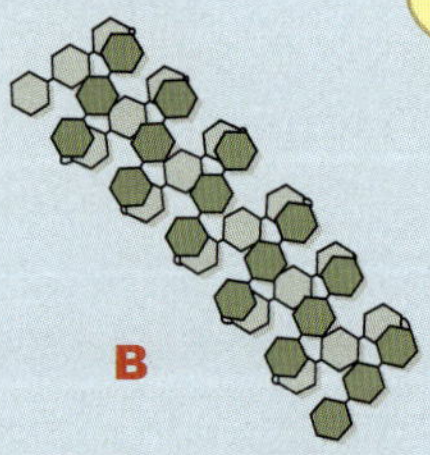

C

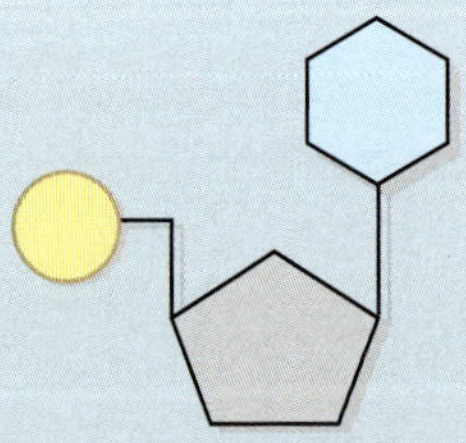

a. Quale di questi modelli rappresenta un monomero? Sai dire perché?
b. Quale di questi rappresenta un polisaccaride? Sai dire perché?
c. Che cosa rappresenta la *figura C*?

APPROFONDIMENTO *ON LINE*
• Mappa interattiva

SUMMARY

1. ***Atoms*** *are the basic units of every type of matter, naturally occurring in 90 different types. A substance that contains just one type of atom is a* ***chemical element****.*
A ***compound*** *is a substance composed of* ***two or more elements*** *that are chemically combined in* ***fixed proportions****.*
A ***molecule*** *is an aggregation of two or more atoms, they can either be the same or different. It can be defined as the smallest part of a substance (element or compound) that is capable of existing independently while conserving the chemical properties of that substance.*
An ***atom*** *is made of three types of particles:* ***protons*** *have a positive charge,* ***neutrons*** *have no charge, they are both grouped in the central* ***nucleus****;* ***electrons*** *are negatively charged and are moving around the nucleus within spaces called* ***shells*** *or* ***energy levels****.*
The identity of atoms of a given element is determined by the ***number of protons*** *present in the nucleus, called* ***atomic number****.*

2. ***Electrons*** *are distributed around the nucleus in order to progressively occupy a series of* ***shells*** *or* ***energy levels****.*
Atoms that possess a ***complete*** *external energy level are particularly stable. The atoms of most elements have an external energy level which is* ***incomplete of electrons*** *and are therefore unstable; to establish a more stable electron configuration they tend to interact with other atoms to transfer, acquire or share electrons.*
Forces binding atoms are so created; these are called ***chemical bonds*** *and can be of two main types: ionic or covalent. The union of two or more atoms through covalent bonds leads to the formation of* ***molecules****.*
In an ***ionic bond****, two ions with opposite charge are held together by electrostatic forces. In a* ***covalent bond****, two atoms share one or more couples of electrons.*

3. ***Water*** *is an inorganic compound of fundamental biological importance thanks to an extraordinary set of chemical-physical properties that depend on the interaction between its polar molecules due to* ***hydrogen bonds****.*
Among the properties of water we find its ability to act as a powerful ***solvent****, that is its ability to bring numerous substances into solution. Some compounds, called* ***acids*** *and* ***bases****, when dissolved in water, are able to release or remove hydrogen atoms and produce acid and basic solutions. In expressing the level of acidity of a solution we use the* ***pH*** *scale.*

4. *The molecules that compose the living matter are mostly* ***organic compounds****, or* ***carbon compounds****, and present base structures formed by a sequence of carbon atoms bound to few other elements (mostly hydrogen, oxygen, nitrogen). These are also called* ***biological molecules*** *or* ***biomolecules*** *and differ from inorganic compounds because of their huge variability, which is often found in conjunction with a great complexity: this is derived from the particular chemical characteristics of the* ***carbon atom****.*
Organic compounds are classified on the basis of the ***functional groups*** *present in their molecule which determine specific properties.*
The main types of biological molecules fall within four classes - carbohydrates, lipids, proteins and nucleic acids. These are often quite large and referred to as ***macromolecules*** *or* ***polymers****: the latter are derived by the union of smaller molecules (****monomers****) with the elimination of water molecules in a* ***condensation*** *reaction and can be separated back into the original monomers, by adding water, with a* ***hydrolysis*** *reaction.*

5. ***Carbohydrates*** *are the primary source of energy of living beings and have a structural function in plants and some animals.*
Monosaccharides *are the simplest form of carbohydrates. These include* ***glucose*** *which is present in the cells of all organisms.*
By combining two molecules of monosaccharides we obtain a ***disaccharide****, whereas by combining several molecules of monosaccharides we obtain a* ***polysaccharide*** *such as* ***starch****,* ***glycogen*** *and* ***cellulose****.*

6. ***Lipids*** *are usually insoluble in water and have an important role as energy reservoirs and as structural components. The two main classes of lipids are:*
– ***triglycerides****, stored in the adipose tissue of animals. They are obtained from the combination of one molecule of* ***glycerol*** *and three molecules of* ***fatty acids****;*
– ***phospholipids****, components of cellular membranes they are obtained from the combination of one molecule of* ***glycerol****, two molecules of* ***fatty acids*** *(hydrophobic tails) and a negatively charged* ***phosphate group*** *(hydrophilic head).*
Other important classes of lipids are ***waxes*** *and* ***steroids****.*

7. ***Proteins*** *are polymers made of long chains of* ***amino acids****. These are found in 20 different types depending on the characteristics of the lateral group R.*
Proteins perform various functions depending on the unique three-dimensional structure displayed by each one protein. The main functions are: structural, contractile, transport, defence, regulation and catalytic (or enzymatic).
In each protein molecule we can identify up to ***four levels of structural organisation****: the* ***primary*** *structure, defined by the amino acid sequence; a* ***secondary*** *structure, resulting from the folding of amino acid sequences; a* ***tertiary*** *structure, resulting from the three-dimensional configuration; a* ***quaternary*** *structure, resulting from the association of two or more protein subunits.*

8. ***Nucleic acids*** *are polymers made of monomers called* ***nucleotides*** *each formed by the combination of three different components: a* ***phosphate group****, a* ***sugar*** *with 5 carbon atoms and a* ***nitrogenous base****.*
Two types of nucleic acids exist: the ***deoxyribonucleic acid****, or* ***DNA****, the constituent element of chromosomes and repository of the genetic information: it is formed by* ***two nucleotide chains*** *wound over each other to form a* ***double helix****; the* ***ribonucleic acid****, or* ***RNA****, that translates the genetic information of the DNA during the protein synthesis.*

EXERCISES

1 Choose the correct sentence.

1. The smallest unit of matter that will retain the characteristics of an element is
   a. molecule
   b. proton
   c. atom
   d. neutron
2. The atomic number is
   a. number of protons + number of electrons
   b. number of protons
   c. number of particles in the nucleus
   d. number of protons + number of neutrons
3. A compound
   a. is made of atoms of the same element
   b. is made of atoms from different elements
   c. is a mixture of different elements
   d. can vary its composition
4. In an oxygen molecule, two atoms share
   a. a pair of electrons
   b. the entire outer shell of electrons
   c. two pairs of electrons
   d. three pairs of electrons

2 Complete the following definitions by inserting the correct word.

a. It creates a strong cohesion between water molecules.

....

b. Force that acts on the surface of a liquid and tends to keep the molecules attracted to one another.

....

c. Ability of a liquid, such as water, to travel upwards through thin tubing.

....

d. Water can dissolve many substances, it is therefore an efficient

....

e. As water freezes its volume increases. Therefore, compared to liquid water ice has a lower

....

3 Fill in the dotted lines with the number corresponding to the correct functional group for each compound or class of compounds. Compounds can contain more than one type of functional group.

a. oleic acid	[..........]	**g.** hydrocarbons	[..........]
b. glycine	[..........]	**h.** phospholipids	[..........]
c. glucose	[..........]	**i.** glycerol	[..........]
d. alcohols	[..........]	**j.** aldehyde	[..........]
e. amino acids	[..........]	**k.** propanol	[..........]
f. pentoses	[..........]		

FUNCTIONAL GROUP:

1. Hydroxyl - **2.** Carbonyl - **3.** Carboxyl - **4.** Amine group - **5.** Phosphate group - **6.** No functional group

4 Choose the correct sentence.

1. Saccharose
   a. is the most common monosaccharide
   b. is a polymer of glucose
   c. can be obtained from the hydrolysis of starch
   d. is made up of glucose and fructose
2. Is not a carbohydrate
   a. chitin
   b. glycerol
   c. cellulose
   d. glycogen
3. Phospholipids are employed by organism in forming
   a. energy-storage reservoirs
   b. cell walls
   c. cell membranes
   d. water-repellant waxy layers

5 Link each term or sentence in column A with the logically correlated term, or terms, in column B.

A

1. water
2. starch
3. alcohol
4. atoms with equal atomic *n.* and different mass *n.*
5. an atom who has acquired an electron
6. base
7. inorganic compounds present in cells
8. cholesterol
9. shared couple of electrons
10. haemoglobin
11. phospholipids
12. nucleotide
13. protein

B

a. anion
b. hydroxyl group
c. hydroxide ion
d. isotopes
e. covalent bond
f. polar covalent bond
g. hydrogen bond
h. plasma membrane
i. polypeptide
j. polysaccharide
k. RNA
l. mineral salts
m. solvent
n. subunit
o. polar head

1. [..........]; **2.** [..........]; **3.** [..........]; **4.** [..........]; **5.** [..........];
6. [..........]; **7.** [..........]; **8.** [..........]; **9.** [..........]; **10.** [..........];
11. [..........]; **12.** [..........]; **13.** [..........].

CAPITOLO 2

L'organizzazione della cellula

Introduzione

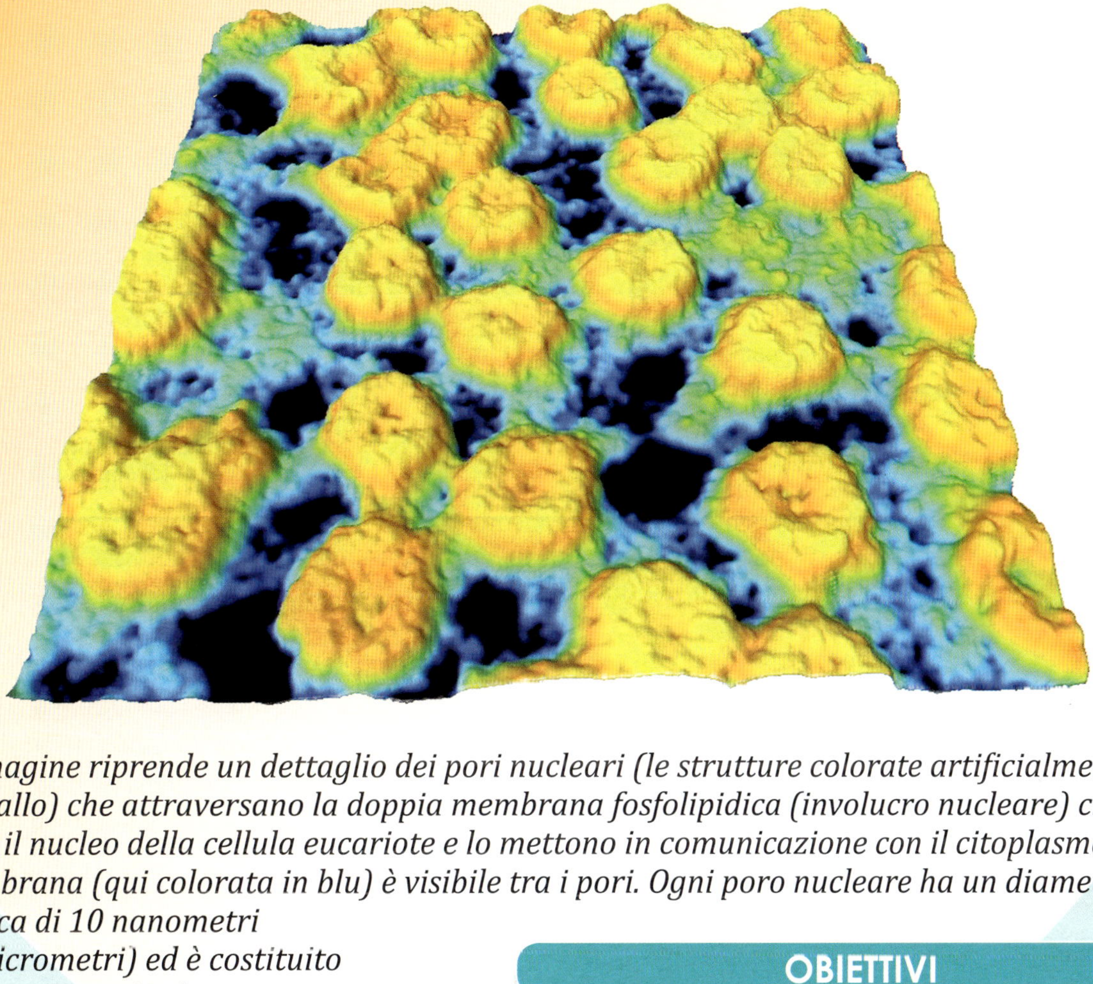

L'immagine riprende un dettaglio dei pori nucleari (le strutture colorate artificialmente in giallo) che attraversano la doppia membrana fosfolipidica (involucro nucleare) che avvolge il nucleo della cellula eucariote e lo mettono in comunicazione con il citoplasma. La membrana (qui colorata in blu) è visibile tra i pori. Ogni poro nucleare ha un diametro all'incirca di 10 nanometri (0,01 micrometri) ed è costituito da un complesso di oltre un centinaio di singole molecole di proteine che regolano il passaggio di piccole molecole e ioni tra l'interno e l'esterno del nucleo. Il nucleo appartiene a una cellula uovo (oocita) di un rospo (Xenopus laevis) *che è un importante "organismo modello" utilizzato per studi di biologia dello sviluppo e di biologia molecolare. L'immagine è stata ottenuta con un microscopio a forza atomica* (atomic force microscope), *che esplora il campione da osservare mediante una sonda laser, in grado di evidenziare dettagli anche a livello di singole molecole.*

OBIETTIVI

- **Esporre la teoria cellulare e descrivere le caratteristiche generali della cellula, indicando le differenze tra cellula eucariote e procariote.**
- **Saper giustificare le dimensioni delle cellule in base al rapporto superficie/volume.**
- **Spiegare le differenze tra il microscopio ottico ed elettronico.**
- **Descrivere l'organizzazione complessiva della cellula eucariote animale e vegetale e riconoscerne i principali componenti.**
- **Sapere individuare il legame che sussiste tra ogni organulo e ogni struttura cellulare con le sue specifiche funzioni.**
- **Sapere delineare, in particolare, le relazioni funzionali tra gli organuli coinvolti nella sintesi e nella demolizione di molecole.**

1 Tutti i viventi sono fatti di cellule

1a

1.1 La scoperta delle basi cellulari della vita

Agli inizi del 1600 **Galileo Galilei** fu sicuramente tra i primi a compiere osservazioni biologiche su piccoli insetti per mezzo di un "telescopio apparecchiato per veder oggetti vicinissimi" di sua costruzione: un tubo con inserite due lenti, una convessa e una concava, che fu poi chiamato "microscopio" da un suo allievo.

1c

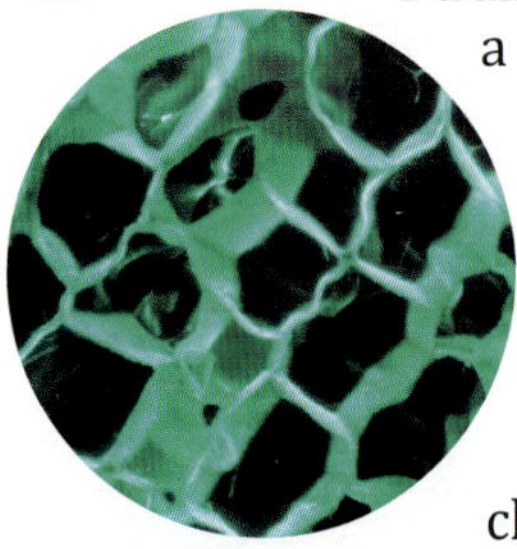

Da allora, prima in Italia, poi in Francia e in Inghilterra, gli studiosi si misero a esplorare, con microscopi progressivamente perfezionati, un mondo di cui prima non si era mai sospettata l'esistenza: erano i primi inizi di un lungo studio che alla fine avrebbe rivelato che *ogni essere vivente è fatto di cellule.*

Nel 1665, il fisico e botanico inglese **Robert Hooke**, osservando con un microscopio a due lenti di sua invenzione una sottile fettina di sughero, notò che era fatto di tante "cellette" allineate (*fig. 1a, b, c*) che chiamò "cellule", ma senza volere attribuire loro il significato che in seguito avrebbero assunto.

1b

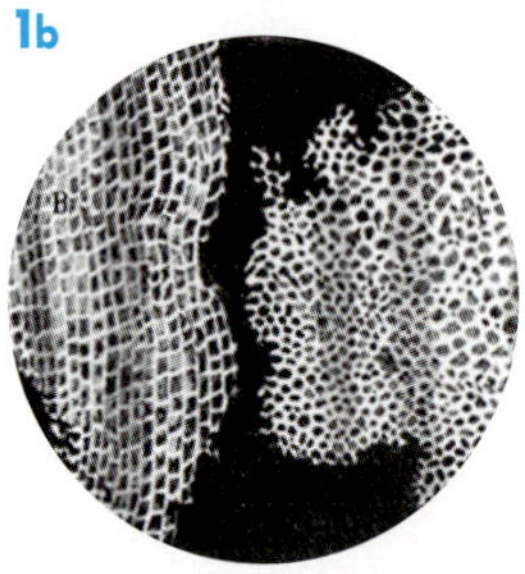

Fig. 1
(**a**) Il microscopio di Hooke e (**b**) lo storico disegno originale, riportato nel suo libro *Micrographia*, delle "cellette" che osservò nel sughero; (**c**) le strutture che si possono vedere con un moderno microscopio in una sezione di sughero, ingrandite 350 volte.

Pochi anni dopo, l'olandese **Antoni van Leeuwenhoek**, naturalista autodidatta ed esperto nella fabbricazione di lenti d'ingrandimento, realizzò un microscopio a una lente (*fig. 2*) e con questo osservò gocce d'acqua stagnante. Fu il primo a vedere piccolissimi animaletti ("*animalculi*" come li chiamò) che nuotavano nel liquido: si trattava di microrganismi unicellulari oggi noti come protisti. Fu anche il primo a osservare spermatozoi.

2

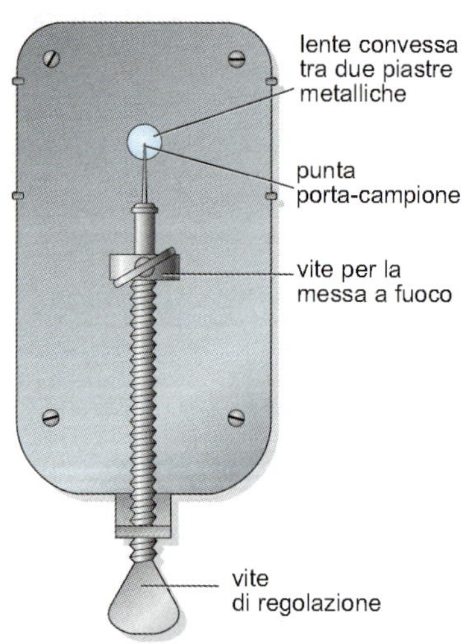

Fig. 2
Ricostruzione del microscopio di Leeuwenhoek, costituito da una singola lente di lavorazione molto accurata.

All'epoca, tuttavia, non sussistevano le basi scientifiche per interpretare queste scoperte come indizi dell'esistenza di *cellule* quali *unità costitutive* degli organismi viventi.

A questo risultato si giunse infatti solo nella prima metà dell'Ottocento, dopo circa un secolo e mezzo di osservazioni e di progressi in microscopia, grazie ai quali si era consolidata una nuova idea: la possibilità di concepire gli organismi di grandi dimensioni e complessi formati dall'*associazione di unità viventi semplici*, di dimensioni microscopiche.

Intorno al 1840 il botanico tedesco **Matthias Schleiden** (1804-1881) annunciò che tutti i vegetali sono formati da cellule. L'anno dopo lo zoologo tedesco **Theodor Schwann** (1810-1882) estese questa conclusione agli animali: si posero così le basi della *teoria cellulare* (punti **a.** e **b.**), che fu completata, due decenni dopo (punto **c.**), dal fisiologo tedesco **Rudolf Virchow** (1821-1902).

Secondo la **teoria cellulare**:
a. tutti gli organismi viventi sono costituiti da una o più cellule;
b. la cellula è la più piccola unità di materia vivente che possiede le caratteristiche della vita;
c. tutte le cellule sono generate da altre cellule.

APPROFONDIMENTO *ON LINE*
- La Biologia diventa una scienza sperimentale
- L'introduzione del microscopio
- La teoria cellulare
- Robert Hooke
- Antoni von Leeuwenhoek
- Matthias Schleiden
- Theodor Schwann
- Rudolf Virchow

RISPONDI
- Chi fu il primo che osservò organismi viventi invisibili a occhio nudo?
- Quali sono i concetti alla base della teoria cellulare?

1.2 La cellula: caratteristiche generali

Volendo ricorre a una definizione sintetica, possiamo affermare che

la **cellula** è l'unità strutturale e funzionale degli organismi viventi.

Alcuni organismi sono costituiti da una singola cellula e sono detti *unicellulari*: ne sono esempi i *batteri*, gli *archei* e molti *protisti*.
Gli altri organismi, tra cui le *piante* e gli *animali*, sono formati da più cellule (fino a migliaia e decine di migliaia di miliardi) e sono detti *pluricellulari*.

I due modelli base di cellula. Le cellule che costituiscono gli organismi viventi possono essere assai diverse tra di loro per forma e dimensioni, ma tutte sono riconducibili a due modelli diversi, che abbiamo già incontrato (*vedi Introduzione*), e che si sono evoluti nel corso del tempo:

- le **cellule procarioti**, caratteristiche degli organismi unicellulari strutturalmente più semplici (*archei* e *batteri*), per questo chiamati **procarioti** (*fig. 3a*);
- le **cellule eucarioti**, caratteristiche di tutti gli altri esseri viventi (dai protisti, ai funghi, alle piante e agli animali) chiamati **eucarioti**, nelle due varianti rispettivamente di tipo *animale* e *vegetale* (*fig. 3b*).

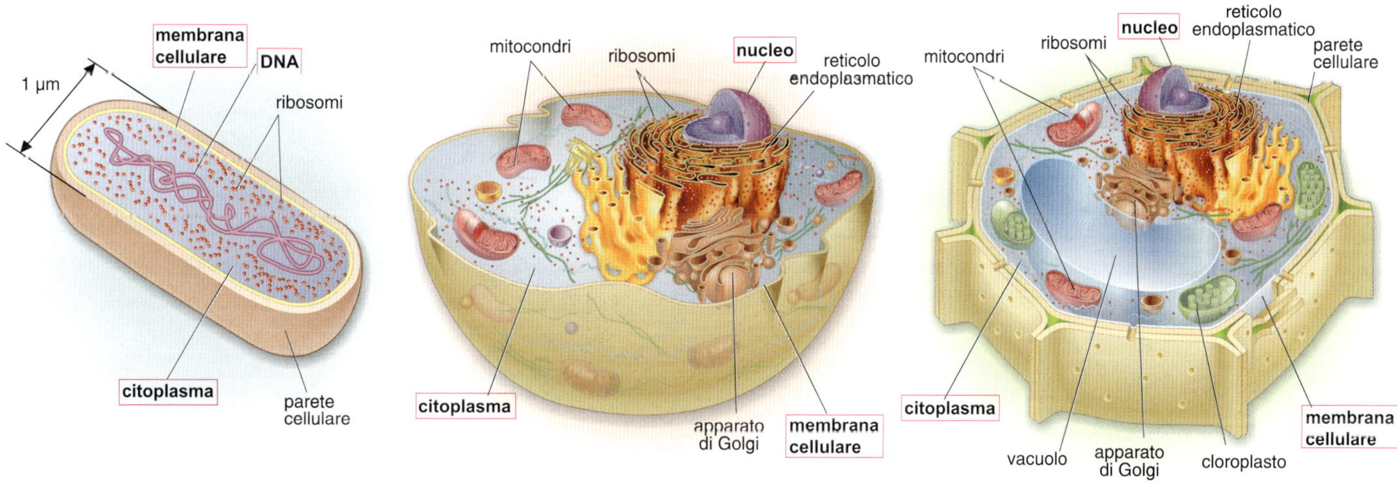

Fig. 3 Schema generale della cellula procariote (**a**), e della cellula eucariote (**b**), animale e vegetale (sono indicate le principali strutture interne).

I termini "eucariote" e "procariote", rammentiamo, alludono rispettivamente, alla presenza e all'assenza di un nucleo. Entrambi i tipi di cellule, in ogni caso, hanno in comune alcuni elementi essenziali:

a. la **membrana cellulare** o **membrana plasmatica**, una sottilissima pellicola di spessore molecolare che racchiude la cellula e che ha anche l'importante funzione di regolare l'ingresso e l'uscita di sostanze chimiche tramite opportuni meccanismi;

b. il **citoplasma**, un materiale gelatinoso ricco di acqua che occupa la maggior parte dello spazio interno della cellula e in cui sono dissolte o disperse varie sostanze e dove, inoltre, nelle *cellule eucarioti* sono immerse numerose strutture, dette **organuli**, adibite a differenti funzioni (alcuni sono indicati nella *figura 3b*); nelle *cellule procarioti*, invece, i soli organuli presenti sono *ribosomi*;

c. il **materiale genetico** (**DNA**) che, nelle *cellule eucarioti*, è racchiuso in un **nucleo**, anch'esso delimitato da una membrana, mentre nelle *cellule procarioti* è direttamente immerso nel citoplasma.

RISPONDI

■ In che cosa una cellula procariote differisce da una eucariote?

1.3 Le dimensioni della cellula

Salvo particolari eccezioni, le cellule non sono visibili a occhio nudo e il loro studio richiede l'uso del microscopio. Le dimensioni della maggior parte delle cellule sono comprese tra circa 1 micron (μm) o millesimo di millimetro (1μm = 10^{-3} mm) e circa 100 μm (*fig. 4*).

Le cellule procarioti misurano in genere tra 1μm e 10 μm, quelle eucarioti tra 10 e 100 μm (nel caso più frequente tra 20 e 40 μm): le cellule animali e vegetali sono quindi di circa un ordine di grandezza più grandi di quelle dei batteri. Alcune cellule animali (come le uova delle rane) e vegetali sono visibili a occhio nudo.

4

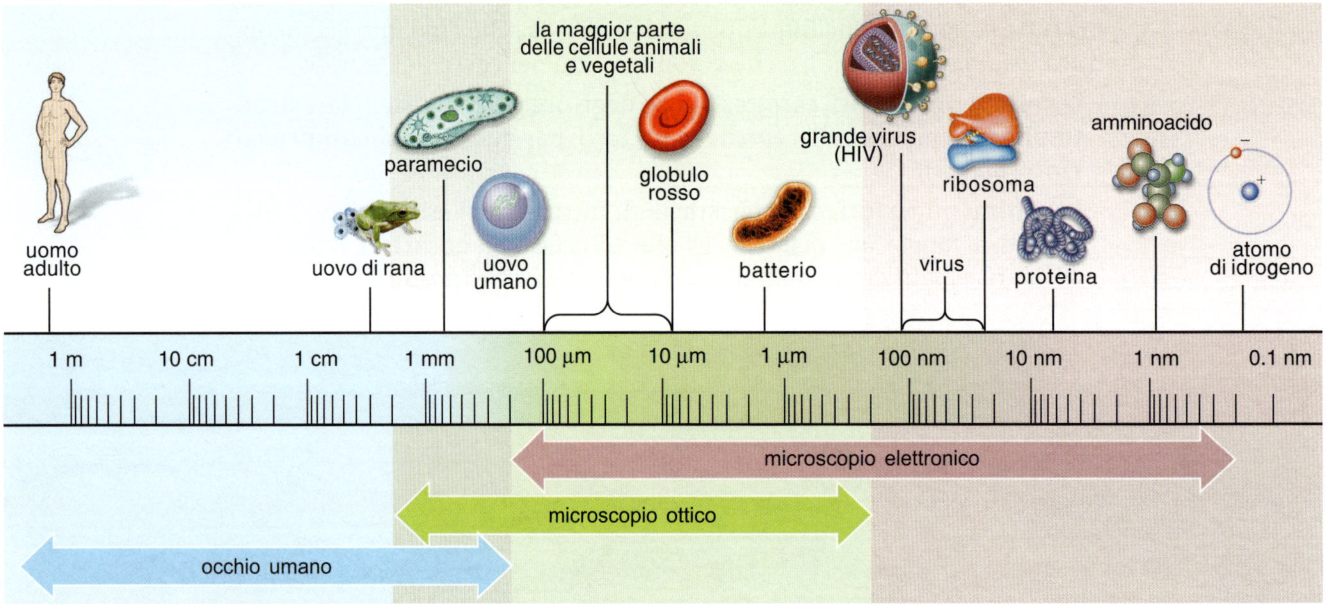

Fig. 4
Confronto, in scala logaritmica, tra le dimensioni di alcuni tipi di cellule e di altre strutture cellulari, con indicati gli intervalli di visibilità a occhio nudo e utilizzando il microscopio ottico ed elettronico.

L'importanza del rapporto superficie/volume. Ci si può chiedere perché le cellule sono così piccole. La risposta a questa domanda parte da due considerazioni: una riguarda le necessità metaboliche delle cellule, l'altra chiama in causa un vincolo geometrico.

La sopravvivenza di una cellula è assicurata dal continuo scambio di materiali con l'ambiente esterno: da una parte entrano *sostanze nutritive* (ioni e molecole), che alimentano i *processi metabolici*, dall'altra escono i *prodotti di rifiuto*.

Questi movimenti avvengono attraverso la superficie della cellula, costituita dalla membrana plasmatica, che separa l'ambiente interno (endocellulare) da quello esterno (extracellulare).

Qui entra in gioco il vincolo geometrico: per qualsiasi corpo solido di forma costante, si nota che, al *crescere delle dimensioni*, il rapporto **superficie/volume (S/V)** diminuisce. Se consideriamo un cubo, possiamo osservare che il rapporto superficie/volume diminuisce rapidamente all'aumentare del lato (*fig. 5a*): il motivo è che il *volume aumenta in misura maggiore rispetto alla superficie*.

Le esigenze metaboliche di una cellula sono commisurate alla sua massa e quindi al suo volume: maggiore è il *volume*, maggiore è la *quantità* di sostanze che devono attraversare la sua *superficie*.

Tabella 1. Rapporto S/V

Lunghezza del lato del cubo	Superficie	Volume	S/V
1	6	1	6
2	24	8	3
3	54	27	2
4	96	64	1,5
5	150	125	1,2

5a

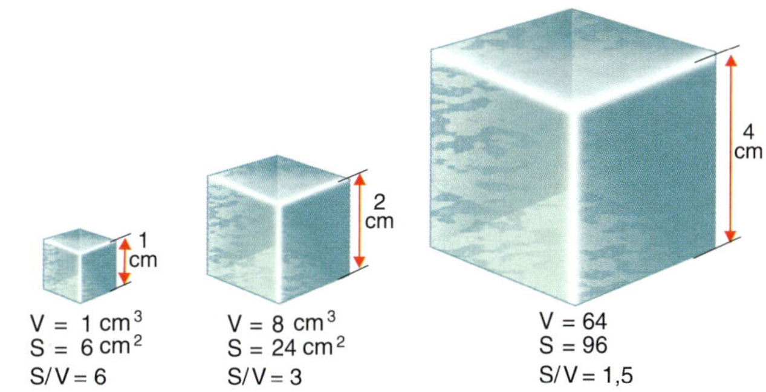

5b

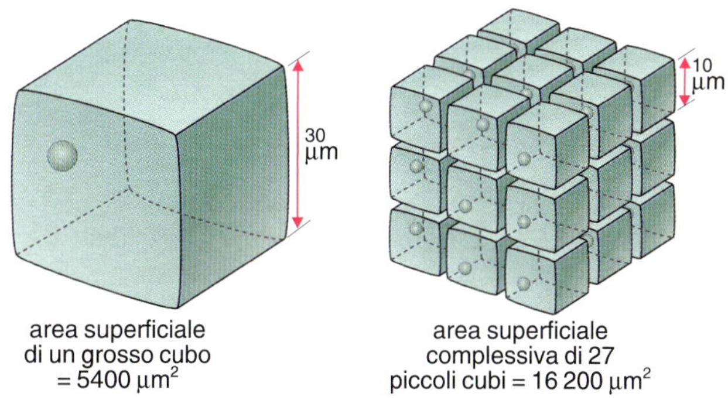

Fig. 5
(**a**) La tabella indica come il rapporto S/V aumenti al diminuire del lato di un cubo: i tre cubi rendono visivamente l'idea (in particolare si nota che, a ogni raddoppio del lato del cubo, il rapporto S/V si dimezza).
(**b**) Si osserva come uno stesso volume cellulare, equamente suddiviso tra cellule più piccole, consenta a queste di mantenere complessivamente un elevato rapporto S/V, come accade negli organismi pluricellulari.

Quando il volume aumenta, non lo fa, come detto, nella stessa misura della superficie e ciò pone un limite all'aumento delle dimensioni cellulari: in una cellula troppo grande gli scambi di sostanze rischierebbero di non avvenire con la necessaria tempestività ed efficienza.
Possiamo rendercene conto osservando la *figura 5b* che raffigura ipotetiche cellule di forma cubica (come del resto talvolta accade nella realtà). La cellula grande e l'insieme delle 27 cellule piccole hanno lo stesso volume: la prima, tuttavia, ha un'area superficiale di appena 1/3 rispetto all'*area superficiale complessiva* delle 27 cellule piccole, che pertanto sono avvantaggiate nell'effettuazione di scambi veloci e puntuali.
La condizione che rende ottimali gli scambi, per la maggior parte delle cellule, si colloca intorno a valori delle dimensioni compresi tra 1 μm e 50 μm. Si è potuto notare che le cellule chiamate a svolgere una più intensa attività metabolica sono spesso di dimensioni relativamente piccole.
Una cellula può adottare alcune soluzioni per sfruttare i vantaggi delle maggiori dimensioni compensando i problemi dovuti alla riduzione del rapporto S/V.
Per esempio, può *aumentare l'area superficiale* assumendo una forma allungata e ripiegando la membrana, come nelle cellule dei villi intestinali (*fig. 6*).

6

Fig. 6
Le cellule dei villi intestinali hanno un elevato rapporto S/V, che consente loro un efficace assorbimento di sostanze dal lume intestinale.

Rispondi

- Per quale ragione le cellule hanno in genere dimensioni non superiori a 50 μm?
- Perché il volume di una cellula condiziona il suo metabolismo?

2 Osservare le cellule al microscopio

La scoperta della cellula come unità costitutiva dei viventi e di alcuni importanti aspetti della sua struttura interna fu resa possibile dall'uso del *microscopio ottico* e dai suoi perfezionamenti successivi. Con l'avvento del *microscopio elettronico*, inventato negli anni Trenta del secolo scorso e usato soprattutto a partire dagli anni Cinquanta, la capacità di indagare il mondo della cellula si è straordinariamente arricchita di nuovi e fondamentali dettagli strutturali e funzionali.

Il microscopio ottico

È noto anche come **microscopio composto**, perché fatto da più lenti. Viene detto "a luce trasmessa", perché un fascio di luce, concentrato per mezzo della lente del **condensatore**, illumina il materiale in esame dal di sotto e lo attraversa: l'immagine così prodotta entra nel sistema di lenti dell'**obiettivo** e dell'**oculare** che la ingrandiscono (*fig. 7*). L'ingrandimento è dovuto alla deviazione (rifrazione) che raggi luminosi subiscono al passaggio attraverso le lenti.

7

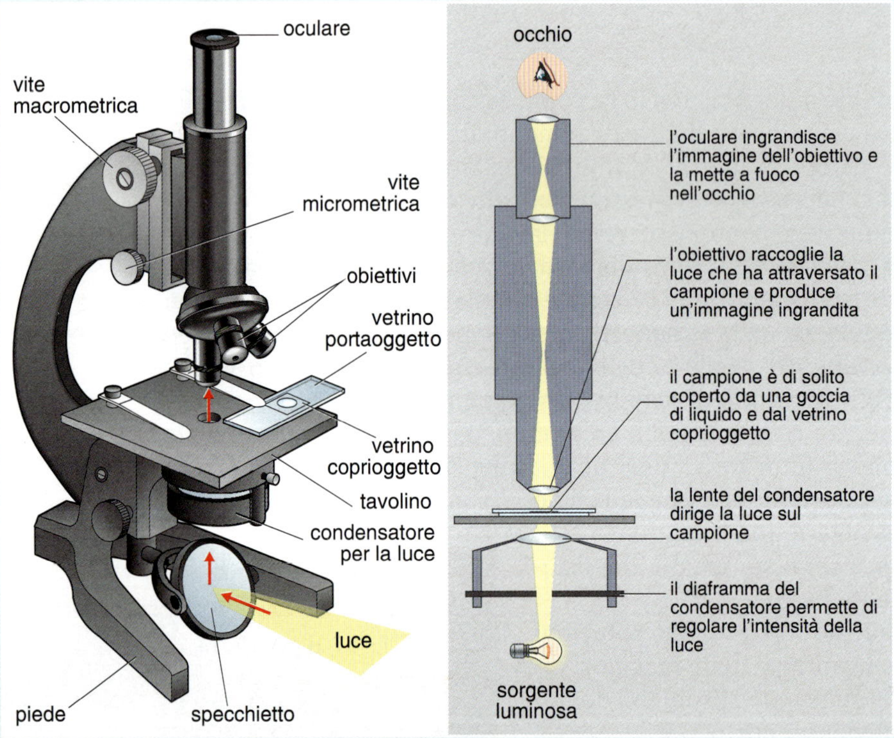

Fig. 7
Microscopio ottico e, a lato, descrizione del principio di funzionamento.

8

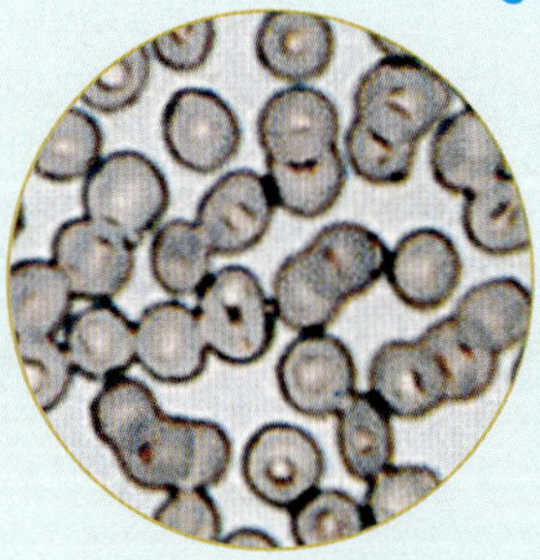

Fig. 8
Globuli rossi come appaiono al microscopio ottico ingranditi 500 volte (ciascuno misura quasi 10 μm, mentre nell'immagine misura circa 5 mm).

Ingrandimento e potere di risoluzione. I due parametri fondamentali di un microscopio ottico sono l'*ingrandimento* e il *potere di risoluzione*.

L'**ingrandimento** esprime quante volte le dimensioni dell'immagine di un oggetto fornita dallo strumento sono maggiori delle dimensioni dell'oggetto reale.

Per esempio, se una cellula ha un diametro di 10 μm e il microscopio fornisce un'immagine di 1 mm di diametro (1000 μm), significa che l'ingrandimento è di 100 volte (si indica 100x) (*fig. 8*).
Con un microscopio ottico è possibile ingrandire un'immagine al massimo fino a 1500-2000x (nei tipi convenzionali si arriva a 1000x): ingrandimenti maggiori danno infatti immagini sfuocate.

Per capire questo limite bisogna considerare

il **potere di risoluzione** del microscopio, che rappresenta la distanza minima alla quale si devono trovare due punti affinché li si possa "risolvere" cioè vedere come *distinti*.

Per esempio, l'occhio umano riesce a vedere come distinti due punti che distano al massimo 1/10 di millimetro, cioè **100 μm**: è per questo che non possiamo osservare le cellule, che di solito hanno dimensioni comprese tra i 10 e i 30 μm (cioè da dieci a tre volte inferiori al potere di risoluzione dell'occhio).
Il microscopio ottico ha invece un potere di risoluzione di **0,2 μm**, cioè circa 500 volte superiore al nostro occhio: se un oggetto è più piccolo di 0,2 μm, neppure il microscopio ottico più sofisticato è in grado di distinguerlo, per quanto si ingrandisca l'immagine, poiché i *contorni diventano confusi*. Questo limite è determinato dalla natura fisica della luce (per la precisione, dalla sua lunghezza d'onda).
Per distinguere strutture di dimensioni inferiori a 0,2 μm (come i più piccoli organuli presenti nella cellula o le strutture interne dei batteri), si ricorre ai *microscopi elettronici* (*vedi oltre*).

Campo di impiego. Il microscopio ottico può essere usato soltanto per l'osservazione di oggetti più o meno trasparenti. Per esempio, per potere studiare in trasparenza le cellule di una foglia è necessario sezionare con una lametta una sottilissima pellicola fogliare. Questa va posta su un vetrino (detto *portaoggetto*) entro una goccia d'acqua ed eventualmente ricoperta da un vetrino speciale sottile (detto *coprioggetto*)
Poiché la maggior parte dei campioni biologici è priva di colore, si usano opportune miscele di *coloranti selettivi*, cioè capaci, ognuno, di legarsi – e quindi di mettere in evidenza – un diverso componente della cellula. Talvolta il campione deve essere trattato con un "fissativo" (come etanolo o acido acetico) che renda insolubili certi componenti della cellula, come le proteine o gli acidi nucleici, bloccandoli così nella loro posizione.

Esistono anche vari tipi di *microscopi ottici avanzati* che sfruttano tecniche particolari per evidenziare specifiche strutture cellulari: tra questi, il *microscopio ottico a contrasto di fase*, che amplifica le differenze di densità tra le varie parti di un campione; il *microscopio ottico a fluorescenza*, che utilizza raggi ultravioletti, in cui il campione viene trattato, o meglio *marcato,* con sostanze fluorescenti selettive in modo che le differenti parti del campione, per esempio una cellula, appaiano diversamente colorate; il *microscopio ottico confocale a fluorescenza* (*fig. 9*), che utilizza la luce laser e un'ottica speciale per mettere a fuoco un determinato piano del campione colorato per fluorescenza, ottenendo un'immagine molto nitida di una sua sezione.

RISPONDI

■ Qual è la differenza tra ingrandimento e potere di risoluzione di un microscopio?

9

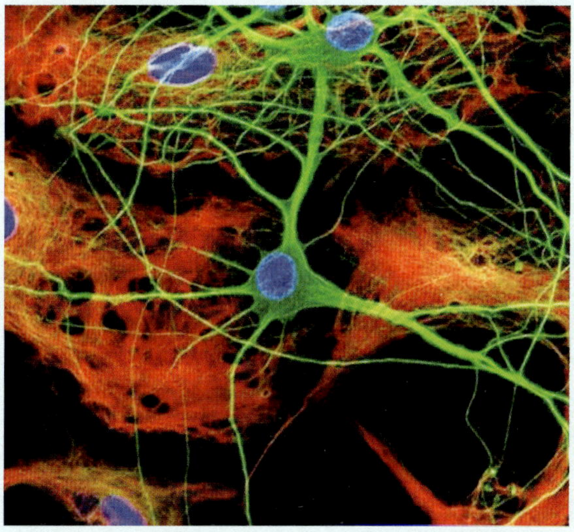

Fig. 9
Immagine di neuroni (cellule nervose) di ratto ottenuta con microscopio confocale a fluorescenza, 630x (*Babraham Institute, Cambridge, UK*).

APPROFONDIMENTO *ON LINE*
- Osservazione di cellule umane
- Osservazione di cellule vegetali
- Osservazione dell'amido nelle cellule vegetali

Il microscopio elettronico

Il microscopio elettronico utilizza, al posto della luce, un fascio di elettroni che viene deviato da **elettromagneti** o **lenti elettromagnetiche** che agiscono su di essi in modo analogo alle lenti di vetro nei confronti dei raggi luminosi.
Hanno un potere di risoluzione molto maggiore dei microscopi ottici. Le immagini ottenute sono in bianco e nero, ma spesso sono colorate artificialmente per mettere in evidenza le varie strutture.
I microscopi elettronici sono costituiti da apparecchiature che operano sotto vuoto e possono essere di due tipi: a *trasmissione* e a *scansione*.

10a

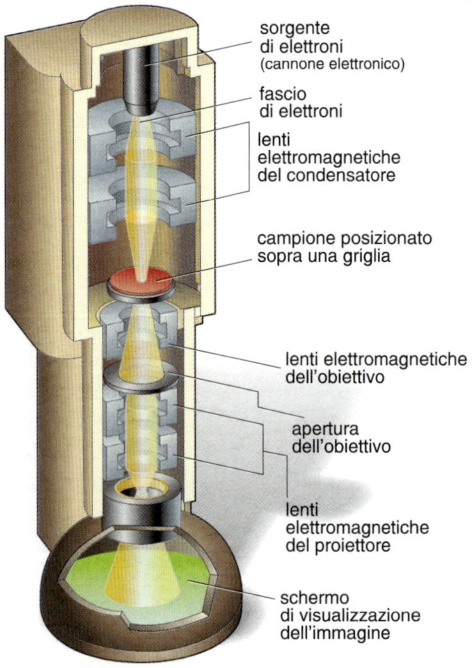

10b

Fig. 10 Microscopio elettronico a trasmissione (TEM) (**a**) e (**b**) schema di principio del suo funzionamento.

Microscopio elettronico a trasmissione o **TEM** (*Transmission Electron Microscope*). Rispetto al microscopio ottico, ha un potere di risoluzione fino a 1000 volte maggiore, pari all'incirca a 0,2 nanometri (nm), cioè a 0,0002 μm (*fig. 10*). L'ingrandimento ottenibile può arrivare a 500 000x.
Il TEM è utilizzato per analizzare in particolare la struttura interna delle cellule (non vive) e il campione da studiare viene fatto attraversare da un fascio di elettroni, in analogia a quanto avviene con la luce in un microscopio ottico: l'immagine creata dagli elettroni viene visualizzata su uno schermo fluorescente (che emette luce visibile ogni volta che è colpito da un elettrone).
Il materiale da esaminare viene tagliato in sezioni estremamente sottili (spessore inferiore a 50 μm) che sono trattate con metalli pesanti (tra cui oro), i cui atomi sono assorbiti solo da certe parti della cellula: la presenza di atomi pesanti impedisce il passaggio degli elettroni e quindi l'immagine corrispondente apparirà scura sullo schermo; viceversa, le parti trasparenti agli elettroni appariranno sullo schermo come zone chiare. Le immagini che si ottengono sono "piatte", cioè *bidimensionali* (*fig. 11*).

11a

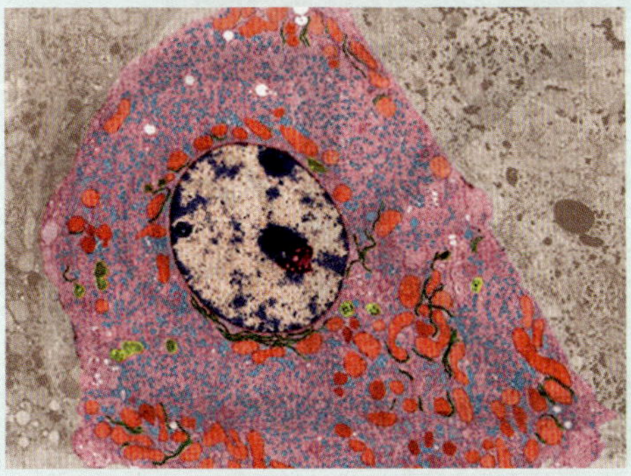

11b

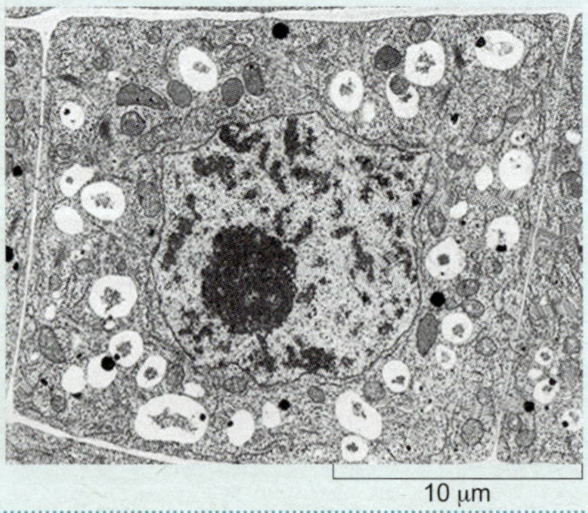

Fig. 11 Immagini al microscopio elettronico a trasmissione: (**a**) cellula del fegato in falsi colori, 9400x; (**b**) cellula vegetale.

12a

12b

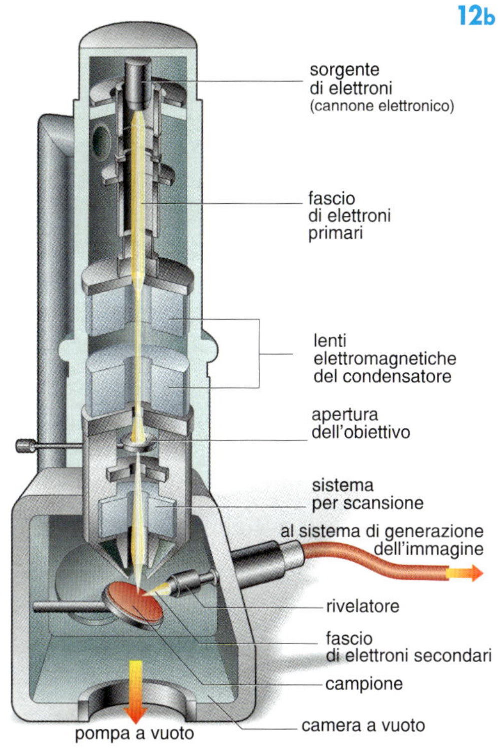

Fig. 12
(**a**) Microscopio elettronico a scansione (SEM) e schema di principio del suo funzionamento (**b**).

Microscopio elettronico a scansione o **SEM** (*Scanning Electron Microscope*). A differenza di quello a trasmissione, il SEM (*fig. 12*) utilizza un fascio molto sottile di elettroni per *analizzare* o "scannerizzare" in tutte le direzioni la superficie del campione: questa deve essere preventivamente ricoperta da una pellicola metallica ultrasottile (in modo che gli elettroni non possano attraversare il campione).
Gli elettroni generati dal microscopio bombardano la superficie metallizzata del campione e scacciano da questa elettroni "secondari" che sono diffusi nelle varie direzioni e raccolti da un rivelatore: i segnali prodotti, opportunamente amplificati, sono inviati a un dispositivo in grado di generare su uno schermo un'immagine *tridimensionale* della superficie analizzata, straordinariamente ricca di dettagli (*fig. 13*). Il potere di risoluzione del microscopio a scansione è di circa 1-10 nanometri, quindi inferiore a quello a trasmissione.
L'ingrandimento massimo ottenibile è di circa 250 000x.
Oltre ai microscopi elettronici sono stati realizzati in epoca ancora più recente strumenti di osservazione che permettono di visualizzare dettagli a livello di singole molecole e singoli atomi. Si tratta dei *microscopi a sonda di scansione*, tra cui *il microscopio a forza atomica* (*Atomic Force Microscope*) che esplora il campione a distanza ravvicinata con una sonda laser.

RISPONDI

■ Quali sono le principali differenze di funzionamento tra il microscopio elettronico a trasmissione e quello a scansione?

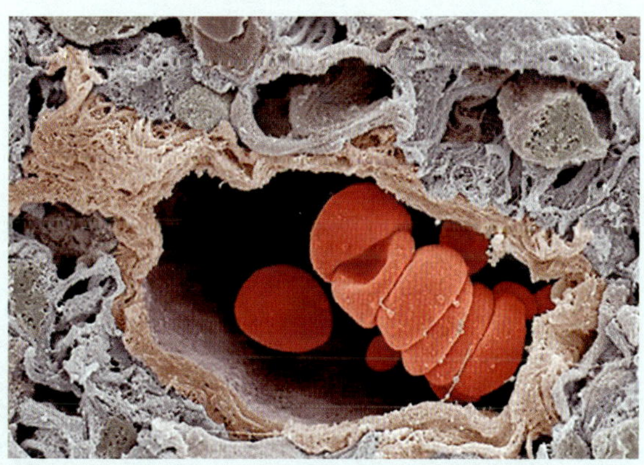

13a

Fig. 13
(**a**) Immagine SEM di globuli rossi in un'arteriola, 4000x.
(**b**) Spermatozoi sulla superficie di un uovo umano: immagine in falsi colori ottenuta al microscopio elettronico a scansione, 1940x.

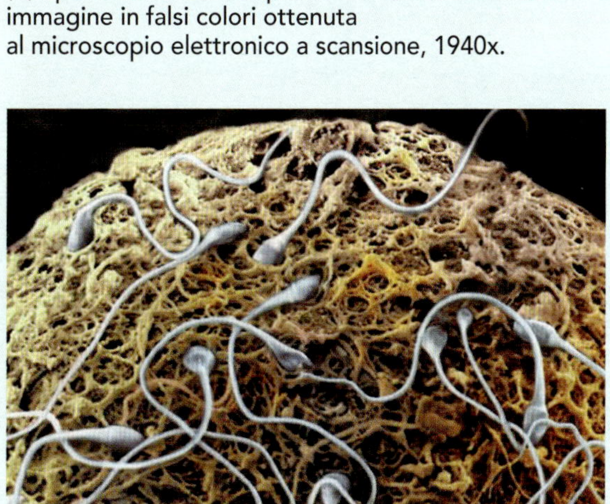

13b

3 La cellula eucariote: il piano costruttivo generale

Le **cellule eucarioti**, **animali** e **vegetali**, sono il risultato di un lavoro di ingegneria biologica che l'evoluzione portò a compimento all'incirca già 2 miliardi di anni fa: incorporando le innovazioni sperimentate nelle cellule procarioti, prese forma un "modulo vivente" molto più complesso e sofisticato, come possiamo cogliere nelle ricostruzioni, per quanto assai semplificate, delle *figure 14a* e *b*. La grande maggioranza degli organismi che hanno colonizzato la superficie terrestre – protisti, funghi, piante e animali – sono la testimonianza della straordinaria versatilità evolutiva della cellula eucariote.

La prima cosa che colpisce osservando una cellula eucariote è che il suo volume complessivo, delimitato dalla **membrana plasmatica**, è suddiviso in una serie di compartimenti, quelli che chiamiamo **organuli**, che hanno caratteristiche chimiche e funzioni differenziate; tra questi: il **nucleo**, il **reticolo endoplasmatico**, l'**apparato di Golgi**, i **mitocondri** e i **cloroplasti**.

Lo spazio in cui sono immersi gli organuli, a eccezione del nucleo, costituisce il **citoplasma**.

Gli organuli svolgono diversi compiti specifici secondo un piano di divisione del lavoro che ottimizza lo spazio della cellula, consentendo lo svolgimento simultaneo, in compartimenti separati, di molteplici processi richiesti dal metabolismo cellulare, nel ridotto volume a disposizione.

Le cellule animali e vegetali hanno in comune la maggior parte degli organuli.

CELLULA ANIMALE

14a

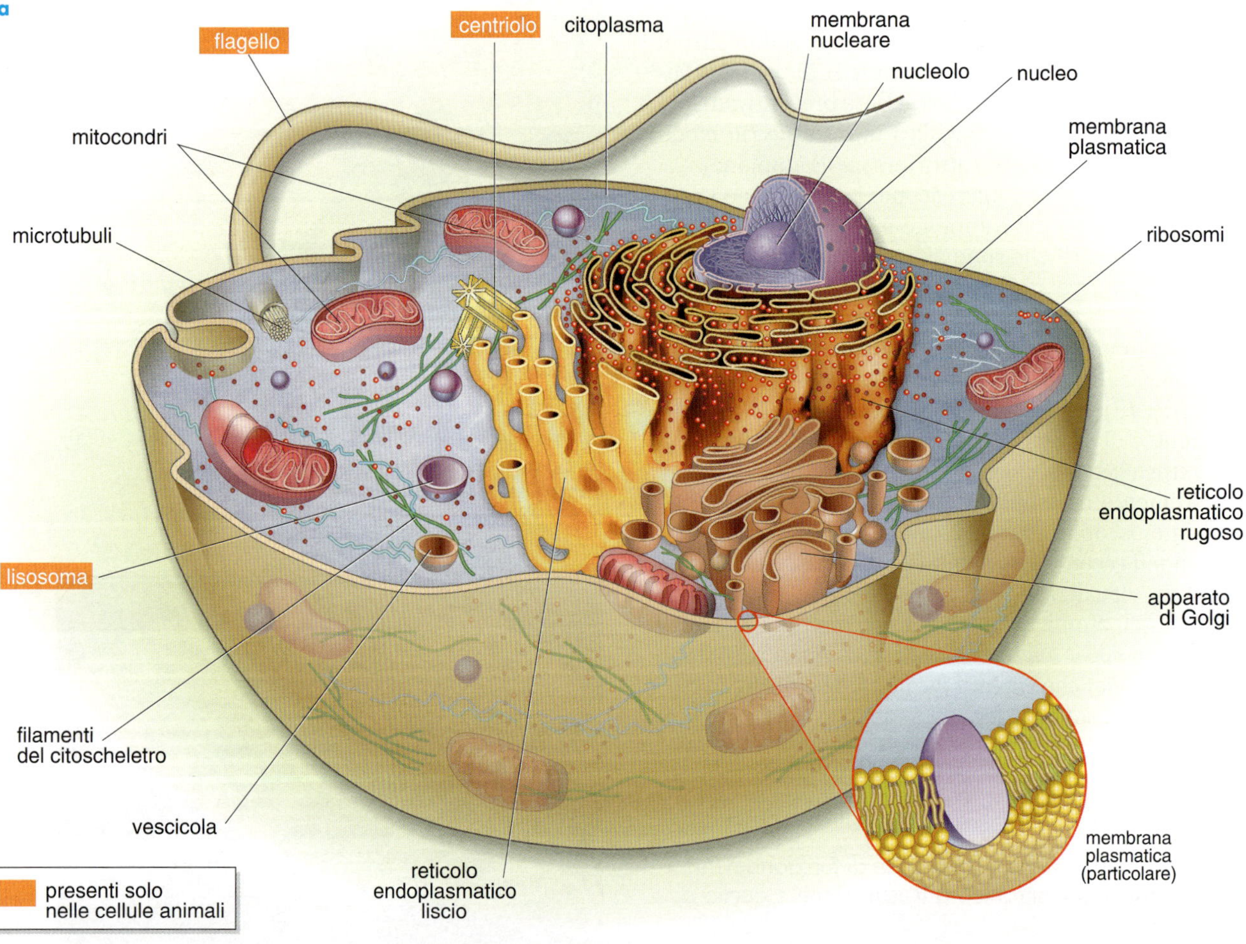

Le differenze riguardano: i *lisosomi*, i *centrioli* e il *flagello*, **presenti nelle cellule animali** e assenti nelle cellule vegetali (con l'eccezione del flagello, presente nelle cellule spermatiche di alcune piante); i *cloroplasti*, il *vacuolo centrale*, la *parete cellulare* e i *plasmodesmi* presenti **solo nella cellula vegetale**.

Punti chiave

In relazione alle funzioni svolte, possiamo riunire i principali organuli e altre strutture della cellula eucariote in quattro gruppi:

1. **nucleo**, **ribosomi**, **reticolo endoplasmatico** e **apparato di Golgi**, che nel loro insieme svolgono funzioni connesse alla *sintesi* di proteine e altre molecole;
2. **lisosomi** e **vescicole**, che sono deputati alla demolizione e trasporto di molecole;
3. **mitocondri** e **cloroplasti**, che svolgono funzioni energetiche fondamentali;
4. **membrana plasmatica**, **parete cellulare** e strutture del **citoscheletro**, che svolgono funzioni di sostegno, movimento di sostanze e organuli e di comunicazione tra cellule.

RISPONDI

- In quale tipo di cellula, animale o vegetale rispettivamente, sono presenti i cloroplasti e i lisosomi?
- Quale organulo appare per buona parte avvolto intorno al nucleo?
- In che cosa differiscono nel rivestimento esterno le cellule animali e quelle vegetali?

CELLULA VEGETALE

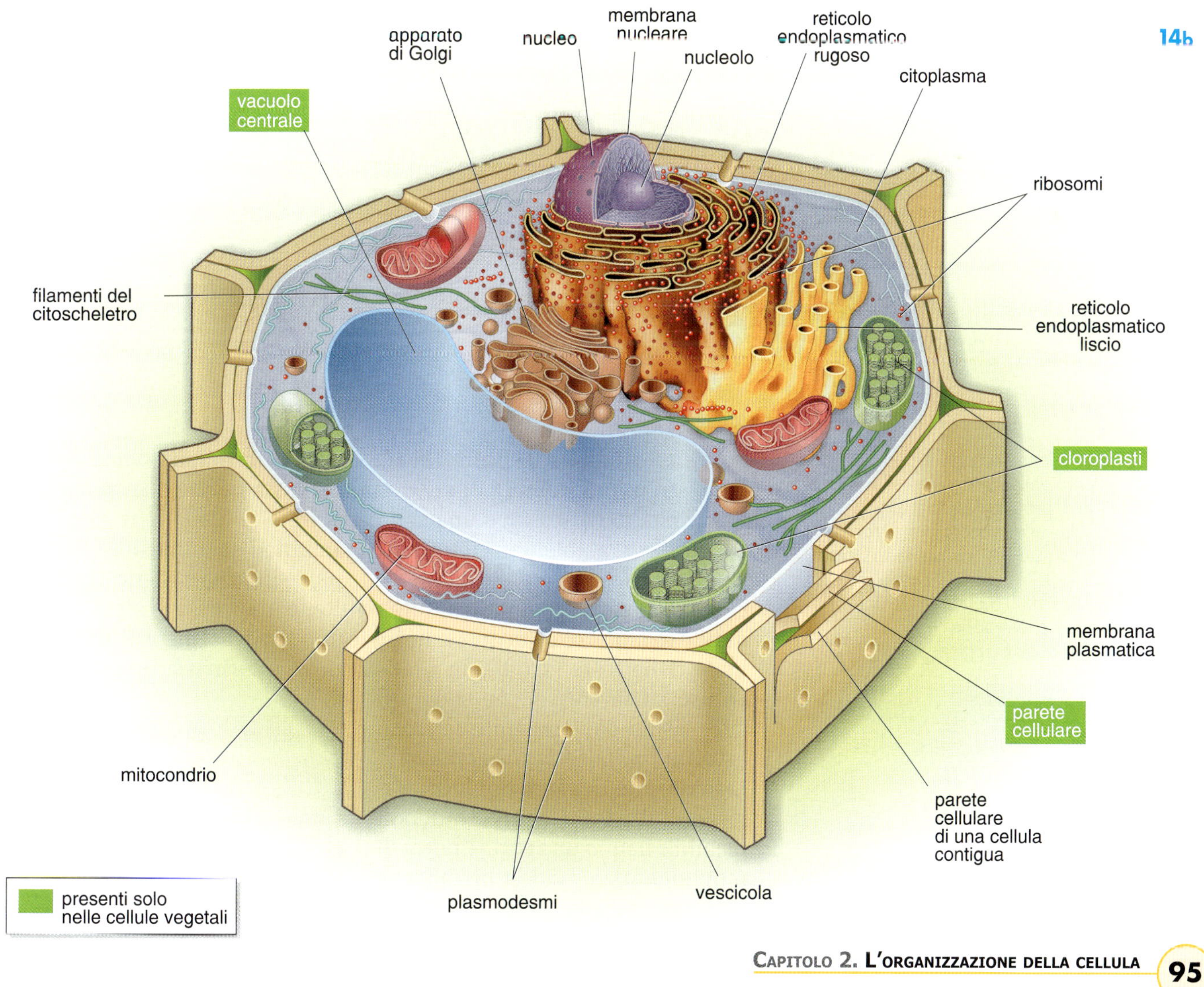

4 La membrana plasmatica e il citoplasma

4.1 La membrana plasmatica: l'involucro fosfolipidico della cellula

Tutte le cellule procarioti ed eucarioti sono delimitate da una **membrana plasmatica** (o **membrana cellulare**) che possiede una struttura base costituita da un **doppio strato di fosfolipidi** (*fig. 15a*).

È una sottilissima pellicola che mantiene separati i componenti della cellula dall'ambiente extracellulare e che, oltre alla semplice funzione passiva di isolamento, svolge altri importanti compiti, tra cui quello di regolare il transito in entrata e in uscita di sostanze nella cellula. Esercita questa attività di controllo permettendo ad alcune sostanze di attraversarla con più o meno facilità e impedendo il passaggio di altre: questa capacità è detta *permeabilità selettiva*.

La membrana plasmatica, il cui spessore varia tra 7 e 9 nanometri circa, può essere osservata solo con il microscopio elettronico (*fig. 15b*).

15a

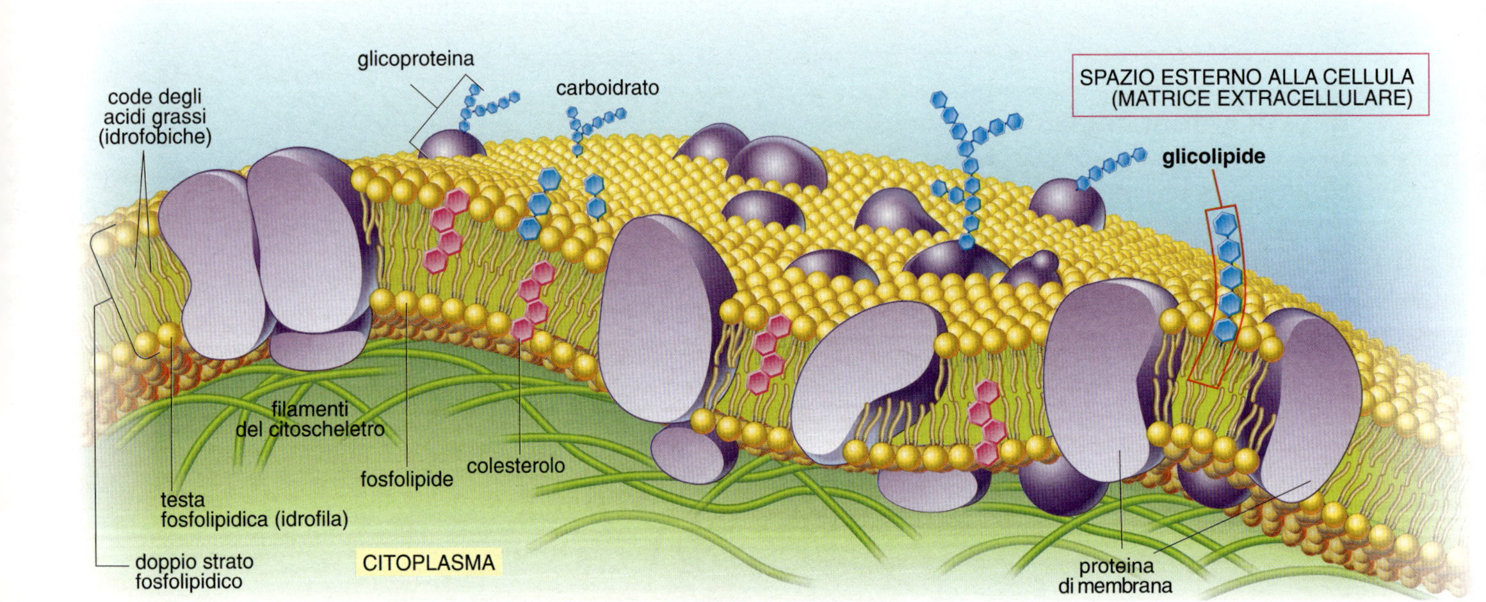

Fig. 15
(**a**) Rappresentazione secondo il modello a mosaico fluido della membrana cellulare, con alcuni tipi di proteine associate;
(**b**) nell'immagine al microscopio elettronico a trasmissione si può riconoscere la struttura a doppio strato della membrana cellulare (se si impilassero 1000 membrane le une sulle altre, non si arriverebbe allo spessore di questa pagina).

15b

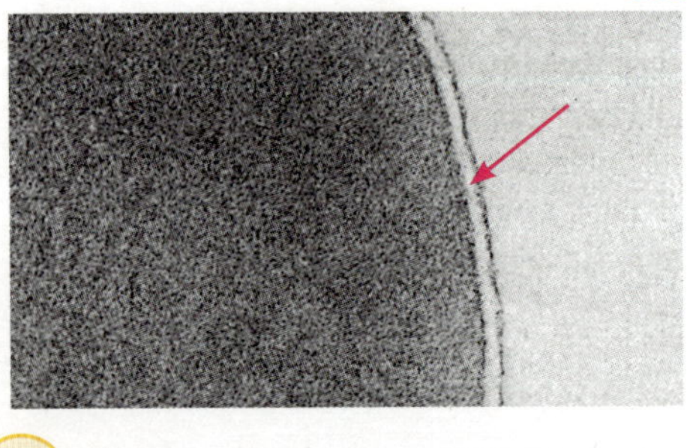

Il modello a mosaico fluido. Le molecole dei fosfolipidi, come abbiamo visto in precedenza, possiedono una testa polare o *idrofila* (che ha affinità per l'acqua) e una coda apolare o *idrofoba* (che respinge l'acqua) e in ambiente acquoso si organizzano spontaneamente formando un *doppio strato molecolare*: la parte interna è costituita dalle code *idrofobe* che si mantengono rivolte le une verso le altre, escludendo le molecole d'acqua, mentre le due superfici laterali sono formate dalle teste idrofile. In pratica, viene a formarsi un involucro chiuso su se stesso, che separa il citoplasma dall'ambiente acquoso esterno (*matrice extracellulare*).

Le molecole dei fosfolipidi interagiscono tra loro mediante deboli legami e hanno una certa libertà di movimento, per cui la membrana si comporta quasi come un fluido.

Modello a mosaico fluido
Il modello a mosaico fluido per spiegare la struttura della membrana cellulare è stato elaborato nel 1972 dai biologi statunitensi S.J. Singer e G.L. Nicholson.

Nel doppio strato sono immerse o, si potrebbe dire, galleggiano, varie molecole di *proteine* globulari (*proteine di membrana*), anch'esse in grado di compiere lievi movimenti: è per questo che la membrana viene descritta ricorrendo al cosiddetto **modello a mosaico fluido** (le tessere del mosaico sono le proteine immerse nel letto fluido di fosfolipidi).
La stessa struttura a mosaico caratterizza anche le membrane che avvolgono molti organuli cellulari: queste formano un *sistema di membrane interne* collegato con la membrana plasmatica.
La fluidità è importante perché la membrana mantenga la propria funzionalità e questo spiega la presenza di molecole di **colesterolo** incluse nel doppio strato: questo lipide contribuisce a rendere più fluida la membrana alle basse temperature e meno fluida alle alte temperature ed è contenuto in grandi quantità in particolare nelle cellule animali; inoltre, contribuisce alla stabilità meccanica della membrana.

Proteine di membrana, glicoproteine e glicolipidi. Nella struttura della membrana sono immerse numerose molecole di **proteine**. Alcune svolgono la funzione di *canali di trasporto* per il passaggio di sostanze tra i due lati della membrana (*vedi al Capitolo 3*); altre sono enzimi che controllano specifiche reazioni chimiche; altre ancora, le **glicoproteine**, sono unite a catene di carboidrati che sporgono sul lato rivolto verso l'ambiente esterno; queste ramificazioni di carboidrati, tra le altre funzioni, svolgono quella di *recettori* di segnali chimici (come quelli indotti dagli ormoni) e di *riconoscimento* di cellule estranee o di virus che sono una potenziale minaccia per la cellula.
Un analogo ruolo nelle interazioni tra cellula e ambiente extracellulare è svolto dai **glicolipidi**, che sono fosfolipidi uniti a una catena di carboidrati che, come nelle glicoproteine, sporge dalla superficie esterna della membrana.

Punti chiave

Principali funzioni della **membrana plasmatica**:
- **confinamento della cellula**;
- **regolazione degli scambi** di sostanze tra l'interno e l'esterno della cellula;
- **ricezione di segnali** trasportati da messaggeri chimici;
- **riconoscimento** di cellule e virus.

APPROFONDIMENTO *ON LINE*
- Lo studio degli organuli mediante frazionamento cellulare

4.2 Il citoplasma: l'ambiente fluido della cellula

Il **citoplasma** è costituito da una parte fluida (**citosol**) e dai vari organuli. Il citosol occupa oltre la metà del volume della cellula (*fig. 16*) ed è formato in prevalenza da *acqua*, nella quale sono presenti, in soluzione o in sospensione, ioni di sali minerali e vari tipi di molecole organiche, tra cui migliaia di proteine che fungono da enzimi e presiedono alla sintesi di molecole utili per i processi del metabolismo cellulare. Il citoplasma contiene inoltre un'intelaiatura formata da una rete di filamenti proteici che forma il *citoscheletro*, che conferisce alla cellula la sua forma caratteristica e rende possibili gli spostamenti degli organuli.

Rispondi

- Come è organizzata la membrana cellulare?
- Che cosa si intende per modello a mosaico fluido?
- Quali sono le principali funzioni della membrana cellulare?

16

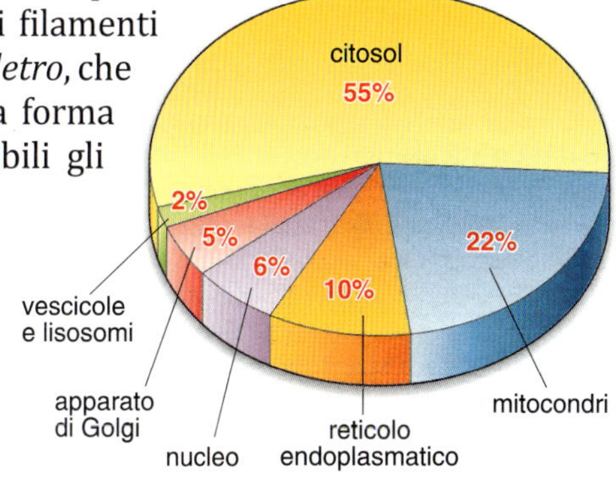

Fig. 16
Confronto percentuale indicativo tra il volume del citosol e quello degli altri organi principali di una cellula eucariote animale.

5 Il nucleo e i ribosomi

5.1 Il nucleo: il centro operativo della cellula

Il **nucleo** contiene l'informazione genetica, codificata nella molecola di DNA, e controlla tutte le attività della cellula, tra cui, in particolare, la sintesi delle proteine. In genere, è l'organulo più voluminoso della cellula: nella maggior parte delle cellule animali ha un diametro di circa 5 μm, cioè è più grande di una cellula procariote di medie dimensioni.

Il nucleo (*fig. 17a* e *b*) è costituito da tre componenti facilmente distinguibili:

- la *cromatina*, una zona più chiara di aspetto granulare;
- il *nucleolo*, una zona centrale più scura;
- l'*involucro nucleare*, che separa il nucleo dal citoplasma.

La **cromatina** è una massa di sottili filamenti formati da DNA e proteine: in alcune fasi della divisione cellulare il DNA si organizza in strutture a forma di bastoncino visibili al microscopio, chiamate *cromosomi*.

Il **nucleolo** è la sede dove viene sintetizzato un particolare tipo di RNA (rRNA) utilizzato per l'assemblaggio dei *ribosomi* deputati alla sintesi delle proteine; i ribosomi, una volta ultimati, migrano nel citoplasma attraverso i pori nucleari.

L'**involucro nucleare** è formato da una **doppia membrana** fosfolipidica, punteggiata da numerosi **pori nucleari** con un diametro di circa 10 nm, che mettono in comunicazione il comparto interno del nucleo con il citoplasma (*figg. 17c* e *d*); in alcune zone la membrana nucleare continua con la membrana del reticolo endoplasmatico.

17a

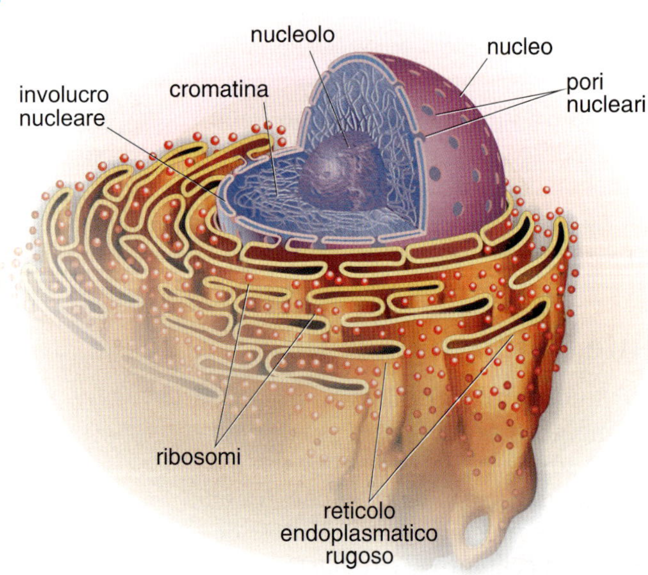

17b

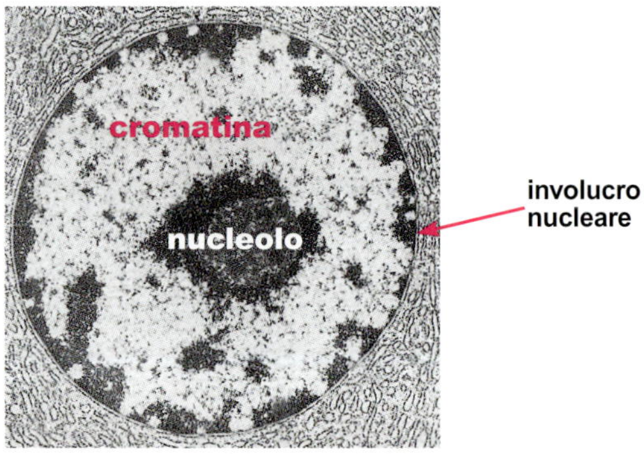

17c

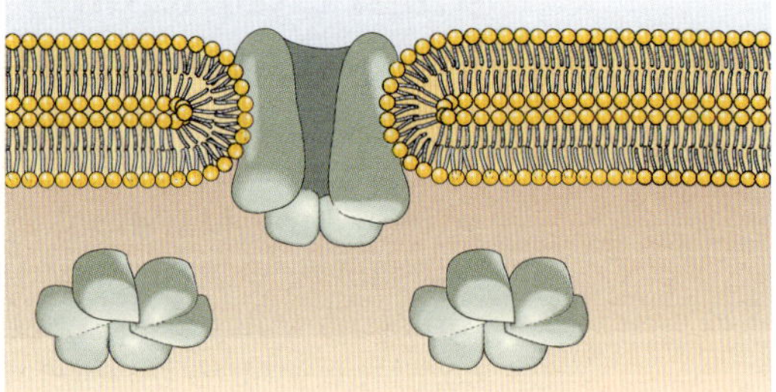

17d

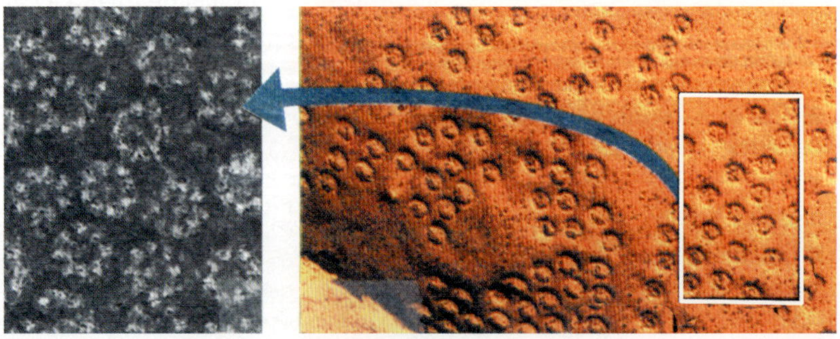

Fig. 17
(**a**) Schema del nucleo. La doppia membrana punteggiata dai pori nucleari è continua con la membrana del reticolo endoplasmatico rugoso.
(**b**) Nucleo di cellula animale visto al microscopio elettronico a trasmissione (si distinguono il nucleolo al centro, la cromatina e l'involucro nucleare).
(**c**) Schema della struttura della doppia membrana nucleare e di un poro nucleare.
(**d**) Immagini al microscopio elettronico dei pori nucleari in due differenti dettagli.

Punti chiave

Principali funzioni del **nucleo**:
- controllo di tutte le attività cellulari;
- sintesi di RNA;
- assemblaggio di ribosomi, gli organuli dove si attua la sintesi proteica.

5.2 I ribosomi: le catene di montaggio delle proteine

I **ribosomi** sono organuli cellulari di piccolissime dimensioni, privi di membrana. Sono costruiti assemblando RNA (detto *ribosomiale*) con varie decine di molecole di proteine. Svolgono l'importante funzione di catena di montaggio delle proteine: uniscono tra loro gli amminoacidi richiesti, secondo le istruzioni ricevute dal DNA. I ribosomi sono in parte sparsi liberamente nel citoplasma e in parte associati alla membrana nucleare e, soprattutto, al reticolo endoplasmatico rugoso (*vedi oltre*). I ribosomi liberi sintetizzano proteine che rimangono in gran parte nel citoplasma, mentre le proteine prodotte dai ribosomi associati a una membrana sono esportate all'esterno della cellula.

L'indagine biologica

L'identificazione del nucleo come sede dell'informazione genetica

Le prime osservazioni che hanno permesso di stabilire che il nucleo è la sede dell'informazione genetica risalgono al 1875: nel corso di esperimenti condotti sui ricci di mare, l'embriologo tedesco Oscar Hertwig osservò infatti che la fecondazione si basa sulla fusione dei nuclei cellulari di un uovo e di uno spermatozoo.

Numerosi esperimenti avrebbero poi chiarito ulteriormente il ruolo del nucleo nella cellula. Particolarmente significativi quelli eseguiti, intorno al 1930, su un'alga marina, l'*Acetabularia*, assai singolare; pur misurando alcuni centimetri, è un organismo unicellulare, formato da una base (rizoide), in cui è localizzato il nucleo, uno stelo e un cappello che, in una specie, *Acetabularia mediterranea* (*fig. 18-1*), è a forma di ombrello mentre in un'altra specie, *Acetabularia crenata* (*fig. 18-2*), è a forma di cespuglio.

Gli esperimenti più illuminanti sono stati quelli consistenti (1) nella rimozione del nucleo dal rizoide di ciascuna specie e (2) nello scambio dei nuclei delle due specie.

Il risultato di questi esperimenti di trapianto ha rivelato che, in ogni caso, si è sempre verificata la rigenerazione del cappello con le caratteristiche della specie dalla quale proveniva il rizoide contenente il nucleo. Le informazioni necessarie a costruire e a dare forma al cappello provenivano quindi dal nucleo.

18

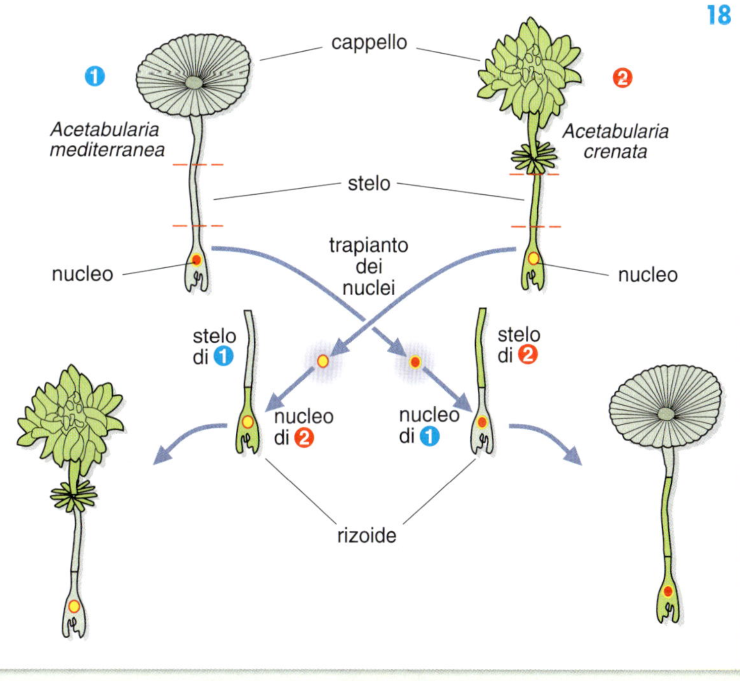

Fig. 18
Effetto dello scambio di nuclei tra le due specie di *Acetabularia*. I nuclei sono stati trasferiti in frammenti di rizoidi privati in precedenza del nucleo.

6 Il sistema di membrane interne

6.1 Una rete integrata di organuli

Nella cellula eucariote vari organuli sono delimitati da membrane tra loro interconnesse, di cui alcune comunicanti, che costituiscono una estesa rete integrata chiamata **sistema di membrane interne** (o **membrane endocellulari**), a sua volta strettamente associato alla *membrana plasmatica*. Gli organuli coinvolti in questo sistema configurano, nel loro insieme, un'unità funzionale. I due principali sono il *reticolo endoplasmatico* e l'*apparato di Golgi* che insieme occupano una parte significativa del volume cellulare. Gli altri organuli includono: le *vescicole di trasporto*, i *lisosomi* e i *vacuoli*.

La membrana complessiva di questo distretto cellulare, grazie a innumerevoli ripiegamenti, raggiunge una notevole estensione: nel citoplasma in essa racchiuso si svolge un'intensa attività diretta alla sintesi, allo smistamento e all'invio a destinazione di gran parte delle macromolecole necessarie alla vita della cellula.

Al trasferimento di questi materiali elaborati nel reticolo endoplasmatico e nell'apparato di Golgi provvedono le già citate **vescicole di trasporto**, che sono piccoli organuli tondeggianti circondati da membrana: funzionano in pratica come navette tra i componenti del sistema di membrane e altre sedi della cellula (in particolare la membrana plasmatica). Alcune vescicole assumono maggiori dimensioni e si trasformano in *lisosomi* e in *vacuoli* che hanno compiti specifici.

6.2 Il reticolo endoplasmatico

Il reticolo endoplasmatico è formato da un reticolato di membrane collegate alla membrana nucleare che si estende attraverso lo spazio del citoplasma. Le membrane sono ripiegate su se stesse e formano una fitta trama di cavità e strutture tubolari intercomunicanti. Il reticolo endoplasmatico si presenta in due tipologie differenti per forma e funzioni: il *reticolo endoplasmatico rugoso e il reticolo endoplasmatico liscio* (*fig. 19*).

19

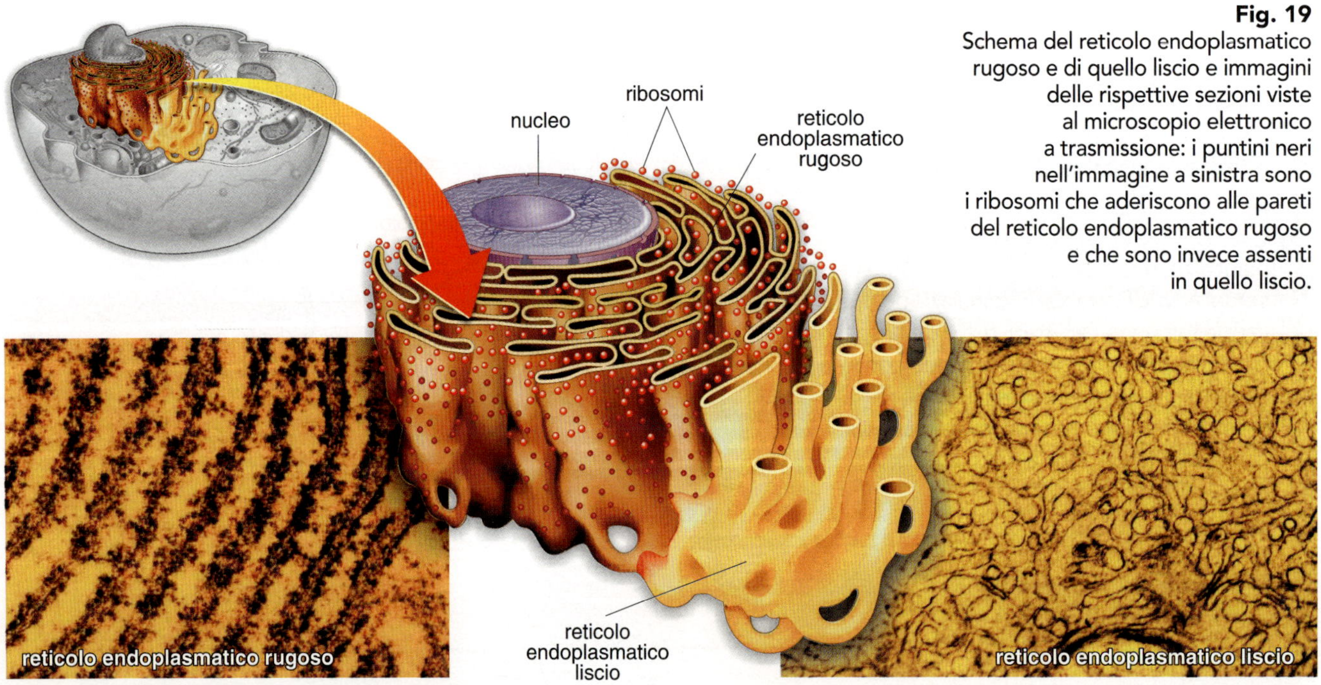

Fig. 19
Schema del reticolo endoplasmatico rugoso e di quello liscio e immagini delle rispettive sezioni viste al microscopio elettronico a trasmissione: i puntini neri nell'immagine a sinistra sono i ribosomi che aderiscono alle pareti del reticolo endoplasmatico rugoso e che sono invece assenti in quello liscio.

Il reticolo endoplasmatico rugoso (o **ruvido**) deve il suo aspetto granulare alla presenza di numerosi *ribosomi* associati alla superficie esterna della membrana. I ribosomi sintetizzano proteine che, attraverso la membrana, passano direttamente nella cavità interna del reticolo endoplasmatico: qui possono subire modificazioni (per esempio, essere trasformate in *glicoproteine* con l'aggiunta di catene di carboidrati) e man mano che procedono all'interno del reticolo acquisiscono la loro forma finale.
Le proteine sono in parte incorporate nella membrana del reticolo endoplasmatico e per il resto sono destinate all'*apparato di Golgi.*
Il trasferimento avviene dopo che il reticolo endoplasmatico provvede, mediante estroflessione della membrana, a includere le molecole proteiche in *vescicole di trasporto* che si staccano dalla membrana stessa per *gemmazione* (*fig. 20a* e *b*).
Le dimensioni del reticolo endoplasmatico rugoso sono molto estese nelle cellule soggette a intensa attività di secrezione, come quelle del pancreas o delle ghiandole salivari.

20a 20b

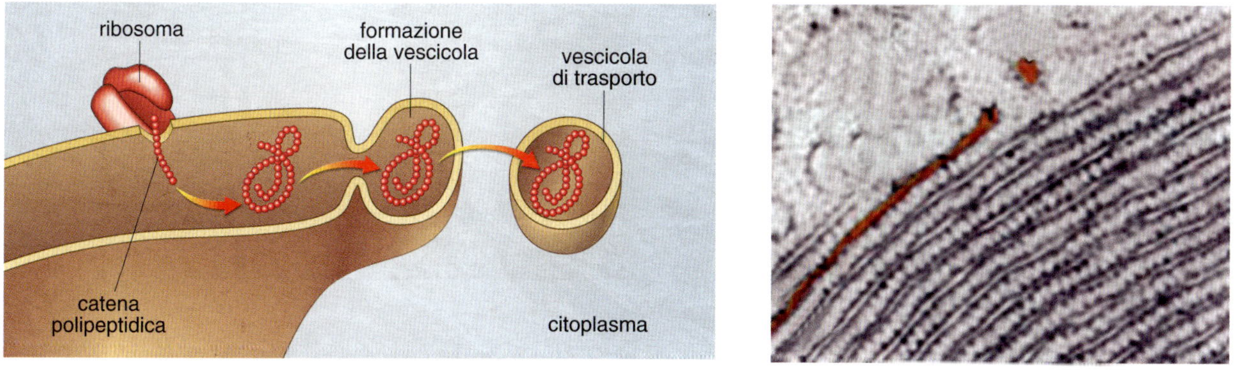

Fig. 20 (**a**) Meccanismo attraverso cui le proteine via via assemblate dai ribosomi vengono accolte nel reticolo endoplasmatico e da questo confezionate in vescicole di trasporto. (**b**) Immagine al microscopio elettronico a trasmissione del reticolo endoplasmatico rugoso in cui si osserva (in rosso) il distacco di una vescicola di trasporto per gemmazione.

Il reticolo endoplasmatico liscio è privo di ribosomi ed è organizzato prevalentemente in formazioni tubolari.
Le sue molteplici funzioni includono la sintesi della maggior parte dei **lipidi** (fosfolipidi e steroidi, come il colesterolo) necessari in particolare per la costruzione della membrana cellulare, e la neutralizzazione di tossine e farmaci, grazie all'azione di specifici enzimi: ciò avviene specialmente nelle cellule del *fegato*, un organo che contribuisce in modo rilevante alla demolizione di sostanze nocive per l'organismo.

Punti chiave

Principali funzioni del **reticolo endoplasmatico rugoso** (**RER**) e **liscio** (**REL**):
- **RER**, funzioni connesse con la sintesi delle proteine; elaborazione di proteine modificate;
- **REL**, sintesi di lipidi e steroidi; eliminazione di molecole nocive.

Rispondi

- Qual è il ruolo del nucleo nella cellula e come è organizzata la sua struttura?
- Qual è la funzione del nucleolo?
- Quali sono i due tipi di reticolo endoplasmatico e in che cosa differiscono per struttura e funzioni?

6.3 L'apparato di Golgi

L'***apparato di Golgi*** è costituito da un insieme di sacchi appiattiti impilati l'uno sull'altro, che delimitano spazi chiamati *cisterne* (*fig. 21a* e *b*).

Questo organulo opera in stretto collegamento con il reticolo endoplasmatico, da cui riceve ininterrottamente molecole incluse in *vescicole di trasporto*.

Apparato di Golgi
L'apparato di Golgi prende il nome dal medico e biologo italiano Camillo Golgi (1843-1926) che ne identificò la struttura alla fine dell'Ottocento.

L'apparato di Golgi, coadiuvato da enzimi, ha la funzione di rifinire o modificare e selezionare le molecole "semilavorate" prese in carico dal reticolo endoplasmatico e, se è il caso, immagazzinarle temporaneamente: in pratica, provvede affinché i prodotti possano essere inviati ai luoghi di destinazione con le caratteristiche specifiche richieste.

21a

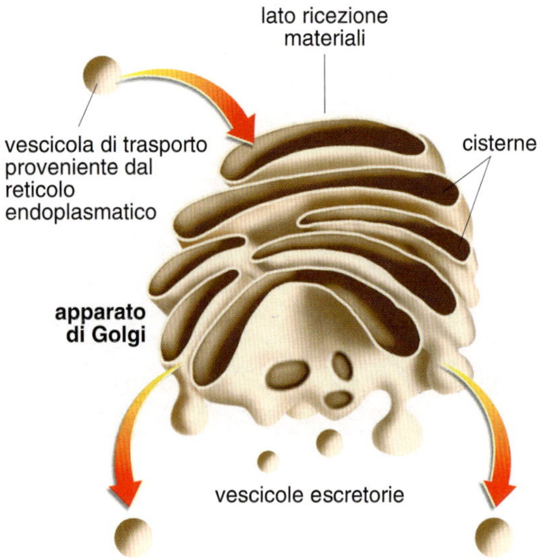

21b

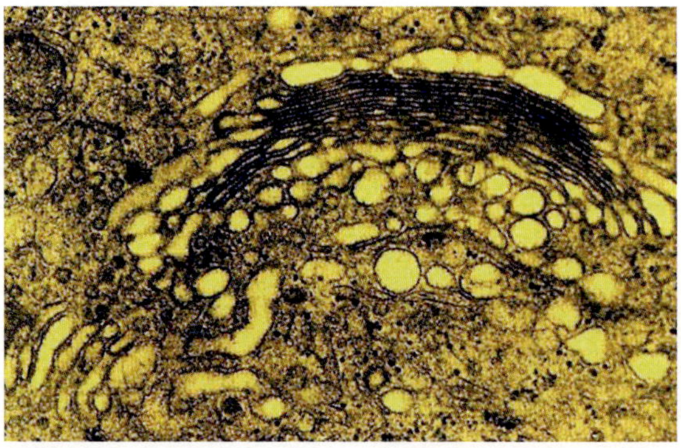

Fig. 21
(**a**) Schema e, (**b**), immagine al microscopio elettronico a trasmissione dell'apparato di Golgi.
Nello schema è evidenziato il flusso in entrata di vescicole di trasporto, provenienti dal reticolo endoplasmatico, e il flusso in uscita di vescicole escretorie.

Le molecole escono dall'apparato di Golgi confezionate in *vescicole di trasporto* (*vedi anche fig. 22*): alcune di queste, dette *escretorie*, sono destinate a riversare il loro contenuto nello spazio extracellulare; altre hanno invece una destinazione interna (per esempio, diventare componenti della membrana plasmatica o della membrana di altri organuli).

Tra le vescicole che restano nel citoplasma, alcune, i *lisosomi* (*vedi oltre*), sono destinate a particolari funzioni di "digestione".

Le dimensioni dell'apparato di Golgi sono particolarmente rilevanti nelle cellule specializzate nell'attività secretoria, come per esempio quelle deputate alla secrezione di muco all'interno dell'intestino.

Punti chiave

Principali funzioni dell'**apparato di Golgi**:
- rielaborazione, selezione e trasporto di proteine e altre molecole;
- formazione di lisosomi.

RISPONDI

- Come si caratterizza la struttura dell'apparato di Golgi?
- In che modo sono collegati l'apparato di Golgi e il reticolo endoplasmatico?

La *figura 22* riassume il ruolo svolto dal reticolo endoplasmatico e dall'apparato di Golgi, operanti in stretto collegamento, nei processi di esocitosi in cui sono coinvolte vescicole *escretorie* e nei processi di endocitosi in cui sono coinvolte vescicole alimentari (*endocitiche*) e lisosomi.

22

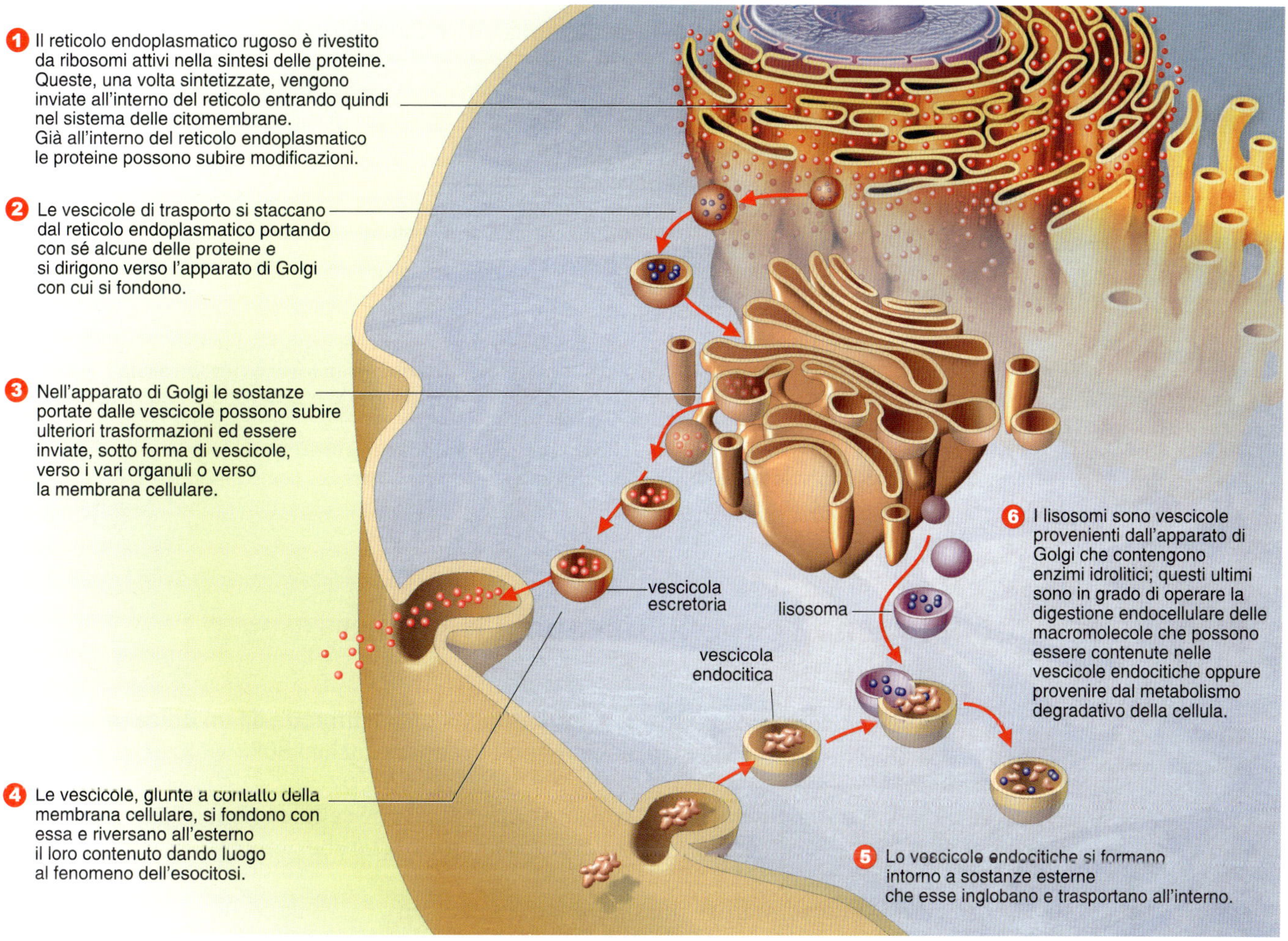

Fig. 22 Schema delle relazioni tra il reticolo endoplasmatico e l'apparato di Golgi.

6.4 I lisosomi operano la digestione cellulare

I **lisosomi** (dal greco *lysis*, dissoluzione, e *soma*, corpo) sono vescicole circondate da membrana singola (con diametro di circa 1μm) che si staccano dall'apparato di Golgi: contengono potenti *enzimi digestivi* o *idrolitici*, che sono per lo più utilizzati per la digestione endocellulare di sostanze come proteine, carboidrati e lipidi o per l'eliminazione di organuli difettosi. Questi materiali, demoliti per idrolisi in molecole di piccole dimensioni, sono di nuovo resi disponibili per la cellula per la costruzione di nuovi organuli.

Vediamo un esempio di come opera un lisosoma. Molte cellule inglobano sostanze nutritive dall'ambiente extracellulare tramite un'introflessione della membrana plasmatica (fenomeno detto *endocitosi*) che porta alla formazione di una vescicola endocitica che racchiude il materiale (*vescicola alimentare*). La vescicola quindi si stacca dalla membrana e si sposta nel citoplasma: un lisosoma la riconosce, si fonde con essa e ne digerisce il contenuto grazie ai suoi enzimi (*vedi fig. 22*) che lo decompongono in molecole semplici, come amminoacidi, monosaccaridi e acidi grassi, che si diffondono nel citoplasma.

I lisosomi possono anche distruggere, in questo modo, batteri nocivi.

RISPONDI

■ Quali funzioni esplicano i lisosomi?

Il malfunzionamento dei lisosomi, dovuto per esempio all'assenza di certi enzimi specifici, è all'origine di numerose anche se rare malattie ereditarie (dette *malattie da accumulo lisosomiale*): queste sono provocate dalle sostanze che si accumulano nella cellula in mancanza del loro enzima demolitore.
Un esempio tra i più noti è la *malattia di Tay-Sachs*, in cui si verifica l'accumulo di lipidi nei lisosomi delle cellule cerebrali, provocando la morte in tenera età.

Le cellule eucarioti sono dotate di altri piccoli organuli circondati da membrana singola: tra questi si segnalano i *perossisomi*.

■ I perossisomi ospitano particolari reazioni chimiche

Il **perossisomi** sono organuli di dimensioni più o meno confrontabili con quelle dei lisosomi; hanno la funzione di svolgere certe reazioni di ossidazione, mantenendole confinate, in condizioni di sicurezza, al proprio interno. Sono presenti sia nelle cellule animali sia in quelle vegetali.

I perossisomi contengono enzimi che promuovono la combinazione tra l'ossigeno e molecole presenti nella cellula, come per esempio acidi grassi e amminoacidi: tra i prodotti di reazione si forma tuttavia *perossido di idrogeno*, H_2O_2 (da cui il nome dell'organulo), che è una sostanza (nota anche come *acqua ossigenata*) potenzialmente tossica per la cellula per la sua elevata reattività chimica; ma è lo stesso perossisoma che provvede a neutralizzare il perossido di idrogeno, trasformandolo, con l'aiuto un altro enzima, in acqua (H_2O) e ossigeno (O_2). I perossisomi svolgono un ruolo importante nelle cellule del fegato e dei reni poiché sono in grado di annullare l'azione tossica di certe sostanze, come l'etanolo, che sono entrate nel circolo sanguigno.

6.5 I vacuoli contribuiscono a regolare il volume cellulare

I **vacuoli** sono vescicole spesso di grandi dimensioni, delimitate da un'unica membrana, tipiche delle cellule vegetali, che possono occupare anche l'80% e oltre del volume cellulare.
Vacuoli di piccole dimensioni si trovano anche in alcune cellule animali (per esempio, molti protisti di acqua dolce possiedono *vacuoli contrattili* che pompano verso l'esterno l'acqua in eccesso).
Le cellule vegetali mature possiedono in genere un grosso **vacuolo centrale** pieno di una soluzione acquosa, che rappresenta un elemento di sostegno della cellula (*fig. 23*): la pressione dell'acqua, denominata *pressione di turgore*, spinge il citoplasma contro la parete e aiuta la cellula a conservare la sua forma.
Il vacuolo svolge anche altre funzioni: per esempio, può agire come i lisosomi, grazie all'azione di enzimi idrolitici, oppure può immagazzinare sostanze utili alla cellula o materiali di rifiuto o anche sostanze tossiche utilizzate dalla pianta come difesa contro i predatori. Infine, i vacuoli svolgono un ruolo importante durante la crescita delle cellule vegetali, in quanto, attraverso l'assorbimento di acqua, rendono possibile l'accrescimento della cellula con il minimo aumento di citoplasma.

23

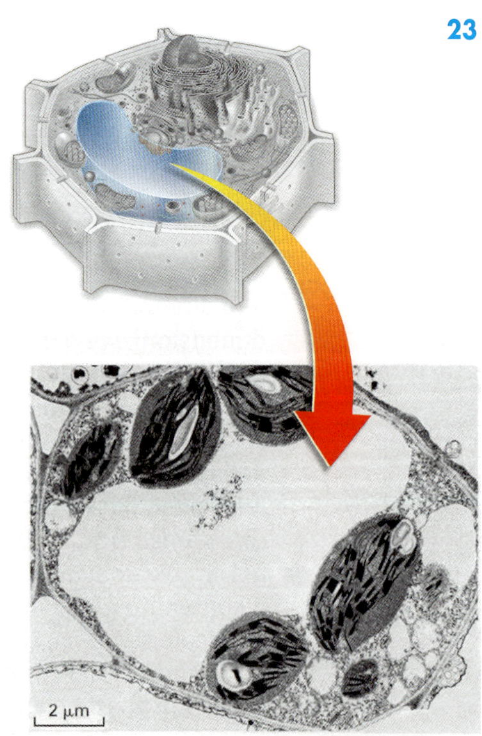

Fig. 23
Immagine al microscopio elettronico a trasmissione di una cellula vegetale: è evidente il grande vacuolo centrale.

RISPONDI

■ Quali funzioni esplicano i vacuoli?

7 I mitocondri e i cloroplasti

I **mitocondri**, presenti in tutte le cellule eucarioti, e i **cloroplasti**, tipici di quelle vegetali, svolgono, anche se con modalità diverse, l'importante funzione di "convertitori di energia", al fine di renderla utilizzabile in una forma opportuna per alimentare i processi del metabolismo cellulare.

Punti chiave

I **mitocondri** assicurano alle cellule eucarioti animali e vegetali la capacità di *sfruttare* l'energia chimica degli alimenti attraverso la *respirazione cellulare*.
I **cloroplasti** assicurano alle cellule eucarioti vegetali (e ad alcune cellule procarioti) l'*approvvigionamento continuo* di energia da una fonte *esterna al mondo vivente*, l'*energia solare*, per mezzo della *fotosintesi*.

I mitocondri e i cloroplasti sono gli unici organuli che contengono *DNA* (*vedi nota a lato*) e *ribosomi*, molto simili a quelli batterici. Questa circostanza ha suggerito che i mitocondri e i cloroplasti si siano evoluti da piccoli procarioti insediatisi all'interno di cellule procarioti più grandi con le quali hanno stabilito un rapporto di "simbiosi", cioè di convivenza reciprocamente vantaggiosa: questa ipotesi, nota come *teoria endosimbiontica*, è ritenuta la più valida per spiegare l'origine delle cellule eucarioti (*vedi al Capitolo 8*).

24

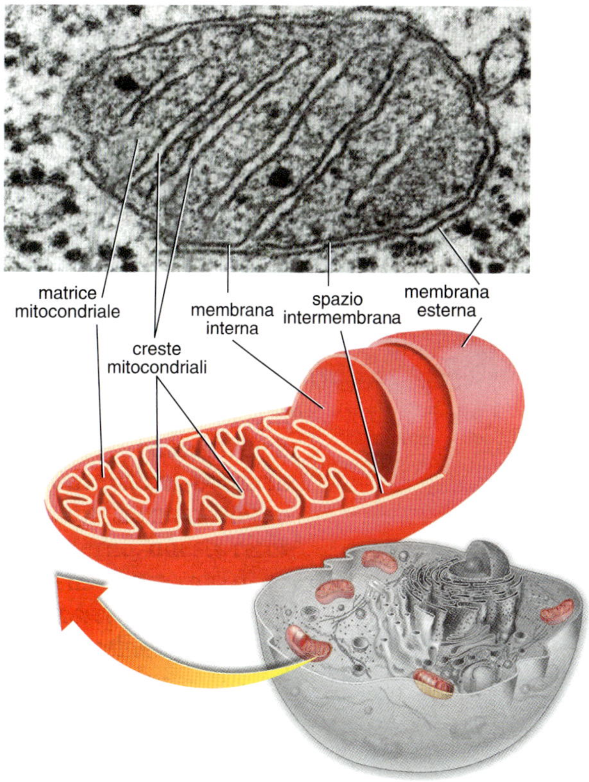

Fig. 24
Il mitocondrio come appare (*in alto*) al microscopio elettronico a trasmissione. Si noti, nel disegno, la struttura interna a doppia membrana.

7.1 I mitocondri

Nei **mitocondri** l'energia chimica di molecole che fungono da "combustibile" contenute negli alimenti (come il glucosio) viene convertita nell'energia chimica di molecole di adenosintrifosfato o ATP (un tipo di nucleotide). Le molecole di ATP rendono quindi disponibile il loro carico di energia per lo svolgimento delle attività della cellula (*vedi al Capitolo 3*).

Punti chiave

Il processo con cui i mitocondri ricavano ATP dalle molecole di glucosio con l'intervento di ossigeno è chiamato **respirazione cellulare** ed è paragonabile a una reazione di lenta combustione.

I mitocondri hanno forma in genere cilindrica e una lunghezza tra 2 e 8 μm.
Sono dotati di *due membrane separate*, entrambe formate da un doppio strato fosfolipidico: una *esterna* e una *interna* che forma delle pieghe complesse, dette **creste** e presenta una notevole estensione (*fig. 24*).
Il mitocondrio risulta così diviso in due compartimenti separati: uno formato dallo **spazio intermembrana** e uno racchiuso dalla membrana interna, detto **matrice mitocondriale**, che contiene proteine (enzimi) necessarie a promuovere le reazioni della respirazione cellulare, oltre a ribosomi liberi e a DNA.

Il mitocondrio e la genetica delle popolazioni

Il **DNA dei mitocondri** o "**genoma mitocondriale**" ha la particolarità di essere trasmesso alla discendenza esclusivamente per *linea materna*.
Per questo motivo i genetisti e gli antropologi lo utilizzano in studi di *genetica delle popolazioni*: infatti, l'analisi del DNA mitocondriale permette di ricostruire i gradi di parentela, i flussi migratori e le relazioni di discendenza delle popolazioni umane e anche di fare luce sull'origine delle diverse lingue.

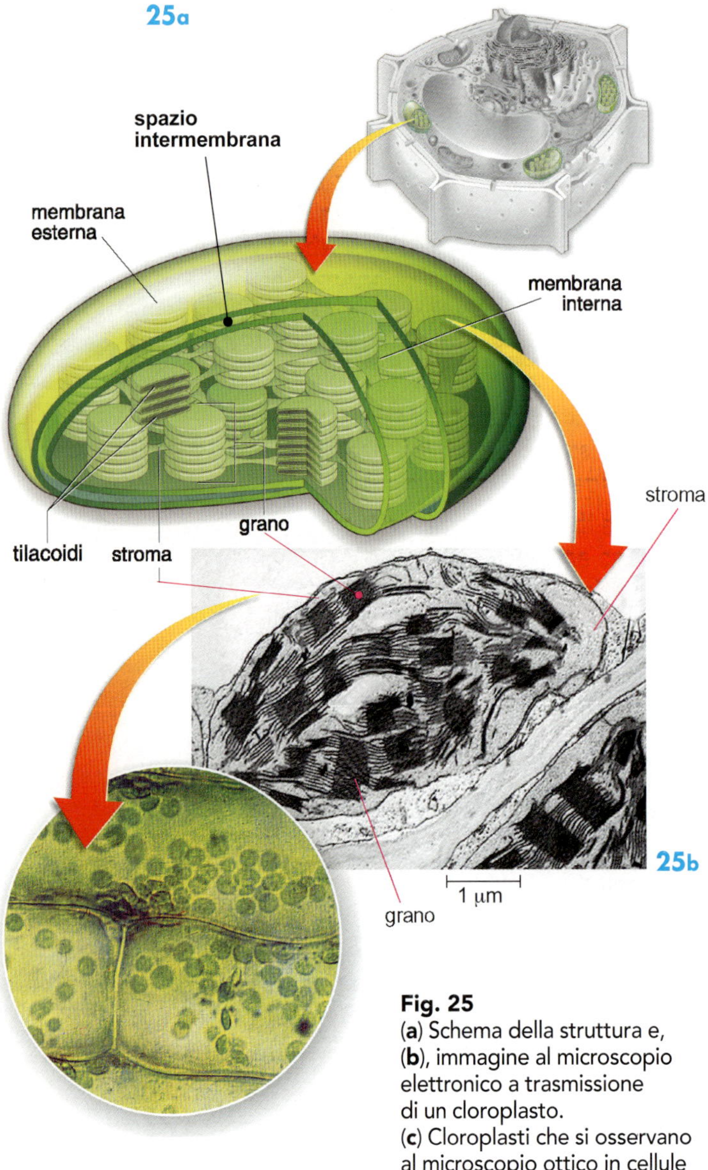

Fig. 25
(**a**) Schema della struttura e, (**b**), immagine al microscopio elettronico a trasmissione di un cloroplasto.
(**c**) Cloroplasti che si osservano al microscopio ottico in cellule vegetali.

Rispondi

- In che modo il mitocondrio esplica la sua funzione di centrale energetica della cellula?
- Quale tipo di trasformazione avviene nei cloroplasti?

In un mitocondrio a ogni istante sono coinvolte numerosissime molecole di ATP che sono prodotte grazie all'opera di enzimi presenti sulla membrana interna: le creste che caratterizzano questa struttura hanno proprio lo scopo di aumentarne l'estensione per consentire una maggiore produzione di ATP.

7.2 I cloroplasti

I **cloroplasti** ("*cloro*" = verde) sono gli organuli in cui si svolge il processo di **fotosintesi** ("reazione chimica per mezzo della luce"), reso possibile dalla particolare struttura molecolare del pigmento verde **clorofilla** (e di altri pigmenti) che gli consente di catturare l'energia luminosa.

Punti chiave

Nella *fotosintesi* l'**energia luminosa** assorbita dalla clorofilla è *convertita in energia chimica* immagazzinata in molecole organiche di zuccheri (in primo luogo glucosio), che forniscono nutrimento agli organismi fotosintetici e a quelli, numerosissimi, che di essi si cibano.

I cloroplasti, così come i mitocondri, sono delimitati da una **doppia membrana**, una *esterna* e una *interna*, separate da uno spazio intermembrana (*fig. 25*).
La membrana interna racchiude un compartimento riempito di un fluido, detto **stroma**, e si sviluppa in strutture chiamate **tilacoidi**, simili a tante pile di dischi collegate tra loro, dette **grani**, in cui avviene la cattura della luce solare.
Le *membrane dei tilacoidi* contengono clorofilla e altri pigmenti e *sono la sede della fotosintesi*.
Nello stroma si trovano il DNA del cloroplasto, i ribosomi e vari enzimi.

I cloroplasti sono i più importanti di un gruppo di organuli, detti **plastidi**, presenti solo nelle cellule vegetali.

Altri plastidi

I **leucoplasti** (da *leuco* = bianco) sono incolori e, in genere, si trovano negli organi di riserva delle piante dove costituiscono depositi, per lo più di amido (*fig. 26*).

I **cromoplasti** (da *cromo* = colore) contengono pigmenti rossi, arancione e/o gialli e sono presenti soprattutto nei petali dei fiori e nei frutti a cui impartiscono caratteristiche colorazioni: queste hanno per lo più una funzione di richiamo per gli insetti impollinatori.

Fig. 26
Leucoplasti in alcune cellule di patata contenenti amido (evidenziato con una colorazione specifica).

8 Il citoscheletro, le ciglia e i flagelli

8.1 Il citoscheletro: un reticolo tridimensionale di filamenti proteici

Il **citoscheletro** è un'intelaiatura formata da una rete di filamenti proteici che si estende nel citoplasma e che conferisce alla cellula la sua **forma** caratteristica e rende possibili gli **spostamenti** degli organuli.

Nel suo insieme, il citoscheletro potrebbe essere pensato come una sorta di muscolatura cellulare: è infatti responsabile di movimenti quali lo strisciare delle cellule sopra un substrato (come fa l'ameba) o la contrazione muscolare. Inoltre, il citoscheletro fornisce anche il "macchinario" per spostare i diversi organuli cellulari da una parte all'altra del citoplasma.
Il citoscheletro è costituito essenzialmente da tre tipi di fibre: i **microfilamenti**, i **filamenti intermedi** e i **microtubuli** (*figg. 27* e *28*).

27

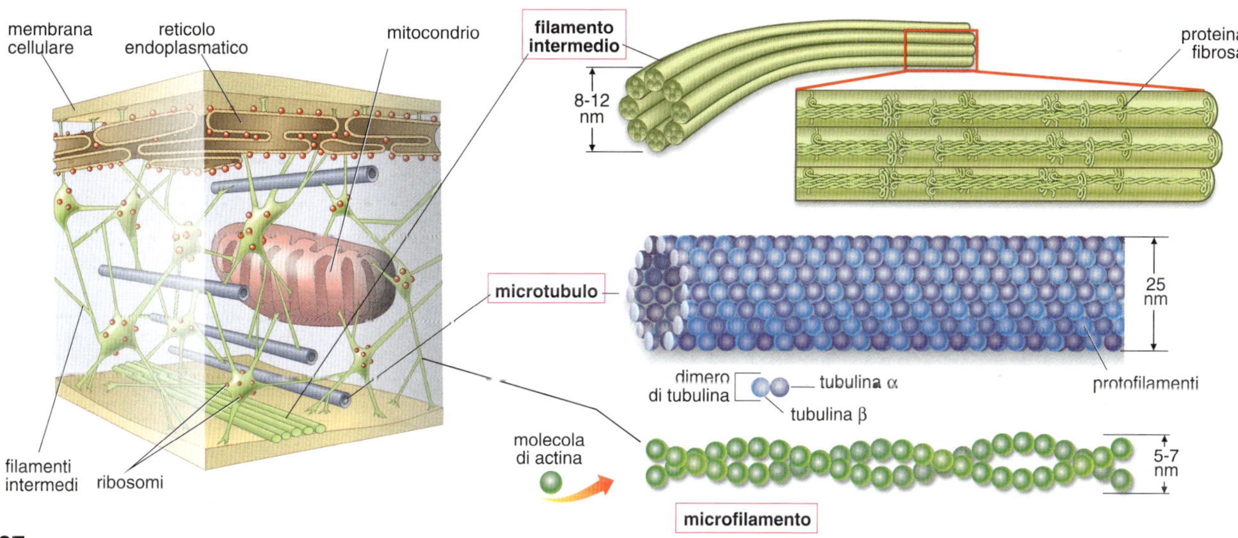

Fig. 27
Rappresentazione schematica dei componenti del citoscheletro.

Fig. 28
L'immagine, ottenuta al microscopio ottico a fluorescenza, mostra la disposizione intorno al nucleo di una cellula (in azzurro) dei filamenti intermedi (in giallo); sullo sfondo, in verde, i microfilamenti.

28

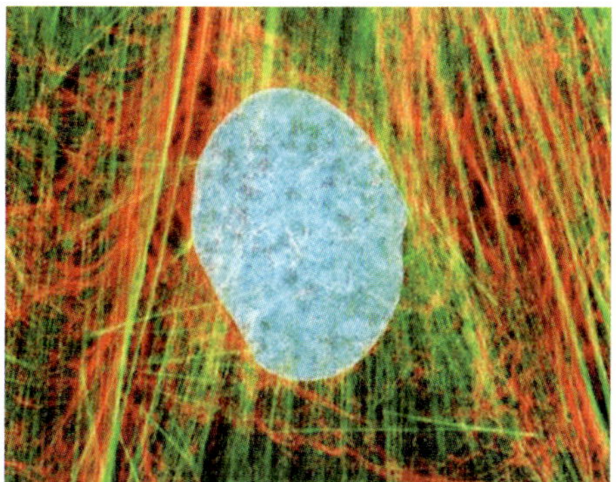

■ Microfilamenti

Sono composti da una doppia catena avvolta su se stessa di subunità costituite da **actina**, una *proteina globulare* analoga a quella che si trova nei muscoli.
Nella maggior parte delle cellule animali, i microfilamenti si concentrano in prossimità della membrana cellulare e talvolta si riuniscono in fasci, le cosiddette "fibre di tensione", intrecciati tra loro a costituire una sorta di rete. Sono importanti per assicurare i movimenti citoplasmatici delle cellule animali e vegetali e inoltre svolgono un ruolo fondamentale nella contrazione delle cellule muscolari.

■ Filamenti intermedi

Hanno dimensioni leggermente superiori a quelle dei microfilamenti e sono costituiti da varie *proteine fibrose* intrecciate come a formare un cavo. Servono come elementi di rinforzo in generale e come strutture di ancoraggio di alcuni organuli.

■ Microtubuli

Sono strutture tubulari cave costituite da proteine globulari dette **tubuline**: possono allungarsi aggiungendo subunità formate da due molecole di tubulina.
Svolgono un ruolo importante nel controllo della forma assunta dalle cellule e hanno inoltre la funzione di tenere bloccati in posizione gli organuli oppure di guidare i movimenti di organuli come i lisosomi.
I microtubuli sono i componenti principali di *ciglia* e *flagelli*.

RISPONDI

■ Quali sono e come sono fatti i tre tipi di filamenti costituenti il citoscheletro?

8.2 Ciglia e flagelli: appendici mobili

Le **ciglia** e i **flagelli** sono sottili espansioni filiformi specializzate nella locomozione presenti sulla superficie cellulare di molte cellule eucarioti.

Ciglia e flagelli hanno una struttura molto simile:

- le ciglia sono appendici relativamente corte e presenti in gran numero;
- i flagelli sono invece più lunghi e presenti nella cellula singolarmente o in numero limitato.

Le ciglia sono capaci di compiere movimenti atti non solo a fare spostare la cellula, ma anche a convogliare e far fluire materiale extracellulare lungo la sua superficie. Nei protozoi queste proprietà sono sfruttate sia per la locomozione sia per l'alimentazione (*fig. 29a*). Le cellule della trachea umana sono tappezzate di ciglia che svolgono l'importante compito di convogliare particelle estranee (come la polvere), miste a muco, verso la bocca dove possono essere eliminate (*fig. 29b*). Le ciglia si muovono come remi, con un battito in avanti e uno indietro (*fig 29c*).

29a

29b

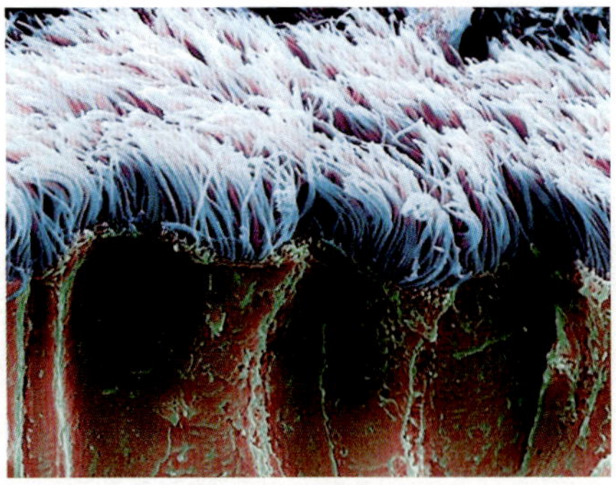

29c

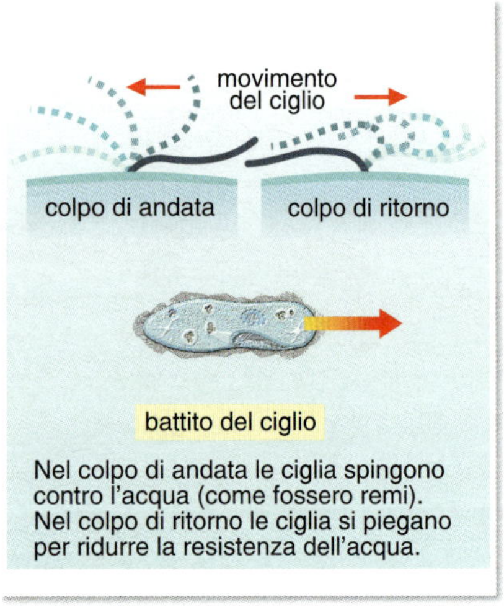

Fig. 29
(**a**) La fitta schiera di ciglia del protozoo d'acqua dolce *Colpidium kleini* (immagine al microscopio elettronico a scansione).
(**b**) Ciglia di un tratto delle vie respiratorie (immagine al microscopio elettronico a scansione).
(**c**) La dinamica del movimento del ciglio.

I flagelli sono presenti, oltre che nei protozoi (*fig. 30a*), nelle cellule spermatiche di molti animali pluricellulari (*fig. 30c*) e di alcune piante. A differenza delle ciglia, i flagelli si muovono con un moto ondulatorio, simile a quello di una frusta, che trascina (*fig. 30b*) o spinge in avanti la cellula.

Fig. 30
Esempi di cellule che si muovono per mezzo di flagelli.
Nei protozoi flagellati, (**a** e **b**), il flagello è anteriore e trascina la cellula.
Negli spermatozoi, (**c**), il flagello è posteriore e spinge la cellula.

30a

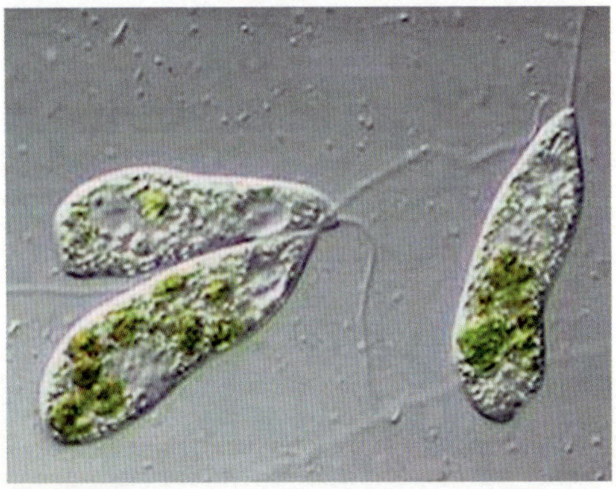

30b

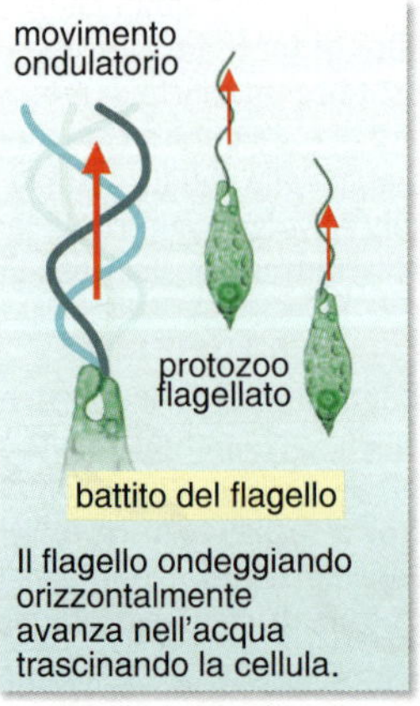

30c

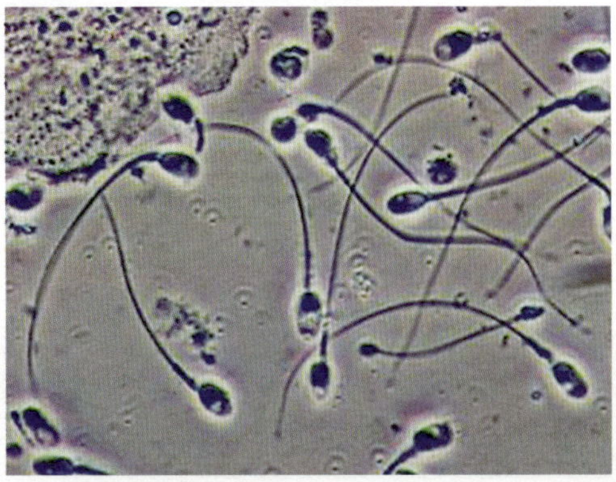

La struttura di ciglia e flagelli. Sia le ciglia sia i flagelli sono costituiti da *microtubuli* disposti secondo una configurazione caratteristica detta "9 + 2", (*fig. 31a*): 9 coppie di microtubuli, uniti tra loro per mezzo di "bracci" formati da una proteina motrice (*vedi fig. 31b*), sono organizzati a formare un anello al cui centro si trova un'altra coppia di microtubuli.
Questa struttura si origina dal **corpo basale**, strutturalmente identico a un **centriolo**, che funge da stampo e la cui parete è formata da 9 gruppi di 3 microtubuli fusi insieme.

Il movimento di flessione che permette l'oscillazione delle ciglia e dei flagelli è assicurato dai bracci proteici di ogni coppia di microtubuli che scorrono sulla superficie della coppia contigua esercitando una forza di trazione (*fig. 31b*).

Fig. 31
(**a**) Struttura delle ciglia e dei flagelli negli eucarioti in cui è evidenziata l'organizzazione dei microtubuli. Le immagini delle due sezioni ottenute al microscopio elettronico a trasmissione sono ingrandite circa 200 000 volte.
(**b**) Dinamica del movimento che determina la flessione di un ciglio o di un flagello.

31a

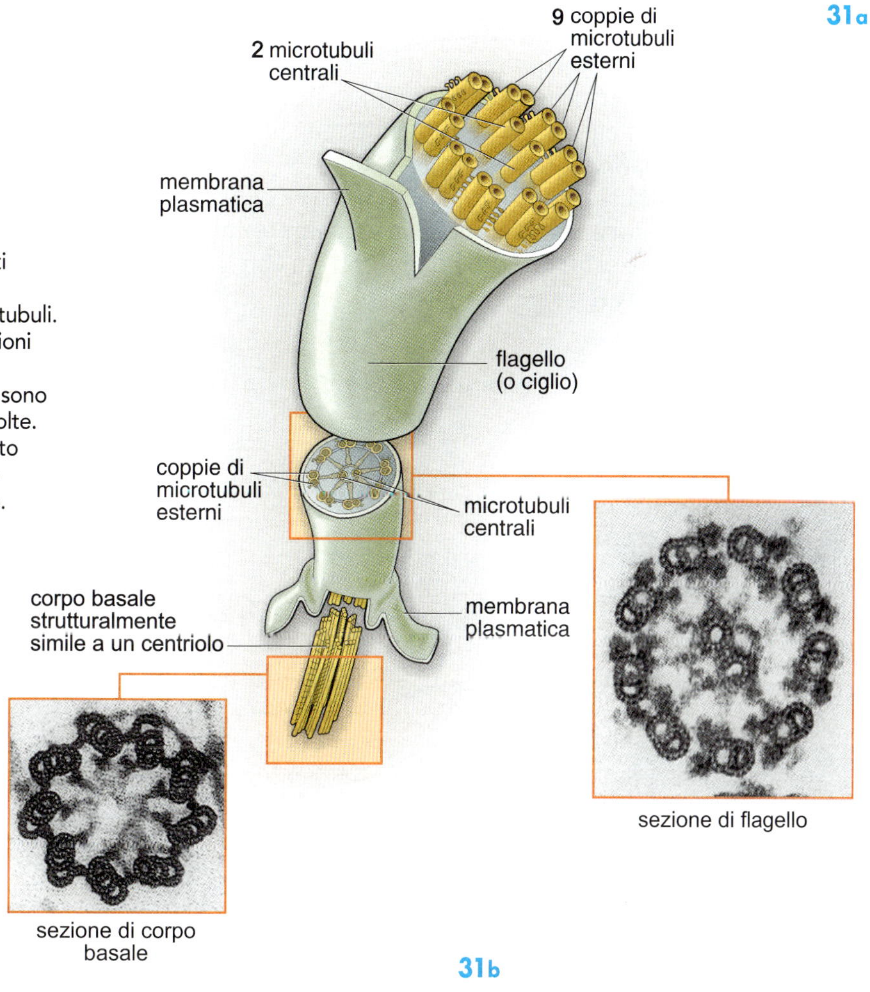

31b

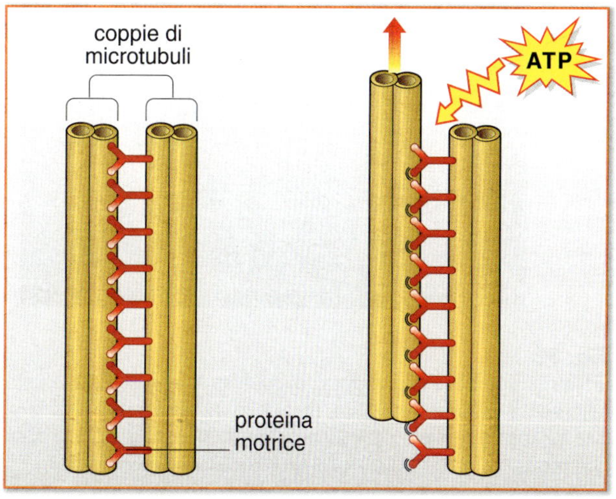

APPROFONDIMENTO *ON LINE*

- **Danni alle cellule ciliate delle vie respiratorie conseguenti al fumo e all'inquinamento**

Rispondi

■ Come si può descrivere la struttura di ciglia e flagelli?

9 La parete cellulare: difesa, sostegno e comunicazione

La membrana plasmatica delle cellule vegetali e anche di quelle dei funghi e di molti protozoi è circondata da una *parete cellulare* (presente anche nelle *cellule procarioti*, ma con una composizione differente) (*fig. 32a*).

La **parete cellulare** è una struttura rigida, con funzione di difesa, ma anche di supporto, in quanto contribuisce a mantenere invariata la forma esterna della cellula e, inoltre, consente la comunicazione intercellulare.

La composizione della parete cellulare varia notevolmente a seconda della specie vegetale e della funzione della cellula. In ogni caso, questo involucro esterno è costituito principalmente da fibre di *cellulosa* incorporate in una matrice di un polimero complesso (*lignina*); il suo spessore varia da 0,1 µm a molti micrometri ed è da 10 a 100 volte maggiore rispetto a quello della membrana plasmatica.
Nella sua struttura si riconoscono: una parete cellulare *primaria*, sottile e semirigida, che si forma inizialmente, e una parete cellulare *secondaria*, più spessa e rigida, che si forma dalla prima via via che la cellula cresce fino ad assumere il suo carattere permanente.

32b

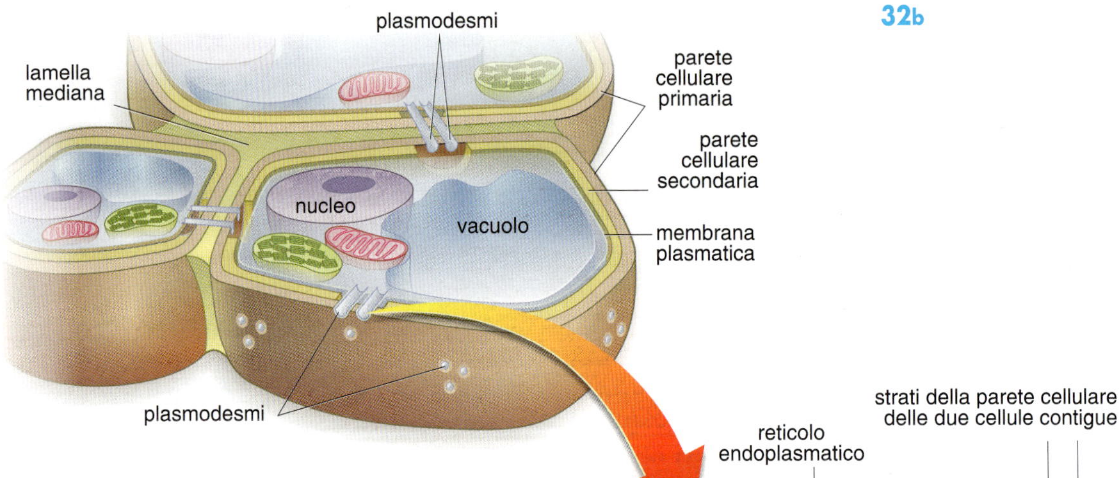

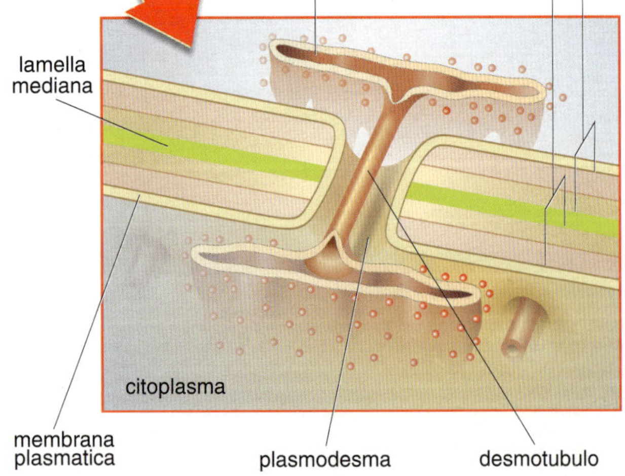

32a

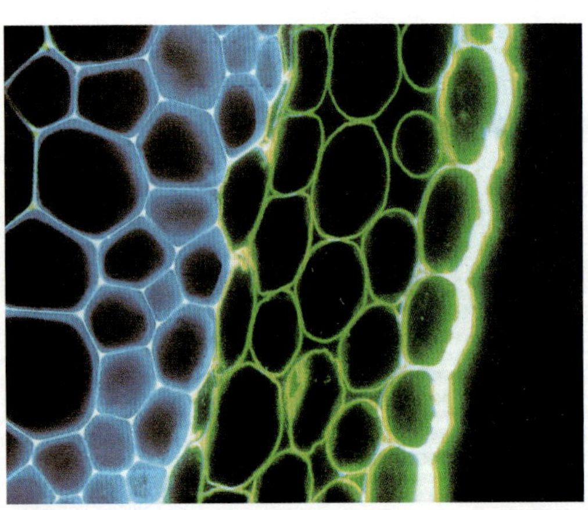

Fig. 32
(**a**) Immagine di cellule vegetali di cui è stata evidenziata e colorata solamente la parete cellulare. (**b**) Schema della parete cellulare di una cellula vegetale, in cui sono presenti plasmodesmi, le aperture che mettono in comunicazione reciproca le cellule vegetali.

Nel dettaglio di plasmodesma è rappresentata una struttura tubolare che spesso lo attraversa, il desmotubulo, che deriva dal reticolo endoplasmatico delle due cellule adiacenti e che controlla il passaggio di molecole.

Negli organismi pluricellulari tra le cellule contigue si deposita uno strato di polisaccaridi viscosi, detto *lamella mediana*, che fanno aderire le cellule tra loro. Queste ultime, essendo parte di tessuti, devono poter comunicare tra loro: per questo si formano strutture di collegamento o **giunzioni cellulari** costituite da piccole aperture dette **plasmodesmi**, spesso in coppia, che attraversano la parete cellulare di cellule contigue (*fig. 32b*). I plasmodesmi sono estensioni della membrana plasmatica e del citoplasma delle varie cellule confinanti e permettono il passaggio dall'una all'altra di acqua e piccole molecole.

La *tabella 1* fornisce una sintesi dei principali organuli e strutture delle cellule eucarioti.

Rispondi

- Come è costituita la parete cellulare?
- Qual è la funzione dei plasmodesmi?

Giunzioni nelle cellule animali

Anche nelle cellule animali la comunicazione tra due cellule adiacenti, che consente il passaggio di acqua, ioni e piccole molecole, può avvenire tramite giunzioni comunicanti; tra queste le **giunzioni gap** che sono simili ai plasmodesmi: sono canali ultramicroscopici situati nelle membrane plasmatiche di due cellule contigue, costituiti da 6 subunità proteiche e possono chiudersi o aprirsi a seconda delle necessità (*fig. 33*).

33

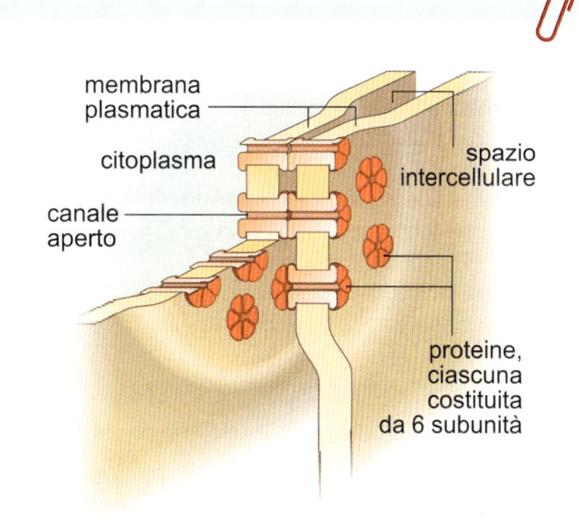

Fig. 33
Modello di giunzione gap nelle cellule animali.
L'apertura e la chiusura del canale è determinata dalla rotazione delle sei unità del complesso di proteine intorno a un asse centrale.

Tabella 1. I principali organuli e strutture delle cellule eucarioti

COMPONENTE		FUNZIONI	COMPONENTE		FUNZIONI
membrana plasmatica	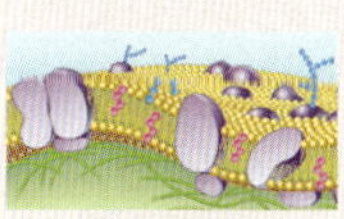	controllo e regolazione delle sostanze in ingresso e in uscita dalla cellula; riconoscimento di altre cellule	mitocondri	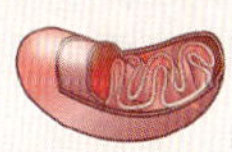	conversione dell'energia chimica degli alimenti nell'energia chimica dell'ATP
nucleo		centro di controllo della cellula; dirige la sintesi delle proteine e la riproduzione cellulare	cloroplasti (nelle piante e in alcuni protisti)		conversione tramite la fotosintesi dell'energia radiante solare in energia chimica contenuta negli zuccheri
reticolo endoplasmatico (rugoso e liscio)	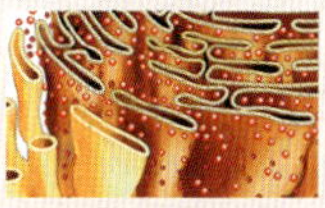	sintesi di proteine e lipidi; formazione di vescicole di trasporto	flagelli e ciglia		movimento cellulare
apparato di Golgi		rielaborazione, stoccaggio temporaneo e trasporto di proteine e altre molecole; formazione di lisosomi e vescicole di trasporto	citoscheletro		sostegno strutturale, ancoraggio per gli organuli, movimento degli organuli nella cellula
lisosomi		digestione di organuli danneggiati e di sostanze nutritive	parete cellulare (nelle piante, nei funghi e in alcuni protisti)	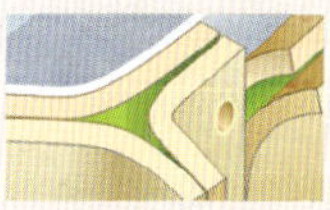	protezione, sostegno

10 La cellula procariote

34a

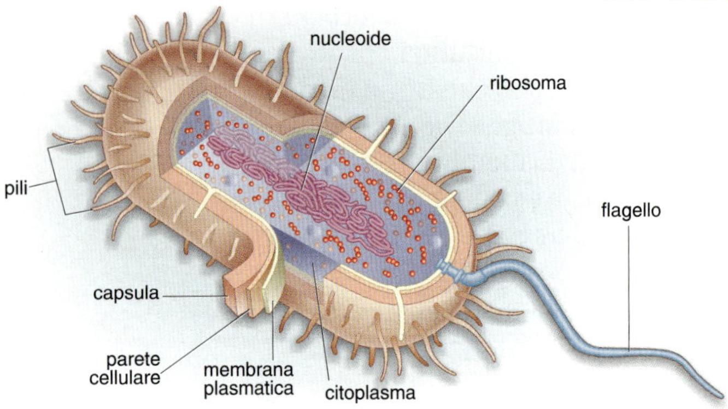

Fig. 34
Rappresentazione schematica (**a**) e immagine al microscopio elettronico a trasmissione (**b**) di una cellula procariote batterica.
Il flagello dei batteri differisce da quello delle cellule eucarioti sia nella struttura sia nel modo in cui "lavora". Esso infatti ruota come l'elica di un'imbarcazione, anziché effettuare movimenti ondulatori: la rotazione avviene su una sorta di cuscinetto alla base del flagello.

34b

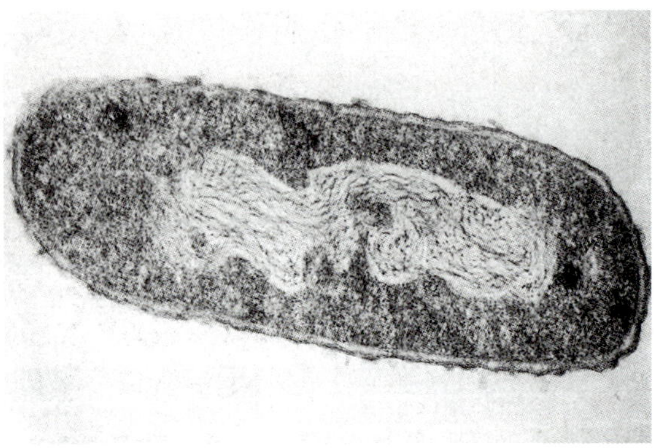

Una tipica **cellula procariote** è quella dei **batteri** (*fig. 34a* e *b*). Di norma, le cellule procarioti sono più piccole di quelle eucarioti: la loro lunghezza, compresa mediamente tra 1 e 8 μm, è all'incirca dieci volte inferiore e il loro volume medio è indicativamente da 1000 a 10 000 volte inferiore.
Come sappiamo, la cellula procariote è priva di nucleo: il suo DNA è costituito da una *singola molecola circolare*, dispersa nel citoplasma e addensata in una regione chiamata **nucleoide** ("simile al nucleo"). Nel citoplasma vi sono numerosi **ribosomi**, dedicati alla sintesi di proteine ed è assente il citoscheletro.
Nella maggior parte delle cellule procarioti la **membrana cellulare** è avvolta da una ***parete cellulare***. Molti batteri presentano esternamente un ulteriore involucro, detto **capsula**, di consistenza gelatinosa, composto da polisaccaridi, che ha una funzione protettiva, per esempio contro l'attacco di virus e anticorpi.
In certi casi, sul rivestimento esterno, sono presenti appendici simili a ciglia, dette **pili**, che servono al batterio per meglio aderire alle superfici e uno o più **flagelli**, che consentono movimenti in un mezzo liquido. I *batteri fotosintetici* possiedono sistemi di membrane interne contenenti molecole di clorofilla.
Le differenze tra cellule procarioti e cellule eucarioti sono riassunte nella *tabella 2*.

La parete cellulare dei procarioti
La parete cellulare è costituita da un complesso macromolecolare formato dall'unione di peptidi e di carboidrati chiamato *peptidoglicano;* se questa struttura viene danneggiata, il batterio muore: l'azione dell'antibiotico penicillina si esplica proprio inibendo gli enzimi che promuovono la sintesi del peptidoglicano.

Tabella 2. Confronto tra cellule procarioti e cellule eucarioti vegetali e animali

Componente	Cellule procarioti	Cellule eucarioti	
		Cellule vegetali	Cellule animali
Membrana plasmatica	Sì	Sì	Sì
Parete cellulare	Sì (non cellulosica)	Sì (cellulosica)	No
Ribosomi	Sì	Sì	Sì
Reticolo endoplasmatico	No	Sì	Sì
Apparato di Golgi	No	Sì	Sì
Microtubuli/microfilamenti	No	Sì	Sì
Filamenti intermedi	No	Sì	Sì
Mitocondri	No	Sì	Sì
Nucleo	No	Sì	Sì
DNA	Molecola circolare	Molecole lineari associate a proteine (istoni)	Molecole lineari associate a proteine (istoni)
Cloroplasti	No	Sì	No
Ciglia e flagelli	Frequenti	Rari	Frequenti
Lisosomi	No	No	Sì
Vacuoli	No	Sì	Sì (poco frequenti)

CONCETTI IN SINTESI

Audiosintesi

1. Secondo la **teoria cellulare**, messa a punto nella seconda metà del 1800, tutti gli organismi viventi sono costituiti da **cellule**, le unità biologiche strutturali e funzionali, e tutte le cellule possono derivare solo da altre cellule.

Le cellule sono riconducibili a due tipi fondamentali evolutisi nel corso del tempo: la **cellula procariote** e la **cellula eucariote**, che hanno alcune caratteristiche in comune. Tutte possiedono: una **membrana plasmatica** che le isola dall'ambiente esterno; un materiale gelatinoso, il **citoplasma**, che occupa la maggior parte del volume cellulare; il **materiale genetico** (DNA); organuli detti **ribosomi**.

La cellula eucariote, a differenza di quella procariote, possiede un **nucleo** che racchiude il materiale genetico, e contiene **numerosi organuli**.

Le **dimensioni delle cellule** sono di norma comprese tra 1 μm e 100 μm e sono principalmente limitate dal rapporto **superficie/volume (S/V)**.

2. Per visualizzare le cellule e loro strutture interne, si utilizzano i **microscopi ottici**, che sfruttano i raggi luminosi e i **microscopi elettronici**, nei due tipi, **a trasmissione (TEM)** e **a scansione (SEM)**, che sfruttano fasci di elettroni.

3. Le **cellule eucarioti**, **animali** e **vegetali**, hanno in comune la maggior parte degli organuli.
Le differenze riguardano:
- i **lisosomi**, i **centrioli** e il **flagello**, presenti nelle cellule animali e assenti, tranne poche eccezioni, nelle cellule vegetali;
- i **cloroplasti**, il **vacuolo centrale** e la **parete cellulare**, presenti solo nelle cellule vegetali.

4. La **membrana plasmatica** è costituita da un **doppio strato di fosfolipidi** che mantiene separati i componenti della cellula dall'ambiente extracellulare e che le conferisce una **permeabilità selettiva**, cioè la capacità di regolare il transito in entrata e in uscita di sostanze nella cellula.

Il **citoplasma** è costituito da una parte fluida (**citosol**), formato in prevalenza da acqua, e dall'insieme dei vari organuli.

5. Il **nucleo** è il centro di controllo di tutte le attività della cellula, tra cui, in particolare, la sintesi delle proteine.
È delimitato da un **involucro nucleare** costituito da una **doppia membrana**.
Al suo interno si trova gran parte del **DNA** cellulare che, associato a proteine, costituisce la **cromatina**.
Nel **nucleolo** avviene l'assemblaggio dei **ribosomi** che sono sede della sintesi di proteine, presenti in gran numero nel citoplasma, liberi o associati soprattutto al reticolo endoplasmatico.

6. Vari organuli sono delimitati da membrane tra loro interconnesse che costituiscono una estesa rete integrata chiamata **sistema di membrane interne**.
Essi cooperano nell'attività diretta alla sintesi, allo smistamento e all'invio a destinazione di gran parte delle macromolecole necessarie alla vita della cellula, coadiuvati da vescicole di trasporto e comprendono:

- il **reticolo endoplasmatico**, distinto in **rugoso** (se vi sono associati ribosomi) e **liscio** (privo ribosomi), formato da un reticolato di membrane collegate alla membrana nucleare che ha la funzione di ospitare e modificare le proteine sintetizzate dai ribosomi (RER) e di provvedere alla sintesi dei lipidi (REL);
- l'**apparato di Golgi**, che ha la funzione di rifinire, modificare, selezionare e immagazzinare le molecole ricevute dal reticolo endoplasmatico e destinate a vari compartimenti cellulari o alla secrezione esterna;
- i **lisosomi**, che prendono parte alla digestione endocellulare di sostanze e all'eliminazione di materiali inutili o dannosi;
- i **vacuoli**, che contribuiscono a regolare il volume cellulare; in molte cellule vegetali è presente un grosso **vacuolo centrale** che svolge molteplici funzioni.

7. Gli organuli coinvolti nelle trasformazione dell'energia sono:
- i **mitocondri**, in cui l'energia chimica contenuta negli alimenti (come gli zuccheri) è convertita, nel processo di respirazione cellulare, nell'energia chimica di molecole di adenosintrifosfato o **ATP**, che viene resa disponibile per lo svolgimento delle attività della cellula;
- i **cloroplasti**, che tramite la fotosintesi catturano l'energia solare e la convertono nell'energia chimica di molecole organiche (zuccheri).

8. Tutte le cellule eucarioti presentano al loro interno il **citoscheletro**, un'intelaiatura formata da una fitta rete di filamenti proteici che si estende nel citoplasma e che conferisce alla cellula la sua forma caratteristica e rende possibili gli spostamenti degli organuli.

Molte cellule eucarioti possiedono sulla superficie cellulare **ciglia** e **flagelli** che sono appendici locomotorie; le ciglia servono anche a convogliare e far fluire materiale extracellulare lungo la superficie cellulare.

9. La membrana plasmatica delle cellule vegetali è circondata da una **parete cellulare** rigida, con funzione di supporto, costituita principalmente da cellulosa e attraversata da piccole aperture, i **plasmodesmi**, che mettono in connessione il citoplasma di cellule contigue e fungono da **giunzioni cellulari**.

10. La maggior parte delle **cellule procarioti** è avvolta da una **parete cellulare** che ricopre la membrana plasmatica.

Il DNA è costituito da una singola molecola circolare concentrata in una regione chiamata **nucleoide** e nel citoplasma sono presenti numerosi **ribosomi**.
In certi casi la cellula procariote possiede corte appendici dette **pili** e uno o più **flagelli** che consentono movimenti in un mezzo liquido.

Sviluppo delle competenze

Verifica le CONOSCENZE

Verifiche interattive

1. Tutti i viventi sono fatti di cellule
2. Osservare le cellule al microscopio

1 **Stabilisci quali delle seguenti affermazioni sono vere (V) e quali false (F), indicando in quest'ultimo caso il termine corretto.**

	V	F
a. La teoria cellulare fu sviluppata all'inizio del 1900.	❑	❑
b. Tutti gli organismi procarioti sono unicellulari.	❑	❑
c. Gli animali e i vegetali sono per la maggior parte costituiti da cellule eucarioti.	❑	❑
d. Le dimensioni delle cellule non superano in genere poche decine di μm.	❑	❑
e. Le cellule procarioti contengono ribosomi.	❑	❑
f. Le uova di rana sono visibili a occhio nudo.	❑	❑
g. Le dimensioni dei globuli rossi non superano i 20 μm.	❑	❑
h. Quando una cellula si accresce la sua superficie aumenta meno rapidamente del suo volume.	❑	❑
i. Il microscopio ottico può distinguere strutture di dimensioni inferiori a 0,2 μm.	❑	❑
l. Il potere di risoluzione del nostro occhio è di 10 μm.	❑	❑
m. Il microscopio elettronico a scansione fornisce immagini tridimensionali.	❑	❑

2 **Scegli il completamento corretto.**

1. Il completamento della teoria cellulare fu opera di
a. M. Schleiden **b.** R. Virchow
c. R. Hooke **d.** T. Schwann

2. Una delle seguenti affermazioni non rientra in quanto espresso nella teoria cellulare
a. tutti gli organismi viventi sono costituiti da cellule
b. la cellula è la più piccola unità di materia vivente che possiede le caratteristiche della vita
c. tutte le cellule contengono citoplasma
d. tutte le cellule derivano da altre cellule

3. Sono costituiti da cellule procarioti
a. protisti **b.** funghi
c. batteri **d.** piante

4. La maggior parte delle cellule animali e vegetali ha dimensioni comprese tra
a. 90-100 μm **b.** 10-20 μm
c. 10-100 μm **d.** 100-200 μm

5. In un cubo di 2 cm di lato il rapporto superficie/volume è pari a
a. 2 **b.** 3
c. 3,5 **d.** 4

6. Il potere di risoluzione del microscopio ottico supera quello del nostro occhio di circa
a. 1500 volte **b.** 5000 volte
c. 50 volte **d.** 500 volte

7. Il potere di risoluzione di un microscopio è dato da
a. capacità di ingrandire un oggetto
b. valore che esprime l'ingrandimento
c. capacità di distinguere due oggetti vicini
d. massimo ingrandimento dell'immagine fornita

3. La cellula eucariote: il piano costruttivo generale
4. La membrana plasmatica e il citoplasma

3 **Stabilisci quali delle seguenti affermazioni sono vere (V) e quali false (F), indicando in quest'ultimo caso il termine corretto.**

	V	F
a. La membrana plasmatica è la struttura più esterna di tutte le cellule eucarioti.	❑	❑
b. Il citoscheletro è presente solo nelle cellule animali.	❑	❑
c. Sia le cellule animali sia quelle vegetali possiedono un vacuolo centrale.	❑	❑
d. I mitocondri non sono presenti nelle cellule vegetali.	❑	❑
e. Il citoplasma è costituito per la maggior parte da acqua.	❑	❑
f. Nelle cellule vegetali sono presenti centrioli.	❑	❑
g. La permeabilità selettiva è una caratteristica del citoplasma.	❑	❑
h. La membrana plasmatica è formata da un doppio strato di glicolipidi.	❑	❑
i. Nella membrana plasmatica sono presenti molecole di colesterolo.	❑	❑
l. Alcune proteine di membrana sono enzimi.	❑	❑

4 **Scegli il completamento corretto.**

1. Una cellula eucariote contiene sempre
   a. vacuolo centrale
   b. parete cellulare
   c. mitocondri
   d. cloroplasti

2. Rispetto a una cellula eucariote, una cellula procariote non possiede
   a. membrana nucleare
   b. DNA
   c. ribosomi
   d. citoplasma

3. Sono entrambi presenti nelle cellule vegetali e non in quelle animali
   a. mitocondri e cloroplasti
   b. membrana cellulare e parete cellulare
   c. cloroplasti e nucleo
   d. parete cellulare e cloroplasti

4. I lipidi più abbondanti nella membrana plasmatica sono
   a. glicolipidi
   b. colesterolo
   c. trigliceridi
   d. fosfolipidi

5. Il nucleo e i ribosomi
6. Il sistema di membrane interne

5 **Stabilisci quali delle seguenti affermazioni sono vere (V) e quali false (F), indicando in quest'ultimo caso il termine corretto.**

	V	F
a. Il nucleo è separato dal citoplasma da una doppia membrana fosfolipidica.	❑	❑
....		
b. Il nucleolo confina con l'involucro nucleare.	❑	❑
....		
c. I ribosomi sono avvolti da una membrana.	❑	❑
....		
d. Nel reticolo endoplasmatico liscio sono sintetizzati fosfolipidi.	❑	❑
....		
e. Nel reticolo endoplasmatico rugoso sono neutralizzate sostanze tossiche.	❑	❑
....		
f. Le vescicole di trasporto fanno parte del sistema di endomembrane.	❑	❑
....		
g. I lisosomi provvedono alla digestione cellulare.	❑	❑
....		
h. Strutture tipiche dell'apparato di Golgi sono le cisterne.	❑	❑
....		
i. I vacuoli contengono clorofilla.	❑	❑
....		

6 **Scegli il completamento corretto.**

1. La cromatina contiene
   a. una soluzione di varie sostanze
   b. DNA
   c. enzimi
   d. un miscuglio di glicolipidi e glicoproteine

2. I lisosomi contengono
   a. acidi nucleici **b.** enzimi idrolitici
   c. proteine fibrose **d.** leucoplasti

3. Nel reticolo endoplasmatico rugoso viene completata la sintesi
   a. di polisaccaridi
   b. del DNA
   c. delle proteine
   d. dei fosfolipidi

4. Non fanno parte del sistema di membrane interne
   a. vescicole di trasporto **b.** lisosomi
   c. cloroplasti **d.** vacuoli

5. Non è coinvolto nella sintesi di sostanze utili per la cellula
   a. apparato di Golgi
   b. lisosoma
   c. ribosoma
   d. reticolo endoplasmatico

7. I mitocondri e i cloroplasti
8. Il citoscheletro, le ciglia e i flagelli

7 **Scegli il completamento corretto.**

1. Lo stroma è una struttura presente
   a. nel citoscheletro **b.** nei vacuoli
   c. nel mitocondrio **d.** nel cloroplasto

2. I cloroplasti si trovano
   a. nelle cellule animali
   b. nelle cellule vegetali
   c. nelle cellule procarioti
   d. in entrambi i tipi di cellule, animali e vegetali

3. Caratteristica dei mitocondri è
   a. la parete rigida
   b. la presenza di plastidi
   c. la membrana interna ripiegata
   d. la presenza di grani

4. La cattura della luce solare nei cloroplasti avviene
   a. nello stroma
   b. nei grani
   c. nel liquido contenuto tra la membrana interna e quella esterna
   d. nella membrana esterna

5. Sono strutture costituite da actina
   a. microfilamenti **b.** microtubuli
   c. ciglia **d.** flagelli

6. La disposizione 9 + 2 è caratteristica dei
   a. microfilamenti **b.** microtubuli
   c. filamenti intermedi **d.** tilacoidi

9. La parete cellulare: difesa, sostegno e comunicazione
10. La cellula procariote

8 **Scegli il completamento corretto.**

1. La parete cellulare è formata soprattutto da
   a. glicoproteine
   b. disaccaridi
   c. cellulosa
   d. amido

2. I plasmodesmi sono
   a. protuberanze della membrana plasmatica
   b. canalicoli di citoplasma rivestiti di membrana che collegano le cellule vegetali
   c. espansioni del citoplasma
   d. una componente del citoscheletro della cellula vegetale

3. La parete cellulare è assente nelle cellule
   a. dei batteri
   b. delle piante
   c. dei funghi
   d. degli animali

4. Sono costituiti da cellule procarioti
   a. protozoi
   b. funghi
   c. batteri
   d. piante

5. La cellula procariote è priva di
   a. parete cellulare
   b. flagelli
   c. citoscheletro
   d. ribosomi

Verifica le ABILITÀ

1 **Inserisci a lato di ciascun termine da *a.* a *i.* il numero corrispondente al tipo di microscopio a cui si riferisce. (MO = microscopio ottico, TEM = microscopio elettronico a trasmissione, SEM = microscopio elettronico a scansione).**

a. massimo ingrandimento 250 000x [...........]
b. raggi ultravioletti [...........]
c. potere di risoluzione 0,2 μm...... [...........]
d. immagine tridimensionale...... [...........]
e. luce trasmessa...... [...........]
f. massimo ingrandimento 500 000x [...........]
g. potere di risoluzione 100 μm [...........]
h. elettroni diffusi dal campione [...........]
i. potere di risoluzione 0,2 nm [...........]

1. MO - **2.** TEM - **3.** SEM - **4.** microscopio ottico a fluorescenza - **5.** occhio

2 **Una cellula di forma all'incirca sferica ha un diametro di 1/50 di millimetro. Dopo avere convertito il diametro in μm, calcola il rapporto S/V.**

....
....
....
....

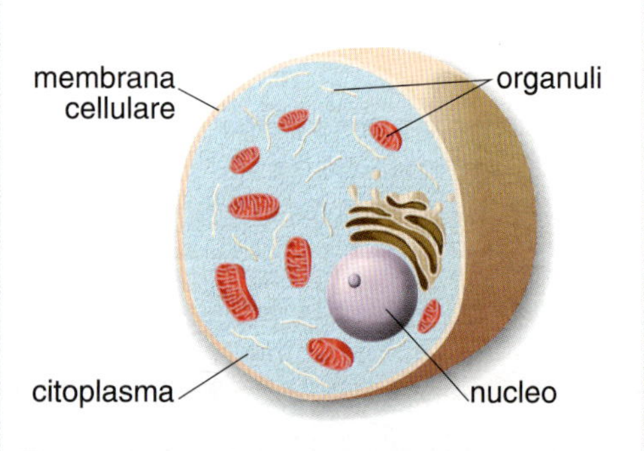

3 **Assegna ciascuno dei componenti indicati di seguito al tipo di cellula pertinente.**
T = tutte le cellule; **P** = cellule procarioti;
A = cellule eucarioti animali; **V** = cellule eucarioti vegetali.

a. ciglia [........]; **b.** cloroplasti [........]; **c.** capsula [........]; **d.** DNA circolare [........];
e. flagelli [........]; **f.** nucleoide [........]; **g.** parete cellulare [........]; **h.** pili [........];
i. plasmodesmi [........]; **l.** ribosomi [........]; **m.** vacuolo centrale [........]; **n.** vacuolo contrattile [........].

4 **Inserisci nello schema in basso delle due cellule, in corrispondenza dei numeri, i termini corretti scegliendoli tra quelli sotto elencati.**

[*apparato di Golgi – centriolo – cloroplasto – flagello – lisosoma – membrana nucleare – microtubulo – mitocondrio – nucleolo – parete cellulare – reticolo endoplasmatico rugoso – ribosomi – vacuolo*]

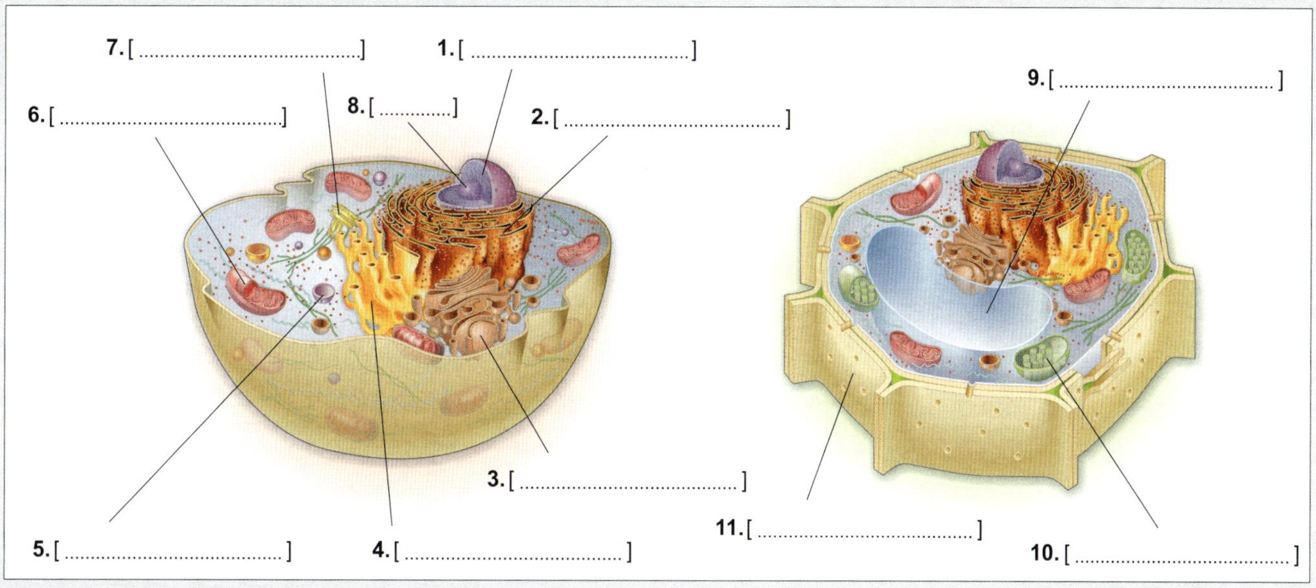

5 **Scegli il completamento che ritieni corretto.**

Se una cellula fosse privata dell'apparato di Golgi

a. non potrebbe ricavare energia attraverso la demolizione di glucosio

b. non sarebbe in grado di duplicare il DNA nel nucleo

c. non riuscirebbe ad assemblare la propria membrana plasmatica

6 **Completa la seguente frase scegliendo tra i termini riportati in basso.**

Nella membrana .... dei mitocondri avvengono reazioni che liberano .... attraverso la .... di .... di uno zucchero quale il .... , in un processo chiamato ....

[*energia – esterna – fotosintesi – glicerolo – glucosio – idrolisi – interna – ioni – modificazione – respirazione cellulare – sintesi*]

7 **Rispondi alle seguenti domande.**

a. È possibile con un microscopio ottico distinguere un oggetto delle dimensioni di 0,1 μm?
Spiega perché.

....

....

....

b. Indica i vantaggi derivanti dalla presenza nelle cellule di numerose membrane interne pieghettate.

....

....

....

c. Perché un pesce di mare non può vivere in un acquario di acqua dolce?

....

....

....

d. Quali sono, in una cellula eucariote, gli organuli che contengono il proprio DNA?

....

....

....

8 **A quali organuli competono le seguenti funzioni?**

a. assemblaggio di proteine

....

b. conversione di energia luminosa in energia chimica

....

c. formazione di lisosomi

....

d. regolazione degli scambi di sostanze tra l'interno e l'esterno della cellula

....

e. riconoscimento di cellule e virus

....

f. sintesi di lipidi e steroidi

....

g. sintesi di RNA

....

Sviluppo delle competenze

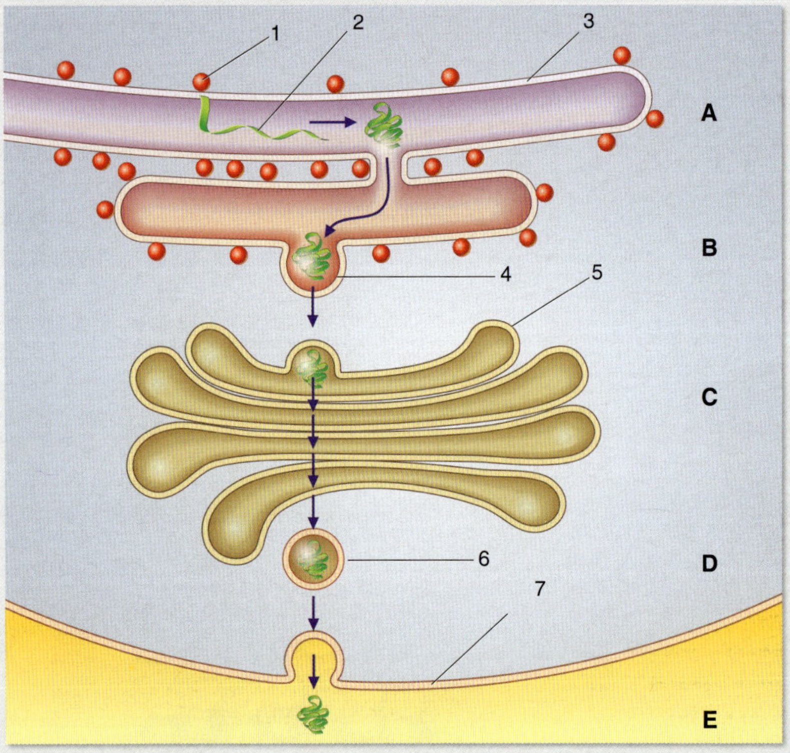

9 **Completa il disegno:**

a. assegnando a ciascun numero il termine corretto scelto tra quelli sotto elencati.

[*apparato di Golgi – lisosoma – membrana cellulare – mitocondrio – polipeptide – reticolo endoplasmatico liscio – reticolo endoplasmatico rugoso – ribosoma – vescicola di trasporto – vescicola secretoria*]

b. collocando nella sequenza corretta da **A** a **E** le fasi di seguito descritte.

I La proteina viaggia attraverso le cisterne dell'apparato di Golgi.

II Il polipeptide sintetizzato dal ribosoma entra nel reticolo endoplasmatico rugoso.

III La proteina è secreta dalla cellula.

IV La proteina finale esce dal reticolo endoplasmatico rugoso in una vescicola di trasporto.

V La proteina entra in una vescicola secretoria.

Verifica di competenze

• RICONOSCERE E IDENTIFICARE LE CARATTERISTICHE DEI COMPONENTI CELLULARI

Nei disegni sono rappresentati alcuni componenti cellulari.

10 **Rispondi ai seguenti quesiti.**

1. Scrivi il rispettivo nome accanto a ciascun componente, indicando qui sotto quale o quali di essi fanno parte del sistema di membrane interne.

....

....

A ....

B ....

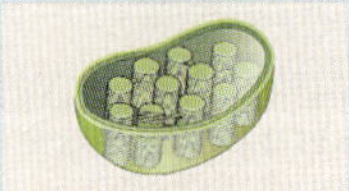
C ....

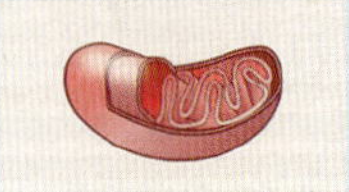
D ....

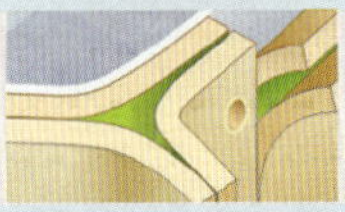
E ....

2. Specifica quale o quali componenti

a. non sono presenti nelle cellule eucarioti animali

....

....

b. non sono delimitati da una membrana

....

....

3. Scrivi quale componente

a. contiene tilacoidi

....

b. è presente in tutte le cellule, procarioti ed eucarioti

....

4. Per quale aspetto il DNA di una cellula procariote si distingue dal DNA di una cellula eucariote?

....

....

5. Se, attraverso l'analisi chimica di una cellula, si scoprisse la presenza di actina, una proteina globulare, si potrebbe oppure no escludere che la cellula esaminata è quella di un batterio? E per quale ragione?

....

....

....

APPROFONDIMENTO *ON LINE*

• Mappa interattiva

SUMMARY

1. *According to the **cell theory**, developed in the second half of the 1800s, all living organisms are made up of cells, structural and functional biological units, moreover all cells can only derive from other cells.*
*Cells can be ascribed to two fundamental types evolved over time: the **prokaryotic cell** and the eukaryotic cell which share some characteristics. All cells have: a **plasma membrane**, which isolates them from the external environment; the **cytoplasm**, which is a gelatinous material occupying most of the cellular volume; the genetic material (DNA); organelles called **ribosomes**.*
*The eukaryote cell, as opposed to the prokaryote cell, possesses a **nucleus**, containing the genetic material, and contains **numerous organelles**.*
*The size of a cell is generally between 1 µm and 100 µm and they are mostly limited by the **surface/volume ratio (S/V)**.*

2. *In order to observe a cell and its internal structures, we can use **optical microscopes**, which employ light rays and two kinds of **electron microscopes**, **transmission (TEM)** and **scanning (SEM)**, which employ electron beams.*

3. ***Animal** and **plant eukaryote cells** share most types of organelles. Differences concern:*
*– **lysosomes**, **centrioles** and **flagella**, which are present in animal cells but absent, with few exceptions, in plant cells;*
*– **chloroplasts**, the **central vacuole** and the **cell wall**, which are only present in plant cells.*

4. *The **plasma membrane** is made of a **phospholipid bilayer** that maintains the cell components separate from the extracellular environment and allows a **selective permeability**, regulating the income and exit of the substances in the cell.*
*The **cytoplasm** is composed of a liquid part (**cytosol**), mostly made of water, and the combination of various organelles.*

5. *The **nucleus** is the control center of all cellular activities, including, in particular, the synthesis of proteins. It is limited by a **nuclear envelope**, composed of a **double membrane**. Inside it we find the most part of the cell's **DNA** that, in association with a protein, composes the **chromatin**.*
The assembling of the ribosomes occurs in the nucleolus.
Ribosomes are the location where the synthesis of proteins is carried out; they are present in large numbers in the cytoplasm either free or, more often, associated with the endoplasmic reticulum.

6. *Several organelles are limited by interconnecting membranes that compose an integrated network called **system of internal membranes**. These cooperate, assisted by transport vesicles, in the synthesis, sorting and delivery of a large part of the macromolecules necessary for the cell's life. These include:*
*– the **endoplasmic reticulum**, distinct in **rough** (if associated with ribosomes) and **smooth** (absence of ribosomes); it is formed by a web of membranes connected to the nuclear membrane and is dedicated to the hosting and modification of proteins synthesised by the ribosomes as well as performing the synthesis of lipids;*
*– the **Golgi apparatus**, that has the function of refining, modifying, selecting and storing the molecules received by the endoplasmic reticulum and directed to various cell compartments or for external secretion;*
*– the **lysosomes**, that take part in the intracellular digestion of substances and in the elimination of useless or damaging substances;*
*– the **vacuoles**, that assist in controlling the volume of the cell; in many plant cells we find a large **central vacuole** performing multiple functions.*

7. *The organelles involved in the production of energy are:*
*– the **mitochondria**, into which the chemical energy content of nutrients (such as sugars) is converted, through the process of cell respiration, in the chemical energy of molecules of adenosine triphosphate, or **ATP**, which becomes available for the performance of cellular activities.*
*– the **chloroplasts**, that, by means of photosynthesis, capture solar energy and transform it into the chemical energy of organic molecules (sugars).*

8. *The **cytoskeleton** is present inside all eukaryote cells. It is a frame formed by a thick network of protein filaments extending trough the cytoplasm and it provides the cells with is characteristic shape as well as making the movement of organelles possible.*
*Many eukaryote cells possess, located on the cell's surface, **cilia** and **flagella**: these are locomotive appendages; cilia are also employed to convey and transport extracellular material along the cell surface.*

9. *The plasma membrane of plant cells is surrounded by a rigid **cell wall**, having a supporting function and mostly made of cellulose. It is traversed by small apertures, **plasmodesmata**, that connect the cytoplasm of neighbouring cells and act as **cell junctions**.*

10. *Most **prokaryote cells** are enveloped by a **cell wall** that covers the plasma membrane.*
*The DNA is composed of a single circular molecule concentrated in a region called nucleoid and numerous **ribosomes** are present in the cytoplasm.*
*In some cases a prokaryote cell displays short appendages called **pili** and one or more **flagella**, allowing movement in a liquid medium.*

EXERCISES

1 Choose the correct sentence.

1. A cell containing chloroplasts, mithocondria and endoplasmic reticulum would be a
   a. bacterium
   b. fungus
   c. plant
   d. animal

2. The scanning electron microscope has the advantage over the transmission electron microscope of
   a. greater magnification
   b. greater resolving power
   c. three-dimensional view
   d. increased size of field

3. All of these are part of the cellular membrane except
   a. glycoproteins
   b. phospholipids
   c. triglycerides
   d. glycolipids

4. Lysosomal enzymes originate as raw protein in the rough endoplasmic reticulum, but are modified and packaged by
   a. transport vesicles
   b. nucleus
   c. Golgi apparatus
   d. mitochondria

5. The organelle involved in lipid synthesis is
   a. lysosome
   b. ribosome
   c. smooth endoplasmic reticulum
   d. mitochondrion

6. Much of the volume of plant leaf cell is often dominated by
   a. cytoplasm
   b. endoplasmic reticulum
   c. central vacuole
   d. Golgi apparatus

7. The modification and packaging of certain materials and their transport to the cell membrane for secretion is the role of the
   a. lysosomes
   b. rough endoplasmic reticulum
   c. smooth endoplasmic reticulum
   d. Golgi apparatus

2 Complete the following sentences.

a. Rough endoplasmic reticulum has .... while smooth endoplasmic reticulum does not.

b. Photosynthesis takes place within ....

c. Basal bodies that organize the microtubules within cilia and flagella are derived from ....

3 Match each cellular structure with its corresponding function.

CELLULAR STRUCTURE

a. cell membrane
b. nucleus
c. smooth endoplasmic reticulum
d. mitochondrion
e. chloroplast
f. ribosome
g. lysosome

FUNCTION

1. lipid and cholesterol synthesis
2. providing energy by breaking down carbon-containing molecules
3. regulating the flow of material in and out of the cell
4. endocellular digestion
5. protein synthesis
6. control of cell activity
7. conversion of light energy to chemical energy

a. [...........]; **b.**[...........]; **c.** [...........]; **d.** [...........];
e. [...........]; **f.** [...........]; **g.** [...........].

CAPITOLO 3

L'attività della cellula: i processi del metabolismo

Introduzione

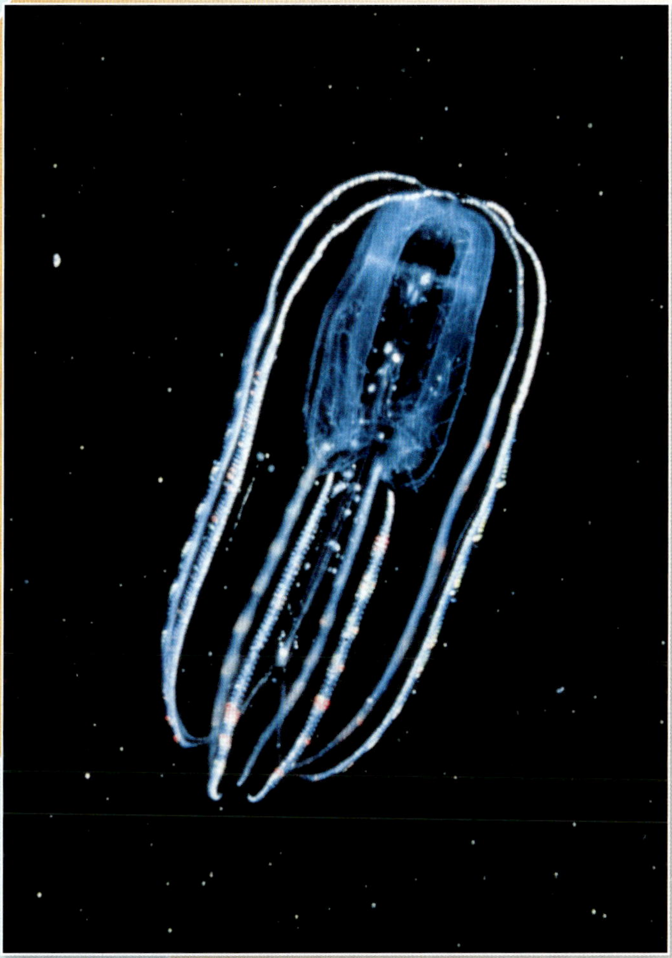

© NOAA

La capacità di certi organismi di emettere impulsi luminosi, fenomeno noto come bioluminescenza, è un esempio sorprendente delle attività chimiche che è in grado di svolgere la cellula: in questo caso si tratta della trasformazione di energia chimica in energia luminosa. Possiedono questa abilità alcuni batteri, insetti come le lucciole, certi funghi e soprattutto vari organismi marini, come lo ctenoforo lobato Bolinopsis infundibulum *nell'immagine. Negli organismi marini la luce è prodotta nelle cellule di speciali organi (fotofori): qui sono presenti particolari molecole che, opportunamente attivate in presenza di enzimi, si trasformano chimicamente e liberano energia come fotoni (luce). Si ritiene che la bioluminescenza possa servire, per esempio, a ingannare predatori, adescare prede o come mezzo per comunicare tra membri della stessa specie.*

OBIETTIVI

- **Esporre i principi stabiliti dalla termodinamica che governano le trasformazioni dell'energia.**
- **Indicare e interpretare sotto il profilo energetico i tipi fondamentali di reazioni su cui si basa il metabolismo cellulare e descrivere il significato di catabolismo e anabolismo.**
- **Descrivere il ruolo svolto dall'ATP nei trasferimenti di energia chimica nella cellula.**
- **Descrivere in che modo gli enzimi esplicano la loro funzione di catalizzatori biologici ed evidenziare gli aspetti rilevanti per il metabolismo della catalisi enzimatica.**
- **Descrivere i differenti processi di trasporto che consentono il transito di sostanze attraverso la membrana plasmatica.**
- **Descrivere a grandi linee le fasi della respirazione cellulare e saper indicare come ciascuna di esse contribuisca alla produzione di ATP.**
- **Descrivere a grandi linee le fasi della fotosintesi e sapere accennare alle differenti trasformazioni che in esse avvengono.**

1 La cellula e l'energia

1.1 Che cosa possono fare le cellule grazie all'energia

Nello spazio microscopico di ogni cellula, in ciascun istante, si svolgono migliaia di reazioni chimiche controllate, con finalità specifiche. Queste attività stanno alla base dei processi del *metabolismo* e richiedono un continuo apporto di *energia*. Rammentiamo che

1

Fig. 1
Nel cavallo lanciato in corsa le cellule muscolari sono chiamate a un intenso lavoro meccanico: esse si contraggono e si rilassano in modo coordinato grazie all'interazione tra un numero enorme di fibre di due diverse proteine, l'actina e la miosina, che scorrono le une sulle altre. Tutto ciò è reso possibile dall'energia che è fornita dall'idrolisi delle molecole di ATP, come vedremo nel corso di questo capitolo.

l'**energia** è una grandezza fisica definita come la capacità di compiere **lavoro** o, in altri termini, come la capacità di produrre **cambiamento**.

Quando si parla di **lavoro cellulare**, ci si riferisce alla capacità della cellula di utilizzare e trasformare l'energia che riceve dall'esterno per assolvere le molteplici funzioni da cui dipende la propria sopravvivenza.

Sono esempi di lavoro cellulare:

- il *lavoro chimico* come la sintesi, la rielaborazione e demolizione di molecole o, in cellule specializzate, la produzione di bioluminescenza o di elettricità;
- il *lavoro meccanico*, come lo spostamento di singoli organuli nella cellula o la sua contrazione, come avviene nelle cellule muscolari (*fig. 1*);
- il *lavoro di trasporto attivo*, che permette alla cellula di "forzare" il movimento di soluti (come certi ioni) attraverso la membrana plasmatica (*vedi al paragrafo 4*).

1.2 L'energia cinetica e l'energia potenziale sono le due principali forme di energia

L'energia si presenta in varie forme, per esempio energia *luminosa*, energia *chimica*, *calore*, che si possono trasformare le une nelle altre. In ogni caso, la maggior parte delle forme di energia è riconducibile a uno di due tipi fondamentali: l'*energia cinetica*, associata al movimento, e l'*energia potenziale*, che si può considerare energia "depositata" o "immagazzinata".

L'**energia cinetica** è l'energia dei corpi in movimento.

L'acqua di un fiume, un uomo che corre, un veicolo in marcia o un'onda marina sono tutte espressioni di energia cinetica.
Un corpo in movimento è in grado di *svolgere lavoro*: ciò accade quando trasferisce il proprio moto a un altro corpo. Se sollevo una valigia da terra, il mio braccio compie lavoro perché sposta un oggetto contro la gravità grazie al suo movimento (energia cinetica).
Allo stesso modo il nostro braccio compie lavoro quando per mezzo di un martello fa penetrare un chiodo nel legno (*fig. 2*).

2

Fig. 2
Quando conficchiamo un chiodo in un'asse di legno, eseguiamo un lavoro in cui sfruttiamo l'energia cinetica del sistema "braccio + martello".

È considerato una forma di energia cinetica il **calore**, in quanto è associato al movimento casuale di atomi e molecole (detto *moto di agitazione termica*).

L'**energia potenziale** è quella posseduta da un corpo in virtù della posizione che esso occupa nello spazio o della sua struttura.

Pensiamo a uno sciatore impegnato in una gara di discesa libera: nell'istante che precede la partenza, l'atleta possiede una certa quantità di energia potenziale dovuta alla sua posizione elevata rispetto a un livello di riferimento, per esempio il fondovalle, dove è situato l'arrivo. Dal momento in cui inizia la discesa, l'energia potenziale dello sciatore, per effetto della gravità, si trasforma in parte in movimento, cioè in energia cinetica.

In modo analogo, una molla compressa possiede energia potenziale (detta *elastica*) che si converte in energia cinetica quando si distende.
Anche le molecole possiedono energia potenziale: è quella depositata nei legami tra i loro atomi costituenti, chiamata *energia chimica*.

Punti chiave

L'**energia chimica** riveste fondamentale importanza per gli organismi viventi, poiché è la forma di energia disponibile per il lavoro cellulare, che viene rilasciata e resa disponibile tramite *reazioni chimiche*.

Durante lo svolgimento di certe reazioni chimiche, come i processi di *combustione* o i processi della *respirazione cellulare* (che avvengono entrambi con l'intervento dell'ossigeno), i legami "ricchi di energia" nelle molecole di partenza si rompono, mentre si formano nuovi legami più "poveri di energia" nelle molecole dei prodotti: la differenza di energia che si libera all'esterno può disperdersi come **calore** o essere *in parte* utilizzata per compiere **lavoro**.

In questo modo la combustione della benzina nel motore di un'automobile trasforma l'*energia chimica* del carburante in *calore* che in parte è utilizzato per compiere il *lavoro meccanico di spostamento* della vettura (*fig. 3*); qualcosa di analogo avviene in una cellula: la demolizione di molecole ricche di energia chimica come il glucosio (il carburante biologico) permette lo svolgimento delle attività connesse al lavoro cellulare.

RISPONDI

- Quali tipi di lavoro può svolgere la cellula?
- Qual è la differenza tra energia cinetica ed energia potenziale?
- Quale trasformazione energetica avviene nel corso di una reazione di combustione?

3

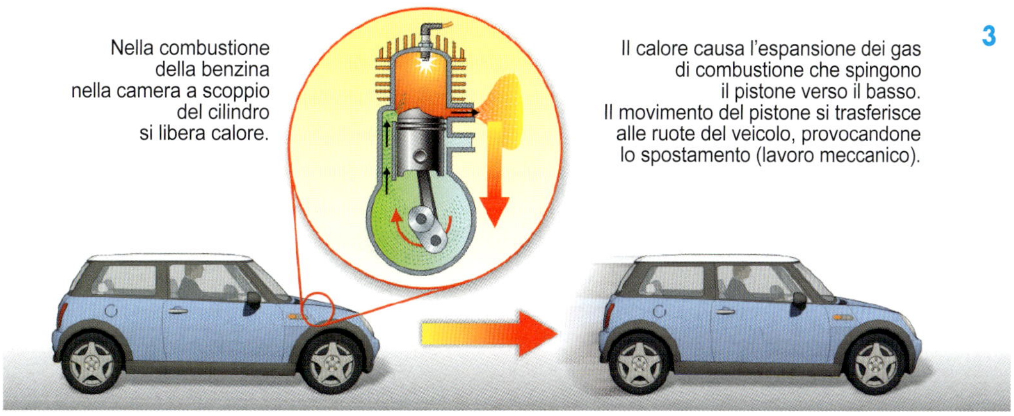

Fig. 3
Schema delle fasi di trasformazione dell'energia chimica della benzina in lavoro meccanico.

1.3 Le trasformazioni dell'energia sono regolate dai principi della termodinamica

La **termodinamica** è la disciplina fisica che studia il modo in cui avvengono le trasformazioni dell'energia e i cambiamenti della materia che a esse sono associati.

Viene indicato come *sistema* l'insieme dei corpi materiali che sono oggetto di studio, e *ambiente* tutto ciò che è esterno al sistema. Rammentiamo che un organismo vivente è considerato un *sistema aperto*.

Le regole che governano le trasformazioni energetiche sono stabilite dalla termodinamica sulla base di *due principi* (o *leggi*).

I differenti tipi di sistema

Un **sistema** può essere:
- **isolato**, se non scambia né energia né materia con l'ambiente esterno (come l'Universo);
- **chiuso**, se scambia energia ma non materia con l'ambiente esterno (come la Terra);
- **aperto**, se scambia sia energia sia materia con l'ambiente esterno (come un ecosistema).

IL PRIMO PRINCIPIO DELLA TERMODINAMICA

APPROFONDIMENTO *ON LINE*
- L'energia

Il **primo principio della termodinamica**, noto anche come **principio di conservazione dell'energia**, afferma che la quantità di energia presente nell'Universo (che è un sistema isolato) è costante e, di conseguenza, **l'energia non può essere creata o distrutta**, ma può solo essere **convertita da una forma a un'altra**.

In altre parole, la quantità totale di energia prima e dopo ogni trasformazione *rimane invariata*: ciò che cambia è solo la *forma* dell'energia presente dopo la trasformazione.

Un motore di automobile *non crea* energia, ma semplicemente *trasforma* l'energia chimica della benzina in energia cinetica, una diversa forma utilizzabile per azionare il veicolo.

In modo analogo, una centrale idroelettrica non "produce" nuova energia, ma converte energia potenziale in energia cinetica e quindi in ***energia elettrica*** che può essere utilizzata in vari modi (*fig. 4*).

L'energia elettrica

È una forma di energia cinetica associata al movimento di cariche elettriche (elettroni).

4

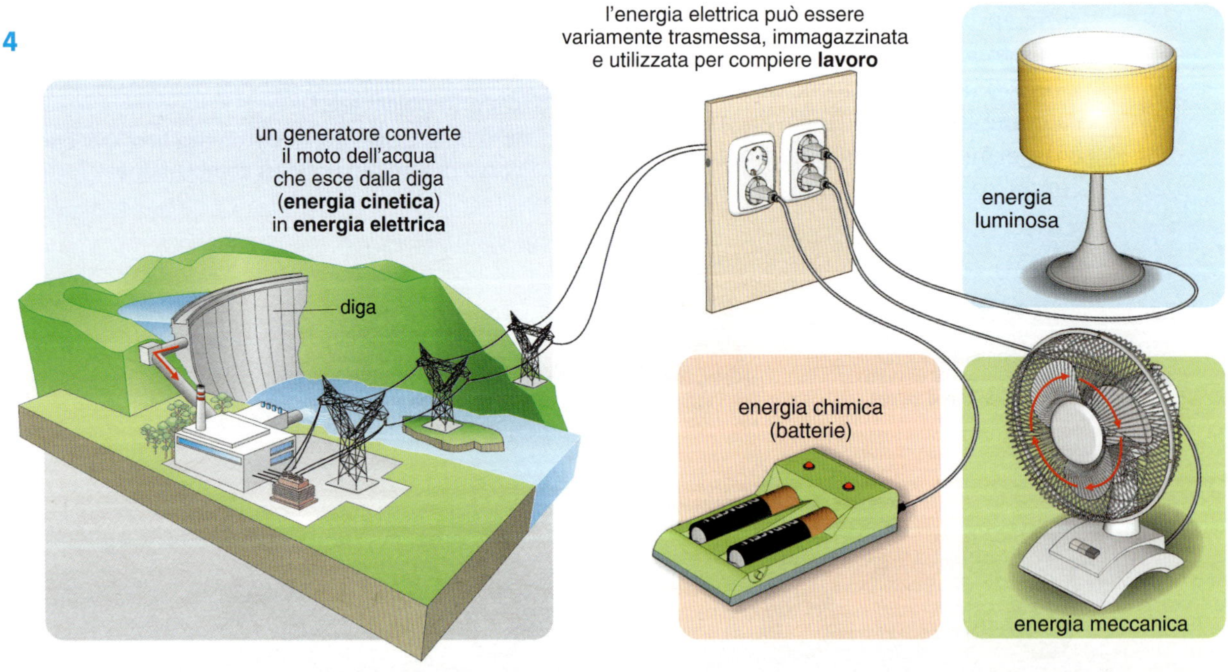

Fig. 4
In una centrale idroelettrica la fuoriuscita controllata dell'acqua alla base della diga trasforma l'energia potenziale dell'acqua raccolta nel bacino in energia cinetica che può essere trasformata in energia elettrica per mezzo di un generatore di corrente.

Va comunque fatta una considerazione:

> *Punti chiave*
>
> **non tutta l'energia** che si ottiene in una trasformazione si presenta in **forma utilizzabile**.

Vediamo cosa succede nel caso del motore d'automobile e della cellula (entrambi *sistemi aperti*).
Il motore riceve *energia chimica* dall'ambiente esterno in forma di benzina: in seguito alla reazione di combustione (benzina + ossigeno), l'energia chimica si ritrova trasformata in energia cinetica che fa muovere la macchina, cioè in *energia utile fornita al sistema*.
Se facessimo dei semplici calcoli, scopriremmo tuttavia che l'energia utile corrisponde solo a una parte (circa il 25%) dell'energia chimica iniziale (*fig. 5a*): la parte restante prevalente si è infatti trasformata in *calore*, che si è dissipato nell'ambiente (insieme ai prodotti di reazione, principalmente CO_2 e H_2O).
Non si è però persa energia, come impone il primo principio: il calore è semplicemente andato a incrementare il movimento casuale, cioè l'energia cinetica, degli atomi e delle molecole dell'ambiente.

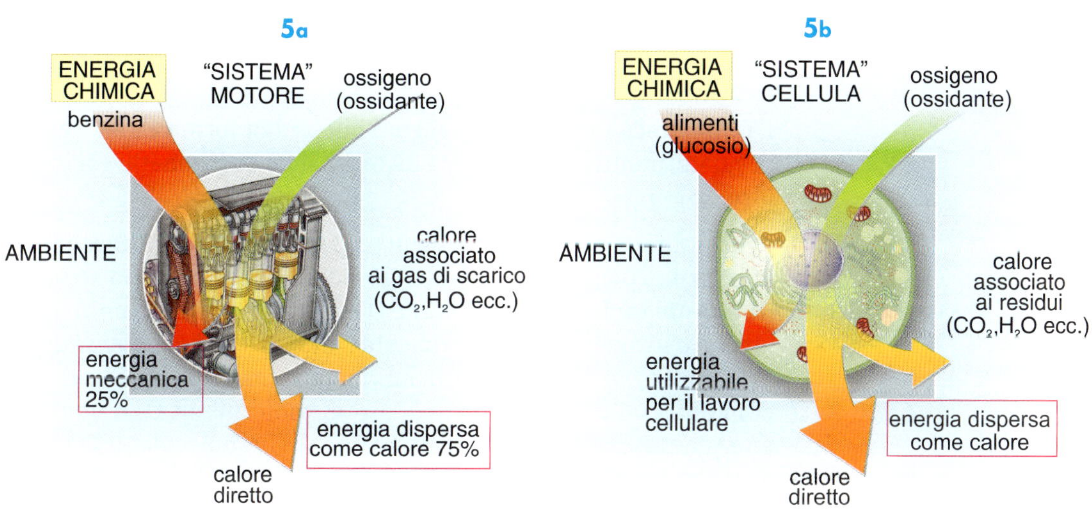

Fig. 5 Analogia del funzionamento di un motore a scoppio (a) e di una cellula (b) in termini di trasformazioni energetiche.
Il rendimento, dato dal rapporto percentuale "energia utile/energia chimica iniziale", è decisamente maggiore nella cellula (come detto nel testo).

La cellula, analogamente, (*fig. 5b*) riceve energia chimica dall'ambiente in forma di alimenti (per esempio, zuccheri): nel corso della respirazione cellulare (che è paragonabile a una reazione di combustione controllata) si libera energia che viene in parte (per circa il 40%) utilizzata nello svolgimento dei vari tipi di lavoro cellulare (*energia utile fornita al sistema*) e in parte è dispersa nell'ambiente come calore (i prodotti di reazione sono, anche in questo caso, principalmente CO_2 e H_2O).
In ogni trasformazione energetica il bilancio tra le "entrate" e le "uscite", in accordo con il primo principio della termodinamica, chiude in pareggio.
Nei casi prima visti avremo:

ENTRATE		USCITE		
energia chimica (*benzina, alimenti*)	=	**energia utile** (*per compiere lavoro*)	+	**calore** (*ceduto all'ambiente*)

Ciò si può così riassumere:

> *Punti chiave*
>
> la quantità di **energia complessivamente** contenuta nell'insieme "sistema + ambiente" *prima* e *dopo* una trasformazione **rimane invariata**.

Il secondo principio della termodinamica

Il primo principio della termodinamica stabilisce che la quantità di energia prima e dopo una trasformazione rimane costante, ma non non ci spiega *che cosa* esattamente succede all'energia quando si trasforma. Di questo si occupa

il **secondo principio della termodinamica**, che stabilisce che in ogni trasformazione energetica che avviene *spontaneamente* una parte dell'energia di partenza si ritrova alla fine convertita in **una forma non più utilizzabile per compiere lavoro**, cioè **in calore**.

Il calore è una forma di energia "diluita", meno pregiata rispetto ad altre forme di energia "concentrata" come per esempio l'energia radiante o l'energia chimica: per la precisione è, come si dice, la forma di energia più *degradata*, in quanto associata al movimento disordinato di atomi e molecole.

Immaginiamo una biblioteca perfettamente ordinata, con tutti i volumi allineati su scaffali e classificati in modo che siano facilmente identificabili.

Immaginiamo ora la stessa biblioteca in cui i libri, dopo essere stati utilizzati, rimangano abbandonati alla rinfusa sui tavoli di lettura, senza che nessuno faccia la fatica di riordinarli. È ovvio che la biblioteca, in questo stato *disordinato*, lasciato spontaneamente dagli utenti, non potrà più fornire la stessa qualità di servizio offerta inizialmente.

La biblioteca ordinata è paragonabile a una forma di energia pregiata, mentre la biblioteca disordinata è paragonabile al calore.

Pensiamo ora alle molecole degli idrocarburi che costituiscono la benzina, per esempio quelle di eptano (*fig. 6a*): sono *strutture ordinate* formate da catene di atomi di carbonio uniti ad atomi di idrogeno, con elevato contenuto di *energia potenziale*. Ogni molecola di eptano, bruciando nel cilindro del motore, si combina con un numero adeguato di molecole di O_2 e libera energia trasformandosi spontaneamente in molecole di CO_2 e di H_2O a basso contenuto di energia potenziale, ma che hanno acquistato elevata energia cinetica: muovendosi caoticamente nei gas di scarico caldi, vanno alla fine a disperdersi nell'ambiente (*fig. 6b*). In seguito alla trasformazione energetica, si è determinata una situazione di *maggior disordine* rispetto a quella iniziale (anche per l'aumentato numero di molecole) o, come si dice, si è determinato un aumento di *entropia*.

6a

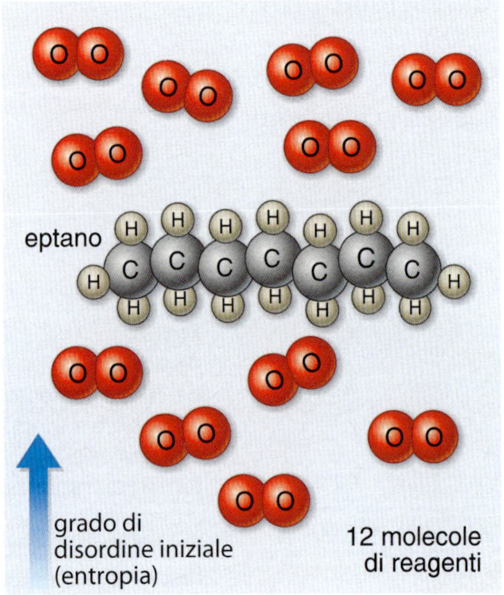

6b

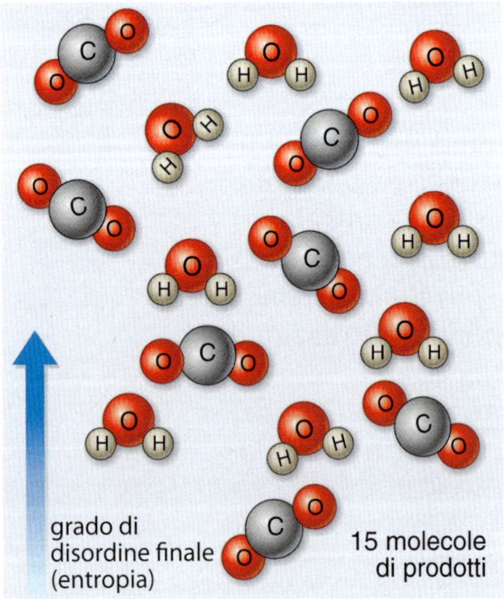

Fig. 6
Nella combustione di una molecola di eptano, un idrocarburo componente della benzina di formula C_7H_{16}, in seguito alla reazione con 11 molecole di ossigeno, O_2, si formano 7 molecole di diossido di carbonio, CO_2, e 8 molecole di acqua, H_2O, e si libera energia. Il grado di disordine dei prodotti finali è maggiore di quello dei reagenti.

Punti chiave

L'**entropia** è una grandezza fisica che misura il *grado di disordine* di un sistema, per cui il secondo principio della termodinamica può essere così espresso: per effetto delle trasformazioni dell'energia l'**entropia dell'Universo aumenta**.

L'Universo è infatti un *sistema isolato* e quindi tutta l'energia che contiene, a causa delle trasformazioni a cui è soggetta, è destinata a degradarsi prima o poi come calore: perciò, l'entropia dell'Universo tende ad aumentare inesorabilmente con il trascorrere del tempo.

Una riflessione sul secondo principio della termodinamica

Consideriamo la reazione descritta nella *figura 6*. Una volta avvenuta la combustione, non potrà mai verificarsi il contrario, cioè che **spontaneamente**, gli atomi di carbonio delle molecole di CO_2 e di H_2O sparse nell'aria si ricombinino tra di loro e riformino le strutture ordinate degli idrocarburi di partenza: questo potrebbe teoricamente accadere solo a patto di **spendere energia** per riunire le molecole e farle reagire tra loro.
Allo stesso modo, l'acqua precipitata a valle di una cascata non potrebbe mai risalire **spontaneamente**, superando il dislivello, ma solo con l'aiuto di un *sistema di pompaggio*, che richiede comunque una **spesa di energia**. Il secondo principio della termodinamica può anche essere così formulato: *qualsiasi trasformazione che avviene spontaneamente in un sistema isolato tende a renderlo meno ordinato e organizzato, cioè ad aumentare il suo grado di disordine.*

Come gli organismi viventi mantengono il loro livello di organizzazione

Apparentemente gli organismi viventi sembrano contraddire il secondo principio della termodinamica, in quanto utilizzano energia concentrata, che in origine deriva dal Sole, per sintetizzare molecole complesse e mantenere le proprie strutture ordinate.
Per comprendere come stanno le cose vanno fatte due considerazioni:

a. i processi che avvengono nel Sole liberano energia nucleare che si trasforma *solo in parte* in energia concentrata, per esempio in energia luminosa, mentre la parte restante si disperde come calore e va a incrementare l'entropia dell'Universo;

b. gli esseri viventi, in quanto sistemi aperti, ricevono dall'ambiente un continuo apporto di energia concentrata che sfruttano per produrre un *aumento locale di ordine* e quindi una *diminuzione locale di entropia*; nello stesso tempo, scaricano nell'ambiente il calore che si genera nelle loro attività (oltre ai loro prodotti di rifiuto costituiti da piccole molecole).
Il risultato è che il disordine, cioè l'entropia dell'ambiente (e quindi dell'Universo), aumenta in definitiva in misura maggiore di quanto sia localmente diminuito negli organismi viventi (*fig. 7*).
Se consideriamo l'insieme "organismi + ambiente", si nota che non vi è più contraddizione con il secondo principio della termodinamica.

7

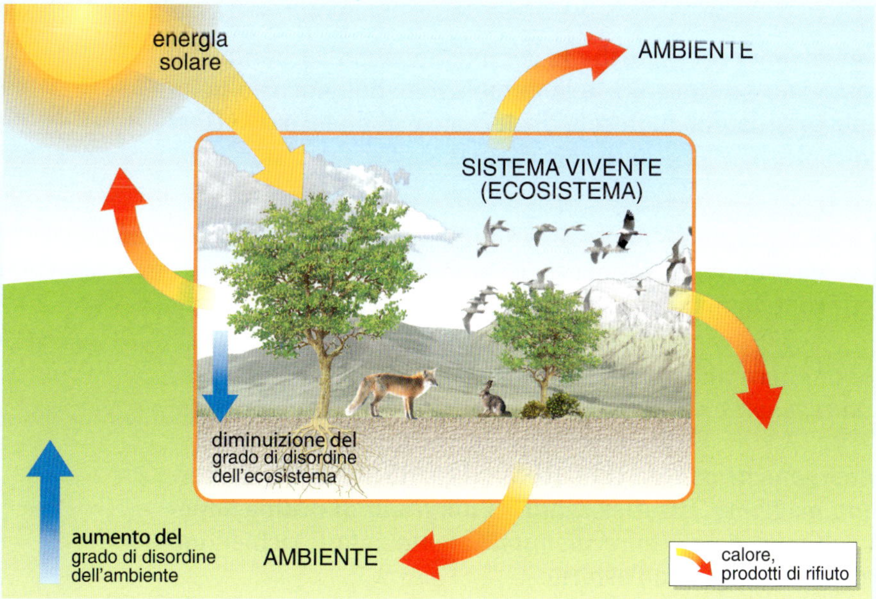

Fig. 7
Gli esseri viventi possono conservare continuamente il proprio grado di ordine interno grazie al costante rifornimento di energia proveniente dal Sole che sostiene la loro attività e alla possibilità di "scaricare" nell'ambiente il calore generato e i prodotti di rifiuto, aumentandone il grado di disordine.

Rispondi

- Che cosa affermano il primo e il secondo principio della termodinamica?
- Perché non tutta l'energia che si converte da una forma in un'altra è utilizzabile per compiere lavoro?

2 Le reazioni chimiche del metabolismo cellulare e l'ATP

2.1 Reazioni che liberano energia e reazioni che assorbono energia

Esoergonico
Deriva dal greco *èxo* = "fuori" ed *èrgon* = energia.

Endoergonico
Deriva dal greco *èndo* = "dentro" ed *èrgon* = energia.

Sotto il profilo termodinamico, le reazioni chimiche possono essere distinte in due grandi tipologie: le *reazioni* ***esoergoniche*** e le *reazioni* ***endoergoniche***.

Le **reazioni esoergoniche** ("energia ceduta all'esterno") avvengono con liberazione di energia, poiché le molecole dei *prodotti* contengono **meno energia** delle molecole dei *reagenti*.

L'*energia liberata* è pari alla *differenza tra l'energia potenziale dei reagenti e quella dei prodotti*. Le reazioni esoergoniche tendono ad avvenire *spontaneamente* perché il passaggio da un livello di energia maggiore a uno minore, caratterizzato da un grado di ordine inferiore, è termodinamicamente favorito.

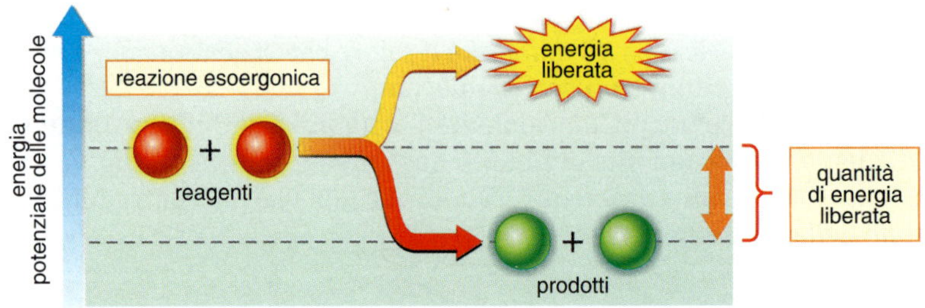

Sono esempi di reazioni esoergoniche la combustione del carbonio che reagendo con ossigeno produce CO_2 e la demolizione del glucosio nella respirazione cellulare (da una molecola di glucosio e 6 molecole di O_2 si ottengono 6 molecole di CO_2 e 6 molecole di H_2O).

Le **reazioni endoergoniche** ("energia assunta all'interno") avvengono in seguito ad assorbimento di energia dall'esterno, poiché le molecole dei *prodotti* contengono **più energia** delle molecole dei *reagenti*.

L'*energia assorbita* è pari alla *differenza tra l'energia potenziale dei prodotti e quella dei reagenti* e viene immagazzinata nei legami chimici dei prodotti.
Le reazioni endoergoniche comportano il passaggio da un livello di energia minore a uno maggiore, caratterizzato da un grado di ordine superiore, e quindi *non possono avvenire spontaneamente*: infatti richiedono *sempre* un apporto di energia dall'esterno.

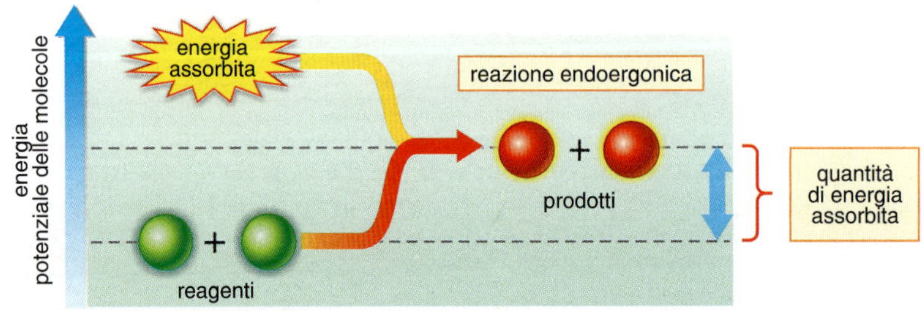

Un esempio di reazione endoergonica è quella che porta alla formazione di una molecola di glucosio ad alto contenuto di energia, a partire da reagenti a basso contenuto energetico, come l'acqua e il diossido di carbonio: l'energia necessaria viene resa disponibile attraverso la cattura di energia luminosa operata tramite la fotosintesi.

RISPONDI

■ In che cosa si distingue una reazione endoergonica da una reazione esoergonica? Come varia l'energia nel passaggio dai reagenti ai prodotti in entrambe le reazioni?

2.2 Il metabolismo cellulare: i concetti essenziali

Il **metabolismo cellulare** è l'insieme di tutte le reazioni chimiche che avvengono nelle cellule di un organismo.

Si tratta di migliaia di reazioni esoergoniche ed endoergoniche che si svolgono in modo concertato e che interessano un numero elevatissimo di molecole.
In relazione al tipo di processi coinvolti, il metabolismo può essere distinto principalmente in due "settori": il *catabolismo* (demolizione) e l'*anabolismo* (costruzione).

Punti chiave

Il **catabolismo** comprende l'insieme di reazioni *esoergoniche*, dette **cataboliche**, che comportano la demolizione di molecole complesse, come i carboidrati, i lipidi e le proteine (compresi quelli assunti con gli alimenti), in composti più semplici.

Le reazioni cataboliche rendono disponibile per la cellula l'energia accumulata nei legami chimici.
La principale serie di reazioni cataboliche è rappresentata dalla *respirazione cellulare* (*vedi al paragrafo 5*). In questo processo, per ogni grammo di glucosio che viene demolito o "bruciato", si liberano circa 3,8 chilocalorie (kcal) (pari a 16 kJ) di energia, utilizzabile per svolgere lavoro cellulare.

Punti chiave

L'**anabolismo** comprende l'insieme di reazioni *endoergoniche*, dette **anaboliche**, che comportano la fabbricazione o *sintesi* di molecole complesse a partire da molecole semplici.

Le reazioni anaboliche richiedono, per potersi svolgere, un apporto energetico. Un esempio di reazione di tipo anabolico è la *sintesi delle proteine*, in cui singoli amminoacidi sono assemblati tra loro in catene polipeptidiche più o meno lunghe.
Un altro fondamentale processo di tipo anabolico è la già citata *fotosintesi* (*vedi al paragrafo 6*).

Reazioni accoppiate "esoergoniche – endoergoniche". Le cellule sfruttano in modo efficace l'energia che si rende disponibile nelle reazioni esoergoniche "demolitive" del catabolismo, per alimentare le reazioni endoergoniche "costruttive" dell'anabolismo.

Di fatto le cellule attuano questa operazione abbinando opportunamente i due tipi di reazione attraverso un meccanismo denominato **accoppiamento energetico**. Questo non può avvenire direttamente, perché di norma le reazioni esoergoniche e quelle endoergoniche si svolgono in sezioni differenti della cellula: occorre quindi che venga effettuato un trasferimento di energia da dove viene rilasciata a dove viene consumata (*fig. 8*). Tale compito è affidato a molecole *trasportatrici di energia*, la più comune delle quali è l'*ATP*, come vedremo di seguito.

Rispondi

- Che cosa si intende per metabolismo?
- Che differenza c'è fra reazioni cataboliche e anaboliche?

8

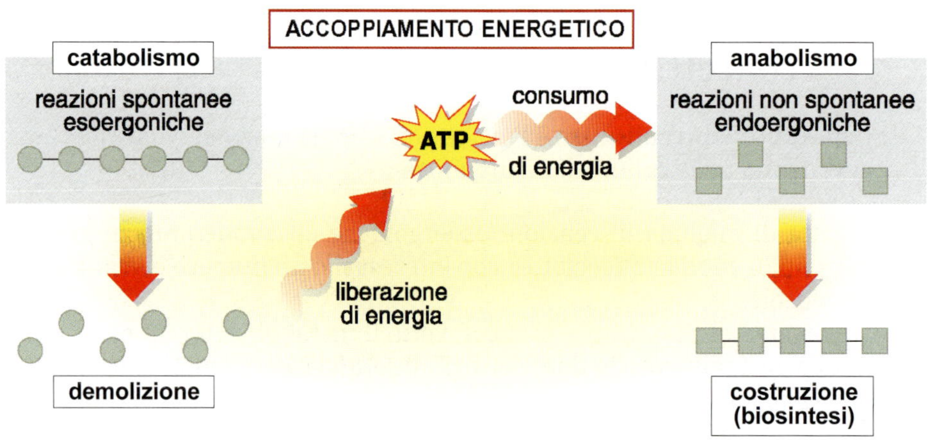

Fig. 8
Schema del meccanismo dell'accoppiamento energetico che, per il tramite dell'ATP, permette il collegamento tra le reazioni esoergoniche del catabolismo e quelle endoergoniche dell'anabolismo.

Le reazioni di ossidoriduzione

Il termine **ossidazione**, che in origine significava semplicemente la combinazione di una sostanza con l'ossigeno, si usa più in generale nel linguaggio chimico per indicare ogni reazione in cui avviene un *trasferimento di elettroni* da una sostanza (un atomo, una molecola o uno ione) a una sostanza differente che ha maggiore tendenza ad acquisire elettroni (come per esempio l'ossigeno molecolare). La sostanza che cede elettroni **si ossida** (o, come si dice, si comporta da *riducente*), mentre quella che acquista elettroni **si riduce** (o, come si dice, si comporta da *ossidante*).

Di fatto, quando c'è un'**ossidazione**, avviene sempre, contemporaneamente, una **riduzione**: per questo il processo viene indicato con il termine **ossidoriduzione.**

Queste reazioni sono importanti perché su di esse si basa la maggior parte delle trasformazioni energetiche nella cellula.

Le molecole che cedono elettroni (che si ossidano) *perdono infatti anche energia*, che viene in parte acquisita dalle molecole che acquistano elettroni (che si riducono) e in parte liberata all'esterno.

Esempi di ossidoriduzioni sono le reazioni di combustione, in cui una sostanza combustibile (cioè il riducente) brucia combinandosi con ossigeno, che è uno dei più forti e diffusi ossidanti: nel processo si libera, come sappiamo, una rilevante quantità di energia.

Anche le cellule ricavano energia da reazioni di ossidoriduzione analoghe a quelle di combustione: tuttavia questi processi avvengono in modo opportunamente controllato e graduale e ciò si realizza attraverso molecole intermediarie costituite da particolari proteine (coenzimi, vedi al *paragrafo 3.3*) che svolgono la funzione di *trasportatori di elettroni*.

Rispondi

- In che cosa consiste il differente comportamento di una sostanza che si ossida oppure che si riduce?

2.3 La molecola di ATP: il vettore energetico della cellula

Per trasferire l'energia da una reazione esoergonica a una reazione endoergonica la cellula utilizza nella maggior parte dei casi una molecola chiamata **adenosintrifosfato** o **ATP**.

Si tratta di un *nucleotide*, simile ai monomeri costituenti degli acidi nucleici (a cui abbiamo fatto cenno nel *Capitolo 1, paragrafo 8*), composto da una base azotata (*adenina*), legata a uno zucchero pentoso (*ribosio*), a sua volta unito a tre *gruppi fosfato*, indicati ciascuno con il simbolo *P* (*fig. 9*).

I gruppi fosfato sono uniti tra loro da due legami covalenti instabili (anche per la presenza di cariche elettriche negative) che immagazzinano un'elevata quantità di energia che può essere facilmente rilasciata in seguito alla loro scissione. Normalmente, comunque, è coinvolto il legame *tra il secondo* e *il terzo gruppo fosfato*.

9

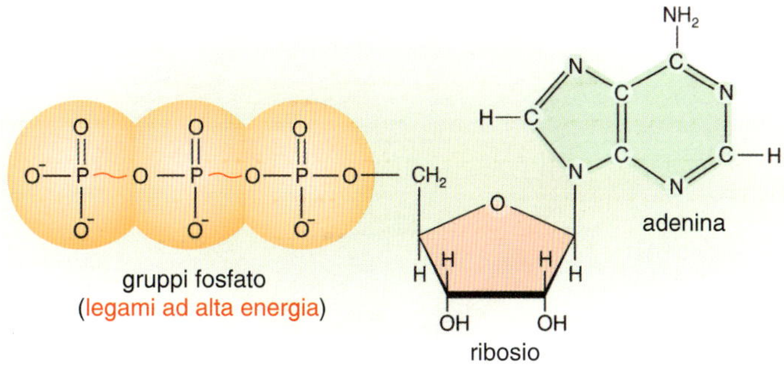

Fig. 9
Formula di struttura della molecola di ATP e, a destra, rappresentazione semplificata.

L'**ATP** funziona in un modo che presenta analogie con quello di una minuscola pila ricaricabile mobile:

- si **scarica** in seguito al distacco, per **idrolisi** (aggiunta di acqua), di un gruppo fosfato P, liberando rapidamente energia (*fig. 10a*) che viene trasferita dove serve per lo svolgimento di lavoro cellulare (per esempio, la sintesi endoergonica di macromolecole); nella reazione di idrolisi (che è esoergonica), accanto al gruppo P, si forma **ADP** (**adenosindifosfato**).
  Di solito, il gruppo P non viene semplicemente rimosso, ma trasferito a un'altra molecola con cui si associa temporaneamente: questo processo è detto **fosforilazione** ed è molto importante. Una molecola, quando viene fosforilata, riceve infatti un surplus di energia che la porta in uno stato attivato che ne agevola la partecipazione a una determinata reazione;
- l'ATP si **ricarica**, cioè si riforma, in seguito alla reazione di sintesi (endoergonica) da ADP e P (*fig. 10b*), che richiede energia fornita da reazioni cellulari esoergoniche (come la respirazione cellulare). La sintesi consiste in una reazione di **condensazione** (viene eliminata acqua).

Fig. 10
(**a**) Schema della reazione esoergonica di idrolisi dell'ATP; (**b**) schema della reazione endoergonica di sintesi dell'ATP per addizione di un gruppo P all'ADP.

10a

10b

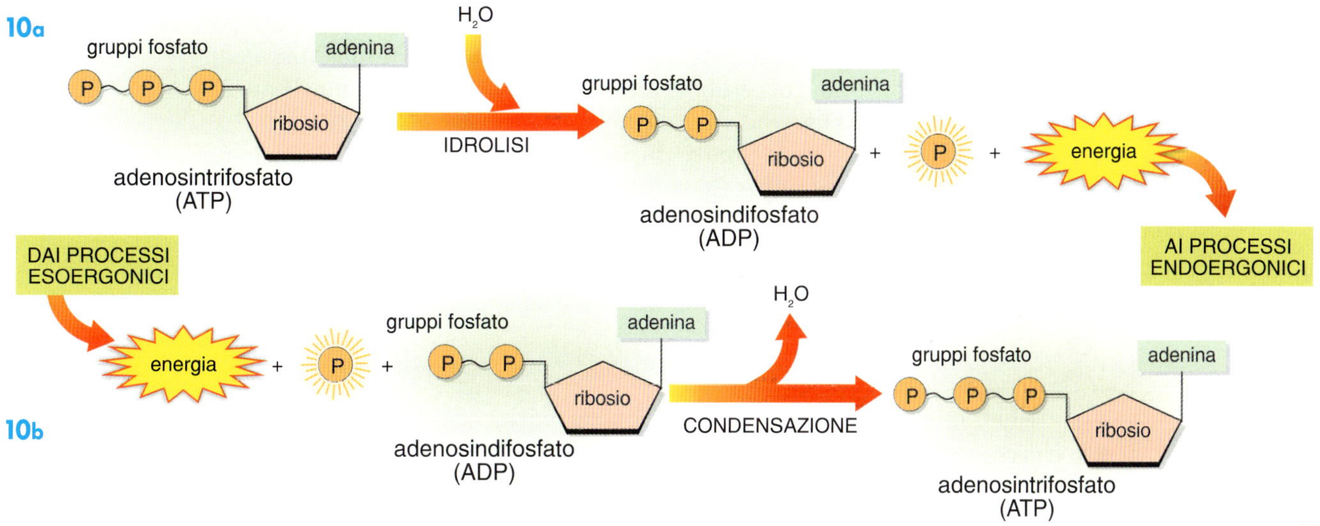

Il ciclo dell'ATP. L'idrolisi e la sintesi di ATP costituiscono un *ciclo di accoppiamento energetico*: l'ADP incamera l'energia che si libera nelle reazioni esoergoniche del catabolismo trasformandosi in ATP che fornisce l'energia necessaria per le reazioni endoergoniche dell'anabolismo.
Si configura in questo modo il *ciclo ATP/ADP di "ricarica/scarica"* o **ciclo dell'ATP** (*fig. 11a*). La *figura 11b* esemplifica alcune attività cellulari in cui viene usata l'energia dell'ATP.

11a

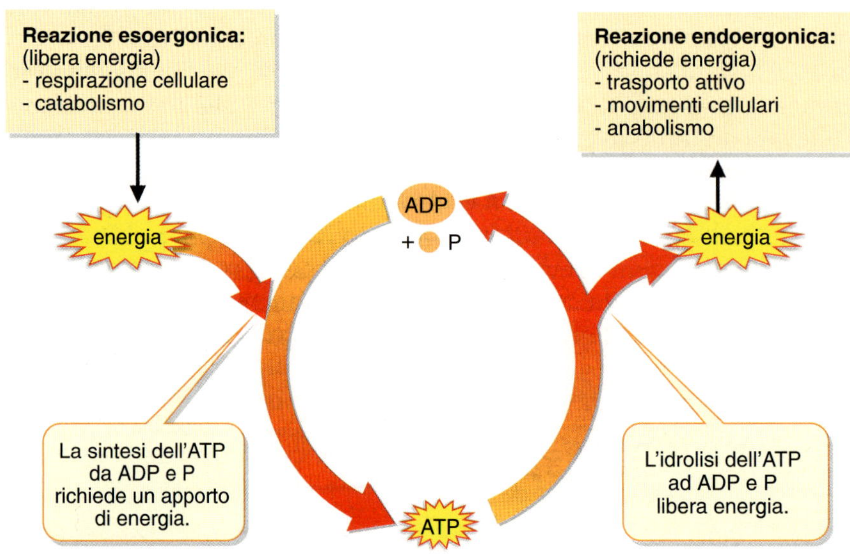

Fig. 11
(**a**) Schema del ciclo dell'ATP.
(**b**) Alcuni esempi di lavoro cellulare alimentato dall'energia fornita dall'ATP.

11b

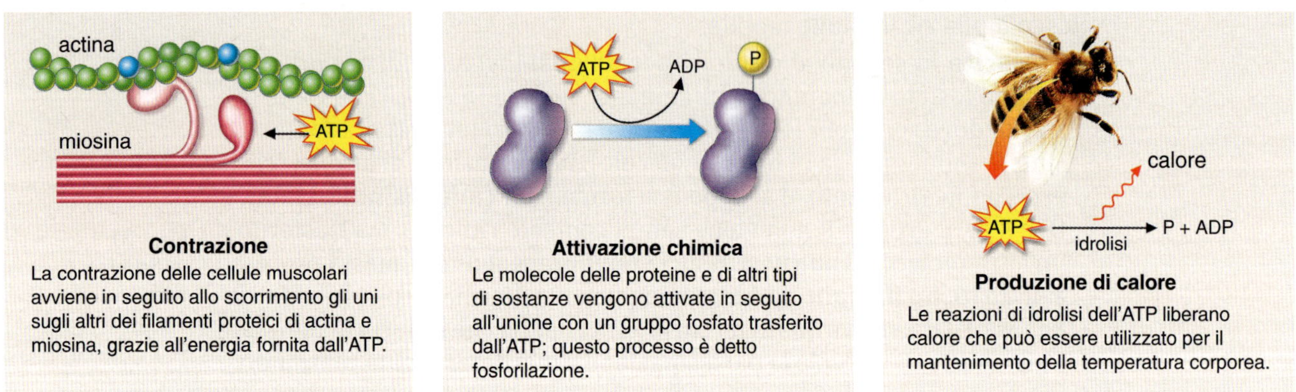

Una cellula attiva impegna ogni secondo circa 10 milioni di molecole di ATP. La continua distruzione/ricostruzione di questa molecola, con conseguente produzione/assorbimento di energia, fa sì che gli organismi possiedano in ogni dato momento una scorta limitata di ATP. Il corpo umano, per esempio, ne dispone solo di alcuni grammi: se, per pura ipotesi, l'ATP non venisse continuamente ricostituito, occorrerebbe un rifornimento quotidiano di questo composto pari a circa 70 kg.
L'ATP viene elaborato nei mitocondri, durante la demolizione del glucosio nel corso della *respirazione cellulare*. Gli zuccheri, pertanto, sono la sorgente principale di energia chimica per tutti i viventi *aerobi* (ossia che necessitano di ossigeno per vivere).

Rispondi

- Quale funzione svolge la molecola dell'ATP nelle reazioni del metabolismo?
- In che cosa consiste il ciclo dell'ATP?

3 Gli enzimi: i promotori delle reazioni chimiche

3.1 L'energia di attivazione e il ruolo dei catalizzatori

Una reazione chimica molto nota è la sintesi dell'acqua a partire dai suoi elementi costituenti, idrogeno e ossigeno gassosi:

$$2H_2 + O_2 \longrightarrow 2H_2O + \text{energia}$$

La reazione è accompagnata dalla liberazione di una notevole quantità di energia e, come tutte le reazioni esoergoniche, è un processo che, secondo le attese, dovrebbe avvenire spontaneamente, in accordo con il secondo principio della termodinamica.
Tuttavia, se si miscelano idrogeno e ossigeno a temperatura ambiente, non accade nulla.
Se invece si fa scoccare una piccola scintilla elettrica, la reazione procede istantaneamente e in modo esplosivo (*fig. 12*).
Qualcosa di simile lo osserviamo con i comuni combustibili come la legna, il metano o la benzina: senza l'intervento di una fiamma o di una scintilla, la combustione, cioè la reazione con l'ossigeno, "non parte".
Per spiegare questo fatto bisogna tenere conto di una circostanza: affinché una reazione avvenga occorre che le molecole dei reagenti collidano tra di loro con una velocità, cioè con un'*energia cinetica*, sufficiente perché si rompano i legami chimici in esse presenti per consentire la formazione di nuovi legami, caratteristici dei prodotti di reazione.

12

Fig. 12
La grande quantità di energia che si libera nella reazione tra l'idrogeno e l'ossigeno è sfruttata per la propulsione dei veicoli spaziali. I due elementi sono utilizzati allo stato liquido: l'acqua che si produce nella reazione è espulsa come vapore dai razzi vettori.

Si chiama **energia di attivazione** la quantità di energia necessaria perché le molecole dei reagenti collidano tra loro in modo efficace al fine di dare avvio a una reazione chimica.

L'energia di attivazione può essere considerata come una barriera energetica che va superata inizialmente per consentire il normale decorso di una reazione chimica.

Se una reazione è spontanea, una volta avviata procede liberando all'esterno la differenza di energia tra i reagenti e i prodotti (*fig. 13, curva a*).
Nella pratica di laboratorio, ma anche nell'ambito di molti processi chimici industriali, l'energia di attivazione richiesta per avviare una reazione può essere fornita attraverso un aumento di temperatura.
In alternativa, si può fare ricorso a particolari sostanze, chiamate *catalizzatori* (*fig. 13, curva b*).

13

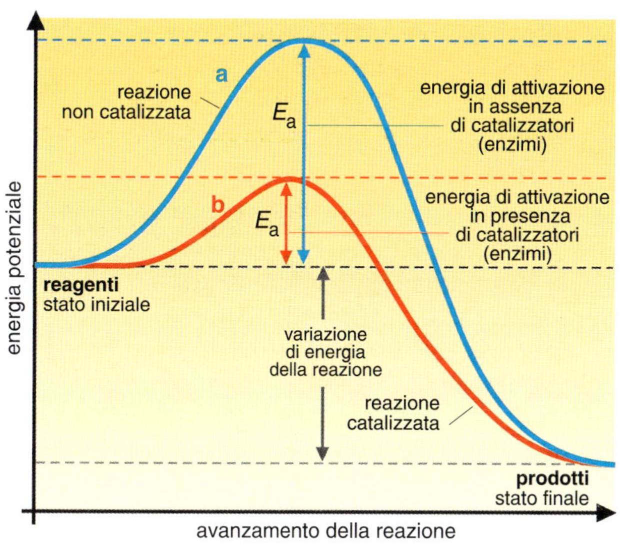

Fig. 13
Variazione dell'energia nel corso di una reazione esoergonica: le due curve rappresentano l'andamento dell'energia di attivazione in assenza (**a**) e in presenza (**b**) di un catalizzatore (come per esempio un enzima).

Un **catalizzatore** è una sostanza in grado di **abbassare l'energia** di attivazione e di rendere in tal modo **più veloce una reazione chimica**.

Un catalizzatore esplica la sua azione formando legami temporanei con le molecole dei reagenti, ma senza venire alterato e consumato durante il processo, per cui può essere utilizzato più volte: questo fenomeno è chiamato **catalisi**.
Nella cellula la funzione di catalizzatori è svolto da particolari proteine chiamate *enzimi*.

RISPONDI

- Che cosa rappresenta l'energia di attivazione e in che modo può essere abbassata?

3.2 Gli enzimi sono catalizzatori biologici che accelerano le reazioni cellulari

Enzima
Il termine **enzima** deriva da una parola greca che significa "dentro il lievito" e fu introdotto nella seconda metà dell'Ottocento perché si riteneva che questo tipo di sostanza fosse tipico delle cellule di lievito.

Le migliaia di reazioni del metabolismo devono svolgersi alle temperature moderate dell'ambiente cellulare, indicativamente comprese tra i 20 e i 40 °C. In queste condizioni sono ben poche le molecole di reagenti che riuscirebbero ad acquistare un'energia cinetica sufficiente per superare la barriera dell'energia di attivazione e avviare la reazione.
Per fare sì che la velocità delle varie reazioni sia adeguata per sopperire ai propri fabbisogni vitali, le cellule utilizzano gli ***enzimi***.

Gli **enzimi** sono particolari proteine solubili, in genere globulari, che svolgono la funzione di **catalizzatori biologici**, in quanto sono in grado di abbassare l'energia di attivazione delle reazioni biochimiche e di accelerarle considerevolmente: il processo è detto **catalisi enzimatica**.

Gli enzimi agiscono in piccole quantità *legandosi temporaneamente* alle molecole che devono reagire e *senza essere consumati* nel corso delle reazioni.
Gli enzimi possiedono inoltre una caratteristica di fondamentale importanza: sono dotati di elevatissima **specificità**.
Ogni enzima in genere catalizza infatti solo una determinata reazione.
Tutti gli enzimi sono molecole proteiche, con poche eccezioni.
Tra le molecole non proteiche che svolgono la funzione di enzimi ci sono alcuni tipi di acido ribonucleico (RNA) chiamati **ribozimi**, che catalizzano reazioni implicate nella sintesi delle proteine operata dai ribosomi.

Un esempio di catalisi enzimatica
Il *saccarosio* (il comune zucchero da tavola), sciolto in acqua, può scindersi spontaneamente per idrolisi in *glucosio* e *fruttosio*, con liberazione di energia: la reazione è però lentissima e richiederebbe molti anni per svolgersi in modo apprezzabile. Basta tuttavia aggiungere alla soluzione un enzima chiamato *saccarasi* perché la reazione si verifichi nel giro di pochi secondi (*vedi oltre la fig. 16*).
Un enzima ha la capacità di aumentare la velocità di una reazione anche di parecchi milioni di volte.

3.3 Il meccanismo di azione degli enzimi

Gli enzimi esplicano la loro azione legandosi alle molecole che devono reagire, chiamate **substrati**.
Ogni enzima agisce (a parte alcune eccezioni) solo con uno **specifico substrato**, che sa riconoscere grazie alla presenza sulla superficie della propria molecola di una sorta di cavità o tasca, detta **sito attivo**, dove sono presenti amminoacidi che si legano alle molecole del substrato per mezzo di **legami deboli** (legami idrogeno o ionici) (*fig. 14*).
La specificità di un enzima dipende dalla struttura tridimensionale del sito attivo, alla cui forma si adatta la molecola del substrato, così come, in prima approssimazione, una chiave si adatta alla sua serratura.

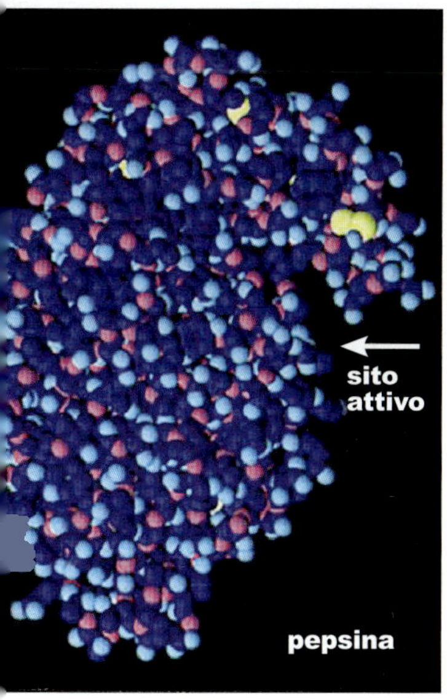

Fig. 14
Modello molecolare della pepsina, un enzima digestivo presente nello stomaco, che degrada le proteine presenti nel cibo in frammenti di piccole dimensioni (peptidi).

Fig. 15
Rappresentazione del meccanismo dell'adattamento indotto: l'enzima raffigurato (*esochinasi*), dopo avere riconosciuto la molecola del substrato (glucosio), si deforma avvicinando tra loro i propri lobi per meglio racchiudere il reagente.

Punti chiave

Di fatto, nella maggior parte dei casi, un enzima, nel momento in cui si lega al substrato, **modifica leggermente la propria forma**, in modo che il suo sito attivo possa meglio accomodare il substrato stesso: questo meccanismo prende il nome di **adattamento indotto** (*fig. 15*).

15

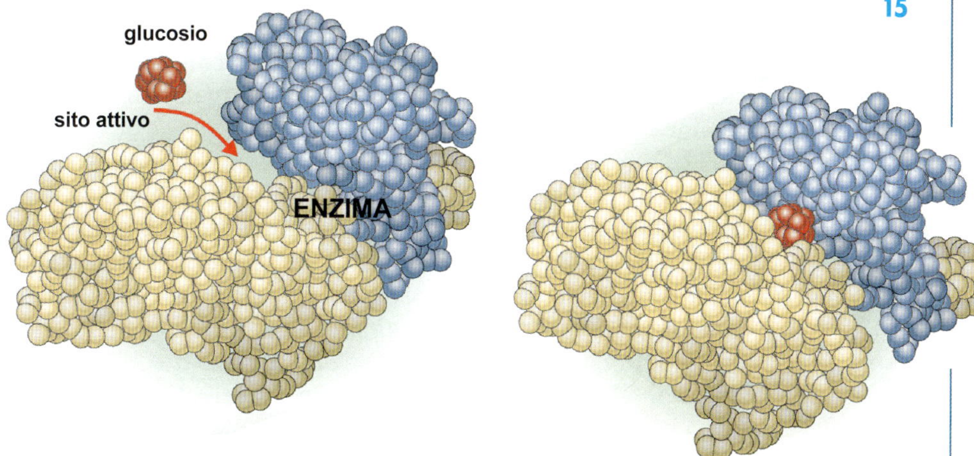

Consideriamo il processo di *idrolisi* del *saccarosio* in *glucosio* e *fruttosio* catalizzato dall'enzima *saccarasi* e schematizzato nella *figura 16*.

La saccarasi, dopo avere riconosciuto la molecola di saccarosio, la lega al proprio sito attivo che si modifica per offrire un migliore alloggiamento al substrato (**adattamento indotto**); anche il substrato, quando si lega all'enzima, subisce una certa modificazione a livello di taluni legami chimici che li predispone a una più facile rottura.

In questo modo si forma temporaneamente un complesso **enzima-substrato (E-S)**, in cui il saccarosio viene a trovarsi in uno stato attivato, dove il legame glucosio-fruttosio si indebolisce, cosa che gli permette di reagire prontamente con l'acqua superando la barriera dell'energia di attivazione.

Dopo che è avvenuta l'idrolisi, i prodotti della reazione (glucosio e fruttosio) si staccano dall'enzima il quale è pronto per accogliere una nuova molecola di saccarosio e ripetere un nuovo **ciclo catalitico**.

16

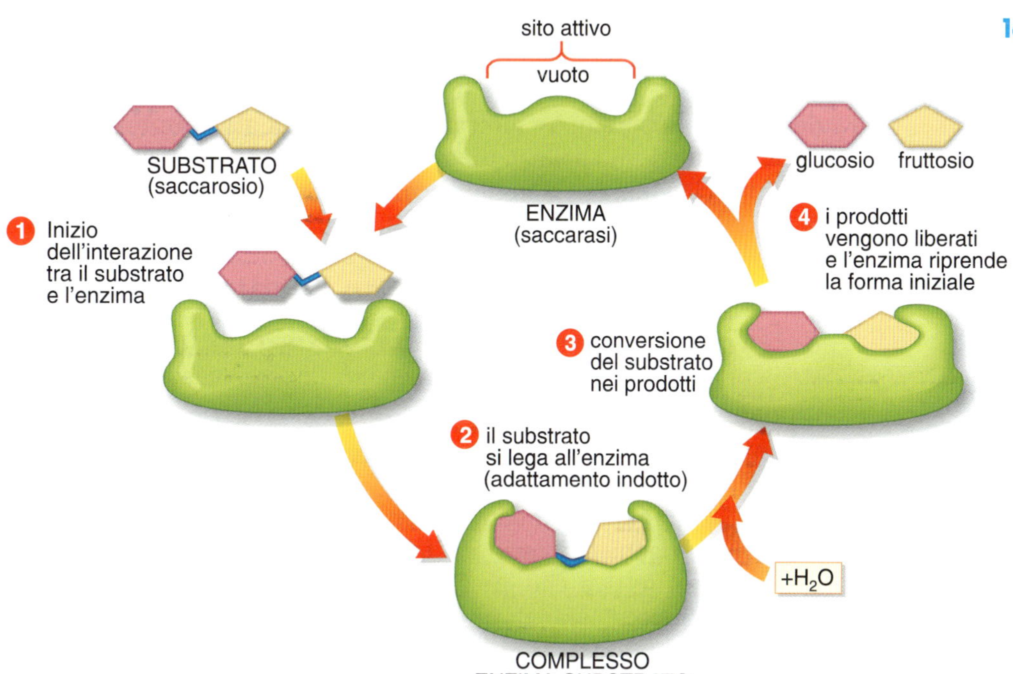

Fig. 16
Schema del meccanismo ciclico attraverso cui un enzima svolge la sua azione catalitica.

In ogni secondo, una singola molecola di enzima è in grado di catalizzare l'idrolisi di un numero di molecole di saccarosio variabile da alcune migliaia a circa un milione.

Gli enzimi sono sensibili alle condizioni dell'ambiente cellulare, che può influenzare la loro attività (*vedi di seguito*).

COFATTORI E COENZIMI. Molti enzimi richiedono, per poter esplicare le loro funzioni, l'associazione con altre sostanze *non proteiche* prive di attività catalitica, distinte in *cofattori* e *coenzimi*.
I **cofattori** sono in genere ioni inorganici (come ioni di ferro, rame, zinco o cloro), mentre i **coenzimi** sono molecole organiche, spesso consistenti di vitamine e loro derivati.
Sia i cofattori sia i coenzimi funzionano, in molti casi, formando legami temporanei con il sito attivo dell'enzima specifico, di cui alterano la forma in modo da permettere che esso si leghi più efficacemente al substrato. Per esempio, gli ioni calcio (Ca^{++}) agiscono come cofattori per l'*amilasi*, un enzima digestivo presente nella saliva, facilitando l'ingresso nel suo sito attivo delle molecole di amido.
Sono esempi importanti di coenzimi alcune molecole che fungono da *trasportatori di elettroni*: tra questi il NADH (nicotinamide adenin dinucleotide), che partecipa ai processi della respirazione cellulare, e il NADPH (nicotinamide adenin dinucleotide fosfato), che partecipa ai processi della fotosintesi.

> *RISPONDI*
>
> ■ Parlando di un enzima, che cosa significano i termini substrato e sito attivo?
>
> ■ In che modo si può descrivere il meccanismo di azione di un enzima?

3.4 Fattori chimico-fisici che influenzano l'attività enzimatica

Due dei principali fattori chimico-fisici che possono interferire con l'attività degli enzimi sono la *temperatura* e l'*acidità* (pH) dell'ambiente cellulare.

- **Temperatura.** Un aumento di temperatura, entro definiti limiti di tolleranza, intensifica l'attività di un enzima: le molecole del substrato si muovono più velocemente e giungono con maggiore frequenza a contatto del sito attivo. Tuttavia, se la temperatura eccede certi valori, la molecola proteica dell'enzima subisce una *denaturazione* e si disattiva in seguito a rottura dei legami deboli che le conferiscono la sua forma spaziale: il substrato, di conseguenza, non può più legarsi al sito attivo e l'attività enzimatica è gravemente compromessa.
- **pH.** Anche livelli di acidità al di fuori di certi valori compromettono la funzionalità di un enzima, in quanto ne alterano la struttura. La maggior parte degli enzimi opera in un intervallo ottimale di pH compreso tra 6 e 8. Un'eccezione è costituita dalla *pepsina* (*vedi la figura 14*), un enzima digestivo delle proteine che opera nell'ambiente molto acido (pH 2) dello stomaco.

3.5 Gli enzimi garantiscono l'ordine metabolico

L'ATTIVITÀ DEGLI ENZIMI È REGOLATA DA INIBITORI. Una tipica cellula del nostro corpo contiene fino a 4000 enzimi diversi, ciascuno con il compito di promuovere una specifica reazione chimica.

Il controllo della velocità con cui decorrono tutte queste reazioni enzimatiche in ciascuna delle varie cellule è di cruciale importanza per mantenere stabili le condizioni complessive dell'ambiente interno di ogni organismo vivente. Ciò richiede la **regolazione dell'attività enzimatica** che la cellula attua attraverso una serie di opportuni meccanismi, detti di **inibizione**, in cui utilizza sostanze, definite *inibitori*, che interferiscono sull'attività degli enzimi: un esempio di questo meccanismo è dato dall'*inibizione competitiva* (*fig. 17*).

> **APPROFONDIMENTO *ON LINE***
>
> - La regolazione dell'attività enzimatica
> - L'enzima catalasi e l'acqua ossigenata

17

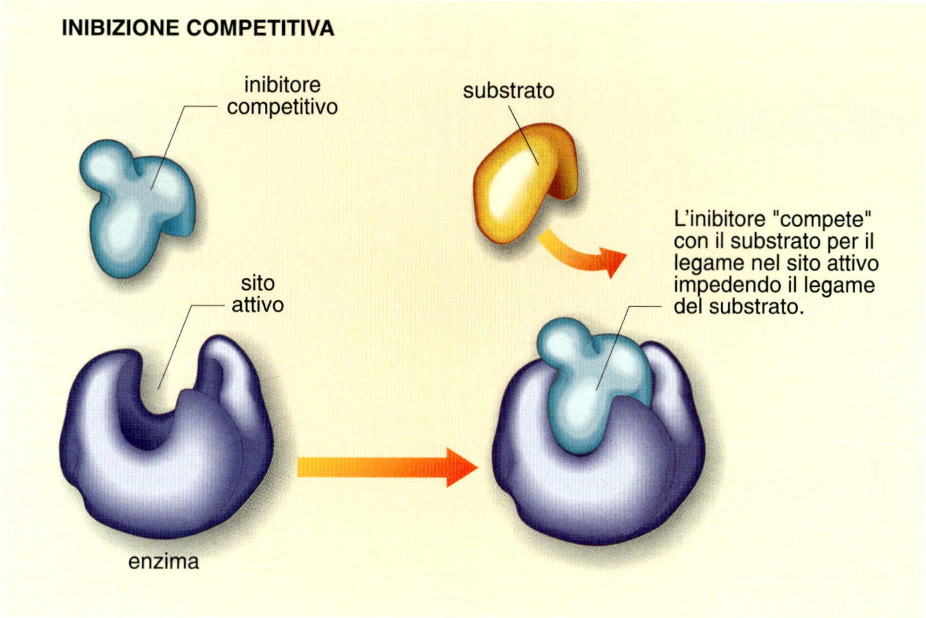

Fig. 17
Inibizione competitiva: certi inibitori sono in grado di legarsi temporaneamente al sito attivo di un enzima al posto del substrato.
Il funzionamento dell'enzima rimane bloccato fino a quando l'inibitore non si separa.

IL METABOLISMO È ORGANIZZATO IN VIE METABOLICHE. Dal punto di vista dell'organizzazione del lavoro, gli enzimi hanno la caratteristica di agire non isolatamente ma in gruppi.

Le reazioni che si svolgono nelle cellule fanno in genere parte di sequenze ordinate costituite da una serie di passaggi, chiamate **vie metaboliche**, indirizzate ciascuna verso uno dei numerosi obiettivi biochimici: ogni passaggio di queste sequenze è catalizzato da un enzima (le vie metaboliche sono tra loro interconnesse in *reti metaboliche*). Gli enzimi lavorano quindi suddivisi in squadre, secondo uno schema pianificato che assicura una elevatissima efficienza collettiva.

Si può dire che gli enzimi reggono il funzionamento dell'intera "macchina biochimica" del sistema vivente, che culmina nei due fondamentali processi metabolici della respirazione cellulare e della fotosintesi (*vedi ai paragrafi 5 e 6*), senza contare il loro contributo all'attività che permette il transito di molecole attraverso le membrane cellulari (*come vedremo nel successivo paragrafo 4*).

È grazie all'opera svolta con rapidità e precisione dagli enzimi se la cellula è in grado di rendere disponibili, attraverso il metabolismo, le sostanze che le occorrono in quantità elevata e senza sprechi o accumuli di prodotti indesiderati.

Questo stupefacente **ordine metabolico** è uno dei fattori basilari che racchiude l'essenza della vita.

RISPONDI

- In che cosa un coenzima si distingue da un enzima?
- In che modo la temperatura influenza l'azione di un enzima?
- Che cos'è una via metabolica?

4 Il trasporto di sostanze attraverso la membrana plasmatica

4.1 I processi di trasporto passivo e attivo

I processi del metabolismo richiedono che la cellula possa ricevere ed espellere, nonché mobilitare tra i vari organuli al proprio interno, svariate sostanze in modo regolato secondo precise esigenze. Queste funzioni sono svolte, rispettivamente, dalla *membrana plasmatica* e dal sistema di *membrane interne* che sono **membrane semipermeabili** o **selettivamente permeabili**.
Fisseremo la nostra attenzione sulla membrana plasmatica, tenendo conto che quanto sarà detto al riguardo vale per tutte le membrane della cellula eucariote.
La **membrana plasmatica** tiene separati due ambienti, il *citoplasma* e la *matrice extracellulare*, dove si trovano in soluzione molecole e ioni di varie sostanze in concentrazioni *differenti*. Le sostanze presenti in una soluzione tendono naturalmente a muoversi per *diffusione* (come spiegato più avanti) da zone dove sono *più concentrate* a zone dove sono *meno concentrate*.
Nel doppio strato fosfolipidico della membrana le code idrofobe dei fosfolipidi sono rivolte le une verso le altre: pertanto la parte interna è di natura *apolare*. Grazie a questa organizzazione, molecole *apolari* di piccole dimensioni, come l'*ossigeno* e il *diossido di carbonio* (*fig. 18*) possono facilmente attraversare per diffusione la membrana. Al contrario, il *libero transito* per diffusione di grandi molecole polari, come il *glucosio*, e di *ioni* è quasi sempre impossibile. Queste sostanze possono tuttavia attraversare il doppio strato con l'aiuto di apposite *proteine di membrana*.

18

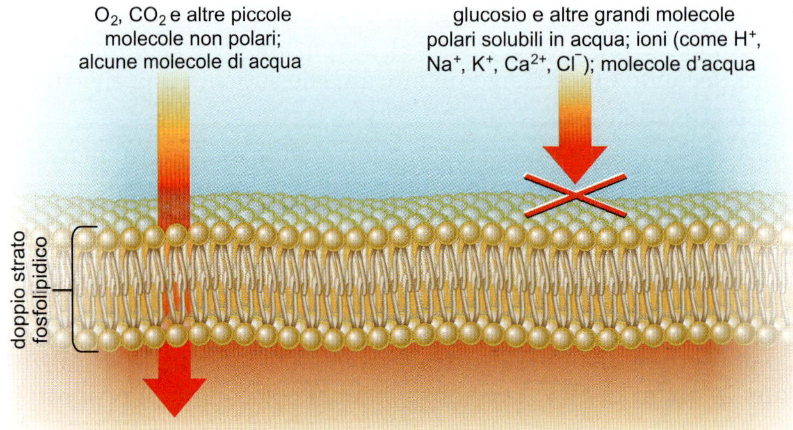

Fig. 18
La permeabilità selettiva del doppio strato fosfolipidico.

L'*acqua*, pur essendo polare, per le sue piccole dimensioni riesce in una certa misura a insinuarsi nei varchi temporanei del doppio strato e ad attraversarlo per diffusione (nel caso dell'acqua si parla di *osmosi*); anch'essa, comunque, può disporre dell'ausilio di proteine di membrana.

In tutti questi casi il flusso o, come viene chiamato, il *trasporto* di sostanze attraverso la membrana plasmatica avviene *senza spesa di energia* da parte della cellula: si parla perciò di **trasporto passivo**.
In altri casi, le cellule hanno la necessità di muovere sostanze in senso contrario alla loro tendenza a diffondere, trasferendole cioè da zone dove sono più diluite a zone dove sono più concentrate: si servono allora di proteine di membrana che agiscono come "pompe", ma hanno un *costo energetico*, per cui si parla di **trasporto attivo**. Vi è infine un tipo di *trasporto attivo* in cui la cellula utilizza vescicole per fare transitare attraverso la membrana in entrata (*endocitosi*) o in uscita (*esocitosi*) molecole e particelle di grandi dimensioni.

Punti chiave

Per riassumere, il passaggio di sostanze attraverso la membrana plasmatica si svolge secondo due processi fondamentali:
- i processi di **trasporto passivo**, che *non richiedono consumo di energia* e comprendono vari tipi di **diffusione**;
- i processi di **trasporto attivo**, che *richiedono consumo di energia* e comprendono il **trasporto mediato da proteine** e il **trasporto mediato da vescicole**.

Rispondi

■ In che modo si manifesta la permeabilità selettiva della membrana plasmatica?

4.2 La natura fisica della diffusione

Se facciamo cadere in un recipiente pieno d'acqua una goccia di colorante solubile, si osserva che, dopo un certo tempo, le sue molecole si sono distribuite in modo omogeneo tra le molecole d'acqua (*fig. 19*).

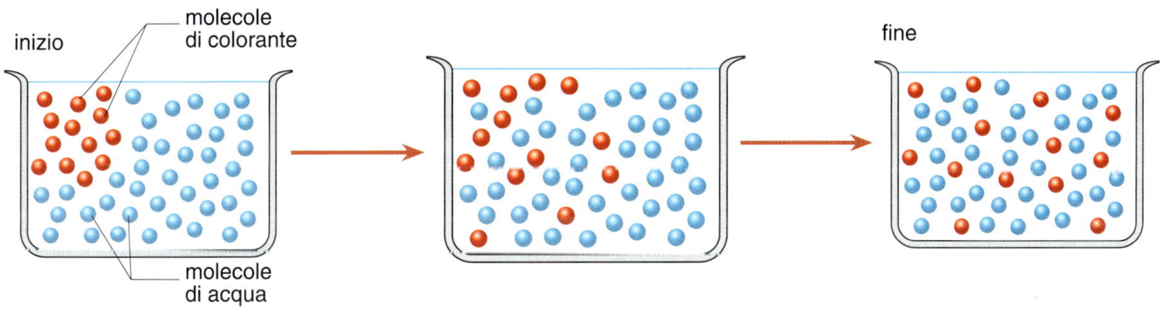

19

Fig. 19 Il meccanismo della diffusione. Le molecole di colorante tendono via via a spostarsi verso zone dove sono meno concentrate, fino a distribuirsi uniformemente nel volume del recipiente; lo stesso accade per le molecole d'acqua.

Questo fenomeno è chiamato **diffusione** e rappresenta la naturale tendenza delle particelle delle sostanze liquide (e gassose) a disporsi in modo uniforme nello spazio disponibile e perciò a spostarsi da zone in cui sono presenti in concentrazione maggiore verso zone dove sono meno concentrate.

Le molecole di colorante e quelle di acqua, grazie alla loro energia cinetica, sono in continuo movimento casuale (*moto di agitazione termica*), perciò si urtano tra di loro e rimbalzano in ogni direzione: tuttavia, il loro movimento complessivo risultante è di *allontanamento* dalla zona iniziale, in cui vi è la massima concentrazione e il numero maggiore di urti, e di *avvicinamento* alla zona dove la concentrazione è minima o nulla.
Questa differenza di concentrazione viene chiamata **gradiente di concentrazione**: il suo valore, massimo all'inizio, tende a ridursi via via che le particelle si diluiscono nel volume disponibile, fino ad annullarsi quando la loro distribuzione è uniforme.
Il sistema costituito dalla soluzione si trova allora in uno stato di **equilibrio dinamico**: ciò significa che le particelle, *pur continuando a muoversi*, lo fanno in modo tale che la loro distribuzione complessiva non cambia nel tempo.
Il movimento di diffusione avviene, come si dice, **secondo il gradiente di concentrazione**: il processo **non richiede apporto di energia** dall'esterno e si produce *spontaneamente*, in accordo con la tendenza di ogni sistema a passare *da uno stato più ordinato a uno meno ordinato.*

Rispondi

■ Che cosa determina il meccanismo della diffusione?

■ Quando si annulla il gradiente di concentrazione?

4.3 I processi di trasporto passivo non hanno costo energetico per la cellula

Il **trasporto passivo** di sostanze attraverso la membrana plasmatica avviene per **diffusione**, secondo il gradiente di concentrazione e quindi senza spesa di energia da parte della cellula.

Punti chiave

Una sostanza può attraversare il doppio strato:
- **direttamente**, cioè per **diffusione semplice**;
- per **diffusione facilitata**, sfruttando il passaggio offerto da opportune proteine di trasporto di membrana;
- per **osmosi**, quando la diffusione riguarda le molecole dell'acqua.

La diffusione semplice e la diffusione facilitata

DIFFUSIONE SEMPLICE

È la tipica modalità di transito attraverso la membrana di piccole molecole, per esempio CO_2 e O_2: queste, a seconda che la loro concentrazione sia maggiore nell'ambiente extracellulare o in quello cellulare, tendono, rispettivamente, a entrare nella cellula o a uscirne fuori (*fig. 20a*).
Nel caso, per esempio, del CO_2, presente in abbondanza all'interno delle cellule (è costantemente prodotto dal metabolismo cellulare), il gradiente di concentrazione fa sì che questa molecola diffonda nell'ambiente extracellulare, dove la sua concentrazione è decisamente più bassa.
Allo stesso modo avviene il passaggio delle molecole di ossigeno dai polmoni (dove è più concentrato) nelle cellule del sangue (dove è meno concentrato).

DIFFUSIONE FACILITATA

Varie molecole, polari o di grandi dimensioni, e vari ioni non riescono a passare attraverso la membrana plasmatica, anche se il gradiente di concentrazione è favorevole. Per farlo richiedono l'ausilio di *proteine di trasporto* incorporate nella membrana stessa che ne facilitano il transito.
Certe proteine di trasporto, dette **proteine canale** (*fig. 20b*), offrono semplicemente un canale internamente *idrofilo* (polare) che alcune molecole o ioni possono attraversare agevolmente. Altre proteine di trasporto, dette **proteine carrier** (*fig. 20c*), si legano alle sostanze che devono trasferire (tra queste il glucosio), cambiando leggermente forma per meglio accoglierle al proprio interno, e le depositano dall'altra parte della membrana. Quindi la diffusione facilitata interessa varie molecole di amminoacidi e zuccheri e anche l'acqua: questa, per la sua natura polare, incontra, come detto, una certa difficoltà ad attraversare la membrana, ma può avvalersi di speciali proteine canale, dette *acquaporine*, che ne consentono una rapida diffusione.

20

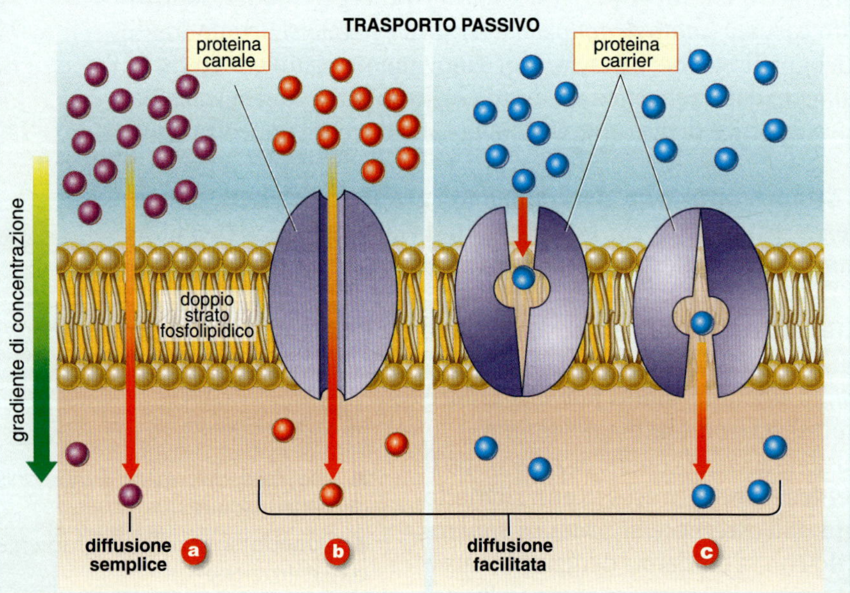

Fig. 20
Schema dei processi di trasporto per diffusione semplice (**a**) e per diffusione facilitata mediante proteine canale (**b**) e proteine carrier (**c**).

La diffusione dell'acqua attraverso una membrana semipermeabile: l'osmosi

Viene chiamata **osmosi** la diffusione dell'acqua attraverso una *membrana semipermeabile*, sia essa naturale, come la membrana plasmatica, o artificiale (membrane artificiali sono, per esempio, quelle impiegate per filtrare il sangue nel rene artificiale, la macchina a cui devono sottoporsi le persone con grave insufficienza renale).
La diffusione dell'acqua attraverso la membrana plasmatica ha un'enorme importanza per la cellula, perché le molecole d'acqua sono quelle presenti di gran lunga in maggiore quantità sia nel citoplasma sia nel liquido extracellulare.
Come ogni altra sostanza, l'acqua diffonde attraverso la membrana plasmatica secondo il *gradiente di concentrazione*: parlando di una soluzione, l'acqua risulta **concentrata** quando contiene **poche particelle di soluto**, **diluita** quando contiene **molte particelle di soluto**.
L'acqua tende quindi a passare per diffusione dal lato della membrana dove è più diluita al lato dove è più concentrata: in questi spostamenti si possono produrre tra i due lati della membrana significative variazioni di volume e quindi di pressione che sono all'origine della *pressione osmotica*, come vedremo tra breve.

IL PROCESSO DELL'OSMOSI

La *figura 21* illustra schematicamente ciò che succede se due soluzioni a *diversa concentrazione* e di *uguale volume* sono separate da una membrana semipermeabile. Solo le molecole d'acqua possono transitare liberamente attraverso la membrana, mentre le molecole o gli ioni del soluto sono bloccati.
I sistemi nei due scomparti separati dalla membrana, non potendo scambiare liberamente le sostanze disciolte, tendono a raggiungere l'*equilibrio* attraverso il passaggio *spontaneo* dell'acqua dalla soluzione in cui è *più concentrata* (meno soluto disciolto) a quella in cui è *meno concentrata* (più soluto disciolto).
Dove l'acqua è più diluita, l'effetto di diluizione è accentuato dal fatto che le particelle polari di soluto attraggono e legano intorno a sè molecole di acqua, sottraendole alla soluzione (fenomeno detto *idratazione*).
Il risultato è che in ogni momento il numero di molecole d'acqua che attraversa la membrana da sinistra a destra è maggiore di quello in senso contrario:

> l'**osmosi** consiste nel flusso netto di acqua che tende a *riequilibrare le concentrazioni ai due lati della membrana*.

Nel processo entra in gioco anche il *fattore pressione*. Nel comparto dove fluisce l'acqua si ha un aumento di volume della soluzione, quindi si crea un dislivello *h* che determina una pressione "idrostatica" esercitata dalla colonna d'acqua di altezza corrispondente.
Questa pressione si scarica sulla membrana e tende a opporsi alla "spinta" connessa alla diffusione dell'acqua, cioè alla **pressione osmotica.**

Di fatto, il *flusso netto* di acqua si annulla e il sistema raggiunge l'**equilibrio dinamico** quando la pressione osmotica e la pressione idrostatica si bilanciano.
Il fenomeno dell'osmosi è in funzione del numero di particelle di soluto presenti e *non dipende dalla loro natura.*
Per rappresentare l'effetto osmotico che si determina tra soluzioni *separate da una membrana semipermeabile*, in relazione alla loro concentrazione, si ricorre al concetto di **tonicità** (*vedi anche l'approfondimento seguente*):

- due soluzioni con la *stessa concentrazione di soluto* sono dette **isotoniche** (dal greco *ísos* = uguale, *tónos* = tensione): non si ha passaggio netto di acqua tra le due soluzioni;
- se le due soluzioni hanno *concentrazioni diverse*, quella a maggior concentrazione di soluto è detta **ipertonica** (*hypér* = sopra), e quella a minore concentrazione **ipotonica** (*hypó* = sotto): in questo caso, si ha un passaggio netto di acqua dalla soluzione ipotonica a quella ipertonica.

RISPONDI

■ Che cosa succede se due soluzioni acquose contenenti una differente concentrazione di soluto sono separate da una membrana semipermeabile? Quando si annulla il flusso netto di acqua?

Fig. 21
Schematizzazione del processo di diffusione per osmosi dell'acqua, che si verifica in presenza di una membrana semipermeabile che separa due soluzioni acquose di differente concentrazione.

21

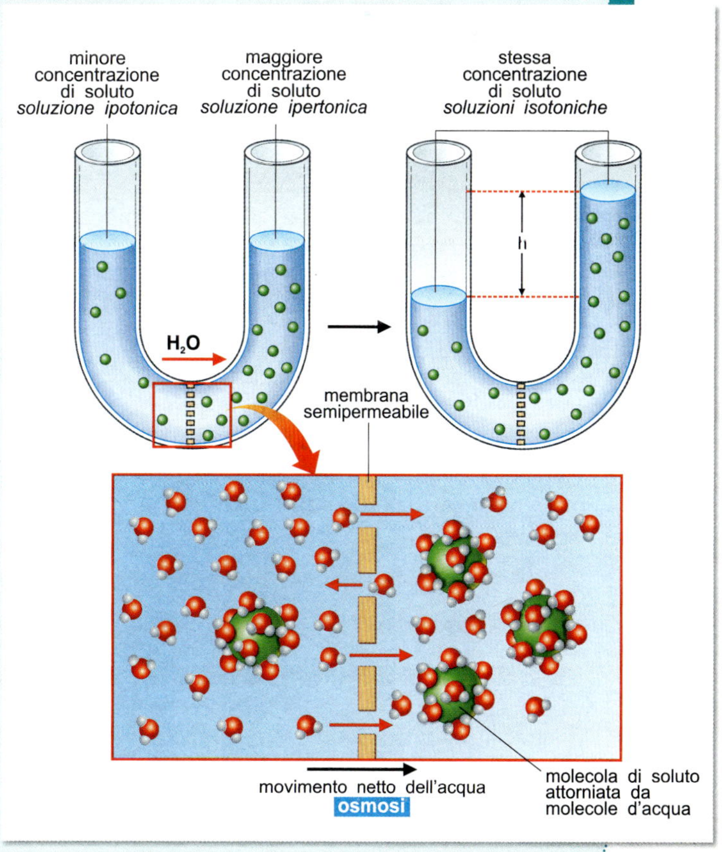

Scienze e realtà

L'importanza dell'osmosi per gli organismi viventi

Il fenomeno dell'osmosi ha notevoli implicazioni sul funzionamento delle cellule, poiché la concentrazione di soluti al loro interno e al loro esterno può essere diversa. Possiamo considerare a titolo esemplificativo gli effetti che possono prodursi in una cellula animale e in una cellula vegetale a seconda che vengano a trovarsi in *un ambiente esterno* costituito da una soluzione *isotonica*, *ipotonica* o *ipertonica* rispetto all'ambiente interno.

CELLULA ANIMALE. Consideriamo il caso dei globuli rossi. In condizioni normali l'ambiente esterno è costituito da una soluzione **isotonica** rispetto all'ambiente interno, come accade per la maggior parte delle cellule degli organismi animali (*fig. 22a*): l'acqua entra ed esce in ugual misura dal globulo rosso e si ha una condizione di equilibrio.

Si osserva, per esempio, che una soluzione contenente lo 0,9% di cloruro di sodio è isotonica rispetto al citoplasma dei globuli rossi.

Se un globulo rosso si trova immerso in una soluzione **ipotonica** (*fig. 22b*), l'acqua tende a entrare al suo interno: la cellula si gonfia e può arrivare a rompersi fino a scoppiare (fenomeno chiamato **lisi**)

Viceversa, se il globulo rosso è a contatto con una soluzione **ipertonica**, l'acqua tende a fuoriuscire dal suo interno e la cellula si disidrata e raggrinzisce (*fig. 22c*).

La maggior parte delle cellule animali possiede comunque meccanismi (detti di *osmoregolazione*) che permettono di compensare le variazioni di tonicità dell'ambiente esterno.

22

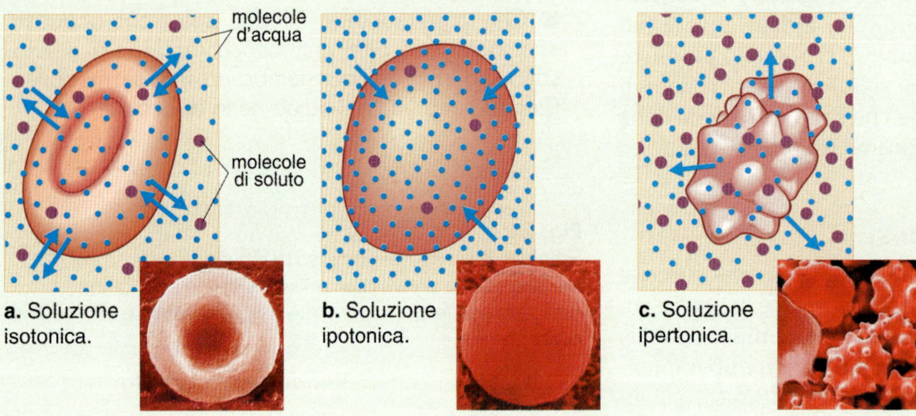

a. Soluzione isotonica. b. Soluzione ipotonica. c. Soluzione ipertonica.

Fig. 22
Effetti prodotti dall'osmosi su globuli rossi immersi in soluzioni di tonicità differente (immagini al microscopio elettronico a scansione).

CELLULA VEGETALE. Le cellule vegetali possiedono una robusta parete cellulare che impedisce loro di scoppiare e la loro condizione ottimale è quando sono immerse in una soluzione **ipotonica** (*fig. 23b*): l'acqua che entra al loro interno determina una pressione che si esercita contro la parete cellulare, detta **turgore**, e non consente l'ingresso di altra acqua; nello stesso tempo, mantiene rigida la parete cellulare. Il turgore è importante nel caso delle piante erbacee, perché contribuisce al sostegno meccanico del loro fusto.

Una cellula vegetale immersa in una soluzione **isotonica** mantiene la propria forma, ma subentra una perdita di turgore (*fig. 23a*).

Immersa in una soluzione **ipertonica** (*fig. 23c*), la cellula viene invece danneggiata, come accade ai globuli rossi: infatti, in seguito alla perdita di acqua, avviene il distacco della membrana plasmatica dalla parete cellulare (fenomeno detto **plasmolisi**) e la cellula avvizzisce.

23

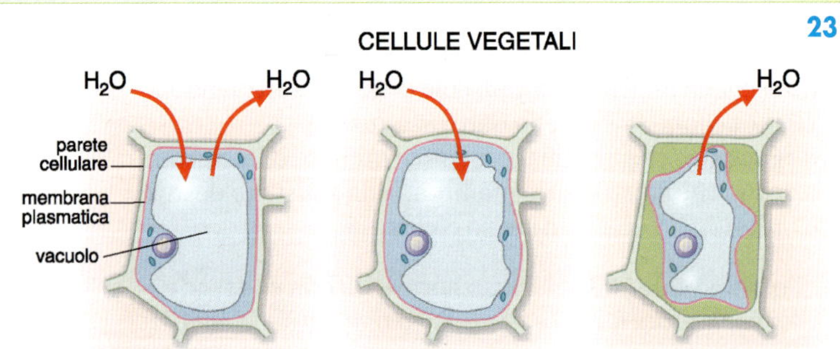

a. Soluzione isotonica — La cellula tende lentamente ad avvizzire perché la pressione dell'acqua nel vacuolo non è abbastanza elevata.

b. Soluzione ipotonica — La cellula è turgida perché il vacuolo centrale è ipertonico rispetto alla soluzione circostante.

c. Soluzione ipertonica — La cellula perde acqua e diminuisce di volume; la membrana cellulare si distacca dalla parete cellulare e la cellula avvizzisce.

Fig. 23
Comportamento tipico della cellula vegetale in presenza di soluzioni di tonicità differente.

RISPONDI

■ In quali condizioni di tonicità dell'ambiente esterno le cellule sia animali che vegetali vengono seriamente danneggiate e come si chiamano i rispettivi processi a cui vanno incontro?

4.4 I processi di trasporto attivo hanno un costo energetico per la cellula

Trasporto attivo mediato da proteine di trasporto che agiscono come pompe

La cellula può avere necessità di fare passare al proprio interno, attraverso la membrana, soluti che si trovano all'esterno in *concentrazione più bassa*, o viceversa, di espellere soluti che devono rimanere al proprio interno in concentrazione *inferiore rispetto all'esterno*. In questi casi il movimento deve avvenire **contro il gradiente di concentrazione** ed è effettuato con l'intervento di *proteine di trasporto* che agiscono come "pompe" (dette anche *pompe di membrana*): ciò comporta un *dispendio di energia,* che è fornita dalle molecole di ATP. Le proteine coinvolte subiscono un cospicuo *mutamento di forma* per adattarsi ai soluti che devono far transitare ed è per compiere questa operazione che richiedono un apporto energetico.

La pompa sodio-potassio. Un esempio molto conosciuto di trasporto attivo è quello mediato dalla cosiddetta **pompa sodio-potassio**, una proteina che lavora al fine di assicurare che la concentrazione dei due ioni Na^+ e K^+ su entrambi i lati della membrana cellulare si mantenga su valori opportuni (*fig. 24*).

In quasi tutte le cellule animali, la concentrazione degli ioni potassio nel citoplasma è tipicamente da 10 a 20 volte superiore rispetto all'ambiente extracellulare, mentre per gli ioni sodio avviene il contrario. Queste differenze di concentrazione determinano una differenza di potenziale elettrochimico che svolge un ruolo cruciale, per esempio, nella *trasmissione dell'impulso nervoso.*

La proteina di trasporto ha proprio la funzione di "pompare" continuamente ioni Na^+ all'esterno (a tre per volta) e ioni K^+ all'interno (a due per volta), contro i rispettivi gradienti di concentrazione.

L'ATP cede alla pompa sodio-potassio un gruppo fosfato che fornisce alla proteina l'energia necessaria al lavoro di trasporto (il processo è detto **fosforilazione**).

Rispondi

- Perché il trasporto attivo può esere effettuato solo grazie al consumo di energia?
- Come funziona la pompa sodio-potassio?

Fig. 24
Schema del funzionamento della pompa sodio-potassio.

24

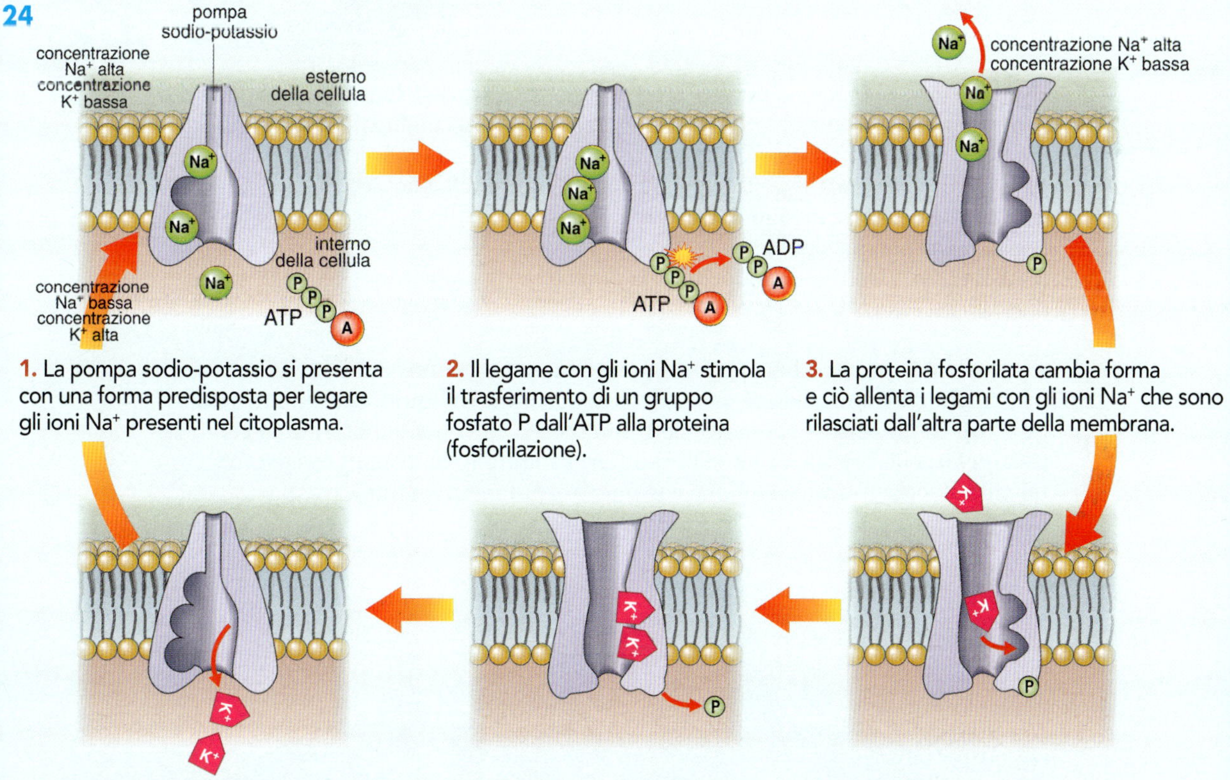

1. La pompa sodio-potassio si presenta con una forma predisposta per legare gli ioni Na^+ presenti nel citoplasma.
2. Il legame con gli ioni Na^+ stimola il trasferimento di un gruppo fosfato P dall'ATP alla proteina (fosforilazione).
3. La proteina fosforilata cambia forma e ciò allenta i legami con gli ioni Na^+ che sono rilasciati dall'altra parte della membrana.
4. La proteina si presenta con una nuova forma che le consente di legare altri ioni K^+ presenti all'esterno della cellula.
5. Il legame con i due ioni K^+ innesca il distacco del gruppo fosfato, quindi i legami con gli ioni K^+ si allentano.
6. Gli ioni K^+ sono rilasciati all'interno della cellula, la proteina riacquista la forma predisposta per legare gli ioni Na^+ e il ciclo si ripete.

Il trasporto di grosse molecole e particelle solide mediato da vescicole: l'esocitosi e l'endocitosi

Grandi molecole come le proteine, i polinucleotidi e i polisaccaridi, e particelle di dimensioni ancora maggiori non sono in grado di attraversare la membrana cellulare con i meccanismi di trasporto fin qui descritti.
Entrano allora in gioco processi di trasporto attivo, noti come *esocitosi* ed *endocitosi*, (a cui si è fatto cenno nel *Capitolo 2*).
Entrambi i processi implicano la **formazione e il trasporto di vescicole** e richiedono l'**apporto di energia**.

■ **Esocitosi** (dal greco *éxo* = "fuori" e *kýtos* = "cellula"). È il processo tramite il quale le sostanze che devono essere trasportate all'esterno della cellula sono avvolte entro *vescicole secretorie* che migrano fino alla membrana plasmatica con la quale si fondono: dopodiché si forma una sorta di canale tra il lume delle vescicole e l'ambiente extracellulare dove viene riversato il loro contenuto (*fig. 25*). Oltre a costituire l'ultima tappa del processo con cui i materiali non idrolizzabili sono espulsi dalla cellula, l'esocitosi svolge anche un ruolo importante nella secrezione di varie sostanze: per esempio, è attraverso questo meccanismo che le cellule del *pancreas* riversano nel circolo sanguigno l'ormone *insulina* da esse prodotto.

25

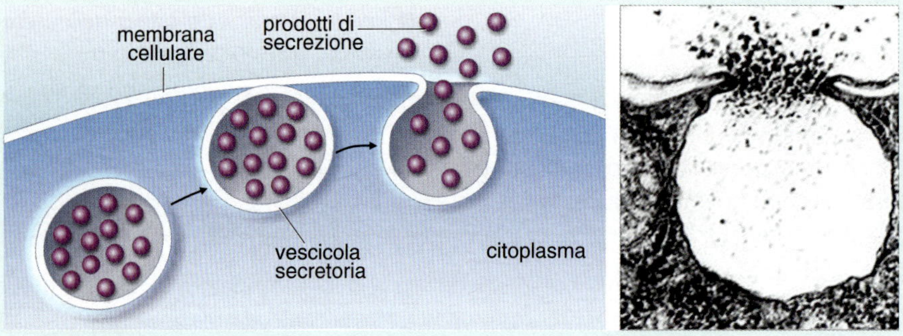

Fig. 25 **Meccanismo dell'esocitosi.** Nell'immagine al microscopio elettronico a trasmissione una vescicola mentre sta espellendo il suo contenuto all'esterno della cellula.

■ **Endocitosi** (*éndon* = "dentro"). Il termine "endocitosi" è usato per indicare genericamente un insieme di processi tramite i quali molecole di dimensioni piccole o medie, macromolecole, particelle voluminose e addirittura cellule di taglia limitata sono trasportate all'interno di una cellula eucariote.
In tutti i casi il meccanismo di trasporto è simile a quello dell'esocitosi, solo che si svolge in sequenza inversa.
Si distinguono tre tipi di endocitosi: la *pinocitosi*, la *fagocitosi* e l'*endocitosi mediata da recettori.*

• **Pinocitosi** (*pìno* = "bevo"). È il meccanismo attraverso cui la cellula assume, mediante la formazione di vescicole, goccioline di liquidi contenenti soluti (*fig. 26*). La pinocitosi si verifica continuamente a livello dello strato di cellule (*endotelio*) che separa il lume dei capillari sanguigni dai tessuti circostanti: in tal modo, consente alle cellule di assumere rapidamente i fluidi trasportati dal sangue.

26

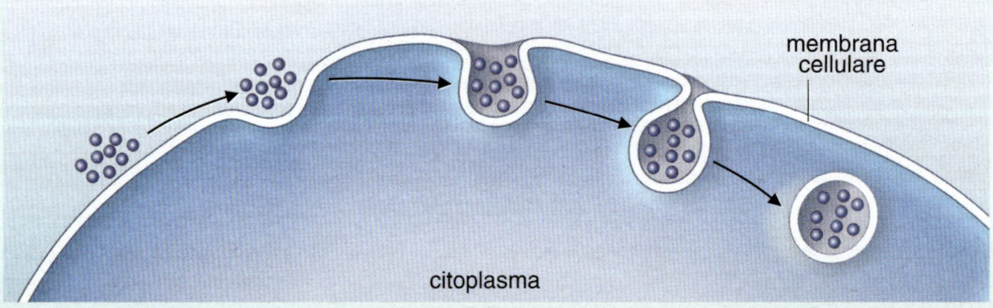

Fig. 26 **Meccanismo della pinocitosi.**

Fig. 27
(**a**) Meccanismo della fagocitosi.
(**b**) Un'ameba mentre sta fagocitando un'alga unicellulare.

• **Fagocitosi** (*phagêin*="mangiare"). È il meccanismo attraverso cui una cellula ingloba particelle solide grossolane (anche microrganismi) per mezzo di estroflessioni della membrana, dette *pseudopodi*, che si chiudono in vacuoli alimentari: solitamente, questi ultimi si fondono con lisosomi che ne digeriscono il contenuto (*fig. 27a*).
La fagocitosi è impiegata dai protisti unicellulari, per esempio l'*ameba* (*fig. 27b*), come sistema per assumere cibo, e da taluni *globuli bianchi* del sangue per eliminare cellule e sostanze estranee dall'organismo.

27a

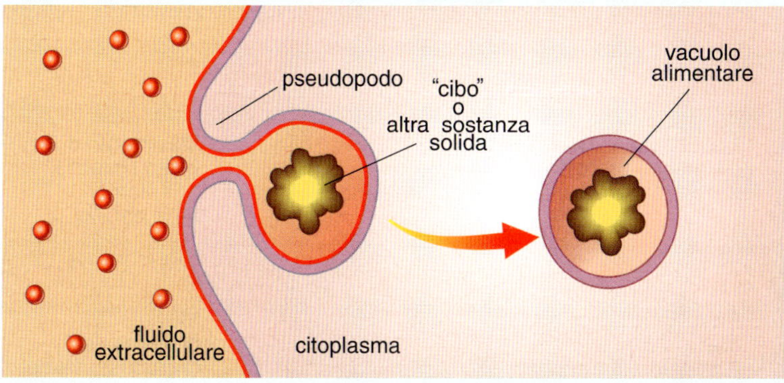

27b

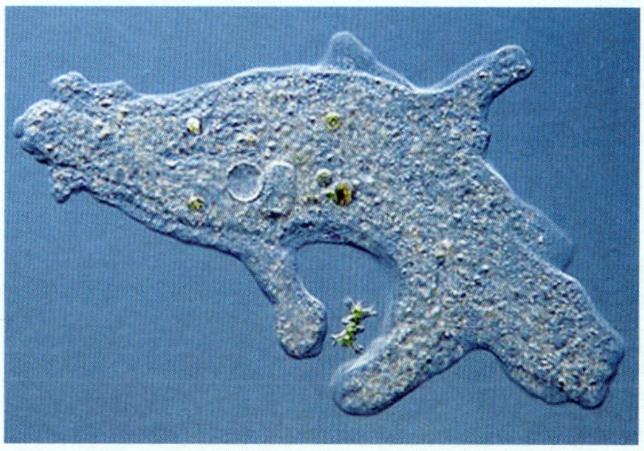

• **Endocitosi mediata da recettori.** È il processo mediante il quale le cellule prelevano dall'ambiente circostante macromolecole specifiche. Ciò avviene grazie a particolari proteine, presenti in lievi depressioni o *fossette* della membrana plasmatica: queste si comportano come recettori, poiché sono in grado di riconoscere in modo esclusivo e di legare a sé molecole presenti nell'ambiente extracellulare che sono richieste dalla cellula.
Quando i recettori hanno agganciato le molecole da trasportare, le fossette si chiudono in vescicole che si staccano (*fig. 28*): una volta dentro la cellula, le vescicole si fondono con un lisosoma e il materiale assunto viene elaborato e rilasciato nel citoplasma.
L'endocitosi mediata da recettori è il sistema con cui viene, per esempio, assunto il colesterolo dalla maggior parte delle cellule di mammiferi.

28

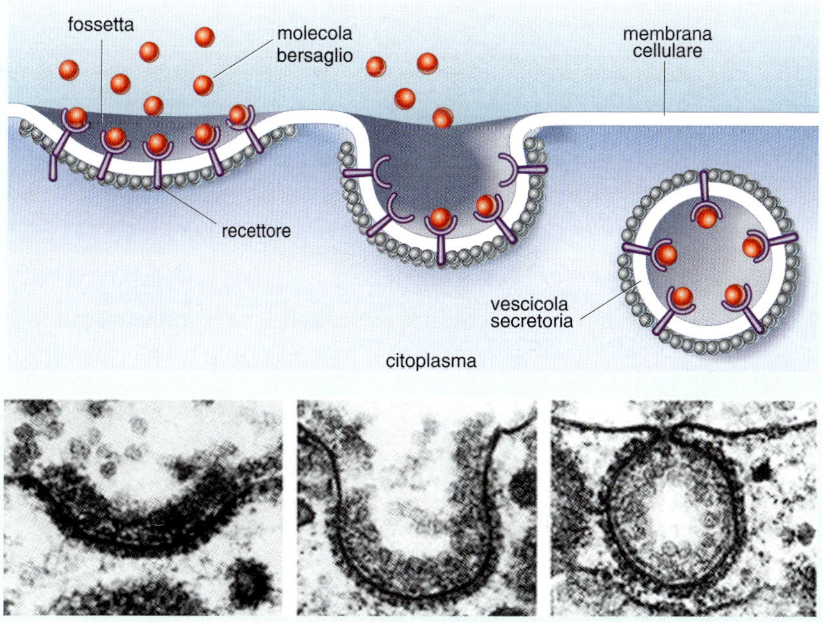

RISPONDI

- In che cosa si differenziano l'endocitosi e l'esocitosi?
- Quali sono e per quali caratteristiche si distinguono i tre tipi di endocitosi?

Fig. 28
Meccanismo dell'endocitosi mediata da recettori.
Le immagini al microscopio elettronico a trasmissione mostrano una sequenza reale simile a quella schematizzata nel disegno.

La *figura 29* nella pagina successiva riassume i processi di trasporto descritti in questo paragrafo.

I principali meccanismi di trasporto attraverso la membrana plasmatica

PROCESSO DI TRASPORTO	Passaggio attraverso la membrana	DESCRIZIONE	ESEMPI
PROCESSI PASSIVI	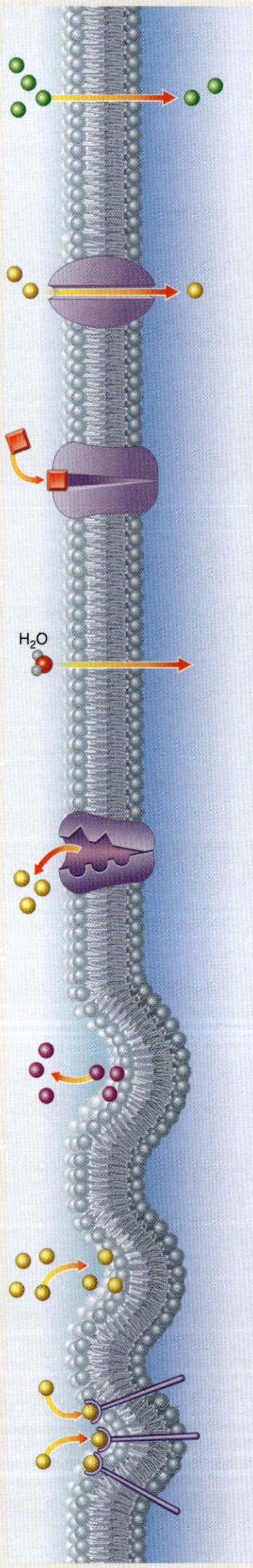		
● **Diffusione**			
- Diretta		Migrazione netta spontanea di molecole verso la regione in cui si trovano a minore concentrazione, conseguente al loro movimento casuale.	Movimento dell'ossigeno nelle cellule.
- Facilitata			
Proteina canale		Passaggio di molecole polari attraverso proteine canale secondo il gradiente di concentrazione.	Movimento di ioni verso l'interno o l'esterno delle cellule.
Proteina di trasporto		Passaggio di molecole previo il loro legame a proteine di trasporto; il movimento avviene secondo il gradiente di concentrazione.	Movimento di molecole di glucosio verso l'interno o l'esterno delle cellule.
● **Osmosi**		Diffusione dell'acqua attraverso una membrana semipermeabile.	Movimento dell'acqua verso l'interno di cellule immerse in una soluzione ipotonica.
PROCESSI ATTIVI			
● **Trasporto attivo mediato da proteine**		Passaggio di un soluto attraverso la membrana contro il gradiente di concentrazione effettuato da una proteina di trasporto con spesa energetica.	Movimento di ioni Na^+ e K^+ contro il loro gradiente di concentrazione.
● **Esocitosi**		Vescicole secretorie si fondono con la membrana cellulare ed espellono il loro contenuto all'esterno della cellula.	Secrezione di insulina da parte delle cellule del pancreas; secrezione di muco.
● **Endocitosi** Pinocitosi Fagocitosi		La membrana cellulare si ripiega intorno a particelle liquide (pinocitosi) o a particelle solide grossolane (fagocitosi) formando una vescicola che le ingloba.	Ingestione di batteri a opera di globuli bianchi.
Endocitosi mediata dai recettori		L'endocitosi avviene tramite recettori che riconoscono le sostanze da inglobare.	Assunzione di colesterolo.

5 La respirazione cellulare: come estrarre energia dagli alimenti

5.1 L'ossidazione controllata del glucosio

L'energia che mantiene in vita un bombo e gli consente il volo proviene dal nettare zuccherino dei fiori che l'insetto impollinatore visita in continuazione (*fig. 30*). Il glucosio così ingerito passa nelle cellule dei muscoli che azionano le ali ed è smistato ai *mitocondri*, dove subisce una graduale trasformazione simile a una lenta combustione, o meglio, a un'*ossidazione controllata*: in questo processo la molecola di glucosio viene demolita e libera la propria energia chimica che viene immagazzinata in molecole di ATP, una forma pronta per l'immediato consumo.

La *via metabolica* praticata dal bombo per fare fronte alle proprie esigenze energetiche è sorprendentemente simile, nel suo schema di base, a quella utilizzata, tranne alcuni archei, da tutti gli organismi viventi, siano essi un batterio, un filo d'erba, una sequoia, un'ameba, un insetto o un mammifero.

Tutti gli organismi ricavano l'energia necessaria per i propri fabbisogni metabolici attraverso la demolizione di molecole biologiche, in primo luogo il *glucosio* e altri carboidrati come l'*amido* e la *cellulosa* (ma anche *lipidi* e *proteine*).

Le piante, grazie alla fotosintesi, trovano già elaborate nelle proprie cellule le molecole ricche di energia da decomporre per soddisfare le proprie esigenze.

30

Fig. 30
Un bombo ripreso mentre si appresta a suggere il nettare da un fiore su cui si è appena posato.

Gli animali e gli altri organismi eterotrofi devono invece procurarsi queste molecole attraverso gli alimenti. Consideriamo il glucosio come alimento "tipo".

La completa ossidazione della sua molecola avviene nella cellula attraverso un insieme di reazioni che costituisce la **respirazione cellulare**, riassumibile nella seguente equazione chimica:

$$C_6H_{12}O_6 + 6O_2 \longrightarrow 6CO_2 + 6H_2O + \text{energia}$$

La reazione è praticamente inversa a quella che descrive la fotosintesi, con la differenza data dal tipo di energia in gioco (luminosa, anziché chimica): i due processi metabolici sono del resto strettamente correlati (*fig. 31*).

Immaginiamo ora di bruciare del glucosio: nel corso di una reazione di combustione, che è un'ossidazione *diretta*, lo zucchero si combina con l'ossigeno trasformandosi in H_2O e CO_2 e sviluppando una notevole quantità di energia come calore.

31

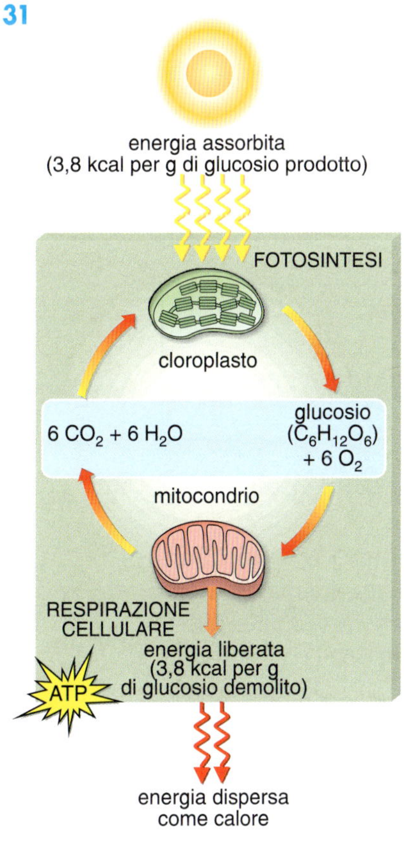

Fig. 31
La fotosintesi utilizza l'energia della luce per trasformare CO_2 e H_2O in zuccheri e O_2. La respirazione, invece, utilizza O_2 e zuccheri per produrre energia chimica sotto forma di ATP con la liberazione di CO_2 e H_2O.

APPROFONDIMENTO *ON LINE*
- **Le fonti di energia per il nostro corpo**
- **Il quoziente respiratorio**

Il calore, tuttavia, va disperso, senza produrre "lavoro utile" (*fig. 32a*). In una cellula avviene un processo simile, ma suddiviso in una serie di reazioni controllate, catalizzate da enzimi (*fig. 32b*): in questo modo l'energia chimica del glucosio viene liberata un poco per volta, in tappe successive. A ogni tappa una parte dell'energia è usata per sintetizzare una molecola di ATP (una parte dell'energia viene comunque inevitabilmente persa come calore).

32a 32b

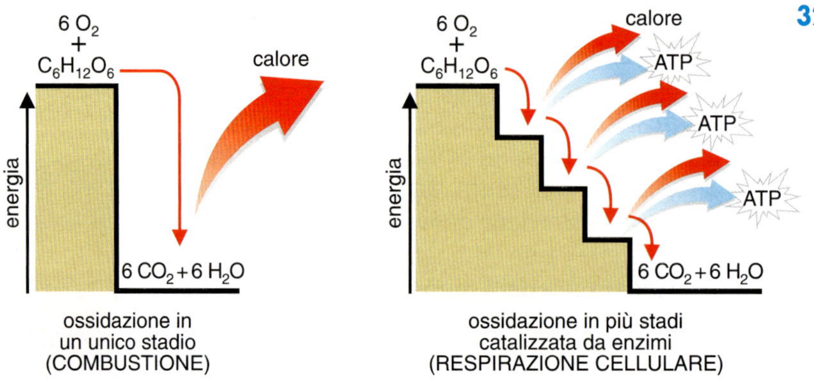

Fig. 32 Differenza tra un processo di ossidazione del glucosio in un unico stadio, o combustione (**a**), e in più stadi (**b**), come si verifica nella respirazione cellulare.

TRASPORTATORI DI ELETTRONI. Nei processi della respirazione cellulare sono coinvolti coenzimi che fungono da *trasportatori di elettroni* (citati al *paragrafo 3.3*). Il trasporto di energia da una molecola all'altra può infatti avvenire, oltre che per trasferimento di un gruppo fosfato dall'ATP, anche tramite il trasferimento di elettroni nel corso di una reazione di *ossidoriduzione*: la specie chimica che perde elettroni viene ossidata e perde energia, mentre quella che acquista elettroni ed energia viene ridotta. Un importante trasportatore di elettroni è il NADH (nicotinamide adenin dinucleotide) che può cedere due elettroni e uno ione idrogeno trasformandosi nella forma ossidata, cioè "scarica", NAD^+ (da cui può riformarsi NADH per acquisto di 2 elettroni e uno ione H^+).

5.2 Le fasi essenziali della respirazione cellulare

Il processo di ossidazione cellulare del glucosio si snoda attraverso una serie di reazioni in successione che si possono raggruppare in tre fasi principali (*fig. 33 nella pagina a lato*): la *glicolisi*; il *ciclo di Krebs*; la *catena di trasporto degli elettroni*, che nel loro complesso portano alla produzione di ATP.

Punti chiave

La **glicolisi** avviene nel **citoplasma** senza intervento di ossigeno.
Il **ciclo di Krebs** e la **catena di trasporto degli elettroni** (dove interviene l'ossigeno) si svolgono nel **mitocondrio**.

La **resa energetica** massima della respirazione cellulare è di **38 molecole di ATP** per **ogni molecola di glucosio ossidata**.

Le molecole di ATP sono trasportate attraverso le membrane dei mitocondri e si diffondono nel citoplasma, rendendo disponibile il loro carico energetico per le attività cellulari. Nel contempo, le molecole "esaurite" di ADP che via via si formano seguono il percorso inverso, diffondendo dal citoplasma nella matrice dei mitocondri, pronte a ricaricarsi nuovamente.

RISPONDI

- Attraverso quali fasi si svolge la respirazione cellulare? Dove hanno luogo?
- Qual è il contributo di ogni fase della respirazione cellulare alla resa energetica complessiva in ATP?

33

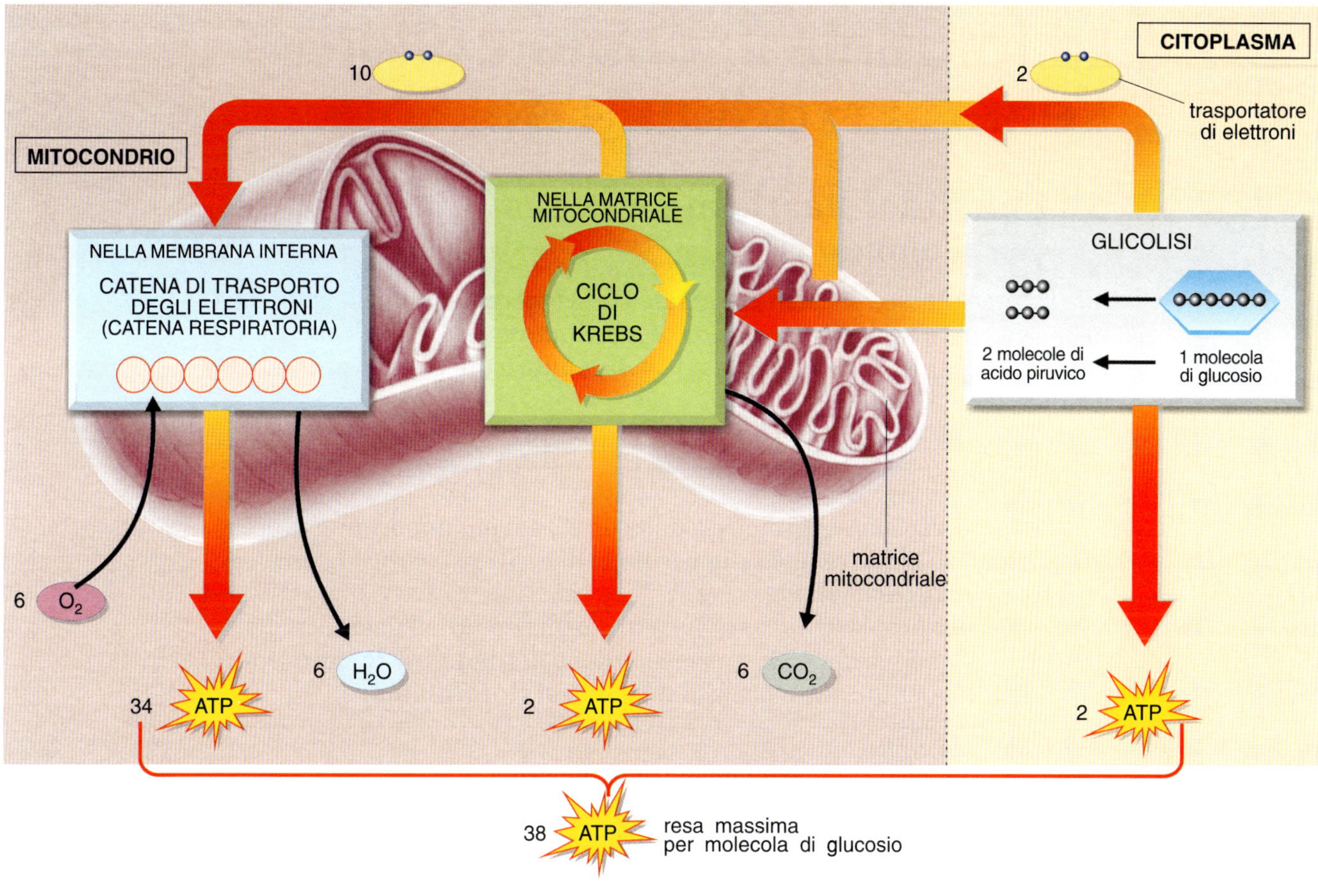

1. Glicolisi

La **glicolisi**, che significa "rottura" (*lisi*) del glucosio, è il primo passo nella demolizione del glucosio: si svolge nel **citoplasma** e porta alla rottura della **molecola del glucosio**, che ha **6 atomi di carbonio**, in **2 molecole a 3 atomi di carbonio** di un composto noto come **acido piruvico**.

Durante questi passaggi il glucosio viene parzialmente ossidato (*senza l'intervento di ossigeno*) e l'energia che si libera viene utilizzata per la produzione di **2 molecole di ATP** (sono inoltre "caricate" **2 molecole** di **NADH**, trasportatore di elettroni). Le due molecole di ATP sono una piccola frazione dell'energia estraibile dal glucosio, che tuttavia è in grado di soddisfare le necessità energetiche di microrganismi come i lieviti e certi batteri che praticano la fermentazione (*vedi l'approfondimento a pag. 153*). Le 2 molecole di trasportatore di elettroni sono utilizzate nella catena respiratoria.

2. Ciclo di Krebs

Le 2 molecole di acido piruvico, che contengono ancora molta energia, passano dal citoplasma nella **matrice del mitocondrio**: qui subiscono una prima trasformazione in cui perdono ciascuna un atomo di cabonio (che si libera come CO_2) e quindi prendono parte a una serie di reazioni di ossidoriduzione che si ripetono ciclicamente e che costituiscono il **ciclo di Krebs**. Alla fine, gli atomi di carbonio delle due iniziali molecole di acido piruvico sono trasformate in **6 molecole di CO_2** (quello che espelliamo dai polmoni durante l'espirazione), con liberazione complessiva di una quantità di energia sufficiente a produrre **2 molecole di ATP** (oltre a caricare **10 molecole** di trasportatore di elettroni, $FADH_2$ e NADH).

3. Catena di trasporto degli elettroni (o catena respiratoria)

È lo stadio in cui si registra la produzione di gran lunga più abbondante di ATP e ha luogo nella **membrana interna del mitocondrio**.

La **catena di trasporto degli elettroni** è costituita da una serie di molecole di speciali coenzimi che operano in successione ed è alimentata dagli elettroni energetici che vi vengono trasferiti dalle molecole di trasportatori di elettroni. Gli elettroni si spostano in "discesa" da un componente all'altro della catena, liberando a ogni passaggio una certa quantità di energia, utilizzata per la sintesi di molecole di ATP. Al termine della catena respiratoria, l'**ossigeno** accoglie gli elettroni in uscita che gli consentono di legarsi a ioni **idrogeno H^+** e di formare **molecole d'acqua**: in questo modo si completa il processo ossidativo.

Complessivamente, per **ogni molecola di glucosio** si utilizzano **6 molecole di O_2** e si producono **6 molecole di H_2O**. La catena respiratoria assicura da sola, nella maggior parte dei casi, la produzione massima di **34 molecole di ATP**, pari a circa il 90% dell'energia che si può ricavare da una molecola di glucosio.

Fig. 33
Schema generale della respirazione che evidenzia le relazioni tra la *glicolisi*, il *ciclo di Krebs* e la *catena respiratoria*.

6 La fotosintesi: come catturare l'energia radiante del Sole

6.1 Una straordinaria innovazione per il mondo vivente

Alla base del flusso continuo di energia che assicura la produzione di nutrimento per quasi tutti i viventi vi è il processo di *fotosintesi clorofilliana* (*fig. 34*), operato esclusivamente dagli organismi **fotoautotrofi**: piante verdi, alghe e alcuni gruppi di batteri.

Punti chiave

La **fotosintesi** ("sintesi promossa dalla luce") è il più importante processo metabolico endoergonico che permette di ricavare *energia da una fonte esterna al sistema vivente*.
Si svolge nei cloroplasti e si basa sulla trasformazione dell'energia radiante solare in energia chimica, grazie all'azione di **pigmenti**, in particolare la **clorofilla**: per questo si parla di **fotosintesi clorofilliana**.

L'energia chimica è resa disponibile come molecole di ATP e NADPH (la forma ridotta di $NADP^+$, nicotinamide adenin dinucleotide fosfato, un trasportatore di elettroni) e viene utilizzata per fabbricare, a partire da CO_2 e H_2O, biomolecole ad alto contenuto energetico: queste comprendono zuccheri (glucosio) e altri composti organici che servono come alimento per gli stessi organismi autotrofi e per tutti gli altri organismi (animali, funghi e la maggior parte dei batteri).

L'attività fotosintetica
Circa i due terzi dell'**attività fotosintetica** nella biosfera sono svolti da piante terrestri, mentre la parte restante è in gran parte svolta da alghe unicellulari presenti negli oceani (fitoplancton).

34

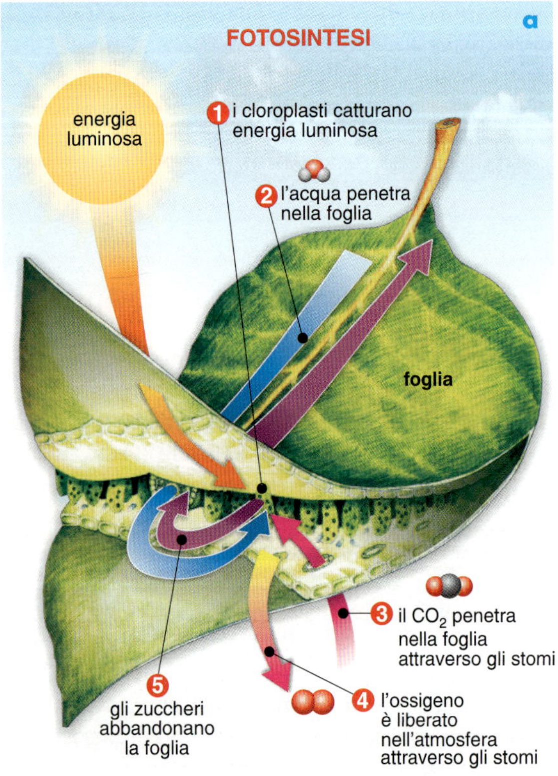

Fig. 34
(**a**) Visualizzazione schematica della fotosintesi;
(**b**) lo sviluppo di bollicine di ossigeno in questa pianta acquatica (*Elodea*) segnala che è in corso un'intensa attività fotosintetica;
(**c**) dettaglio di uno stoma, la struttura della foglia attraverso la quale avvengono gli scambi gassosi (immagine al microscopio elettronico a scansione).

La reazione complessiva della fotosintesi si può rappresentare con questa equazione:

$$6CO_2 + 6H_2O \xrightarrow{\text{energia solare}} C_6H_{12}O_6 + 6O_2$$

La possibilità di utilizzare l'energia accumulata nelle biomolecole è basata, come abbiamo visto, sul processo di *respirazione cellulare*, che è assicurato proprio dalla presenza nell'atmosfera di *ossigeno* (O_2), un sottoprodotto del processo di fotosintesi.
Lo sviluppo, a partire da oltre 2 miliardi di anni fa, di organismi capaci di effettuare la fotosintesi clorofilliana costituì un'innovazione che trasformò gradualmente l'atmosfera terrestre da "riducente" (cioè priva di ossigeno) a "ossidante", cioè ricca di ossigeno molecolare: circa 1,5 miliardi di anni fa i livelli di ossigeno erano simili a quelli attuali e l'atmosfera si ritrovò profondamente modificata per sempre.
Questo rivoluzionario mutamento su scala globale, oltre a rendere praticabile la via metabolica della *respirazione aerobia*, creò le condizioni chimiche perché negli strati alti dell'atmosfera potesse formarsi lo *strato di ozono* (O_3), in grado di schermare la maggior parte dei dannosi raggi ultravioletti: ciò permise agli esseri viventi di colonizzare le terre emerse e di conferire alla Terra il volto che ci è familiare.

I cloroplasti

Nelle piante superiori i cloroplasti si trovano in tutte le parti verdi del corpo vegetale, in particolare nelle foglie: una superficie fogliare di un centimetro quadrato ne può contenerne anche 50 milioni.
La fotosintesi ha luogo in due sedi distinte del cloroplasto (*fig. 35*):
- nella **membrana dei tilacoidi** che contengono al loro interno (lume) le molecole di clorofilla e di altri pigmenti fotosintetici e dove avviene la conversione di energia radiante in energia chimica;
- nello **stroma**, lo spazio racchiuso dalla membrana interna, dove avviene la vera e propria fabbricazione degli zuccheri.

35

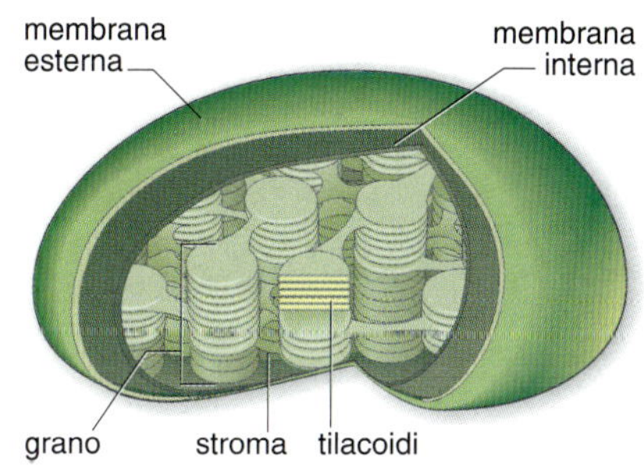

Fig. 35
Struttura schematica del cloroplasto.

6.2 Le fasi della fotosintesi: un quadro essenziale

Il processo fotosintetico (*fig. 36 nella pagina seguente*) si compie in due fasi, ciascuna consistente di numerosi passaggi:
- una *fase luminosa*;
- una *fase oscura*.

Punti chiave

La **fase luminosa** comprende una sequenza di reazioni che avviene in presenza della luce solare e che si svolge a livello della **membrana interna dei tilacoidi** (è detta anche *fase delle reazioni luce-dipendenti*).
La **fase oscura**, così detta perché non necessita della presenza di luce, comprende una sequenza di reazioni che si svolge nello **stroma** (è detta anche *fase delle reazioni luce-indipendenti*).

RISPONDI

- Perché la fotosintesi è così importante per gli esseri viventi?
- Quali strutture si trovano immerse nello stroma di un cloroplasto?
- Come si possono riassumere le due fasi che costituiscono il processo di fotosintesi?

APPROFONDIMENTO *ON LINE*
- Fotosintesi e produzione di ossigeno
- Fotosintesi e produzione di amido
- La concentrazione di CO_2 in ambiente chiuso

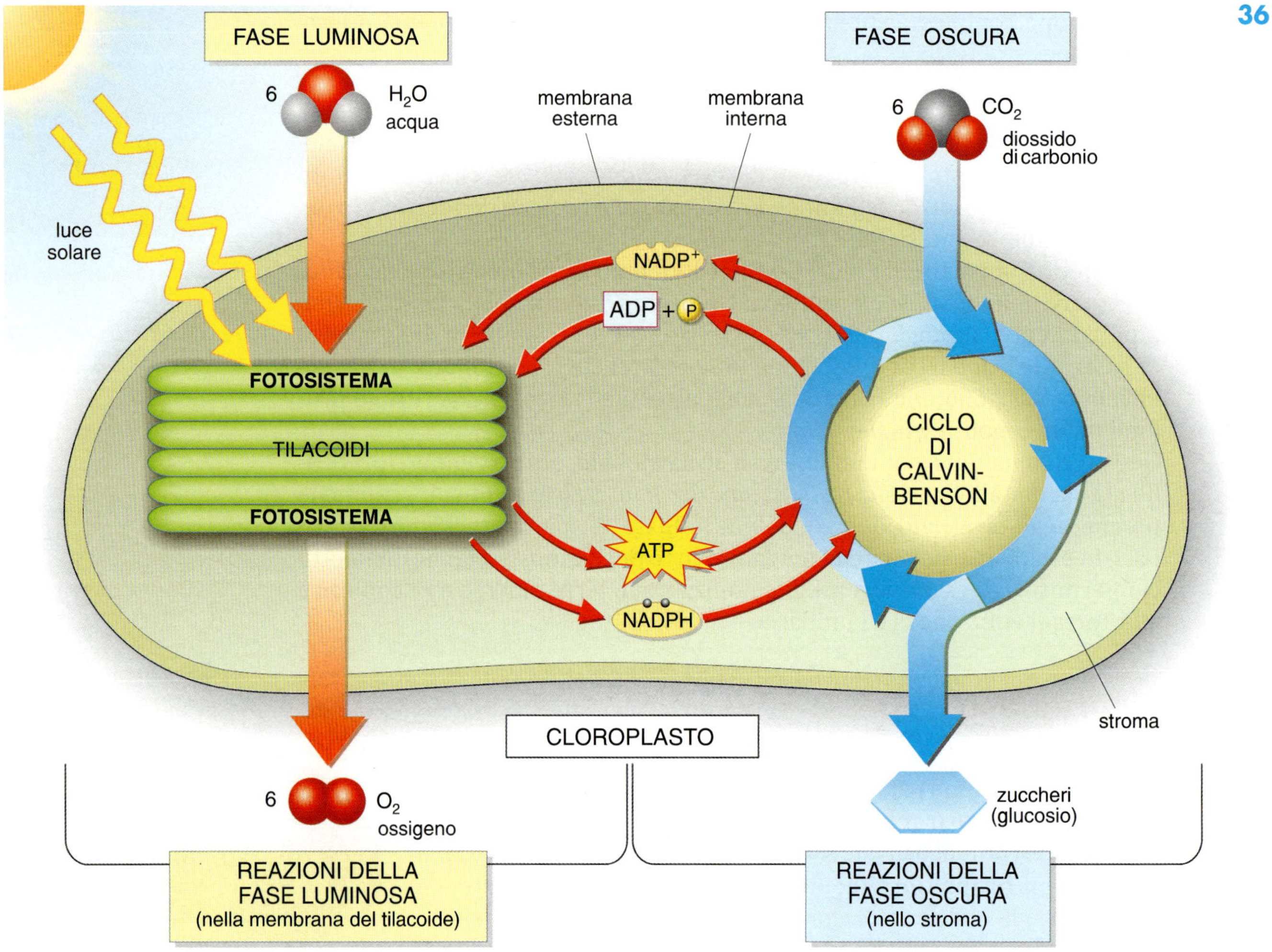

Fig. 36
Schema molto semplificato dei processi che intervengono nella fase luminosa e nella fase oscura della fotosintesi.

1. Fase luminosa

Le **reazioni della fase luminosa** avvengono nella **membrana dei tilacoidi**, dove sono presenti particolari strutture che contengono molecole di clorofilla, chiamate **fotosistemi**, che funzionano in un certo senso come cellule fotoelettriche di tipo biochimico: sono infatti in grado di assorbire la luce solare e di convertirla in un **flusso di elettroni**, da utilizzare come fonte di energia da immagazzinare in molecole di ATP e NADPH. Queste saranno utilizzate nella fase oscura per sintetizzare molecole di zuccheri.

In questa fase avviene anche la **scissione di molecole d'acqua**, accompagnata dal rilascio di **molecole di ossigeno**.

APPROFONDIMENTO *ON LINE*

- Il funzionamento dei fotosistemi in dettaglio

2. Fase oscura

Le **reazioni della fase oscura** si svolgono, in soluzione, nello **stroma del cloroplasto**. Hanno andamento ciclico: nel loro insieme costituiscono il **ciclo di Calvin-Benson** e rappresentano la "sezione" dedicata alla sintesi del processo, che procede in varie fasi successive grazie al continuo apporto di ATP e NADPH resi disponibili nella fase luminosa.

L'ATP fornisce l'energia, il NADPH fornisce gli atomi di idrogeno e gli elettroni, il CO_2 fornisce gli atomi di carbonio e di ossigeno occorrenti per costruire molecole di glucosio.

Il ciclo comincia quando una molecola di CO_2, dopo essere entrata in una foglia attraverso una delle aperture (stomi), penetra fino a raggiungere lo stroma di un cloroplasto.

A ogni "giro" del ciclo viene ridotta (o come si dice "fissata") una molecola di CO_2: occorre perciò che il **ciclo si completi 6 volte** per assemblare i 6 atomi di carbonio della molecola di glucosio e quindi sono necessarie 6 molecole di CO_2.

Le molecole "scariche" di ADP e $NADP^+$ e i gruppi fosfato che si formano come sottoprodotti sono reimpiegati nelle reazioni della fase luminosa.

Il destino del glucosio. Il glucosio reso disponibile nel ciclo di Calvin-Benson può essere subito esportato attraverso le nervature della foglia e il picciolo verso altre zone della pianta, dove è immediatamente utilizzato oppure immagazzinato sotto forma di *saccarosio* o di *amido*. Gli zuccheri solubili in acqua, come il **saccarosio**, sono accumulati entro vacuoli e "stivati" in tessuti di riserva, spesso in organi sotterranei: ne è un esempio la barbabietola da zucchero.

L'**amido** è anch'esso immagazzinato in tessuti di riserva che possono essere al centro del tronco della pianta o in organi sotterranei: la patata è un esempio di tubero, cioè di fusto sotterraneo, molto ricco di amido.

La *figura 37* riassume le relazioni tra respirazione cellulare e fotosintesi.

37

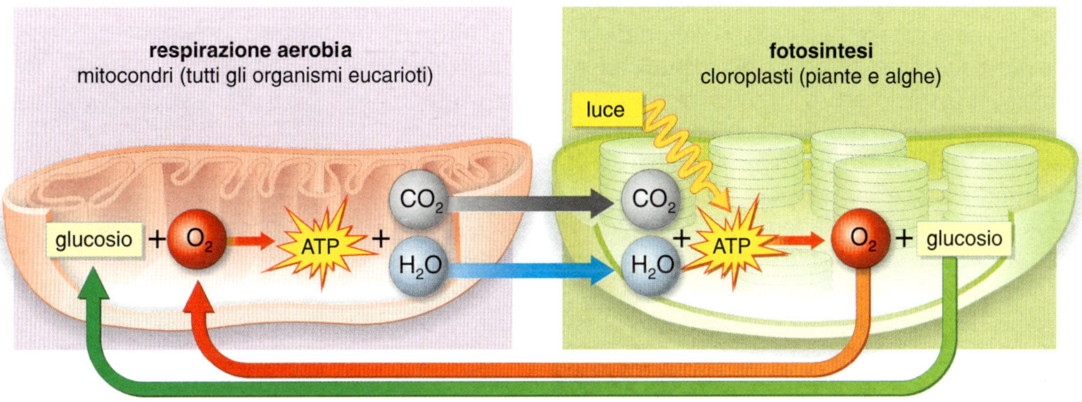

Scienze e realtà

La fermentazione o respirazione anaerobia: la via metabolica per quando l'ossigeno scarseggia

Molti organismi, soprattutto microrganismi, vivono in ambienti dove l'ossigeno è totalmente o quasi del tutto assente: per esempio, gli strati profondi del suolo, i sedimenti degli oceani, dei laghi o delle paludi o l'intestino degli animali (uomo compreso). In tali condizioni, dette *anaerobiche* (cioè con ossigeno assente), le cellule fanno fronte alle proprie esigenze energetiche ricorrendo alla **fermentazione** (o **respirazione anaerobia**), che ha in comune con la respirazione cellulare aerobia la prima fase, cioè la **glicolisi**, in cui il glucosio viene parzialmente demolito in acido piruvico. Questo composto, tuttavia, anziché entrare nel ciclo di Krebs, subisce trasformazioni differenti, seguendo principalmente due vie (*fig. 38*):

- quella della *fermentazione alcolica*, in cui l'acido piruvico è trasformato in etanolo (o alcol etilico) e diossido di carbonio (CO_2);
- quella della fermentazione lattica, in cui l'acido piruvico è trasformato in acido lattico.

L'etanolo e l'acido lattico sono prodotti di rifiuto tossici per le cellule, in grado di ucciderle se non vengono smaltiti. Questi due tipi di fermentazione, assai diffusi in natura, sono sfruttati dall'uomo per la produzione di alimenti come vino, birra, pane e yogurt.

APPROFONDIMENTO *ON LINE*
- Louis Pasteur
- La fermentazione

38

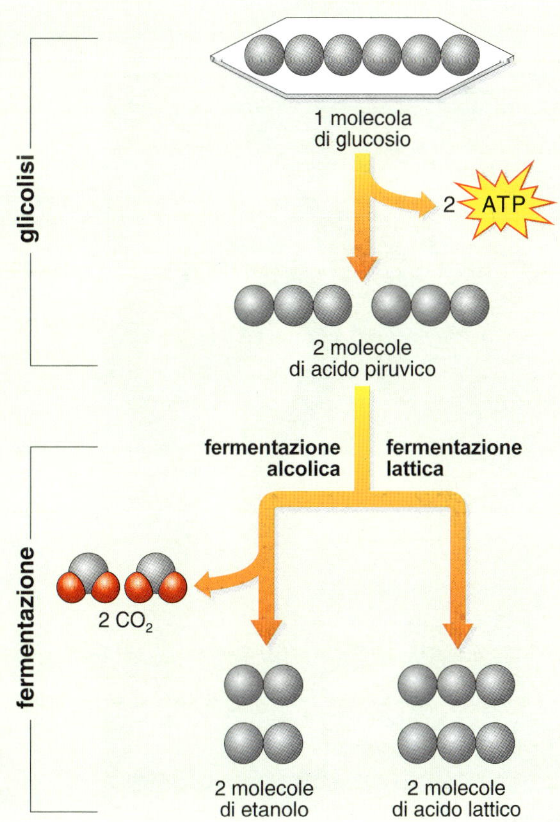

Fig. 38 Schema della fermentazione alcolica e della fermentazione lattica.

Organismi anaerobi obbligati e facoltativi

La fermentazione ha un rendimento basso, come sappiamo, di appena 2 molecole di ATP per ogni molecola di glucosio: questa quantità è comunque sufficiente per la sopravvivenza di organismi semplici unicellulari, con ridotto fabbisogno energetico.

La fermentazione è utilizzata quale esclusiva fonte di energia dagli organismi anaerobi in senso stretto (o **anaerobi obbligati**), che sopravvivono solo in condizioni di scarsità o di assenza di ossigeno, come alcune specie di batteri.

Molti altri microrganismi, come i lieviti, sono anaerobi facoltativi, poiché sono in grado, a seconda della situazione in cui si trovano, di ricorrere sia alla fermentazione sia alla respirazione cellulare.

La fermentazione alcolica

Fu il biochimico francese Louis Pasteur il primo a chiarire, intorno al 1860, la reale funzione dei lieviti, già identificati in precedenza nel mosto d'uva: dimostrò, infatti, che questi microrganismi sono in grado di produrre etanolo a partire dal glucosio presente nel succo d'uva, attraverso un processo anaerobico per il quale fu lui stesso a coniare il termine "fermentazione".

Vino. I lieviti che operano la fermentazione alcolica sono denominati saccaromiceti: tra questi il più noto è il *Saccharomyces cerevisiae* o lievito di birra (*fig.* 39).

I saccaromiceti sono in genere naturalmente presenti sulla buccia degli acini d'uva e quando questa è destinata alla vinificazione finiscono nel mosto che viene chiuso in appositi recipienti: qui, grazie a un ambiente privo di ossigeno, il lievito può effettuare la fermentazione del glucosio, fino a ottenere vino (con un tasso di etanolo del 10-12%).

Birra. Nella preparazione della birra la fermentazione viene effettuata su orzo già germinato (*malto*), in cui le riserve di amido sono già state trasformate in glucosio.

39

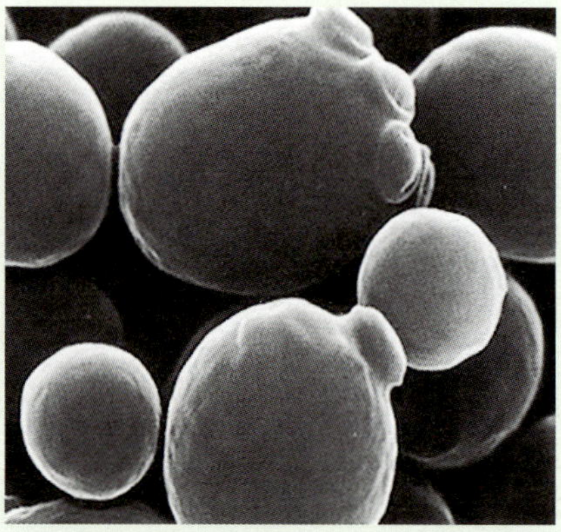

Fig. 39
Immagine al microscopio elettronico a scansione di cellule di *Saccharomyces cerevisiae* (lievito di birra).

Pane. Nella preparazione del pane, all'impasto di acqua e farina è aggiunto lievito (che viene a trovarsi in un ambiente anaerobico). Le cellule di lievito scindono l'amido della farina in glucosio e operano su questo la fermentazione alcolica; il CO_2 prodotto fa lievitare la pasta e ciò conferisce al pane la tipica morbidezza.

40

Fig. 40
Atlete in "fase di recupero" dopo una gara di corsa.

La fermentazione lattica

La **fermentazione lattica** è praticata da vari microrganismi, tra cui batteri noti come lattobacilli che sono utilizzati nell'industria casearia per la produzione di yogurt e di altri *latticini*.

La fermentazione lattica avviene, in particolari condizioni, anche nelle *cellule dei muscoli*. Quando, durante un'intensa e prolungata attività fisica, si determina un insufficiente apporto di ossigeno da parte del sangue, il glucosio viene temporaneamente trasformato in *acido lattico*: ciò consente di garantire comunque un apporto di energia. Tuttavia, l'acido lattico si accumula nei muscoli, dove ristagna: poiché è tossico, provoca indolenzimenti e crampi.

Dopo un intenso sforzo fisico, bisogna attendere che l'acido lattico venga gradualmente convertito in acido piruvico il quale, attraverso la respirazione cellulare, verrà incanalato nella via aerobica (è questa la fase di recupero, *fig.* 40).

RISPONDI

- Perché la respirazione anaerobia ha una resa energetica decisamente inferiore a quella della respirazione aerobia?
- In che cosa differiscono la fermentazione lattica e quella alcolica?

CONCETTI IN SINTESI

Audiosintesi

1. In ogni cellula, in ciascun istante, si svolgono migliaia di reazioni chimiche controllate, con finalità specifiche. Queste attività stanno alla base dei processi del *metabolismo* e richiedono un continuo apporto di **energia**.
Le cellule sono attrezzate per utilizzare e trasformare l'energia che ricevono dall'esterno per compiere vari tipi di **lavoro cellulare** (per esempio, chimico, meccanico, elettrochimico o di trasporto).
L'energia si presenta in varie forme che si possono ricondurre a uno di due tipi fondamentali: l'**energia cinetica**, associata al movimento, e l'**energia potenziale**, posseduta da un corpo in virtù della posizione che esso occupa nello spazio o della sua struttura.
Una forma di energia potenziale è l'**energia chimica**, che riveste fondamentale importanza per gli organismi viventi, poiché è quella utilizzata per il lavoro cellulare, e viene rilasciata e resa disponibile tramite *reazioni chimiche*.
Il modo in cui le cellule si procurano e utilizzano energia avviene nel rispetto di **due principi della termodinamica** che governano le trasformazioni dell'energia.
Il **primo principio** afferma che l'energia non può essere creata né distrutta, ma può essere convertita da una forma all'altra.
Il **secondo principio** stabilisce che in ogni trasformazione energetica che avviene spontaneamente una parte dell'energia di partenza si ritrova alla fine convertita in una forma non più utilizzabile per compiere lavoro, cioè in **calore**.

2. Le reazioni chimiche possono essere distinte in due grandi tipologie:
- le **reazioni esoergoniche**, che avvengono spontaneamente con **liberazione di energia** (le molecole dei prodotti contengono meno energia delle molecole dei reagenti);
- le **reazioni endoergoniche**, che avvengono in seguito ad **assorbimento di energia** (le molecole dei *prodotti* contengono più energia delle molecole dei *reagenti*).

Il **metabolismo cellulare** è l'insieme delle reazioni chimiche che avvengono nelle cellule di un organismo e può essere distinto in due settori:
- il **catabolismo** in cui si svolgono reazioni che liberano energia (esoergoniche), in seguito alla demolizione di molecole complesse in molecole semplici;
- l'**anabolismo** in cui si svolgono reazioni di sintesi che richiedono energia (endoergoniche) per la costruzione di molecole complesse a partire da molecole semplici.

Le cellule sfruttano l'energia che si rende disponibile nelle reazioni esoergoniche del catabolismo, per alimentare le reazioni endoergoniche dell'anabolismo.
Il compito di trasferire energia dalle reazioni esoergoniche a quelle endoergoniche è svolto dall'**adenosintrifosfato** o **ATP**, nella cui molecola è presente un gruppo trifosfato: in seguito al distacco per idrolisi del gruppo fosfato terminale, si libera energia che viene resa disponibile dove richiesta.

3. Gli **enzimi** sono particolari proteine che svolgono la funzione di **catalizzatori biologici**, in quanto permettono il rapido svolgimento delle reazioni cellulari, abbassando l'**energia di attivazione**, la barriera energetica che va superata inizialmente per consentire il normale decorso di una reazione chimica. Gli enzimi sono caratterizzati da elevatissima **specificità**, poiché promuovono, nella maggioranza dei casi, una sola determinata reazione.
I reagenti specifici su cui agisce un enzima sono chiamati **substrati**. Ogni enzima agisce (a parte alcune eccezioni) solo con uno specifico substrato, che sa riconoscere grazie alla presenza nella superficie della propria molecola di una sorta di tasca, detta **sito attivo**, dove sono presenti amminoacidi che si legano alle molecole del substrato. Per meglio accogliere nel sito attivo le molecole del substrato, l'enzima modifica leggermente la propria forma (fenomeno dell'**adattamento indotto**). L'azione catalitica di un enzima è un processo ciclico e l'enzima non viene consumato. Le cellule sono in grado di regolare l'attività degli enzimi bloccandone il funzionamento per mezzo di molecole chiamate **inibitori**.

4. Nelle cellule gli scambi di sostanze con l'ambiente esterno sono regolati dalla **membrana plasmatica**, che ha la caratteristica di essere **semipermeabile** (o **selettivamente permeabile**): si lascia attraversare da molecole apolari di piccole dimensioni, mentre tende a bloccare il passaggio di ioni o molecole di grandi dimensioni. Il passaggio di sostanze attraverso la membrana cellulare si svolge tramite processi di trasporto attivo e di trasporto passivo.
Il **trasporto passivo** non comporta spesa di energia da parte della cellula, in quanto avviene per diffusione, **secondo il gradiente di concentrazione** delle sostanze coinvolte: si distingue in **diffusione semplice**, **diffusione facilitata da proteine di membrana** (proteine canale e proteine carrier) e **osmosi**, per quanto riguarda le molecole d'acqua.
Il **trasporto attivo** richiede alla cellula un consumo di energia e si distingue in:
- **trasporto mediato da proteine** che agiscono come pompe, in quanto fanno transitare attraverso la membrana sostanze, in particolare ioni, **contro il loro gradiente di concentrazione**, utilizzando l'energia fornita da molecole di ATP.
- **trasporto mediato da vescicole** in cui sono inglobate molecole di grandi dimensioni e particelle solide che devono essere esportate dalla cellula (**esocitosi**) o importate nella cellula (**endocitosi**, distinta in **pinocitosi**, **fagocitosi**, **endocitosi mediata da recettori**).

5. La **respirazione cellulare** è un processo catabolico che consente di utilizzare l'energia immagazzinata nei carboidrati, in particolare nel glucosio. Consiste nella completa ossidazione o demolizione del **glucosio** per intervento dell'**ossigeno**, con produzione di **diossido di carbonio** (CO_2) e **acqua** (H_2O).
Il processo complessivo di ossidazione del glucosio avviene in tre fasi principali:
- la **glicolisi**, che si svolge nel citoplasma e non richiede la presenza di ossigeno;
- il **ciclo di Krebs**, che si svolge nella matrice del mitocondrio;
- la **catena di trasporto degli elettroni** o **catena respira-**

toria che si svolge nella **membrana interna del mitocondrio** (è in questa fase che si libera la maggiore quantità di energia come ATP). Complessivamente, attraverso la respirazione cellulare si ottengono, per ogni molecola di glucosio ossidata, 38 molecole di ATP.

6. La **fotosintesi** è il più importante processo metabolico che permette di acquisire energia dall'esterno: è attuata dalle piante verdi, dalle alghe e da alcuni gruppi di batteri. Si basa sulla trasformazione dell'energia solare in energia chimica, grazie all'azione di pigmenti fotosintetici, in particolare la **clorofilla**.
L'energia chimica, resa disponibile come molecole di **ATP** e **NADPH**, è utilizzata per fabbricare, a partire da **diossido di carbonio** (CO_2) e **acqua** (H_2O), biomolecole ad alto contenuto energetico, come quelle degli zuccheri (in particolare il glucosio); come sottoprodotto si forma **ossigeno** (O_2).
La fotosintesi si attua attraverso una serie di reazioni che si svolgono nei **cloroplasti**.
Il processo fotosintetico consiste di due fasi distinte:
- una **fase luminosa**, in cui l'energia del Sole, grazie alla clorofilla viene convertita in energia chimica trasferita a molecole ATP e NADPH;
- una **fase oscura**, in cui le molecole di ATP e NADPH sono utilizzate per incorporare in molecole organiche il CO_2 e produrre glucosio: questo processo avviene attraverso una serie di reazioni cicliche che costituiscono il **ciclo di Calvin-Benson**.

Verifica le CONOSCENZE

Verifiche interattive

1. La cellula e l'energia

1 **Stabilisci quali delle seguenti affermazioni sono vere (V) e quali false (F), indicando in quest'ultimo caso il termine corretto.**

	V	F
a. La termodinamica studia i principi che regolano le trasformazioni biologiche.	❑	❑
b. La quantità totale di energia prima e dopo ogni trasformazione rimane invariata.	❑	❑
c. L'energia potenziale può trasformarsi in energia cinetica e viceversa.	❑	❑
d. Grazie al lavoro è possibile produrre energia.	❑	❑
e. Le cellule sono in grado di svolgere lavoro meccanico.	❑	❑
f. In una trasformazione energetica spontanea una parte dell'energia iniziale è talvolta dissipata come calore.	❑	❑
g. L'energia radiante è considerata una forma di energia cinetica.	❑	❑
h. Il calore è considerato una forma di energia potenziale.	❑	❑
i. Una stanza ordinata è caratterizzata da un'entropia maggiore rispetto a una stanza disordinata.	❑	❑

2 **Scegli il completamento corretto.**

1. Una cellula può compiere lavoro
   a. biologico
   b. dinamico
   c. chimico
   d. termico
2. La quantità di energia presente nell'Universo
   a. varia continuamente
   b. è costante
   c. tende ad aumentare
   d. tende a diminuire

3 **Scegli i due completamenti corretti.**

1. Una trasformazione energetica spontanea comporta sempre
   a. un aumento di entropia
   b. una diminuzione di entropia
   c. un aumento del grado di disordine
   d. una diminuzione del grado di disordine

2. Le reazioni chimiche del metabolismo cellulare e l'ATP

4 **Stabilisci quali delle seguenti affermazioni sono vere (V) e quali false (F), indicando in quest'ultimo caso il termine corretto.**

	V	F
a. Una reazione che si svolge con liberazione di energia è endoergonica.	❑	❑
b. In una reazione esoergonica le molecole dei prodotti contengono meno energia delle molecole dei reagenti.	❑	❑

	V	F
c. Un esempio di reazione esoergonica è quella che porta alla formazione di una molecola di glucosio da acqua e diossido di carbonio.	❑	❑
....		
d. Le reazioni dell'anabolismo consistono nella demolizione di grosse molecole.	❑	❑
....		
e. Una reazione endoergonica è sempre accoppiata a una reazione esoergonica.	❑	❑
....		
f. L'ATP contiene due gruppi fosfato.	❑	❑
....		
g. L'ATP trasferisce energia dalle reazioni esoergoniche alle reazioni endoergoniche.	❑	❑
....		
h. Il distacco di un gruppo fosfato dall'ATP avviene in seguito a una reazione di sintesi.	❑	❑
....		

5 **Scegli i due completamenti corretti.**

1. I processi dell'anabolismo comprendono
   - **a.** reazioni in cui i prodotti contengono più energia dei reagenti
   - **b.** reazioni che richiedono l'apporto di energia
   - **c.** reazioni esoergoniche
   - **d.** reazioni di demolizione
2. La molecola dell'ATP
   - **a.** contiene uno zucchero a sei atomi di carbonio
   - **b.** contiene la base azotata adenina
   - **c.** perdendo due gruppi fosfato si trasforma in ADP
   - **d.** contiene tre gruppi fosfato
3. L'ATP
   - **a.** è un carboidrato
   - **b.** è un acido nucleico
   - **c.** è un nucleotide
   - **d.** contiene uno zucchero
4. Il passaggio da ADP ad ATP comporta
   - **a.** il distacco di un gruppo fosfato
   - **b.** l'unione con un gruppo fosfato
   - **c.** l'unione con due gruppi fosfato
   - **d.** l'assorbimento di energia

3. Gli enzimi: i promotori delle reazioni chimiche

6 **Stabilisci quali delle seguenti affermazioni sono vere (V) e quali false (F), indicando in quest'ultimo caso il termine corretto.**

	V	F
a. L'energia di attivazione può essere considerata una barriera energetica che impedisce l'avvio di una reazione.	❑	❑
....		
b. Un catalizzatore risulta chimicamente modificato al termine della reazione a cui partecipa.	❑	❑
....		
c. Un enzima interagisce con il substrato in modo temporaneo.	❑	❑
....		
d. Gli enzimi abbassano l'energia di attivazione di una reazione.	❑	❑
....		
e. Tutte le proteine sono enzimi.	❑	❑
....		
f. Molti enzimi si consumano durante le reazioni e vanno sostituiti.	❑	❑
....		
g. Il processo a cui prende parte un enzima è chiamato sintesi enzimatica.	❑	❑
....		
h. I coenzimi sono spesso costituiti da vitamine.	❑	❑
....		

7 **Scegli i due completamenti corretti.**

Un enzima
- **a.** contiene un sito attivo
- **b.** fornisce l'energia necessaria per avviare una reazione chimica
- **c.** non è influenzato dal pH
- **d.** è influenzato dalla temperatura

8 **Individua il completamento errato.**

Le vie metaboliche
- **a.** sono sequenze di reazioni chimiche
- **b.** comprendono solo reazioni esoergoniche
- **c.** sono rese più veloci dall'intervento di enzimi
- **d.** comportano la sintesi o la demolizione di molecole

9 **Completa la seguente frase inserendo i termini corretti.**

Ogni enzima si lega a un .... che accomoda nel proprio .... tramite un meccanismo di adattamento ...., con formazione di un complesso ....

4. Il trasporto di sostanze attraverso la membrana plasmatica

10 **Stabilisci quali delle seguenti affermazioni sono vere (V) e quali false (F), indicando in quest'ultimo caso il termine corretto.**

	V	F
a. I fosfolipidi della membrana plasmatica si presentano con le code idrofile rivolte le une verso le altre.	❑	❑
....		
b. La diffusione è un processo di trasporto passivo.	❑	❑
....		

	V	F
c. La diffusione avviene contro il gradiente di concentrazione.	❑	❑
d. La diffusione semplice avviene spontaneamente e liberamente in entrambi i sensi attraverso la membrana plasmatica.	❑	❑
e. La diffusione facilitata è un tipo di diffusione semplice.	❑	❑
f. La diffusione facilitata non richiede energia dall'esterno.	❑	❑
g. L'osmosi può avvenire anche in assenza di acqua.	❑	❑
h. Nel trasporto attivo l'energia è fornita da molecole di ADP.	❑	❑
i. La pompa sodio-potassio è una proteina adibita al trasporto attivo.	❑	❑
l. Il trasporto attivo permette di spostare una sostanza in soluzione da una zona in cui è a bassa concentrazione a una in cui è ad alta concentrazione.	❑	❑
m. La pinocitosi è una forma di esocitosi.	❑	❑

11 **Scegli il completamento corretto.**

1. Il movimento spontaneo e libero di un soluto da una zona a concentrazione maggiore a una a concentrazione minore, separate da una membrana semipermeabile, è un esempio di
a. osmosi
b. diffusione semplice
c. diffusione facilitata
d. trasporto attivo

2. Due soluzioni di uguale concentrazione separate da una membrana semipermeabile
a. sono ipertoniche
b. sono ipotoniche
c. possono essere sia ipertoniche sia ipotoniche
d. sono isotoniche

3. Nell'endocitosi
a. sono espulse sostanze di scarto
b. la cellula può ingerire particelle solide
c. una sostanza è avvolta in una vescicola secretoria
d. molecole gassose sono trasportate all'interno della cellula

5. La respirazione cellulare: come estrarre energia dagli alimenti

12 **Stabilisci quali delle seguenti affermazioni sono vere (V) e quali false (F), indicando in quest'ultimo caso il termine corretto.**

	V	F
a. La respirazione cellulare è un processo anabolico.	❑	❑
b. Nella respirazione cellulare i reagenti di partenza sono CO_2 e H_2O.	❑	❑
c. La respirazione cellulare consiste nella completa ossidazione del glucosio.	❑	❑
d. La respirazione cellulare libera energia chimica incorporandola in molecole di adenosindifosfato.	❑	❑
e. La glicolisi avviene nei mitocondri.	❑	❑
f. Nel ciclo di Krebs si libera H_2O.	❑	❑
g. La catena respiratoria è una sequenza di trasportatori di energia.	❑	❑
h. Lo stadio della respirazione cellulare in cui si produce la maggior parte di ATP è il ciclo di Krebs.	❑	❑

13 **Scegli il completamento corretto (anche più di uno).**

1. Un risultato della respirazione cellulare è quello di
a. produrre O_2
b. produrre CO_2
c. produrre nuova materia organica
d. liberare energia

2. Nell'ambito della respirazione cellulare, l'acqua è prodotta in corrispondenza
a. della glicolisi
b. del ciclo di Krebs
c. della catena respiratoria
d. sia della glicolisi sia del ciclo di Krebs

3. La glicolisi produce
a. acido piruvico
b. glucosio
c. acqua
d. ATP

4. Il ciclo di Krebs
a. produce 4 molecole di ATP
b. produce 2 molecole di ATP
c. avviene nei mitocondri
d. avviene nel citoplasma

6. La fotosintesi: come catturare l'energia radiante del Sole

14 **Stabilisci quali delle seguenti affermazioni sono vere (V) e quali false (F), indicando in quest'ultimo caso il termine corretto.**

	V	F
a. Gli organismi che effettuano la fotosintesi sono autotrofi.	❏	❏
....		
b. La fotosintesi si basa su una reazione complessivamente esoergonica.	❏	❏
....		
c. Le reazioni della fotosintesi si svolgono nello stroma dei cloroplasti.	❏	❏
....		
d. Le molecole di clorofilla sono contenute nei tilacoidi.	❏	❏
....		
e. Nella fotosintesi si consuma O_2 e si produce CO_2.	❏	❏
....		
f. L'acqua prende parte al processo di fotosintesi.	❏	❏
....		
g. Nei tilacoidi sono presenti fotosistemi.	❏	❏
....		
h. Il glucosio è il prodotto finale della fase luminosa della fotosintesi.	❏	❏
....		
i. Nella fase luminosa della fotosintesi viene prodotto ATP.	❏	❏
....		
l. L'ossigeno si produce nella fase oscura della fotosintesi.	❏	❏
....		

15 **Scegli il completamento corretto.**

1. La forma finale di energia utile per le cellule che si ricava dalla fotosintesi è
   a. energia cinetica
   b. energia chimica
   c. energia elettrica
   d. energia termica
2. La fase oscura della fotosintesi si chiama così perché
   a. avviene di notte
   b. avviene al buio
   c. avviene senza l'intervento della luce
   d. è nascosta dalla fase luminosa
3. L'ossigeno liberato nella fotosintesi deriva
   a. dal glucosio
   b. dall'acqua
   c. dal diossido di carbonio
   d. dall'ATP

16 **Completa la seguente frase inserendo i termini opportuni.**

Il ciclo di Calvin-Benson inizia quando una molecola di .... dopo essere entrata in una foglia attraverso uno degli ...., penetra fino a raggiungere lo .... di un cloroplasto.

17 **Indica le affermazioni false, motivando la scelta.**

a. La fase luminosa e la fase oscura della fotosintesi avvengono contemporaneamente.

b. La fase luminosa avviene prima della fase oscura.

c. La fase oscura avviene solo al buio.

Verifica le ABILITÀ

1 **Rispondi alle seguenti domande.**

a. Tenendo conto che l'entropia può essere considerata una misura del grado di disordine di un sistema, ti aspetti che si verifichi un aumento di entropia nel sistema in cui è avvenuta una reazione catabolica o in quello in cui è avvenuta una reazione anabolica e perché?

....
....
....
....
....
....
....

b. Gli organismi viventi sono sistemi aperti e ordinati che utilizzano e trasformano energia prelevata dall'ambiente per mantenere la propria organizzazione interna. In base al secondo principio della termodinamica, le trasformazioni dell'energia causano un aumento del grado di disordine dell'Universo. Come è possibile che le cellule siano in grado di effettuare trasformazioni di energia e di produrre strutture interne ordinate, in apparente contrasto con il secondo principio?

....
....
....
....
....

Sviluppo delle competenze

2 Abbina ogni frase in **A** con il termine o i termini elencati in **B** che ritieni appropriati.

A

1. Reazioni del metabolismo in cui molecole di grandi dimensioni sono costruite partendo da molecole di piccole dimensioni.
2. L'energia necessaria perché due reagenti possano urtarsi in modo efficace per dare corso a una reazione chimica.
3. Tipo di energia che può essere considerata l'energia chimica.
4. Molecole dotate di un sito attivo che si legano temporaneamente a determinati reagenti.
5. La combinazione di una reazione che libera energia e di una che assorbe energia.
6. Reazioni chimiche in cui i reagenti contengono più energia dei prodotti di reazione.
7. Reagente che partecipa a una reazione promossa da un enzima.
8. Molecola che spesso fa da tramite tra una reazione esoergonica e una reazione endoergonica.
9. Il luogo in cui il substrato si lega al suo specifico enzima.
10. Una sostanza che partecipa a una reazione chimica senza essere consumata nel corso della reazione stessa.

B

a. reazioni esoergoniche
b. ADP
c. catalizzatore
d. reazioni endoergoniche
e. energia cinetica
f. sito attivo
g. ATP
h. substrato
i. reazioni cataboliche
l. energia potenziale
m. energia di attivazione
n. enzimi
o. reazione accoppiata
p. calore
q. adenosintrifosfato

3 **Osserva il grafico a lato.**

a. Che cosa rappresentano le doppie frecce nel grafico?

1. ....

....

2. ....

....

3. ....

....

b. Che tipo di reazione (endoergonica oppure esoergonica) potrebbe essere rappresentata? Perché?

....

....

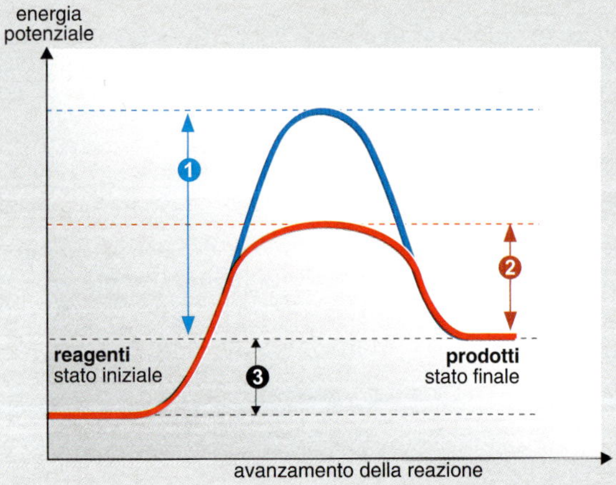

4 **Tra le seguenti affermazioni relative agli enzimi, quale (o quali) ne evidenziano l'importanza per l'attività chimica cellulare e quale o quali sono errate?**

a. Gli enzimi sono proteine globulari.
b. Gli enzimi sono una fonte di energia per la cellula.
c. Gli enzimi accelerano le reazioni cellulari a temperature relativamente basse.
d. Gli enzimi forniscono l'energia di attivazione necessaria per le varie reazioni.
e. Ogni enzima è in grado di agire su vari tipi di substrato.

5 **Rispondi alla seguente domanda.**

Senza la presenza di enzimi quali possibilità, se ve ne sono, avrebbe una cellula di sopravvivere? Perché?

....

....

6 **A. Indica quali dei seguenti meccanismi utilizzano energia (trasporto attivo = TA) o non utilizzano energia (trasporto passivo = TP).**

a. esocitosi [...............]
b. fagocitosi [...............]
c. diffusione semplice [...............]
d. osmosi [...............]
e. diffusione facilitata [...............]
f. pinocitosi [...............]
g. pompa sodio potassio [...............]

B. Indica quali sono i tre tipi di endocitosi e per ciascuno fornisci un esempio di applicazione nell'ambito delle attività delle cellule.

....

....

....

....

7 **Inserisci le parole mancanti in ciascuna frase scegliendole tra quelle sottoelencate.**

Se una cellula animale è immersa:

a. in una soluzione isotonica, l'acqua in essa contenuta .... e il suo volume ....;

b. in una soluzione ipotonica, si ha .... di acqua, con .... del suo volume e si verifica il fenomeno chiamato .... ;

c. in una soluzione ipertonica, si ha .... di acqua, con .... del suo volume e conseguente ....

[*aumento – diminuzione – entra ed esce in ugual misura – ingresso – lisi – non varia – osmosi – plasmolisi – raggrinzimento – turgore – uscita – varia*]

8 **Disponendo delle seguenti molecole e del tipo di energia implicata**

CO_2 – H_2O – $C_6H_{12}O_6$ – O_2 – E_{lu} (energia luminosa) – E_{ch} (energia chimica)

scrivi le due equazioni che rappresentano, rispettivamente, la reazione complessiva della fotosintesi e la reazione complessiva della respirazione cellulare.

a. FOTOSINTESI

.... + ... + ... + ...

b. RESPIRAZIONE CELLULARE

.... + ... + ... + ...

9 **I termini seguenti illustrano alcune fasi o singoli passaggi che si svolgono nel processo di fotosintesi. Per ciascuno indica se ha luogo nei tilacoidi (T) o nello stroma (S) dei cloroplasti inserendo negli spazi la lettera corrispondente.**

1. fase luminosa ....; **2.** fase oscura ....; **3.** cattura dell'energia luminosa ....;

4. ciclo di Calvin-Benson ....; **5.** fissazione del carbonio ....; **6.** scissione dell'acqua ....

10 **Dimostra con un esempio che quanto affermato dalla seguente frase è falso.**

"La fermentazione lattica avviene solo negli organismi anaerobi."

....

....

....

Sviluppo delle competenze

Verifica di competenze

• UN PROCESSO CICLICO

11 Lo schema proposto suggerisce un ipotetico processo che riveste fondamentale importanza nel metabolismo cellulare.

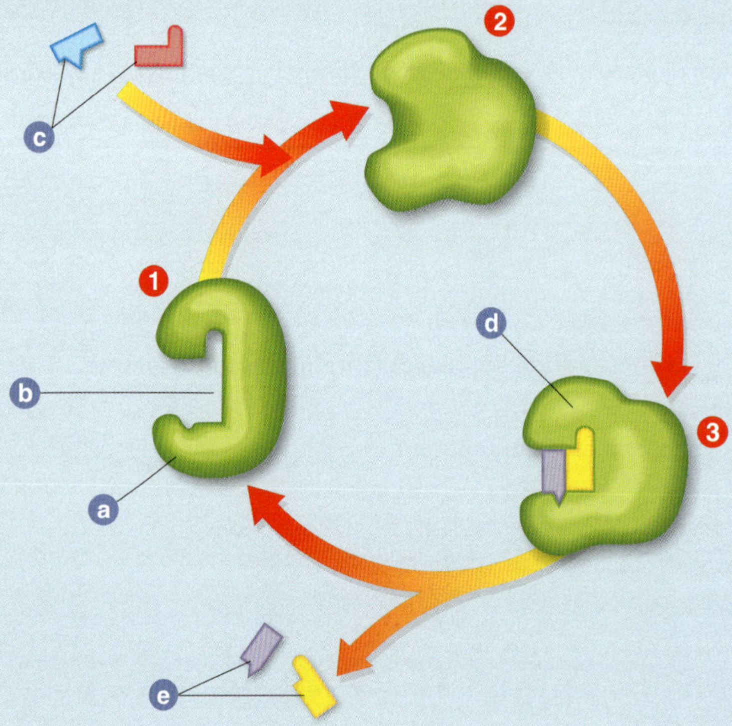

1. Lo schema potrebbe ragionevolmente alludere al
- **a.** ciclo di Krebs della respirazione cellulare
- **b.** ciclo dell'ATP
- **c.** ciclo di catalisi enzimatica
- **d.** ciclo di Calvin-Benson della fotosintesi

2. Dopo avere stabilito di quale ciclo si tratta, scrivi di seguito i nomi degli elementi indicati dalle lettere.

a. ....

b. ....

c. ....

d. ....

e. ....

3. Quali cambiamenti intervengono passando dalla *fase1* alla *fase 2* del processo?

....

....

4. Che cosa avviene nella *fase 3* del processo?

....

....

APPROFONDIMENTO *ON LINE*
- Mappa interattiva

SUMMARY

1. *In each cell, at any given moment, thousand of chemical reactions are taking place which are at the basis of the metabolism processes and require a continued supply of* ***energy****.*
Cells are equipped to use and transform the energy that they receive from the outside to perform various types of ***cellular work****.*
Energy is present in various forms that can be ascribed to two fundamental types: ***kinetic energy****, associated with movement, and* ***potential energy****, held by a body due to its position in space or its structure.* ***Chemical energy*** *is a form of potential energy used for cellular work and that is released through chemical reactions.*
The way in which cells gather and use energy occurs according with the ***two laws of thermodynamics*** *governing energy transformations.*
The ***first law*** *states that energy cannot be created nor destroyed but can be transformed from one form to another. The* ***second law*** *establishes that in every spontaneous transformation a portion of the initial energy is converted into a form that is unable to further perform work, that is* ***heat****.*

2. *Chemical reactions can be divided in two main types:*
– ***exergonic reactions****, that occur spontaneously by* ***releasing energy****;*
– ***endergonic reactions****, that occur by* ***absorbing energy****.*
Cell metabolism *is the complex of chemical reactions that occur inside the cells of an organism and can be divided in two sectors:*
– ***catabolism****, where a reaction releases energy as a result of the demolition of complex molecules into simple molecules;*
– ***anabolism****, where synthesis reactions requiring energy are carried out to build complex molecule from simple molecules.*
Cells use the energy made available by the exergonic reactions of the catabolism to fuel the endergonic reactions of the anabolism.
The role of transporting energy from the exergonic reactions to the endergonic ones is covered by the ***adenosine triphosphate*** *or ATP.*

3. ***Enzymes*** *are a particular type of protein acting as* ***biological catalysers****, in fact they promote the rapid development of cellular reactions by reducing their* ***activation energy****: the energy barrier that needs to be surpassed in order to allow a reaction to take place. Enzymes are characterised by a very high* ***specificity*** *because, in most cases, they promote only one specific reaction and they are not consumed by the reaction.*
The specific reagents on which an enzyme reacts are called ***substrates****. Each enzyme acts (with a few exceptions) only with a specific substrate, that is recognised thanks to the presence, on the surface of its own molecule, of a sort of pocket, called* ***active site****. To better receive the molecules of the substrate in the active site, the enzyme slightly modifies its own shape (****phenomenon of induced fit****).*

4. *In a cell the exchanges of substances with the external environment are controlled by the* ***plasma membrane*** *characterised by its being* ***semipermeable*** *(or* ***selectively permeable****): it is crossed by small nonpolar molecules but it tends to block the passage of ions or large molecules.*
The passage of substances across the cell membrane can take place by means of active transport and passive transport.
Passive transport *does not entail the consumption of energy on the cell's part because it occurs by diffusion,* ***according to the concentration gradient*** *of the substances involved: we distinguish between* ***simple diffusion****,* ***diffusion facilitated*** *by* ***membrane proteins*** *(channel proteins and carrier proteins) and* ***osmosis*** *concerning water molecules.*
Active transport *requires the cell to consume energy, and we distinguish between:*
– ***transport mediated by proteins*** *acting as pumps, in that they actively transfer substances, mainly ions, across the membrane and* ***against their concentration gradient****, using energy provided by ATP molecules;*
– ***transport mediated by vesicles*** *which absorb large molecules and solid particles that need to be exported from the cell (****exocytosis****) or imported into the cell (****endocytosis****, divided in* ***pinocytosis****,* ***phagocytosis****,* ***protein-mediated endocytosis****).*

5. ***Cellular respiration*** *is a catabolic process that allows the exploitation of energy stored in carbohydrates, glucose in particular. It consists of the complete oxidation and demolition of* ***glucose****, through the action of* ***oxygen****, and the production of* ***carbon dioxide*** *(CO_2) and* ***water*** *(H_2O).*
The complete process of glucose oxidation occurs in three main steps (the first in the cytoplasm the remaining two in the mitochondrion):
– the ***glycolysis****, that takes place in the* ***cytoplasm*** *and does not require oxygen;*
– the ***Krebs cycle****, that takes place in the* ***mitochondrial matrix****;*
– the ***electron transport chain*** *or* ***respiratory chain****, that takes place in the* ***internal membrane of the mitochondrion*** *(it is at this point that most of the energy is incorporated into ATP).*

6. ***Photosynthesis*** *is the most important metabolic process that enables the acquisition of external energy by living organisms. It is based on the transformation of solar energy into chemical energy, thanks to the action of photosynthetic pigments,* ***chlorophyll*** *in particular.*
The chemical energy, made available as ***ATP*** *and* ***NADPH****, is used to build, from* ***carbon dioxide*** *(CO_2) and* ***water*** *(H_2O), high energy biomolecules such as sugars (****glucose*** *in particular);* ***oxygen*** *(O_2) is formed as a by-product.*
Photosynthesis occurs through a series of reactions that take place in the ***chloroplasts****. The photosynthetic process consists of two distinct phases:*
– a ***light phase****, during which the energy of the Sun, thanks to the chlorophyll, gets converted in chemical energy and transferred to molecules of ATP and NADPH;*
– a ***dark phase****, during which ATP and NADPH are used to include CO_2 in organic molecules to produce glucose: this process occurs through a sequence of cyclic reactions called* ***Calvin-Benson cycle****.*

EXERCISES

1 **Choose the two correct sentences.**

1. Chemical energy
- **a.** is a type of radiant energy
- **b.** is a type of potential energy
- **c.** is stored in chemical bonds
- **d.** is a type of kinetic energy

2. A spontaneous energy transformation in an isolated system always causes
- **a.** an increase in entropy
- **b.** a decrease in entropy
- **c.** an increase in disorder
- **d.** a decrease in disorder

2 **Which of the following represents kinetic energy?**
- **a.** water behind a dam
- **b.** a tank filled with gasoline
- **c.** a boulder rolling downhill
- **d.** a stick of dynamite

3 **Write the term defined by the sentence.**

a. The complex of chemical reactions occurring inside a cell.

....

b. A reaction in which the products contain less energy than the reagents.

....

c. A reaction in which the reagents contain less energy than the products.

....

d. Full chemical name of ADP.

....

e. The detachment of the terminal phosphate group from an ATP molecule occurs after a reaction of

....

f. Proteins which speed up a specific reaction and remain unchanged.

....

4 **Choose the correct sentence.**

Is an example of catabolic reaction
- **a.** two glucose molecules are linked to form maltose
- **b.** amylose is cleaved into numerous glucose units
- **c.** carbon dioxide and water react to form glucose
- **d.** aminoacids are joined by peptide linkages forming polypeptides

5 **Which of the following is not true about enzymes?**
- **a.** they are proteins
- **b.** they are catalysts
- **c.** each works on many kinds of substrate
- **d.** they are used over and over again

6 **Which of the following substances probably has the greatest difficulty crossing a cell membrane?**
- **a.** water
- **b.** protein
- **c.** carbon dioxide
- **d.** oxygen

7 **Choose the two correct sentences.**

The formation of a food vacuole is an example of
- **a.** pinocytosis
- **b.** osmosis
- **c.** phagocytosis
- **d.** exocytosis
- **e.** endocytosis

8 **Write the term defined by the sentences.**

a. Phase of cellular respiration where glucose is split into two pyruvic acid molecules. [..]

b. Number of CO_2 molecules produced during every full Krebs cycle. [..]

c. Phase of cellular respiration where 34 molecules of ATP are produced for every glucose molecule.
[..]

9 **Complete the following paragraph by filling in the correct terms.**

Photosynthesis in plants occurs in organelles known as ...., each of which contains many .... These are piles of flattened vesicles known as .... They are surrounded by the ...., where the .... phase of photosynthesis takes place.

10 **Match each of the following terms with the correct phase of cellular respiration.**

- **a.** pyruvic acid [...........]
- **b.** cytochrome [...........]
- **c.** cytoplasm [...........]
- **d.** glucose [...........]
- **e.** internal mitochondrial matrix [...........]
- **f.** internal mitochondrial membrane [...........]
- **g.** 34 molecules of ATP [...........]
- **h.** CO_2 [...........]
- **i.** H_2O [...........]
- **j.** O_2 [...........]

PHASE OF CELLULAR RESPIRATION:

A. glycolysis; **B.** Krebs cycle;
C. electron transport chain.

CAPITOLO 4

La riproduzione delle cellule e degli organismi

Introduzione

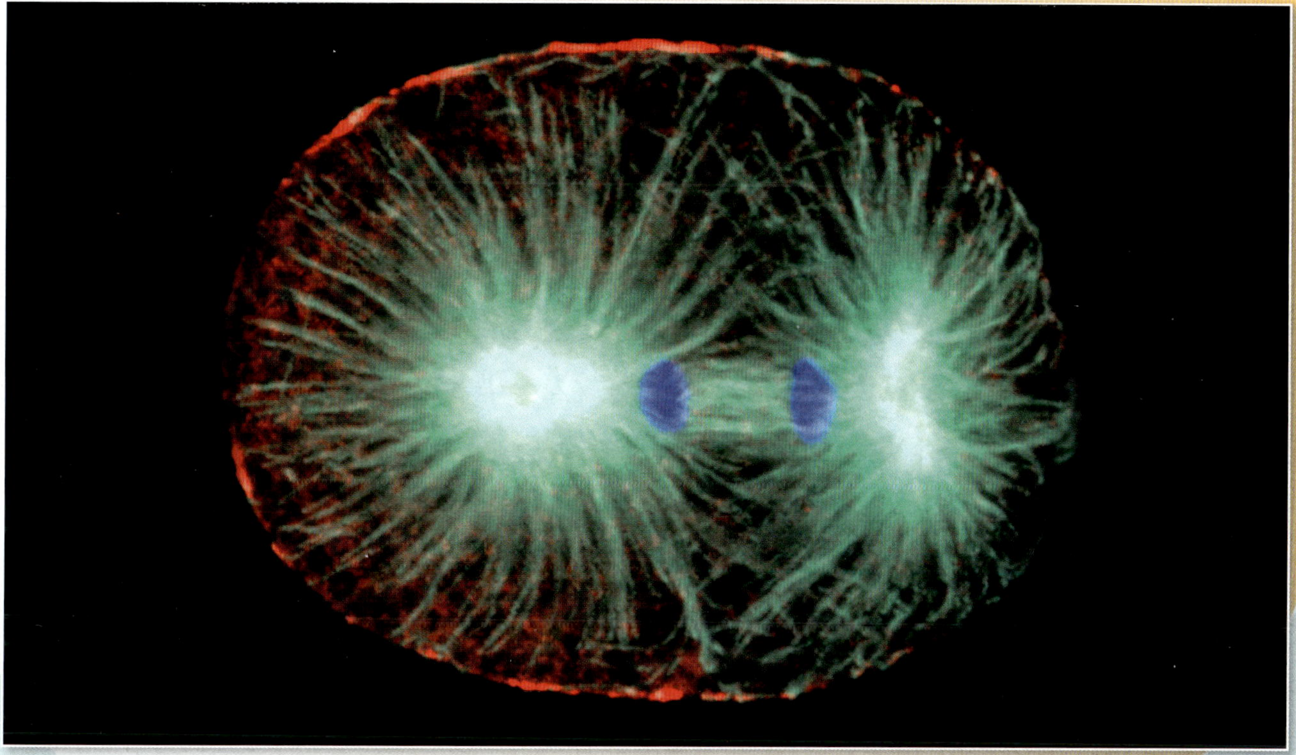

La foto mostra una cellula all'inizio della sua divisione. Si riconoscono al centro i cromosomi (in blu) e alle estremità della cellula i filamenti del citoscheletro (azzurro chiaro) che "trascinano" metà cromosomi verso un polo della cellula e l'altra metà verso il polo opposto. Quando anche il citoplasma si sarà diviso, si saranno formate due cellule con un identico numero di cromosomi. Questo meccanismo è alla base dei processi di riproduzione cellulare di tutti gli organismi eucarioti.

OBIETTIVI

- Comprendere le differenze tra ciclo cellulare e ciclo vitale.
- Conoscere il meccanismo di divisione nei procarioti.
- Confrontare la divisione delle cellule procarioti con quella delle cellule eucarioti.
- Riconoscere le diverse fasi della mitosi.
- Conoscere alcuni esempi di riproduzione asessuata.
- Individuare le differenze tra riproduzione asessuata e sessuata.
- Conoscere le diverse fasi della meiosi e confrontarle con quelle della mitosi.
- Riconoscere l'importanza della meiosi nella riproduzione sessuata.
- Distinguere i diversi cicli vitali degli organismi.

1 La divisione cellulare: il ciclo cellulare e il ciclo vitale

La vita delle cellule si svolge attraverso una serie di vicende che si ripetono in un ciclo continuo: nascita, crescita, divisione (riproduzione) e morte.

Quando si **riproducono**, le cellule fanno copia di sé dividendosi in due parti dotate degli stessi componenti (DNA, citoplasma e organuli), dette *cellule figlie*; queste, dopo essere cresciute di dimensioni, possono a loro volta dividersi originando una nuova generazione di quattro cellule e così via.

1

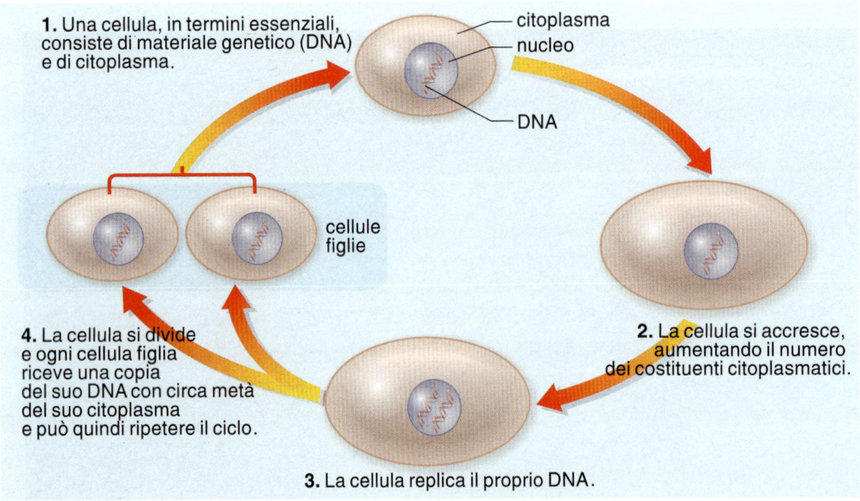

Questo processo è detto **divisione cellulare** ed è comune a ogni organismo vivente, sia esso un batterio, un fungo, una pianta o un animale.

La sequenza di eventi compresa tra una divisione cellulare e quella successiva è chiamata **ciclo cellulare** (*fig. 1*).

Fig. 1
Schema essenziale del ciclo cellulare.

Negli **organismi unicellulari**, come un batterio (procariote) o un protista (eucariote; *fig. 2a*), la divisione cellulare corrisponde di fatto alla riproduzione degli organismi, per cui *il ciclo cellulare coincide con il ciclo vitale*. Questo tipo di riproduzione viene detta *asessuata* o *agamica*, perché comporta *un solo genitore* e la progenie è geneticamente identica al genitore.

Negli **organismi pluricellulari**, invece, la divisione cellulare è in genere finalizzata alla produzione delle *cellule somatiche* (*soma* = corpo), cioè quelle necessarie alla crescita corporea e alla sostituzione delle cellule usurate (*fig. 2b*).

Nella maggior parte dei casi, la *riproduzione dell'intero organismo* comporta, infatti, come vedremo, la fusione di due cellule specializzate, i *gameti* (spermatozoi e cellule uovo), prodotte con un tipo particolare di divisione cellulare (detto *meiosi*) da due genitori: si tratta in questo caso di una riproduzione sessuata o gamica e la progenie non è mai geneticamente identica ai genitori, pur mostrando molte somiglianze.

Fig. 2a
Un organismo unicellulare eucariote (*Actinosphaerium*, un protista) mentre sta completando la divisione della propria cellula.

2a

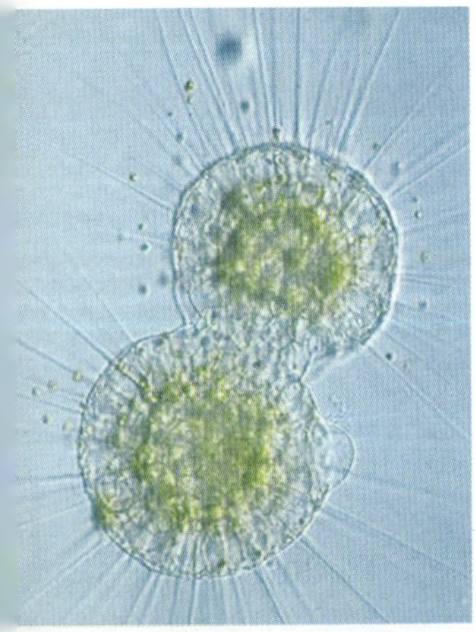

L'insieme dei cambiamenti che, nella vita di un organismo, è compresa tra una generazione e quella successiva, prende il nome di **ciclo vitale**.

Pertanto, il ciclo cellulare degli organismi pluricellulari costituisce solo una parte del loro ciclo vitale.

2b

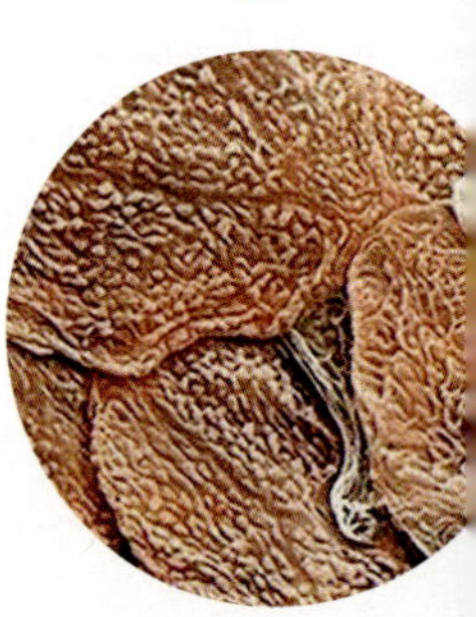

Fig. 2b
Lo strato della nostra pelle esposto all'aria è formato da cellule morte, simili a lamelle cornee, visibili nell'immagine al microscopio elettronico a scansione.
Queste cellule si sfaldano via via per attrito (desquamazione) e sono continuamente rimpiazzate da nuove cellule epiteliali che si formano in uno strato più profondo dell'epidermide per ripetute divisioni di cellule specializzate.
Nel giro di 3-4 settimane tutte le cellule dell'epidermide si rinnovano completamente.

2 La duplicazione del DNA

Quando una cellula si divide, deve fornire a ciascuna delle cellule figlie, oltre ai materiali biologici necessari (citoplasma, organuli ecc.), una *copia del proprio DNA*, la molecola che costituisce i cromosomi.

Una cellula può iniziare a dividersi solo dopo che il DNA si è duplicato.

La *figura 3* spiega come avviene questo processo.

3a

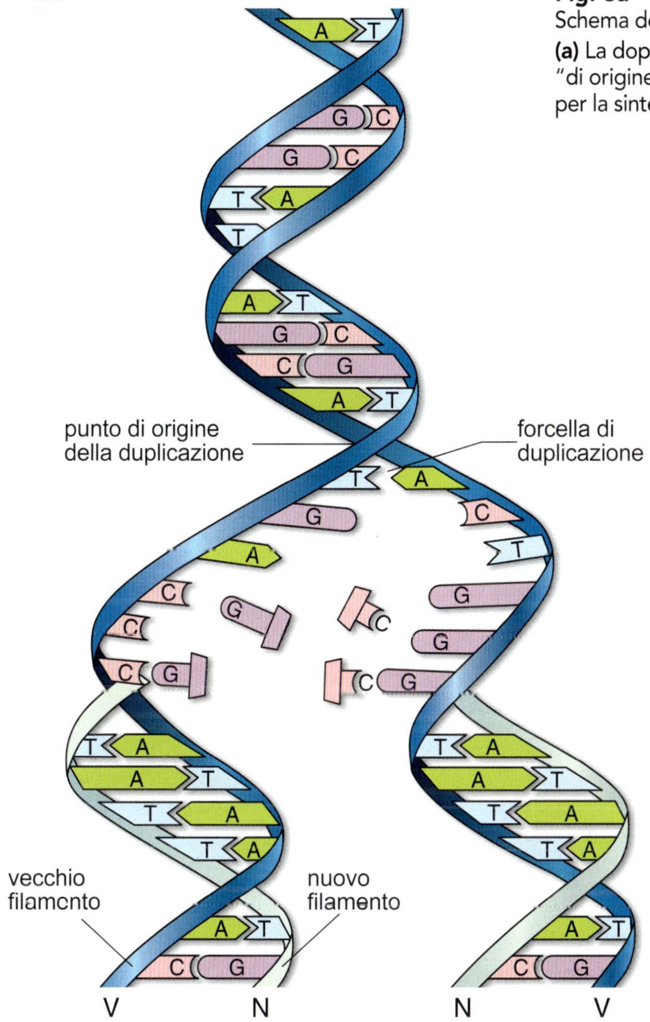

Fig. 3a
Schema della duplicazione del DNA.
(a) La doppia elica si svolge a partire da un punto detto "di origine della duplicazione" e ogni filamento funge da stampo per la sintesi di due nuovi filamenti complementari.

Alla fine della duplicazione del DNA si sono formate due molecole di DNA identiche tra loro e identiche al DNA di partenza; ciascuna nuova molecola risulta costituita da un filamento originale "conservato" e da un nuovo filamento appena sintetizzato. Per questo il processo di duplicazione del DNA viene definito **replicazione semiconservativa**.

Successivamente la divisione cellulare procede con modalità diverse, a seconda che si tratti di una cellula procariote o eucariote.

RISPONDI

- Che differenza c'è tra ciclo cellulare e ciclo vitale?
- In quali organismi i due cicli corrispondono?
- Come avviene la duplicazione del DNA?
- Che cosa significa dire che è semiconservativa?

Fig. 3b
Particolari della sequenza della duplicazione del DNA.

3b

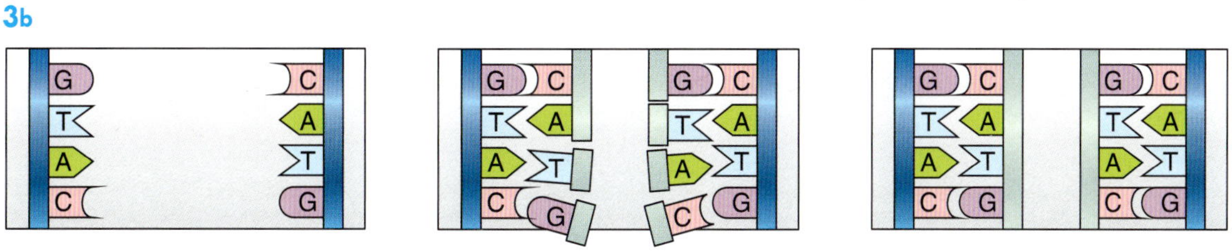

Inizia la duplicazione: i due filamenti si srotolano e si separano tra loro in punti specifici lungo la molecola.

Ogni filamento parentale serve come stampo per il montaggio delle basi secondo le loro regole di appaiamento.

Entrambe le molecole di DNA così generate, per metà vecchie e per metà nuove, sono del tutto identiche alla molecola parentale.

3 Il ciclo cellulare nei procarioti: la scissione binaria

La divisione cellulare dei procarioti (Archei e Batteri), mediante la quale essi si riproducono, è detta **scissione binaria**, perché una cellula si divide in due cellule di uguali dimensioni.

Il ciclo cellulare comincia con un aumento delle dimensioni della cellula, accompagnato da un accrescimento della membrana plasmatica. La maggioranza delle cellule batteriche possiede una sola molecola di DNA circolare, cioè un *singolo cromosoma*. Questo, al momento della divisione, si attacca a un punto della membrana cellulare e si duplica.
Quindi i due cromosomi si allontanano e la membrana e la parete cellulare si introflette provocando la divisione della cellula madre nelle due cellule figlie, che sono identiche tra loro e alla cellula madre (*fig. 4*).

4a

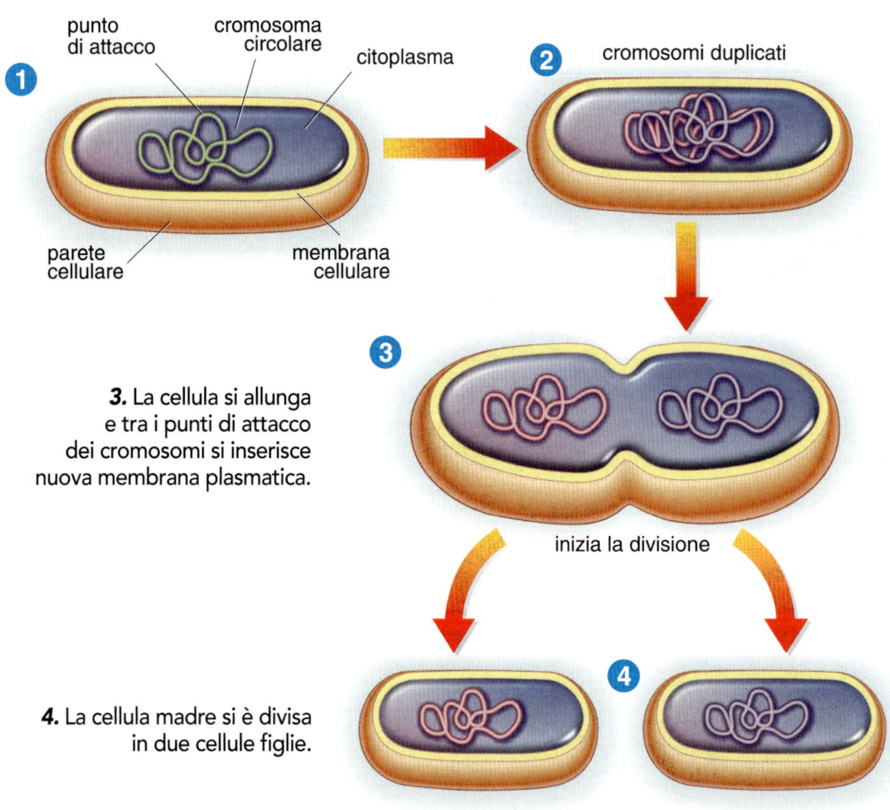

Fig. 4
(a) Schema della scissione binaria di un batterio.
1. Il cromosoma circolare si attacca a un punto della membrana plasmatica e inizia a duplicarsi.
2. Le due copie di DNA si attaccano alla membrana in punti vicini.

3. La cellula si allunga e tra i punti di attacco dei cromosomi si inserisce nuova membrana plasmatica.

4. La cellula madre si è divisa in due cellule figlie.

4b

Fig. 4b. La foto mostra un batterio che si trova nello stadio di scissione corrispondente al *punto* ***3***.

Le cellule procarioti, purché in presenza di adeguato nutrimento, sono sempre in attiva divisione e il loro ciclo cellulare si svolge rapidamente. Per esempio, *Escherichia coli*, un batterio presente nel nostro intestino e in quello di molti animali, può completare il proprio ciclo cellulare in 20 minuti.

RISPONDI
- Quali sono le caratteristiche di una cellula procariote?
- In che cosa consiste la scissione binaria?

4 Il ciclo cellulare negli eucarioti e la mitosi

4.1 Il DNA negli eucarioti

Nelle cellule eucarioti la divisione cellulare è analoga nelle sue linee essenziali a quella che avviene nelle cellule procarioti: in entrambi i casi, il risultato finale è la produzione di due cellule figlie identiche tra loro e alla cellula madre.
Tuttavia, il processo di divisione cellulare degli eucarioti è decisamente più complesso di quello dei procarioti.

Punti chiave

5

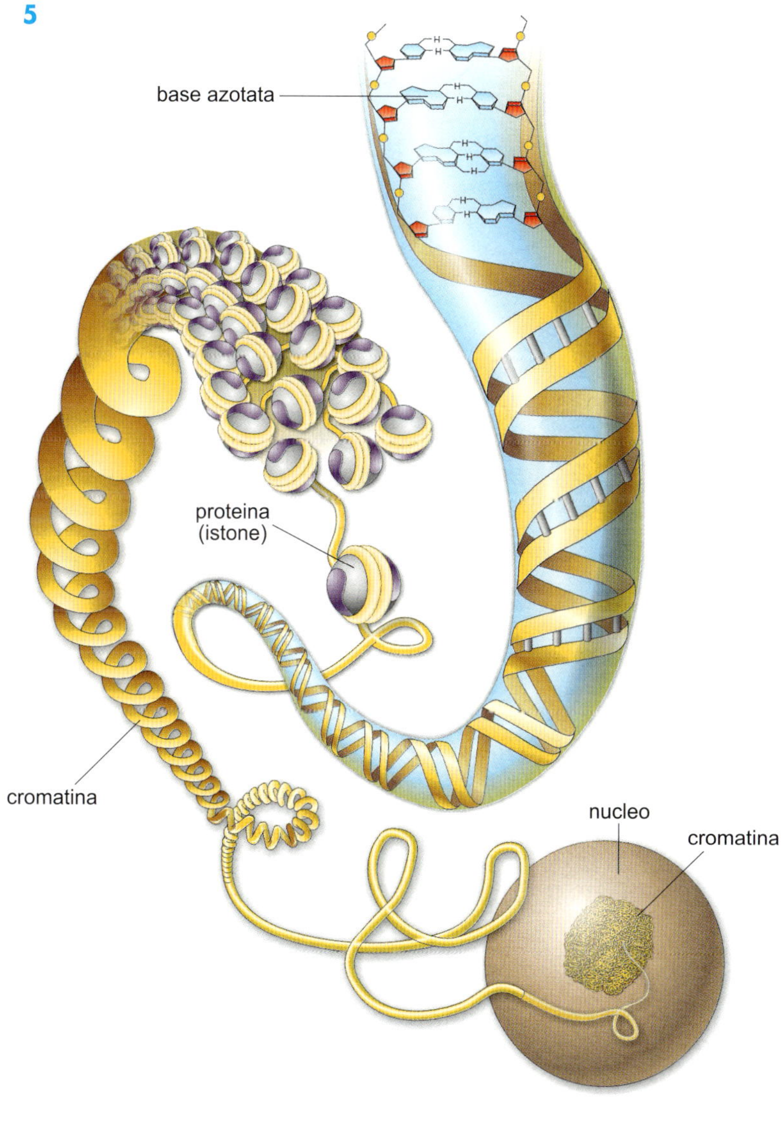

Fig. 5
La molecola del DNA si avvolge in doppia spira intorno a porzioni costituite da proteine (istoni), assumendo una struttura lineare simile a un filo di perle: questo si avvolge a elica su se stesso, formando un filamento di cromatina.

Nelle cellule eucarioti, infatti:

- vi è molto più DNA che nelle cellule procarioti;
- il DNA è fisicamente separato dal citoplasma, circondato dalla membrana nucleare;
- le molecole di DNA possono essere lunghe anche molti centimetri (invece il singolo DNA circolare di una cellula procariote è lungo uno o pochi millimetri); di conseguenza, devono trovare il modo di disporsi adeguatamente nello spazio angusto loro riservato nel nucleo cellulare, il cui diametro è circa 100 000 volte inferiore alla loro lunghezza;
- il meccanismo di divisione cellulare deve comunque assicurare alle cellule figlie l'intero assetto cromosomico della cellula madre;
- pertanto, ciascun doppio filamento di DNA si avvolge intorno a particolari proteine (**istoni**) come un filo intorno a un rocchetto: ne risulta una sorta di "catena di perline", che a sua volta si avvolge su se stessa a spirale, formando una fibra di **cromatina** (*fig. 5*).

RISPONDI

- Che cos'è la cromatina?
- Che cosa sono gli istoni?

4.2 Il ciclo cellulare

Il ciclo delle cellule eucarioti è più lungo e complesso di quello delle cellule procarioti e si completa in 18-24 ore. La durata relativa dei differenti periodi del ciclo varia considerevolmente a seconda sia del tipo di cellula sia dei fattori esterni, quali la temperatura e la disponibilità di nutrienti.

Il ciclo comporta due passaggi (*fig. 6*):

- **interfase**, che comprende il periodo fra una divisione e quella successiva;
- **fase mitotica** o **fase M**, in cui avvengono la divisione vera e propria del nucleo, chiamata **mitosi**, e la divisione del citoplasma, chiamata **citodieresi**. È la fase più breve del ciclo cellulare e richiede solitamente da 30 minuti a due ore.

6

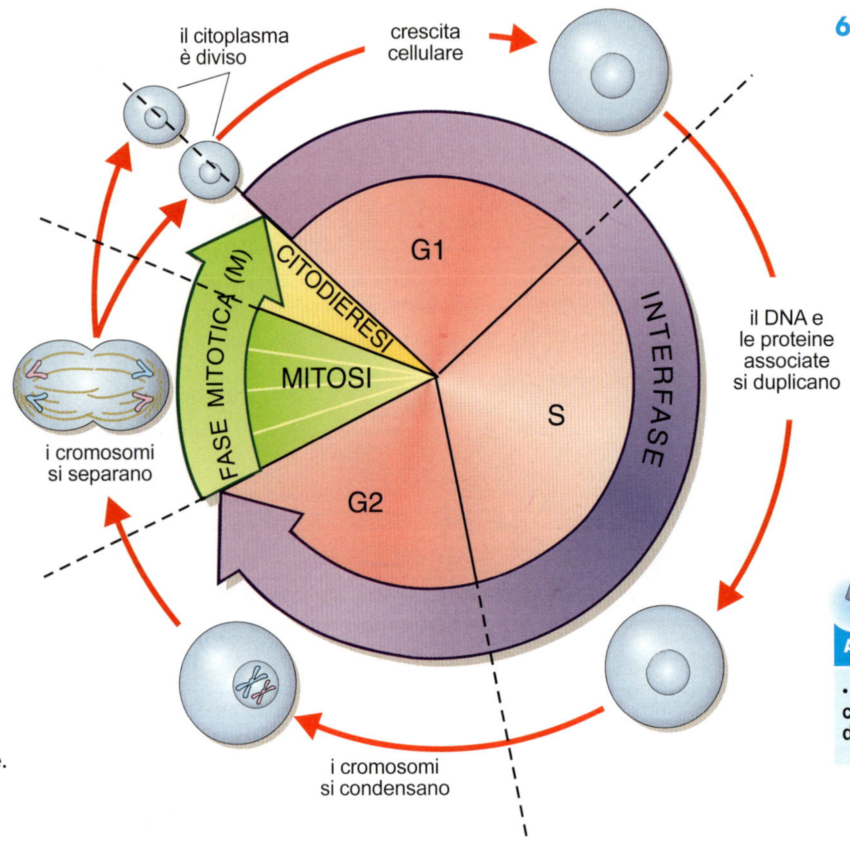

Fig. 6 Schema del ciclo cellulare di una cellula eucariote.

APPROFONDIMENTO *ON LINE*
- Fattori interni ed esterni che influenzano il controllo del ciclo cellulare

4.3 Nell'interfase la cellula si prepara alla divisione

La cellula si trova in interfase per la maggior parte della durata del ciclo cellulare, di solito per il 90%. Durante questo periodo, caratterizzato da un'intensa attività metabolica, la cellula sintetizza tutti i componenti necessari alla produzione delle due cellule figlie, cioè organuli e proteine e duplica i propri cromosomi.

L'interfase comprende tre periodi ben definiti dal punto di vista funzionale che sono, in ordine cronologico:

- **fase G1** (dall'iniziale della parola inglese *gap* = intervallo): la cellula appena formata si accresce, sintetizzando proteine e altre molecole;
- **fase S** (dall'iniziale di *sintesi*): avviene la sintesi di DNA, cioè la sua duplicazione; la cellula continua ad accrescersi;
- **fase G2**: in questo secondo intervallo la cellula si accresce ulteriormente e si prepara per la divisione o mitosi.

Alla fine dell'interfase, i filamenti di cromatina si preparano ad avvolgersi ulteriormente su se stessi, o come si dice "spiralizzano", ispessendosi e

Cromosomi
Il termine deriva dal greco *chroma* = colore e *soma* = corpo e significa "corpi colorati", perché i primi microscopisti che li studiarono li mettevano facilmente in evidenza mediante appositi coloranti.

accorciandosi: in questo modo assumeranno una tipica forma condensata, simile a quella di bastoncini, i ***cromosomi***, che li rende facilmente osservabili al microscopio ottico.

I cromosomi variano, per numero e forma, da specie a specie. Le nostre cellule somatiche contengono per esempio 46 cromosomi suddivisi in 23 coppie. L'insieme dei cromosomi di una data specie è detto **corredo cromosomico**.

In realtà, nei cromosomi in forma condensata il DNA è già duplicato e ognuno di essi risulta sdoppiato in due **cromatidi** fratelli, i futuri cromosomi di ciascuna delle cellule figlie, che risultano ancora uniti tra loro nella parte centrale per mezzo di una struttura detta **centromero** (*fig. 7*).

7a

7b

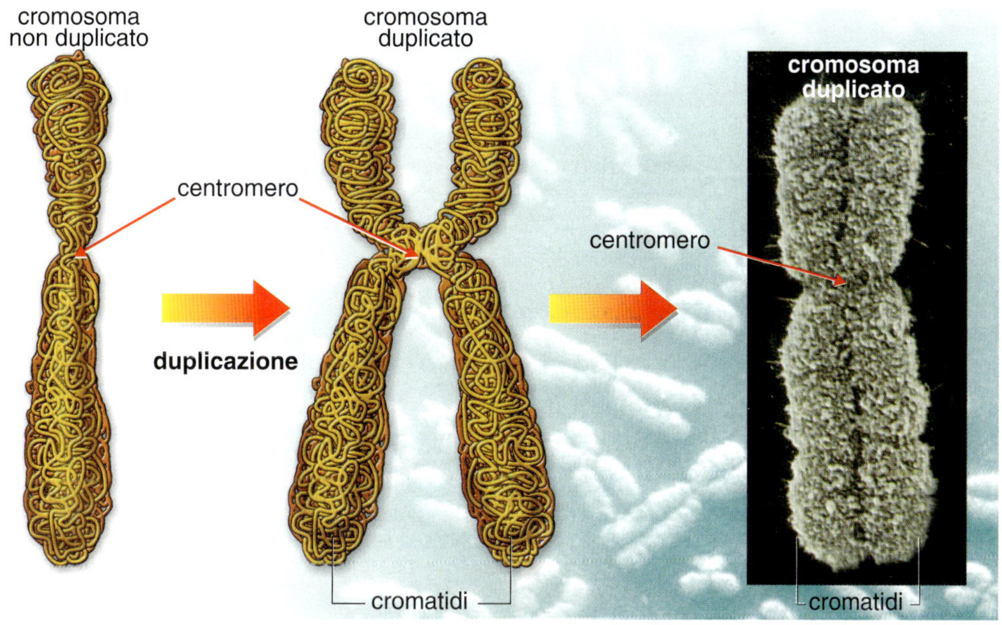

Fig. 7
(**a**) Prima della divisione della cellula, i filamenti di cromatina si avvolgono ulteriormente su se stessi formando una "superspirale" che si organizza in cromosomi. In seguito alla duplicazione, essi risultano costituiti da due cromatidi fratelli uniti in corrispondenza del centromero.
(**b**) Immagine al microscopio elettronico a scansione di un cromosoma duplicato (ingrandito circa 30 000 volte).

Si duplica anche il **centrosoma**. Il centrosoma è una struttura specializzata del citoscheletro situata vicino al nucleo.
Nelle cellule animali il *centrosoma* contiene una coppia di **centrioli**, corpuscoli simili a cilindretti cavi formati da microtubuli, e svolge il ruolo di **centro di organizzazione dei microtubuli**.

APPROFONDIMENTO ON LINE
- Recenti tecniche di colorazione dei cromosomi

RISPONDI

- Che differenza c'è tra cromatina e cromosomi?
- In che modo il DNA si organizza nei cromosomi?
- Qual è l'importanza dell'interfase?
- Che cos'è il centromero e che funziona ha?

Mitosi
Deriva dalla parola greca *mítos*, che significa "filo". Indica la struttura filiforme dei cromosomi che appare al microscopio durante la profase.

4.4 La mitosi avviene in diverse fasi ed è guidata da microtubuli

La ***mitosi*** è suddivisa in cinque fasi, definite essenzialmente dalla posizione che assumono i cromosomi nella cellula in divisione:

profase (stadio iniziale);
prometafase (stadio precedente lo stadio di mezzo);
metafase (stadio di mezzo);
anafase (stadio ulteriore);
telofase (stadio finale).

In queste fasi nella cellula si susseguono eventi che la preparano alla divisione effettiva in due cellule (*citodieresi*).

APPROFONDIMENTO *ON LINE*
- La formazione dei tumori

Il centrosoma. Nella mitosi, oltre ai cromosomi interviene attivamente il **centrosoma**. Questa struttura, attraverso i centrioli, organizza i microtubuli proteici del citoscheletro in modo da formare una sorta di intelaiatura (fuso) che farà da guida agli spostamenti dei cromosomi.

INTERFASE

Verso la fine dell'interfase (fase G_2), i *cromosomi sono duplicati* e ciascuno di essi è quindi formato da due cromatidi; sono tuttavia indistinguibili tra loro al microscopio ottico essendo ancora sotto forma di cromatina (i filamenti di DNA associati a proteine) non "spiralizzata".
Nel citoplasma sono presenti due *centrosomi*, ciascuno con una coppia di *centrioli*.

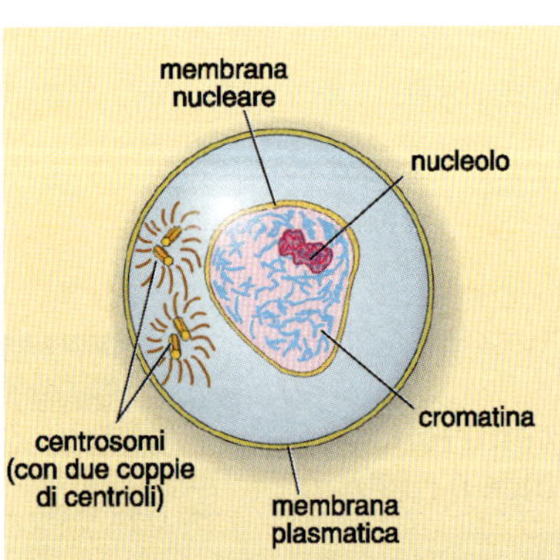

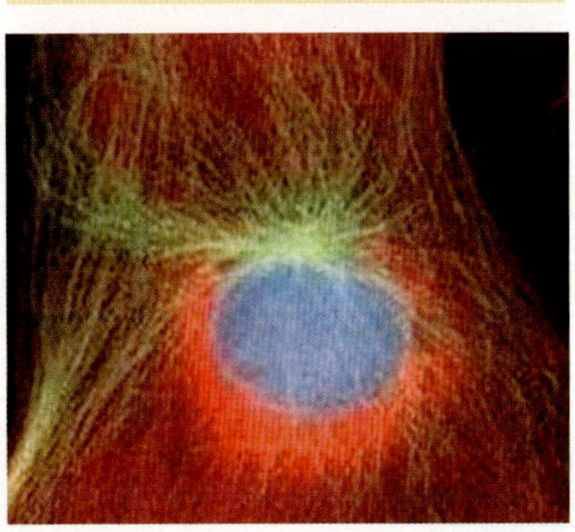

MITOSI

Profase
La cromatina del nucleo si spiralizza e si addensa e i cromosomi diventano visibili al microscopio, mostrando una struttura filiforme. Ciascun cromosoma è costituito da due cromatidi identici, uniti a livello del centromero.
Nel citoplasma inizia a formarsi il **fuso mitotico**: una struttura formata da fasci di microtubuli, che prende origine dai due centrosomi, ciascuno con una coppia di centrioli, che iniziano a migrare ai due estremi opposti (**poli**) della cellula.
Verso la fine della profase la membrana nucleare comincia a frammentarsi. Scompare il nucleolo.

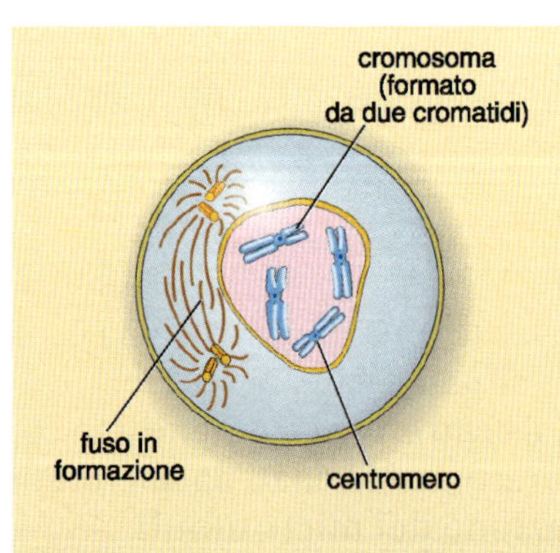

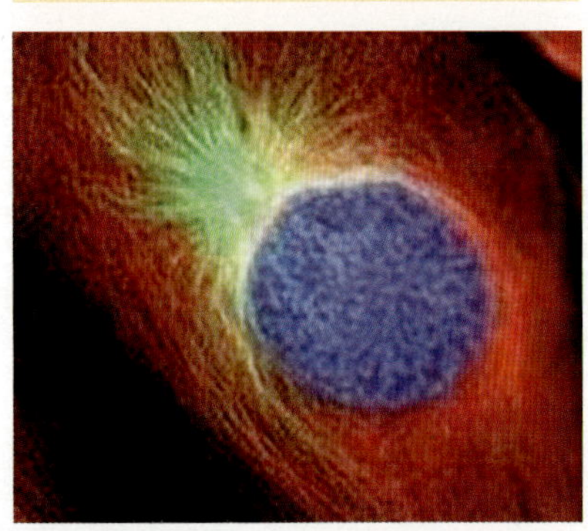

Prometafase
I due centrosomi alle estremità del fuso mitotico si posizionano ai due poli della cellula mentre si completa la disgregazione della membrana nucleare: ciò consente a una parte dei microtubuli, che partono dai centrosomi, di raggiungere i cromosomi che ora sono liberi e molto spiralizzati, di agganciarsi ai loro cinetocori e di "tirarli" verso il centro della cellula, grazie all'azione di proteine motrici associate agli stessi microtubuli.
Altri microtubuli, detti *polari*, provenienti dalle estremità opposte del fuso, si collegano tra di loro.

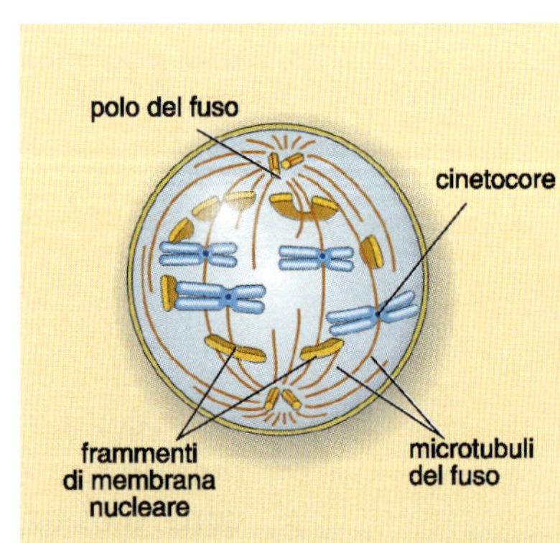

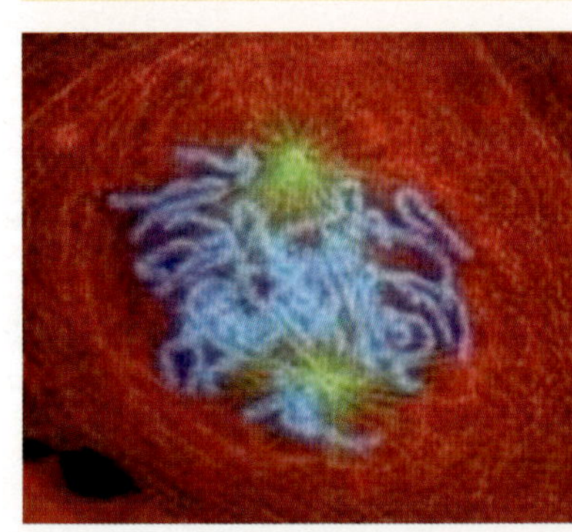

Alcuni microtubuli si agganciano a ciascun cromosoma in corrispondenza del **cinetocore**, una struttura proteica situata nel punto dove si trova il *centromero* (*fig. 8*). I microtubuli attaccati al cinetocore guidano la separazione dei cromatidi e li indirizzano ai due poli della cellula.

Attraverso questo elaborato meccanismo i cromosomi si distribuiscono equamente nelle due future cellule, che vengono così dotate ciascuna di un corredo cromosomico completo.

La *figura 9* illustra le varie fasi della mitosi, precedute dallo stadio finale dell'interfase (fase G_2).

8

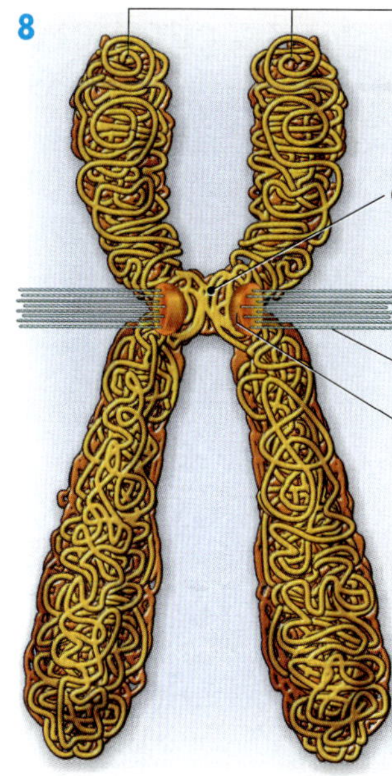

Fig. 8
Posizione del cinetocore, a cui si agganciano i microtubuli.

RISPONDI

- In quale fase del ciclo cellulare avviene la duplicazione del DNA?
- Come si svolge la mitosi?
- Che importanza ha il centrosoma nella mitosi?

9

Metafase
Si completa la formazione del fuso mitotico che assume una forma ovoidale, mentre i cromosomi risultano ora allineati su un piano immaginario che taglia a metà la cellula, detto **piano equatoriale**.
I due cromatidi di ciascun cromosoma sono attaccati tramite i cinetocori a microtubuli che partono da ciascuna delle estremità del fuso e sono quindi rivolti verso i poli opposti.
In questa fase i cromosomi raggiungono il massimo grado di visibilità al microscopio, per la loro forte spiralizzazione.

Anafase
Le coppie di cromatidi si separano e diventano cromosomi indipendenti.
I singoli cromatidi "tirati" dalle fibre del fuso mitotico, che via via si accorciano, migrano verso i poli opposti della cellula.
In questo modo ciascuna metà della cellula riceve un eguale numero di cromatidi, cioè di cromosomi singoli.
Contemporaneamente si verifica l'allungamento dei microtubuli polari che determina l'allontanamento reciproco dei poli e la cellula si allunga.

Telofase
I due gruppi di cromosomi riuniti in prossimità dei poli sono circondati da una nuova membrana nucleare; quindi i cromosomi si distendono, cioè si despiralizzano e riassumono l'aspetto di cromatina.
Compaiono i due nuovi nuclei, in ciascuno dei quali si forma anche il nucleolo (costituito prevalentemente da RNA e proteine).
Con la suddivisione del nucleo iniziale in due nuclei "figli" identici, con lo stesso numero e tipo di cromosomi, la mitosi giunge al suo compimento. Al termine della telofase si va formando nella parte mediana della cellula un solco di divisione che segna l'inizio della sua scissione definitiva in due cellule (**citodieresi**).

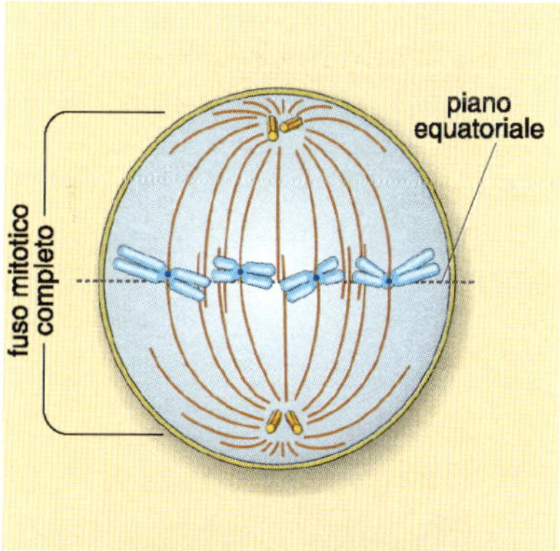

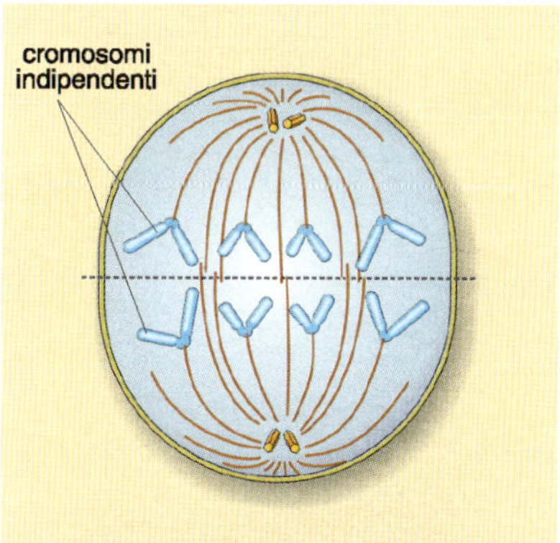

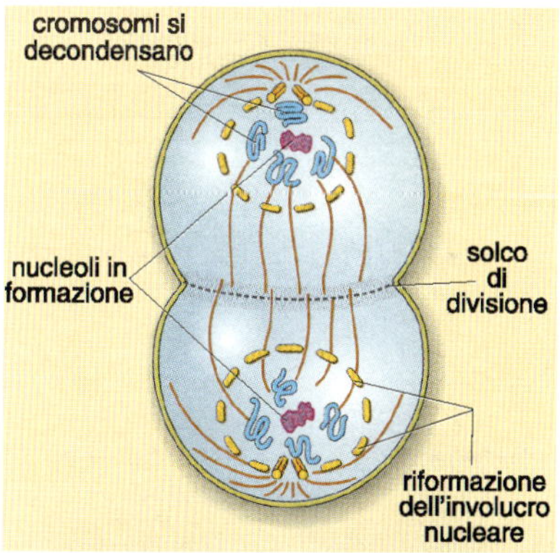

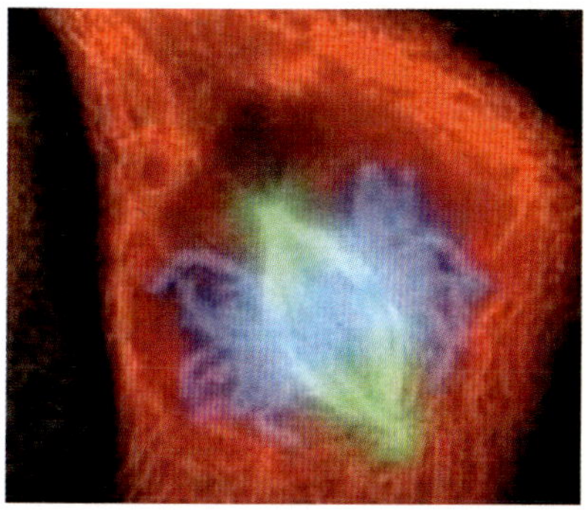

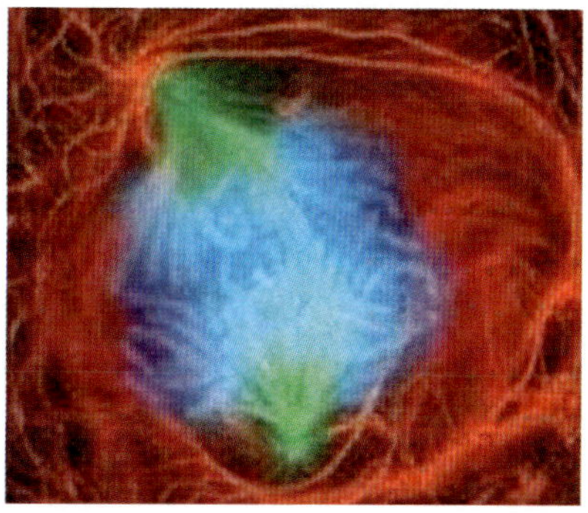

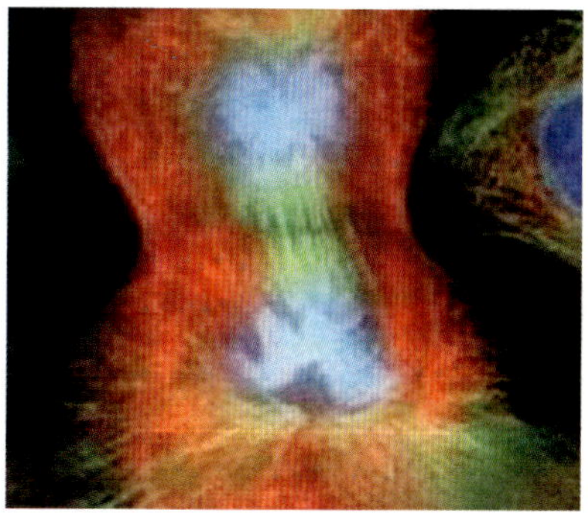

4.5 La citodieresi

La **citodieresi** (da *cito* = cellula e *dieresi* = divisione) è il processo che nella maggior parte delle cellule si compie al termine della mitosi e consiste nella ripartizione in due metà praticamente uguali del citoplasma e degli organuli cellulari: questo evento, già iniziato durante la telofase, si conclude con la separazione delle due cellule figlie, che si trovano ora nell'interfase. La citodieresi si attua con modalità diverse nelle cellule animali (*fig. 10*) e in quelle vegetali (*fig. 11*).

10a

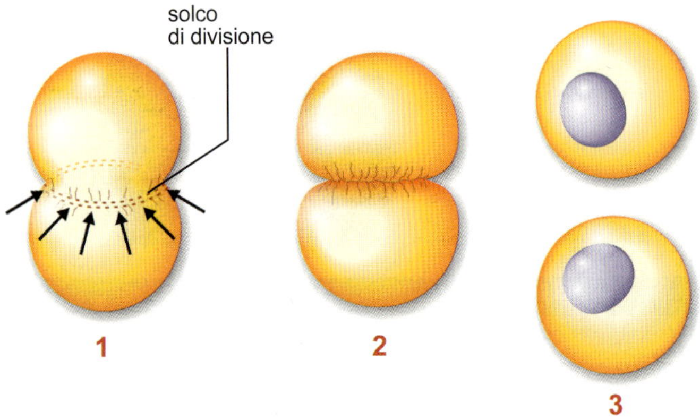

10b

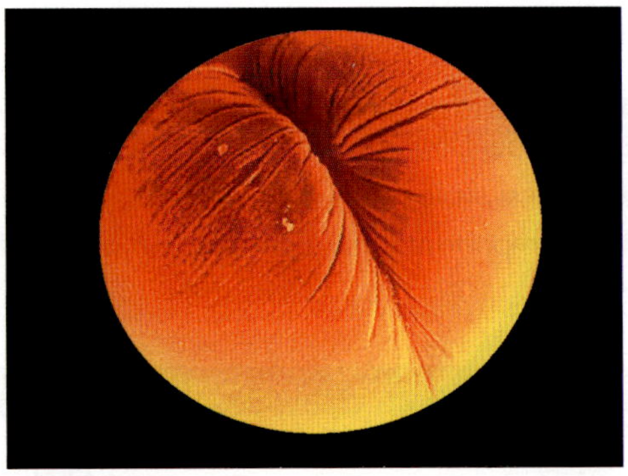

Fig. 10
La citodieresi in una cellula animale.
(**a**) Nella parte mediana della cellula, in corrispondenza del piano equatoriale, si forma un anello di microfilamenti costituiti da actina, una proteina contrattile, che si contrae formando un solco di divisione (*1*) sempre più profondo (*2*) fino a dividerla in due cellule distinte (*3*).
(**b**) Immagine al microscopio elettronico a scansione del solco di divisione nella membrana cellulare.

RISPONDI

- Che cos'è la citodieresi?
- In che modo la citodieresi differisce nelle cellule animali e in quelle vegetali?

11

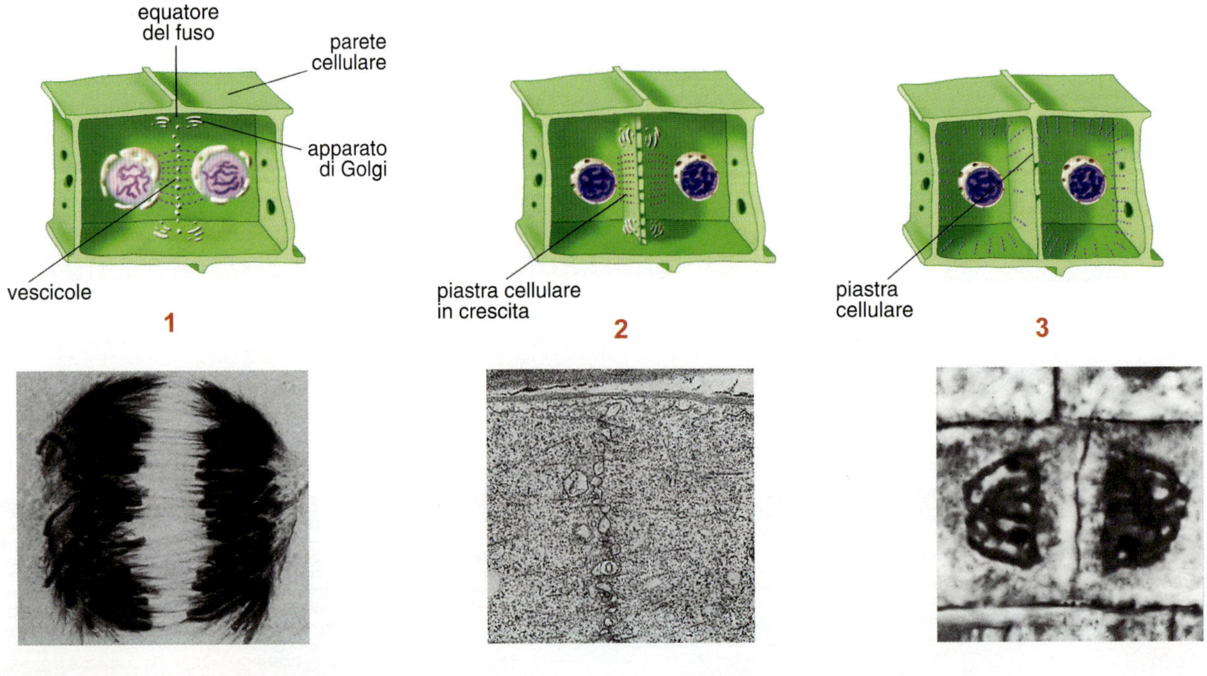

Fig. 11
La citodieresi in una cellula vegetale.
La presenza della parete cellulare rigida impedisce la strozzatura della cellula. Pertanto, nella maggior parte delle piante terrestri, in corrispondenza del piano equatoriale della cellula confluiscono vescicole con cellulosa e altri carboidrati, derivanti dall'apparato di Golgi (*1*).
Le vescicole si fondono tra loro (e con i residui del fuso mitotico) e formano un setto di separazione tra le due cellule figlie detta **piastra cellulare** (*2*). Su entrambi i lati della piastra si riformano le membrane e le pareti cellulari delle due nuove cellule (*3*).
Sotto, fotografie al microscopio delle diverse fasi.

5 La riproduzione asessuata

La **riproduzione asessuata** o **agamica** produce cellule figlie aventi le stesse caratteristiche dell'unico genitore.
I nuovi individui ottenuti agamicamente possiedono un corredo genetico virtualmente identico a quello degli organismi che li hanno generati e costituiscono un **clone**.

La riproduzione asessuata ha alla base il meccanismo di divisione cellulare per mitosi ed è particolarmente vantaggiosa per la velocità con cui avviene; tuttavia non favorisce la variabilità genetica ed è perciò svantaggiosa dal punto di vista evolutivo. La progenie è infatti composta di individui identici fra loro e, in caso di un improvviso cambiamento delle condizioni ambientali, la sua sopravvivenza può essere seriamente compromessa.
Esistono diverse modalità di riproduzione asessuata; vediamo i principali.

Scissione

È la modalità di riproduzione asessuata più comune per gli organismi **unicellulari eucarioti**, come i protozoi (*fig. 12*), analoga alla scissione binaria già vista per i procarioti.

Fig. 12
Un paramecio mentre sta iniziando la fase finale della divisione cellulare.

12

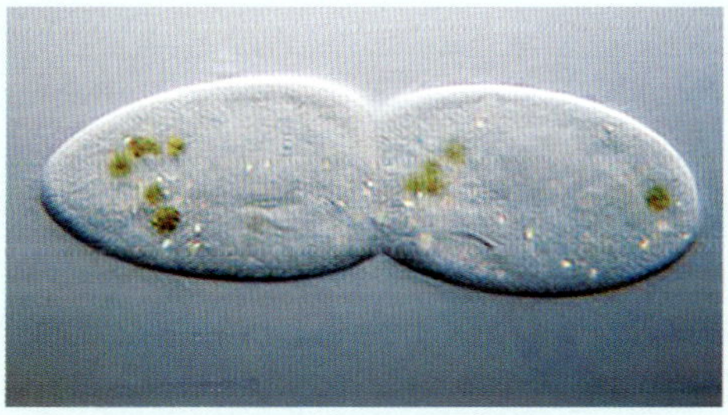

Gemmazione

Consiste in una divisione cellulare in cui la distribuzione del contenuto cellulare (citoplasma) non avviene in modo equo fra la cellula madre e la cellula figlia. Quest'ultima è più piccola e appare come una protuberanza o "gemma" sulla cellula madre, come, per esempio, nei lieviti (*fig. 13a*) e nell'idra, un piccolo animale di acqua dolce (*fig. 13b*). L'individuo che si sviluppa dalla gemma alla fine si staccherà dal genitore per condurre vita autonoma.

13a

13b

Riproduzione vegetativa

È la modalità più evoluta di riproduzione agamica, tipica delle piante più complesse. Singole parti della pianta (radici, fusti o foglie) possono dare origine a un individuo completo. Per esempio, le fragole si possono riprodurre per mezzo di fusti striscianti (stoloni) che a contatto con il terreno sono stimolati a produrre radici e quindi nuovi germogli (*fig. 14*).

14

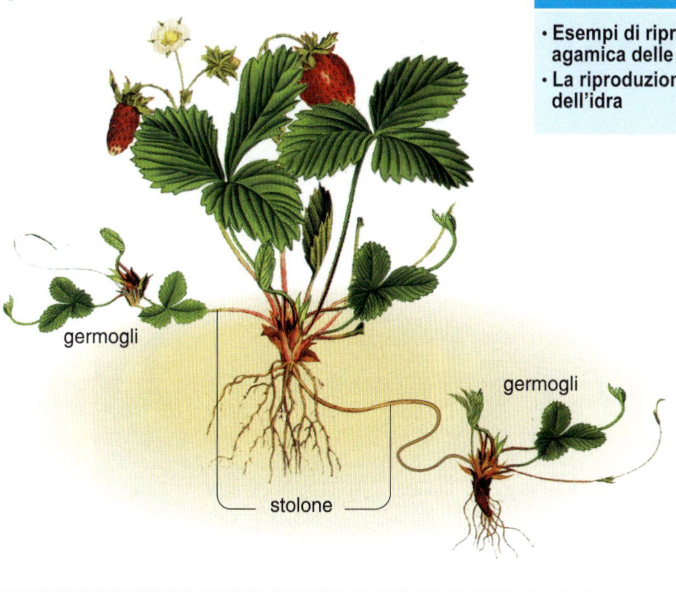

APPROFONDIMENTO ON LINE
- Esempi di riproduzione agamica delle piante
- La riproduzione agamica dell'idra

Rispondi

- In che cosa consiste la riproduzione asessuata?
- Quali sono i principali tipi di riproduzione agamica degli eucarioti?
- In che cosa consiste la riproduzione vegetativa?

6 La riproduzione sessuata e la meiosi

Negli organismi eucarioti, sia unicellulari sia pluricellulari, si è evoluto un sistema riproduttivo più sofisticato rispetto alla semplice divisione mitotica:

la **riproduzione sessuata** o **gamica** comporta la fusione di due cellule particolari, i **gameti**, prodotti da due genitori di sesso diverso.

■ **Gamete**
dal greco *gámos* = nozze.

■ **Zigote**
dal greco *zygotós* = unito.

I ***gameti*** sono **cellule sessuali** che si distinguono dalle altre cellule del corpo (che sono dette **somatiche**). Sono prodotte da due genitori di sesso diverso: negli animali i gameti maschili, detti **spermatozoi**, si formano nei *testicoli* (*gonadi maschili*); i gameti femminili, detti **cellule uovo**, si formano nelle *ovaie* (*gonadi femminili*).
L'accoppiamento permette a un gamete maschile (spermatozoo paterno) e a un gamete femminile (cellula uovo materna) di unirsi.

Si dice **fecondazione** la fusione dei nuclei dei due gameti (maschile e femminile).

Dalla cellula uovo fecondata si origina la prima cellula di un nuovo individuo, lo **zigote**.
Lo zigote, attraverso un lungo processo di sviluppo, durante il quale l'organismo si forma e si accresce tramite ripetute divisioni cellulari, si trasforma prima in *embrione* e poi in *organismo adulto*.

6.1 Le cellule somatiche sono diploidi

Le **cellule somatiche** di un organismo animale o vegetale possiedono tipicamente *due serie di cromosomi*, trasmesse ciascuna da un genitore. Con opportune procedure è possibile mettere in evidenza i cromosomi delle cellule somatiche, fotografarli, contarne il numero, analizzarli e disporli in ordine decrescente di lunghezza. In questo modo si ottiene una rappresentazione completa del corredo cromosomico di un organismo chiamata **cariotipo** (*fig. 15*).

Nel cariotipo i cromosomi sono ordinati e numerati in coppie. I cromosomi di ogni coppia sono molto simili nell'aspetto e per l'informazione genetica che contengono e sono detti **cromosomi omologhi** (ossia "che hanno proprietà equivalenti"): uno è di origine paterna, l'altro di origine materna.

Le **cellule somatiche** contengono un doppio corredo cromosomico e sono definite **diploidi**.

15

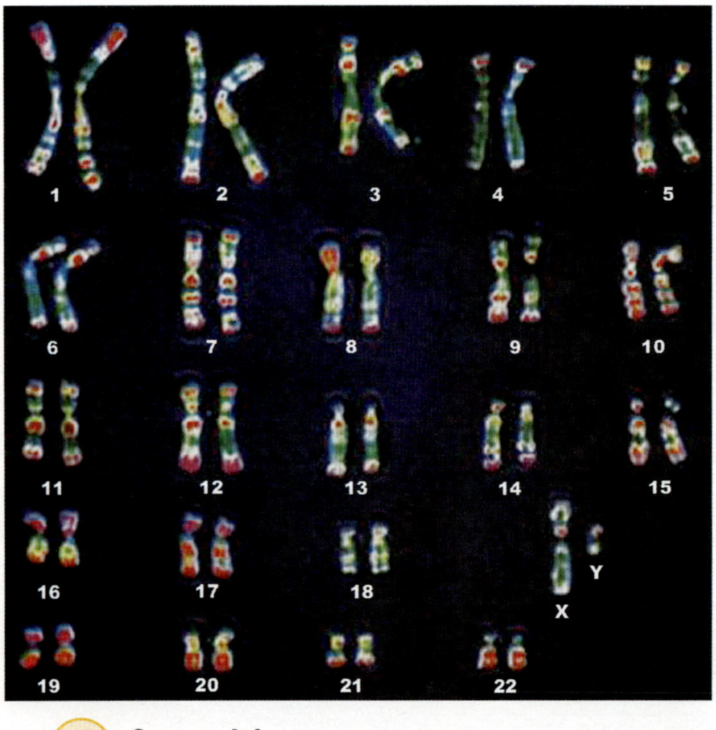

Fig. 15
Esempio di cariotipo umano maschile, contraddistinto dalla presenza di un cromosoma Y.

APPROFONDIMENTO *ON LINE*
• La preparazione del cariotipo

Si dice anche che esse contengono un **numero diploide** di cromosomi, indicato con **2*n***.
Il numero di cromosomi varia nelle diverse specie, ma è sempre pari (*tab. 1*).
Nella nostra specie 22 coppie sono formate da cromosomi omologhi simili, chiamati **autosomi**, presenti sia nei maschi sia nelle femmine; la 23ª coppia è formata da **cromosomi sessuali**, ossia che determinano il sesso di un individuo: nel maschio sono diversi per forma e dimensioni e sono indicati con X e Y (in ogni caso si comportano come omologhi), mentre nella femmina sono uguali e sono entrambi indicati con X.
Nella *figura 15* ogni cromosoma appare singolo, ma è costituito da due cromatidi fratelli, indistinguibili perché strettamente uniti per il centromero.

Tab 1. Il numero di cromosomi di alcuni organismi

Mosca	12	Riccio di mare	40
Carota	18	Uomo	46
Orzo	14	Scimpanzé	48
Mais	20	Ameba	50
Sequoia	22	Bue	60
Cavalletta	24	Cavallo	64
Rana toro	26	Cane	78
Idra	32	Gallo	78
Lombrico	36	Tacchino	82
Gatto	38	Pesce rosso	94

6.2 I gameti sono cellule aploidi

I gameti derivano da cellule riproduttive immature o **cellule germinali** che essendo cellule somatiche sono diploidi.
Durante la loro maturazione in gameti le cellule germinali devono *ridurre a metà il proprio corredo cromosomico* perché la loro fusione nel corso della fecondazione non porti a un raddoppio del numero cromosomico tipico della specie.

I **gameti** si distinguono dalle cellule somatiche perché, rispetto a queste, possiedono metà del numero di cromosomi, ossia sono **aploidi**.

Il dimezzamento del corredo cromosomico (da 2*n* a *n*) è possibile grazie a un tipo particolare di divisione cellulare chiamato **meiosi** (= diminuzione).
Nella meiosi una singola cellula germinale diploide, dopo aver replicato inizialmente il suo DNA una sola volta, va incontro a **due divisioni successive** (I e II divisone meiotica) che danno origine a 4 cellule aploidi.
Questo processo, che può durare anche diversi giorni, avviene solo nelle cellule germinali e in una fase particolarc dcl ciclo vitale di un organismo a riproduzione sessuata (*fig. 16*).

16

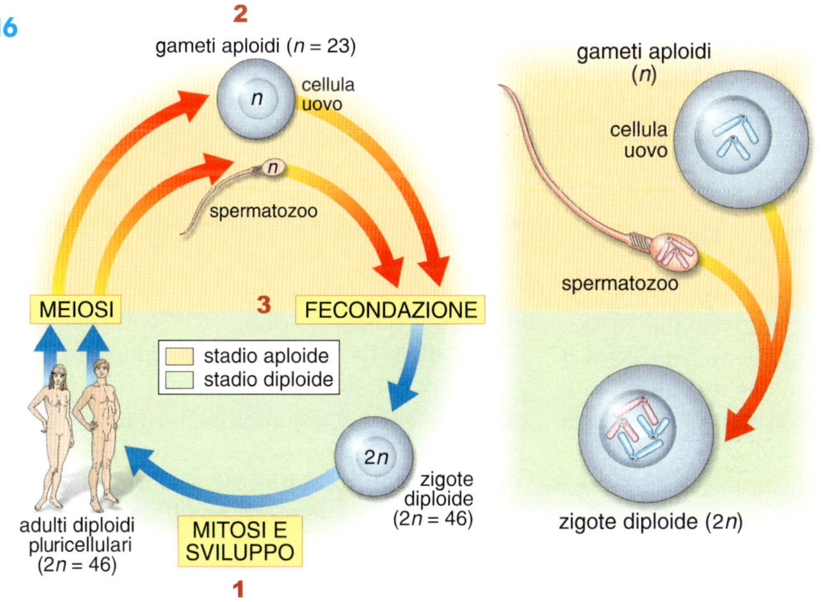

Fig. 16
Il ciclo vitale della specie umana.
1. Dallo zigote diploide, in seguito a ripetute divisioni per **mitosi**, si sviluppa un individuo sessualmente maturo in cui tutte le cellule sono diploidi (2*n* = 46).
2. Per meiosi delle cellule germinali si formano i **gameti** (spermatozoi e cellule uovo) che sono quindi aploidi (*n* = 23).
3. Dalla fusione dei nuclei dei gameti maschili e femminili (**fecondazione**) si origina uno zigote diploide da cui si svilupperà un nuovo organismo.
I cicli vitali degli organismi a riproduzione sessuata comprendono un'alternanza di due stadi: lo stadio diploide è compreso tra la fecondazione e la meiosi, lo stadio aploide dalla meiosi alla fecondazione.

RISPONDI

- Che cosa significano i termini aploide e diploide?
- Quali importanti passaggi comprende il ciclo vitale di un organismo con riproduzione sessuata?

6.3 La meiosi

La **meiosi** comprende una doppia divisione della cellula. La prima divisione meiotica o **meiosi I** è una **divisione riduzionale**, perché i cromosomi omologhi si separano e si determina il dimezzamento del numero dei cromosomi (ma non del contenuto di DNA!). È preceduta dall'interfase in cui il DNA si è duplicato. La seconda divisione meiotica o **meiosi II** è una **divisione equazionale**, come una normale mitosi, ma non è preceduta da alcuna duplicazione del DNA. Le cellule figlie risultanti sono perciò aploidi.
La *figura 17* illustra le varie fasi della meiosi in una ipotetica cellula animale con 4 cromosomi.

17

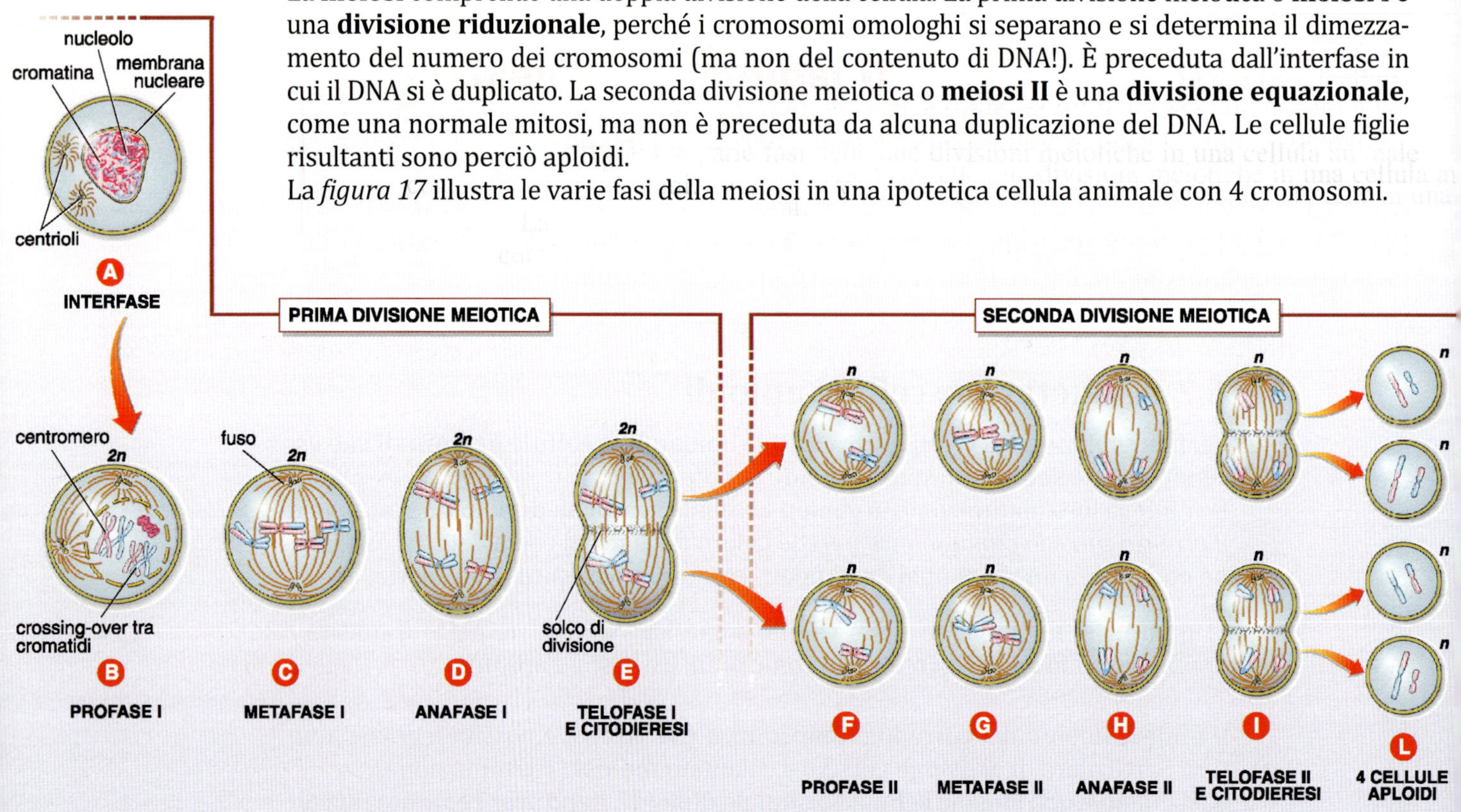

La prima divisione meiotica

A. Interfase: i cromosomi della cellula germinale diploide vengono duplicati; ogni cromosoma è formato da due cromatidi geneticamente identici uniti tramite il centromero. Sono duplicati anche i centrosomi con le rispettive coppie di centrioli.

B. Profase I: i cromosomi omologhi (ciascuno costituito da due cromatidi), si avvicinano e si appaiano (processo chiamato **sinapsi**), formando una struttura a quattro cromatidi, detta **tetrade** (vedi *fig. 20 a pag. 180*). I cromosomi omologhi di ogni tetrade sono molto vicini fra loro e si incrociano in punti detti **chiasmi**. In corrispondenza dei chiasmi avviene il ***crossing-over***, ossia uno scambio di parti di cromatidi omologhi. La membrana nucleare si dissolve, i centrosomi si allontanano e si forma il fuso. I microtubuli del fuso trascinano i cromosomi verso la parte centrale della cellula.

C. Metafase I: le tetradi si allineano sul piano equatoriale. I microtubuli del fuso provenienti da un polo si attaccano al centromero di una coppia di cromosomi omologhi, mentre i microtubuli provenienti dal polo opposto si attaccano all'altra coppia di cromosomi omologhi (è del tutto casuale quale dei due centromeri di ogni tetrade sia rivolto verso l'uno o l'altro dei poli). I cromosomi omologhi di ogni tetrade iniziano a separarsi tra di loro (senza dividersi nei cromatidi come nella mitosi) e a dirigersi verso i poli opposti della cellula.

D. Anafase I: prosegue la migrazione verso i poli opposti di ciascun cromosoma omologo.

E. Telofase I: i cromosomi raggiungono i poli opposti, e avviene la **citodieresi**. Si originano **due cellule aploidi** (***n***), ciascuna delle quali, pur continuando ad avere la stessa quantità di materiale genetico della cellula iniziale, contiene la metà dei cromosomi omologhi che erano presenti inizialmente nella cellula madre.

La seconda divisione meiotica

F. Profase II: dai poli opposti della cellula i microtubuli si attaccano ai due cromatidi fratelli di ciascun cromosoma.

G. Metafase II: i cromosomi si allineano lungo il piano equatoriale.

H. Anafase II: i microtubuli del fuso separano i cromatidi fratelli e li trascinano verso i poli opposti.

I, L Telofase II e **citodieresi:** si conclude la meiosi con la formazione di **quattro cellule aploidi** (***n***).

Rispondi

- Che cos'è una tetrade?
- Quali sono le principali differenze tra la meiosi I e la meiosi II?
- Quali sono le principali differenze tra la meiosi e la mitosi?

6.4 La meiosi produce i gameti

Il meccanismo della meiosi, come detto, permette di ottenere cellule aploidi, che hanno la funzione di cellule sessuali (**gameti**). La formazione dei gameti o **gametogenesi** nella maggior parte degli organismi pluricellulari è leggermente diversa per i gameti maschili e per quelli femminili.
Osserviamo la gametogenesi nell'uomo.

Spermatogenesi

La formazione dei gameti maschili (spermatozoi) prende il nome di spermatogenesi e avviene negli organi sessuali (gonadi) maschili, i **testicoli**. Le cellule germinali diploidi sono gli spermatogoni. Nel processo di spermatogenesi le cellule prendono diversi nomi (*fig. 18*). Con la meiosi si dividono due volte dando origine a quattro *spermatidi aploidi*. Questi cambiano forma, sviluppano una coda e si trasformano in **spermatozoi**.

18

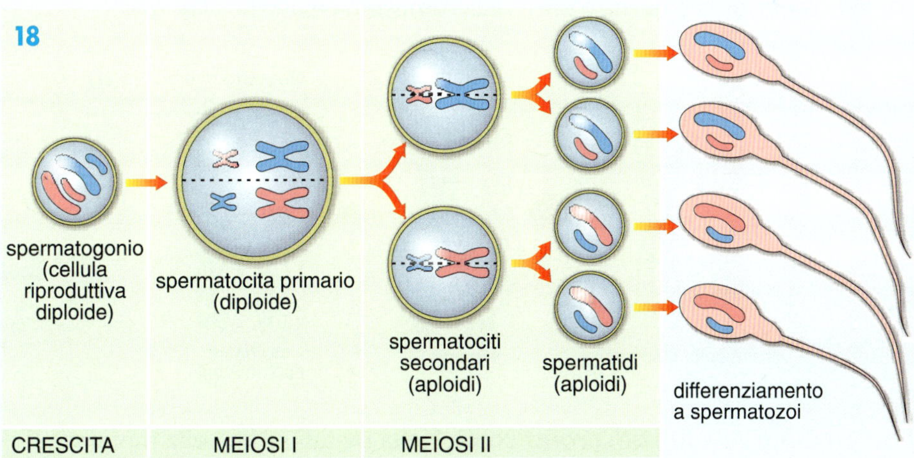

Oogenesi

Il processo di formazione dei gameti femminili (cellule uovo) è detta **oogenesi** e avviene negli organi riproduttivi (gonadi) femminili, le **ovaie**.
Le cellule germinali femminili sono gli oogoni. Durante l'oogenesi le cellule prenderanno diversi nomi (*fig. 19*). Le cellule prodotte dalla meiosi differiscono per dimensione e funzione. Infatti, una delle due cellule che si formano nella meiosi I (*oocita secondario*) possiede quasi tutto il citoplasma della cellula originaria; l'altra cellula, molto piccola, costituisce quello che viene chiamato primo *globulo polare*. Entrambe queste cellule subiscono la meiosi II: il primo globulo polare origina due cellule piccole (globuli polari) e l'oocita secondario origina un globulo polare e una grossa **cellula uovo** (il gamete aploide). I tre globuli polari non sono veri gameti e di solito degenerano.
La cellula uovo prodotta è ricca di citoplasma, importante per la crescita dell'embrione.

19

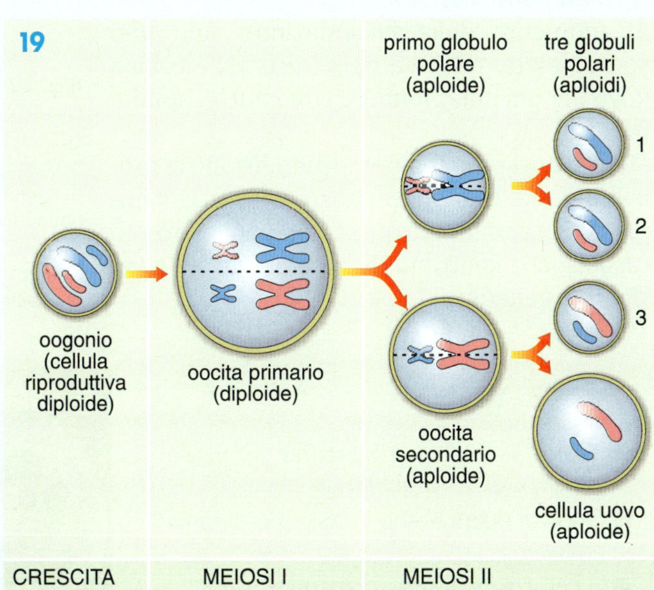

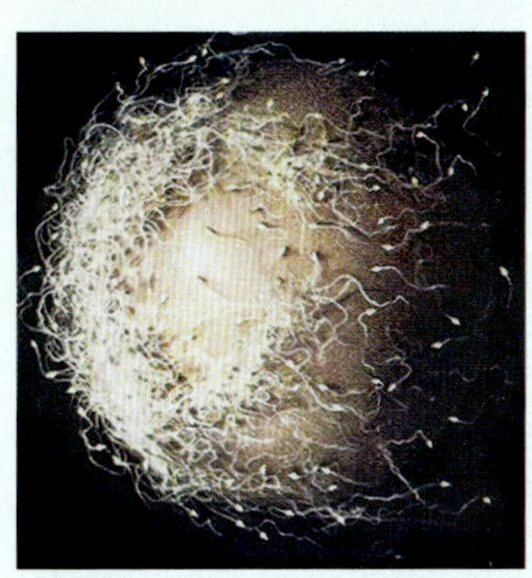

Immagine al microscopio in cui si vede una cellula uovo circondata da molti spermatozoi.

APPROFONDIMENTO *ON LINE*

- La fecondazione
- La formazione dei gameti nelle piante con fiore
- La fecondazione nelle piante con fiore

6.5 La meiosi crea variabilità genetica

La riproduzione sessuata consente un rimescolamento di geni (produce cioè **variabilità genetica**). La variabilità genetica è alla base dell'adattamento della specie alle variazioni dell'ambiente e, quindi, dell'evoluzione stessa degli organismi. Per questo motivo, la maggioranza delle specie viventi si riproduce sessualmente, nonostante la meiosi sia un tipo di divisione cellulare molto più complesso della mitosi.

La *variabilità genetica* è resa possibile da diversi eventi.

Crossing-over. Durante la profase I quando si formano le tetradi avviene uno scambio di frammenti più o meno lunghi di cromatidi vicini, e quindi dei geni da essi portati. Quando i cromosomi omologhi si staccano dalla tetrade, non sono più uguali né ai cromosomi omologhi materni e paterni di partenza, né tra di loro, perché è avvenuto un rimescolamento casuale dell'informazione genetica e ciascun cromatidio possiede parti del cromosoma paterno e parti del cromosoma materno (*fig. 20*).

20

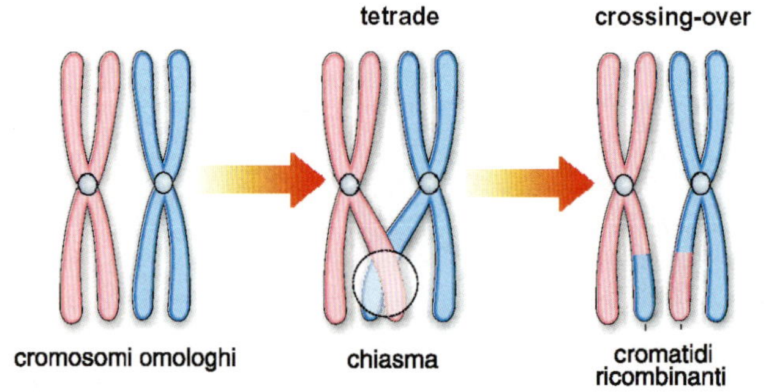

APPROFONDIMENTO *ON LINE*
- Il *crossing-over* favorisce la variabilità genetica

Distribuzione casuale dei cromosomi. Nella metafase I e nella metafase II i cromosomi omologhi sono distribuiti casualmente ai poli opposti e questo determinerà diverse combinazioni di cromosomi materni e paterni nei gameti. Nell'esempio illustrato di un organismo con solo due coppie di cromosomi omologhi, si avranno quattro tipi di gameti geneticamente differenti (*fig. 21*). L'uomo, che ha un corredo diploide di 46 cromosomi ($n = 23$) può produrre ben 2^{23} = 8 388 608 gameti diversi.

21

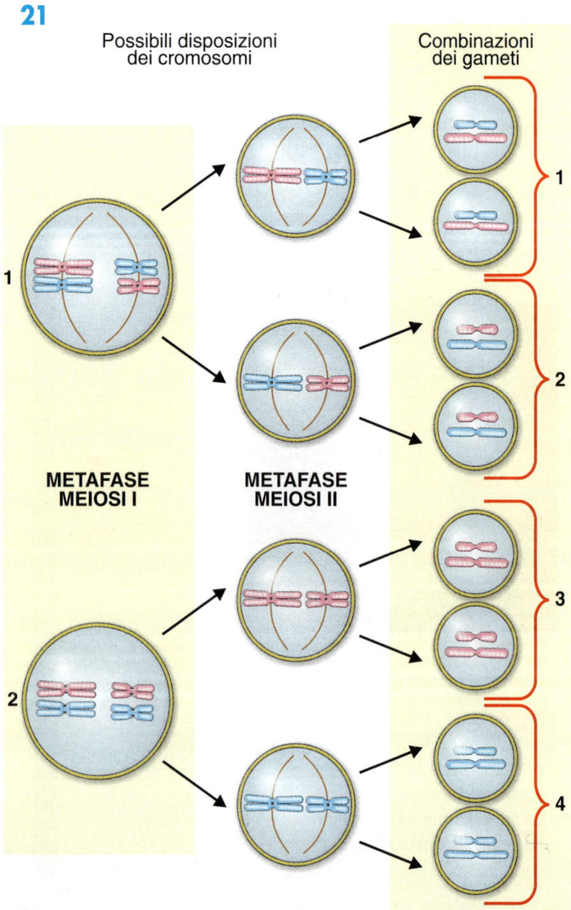

Casualità della fecondazione.
La fecondazione è la fase fondamentale della riproduzione sessuata.
Al momento della fecondazione solo uno spermatozoo riesce a penetrare nella cellula uovo per poi poter fondere i due nuclei aploidi (*fig. 22*).
Molti fattori probabilmente influenzano le probabilità che uno spermatozoo riesca nell'impresa, ma comunque questa rimane un evento casuale, che contribuisce ad aumentare la variabilità genetica.

Fig. 22 Due spermatozoi cercano di penetrare nella cellula uovo. Solo uno ci riuscirà.

22

RISPONDI
- Quali eventi contribuiscono in modo particolare alla variabilità genetica?
- Quali di questi eventi avvengono durante la meiosi?
- In che cosa consiste il *crossing-over*?

I cicli vitali

Come già detto, il **ciclo vitale** o **riproduttivo** è l'intera sequenza delle fasi dello sviluppo di un organismo, dallo zigote, alla produzione dei gameti e alla successiva fecondazione.
Negli organismi a riproduzione sessuata il ciclo vitale è costituito da due stadi o fasi che si alternano: uno stadio in cui si ha una **generazione aploide** (cioè con metà del numero di cromosomi conseguente alla meiosi), compreso tra la meiosi e la fecondazione, e uno stadio in cui si ha una **generazione diploide**, compreso tra la fecondazione e la meiosi. Questa alternanza di stadi aploide/diploide si inserisce nel ciclo riproduttivo di tutti gli organismi eucarioti, ma può avvenire con tempi diversi.

CICLO VITALE APLOIDE

Nel caso di certi organismi, appartenenti perlopiù a specie molto semplici, come vari protisti e funghi, solo lo zigote è diploide. Questo subisce la meiosi subito dopo la fecondazione e l'organismo, nel resto del suo ciclo vitale, è aploide e i gameti si formano per mitosi.

Un organismo che trascorre la maggior parte della sua vita nello stadio aploide è detto **aplonte.**

CICLO VITALE DIPLOIDE

Nel caso della maggior parte degli animali lo stadio aploide è limitato ai gameti, mentre quello diploide dura per tutta la vita dell'organismo.

Un organismo che trascorre la maggior parte della sua vita nello stadio diploide è detto **diplonte.**

CICLO VITALE CON ALTERNANZA DI GENERAZIONI

Il ciclo vitale di molte piante è più complesso, in quanto possono esservi due tipi di organismo adulto: un adulto pluricellulare **aploide**, detto **gametofito** (che produce i gameti) e un adulto pluricellulare **diploide**, detto **sporofito**, che produce **spore** (una *spora* è una cellula riproduttiva capace di dare origine da sola a un nuovo individuo). Il gametofito si riproduce sessualmente formando uno zigote diploide che dà origine a uno sporofito diploide: questo a sua volta produrrà, in seguito a meiosi, spore aploidi, ciascuna delle quali si sviluppa in un gametofito aploide. In altre parole, non vi è una generazione dominante, ma una generazione aploide (gametofito) si alterna con una generazione diploide (sporofito).

Un organismo il cui ciclo vitale mostra un'alternanza di generazioni è detto **aplodiplonte.**

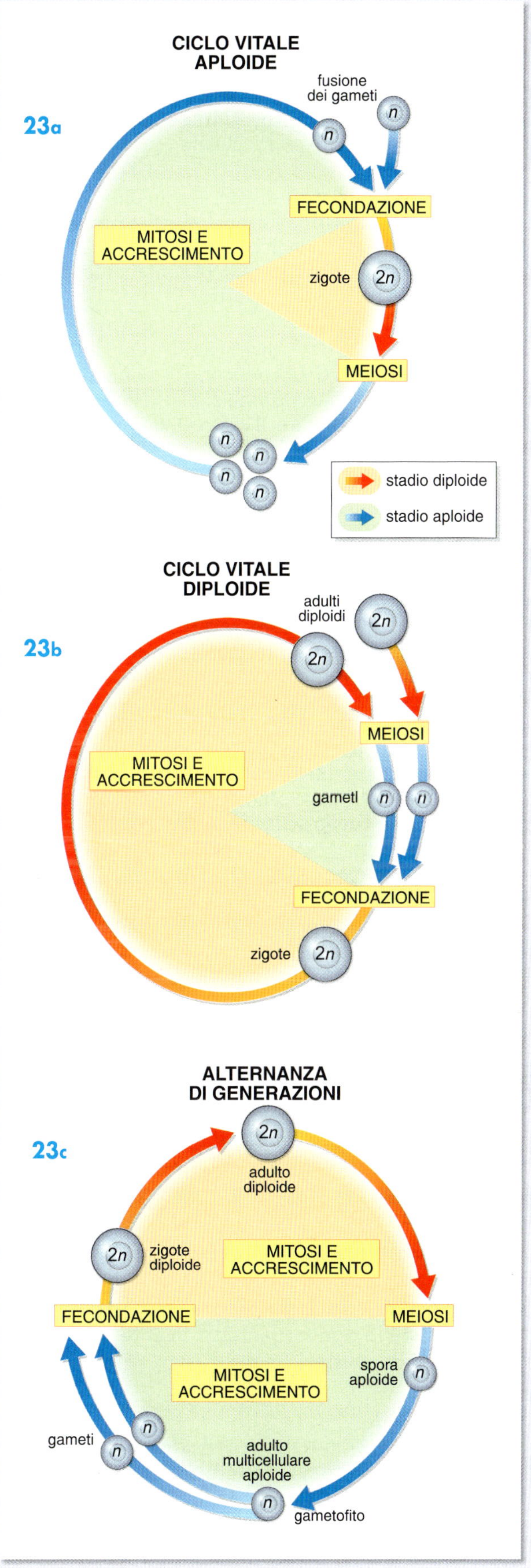

RISPONDI

- In che cosa consiste il ciclo diploide?
- Che cosa significa alternanza di generazione?
- Come si chiama una pianta adulta diploide?

Sviluppo delle competenze

CONCETTI IN SINTESI

Audiosintesi

1. La **divisione cellulare** è il processo con cui le cellule si riproducono, cioè fanno copia di sé. Il **ciclo cellulare** è la sequenza di eventi compresa tra due successive divisioni cellulari; il **ciclo vitale** è l'insieme dei cambiamenti che nella vita di un organismo è compreso tra due successive generazioni. Il ciclo cellulare costituisce solo una parte del ciclo vitale degli organismi pluricellulari.

2. Una cellula può iniziare a dividersi solo dopo la **duplicazione del DNA**, in modo da fornire a ciascuna delle cellule figlie, oltre ai materiali biologici necessari (citoplasma, organuli ecc.), una copia del proprio DNA contenente le informazioni genetiche della cellula madre.

3. La divisione cellulare dei procarioti (Archei e Batteri), mediante la quale essi si riproducono, è detta **scissione binaria**. Il risultato è la formazione di due cellule uguali tra loro e uguali alla cellula madre. Il ciclo cellulare corrisponde al loro ciclo vitale.

4. Il **ciclo cellulare** degli eucarioti è più complesso di quello dei procarioti, perché il loro DNA è più abbondante, è avvolto sugli istoni e racchiuso in una membrana nucleare.
Il ciclo comprende un'**interfase**, il periodo fra una divisione e quella successiva in cui avviene la duplicazione del DNA con la formazione di **cromosomi** formati da una coppia di **cromatidi fratelli**, uniti in un punto detto **centromero**. Segue una **fase mitotica** o **fase M**, in cui avvengono la mitosi (divisione del nucleo) e la **citodieresi** (divisione del citoplasma).
La mitosi avviene in cinque fasi: profase, prometafase, metafase, anafase e telofase. Consiste nella ripartizione dei cromosomi (precedentemente raddoppiati) nei nuclei delle due cellule figlie, che così avranno un patrimonio genetico identico tra loro e a quello della cellula madre.

5. La **riproduzione asessuata** o **agamica** produce cellule figlie aventi le stesse caratteristiche dell'unico genitore. I nuovi individui ottenuti agamicamente possiedono un corredo genetico virtualmente identico a quello degli organismi che li hanno generati, di cui costituiscono un **clone**.
Il sistema più semplice di riproduzione asessuata è la scissione della cellula; sistemi più complessi sono la **gemmazione** e la **riproduzione vegetativa**.

6. La **riproduzione sessuata** o **gamica** porta alla formazione di un individuo attraverso la fusione di due cellule specializzate chiamate **gameti**.
I gameti sono cellule sessuali **aploidi** (ossia con corredo cromosomico dimezzato) prodotte da due genitori di sesso diverso.
L'accoppiamento permette a un gamete maschile (spermatozoo paterno) e a un gamete femminile (cellula uovo materna) di unirsi (**fecondazione**): dalla cellula uovo fecondata si origina la prima cellula di un nuovo individuo, lo zigote.
Il processo di doppia divisione cellulare che permette il dimezzamento del numero dei cromosomi è la **meiosi**. Una prima divisione meiotica o **meiosi I** è **riduzionale**, perché determina il dimezzamento del numero dei cromosomi.
La seconda divisione meiotica o **meiosi II** è **equazionale**, come una normale mitosi. Si ottengono per ogni cellula di partenza diploide quattro cellule aploidi.
La meiosi che porta alla formazione dei gameti maschili è detta **spermatogenesi**, quella che porta alla formazione di gameti femminili è detta **oogenesi**.
La meiosi contribuisce in modo rilevante alla **variabilità genetica** del nuovo individuo attraverso i meccanismi del ***crossing-over*** tra cromatidi, la distribuzione casuale dei cromosomi omologhi nelle celle figlie, la casualità della fecondazione.

■ Negli organismi con riproduzione sessuata il **ciclo vitale** è costituito da due stadi che si alternano: una **generazione aploide**, compresa tra la meiosi e la fecondazione, e una **generazione diploide**, compresa tra la fecondazione e la meiosi.
Gli organismi sono detti **aplonti** se nel loro ciclo vitale prevale lo stadio aploide (come vari protisti e funghi); **diplonti** se prevale lo stadio diploide (come la maggior parte degli animali); **aplodiplonti** se vi è un'uguale alternanza di generazioni.

Verifica le CONOSCENZE

Verifiche interattive

1. La divisione cellulare: il ciclo cellulare e il ciclo vitale

1 **Scegli il completamento corretto (anche più di uno).**

1. La divisione cellulare è un processo
- **a.** con cui le cellule si riproducono
- **b.** con cui le cellule si dividono in due parti
- **c.** comune in ogni organismo vivente
- **d.** tipico dei batteri

2. Il ciclo cellulare è
- **a.** la sequenza di eventi tra una divisione cellulare e quella successiva
- **b.** la divisione di tutte le cellule
- **c.** la riproduzione degli organismi
- **d.** sempre uguale al ciclo vitale

3. Il ciclo vitale
- **a.** si osserva solo negli organismi pluricellulari
- **b.** si osserva solo nei batteri
- **c.** coincide sempre con il ciclo cellulare
- **d.** è l'insieme dei cambiamenti di un organismo tra una generazione e quella successiva

2. La duplicazione del DNA

2 **Scegli il completamento corretto (anche più di uno).**

1. Con la duplicazione del DNA
   - **a.** si formano due molecole di DNA identiche tra loro
   - **b.** si formano due molecole di DNA identiche al DNA di partenza
   - **c.** ciascuna nuova molecola è costituita da un filamento originale e un filamento nuovo
   - **d.** ciascuna nuova molecola è costituita da due filamenti nuovi
2. La duplicazione del DNA è detta
   - **a.** conservativa
   - **b.** semiconservativa
   - **c.** complementare
   - **d.** replicazione

3. Il ciclo cellulare nei procarioti: la scissione binaria

3 **Stabilisci quali delle seguenti affermazioni sono vere (V) e quali false (F), indicando in quest'ultimo caso il termine corretto.**

	V	F
a. La scissione binaria è una forma di riproduzione tipica dei batteri.	❑	❑
b. La scissione binaria è una forma di riproduzione agamica degli eucarioti.	❑	❑
c. Negli organismi unicellulari la divisione cellulare corrisponde alla loro riproduzione.	❑	❑
d. Nelle cellule procarioti il DNA è in genere contenuto in alcuni cromosomi di forma circolare.	❑	❑

4. Il ciclo cellulare negli eucarioti e la mitosi

4 **Stabilisci quali delle seguenti affermazioni sono vere (V) e quali false (F), indicando in quest'ultimo caso il termine corretto.**

	V	F
a. I cromosomi degli eucarioti sono formati da molecole di DNA associate a proteine.	❑	❑
b. Cromatina e cromosomi hanno uguale composizione.	❑	❑
c. Durante l'interfase la cellula duplica il proprio DNA.	❑	❑
d. Durante l'interfase la cellula non compie alcuna attività.	❑	❑
e. La fase G2 dell'interfase segue immediatamente la fase G1.	❑	❑
f. Nel ciclo cellulare la mitosi è preceduta dalla citodieresi.	❑	❑
g. La mitosi avviene nell'interfase.	❑	❑
h. Nella mitosi le cellule figlie ricevono dalla cellula madre una copia del suo corredo cromosomico.	❑	❑

5 **Scegli il completamento corretto.**

1. Il ciclo cellulare degli eucarioti è costituito da
   - **a.** interfase, profase e citodieresi
   - **b.** interfase e mitosi
   - **c.** interfase e fase M
   - **d.** mitosi e fase M
2. La duplicazione del DNA avviene
   - **a.** nella fase G1 dell'interfase
   - **b.** all'inizio della mitosi
   - **c.** durante la citodieresi
   - **d.** nella fase S dell'interfase
3. La mitosi è
   - **a.** il processo durante il quale si duplica il DNA
   - **b.** il processo di divisione del citoplasma cellulare
   - **c.** la fase in cui avviene la divisione del nucleo
   - **d.** una fase del ciclo cellulare
4. I cromosomi diventano evidenti durante la
   - **a.** profase
   - **b.** metafase
   - **c.** anafase
   - **d.** telofase

5. La riproduzione asessuata

6 **Scegli il completamento corretto.**

1. Nella riproduzione asessuata
   - **a.** i due genitori sono uguali
   - **b.** vi è un unico genitore
   - **c.** si originano solo maschi
   - **d.** si originano solo femmine
2. La riproduzione vegetativa è tipica di organismi
   - **a.** unicellulari eucarioti
   - **b.** pluricellulari
   - **c.** unicellulari
   - **d.** procarioti
3. La gemmazione è una forma di
   - **a.** difesa cellulare
   - **b.** riproduzione cellulare
   - **c.** crescita cellulare
   - **d.** differenziamento cellulare

6. La riproduzione sessuata e la meiosi

7 **Scegli il completamento corretto.**

1. Nella riproduzione sessuata
   a. vi sono due genitori
   b. vi è un unico genitore
   c. si originano solo maschi
   d. si originano solo femmine
2. Nella prima divisione meiotica si originano
   a. due cellule diploidi
   b. due cellule aploidi
   c. quattro cellule diploidi
   d. quattro cellule aploidi
3. Il *crossing-over*
   a. è uno scambio tra cromosomi paterni
   b. avviene durante la metafase I
   c. porta a un rimescolamento di geni paterni e materni
   d. porta a un rimescolamento di geni materni

8 **Definisci i seguenti organismi.**

a. aplonte [...]

b. diplonte [...]

c. aplodiplonte [...]

9 **Collega ciascun termine della prima colonna con quello a cui si riferisce della seconda.**

A	B
1. formazione di cellule somatiche	**a.** fecondazione
2. formazione di gameti	**b.** riproduzione gamica
3. fusione di due nuclei aploidi	**c.** meiosi
4. presenza di due genitori	**d.** mitosi

[1. ....]; **[2.** ....]; **[3.** ....]; **[4.** ....].

Verifica le ABILITÀ

1 **Indica in quale fase specifica del ciclo cellulare si verificano i seguenti eventi.**

a. I cromosomi si decondensano [..]

b. I cromosomi singoli migrano ai poli opposti [..]

c. Si forma il fuso mitotico [..]

d. I cromosomi si allineano sul piano equatoriale [..]

e. Si forma la piastra cellulare [..]

f. Inizia a sparire la membrana nucleare [..]

g. I cromatidi si separano [..]

h. I cromosomi si duplicano [..]

i. Si forma la membrana nucleare [..]

l. Cromosomi condensati sono allineati all'equatore [..]

m. Si riforma la cromatina [..]

2 **Nello schema del ciclo cellulare sono state sostituite con numeri alcune frasi e sigle, che sono riportate di seguito:**

a. i cromosomi si condensano [.............]
b. il citoplasma è diviso [.............]
c. G1 [.............]
d. i cromosomi si separano [.............]
e. S [.............]
f. il DNA si duplica [.............]
g. G2 [.............]

Inserisci nei tratteggi al termine di ogni frase i numeri corrispondenti.

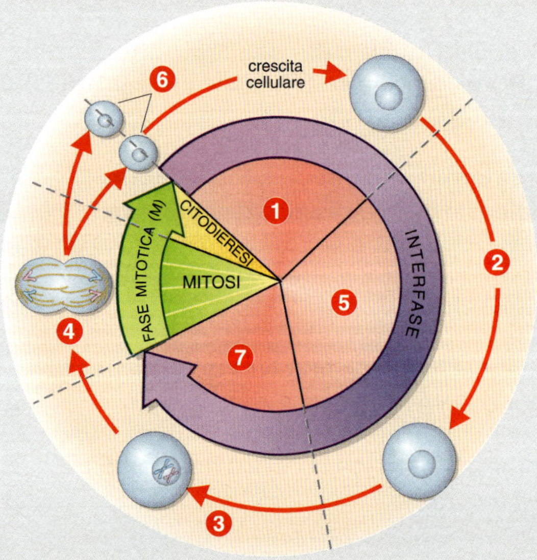

3 **Una cellula somatica ha 20 cromosomi allineati in metafase. Quanti cromosomi saranno presenti all'anafase dopo che i centromeri si saranno divisi?**

4 **Completa le seguenti affermazioni scegliendo i termini corretti tra quelli elencati sotto.**

Nella riproduzione asessuata, detta anche .... , vi è un .... "genitore"; da un individuo derivano .... individui; non vi è .... e i "figli" sono .... ai "genitori".

[*agamica* – *due* – *fecondazione* – *gamica* – *identici* – *mitosi* – *quattro* – *simili* – *unico*]

5 **Indica in quale fase della meiosi si verificano i seguenti eventi:**

a. I cromosomi omologhi si uniscono in punti chiamati chiasmi [...]

b. Le tetradi si allineano sul piano equatoriale della cellula [..]

c. Precede immediatamente la divisione della cellula madre in due cellule aploidi [...]

d. Precede la citodieresi in cui si originano quattro cellule aploidi [...]

Verifica di competenze

• LA DIVISIONE DEI PROCARIOTI

In presenza di adeguato nutrimento, il ciclo vitale dei procarioti si svolge rapidamente. Per esempio, *Escherichia coli* può completare il proprio ciclo in meno di mezz'ora.
Il ciclo cellulare comincia con un aumento delle dimensioni della cellula, accompagnato da un accrescimento della membrana plasmatica e dalla duplicazione del cromosoma, cioè della molecola di DNA. Quindi i due cromosomi si allontanano e la membrana e la parete cellulare si introflettono provocando la divisione della cellula madre nelle due cellule figlie.

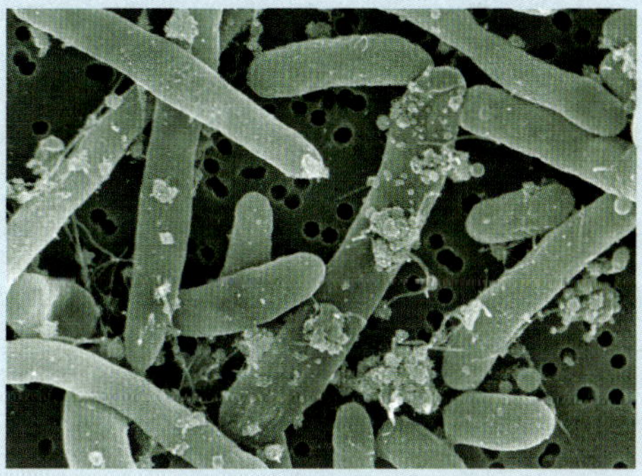

Escherichia coli.

6 **1. Che differenza c'è tra ciclo vitale e ciclo cellulare in un procariote?**

....

....

2. Come si chiama il tipo di divisione dei procarioti?

a. mitosi
b. meiosi
c. scissione binaria

3. Che vantaggi ha il tipo di divisione dei procarioti rispetto alla riproduzione gamica?

....

4. Perché un pluricellulare non si riproduce per scissione binaria?

....

5. Che vantaggi ha la riproduzione sessuale?

....

APPROFONDIMENTO *ON LINE*

• Mappa interattiva

SUMMARY

1. *Cells reproduce by making copies of themselves through* ***cell division****. The* ***cell cycle*** *is a sequence of events which occurs between two successive cell divisions. The* ***life cycle*** *represents the changes in the life of an organism between two successive generations; it is only a part of life cycle of a multicellular organism.*

2. *A cell can begin the division only after the* ***replication of DNA*** *has occurred, so that each daughter cell is supplied, besides the necessary biological materials (cytoplasm, organelles etc.), also with a copy of the DNA containing the genetic information of the parent cell.*

3. *Prokaryotic (Archaea, Bacteria) cell division is known as* ***binary fission****. The parent cell divides into two identical daughter cells which are in turn identical to the parent cell. In prokaryote cells, the cell cycle coincides with the life cycle.*

4. *The eukaryotic cell cycle differs from a prokaryotic cell cycle because eukaryotic cells contain larger quantities of DNA and the DNA is wound around histones and is enclosed in a nuclear membrane.*
The ***cell cycle of an eukaryote cell*** *includes an* ***interphase****, during which the cell replicates its DNA with the formation of* ***chromosomes*** *composed of* ***sister chromatids****, joined at a point called* ***centromere****.*
This is followed by a ***mitotic phase*** *or* ***M phase****, during which the division of the nucleus and* ***cytokinesis*** *(division of the cytoplasm) take place.* ***Mitosis*** *is composed of five phases:* ***prophase****,* ***prometaphase****,* ***metaphase****,* ***anaphase*** *and* ***telophase****. This consist in distributing the chromosomes (previously replicated) between the nuclei of the two daughter cells, which will therefore have an identical genetic patrimony which will also be identical to that of the parent cell.*

5. ***Asexual reproduction*** *or* ***agamogenesis*** *results in the production of daughter cells having the same characteristics of their single parent. Individuals originating this way form a* ***clone****.*
The simplest asexual reproduction system is cellular ***fission****. More complex systems of asexual reproduction are* ***budding*** *and* ***vegetative reproduction****.*

6. *In* ***sexual reproduction****, a new organism originates by* ***fertilisation****, which is the union of two sexual cells provided by the parents and known as* ***gametes****. These are haploid cells, meaning that they have a single set of chromosomes.*
Gametes are produced from germ cells through a particular type of cell division known as ***meiosis****. Meiosis consists of two cellular divisions:*
– the first meiotic division, or ***meiosis I****, is a* ***reductive division*** *because it determines the halving of the number of chromosomes;*
– the second meiotic division, or ***meiosis II****, is an* ***equational division*** *as in the normal mitosis. The result of meiosis is the formation of four haploid cells.*
Male gamete production is called ***spermatogenesis*** *and female gamete production is called* ***oogenesis****.*
Meiosis greatly contributes to ***genetic variation*** *amongst individuals of the same species by* ***crossing-over*** *(a process through which homologous chromosomes exchange some corresponding parts of chromatids), the* ***independent assortment of homologous chromosomes*** *in the future daughter cells and the occurrence of* ***random fertilization****.*

• *In* ***sexually reproductive*** *organisms the* ***life cycle*** *is made up of two alternating phases. In between meiosis and fertilisation there is a* ***haploid generation*** *(with half the number of chromosomes after meiosis). The other stage occurs between fertilisation and meiosis representing the* ***diploid generation****. An organism that lives most of its life in a haploid stage is said to be* ***haplontic*** *(like many protists and fungi).*
An organism that lives most of its life as a diploid is said to be ***diplontic*** *(like most animals).*
If in the life cycle there is no dominant generation (as in many plants) or ***alternation of generations****, the organism is said to be* ***haplodiplontic****.*

EXERCISES

1 **Choose the correct sentence (could be more than one).**

1. Chromosomes
- **a.** take part in the cell's metabolism
- **b.** are the centre of protein synthesis
- **c.** transmit genetic information to daughter cells
- **d.** sustain the cell

2. Chromatin is
- **a.** all of the chromatids
- **b.** synonymous with DNA
- **c.** filaments of DNA joined with proteins
- **d.** chromosomes immersed in a coloured fluid

3. Chromatids are
   a. joined by a centromere
   b. two sex chromosomes
   c. two copies of a replicated chromosome
   d. the future chromosomes of daughter cells

4. The karyotype is
   a. all the chromosomes in a cell
   b. the chromosomes of a given species
   c. molecules of DNA and proteins present in the nucleus
   d. chromatids in a cell

5. Genetic recombination occurs
   a. in mitosis
   b. in meiosis
   c. during crossing-over
   d. in all the preceding cases

2 **Point out true (T) or false (F) statements giving a reason for your answer.**

	V	F
a. Vegetative reproduction is typical in eukaryotic single celled organisms.	❑	❑
b. Binary fission is a form of agamogenetic reproduction.	❑	❑
c. Gametes originate through meiosis.	❑	❑
d. Zygotes derive from the fusion of two gametes.	❑	❑
e. Fertilization is the union of two gametes.	❑	❑
f. The product of fertilization is a zygote.	❑	❑
g. Meiosis forms diploid cells.	❑	❑
h. Gametes are haploid cells.	❑	❑
i. Chromosomes are present in pairs in all somatic cells.	❑	❑
j. All human cells have 46 chromosomes.	❑	❑

3 **Write whether the following statements or words refer to prokaryotic cells (P), eukaryotic cells (E) or both (PE).**

a. life cycle same as cell cycle [.............]
b. cytokinesis [.............]
c. cytoplasm division [.............]
d. DNA replication [.............]
e. forming identical cells [.............]
f. meiosis [.............]
g. nuclear membrane [.............]
h. mitosis [.............]
i. many chromosomes [.............]
j. circular chromosome [.............]

4 **Find the incorrect statement.**

1. Autosomes are chromosomes
   a. that don't determine the gender
   b. that determine the gender
   c. that are present in pairs of homologous chromosomes
   d. that are present in all diploid cells

2. During the second meiotic division
   a. chromatids separate
   b. cells divide
   c. four haploid cells form
   d. chromosomes replicate

5 **Point out if the following terms are about mitosis (MI) or meiosis (ME) or both (B).**

a. diploid parent cell [...........]
b. cell division [...........]
c. two cell divisions [...........]
d. two daughter cells [...........]
e. four daughter cells [...........]
f. haploid daughter cells [...........]
g. diploid daughter cells [...........]
h. identical daughter and parent cells [...........]
i. daughter cells with genetic variation [...........]

6 **Crossing-over is the mixing of maternal and paternal genes, known as genetic recombination. Why this phenomenon represents an advantage for the species?**

....

....

....

....

....

7 **A cell with 22 chromosomes undergoes a mitotic division. Instead of having 22 chromosomes each, one of the two has 23 chromosomes and the other has 21.**
What went wrong during the mitotic process?

....

....

....

....

....

CAPITOLO 5

Le leggi di Mendel e il concetto di gene

Introduzione

Le grandi scoperte nascono spesso da piccole cose. L'osservazione di comuni fiori dell'orto (come i fiori di pisello della foto) ha permesso a un attento studioso della natura, l'abate Mendel, di individuare le leggi che diventarono poi i fondamenti della genetica, la scienza che studia i caratteri ereditari.
Le osservazioni di Mendel furono la base di partenza per impostare numerosi e ripetuti esperimenti e i risultati furono elaborati con rigorosi calcoli statistici.

OBIETTIVI

- **Comprendere la trasmissione dei caratteri ereditari.**
- **Conoscere i principali termini della genetica.**
- **Individuare le osservazioni che hanno portato alla formulazione delle leggi di Mendel.**
- **Enunciare le leggi di Mendel e interpretarle alla luce delle conoscenze attuali.**
- **Verificare le leggi di Mendel negli incroci tra gameti.**
- **Conoscere alcuni fenomeni ereditari complessi.**

1 Le basi della genetica

L'informazione necessaria per determinare la comparsa di ogni nostra caratteristica o carattere, dal colore degli occhi e dei capelli, alla statura, alla forma del naso, al gruppo sanguigno, alle biomolecole delle nostre cellule, è contenuta in piccoli "segmenti" di cromosomi, che comprendono porzioni di DNA chiamate *geni*.

Un **gene** è un tratto di DNA, che si trova in una posizione definita in determinati cromosomi, in grado di trasmettere uno specifico carattere ereditario.

La scienza che si occupa dello studio e della trasmissione dei caratteri ereditari prende il nome di **genetica**.

1.1 I principali termini della genetica

Sappiamo che i cromosomi sono presenti nelle cellule diploidi in coppie di **cromosomi omologhi**, l'uno di origine paterna, l'altro di origine materna, che portano gli stessi geni (quelli cioè che controllano uno stesso carattere), collocati nella medesima posizione (*fig. 1*).

Ogni gene è perciò ripetuto due volte. Non è detto, però, che i due geni ereditati da ciascun genitore siano perfettamente identici: possono infatti esistere lievi differenze molecolari nelle porzioni di DNA, che determinano varianti nel carattere che esprimono. Per esempio, il gene responsabile del carattere "colore degli occhi" può essere presente nei cromosomi omologhi in due forme che determinano l'uno il colore scuro e l'altro il colore azzurro.

Le forme alternative o varianti di un gene che presiede allo stesso carattere sono chiamate **alleli** (dal greco *allélon* = l'un l'altro).

Un individuo che possiede due alleli identici per un dato carattere è detto **omozigote** (dal greco *homòs* = stesso) per quel carattere. Quando possiede due alleli diversi è detto **eterozigote** (*hèteros* = diverso) per quel carattere.

Un eterozigote ha quindi ricevuto dai genitori due alleli differenti; può accadere che un allele si imponga sull'altro, mascherandone la presenza: in tal caso viene chiamato **allele dominante**, mentre l'altro è detto **allele recessivo**.

L'insieme dei geni, o meglio degli alleli, propri di ciascun organismo è detto **genotipo**,

mentre

l'insieme dei caratteri osservabili di un organismo, espressi cioè da ciascuna combinazione di alleli, è detto ***fenotipo***.

1

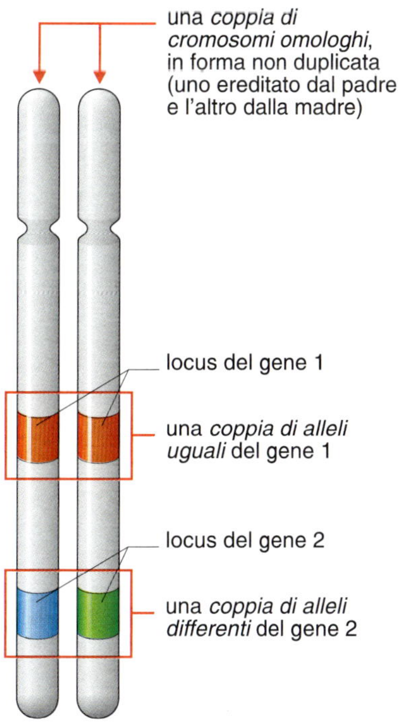

Fig. 1
I geni che si trovano nella stessa posizione in una coppia di cromosomi omologhi sono detti alleli: questi possono essere uguali o differenti (ciò è evidenziato nella figura dallo stesso colore o da colori differenti).

RISPONDI

- Che cosa sono gli alleli?
- Che cosa si intende per omozigote ed eterozigote?
- Che cos'è il genotipo? E il fenotipo?

Fenotipo
significa letteralmente "tipo (cioè forma) apparente" (da "*feno*", che ritroviamo in "fenomeno", e deriva da un verbo greco che significa "apparire").

2 Gli esperimenti di Mendel

APPROFONDIMENTO *ON LINE*
• Gregor Mendel

I primi studi che gettarono le basi della genetica si devono al monaco boemo **Gregor Mendel** (1822-1884). Pur senza sapere nulla di DNA, geni, cromosomi e meccanismi di divisione cellulare, Mendel fu in grado di fornire una spiegazione scientifica delle regole che governano la trasmissione ereditaria dei caratteri.

2.1 L'ibridazione

Fin dai primordi della civiltà l'uomo praticò, nell'addomesticamento degli animali e delle piante, la selezione delle varietà con le caratteristiche ritenute più utili, perché fossero trasmesse alla discendenza.
Ai tempi di Mendel ciò che si sapeva era che le caratteristiche della prole sono il risultato dei contributi di entrambi i genitori, portati dai gameti. Mendel si dedicò per alcuni anni a esperimenti di **ibridazione** (incrocio di varietà diverse) con le piante di pisello coltivate nel giardino del suo monastero. In questa sua attività fece una scoperta di enorme rilevanza: *i caratteri ereditari possono essere intesi come "unità" separate che si trasmettono da una generazione all'altra in modo indipendente tra di loro*; oggi sappiamo che le "unità ereditarie" (o "fattori ereditari") di Mendel corrispondono ai geni.
Le piante di pisello si prestavano molto bene agli scopi di Mendel, perché possono essere sottoposte anche artificialmente a **fecondazione** (o **impollinazione**) **incrociata**, ossia si possono fare fecondare le cellule uovo da polline che non proviene dalla stessa pianta (*fig. 2*).

RISPONDI

- Chi era Mendel? Che tipo di osservazioni fece?
- Perché la pianta di pisello era particolarmente adatta per i suoi esperimenti?

2

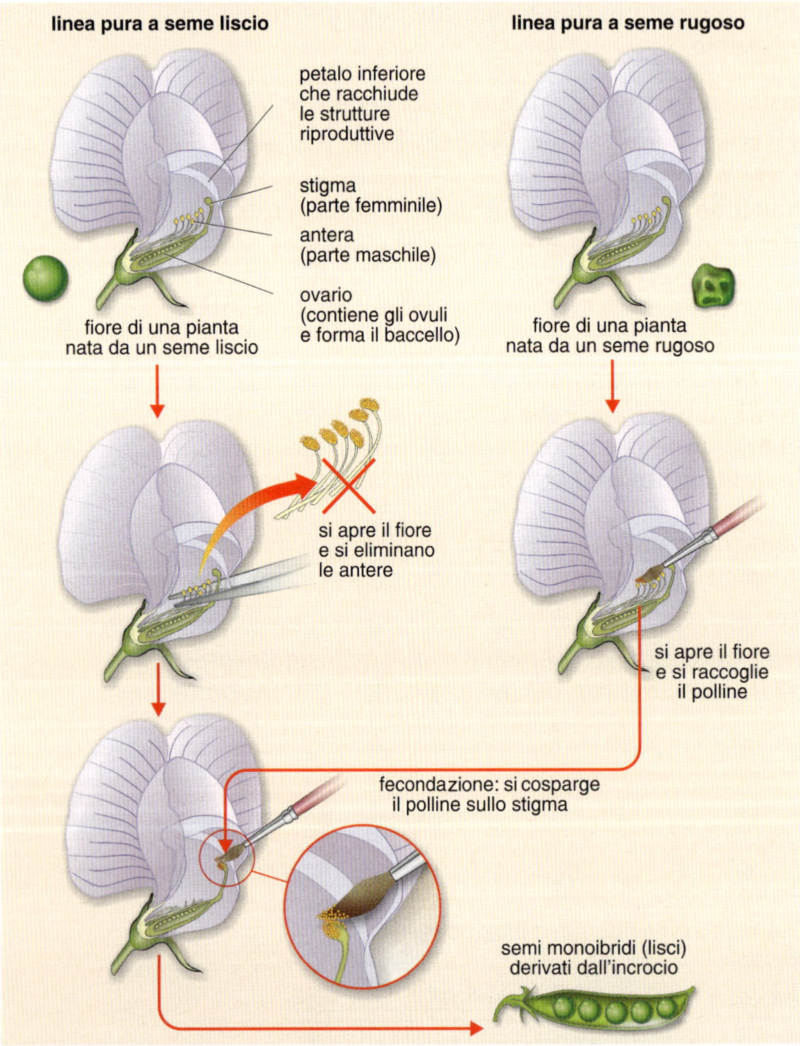

Autofecondazione
Si ha **autofecondazione** quando la fecondazione avviene tra gameti maschili e femminili della stessa pianta.

Fecondazione incrociata
Si ha **fecondazione incrociata** quando i gameti maschili prodotti dal polline di un fiore vanno a fecondare i gameti femminili contenuti nell'ovulo di un fiore di un'altra pianta (ma sempre della stessa specie).

Fig. 2
Per effettuare l'impollinazione artificiale incrociata tra piante di pisello (*Pisum sativum*), occorre per prima cosa asportare le antere dei fiori di una pianta prima che producano il polline. La parte femminile dei fiori viene quindi fecondata spennellando lo stigma con il polline maturo proveniente da un'altra pianta. L'ovario di ogni fiore impollinato contiene fino a 10 ovuli e si trasforma in un baccello: gli ovuli fecondati si sviluppano in semi che costituiscono la generazione successiva (che in questo caso è formata da piante *ibride*).

3 Le leggi di Mendel

3.1 L'incrocio monoibrido

Mendel iniziò le sue sperimentazioni incrociando piante di pisello in cui certi definiti caratteri si presentavano in forme alternative e *considerando un solo carattere per volta*. Questa procedura consentiva di ottenere, dopo un certo numero di generazioni, **linee pure**, cioè discendenti in cui un certo carattere si manifesta sempre nello stesso modo (per esempio, esclusivamente piante con fiori porpora o con semi lisci).
Queste furono il materiale di partenza utilizzato da Mendel per effettuare gli incroci. Dagli incroci egli ottenne degli **ibridi**: l'incrocio realizzato con organismi che differiscono per un solo carattere è chiamato **incrocio monoibrido**.

3.2 La legge della dominanza

In una serie di esperimenti Mendel incrociò piante appartenenti a linee pure con *due diverse varianti dello stesso carattere*: per esempio fiori viola-fiori bianchi (*fig. 3*): queste piante costituivano la *generazione parentale* (**P**).
Dall'incrocio ottenne la *prima generazione filiale* (che si indica con la sigla $\mathbf{F_1}$) di ibridi (eterozigoti).
Mendel osservò che tutti i fiori della generazione F_1 erano, senza eccezione, *viola*, cioè si era presentata una sola delle varianti del carattere presenti nei genitori. Mendel chiamò **dominante** quello dei due caratteri alternativi che compariva nella prima generazione F_1, **recessivo** l'altro carattere che non si manifestava, cioè rimaneva "nascosto". Lo stesso risultato si verificò per tutti gli altri caratteri con due varianti presi in considerazione (*fig. 4*).

3

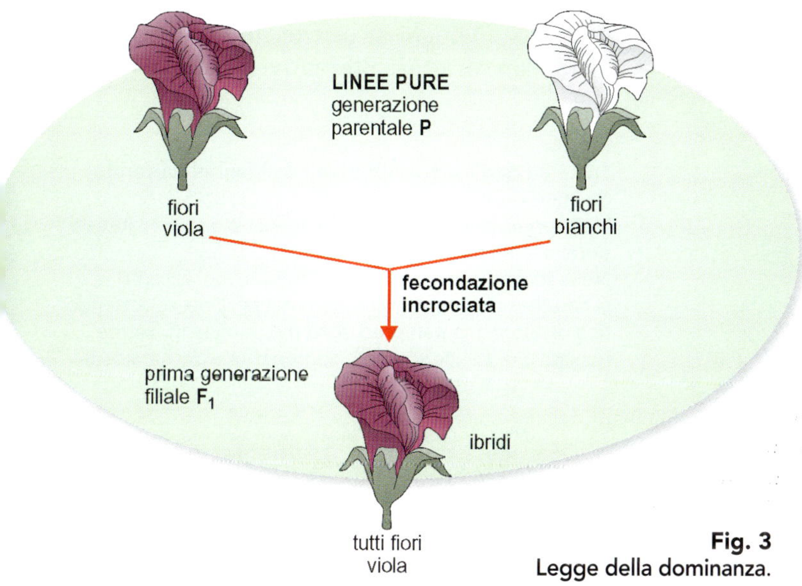

Fig. 3
Legge della dominanza.

Fig. 4
I sette caratteri delle piante di pisello presi in considerazione da Mendel.

4

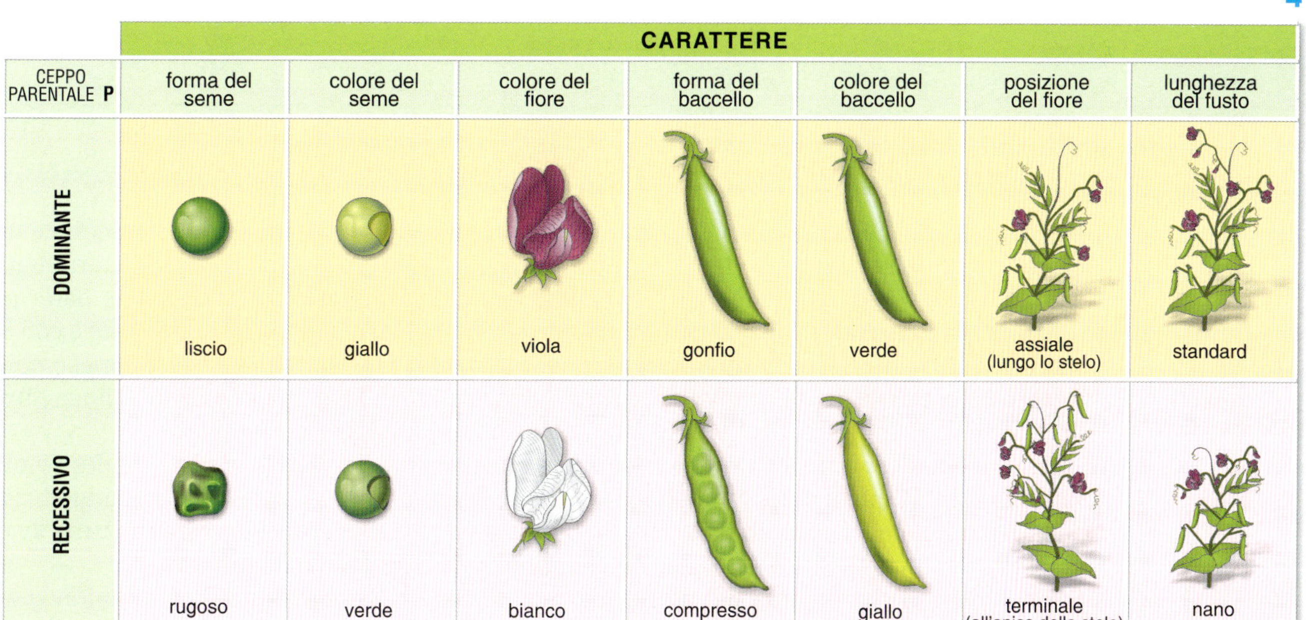

CEPPO PARENTALE P	CARATTERE						
	forma del seme	colore del seme	colore del fiore	forma del baccello	colore del baccello	posizione del fiore	lunghezza del fusto
DOMINANTE	liscio	giallo	viola	gonfio	verde	assiale (lungo lo stelo)	standard
RECESSIVO	rugoso	verde	bianco	compresso	giallo	terminale (all'apice dello stelo)	nano

Questi risultati costituirono la base di quella che è nota come

legge della dominanza (o **prima legge di Mendel**): dall'incrocio di due individui di linea pura che differiscono per un solo carattere, si ottengono individui ibridi in cui si manifesta la forma dominante del carattere, mentre la forma recessiva resta latente.

5

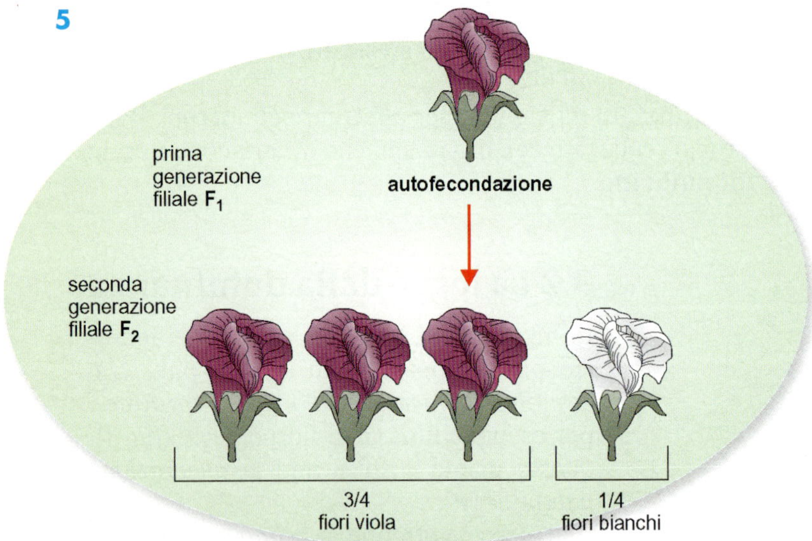

Fig. 5
Legge della segregazione dei caratteri.

3.3 La legge della segregazione dei caratteri

Mendel lasciò quindi che gli ibridi della prima generazione F_1 si autofecondassero tra loro, ottenendo una *seconda generazione filiale* (F_2). Raccolse quindi i loro semi e osservò che la variante dominante e il carattere recessivo erano presenti nella proporzione 3:1 (*fig. 5*).

Risultati analoghi si ottenevano da incroci tra ibridi con caratteri alternativi differenti (*fig. 6*).

Fig. 6
I risultati degli incroci effettuati da Mendel partendo da linee pure.
Nella prima generazione F_1 si manifestano solo i caratteri dominanti (legge della dominanza).
Nella seconda generazione F_2 ricompaiono, accanto ai caratteri dominanti, i caratteri recessivi, ma rispettando una proporzione ben precisa: forme dominanti/forme recessive = 3 /1 (legge della segregazione dei caratteri).

6

INCROCIO MONOIBRIDO: CARATTERE ESPRESSO NELLA							
PRIMA GENERAZIONE F1	 liscio	 giallo	 viola	 gonfio	 verde	 assiale	 standard
GENERAZIONE F_1	tutti lisci	tutti gialli	tutti viola	tutti gonfi	tutti verdi	tutti assiali	tutti standard
GENERAZIONE F_2	lisci 5474 / rugosi 1850	gialli 6022 / verdi 2001	viola 705 / bianchi 224	gonfi 882 / compressi 299	verdi 428 / gialli 152	assiali 651 / terminali 207	alti 787 / nani 277
RAPPORTO	2,96:1	3,01:1	3,15:1	2,95:1	2,82:1	3,14:1	2,84:1

tutte le caratteristiche combinate $\frac{\text{dominanti } 14949}{\text{recessive } 5010}$ con rapporto 2,98:1

Mendel sapeva che ogni pianta di pisello è generata dall'unione di un gamete maschile e un gamete femminile e ipotizzò che in un individuo ogni carattere ereditario fosse determinato da due "fattori ereditari" (che oggi chiamiamo *geni*), provenienti l'uno dal gamete paterno, l'altro dal gamete materno; egli indicò con una lettera maiuscola il fattore dominante e con la stessa lettera minuscola il fattore recessivo: nel caso prima illustrato si può usare per esempio **V** per il colore viola del seme e **v** per il colore bianco, per cui la pianta di pisello di linea pura dominante sarà indicata con **VV** e la pianta di linea pura recessiva con **vv**.
Poiché i gameti contengono un solo fattore ereditario, quelli derivanti dal pisello a fiore viola saranno **tutti V**, quelli derivanti dal pisello a fiore bianco saranno **tutti v**: gli individui ibridi della generazione F_1, prodotti dall'incrocio tra un gamete G e un gamete g, saranno **tutti Vv** e, essendo V dominante, tutti i fiori della F_1 saranno viola (legge della dominanza).
Per spiegare la ricomparsa del carattere recessivo nella generazione F_2, Mendel avanzò l'ipotesi che, al momento della formazione dei gameti (presenti negli ovuli e nel polline),

avvenga una **segregazione**, cioè una separazione della coppia dei fattori ereditari (oggi diremmo la coppia di alleli) e che, di conseguenza, ogni gamete contenga solo uno dei fattori che determinano ogni carattere. Questa ipotesi è nota come

legge della segregazione dei caratteri (o **seconda legge di Mendel**): le coppie di alleli segregano (si separano) durante la formazione dei gameti, per cui ciascuno di essi possiede uno solo dei due alleli.

I fattori ereditari si riappaiano, ma in modo casuale, durante la fecondazione, quando i gameti si fondono per dare vita al nuovo organismo che avrà, quindi, un gamete di origine paterna e uno di origine materna. In pratica il processo pensato da Mendel in base ai risultati dei suoi esperimenti è quanto si verifica nel corso della meiosi.

RISPONDI

- Che cosa si intende per dominante e recessivo?
- Che cosa affermano le prime due leggi di Mendel?

Genetica e probabilità

La **probabilità** è la misura della frequenza con cui ci aspettiamo che si verifichi un certo evento. Per esempio, se lanciamo un dado con sei facce, la probabilità che "esca" il 6 è una su sei. Questa si può esprimere con un rapporto, 1: 6 o 1/6, o con una percentuale: 16,66%.
Come noto, l'incontro tra un gamete maschile e uno femminile è dettato dal caso, quindi in genetica la trasmissione dei caratteri ereditari segue le leggi della probabilità (lo abbiamo visto nel caso della seconda legge di Mendel); in altre parole, non si possono avere dati "certi", ma occorre parlare di eventi che hanno una maggiore o minore probabilità di verificarsi.

IL QUADRATO DI PUNNETT

Cerchiamo ora di comprendere meglio quanto detto per la seconda legge di Mendel, ossia perché nella generazione F_2 si ottengono fiori viola e fiori bianchi nel rapporto 3:1.
Ogni genitore eterozigote ha la stessa probabilità di fornire un gamete con l'allele **V** o con l'allele **v**; gli incroci possibili saranno: **VV**, **vv**, **Vv**, e **vV**. Questi sono rappresentati graficamente mediante uno schema, detto **quadrato di Punnett**, dal nome del genetista che lo ha ideato (*fig. 7*).
Come è facilmente verificabile dallo schema, ogni incrocio ha 1/4 (ossia il 25%) di probabilità di verificarsi; poiché **Vv** e **vV** si equivalgono, la probabilità di ottenere un eterozigote **Vv** sarà 1/2 (50%); la generazione F_2 consisterà quindi di
- un individuo omozigote dominante **VV**;
- due individui eterozigoti **Vv**;
- un individuo omozigote recessivo **vv**.

Avremo quindi un rapporto genotipico VV:Vv:vv pari a 1:2:1.
Poiché gli alleli VV e Vv danno origine a fiori viola, e solo gli alleli vv danno origine a fiori bianchi, avremo solo due fenotipi nella proporzione di ¾ di fiori viola e di 1/4 di fiori bianchi, con un **rapporto fenotipico** di 3:1.

7

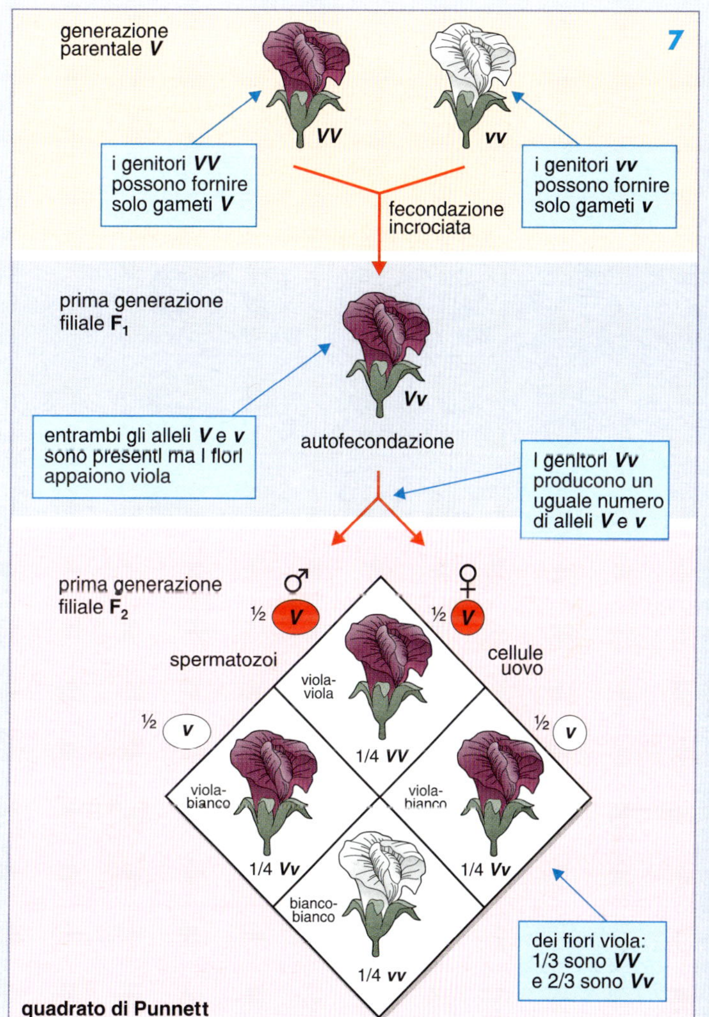

RISPONDI

- Aiutandoti con un quadrato di Punnett, calcola la probabilità con cui il gene di una malattia si trasmette dai genitori ai figli nel caso che un genitore sia sano (**SS**) e l'altro sia portatore di una malattia ereditaria (**Sm**), ossia possiede un allele per la malattia ma la malattia non si manifesta. Il carattere "sano" è sempre dominante (**S**).

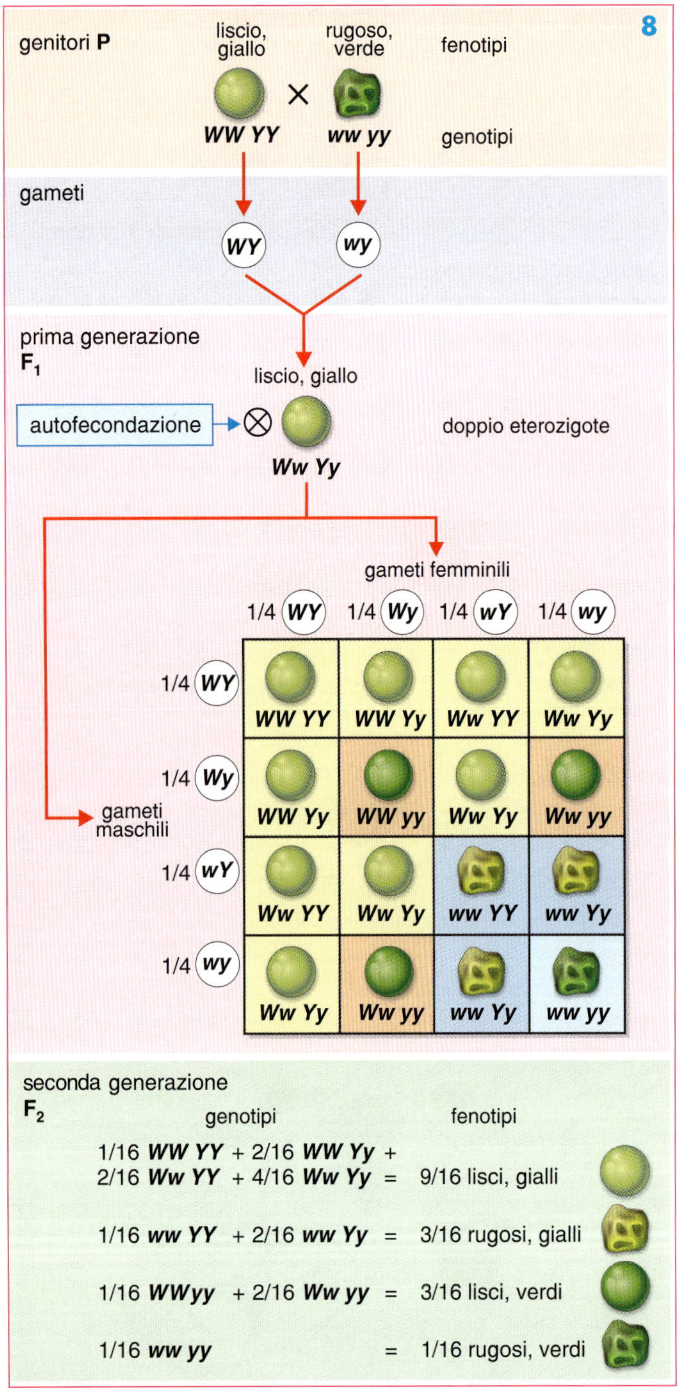

Fig. 8
Schematizzazione della legge dell'assortimento indipendente mediante il quadrato di Punnett.

3.4 La legge dell'assortimento indipendente

Negli esperimenti precedentemente citati, Mendel prese in considerazione un singolo carattere per volta. Decise quindi di verificare che cosa accade se si effettuano **incroci diibridi**, cioè se vengono fatte accoppiare piante che *differiscono per due caratteri*, come per esempio il carattere colore del seme (seme giallo o seme verde) e il carattere forma del seme (seme liscio o seme rugoso).
In uno di questi esperimenti, Mendel effettuò incroci di piselli a seme liscio e giallo (nelle varianti dominanti **YYWW**) con piselli a seme rugoso e verde (nelle varianti recessive **yygg**). Nella generazione F_1, come atteso in base alla legge della dominanza, comparvero piselli esclusivamente con semi lisci e gialli, con genotipo **YyWw**.
Dopo averli fatti autofecondare, nella generazione F_2, Mendel ottenne i seguenti risultati su un campione di 556 semi: 315 semi lisci-gialli, 101 semi rugosi-gialli, 108 semi lisci-verdi, 32 semi rugosi-verdi.
I risultati, per ogni carattere considerato, rispecchiano quelli ottenuti negli incroci monoibridi di piante di generazione F_1, con un rapporto atteso tra i discendenti di 3:1; inoltre, il rapporto tra i quattro fenotipi (liscio-giallo, rugoso-giallo, liscio-verde e rugoso-verde) è di 9:3:3:1.
La *figura 8* schematizza i risultati di Mendel mediante un quadrato di Punnett.
Mendel si convinse che questo risultato poteva essere spiegato ammettendo che i fattori ereditari per la forma del seme e per il colore del seme venissero ereditati in *modo indipendente* gli uni dagli altri.
Questo risultato ha permesso di formulare la

legge dell'assortimento indipendente (o **terza legge di Mendel**): nell'incrocio tra due individui di linea pura che differiscono tra loro per due caratteri, al momento della formazione dei gameti, gli alleli relativi a caratteri diversi segregano in modo indipendente.

Ne consegue che ogni variante viene ereditata indipendentemente dall'altra (*fig. 9*).

RISPONDI

■ Quali sono gli esperimenti e le osservazioni che hanno portato Mendel a formulare la legge dell'assortimento indipendente?

9

Fig. 9
Semi di pisello verdi e gialli in germogliazione.

Scienze e realtà

Alcuni esempi di ereditarietà mendeliana nell'uomo

Il semplice meccanismo di eredità mendeliana, ossia che segue le leggi di Mendel, può essere verificato nella trasmissione di alcuni caratteri nell'uomo, anche se la maggior parte dei caratteri umani vengono ereditati secondo uno schema più complesso di quello delineato da Mendel.

La tabella mostra alcuni caratteri che vengono ereditati secondo uno schema mendeliano semplice, in cui cioè il carattere è controllato da un singolo gene con un allele dominante e uno recessivo.

Carattere	Fenotipo dominante	Fenotipo recessivo
lingua arrotolata (*fig. 10a*)	capacità di arrotolare la lingua	incapacità di arrotolare la lingua
colore dell'iride (*fig. 10b*)	marrone, verde	blu, grigio
fossetta del mento	presenza di fossetta	assenza di fossetta
attaccatura del lobo dell'orecchio	lobo staccato	lobo attaccato
attaccatura dei capelli (*fig. 10c*)	attaccatura a punta	attaccatura dritta
lentiggini	presenza di lentiggini	assenza di lentiggini
modo di intrecciare le mani	pollice sinistro sopra il destro	pollice destro sopra il sinistro

10a

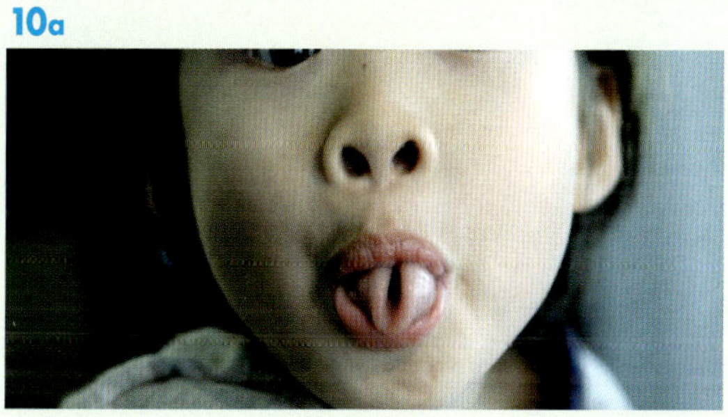

10b

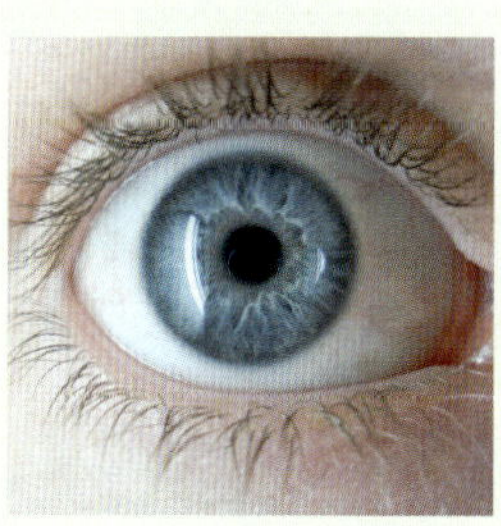

10c

Rispondi

■ L'attaccatura a punta dei capelli è dominante (PP) rispetto all'attaccatura diritta (pp). La discendenza di genitori PP e pp sarà tutta eterozigote Pp. Aiutandoti con il quadroto di Punnett, quale probabilità avrà ogni figlio concepito da due genitori eterozigoti Pp di avere attaccatura a punta?

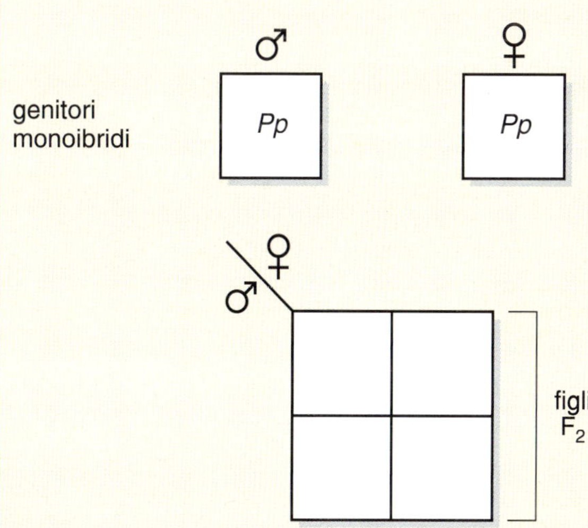

APPROFONDIMENTO *ON LINE*

- Maschio o femmina? La determinazione del sesso

Fenomeni ereditari complessi

La validità delle leggi di Mendel fu confermata dalle successive ricerche dei genetisti. Nel corso di questi studi, tuttavia, si potè verificare che i criteri che regolano l'ereditarietà non sempre sono così semplici come i dati di Mendel avevano suggerito. In effetti si scoprì che ogni allele può interagire con altri alleli dello stesso gene o di geni diversi oppure anche con l'ambiente e dare luogo a fenotipi differenti da quelli attesi.
Di seguito forniamo una descrizione sintetica di questo tipo di *fenomeni ereditari complessi*, che sono comunque in genere spiegabili con lievi estensioni dei principi di Mendel.

Dominanza incompleta e codominanza.

In una coppia di alleli possono esistere diversi gradi di dominanza, nel senso che un allele può non essere completamente dominante sull'altro allele. In questo caso, il fenotipo dell'eterozigote prodotto dall'incrocio di due omozigoti, l'uno parzialmente dominante sull'altro, sarà *intermedio* rispetto a quello dei genitori: questo fenomeno è detto **dominanza incompleta** e un esempio è offerto dalla pianta di bocca di leone. Incrociando una pianta di linea pura a fiori rossi con una di linea pura a fiori bianchi, si ottengono piante eterozigoti della generazione F_1 tutte con fiori rosa, cioè con un fenotipo intermedio rispetto a quelli dei genitori. Se ora lasciamo che avvenga l'autoimpollinazione tra le piante della generazione F_1, nella seconda generazione F_2 (*fig. 11*) ricompaiono i fiori rossi, i fiori bianchi e i fiori rosa nel rapporto: 1/4 rosso, 1/4 bianco, 1/2 rosa. In questo caso, la differenza tra gli effetti dei diversi genotipi è di *tipo quantitativo*, nel senso che il carattere che si osserva dipende dalla quantità di sostanza attiva (nell'esempio, i pigmenti sintetizzati dalle cellule dei petali del fiore) prodotta da ciascun allele.
È possibile, però, che due alleli dello stesso gene controllino la produzione di due sostanze diverse, e che entrambe siano presenti nell'individuo eterozigote; in altre parole, è possibile che l'eterozigote presenti il fenotipo dell'uno e dell'altro allele. Esempi di questo fenomeno, indicato come **codominanza**, si trovano nei gruppi sanguigni.

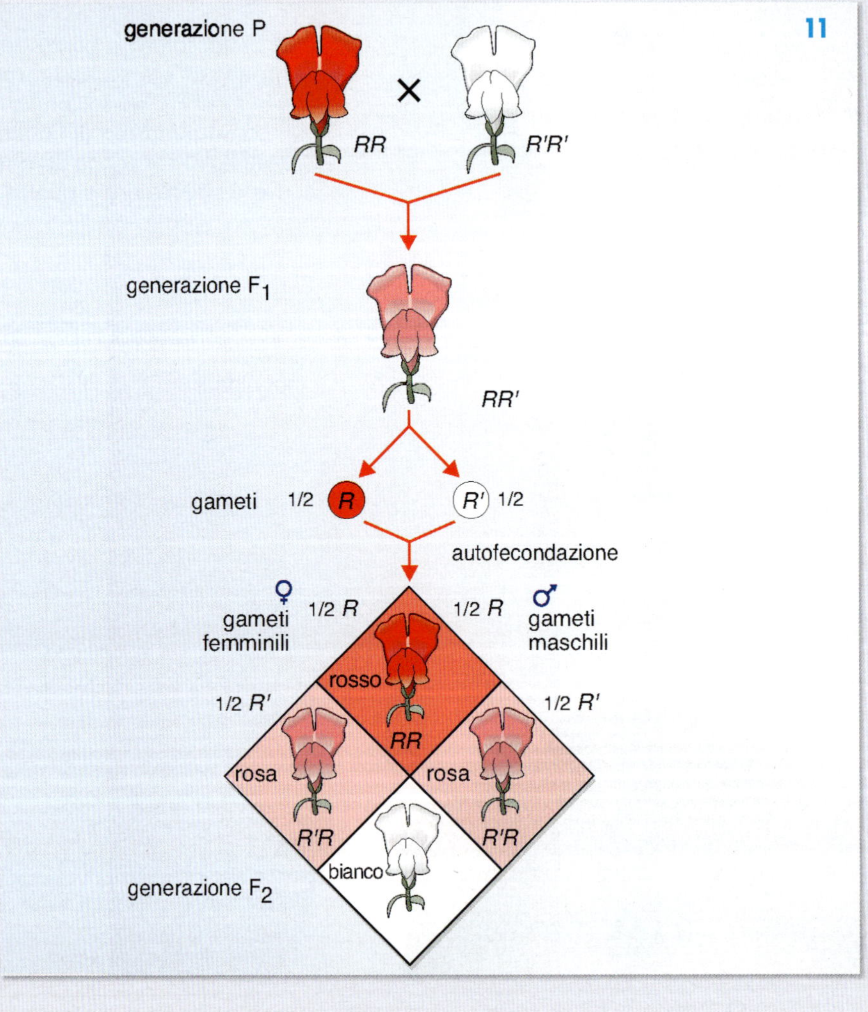

■ **ALLELI MULTIPLI.** Gli esperimenti effettuati da Mendel erano basati su caratteri che presentavano solo due forme alleliche; va considerato, tuttavia, che numerosi geni si possono presentare in più di due forme alleliche: si hanno perciò *alleli multipli*.
Le possibili combinazioni due a due di questi alleli danno luogo, nell'ambito di una popolazione, a individui con differenti genotipi, quindi a una varietà di fenotipi (per esempio, tre alleli, XYZ, possono dare luogo a 6 differenti combinazioni genotipiche: XX, YY, ZZ, XY, XZ, YZ).
Un esempio classico è rappresentato dai gruppi sanguigni nell'uomo, in cui tre alleli di uno stesso gene danno, a seconda delle diverse combinazioni, i gruppi sanguigni A, B, AB, 0 (*fig. 12*).

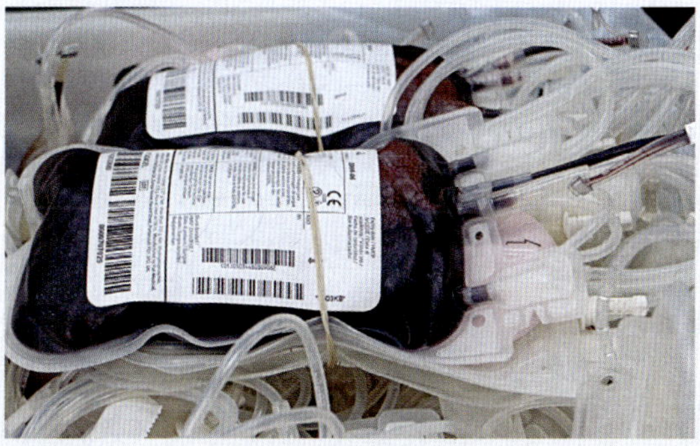

12

Fig. 12
Sacche di sangue pronte per eventuali trasfusioni. Ogni sacca è correttamente etichettata con il preciso gruppo sanguigno.

■ **EFFETTI MULTIPLI DI UNO STESSO GENE.** Può accadere che un singolo gene eserciti effetti multipli sul fenotipo di un organismo: in questo caso si parla di **pleiotropia**. Questo fenomeno è tipico, negli eucarioti, di geni che intervengono con la produzione di ormoni, sostanze in grado di interferire su una serie molto ampia di processi vitali (*fig. 13*). Per esempio, un gene difettoso nell'uomo impedisce la trasformazione dell'amminoacido fenilalanina in tirosina. Pertanto la fenilalanina si accumula nel sangue. Questo effetto (fenotipico) è accompagnato da altri effetti fenotipici quali ritardo mentale e, spesso, microcefalia, eczemi e capelli chiari. Questa malattia ereditaria si chiama **fenilchetonuria** e il gene che ne è la causa è pertanto pleiotropo.

13

Fig. 13
I gatti siamesi hanno tipicamente le estremità (orecchi, muso, zampe e coda) di colore più scuro del resto del corpo; questo effetto è dovuto alla pleiotropia dell'allele responsabile della colorazione del pelo.

■ **CARATTERI INFLUENZATI DA DIVERSI GENI.** Molti caratteri di un organismo sembrano sfuggire alle leggi di Mendel, in quanto non si esprimono in forme alternative come i caratteri studiati dal monaco boemo. Si tratta dei cosiddetti **caratteri quantitativi**, come la taglia di un animale, l'altezza di un uomo, il colore della pelle e degli occhi (*fig. 14*) e così via, che mostrano una variabilità graduale. In realtà si è visto che anche questi caratteri obbediscono alle leggi di Mendel, soltanto che essi sono il risultato del contributo di più geni e, per tale motivo, manifestano una variabilità continua: si tratta di **caratteri poligenici** e si parla in questo caso di **eredità poligenica**.

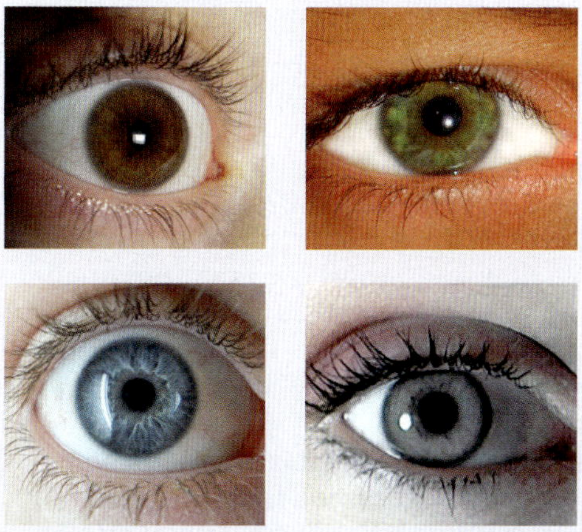

14

Fig. 14
Nella nostra specie il colore degli occhi può variare in tutte le gradazioni di colore dal marrone al grigio.

■ **INFLUENZA DELL'AMBIENTE SULL'ESPRESSIONE GENICA.** Il modo in cui un gene si esprime esternamente, cioè nelle caratteristiche "fenotipiche" dell'individuo, dipende spesso, oltre che da fattori ereditari, da fattori ambientali (come il tipo di clima, l'alimentazione, il tipo di terreno nel caso delle piante). Questo è il caso, per esempio, del colore della pelle (*fig. 15*) o del pelo e della corporatura. Si può esprimere tutto questo dicendo che i geni sono spesso soggetti a una "modulazione" più o meno ampia a seconda delle condizioni ambientali o, in altre parole, che il **fenotipo** deriva, in ultima analisi, dall'interazione tra **genotipo** e **ambiente**.

15

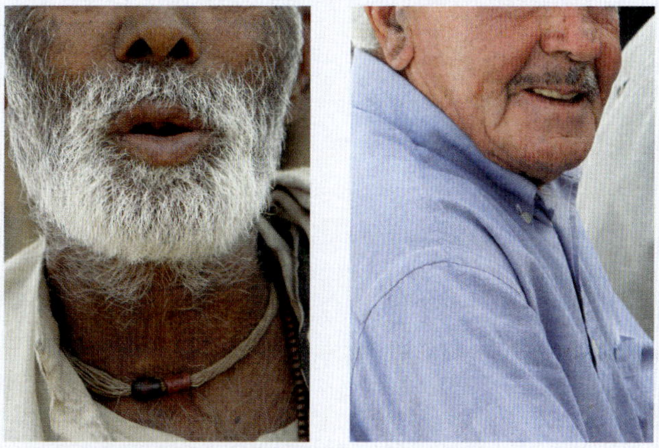

Fig. 15
Il colore della pelle può essere influenzato dall'ambiente.

Sviluppo delle competenze

CONCETTI IN SINTESI

Audiosintesi

1. La **genetica** studia i principi e i meccanismi che presiedono alla trasmissione dei caratteri ereditari.
L'informazione che determina ogni nostra caratteristica o **carattere** che viene trasmesso alle successive generazioni è contenuta nei geni. Un **gene** è un tratto di DNA che si trova in una posizione definita in determinati cromosomi, in grado di determinare e trasmettere uno specifico carattere ereditario.
Ogni gene si trova in due (o più) forme alternative, provenienti una dalla madre, l'altra dal padre, dette **alleli**. Un individuo che possiede due alleli identici per un dato carattere è detto **omozigote** per quel carattere. Se possiede due alleli diversi è detto **eterozigote** per quel carattere.

2. I primi studi che gettarono le basi della genetica si devono al monaco boemo **Gregor Mendel** (1822-1884). Egli, dedicandosi a esperimenti di **ibridazione** (incrocio di varietà diverse) sulle piante di pisello, scoprì che i caratteri ereditari possono essere intesi come "unità" (o "fattori ereditari", che oggi chiamiamo geni) separate che si trasmettono da una generazione all'altra in modo indipendente tra di loro.

3. La costituzione genetica di un organismo è detta **genotipo**, mentre il suo aspetto costituisce il **fenotipo**. Fenotipi simili possono derivare da genotipi diversi. Un allele che si manifesta nel fenotipo di un individuo eterozigote, con esclusione dell'altro allele, è detto **dominante**; quello i cui effetti non compaiono nel fenotipo è detto allele **recessivo**.
Mendel iniziò i suoi esperimenti eseguendo **incroci monoibridi**, cioè tra due piante di **linea pura** che presentano due forme alternative di un dato carattere. Come risultato di questa prima serie di esperimenti Mendel formulò due leggi:

- **legge della dominanza**: dall'incrocio di individui di linea pura che presentano due varianti di un carattere si ottiene una generazione di ibridi che presentano la variante dominante di quel carattere;
- **legge della segregazione dei caratteri**: al momento della formazione dei gameti, avviene una segregazione, cioè una separazione della coppia di alleli e, di conseguenza, ogni gamete contiene solo uno dei due alleli.

Questi ultimi si riappaiano in modo casuale durante la fecondazione, quando i gameti si fondono per dare origine al nuovo organismo che avrà, quindi, un allele di origine paterna e uno di origine materna.
Una seconda serie di esperimenti compiuti su **incroci diibridi** permise a Mendel di formulare una terza legge:

- **legge dell'assortimento indipendente**: al momento della formazione dei gameti, gli alleli relativi a caratteri diversi segregano in modo indipendente.

I risultati degli esperimenti di Mendel possono essere previsti in base alle **leggi della probabilità**.

■ Non tutti i caratteri ereditari vengono trasmessi in modo semplice come descritto da Mendel. Si possono infatti verificare anche forme ereditarie più complesse dovute a dominanza incompleta, presenza di alleli multipli, eredità poligenica, pleiotropia, influenza dell'ambiente sull'espressione dei geni.

Verifica le CONOSCENZE

Verifiche interattive

1. Le basi della genetica

1 **Per ciascuna definizione scegli il termine corrispondente tra quelli elencati sotto.**

a. Carattere espresso sia in un omozigote sia in un eterozigote. [.......................................]

b. Individuo che possiede due alleli identici per un dato carattere. [.......................................]

c. Carattere espresso solo in un omozigote.
[.......................................]

d. Individuo caratterizzato dalla presenza di due forme diverse di un gene su una coppia di cromosomi omologhi. [.......................................]

e. Composizione genica di un organismo.
[.......................................]

[*dominante – eterozigote – genotipo – omozigote – recessivo*]

2. Gli esperimenti di Mendel

2 **Stabilisci quali delle seguenti affermazioni sono vere (V) e quali false (F), indicando in quest'ultimo caso il termine corretto.**

	V	F
a. Ibridazione significa incrocio di varietà diverse.	❑	❑
....		
b. Autoimpollinazione significa che il polline di un fiore feconda l'ovulo di un fiore della stessa pianta.	❑	❑
....		
c. Impollinazione incrociata e fecondazione incrociata sono sinonimi.	❑	❑
....		
d. Secondo Mendel ogni carattere è determinato da due fattori ereditari che oggi chiamiamo gameti.	❑	❑
....		

3. Le leggi di Mendel

3 **Stabilisci quali delle seguenti affermazioni sono vere (V) e quali false (F), indicando in quest'ultimo caso il termine corretto.**

V F

a. Recessivo è il carattere che spesso non si manifesta nella prima generazione di ibridi. ❑ ❑

....

b. I caratteri recessivi si manifestano solo se gli alleli sono uguali. ❑ ❑

....

c. Gli ibridi sono individui eterozigoti. ❑ ❑

....

d. In ogni gamete è presente una coppia di alleli per ciascun gene. ❑ ❑

....

4 **Scegli il completamento corretto (anche più di uno).**

1. La legge di Mendel "della dominanza" afferma che nella prima generazione tutti gli individui
a. sono ibridi
b. sono diversi
c. mostrano il carattere dominante
d. mostrano il carattere recessivo

2. La legge di Mendel "della dominanza" afferma che nella seconda generazione
a. tutti gli individui mostrano il carattere recessivo scomparso nella prima generazione
b. alcuni individui mostrano il carattere recessivo scomparso nella prima generazione
c. tutti gli individui mostrano il carattere dominante
d. alcuni individui mostrano il carattere dominante

3. La legge di Mendel "della segregazione dei caratteri" spiega uno dei meccanismi della
a. variabilità dei caratteri
b. riproduzione sessuale
c. formazione dei gameti
d. formazione degli alleli

4. In un incrocio monoibrido *AA* x *aa* gli individui della generazione F_1 sono
a. tutti *AA* **b.** tutti *Aa*
c. tutti *aa* **d.** ½ *AA* e ½ *aa*

5 **Stabilisci quali delle seguenti affermazioni sono vere (V) e quali false (F), indicando in quest'ultimo caso il termine corretto.**

V F

a. Quando i geni presentano più di due forme alleliche si parla di pleiotropia. ❑ ❑

....

b. La dominanza incompleta spiega la presenza di caratteri intermedi. ❑ ❑

....

c. Quando un singolo gene produce più di un effetto sul fenotipo si parla di alleli multipli. ❑ ❑

....

d. Quando un carattere è il risultato del contributo di più geni si parla di carattere poligenico. ❑ ❑

....

e. I gruppi sanguigni sono un esempio di alleli multipli. ❑ ❑

....

Verifica le ABILITÀ

1 **Quale delle seguenti affermazioni relative ad aspetti dell'ereditarietà mendeliana è falsa? Spiega la tua scelta aiutandoti, se è il caso, con i quadrati di Punnett.**

a. Il rapporto genotipico della generazione F_2 nel caso di un incrocio monoibrido è 3 : 1.
b. I caratteri recessivi appaiono nel fenotipo di un individuo eterozigote.
c. La legge dell'assortimento indipendente è il risultato di esperimenti basati su incroci diibridi.

2 **Nel pisello odoroso l'allele R per i fiori rossi è dominante sull'allele r per i fiori bianchi.**
Considerando la generazione F_2 di un incrocio monoibrido, rispondi alle seguenti domande.

a. Qual è il rapporto atteso fra piante con fiori rossi e piante con fiori bianchi?
b. Qual è la proporzione di eterozigoti?
c. Tra la progenie F_2 con fiori rossi quale è la proporzione di eterozigoti?

Verifica di competenze

• CAPELLI LISCI O RICCI?

3 **Considera il carattere "forma dei capelli"; *R* indica l'allele capelli lisci e *r* l'allele capelli ricci. Utilizzando il quadrato di Punnett, schematizza l'incrocio tra un uomo e una donna entrambi *Rr* (*Rr* X *Rr*).**

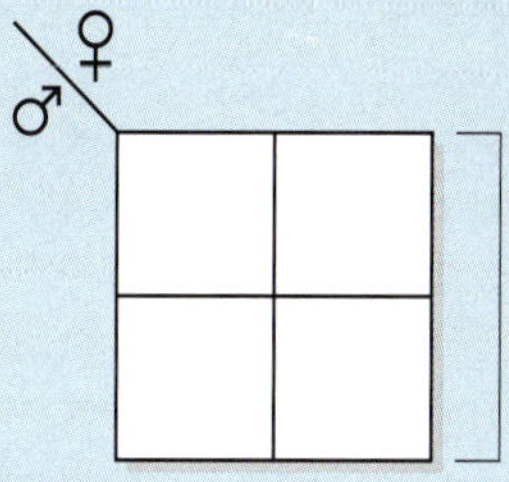

Rispondi quindi alle seguenti domande.

a. Che cos'è il quadrato di Punnett e a che cosa serve?
b. Nell'esempio proposto, qual è il genotipo che rappresenta il fenotipo "capelli lisci"?
c. Nell'incrocio proposto, in che percentuale i figli avranno i capelli lisci? E i capelli ricci?

APPROFONDIMENTO *ON LINE*
• Mappa interattiva

Bio in English

SUMMARY

1. ***Genetics*** *studies the mechanisms and principles that allow the transmission of hereditary traits.*
The information that determines each and every one of our characteristics, or ***characters****, and is transmitted to the future generations, is contained in our genes. A* ***gene*** *is a portion of DNA located in a given position of specific chromosomes that is able to determine and transmit a specific hereditary character. Each gene is found in two (or more) alternative forms, called* ***alleles****, one originating from the mother the other from the father.*
Homozygote *individuals for a particular gene, have two* ***identical alleles****, whereas* ***heterozygote*** *individuals have* ***different alleles****.*

2. *The first studies on genetics were made by the bohemian monk* ***Gregor Mendel*** *(1822-1884). By carrying out* ***hybridisation*** *(crossbreeding of different varieties) experiments on pea plants he discovered that hereditary characters can be considered as separate "units" (or "hereditary factors", known today as* ***genes****) independently transmitted from one generation to the next.*

3. *The genetic make-up of an organism is called the* ***genotype****, whereas the production of the genes is called the* ***phenotype****. Similar phenotypes can come from different genotypes. An allele which manifests its phenotype from a heterozygote individual is said to be* ***dominant****. When the effects of the gene do not appear in the phenotype it is said to be* ***recessive****.*
Mendel started his experiments with ***monohybrid crosses****, using two pure-breeding plants which are heterozygous for a certain trait. As a result of this first series of experiments Mendel formulated two laws:*
– ***the law of dominance****: pure-breed crosses with two variants of one trait give rise to a generation of hybrids which manifest the dominant trait;*
– ***the law of segregation****: allele pairs are segregated when gametes are being formed, so that every gamete will only contain one of the two alleles. The alleles reappear randomly during fertilization, where two gametes fuse to give rise to a new organism with one maternal allele and one paternal allele.*
A second series of experiments performed using ***dihybrid crosses*** *allowed Mendel to develop a third law:*
– ***the law of independent assortment****: alleles with different traits segregate independently during gamete formation.*
The results of Mendel's experiments can be predicted using ***probability laws****.*

• *Not all hereditary traits are transmitted as Mendel described. More complex hereditary forms can occur (incomplete dominance, multiple alleles, polygenic traits, pleiotropy, influence of environment on gene expression).*

EXERCISES

1 **Point out the incorrect statement.**

a. Homozygotes have two identical alleles for a particular trait.
b. Every gene may appear in different forms called alleles.
c. The phenotype consists of all of an organism's genes.

2 **Match each term of column A with the corresponding symbol in column B.**

A	B
a. heterozygote	**1.** *AaBb* x *AaBb*
b. homozygote	**2.** *Aa* x *Aa*
c. dihybrid cross	**3.** *Aa*
d. monohybrid cross	**4.** *AA* x *aa*
e. cross between pure-breeds.	**5.** *aa*

3 **Match each term with the correct definition.**

1. alleles
2. autosomal
3. heterozygote
4. phenotype
5. gene
6. genotype
7. mutation
8. homozygote
9. dominant
10. recessive

a. Individual with different alleles for one gene
b. Individual with the same alleles for one gene
c. Pair of homologous chromosomes present in both sexes
d. Alternative forms of the same gene
e. All observable traits of an individual
f. All the alleles of an individual
g. Allele that does not allow the expression of the other allele
h. Allele only expressed in homozygotes
i. Fragment of DNA
j. Random change in the gene pool

PARTE B

©Gionata Buttarelli

Le ali delle libellule, risultato di milioni di anni di evoluzione, sostengono un tipo di volo particolarmente efficiente.

Il sistema vivente: l'evoluzione e la biodiversità

CAPITOLI

Introduzione

CAPITOLO 6

I meccanismi evolutivi e la speciazione

L'allungamento del collo delle giraffe è un famoso esempio scelto da due grandi studiosi del passato, Lamarck e Darwin, per spiegare le loro ipotesi sull'evoluzione. Entrambi presuppongono che gli antenati delle giraffe avessero un collo più corto, ma che nel corso del tempo, per la necessità di sopravvivere alle mutate condizioni ambientali, questo si sia allungato sempre di più. L'importante differenza nel pensiero dei due evoluzionisti è il meccanismo alla base del processo evolutivo.

OBIETTIVI

- **Distinguere i diversi significati della parola evoluzione.**
- **Collegare il pensiero di alcuni studiosi dei secoli scorsi con le ipotesi evoluzionistiche.**
- **Riconoscere l'importanza dell'osservazione nella formulazione di una teoria scientifica.**
- **Valutare l'importanza della variabilità dei caratteri nei meccanismi di selezione.**
- **Sintetizzare i principali punti della teoria di Darwin-Wallace.**
- **Riconoscere l'azione della selezione naturale in diversi casi.**
- **Conoscere il concetto di specie e i principali meccanismi di speciazione.**
- **Distinguere i principali eventi evolutivi a livello di specie o categorie superiori.**

1 L'idea di evoluzione

Ogni anno si scoprono e si descrivono più di diecimila specie nuove di animali e un numero un po' inferiore di piante e funghi.
Per esempio, nel 2012 è stata scoperta in Nuova Guinea una nuova specie di orchidea, l'unica, tra più di 25 000 specie note finora, a fiorire solo di notte (*fig. 1*).
Si ha ragione di pensare che i 2 milioni di specie conosciute oggi non siano che un millesimo di quelle che sono vissute finora sulla Terra (sappiamo che il 99,9% delle specie comparse sul nostro pianeta sono estinte).
Sorgono allora diverse domande.
Perché ci sono tante specie al mondo? Come si sono formate? Inoltre, ogni specie è diversa da tutte le altre ma, allo stesso tempo, possiede qualche somiglianza con qualcun'altra.
Perché, per esempio, i piccoli delle rane (i girini) assomigliano di più ai pesci che alle rane? Perché invece le rane adulte non assomigliano ai pesci ma hanno quattro zampe come qualunque vertebrato terrestre?
A queste domande, e ad altre ancora, viene data una risposta dalla **teoria dell'evoluzione**, che afferma che:

1

(Foto. *Sinistra:* Jaap Vemeulen; *destra:* Andre Schuiteman.)

Fig. 1
Un specie di orchidea scoperta recentemente in Nuova Guinea, *Bulbophyllum nocturnum.*

fra tutti gli esseri viventi esistono dei **legami di parentela** e ogni **specie è derivata**, con taluni cambiamenti, da qualche **specie precedente**.

1.1 La parola evoluzione

Quando si parla di una "tecnica evoluta" o di una "società evoluta", s'intende dire che la tecnica o la società di cui parliamo è migliore, più sofisticata e più efficiente di altre tecniche o di altre società. Ma nel linguaggio della scienza le cose stanno un po' diversamente. La parola "evoluzione" deriva dal verbo latino *evolvere*, che significa svolgere, srotolare, dispiegare. Dire perciò che gli Anfibi si sono evoluti dai Pesci significa soltanto affermare che antichi animali simili a pesci hanno modificato e sviluppato ("svolto") la loro forma (perdendo le pinne e acquisendo le zampe) fino a diventare Anfibi (*fig. 2*).

2

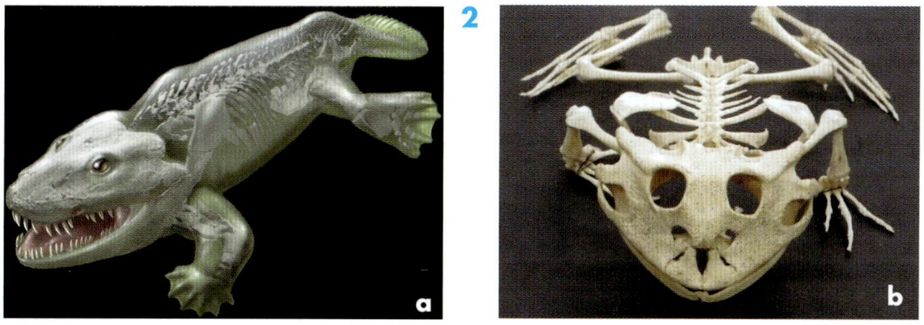

Fig. 2
(**a**) Ricostruzione di *Ichtyostega*, che si ritiene l'antenato degli odierni anfibi.
(**b**) Scheletro di un anfibio attuale.

In biologia si definisce **evoluzione** il processo durante il quale, nel tempo, si modificano e si formano nuove specie da quelle precedenti.

RISPONDI
- Che cosa afferma la teoria dell'evoluzione?
- Qual è il significato scientifico del termine "evoluzione"?

2 L'inizio dell'evoluzionismo scientifico

APPROFONDIMENTO ON LINE
- La teoria dell'evoluzione
- I fossili e la fossilizzazione
- Georges-Louis conte di Buffon

2.1 Le "modificazioni nel tempo"

Nel corso del Settecento la convinzione, fino ad allora comune, che le specie viventi fossero rimaste immutate dal tempo della loro creazione cominciò a vacillare.

• Con la descrizione di **nuove specie** di piante e animali scoperte durante i viaggi di esplorazione in America, Asia, Africa e Oceania e i confronti con quelle già note, non poteva sfuggire il fatto che molte somiglianze tra specie diverse si potevano spiegare ammettendo che esse derivassero da un antenato comune.

• Il ritrovamento e lo studio di un numero crescente di ***fossili***, sepolti negli strati rocciosi, che venivano in luce nel corso di scavi per l'apertura di strade, canali e miniere, rivelavano che un numero impressionante di specie diverse erano vissute nel passato ed erano poi scomparse. Ciò implicava anche un'altra importante conseguenza circa l'attribuzione dell'età della Terra: agli inizi del XVIII secolo pochi scienziati dubitavano che il nostro pianeta potesse avere più di 6000 anni, valore che veniva ricavato dalle indicazioni contenute nella Bibbia, sommando le generazioni che in essa si succedono. I ritrovamenti fossili facevano apparire assai poco credibile che tante specie diverse potessero essere vissute ed essersi estinte in un periodo così breve: tutto stava a indicare che la Terra dovesse essere molto più antica.

Fossili
Resti o tracce di antichi organismi che hanno subito processi (fossilizzazione) che gli permettono di conservarsi nel tempo.

Fig. 3 Georges-Louis de Buffon.

3

Questi fatti indussero il naturalista francese **Georges-Louis Leclerc, conte di Buffon** (1707-1788, *fig. 3*), ad avanzare l'ipotesi che in origine fosse stato creato un numero limitato di specie fondamentali, da cui sarebbero derivate le specie attuali per effetto di "processi naturali": cominciava così ad affacciarsi il concetto di *modificazione nel tempo*, cioè di **evoluzione**.

2.2 Jean-Baptiste de Lamarck

Il primo studioso a impostare scientificamente il problema dell'evoluzione fu il naturalista francese **Jean-Baptiste de Lamarck** (1744-1829, *fig. 4*) nei primi anni dell'Ottocento.

Confrontando tra loro migliaia di specie vegetali e animali egli si accorse che esistevano parti anatomiche e strutture simili in molte specie diverse. Tali somiglianze apparivano più o meno spinte come se, appunto, ci fossero parentele più o meno strette tra questi organismi. Suppose allora che le specie cambino lentamente, di generazione in generazione, fino a formare specie nuove e diverse. Dalle specie più semplici si arriva così a quelle più complesse ed evolute.

Fig. 4 Jean-Baptiste de Lamarck.

4

Punti chiave

La teoria di Lamarck si basa su due principi fondamentali.

• **Principio dell'uso e del non uso degli organi**: gli organi di un animale non ancora adulto possono svilupparsi o atrofizzarsi in rapporto al minore o al maggiore uso.

• **Principio dell'ereditabilità dei caratteri acquisiti**: le modificazioni e i caratteri che vengono acquisiti dall'individuo durante la sua vita possono essere trasmessi ai figli.

APPROFONDIMENTO ON LINE
- Jean-Baptiste de Lamarck

Oggi i meccanismi dell'evoluzione ipotizzati da Lamarck vengono respinti da quasi tutti gli evoluzionisti, perché le prove fornite non si sono dimostrate valide alla luce dei fatti. In particolare, non è difficile dimostrare che le modifiche subite dalla forma del nostro corpo non si trasmettono ai figli: *i caratteri acquisiti non sono ereditabili*. A Lamarck va comunque riconosciuto il grande merito di avere intuito che l'ambiente è un fattore dell'evoluzione.

Rispondi

- Chi era il conte di Buffon e che cosa sosteneva?
- Su quali aspetti puoi contestare la validità della teoria evolutiva di Lamarck?
- Qual è invece l'importanza dell'ipotesi evolutiva di Lamarck?

Scienze e realtà

I fossili in città

Non è raro osservare dei fossili anche passeggiando per la città. Quando camminate per il centro storico cittadino guardate anche le pietre dei marciapiedi o degli scalini che state calpestando: ogni tanto vi capiterà di vedere dei bellissimi fossili incorporati nella pietra stessa. Alcuni sono conchigliette sezionate più piccole di un centimetro, ma altri sono sezioni di ricci di mare o di conchiglie del diametro di 10-20 centimetri e persino di mezzo metro o più.

In quasi tutti i centri delle città italiane è possibile vedere (se si fa attenzione) fossili del genere. Particolarmente ricchi di fossili sono i marciapiedi di Venezia, Verona e delle altre città venete, nonché di Milano (sotto i portici di piazza Duomo), di Firenze (sottopasso della stazione ferroviaria), di Ancona, di Reggio Calabria.

Tra i fossili più comuni vanno citate le **ammoniti**, molluschi marini vissuti tra i 400 e i 65 milioni di anni fa. La parte fossilizzata è la conchiglia ritorta a spirale. È per questo che nel Medioevo le ammoniti venivano scambiate per resti di serpenti pietrificati. Le ammoniti hanno lasciato numerosissimi resti fossili soprattutto nella roccia sedimentaria chiamata **rosso ammonitico**, impropriamente detta anche "marmo" rosso ammonitico (*fig.* 5). Questa roccia è stata usata, fin dall'antichità, come materiale da costruzione (per esempio, per l'Arena di Verona), ma in tempi più recenti viene usata soprattutto per la pavimentazione e come pietra ornamentale nei rivestimenti edilizi.

5

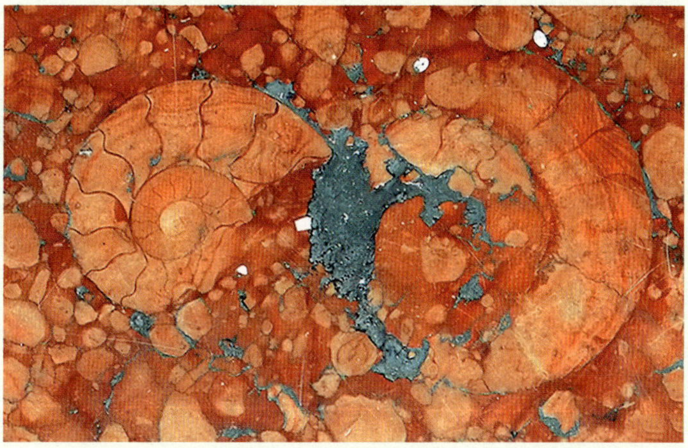

Fig. 5
Pavimento di "marmo" rosso ammonitico, con due evidenti sezioni di ammoniti.

3 Charles Darwin

APPROFONDIMENTO ON LINE
• Charles Darwin

Il più grande studioso dell'evoluzione fu senza dubbio lo scienziato inglese **Charles Darwin** (1809-1882). Darwin (*fig. 6*) nacque da un'agiata famiglia che gli permise di seguire liberamente l'attività preferita: l'osservazione attenta e dettagliata dei fenomeni naturali e, in particolare, delle strutture e del comportamento degli esseri viventi.
Scarsamente attratto dagli studi regolari e dalla vita accademica, nel 1831 (a 22 anni) si imbarcò sul brigantino *Beagle* come naturalista di bordo. Durante il tragitto compì numerose esplorazioni a terra, soprattutto lungo le coste del Sudamerica e nelle isole Galápagos (*fig. 7*), situate a un migliaio di chilometri al largo dell'Ecuador, studiando gli animali e le piante di quelle località.

6

Fig. 6
Charles Darwin (1809-1882).

7

a
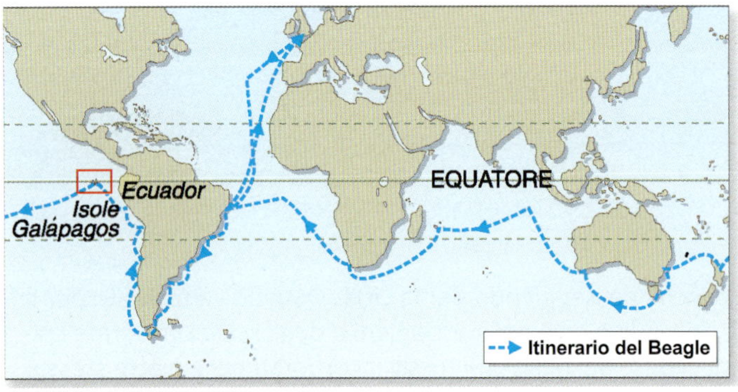

b

Fig. 7
(**a**) Il lungo viaggio del brigantino *Beagle* intorno al mondo.
(**b**) L'arcipelago delle Galápagos, oggi un Parco Nazionale.

3.1 Le osservazioni di un naturalista

Al termine del viaggio, durato cinque anni, Darwin aveva raccolto un numero ingente di campioni e annotato numerose e importanti osservazioni. Vediamone alcune.

LA SOMIGLIANZA TRA I FOSSILI E GLI ORGANISMI ATTUALI

Darwin era rimasto colpito dalla somiglianza di alcuni tra i fossili raccolti in Argentina con organismi attuali. Era il caso del **gliptodonte**, un animale estinto, che assomigliava all'armadillo (che vive attualmente in Sudamerica) e che poteva essere un possibile antenato di quest'ultimo (*fig. 8*).

8

a

b

Fig. 8
(**a**) La ricostruzione di un gliptodonte, un animale estinto.
(**b**) Un armadillo attuale.
La loro somiglianza lascia facilmente intuire una possibile discendenza da un antenato comune.

La fauna nell'arcipelago delle Galápagos

Fondamentali per delineare nel pensiero di Darwin l'idea di evoluzione furono anche le osservazioni compiute nell'arcipelago delle Galápagos, formato da numerose isole vulcaniche popolate da animali come **testuggini**, altri rettili (*fig. 9*) e uccelli.
Con sorpresa Darwin scoprì che le specie di questi animali variavano da un'isola all'altra.

APPROFONDIMENTO *ON LINE*

- Le testuggini delle Galàpagos

Fig. 9
Amblyrhynchus cristatus, così descritto da Darwin, nel *Viaggio di un naturalista intorno al mondo*: *"L'*Amblyrhynchus*, specie notevole di lucertole, è limitato a questo arcipelago; vi sono due specie, che si rassomigliano tra loro nella forma generale, una è terragnola e l'altra acquatica. Questa ultima specie (*A. cristatus*) venne prima caratterizzata dal signor Bell, che previde a meraviglia, alla vista del suo capo breve, largo e per i forti artigli di lunghezza uguale, che il suo modo di vivere doveva essere particolarissimo e differente da quello della Iguana, sua stretta affine. È comunissimo in tutte le isole del gruppo, e vive esclusivamente sulle spiagge marine rocciose, non incontrandosi mai, almeno non ne vidi mai alcuno, anche a nove metri entro terra."*

9

In particolare, Darwin osservò che le specie di **fringuelli** localizzati su isole diverse erano tutte simili a una specie che aveva individuato sul continente sudamericano.
I fringuelli erano evidentemente imparentati tra di loro, ma con alcuni caratteri diversi: il becco, in particolare, differiva nelle varie specie, andando da forme sottili adatte a catturare insetti a forme robuste e massicce adatte a frantumare semi (*fig. 10*).
Tutto ciò faceva pensare che i fringuelli fossero i discendenti degli esemplari di un'unica specie giunta inizialmente sulle isole dal continente e che poi si era differenziata e modificata in specie diverse, a seconda delle differenti risorse alimentari trovate su ciascuna isola. Queste poi seguirono una propria linea evolutiva.

10

Fig. 10
Scrisse Darwin: *"Il fatto più curioso è la perfetta gradualità nella mole del becco delle differenti specie di* Geospiza*, da uno grosso quanto quello di un frosone a quello di un fringuello, e persino a quello di una Silvia. Il becco più grosso nel genere* Geospiza *si vede nella* **fig. 1***, ed il più piccolo nella* **fig. 3***; ma invece di esservi solo una specie intermedia con un becco della mole della* **fig. 2***, vi sono non meno di sei specie di becchi insensibilmente graduati. Il becco del sottogruppo* Certhidea *si vede nella* **fig. 4***."* (Illustrazione e testo da *Viaggio di un naturalista intorno al mondo*.)

Rispondi

- Gli appunti raccolti da Darwin durante il suo viaggio sono un ottimo esempio di una fase del metodo scientifico. Quale?
- E perché, secondo te, questa fase è ritenuta fondamentale?

3.2 Importanti riflessioni per una nuova teoria

APPROFONDIMENTO ON LINE
• Charles Lyell

11

Fig. 11
Charles Lyell, geologo sostenitore della teoria dell'attualismo.

■ **La teoria dell'attualismo.** Durante la navigazione Darwin ebbe modo di meditare a fondo sul lavoro del geologo inglese **Charles Lyell** (1797-1875), sostenitore della **teoria dell'attualismo** (*fig. 11*). Secondo Lyell e altri geologi,

i lenti processi continui dell'erosione, della sedimentazione o del sollevamento di montagne che sono anche *attualmente* all'opera, ripetuti in un arco di tempo sufficientemente lungo, possono determinare imponenti trasformazioni sui paesaggi della Terra.

Per esempio, supponendo che sul fondo di un oceano si depositi un millimetro di sedimenti ogni anno, dopo un milione di anni si sarà formato uno strato di sedimenti di 1000 metri di spessore. Il volto del nostro pianeta non è stato scolpito, quindi, come in genere si riteneva, da catastrofi apocalittiche e repentine, come terremoti terrificanti o eruzioni gigantesche. L'idea che impercettibili trasformazioni della crosta terrestre possano provocare nel tempo cambiamenti enormi fu decisiva per Darwin. Egli capì che anche le più piccole modificazioni degli esseri viventi, sommate nel tempo, potevano portare a cambiamenti radicali, come la formazione di nuove specie a partire da specie preesistenti.

■ **La selezione artificiale.** Tornato in Gran Bretagna, altro motivo di riflessione per Darwin furono le varietà artificiali di animali e piante ottenute dall'uomo attraverso diversi incroci selezionati.
Per esempio, vi erano molte varietà di colombi domestici, derivate in origine dal piccione selvatico, che presentavano differenze più o meno marcate nelle dimensioni, nel colore del piumaggio e in altri aspetti (*fig. 12*).
Darwin sapeva che gli allevatori facevano accoppiare solo i colombi con determinati caratteri per ottenere, nel tempo, una razza di colombi selezionati. Si tratta, per usare l'espressione di Darwin, di **selezione artificiale**, ossia *una scelta operata per intervento dell'uomo*.
Darwin era interessato al fatto che l'allevatore agiva sulla **variabilità dei caratteri** che esiste in ogni popolazione. Anche in natura si può osservare negli animali e nelle piante una variabilità nei caratteri e Darwin si chiedeva in che modo avvenisse la selezione di certi caratteri prevalenti rispetto agli altri; si chiedeva cioè come potesse operare una *selezione naturale*.

12

Fig. 12
Alcune varietà di colombi tra le centinaia ottenute per selezione artificiale, a partire dal piccione selvatico (in basso).

APPROFONDIMENTO *ON LINE*
• Thomas Malthus

■ **MALTHUS E LA COMPETIZIONE PER LE RISORSE.** La risposta gli fu suggerita dalla lettura di un saggio dell'economista e sociologo inglese **Thomas Malthus**, pubblicato nel 1798. L'autore sosteneva che nella popolazione umana è insita la tendenza a moltiplicarsi in modo potenzialmente illimitato, per cui a ogni generazione nascono più individui di quanti ne possano sostenere le risorse naturali (spazio coltivabile, alimenti). Di conseguenza, tutti gli individui sono impegnati in una **competizione** o *lotta per l'esistenza* (nelle parole di Darwin), in cui molti di essi soccombono.

Darwin pensò che quanto scritto da Malthus potesse valere anche per le popolazioni di animali e piante in natura: infatti ogni organismo produce molti più figli o semi di quanti riescano a sopravvivere. Ma quali sopravvivono? Evidentemente solo gli individui che possiedono caratteri che li rendono meglio **adattati** all'ambiente in cui si trovano: quelli, per esempio, che hanno una muscolatura più funzionante, una colorazione più mimetica, un comportamento più adeguato (*fig. 13*).

13

Fig. 13
Per Darwin, come per Lamarck, il collo della giraffa fu oggetto di riflessione sotto il profilo evolutivo. Secondo Darwin, nelle popolazioni più antiche esistevano, accanto a "pre-giraffe" dal collo "normale", individui con un collo nettamente più lungo (variabilità). In condizioni di cibo abbondante un collo più lungo è solo un inconveniente: per abbeverarsi l'animale deve piegare le gambe, rendendo difficoltosa la fuga in caso di attacco di un predatore. Quando le piogge scarseggiano, peraltro, gli erbivori si contendono le parti più basse delle piante, che presto vengono spogliate. In tali condizioni il collo più lungo si rivela un sicuro vantaggio, permettendo di raggiungere le foglie dei rami più alti. Le giraffe con il collo più lungo, avendo più cibo a disposizione si riproducono con più facilità e aumentano di numero di generazione in generazione, mentre le giraffe dal collo corto tendono a scomparire. Evidentemente, il vantaggio del collo più lungo ha prevalso sullo svantaggio nell'abbeverarsi ed è stato "premiato" come migliore adattamento alle condizioni ambientali.

In altre parole è l'**ambiente** che, attraverso la lotta per l'esistenza, opera la scelta dei caratteri più idonei: Darwin chiamò *selezione naturale* questo meccanismo. Oggi definiamo

selezione naturale il meccanismo attraverso cui l'ambiente agisce sulla variabilità degli individui.

Dato che le condizioni ambientali cambiano continuamente, la selezione naturale favorisce caratteri via via diversi e così gli esseri viventi si trasformano lentamente, di generazione in generazione; in questo modo si originano **nuove specie**.

RISPONDI

■ In che modo la teoria dell'attualismo influenzò il pensiero di Darwin?
■ Quale idea fu suggerita a Darwin dalla lettura del saggio di Malthus sulla popolazione umana?
■ Che cosa si intende per variabilità dei caratteri di una popolazione?
■ Che cosa intendeva Darwin per selezione naturale?
■ Quali sono le differenze tra selezione artificiale e selezione naturale?

4 La teoria dell'evoluzione per selezione naturale

4.1 La teoria di Darwin

Le riflessioni fatte nei paragrafi precedenti sono solo alcune delle considerazioni che portarono Darwin a formulare la **teoria dell'evoluzione per selezione naturale**.

Punti chiave

La teoria dell'evoluzione di Darwin afferma che fra tutti gli esseri viventi esistono dei legami di parentela e che ogni specie è derivata, con qualche cambiamento, da una specie precedente.

- Gli individui delle popolazioni delle varie specie presentano una **variabilità di caratteri**, cioè possiedono caratteristiche differenti che sono casuali; alcune di queste variazioni o modificazioni sono ereditabili.
- Gli individui di una popolazione, a causa del loro **potenziale riproduttivo**, tendono a generare nuovi nati in numero molto maggiore rispetto alle limitate risorse disponibili nell'ambiente.
- Gli individui devono competere tra di loro per le limitate risorse (**lotta per l'esistenza**) e solo pochi di essi potranno sopravvivere fino all'età adulta e riprodursi. L'ambiente favorisce gli organismi che possiedono caratteri più adatti alle condizioni da esso imposte, operando una **selezione naturale**.
- Gli organismi meglio adattati sopravvivono in maggior numero e trasmettono i propri caratteri alla prole; essi danno vita a un numero maggiore di discendenti rispetto agli altri componenti. La popolazione, quindi, nel tempo cambia gradualmente le sue caratteristiche, cioè **evolve**.
- Gli organismi che presentano caratteri meno adatti hanno minori possibilità di riprodursi e se le condizioni ambientali non mutano sono destinati nel tempo all'**estinzione**.

4.2 Alfred Russel Wallace

Contemporaneamente a Darwin, un altro naturalista inglese, **Alfred Russel Wallace** (*fig. 14a*) dopo aver esplorato a lungo altre isole (l'arcipelago malese), era arrivato a formulare una teoria evolutiva basata sullo stesso meccanismo ipotizzato da Darwin. I due naturalisti ne discussero a lungo tra loro e nel 1858 essi presentarono le loro ipotesi alla Linnean Society di Londra in un breve saggio congiunto.

Fig. 14a Alfred Russel Wallace, 1823-1913.

14a

Wallace, tuttavia, lasciò a Darwin la paternità della teoria dell'evoluzione per selezione naturale. Questa venne esposta in modo molto più ampio e approfondito nel libro *L'origine delle specie*, pubblicato da Darwin l'anno successivo (1859).

L'opera di Darwin ebbe un grande impatto nel mondo scientifico per la portata rivoluzionaria delle sue idee evoluzionistiche che fornivano la chiave per spiegare il presente come risultato del passato, ed è considerata ancora oggi una delle pietre miliari nella storia della scienza e della cultura.

Wallace ebbe invece maggiore notorietà, ed è apprezzato ancora oggi, per i sui scritti di ***biogeografia*** di cui è considerato il fondatore (*fig. 14b*). Recentemente è stata ampiamente riconosciuta a Darwin e Wallace la condivisione della paternità del meccanismo della selezione naturale nell'evoluzione.

Biogeografia
La scienza che studia la distribuzione dei viventi sulla Terra.

14b

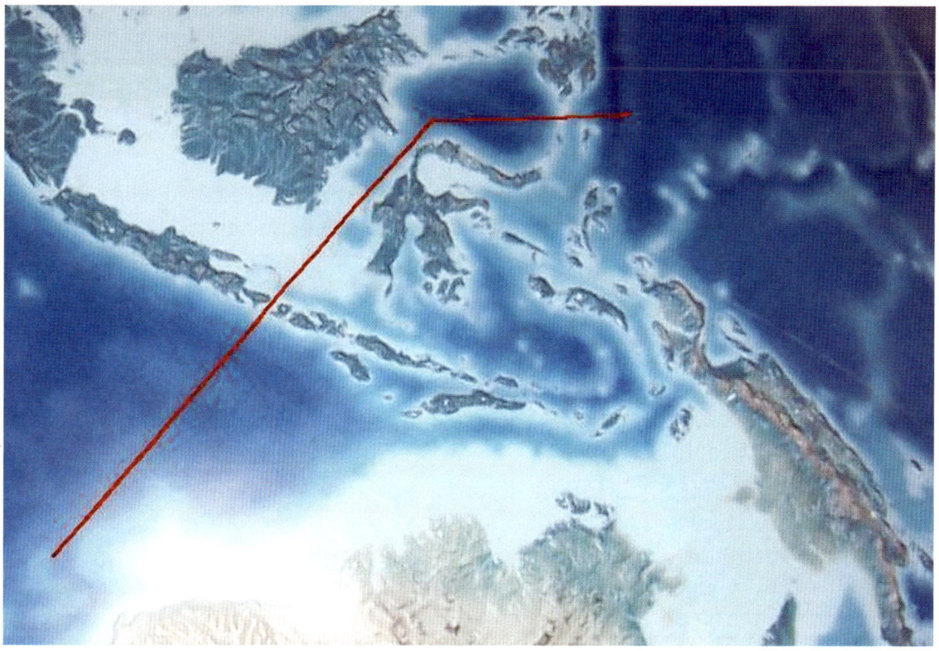

Fig. 14b
Wallace è noto per aver tracciato la "linea di Wallace", tra la regione indo-malese e quella australiana. È una linea ideale che divide due zone confinanti ma che hanno faune molto diverse, dovute a una differente evoluzione biologica in regioni che durante la loro storia geologica sono rimaste separate.

4.3 Il neodarwinismo

Darwin ipotizzò il meccanismo biologico della selezione naturale per spiegare l'evoluzione, ma non fu in grado, in particolare, di spiegare come avvenisse la trasmissione ereditaria dei caratteri e quale fosse l'origine della variabilità tra gli individui di una popolazione. Le conoscenze del tempo erano infatti insufficienti a fornire il necessario supporto alle intuizioni di Darwin.

In realtà in quegli anni (1865) **Gregor Mendel** aveva presentato i risultati delle sue ricerche di genetica, che fornivano la chiave per comprendere come vengono trasmessi i caratteri ereditari. Inoltre questi risultati chiarivano, come in seguito si comprese, in quale modo i "fattori ereditari" (i **geni**) potessero dare luogo alle caratteristiche differenti che osserviamo. I risultati di Mendel, tuttavia, rimasero a lungo ignorati.

Solo molti decenni più tardi i progressi della genetica, e ancora più recentemente quelli della biologia molecolare, hanno permesso di colmare le lacune nella teoria di Darwin: in particolare, di comprendere il ruolo svolto nell'evoluzione dalle *mutazioni*, che sono alla base della variabilità genetica dei caratteri, indispensabile al processo di selezione naturale.

Oggi la teoria evolutiva condivisa dalla maggior parte dei biologi prende il nome di **teoria sintetica dell'evoluzione** (o **neodarwinismo**): essa è il risultato di una "sintesi" operata integrando, nella teoria di Darwin (o **darwinismo**), le nuove conoscenze derivanti dalla genetica e dalla biologia molecolare.

APPROFONDIMENTO *ON LINE*

- Alfred Russel Wallace
- Altri apporti alla teoria dell'evoluzione e il neodarwinismo

RISPONDI

- Come Darwin, Wallace aveva compiuto lunghi viaggi. Qual è l'importanza biologica delle esplorazioni geografiche?
- Perché è importante che un'idea, un'invenzione o un risultato scientifico siano presentati in pubblico o pubblicati sulle riviste specializzate?
- Che cos'è il neodarwinismo?

Il pensiero scientifico

Charles Darwin e la selezione naturale

Grazie alla lotta per la vita, qualsiasi variazione, anche se lieve, purché risulti in qualsiasi grado utile a un individuo appartenente a qualsiasi specie, nei suoi rapporti infinitamente complessi con gli altri viventi e col mondo esterno, contribuirà alla conservazione di quell'individuo e, in genere, sarà ereditata dai suoi discendenti. Quindi, anche i discendenti avranno migliori possibilità di sopravvivere [...]. A questo principio, grazie al quale ogni più piccola variazione, se utile, si conserva, ho dato il nome di selezione naturale. [...]

Per chiarire il modo in cui agisce, a mio parere, la selezione naturale, devo chiedere il permesso di dare qualche esempio immaginario. Prendiamo il caso di un lupo che vive predando diversi animali, catturandone qualcuno con l'astuzia, qualcuno con la forza e qualcuno con la rapidità.

Supponiamo che le prede più veloci, per esempio i cerbiatti, siano cresciute di numero, in seguito a un mutamento qualsiasi sopravvenuto nella regione, oppure che altre prede siano diminuite di numero in quella stagione dell'anno in cui il lupo sente particolarmente l'esigenza di procurarsi il cibo.

Date le circostanze, non vedo ragione di dubitare che i lupi che avranno le migliori possibilità di sopravvivere, e quindi di perpetuarsi e di selezionarsi, siano i più rapidi e snelli, sempre a patto che conservino una forza sufficiente a sopraffare la preda in questo o in altri periodi dell'anno, quando potrebbero essere costretti a catturare altri animali. Non trovo migliori ragioni per dubitare di questo di quanto non possa dubitare che l'uomo sia in grado di migliorare la velocità dei suoi levrieri con una selezione accurata e metodica e con quella selezione inconscia attuata da chiunque cerchi di assicurarsi i migliori cani senza nemmeno pensare a modificarne la razza. [...]

Ora, se un qualsiasi lieve cambiamento di abitudine o strutturale tornasse a vantaggio di un singolo lupo, questo avrebbe le migliori probabilità di sopravvivere e di lasciare discendenti. Alcuni di questi giovani probabilmente erediterebbero le stesse abitudini e la stessa struttura e, con la reiterazione di questo processo, si potrebbe formare una nuova varietà che soppianterebbe la forma originaria o esisterebbe insieme a essa. Ancora: i lupi che vivono in un territorio montagnoso e quelli che frequentano i bassopiani saranno necessariamente costretti a cacciare prede differenti. Grazie alla conservazione degli individui più idonei di entrambi i gruppi, lentamente si formerebbero due varietà.

Queste varietà si incrocerebbero e mescolerebbero là dove si incontrassero. [...]

La selezione naturale può operare soltanto mediante la conservazione e l'accumulo di modificazioni ereditarie infinitesimalmente piccole, ognuna utile all'essere conservato e, come la moderna geologia ha quasi bandito certe idee, quali lo scavo di una grande valle prodotto da una sola ondata diluviale, così la selezione naturale, se è un principio ben fondato, bandirà l'idea di una creazione continua di nuovi esseri viventi o di una grande e improvvisa modificazione della loro struttura.

Brani tratti da C. Darwin, *L'origine delle specie*, trad. it. di G. Balducci, Newton Compton, Roma, 1974, pp. 347-352.

RISPONDI

■ Nel testo si riconoscono i punti chiave della teoria di Darwin.
Riscrivi di fianco alle frasi che hai letto nel tuo libro le parole corrispondenti del testo di Darwin.

- lotta per l'esistenza ....
- variabilità dei caratteri ....
- trasmettono i propri caratteri ai discendenti ....

■ Come definisce Darwin la selezione naturale?

■ Darwin descrive un esempio di selezione naturale: quale? Riassumilo brevemente con le tue parole.

■ Darwin cita anche un esempio di selezione artificiale. Quale?

■ Qual è l'idea che "la moderna geologia ha quasi bandito" (ossia considera falsa)? E quali sono le idee che la selezione naturale bandirà?

5 Come agisce la selezione naturale

5.1 La selezione opera sulla variabilità del singolo individuo

Il **fenotipo** è l'insieme dei caratteri che si manifestano, ossia che appaiono in un organismo: questi sono, per esempio, la forma, il colore, la struttura interna ed esterna, la funzionalità e il comportamento di un individuo.

Il **genotipo** è invece l'insieme dei caratteri ereditari (i geni) di un individuo, che a loro volta determinano la maggior parte dei caratteri del fenotipo.

Come è facilmente osservabile in ogni popolazione (tranne in alcuni casi di gemelli), ogni carattere fenotipico presenta una più o meno grande **variabilità**, che dipende sia dalla variabilità del genotipo (causata da diversi fattori, tra cui le mutazioni), sia da fattori ambientali. La selezione naturale può agire solo sulla variabilità degli individui di una specie: "filtra" certi fenotipi e *quindi certi genotipi*, a scapito di altri e privilegia i fenotipi più adatti alle condizioni ambientali in cui vive ogni popolazione. I genotipi favoriti sono quelli che offrono le maggiori capacità riproduttive (o ***fitness***). Il risultato del processo di selezione è un cambiamento che si trasmette nel corso delle generazioni (evoluzione) e che consente l'adattamento degli organismi al proprio ambiente. Attenzione, tuttavia: l'*adattamento non è programmato*. Inoltre, un individuo può trasmettere ai propri figli solo i caratteri dipendenti dal suo genotipo; le modifiche del fenotipo (quindi quelle acquisite) non sono ereditabili.

Fitness
Il sostantivo inglese ***fitness*** può essere tradotto con "idoneità" perché deriva dall'aggettivo *fit*, che significa "adatto". In biologia si misura come **successo riproduttivo**, cioè con il numero medio dei figli in grado, a loro volta, di riprodursi.

La selezione sessuale

Un particolare tipo di selezione naturale è la scelta del partner per l'accoppiamento, detta **selezione sessuale**. Individuata e studiata da Darwin già nella seconda metà dell'Ottocento, questa selezione è attuata non dall'ambiente, ma dai potenziali partner e opera sul *dimorfismo sessuale*, all'interno di una specie.

Il **dimorfismo sessuale** è la differenza di forme o di colori tra gli individui di sesso diverso in una stessa specie. Spesso in natura è la femmina a scegliere il maschio con cui accoppiarsi: i criteri di selezione sono diversi, ma in genere le caratteristiche preferite sono quelle che in qualche modo indicano un individuo forte e sano, che può garantire figli sani, ossia la prospettiva di una *fitness* elevata. Per questo è il maschio che si mostra con colorazioni o forme più attraenti (*fig. 15*).

15

Fig. 15
Un fagiano maschio è più grande e ha un piumaggio appariscente, mentre la femmina, dovendo rimanere nascosta durante la cova per sfuggire dai predatori, ha una colorazione più uniforme.

5.2 La selezione ha effetti sulla popolazione

In una popolazione con un fenotipo ben adattato, la **selezione stabilizzante** tende a eliminare le mutazioni che producono fenotipi che si discostano da quelli medi della popolazione, e che potrebbero rivelarsi "rischiosi".

In caso di variazione delle condizioni ambientali, la **selezione direzionale** tende a cambiare tutta una popolazione nello stesso modo (*fig. 16*).

16

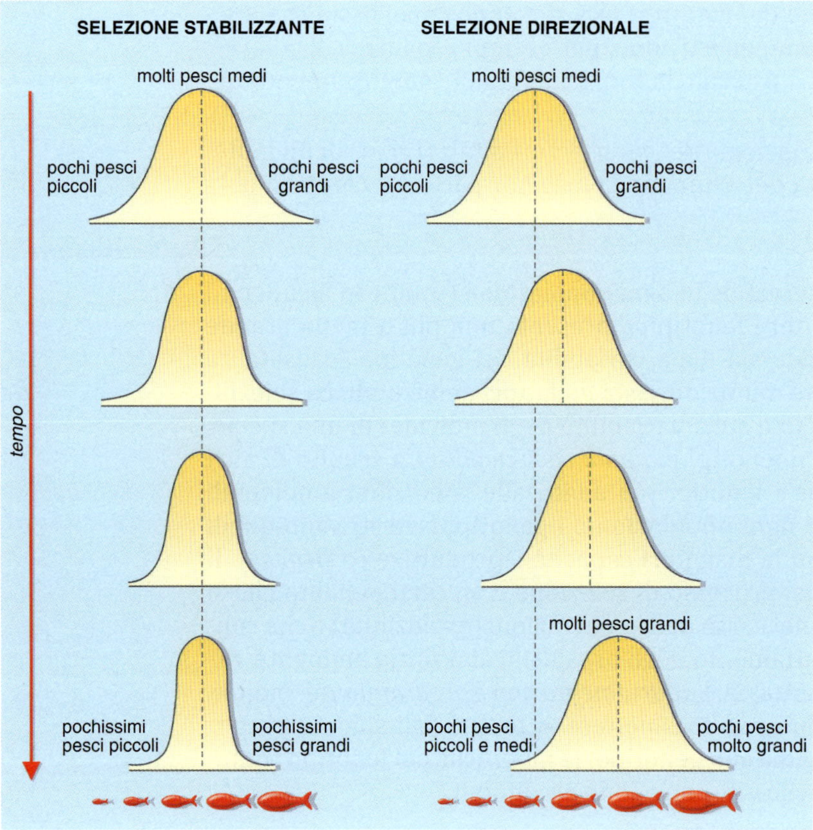

Fig. 16
A sinistra, una popolazione di una certa specie di pesci resta pressoché inalterata nel tempo perché gli individui troppo piccoli o troppo grandi si trovano a essere svantaggiati (rispetto a quelli medi) e si riproducono di meno.
A destra, una popolazione di una certa specie di pesci è sottoposta a una selezione che favorisce gli individui più grandi (per esempio, per la presenza di un predatore che mangia gli esemplari più piccoli).
Pertanto i geni responsabili di uno sviluppo maggiore risultano favoriti e, dopo un certo numero di generazioni, la taglia media della popolazione si sposta su valori più elevati.

IL MELANISMO INDUSTRIALE

Intorno alla metà dell'Ottocento fu osservato in Gran Bretagna che alcune farfalle notturne (*Biston betularia*) nella stragrande maggioranza (99%) avevano un colore chiaro, così da confondersi con la corteccia su cui si posavano di giorno, e sfuggivano così agli uccelli predatori.

Circa quarant'anni dopo fu effettuato uno studio sulle farfalle nelle stesse zone, che intanto avevano cominciato a risentire degli effetti dell'inquinamento conseguente all'industrializzazione: la fuliggine aveva annerito anche i tronchi.

Il risultato dell'indagine fu sorprendente: le farfalle scure erano diventate dominanti, mentre quelle chiare erano ridotte a un'esigua minoranza (*fig. 17*).

Le mutate condizioni ambientali avevano reso le farfalle chiare facile preda degli uccelli, che le avevano quasi sterminate; le farfalle scure, invece, meno visibili sulla corteccia, avevano ora una bassa probabilità di venire catturate e ciò aveva loro permesso di riprodursi con maggiore successo.

Il fenomeno descritto si chiama **melanismo industriale**: è una forma di camuffamento (o mimetismo criptico) per confondersi con l'ambiente ed è un esempio di **selezione direzionale**. Attualmente interessa più di un centinaio di specie (quasi tutti insetti) e consiste nell'aumento della frequenza dei ceppi di individui scuri perché ricchi di pigmenti nerastri quali la melanina (che è la proteina che rende scura la pelle e i capelli dell'uomo).

17

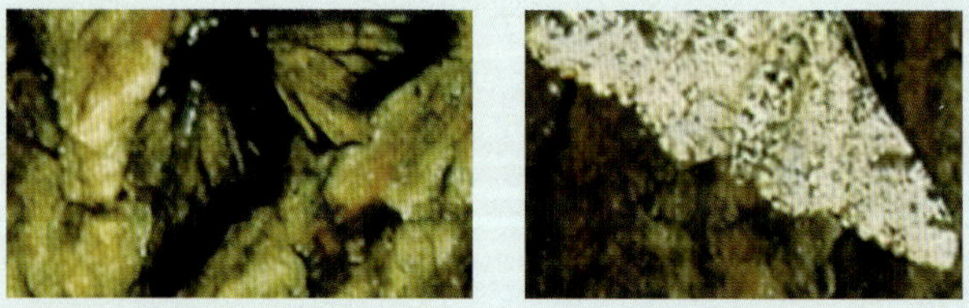

Fig. 17
Dove i tronchi degli alberi sono anneriti per la fuliggine (*foto a sinistra*), la colorazione scura delle ali rappresenta un adattamento vantaggioso.

Scienze e realtà

La resistenza agli insetticidi

Verso la fine della seconda guerra mondiale (1945), venne usato su vasta scala un nuovo potente insetticida: il **DDT**. Esso salvò la vita a milioni di persone, perché in molte regioni distrusse le zanzare portatrici di malaria e protesse i raccolti dall'attacco degli insetti parassiti. Con il passare degli anni, però, questa sostanza si rivelò pericolosa per la salute, perciò in molti stati ne venne proibito l'uso. Inoltre, col succedersi delle generazioni, le zanzare più resistenti al veleno divennero sempre più numerose trasmettendo il carattere "resistenza al DDT" alla loro discendenza. Dato il rapido succedersi delle generazioni, in poco più di dieci anni il DDT perse molto della sua efficacia. Già nel 1968 erano note ben 224 specie di insetti nocivi per l'uomo, per gli animali domestici e le piante coltivate divenute resistenti al DDT (**selezione direzionale**).

La resistenza agli antibiotici

Dagli anni successivi alla seconda guerra mondiale, l'uso massiccio di antibiotici, farmaci in grado di debellare le infezioni batteriche, ha introdotto nuove pressioni selettive all'interno delle popolazioni di batteri. Questi ultimi hanno ben presto sviluppato forme di resistenza a questi farmaci, in particolare alla penicillina.

Come fu dimostrato sperimentalmente, nelle popolazioni batteriche vi sono individui che casualmente portano geni per la resistenza all'azione dell'antibiotico che possono essere trasferiti da un batterio all'altro. I batteri che ne sono provvisti sono favoriti dalla **selezione direzionale** operata involontariamente dall'uomo (con l'uso degli antibiotici).

5.3 La selezione può agire contemporaneamente su specie diverse

La selezione naturale che agisce su due (o più) specie in rapporto tra loro determina cambiamenti contemporanei nelle due specie. Si parla allora di **coevoluzione**.

Un esempio molto comune di coevoluzione è quello degli insetti impollinatori e le specie di fiori che questi insetti visitano.

Poco più di 100 milioni di anni fa (era Mesozoica) le terre emerse erano ricoperte da piante simili alle nostre felci e conifere. Ben presto, tuttavia, si svilupparono nuove forme di piante (Angiosperme), molte delle quali elaborarono un nuovo sistema di fecondazione, basato sulla presenza di fiori appariscenti e profumati che attiravano gli animali (soprattutto insetti impollinatori). Contemporaneamente questi svilupparono un sofisticato sistema di individuazione dei fiori (occhi capaci di distinguere i colori, antenne sensibili ai profumi) ed elaborati apparati boccali capaci di succhiare il nettare (*fig. 18*).

Oggi molte specie di piante non potrebbero più riprodursi senza gli insetti, e molte specie di insetti non potrebbero vivere senza il nettare di quelle piante. Nel tempo, l'adattamento vicendevole è diventato obbligatorio.

18

Fig. 18
Il becco del colibrì, lungo e sottile, si adatta perfettamente alla forma dei fiori del cui nettare si nutre.

Il rapporto preda/predatore

Questo tipo di rapporto tra specie diverse (interspecifico) deriva da una **coevoluzione**.
Per esempio, la gazzella, la preda, ha evoluto una corsa veloce per sfuggire al ghepardo, il predatore; il ghepardo ha sviluppato nel corso dell'evoluzione un corpo perfetto per correre, che non avrebbe, se non avesse prede tanto veloci (*fig. 19*).

19

Fig. 19
Il ghepardo è veloce perché lo è la sua preda.
La gazzella è veloce perché lo è il suo predatore.
Anche questo è un esempio di coevoluzione.

Il mimetismo

Un caso particolare di **coevoluzione** può essere considerato il **mimetismo**: una più o meno perfetta "imitazione" che una specie fa di un'altra, per sfuggire ai predatori o ingannare la preda (*fig. 20*).

20

Fig. 20
(**a**) Molte vespe presentano caratteristiche bande gialle e nere sull'addome. Hanno due paia di ali (il secondo paio spesso sfugge a un'osservazione superficiale).
(**b**) Questo insetto non è una vespa, ma un innocuo sirfide (parente delle mosche) che imita la livrea delle vespe, difendendosi così dai predatori (uccelli, lucertole).

La resistenza alle sostanze tossiche vegetali

Un altro esempio di **coevoluzione** è quello del bruco del macaone e della ruta. La ruta frangiata, come molte altre piante, produce oli tossici per gli insetti fitofagi (ossia che si nutrono delle sue foglie). Il bruco del macaone (*fig. 21*) ha sviluppato invece una forma di resistenza a queste sostanze, riducendo così la competizione con gli altri insetti fitofagi.

21

Rispondi

- Che cos'è la fitness?
- Che cosa significa selezione sessuale? E che importanza ha nell'evoluzione?
- Che cosa significa coevoluzione?

Fig. 21
Il bruco del macaone.

6 La formazione di nuove specie

6.1 La specie

Finora si è parlato di evoluzione come dell'insieme di cambiamenti ereditabili, ma non si è ancora affrontato il problema centrale: l'**origine delle specie**.
Questa espressione coincide con il titolo dell'opera più importante di Darwin, ma egli non risolse il problema, probabilmente perché ai suoi tempi le conoscenze genetiche erano scarse e confuse. Forse più importante ancora è il fatto che per Darwin il concetto di specie non corrispondeva a una realtà biologica, ma era una costruzione concettuale umana.
Oggi, in biologia

si definisce **specie** un insieme di organismi che, avendo un patrimonio genetico comune, possono incrociarsi dando prole feconda (cioè perfettamente vitale).
Le specie sono cioè gruppi di popolazioni naturalmente interfeconde, che sono *riproduttivamente isolate* da altri gruppi simili.

22

Fig. 22
Esempi di barriere geografiche sono il mare che separa due isole, una valle che separa due flore alpine, la terra che separa due laghi, una prateria che separa due boschi. Nei due ambienti isolati possono evolvere per selezione naturale due specie diverse, per esempio di coleotteri, di fiori, di pesci o di scoiattoli.

6.2 Meccanismi di speciazione

Toccò ai biologi del Novecento chiarire i meccanismi che portano alla formazione delle specie (*speciazione*).

■ Il meccanismo più comune è l'**isolamento geografico** tra popolazioni, dovuto a diversi tipi di barriere (*fig. 22*). Dapprima alcuni membri di una popolazione si isolano dagli altri andando a colonizzare un ambiente nuovo. Successivamente le due popolazioni, così separate, accumulano mutazioni diverse che vengono sottoposte a processi selettivi distinti. Infine i loro genotipi (e spesso anche l'aspetto esterno) risultano diversi.
Se, a questo punto, tutti gli individui delle due popolazioni tornano a convivere in un territorio comune, non si accoppiano tra loro o, se lo fanno, non generano una prole fertile (**isolamento riproduttivo**). Pertanto, fra le due popolazioni *cessano gli scambi genetici*: le mutazioni di una popolazione non si diffondono più nell'altra: le due popolazioni sono cioè diventate due specie diverse, anche se rimangono ancora simili o identiche nel fenotipo. Questo meccanismo prende il nome di **speciazione allopatrica** ("patria diversa").

■ Una speciazione può verificarsi anche al margine della popolazione principale. Per esempio, una popolazione preferisce la cima di una montagna e l'altra un'altitudine inferiore (**speciazione parapatrica**, ossia "vicino alla patria").

■ La speciazione può avvenire anche senza isolamento geografico, per esempio, quando l'isolamento riproduttivo avviene per la scelta di differenti tipi di cibo o di partner (**speciazione simpatrica**, ossia nella "stessa patria").

RISPONDI

■ Quali differenze ci sono tra isolamento geografico e isolamento riproduttivo?
■ Può esserci un isolamento riproduttivo senza isolamento geografico?

7 Processi macroevolutivi

I processi evolutivi che avvengono nel corso del tempo geologico su larga scala (specie, famiglie o raggruppamenti superiori) si riferiscono alla **macroevoluzione**.

Modelli macroevolutivi che si ripetono nel tempo sono la **divergenza evolutiva**, la **radiazione evolutiva** e la **convergenza evolutiva**.

■ La microevoluzione

Per **microevoluzione** si intende lo studio dei cambiamenti che avvengono in tempi brevi all'interno di una popolazione: per esempio, la già citata modificazione delle popolazioni di *Biston betularia* in seguito all'inquinamento.

23

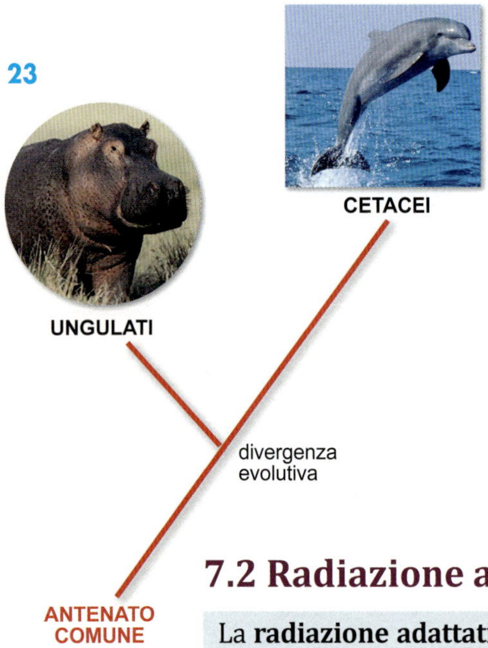

7.1 Divergenza evolutiva

Si chiama **divergenza evolutiva** il differenziamento di alcune specie simili che vivono in habitat diversi.

Per esempio, lo studio dei fossili e del DNA ha dimostrato che i Cetacei discendono dagli stessi antenati dei maiali e degli ippopotami (Ungulati). Ciò significa che da alcuni antichi mammiferi ungulati sono derivate due linee evolutive (divergenza): una è rimasta terrestre e ha formato gli Ungulati moderni (maiale, ippopotamo, antilopi, bovini, cammelli ecc.), l'altra si è adattata all'ambiente marino e ha dato origine ai Cetacei (*fig. 23*).

7.2 Radiazione adattativa (o evolutiva)

La **radiazione adattativa** è un ampio processo di divergenze evolutive che si verificano come conseguenza dell'adattamento a un'ampia varietà di ambienti.

Per esempio, la classe dei Mammiferi che, circa 65 milioni di anni fa, era rappresentata da poche specie di piccole dimensioni, si è trovata improvvisamente priva dei suoi competitori e predatori dopo la grande estinzione di massa che ha portato alla scomparsa di tutti i dinosauri e di molti altri rettili. Di conseguenza i Mammiferi, negli ultimi 65 milioni d'anni, si sono evoluti velocemente in un gran numero di specie molto diverse per forme e dimensioni: si pensi alle differenze esistenti tra un topo e una balena, un pipistrello e un lupo, una foca e una giraffa, un elefante e una talpa.
Radiazioni evolutive più o meno spettacolari si sono avute in molti altri gruppi di organismi (per esempio, Crostacei e Molluschi).

7.3 Convergenza evolutiva

Si parla di **convergenza evolutiva** quando due o più popolazioni appartenenti a specie diverse tra loro adottano soluzioni evolutive simili in risposta a pressioni selettive simili (in genere dettate da condizioni ambientali simili).

Per esempio, i Pesci sono stati tra i primi vertebrati acquatici a nuotare attivamente: la selezione naturale ha spesso favorito, tra i pesci, i forti nuotatori, quelli che avevano forme sempre più idrodinamiche. Successivamente, nel Mesozoico, alcuni rettili (oggi estinti) iniziarono a frequentare le acque marine e a perdere, di conseguenza, zampe e collo da rettile, assumendo, nel tempo, una forma esterna molto simile a quella dei pesci, pur mantenendo la respirazione polmonare e tutti i caratteri interni da rettile.

Nell'era geologica successiva (Cenozoico) anche alcuni Mammiferi iniziarono a vivere in mare assumendo forme idrodinamiche, come le foche, le otarie e i cetacei di oggi (*fig 24*).

24

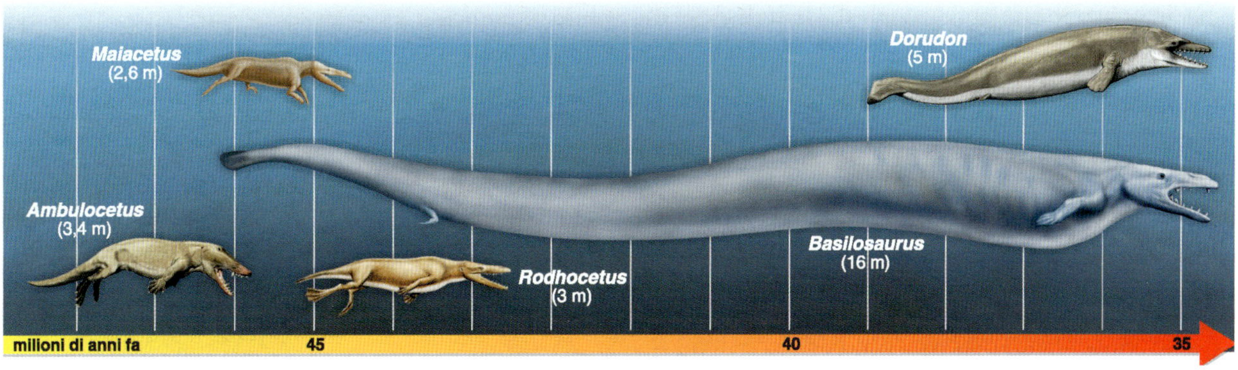

Fig. 24
Da mammiferi semiterrestri ad animali acquatici.
Gli antenati delle balene probabilmente tornavano sulla terraferma per riposarsi e partorire.
Poi si sono adattati a una vita completamente acquatica e le zampe si sono trasformate in pinne.

Fenomeni di convergenza spettacolari si sono verificati anche tra i Mammiferi terrestri. I Marsupiali hanno vissuto isolati per decine di milioni d'anni nel continente australiano. Senza entrare in contatto con altri gruppi di mammiferi del resto del mondo (come i Placentati), i Marsupiali australiani hanno sviluppato, per evoluzione, strutture che sembrano la copia conforme di molti Placentati (*fig. 25*).

25

Fig. 25
Esempi di convergenza evolutiva.
(**a**) Sia le talpe (Placentati, Insettivori), sia i marsupiali a vita sotterranea hanno dovuto assumere la stessa forma tozza e cilindrica con zampe corte a paletta e atte a scavare. L'ambiente sotterraneo ha imposto cioè le stesse esigenze (e soluzioni) per questi due gruppi di Mammiferi (Placentati e Marsupiali) molto diversi tra loro.
(**b**) Il lupo della Tasmania (marsupiale oggi estinto) aveva le stesse caratteristiche di forma e habitat del lupo europeo.

7.4 Estinzioni

L'evoluzione non procede secondo schemi regolari e continui, ma da una parte alterna fasi di stasi con fasi di speciazione, dall'altra è soggetta a più rari ma importanti fenomeni di estinzione e successiva elaborazione di nuove forme viventi che trovano "lo spazio" per diffondersi.

Le estinzioni più note sono le grandi **estinzioni di massa**, quelle che hanno causato la scomparsa di numerose specie di organismi in un periodo relativamente breve. Quella tra la fine del Mesozoico e l'inizio del Cenozoico, 65 milioni d'anni fa, per esempio, ha portato alla scomparsa dei dinosauri.
Le estinzioni delle specie avvengono tuttavia di continuo, anche oggi, per cause diverse.

RISPONDI

- Che cos'è la macroevoluzione?
- Quali modelli macroevolutivi si possono verificare nel tempo geologico?

Le prove dell'evoluzione

I processi evolutivi hanno lasciato tracce in tutti gli esseri viventi. Pertanto, conferme all'evoluzione delle specie possono provenire dagli studi di diverse discipline biologiche.

Paleontologia

La **paleontologia** è lo studio degli organismi vissuti nel passato. Lo studio dei loro esemplari fossili rivela che pochi milioni di anni fa tutte le specie di piante e di animali oggi viventi non esistevano ancora sulla Terra, mentre c'erano numerose altre specie oggi scomparse (*fig. 26*). I fossili più recenti denotano maggiori somiglianze con gli organismi attuali, mentre in genere le somiglianze si attenuano a mano a mano che si retrocede nel tempo per decine o, ancor più, per centinaia di milioni di anni. Tutto ciò non avrebbe spiegazione al di fuori di una visione evoluzionistica.

26

Fig. 26
Un fossile di trilobite, un animale marino risalente a più di 500 milioni di anni fa.

Anatomia comparata

L'**anatomia comparata** è la scienza che studia e confronta tra loro le strutture di animali di specie differenti.

- Se esaminiamo gli arti anteriori di diverse specie di vertebrati, per esempio di un uomo, di un cane, di un uccello e di una balena, possiamo osservare che, pur presentando una forma dissimile, sono costituite dalle stesse strutture ossee di base, ma svolgono funzioni differenti. Strutture come queste sono definite **omologhe**. L'omologia delle strutture può essere ragionevolmente spiegata ipotizzando che questi quattro animali si siano evoluti a partire dal medesimo antenato comune: l'arto ancestrale di quest'ultimo si sarebbe modificato nel tempo nelle varie specie da esso derivate per adattarsi a differenti condizioni ambientali e differenti stili di vita (è un esempio di divergenza evolutiva; *fig. 27*).

- Vi sono inoltre strutture corporee che non hanno alcuna utilità e la cui presenza può essere spiegata ammettendo che siano il residuo (vestigio) di parti anatomiche ereditate, attraverso l'evoluzione, da antenati in cui svolgevano una determinata funzione. Queste strutture si dicono **vestigiali**. Per esempio, le balene conservano nell'addome piccole ossa rudimentali che sono il residuo delle ossa del bacino dei loro progenitori terrestri: nelle balene non servono ormai a nulla essendo prive degli arti posteriori (*fig. 28*). Anche la ridotta peluria del nostro corpo è un esempio di struttura vestigiale: è tutto ciò che rimane della pelliccia dei nostri antenati.

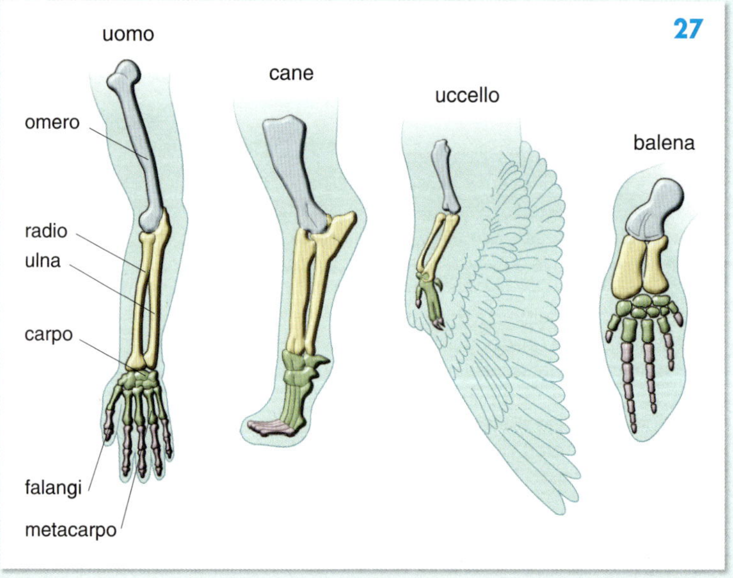

Fig. 27
Le strutture omologhe sono un esempio di divergenza evolutiva.

28

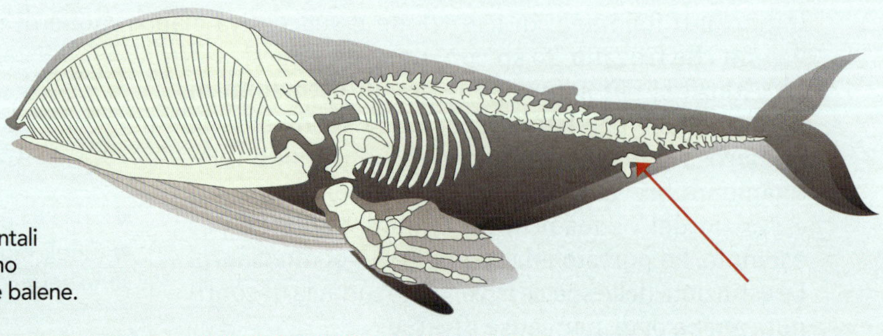

Fig. 28
La freccia indica le ossa rudimentali rimaste come vestigio del bacino degli antenati quadrupedi delle balene.

• Le strutture **analoghe**, invece, sono quelle con forma esteriore simile, in quanto svolgono la stessa funzione, ma che non hanno la medesima origine, come le ali di un uccello e quelle di un insetto.
Le strutture analoghe mostrano come, in risposta a uno stesso problema, si siano sviluppati adattamenti simili (si tratta di un esempio di convergenza evolutiva; *fig. 29*).

29

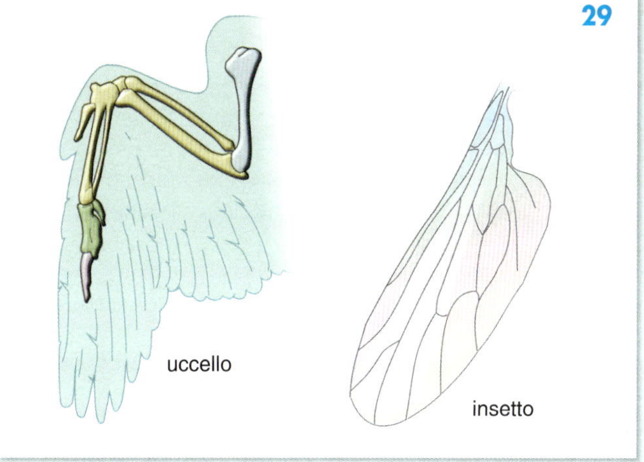

Fig. 29
Le strutture analoghe sono un esempio di convergenza evolutiva.

Embriologia

L'**embriologia** è la scienza che studia lo sviluppo dell'embrione. Se si esaminano gli embrioni di alcuni vertebrati (*fig. 30*), si osserva una somiglianza che decresce con il progredire dello sviluppo e che è tanto maggiore quanto più è vicino il legame di parentela tra le specie. Gli studi embriologici mostrano che la formazione di molte strutture non avviene secondo una logica lineare, ma segue vie contorte, spiegabili soltanto come tracce di antichi percorsi evolutivi.

• Per esempio, sui lati del collo dell'embrione umano vi sono fessure che compaiono anche nell'embrione dei pesci, dove poi diventano fessure branchiali (noi, difatti, discendiamo da antichi pesci). Nell'embrione umano, invece, tali fessure si trasformano nella membrana del timpano, nella tromba di Eustachio e in certe cartilagini e ossa della mandibola, della laringe e dell'orecchio medio.

• Un'altra interessante caratteristica dell'embrione umano è la presenza di una sorta di coda che, con lo sviluppo, viene riassorbita (nelle scimmie e negli altri mammiferi questa struttura diventa invece una coda).

30

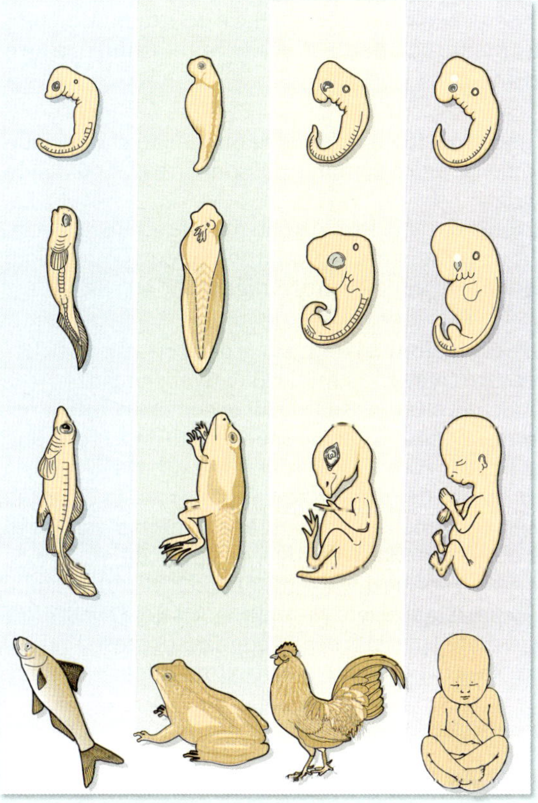

Fig. 30
Il confronto tra embrioni di organismi assai diversi tra loro, come Pesci, Anfibi, Uccelli e Mammiferi (uomo), mette in evidenza le loro somiglianze, indice di un'origine comune.

Biochimica

La **biochimica** è la scienza che studia le molecole biologiche, in particolare il DNA e le proteine.

• Alcune proteine sono talmente importanti da trovarsi pressoché in tutti gli organismi viventi.
È il caso del **citocromo c**, essenziale per la respirazione cellulare. Questa proteina presenta una struttura leggermente diversa nei diversi gruppi di organismi. Le somiglianze e le differenze del *citocromo c* di specie diverse riflettono i loro rapporti di parentela.

Biologia molecolare

In tutti gli organismi viventi il codice genetico (il meccanismo di trasmissione dell'informazione genetica basato sulle quattro basi del DNA) è esattamente lo stesso (tranne rari casi). Il codice genetico è dunque *universale*. L'esistenza di un **codice genetico universale** dimostra che tutti gli organismi sono imparentati fra loro.

Genetica

Oggi sono comuni le analisi del **genoma** (l'insieme dei geni di un individuo) delle diverse specie che permettono di risalire con maggiore accuratezza alla loro storia evolutiva.

Rispondi

- Perché la presenza di strutture omologhe è considerata una prova a sostegno dell'evoluzione?
- Che cosa significa convergenza evolutiva?
- Che importanza hanno gli organi vestigiali?

APPROFONDIMENTO ON LINE
• Il pollice del panda

Sviluppo delle competenze

CONCETTI IN SINTESI

Audiosintesi

1. In biologia la parola **evoluzione** indica il processo attraverso il quale nel tempo si formano nuove specie.
La **teoria dell'evoluzione** afferma che fra tutti gli esseri viventi esistono dei legami di parentela e che ogni specie è derivata, con taluni cambiamenti, da qualche specie precedente.

2. Nel Settecento, comincia ad affacciarsi il concetto di modificazione nel tempo degli organismi.
Georges Louis de Buffon ipotizzò "processi naturali" da cui sarebbero derivate le specie attuali.
Jean-Baptiste Lamarck elaborò una teoria dell'evoluzione strutturata su basi moderne, non suffragata però da interpretazioni ritenute valide. Essa si fonda sull'ipotesi che gli organismi trasmettano ai figli i caratteri acquisiti con l'uso o non uso di parti del proprio corpo.

3. **Charles Darwin** formulò la sua teoria dell'evoluzione anche sulla base delle numerose osservazioni compiute durante il suo viaggio intorno al mondo, come la somiglianza tra alcuni fossili e animali viventi a quel tempo e la diversità delle specie di animali delle isole Galàpagos.
Importanti spunti di riflessione furono per Darwin anche la **teoria dell'attualismo** di Lyell (secondo la quale impercettibili trasformazioni della crosta terrestre possono provocare nel tempo cambiamenti enormi), i meccanismi della **selezione artificiale**, la **competizione per le risorse** teorizzata da Thomas Malthus.

4. Il meccanismo dell'**evoluzione per selezione naturale** ipotizzato da Darwin presuppone che l'ambiente agisca sulla **variabilità dei caratteri** individuali, favorendo gli organismi meglio adattati al loro ambiente, che sopravvivono, trasmettendo i propri caratteri alla prole. Quindi la popolazione cambia gradualmente nel tempo le sue caratteristiche, cioè evolve; gli organismi meno adatti sono invece destinati all'**estinzione**.
Una teoria evolutiva molto simile a quella di Darwin fu proposta negli stessi anni da **Alfred Wallace**, famoso biogeografo.
Dopo l'anno 1900, con lo sviluppo della genetica, la teoria dell'evoluzione per selezione naturale si è perfezionata nell'odierna **teoria sintetica dell'evoluzione**, o **neodarwinismo**.

5. La selezione naturale opera a diversi livelli: sulla **variabilità del singolo individuo**; sul **dimorfismo sessuale**, ossia la differenza di forme o di colori tra gli individui di sesso diverso in una stessa specie; sulla **popolazione**, eliminando le mutazioni che producono fenotipi rischiosi o mantenendo quelli che permettono un migliore adattamento; contemporaneamente su **specie diverse** in relazione tra loro (**coevoluzione**).

6. Si definisce **specie** un insieme di organismi che, avendo un patrimonio genetico comune, possono incrociarsi dando prole feconda.
La **speciazione**, ossia la formazione di specie nuove, avviene in seguito a isolamento riproduttivo di due popolazioni che poi seguono percorsi evolutivi diversi.

7. La **macroevoluzione** è l'evoluzione degli organismi su larga scala (specie o categorie superiori) in tempi lunghi.
Modelli di macroevoluzione sono la **divergenza evolutiva**, ossia il differenziamento di alcune specie simili che si trovano a occupare habitat diversi; la **radiazione adattativa**, ossia un ampio processo di divergenze evolutive che si verificano come conseguenza dell'adattamento a un'ampia varietà di habitat; la **convergenza evolutiva**, ossia l'acquisizione da parte di due o più specie diverse di soluzioni evolutive simili in risposta a pressioni selettive simili.
L'evoluzione delle specie procede con fasi di stasi e fasi di speciazione, spesso in seguito a **estinzioni** di poche o tante specie.

Verifica le CONOSCENZE

Verifiche interattive

1. L'idea di evoluzione

1 **Stabilisci quali delle seguenti affermazioni sono vere (V) e quali false (F), indicando, in quest'ultimo caso, il termine corretto.**

	V	F
a. Evoluzione significa cambiamento lento nel tempo.	❑	❑
....		
b. L'evoluzione presuppone la comparsa di una nuova caratteristica.	❑	❑
....		
c. L'evoluzione porta sempre a un cambiamento in meglio.	❑	❑
....		
d. La teoria dell'evoluzione afferma che ogni specie è derivata con taluni cambiamenti da una specie precedente.	❑	❑
....		
e. Oggi non si scoprono più specie nuove.	❑	❑
....		
f. Evoluzione deriva dal greco antico e significa "svolgere".	❑	❑
....		
g. Durante il processo evolutivo si formano nuove specie.	❑	❑
....		
h. Gli Anfibi si sono evoluti dai Pesci perché i girini hanno le branchie.	❑	❑
....		

2. L'inizio dell'evoluzionismo scientifico

2 **Scegli il completamento corretto (anche più di uno).**

1. Buffon ipotizzò
- **a.** la fissità delle specie
- **b.** modificazioni delle specie nel tempo
- **c.** la creazione di un numero limitato di specie
- **d.** un meccanismo di selezione naturale

2. La teoria di Lamarck riguarda
- **a.** l'evoluzione
- **b.** l'adattamento all'ambiente
- **c.** l'uso e non uso degli organi
- **d.** la trasmissione dei caratteri acquisiti

3. Secondo Lamarck il "motore" dell'evoluzione è
- **a.** l'adattamento all'ambiente
- **b.** l'uso e non uso degli organi
- **c.** l'ereditarietà dei caratteri acquisiti
- **d.** una grande catastrofe

3. Charles Darwin

3 **Scegli il completamento corretto (anche più di uno).**

1. Durante il suo giro del mondo Darwin
- **a.** trovò fossili
- **b.** fece un viaggio d'istruzione
- **c.** cercò specie utili
- **d.** studiò l'evoluzione delle specie

2. La teoria di Darwin fu formata
- **a.** su esperimenti
- **b.** su osservazioni della variabilità in natura
- **c.** su letture di scienziati e pensatori precedenti
- **d.** su osservazioni della selezione artificiale

3. Lyell sosteneva la teoria
- **a.** dell'attualismo
- **b.** di lente e continue modificazioni geologiche
- **c.** dell'evoluzione delle specie
- **d.** dell'evoluzione dell'uomo

4. Malthus si interessava
- **a.** di economia
- **b.** di evoluzione
- **c.** della crescita della popolazione umana
- **d.** della competizione per le risorse

5. La selezione degli individui operata dall'uomo è detta
- **a.** selezione naturale
- **b.** selezione artificiale
- **c.** ingegneria genetica
- **d.** clonazione

6. La selezione artificiale
- **a.** agisce spontaneamente
- **b.** agisce su individui tutti uguali
- **c.** agisce sulla variabilità dei caratteri
- **d.** è un incrocio casuale di piante o animali

4. La teoria dell'evoluzione per selezione naturale

4 **Scegli il completamento corretto (anche più di uno).**

1. Wallace sosteneva una teoria
- **a.** evoluzionista che contraddice quella di Darwin
- **b.** evoluzionista in accordo con quella di Darwin
- **c.** creazionista
- **d.** economica

2. Punti fondamentali della teoria evoluzionista di Darwin sono
- **a.** potenziale riproduttivo, selezione naturale, lotta per l'esistenza
- **b.** variabilità dei caratteri, potenziale riproduttivo, lotta per l'esistenza, selezione naturale
- **c.** uso e non uso degli organi, selezione naturale, lotta per l'esistenza, evoluzione
- **d.** immutabilità delle specie, potenziale riproduttivo, lotta per l'esistenza

5. Come agisce la selezione naturale

5 **Stabilisci quali delle seguenti affermazioni sono vere (V) e quali false (F), indicando, in quest'ultimo caso, il termine corretto.**

	V	F
a. La selezione naturale favorisce le specie con colori scuri perché sono meno visibili.	❑	❑
....		
b. Il melanismo industriale si osservò solo dopo la rivoluzione industriale.	❑	❑
....		
c. La melanina è un pigmento nerastro presente solo nella pelle dell'uomo.	❑	❑
....		
d. La coevoluzione avviene solo tra specie di insetti e di piante.	❑	❑
....		
e. Coevoluzione significa che due specie si sono evolute nello stesso tempo geologico.	❑	❑
....		

6. La formazione di nuove specie

6 **Completa correttamente le seguenti frasi.**

a. Si definisce .... un insieme di individui che, avendo un patrimonio genetico comune, possono incrociarsi tra loro dando prole feconda.

b. Le specie sono gruppi di .... che sono riproduttivamente isolate da altri gruppi simili.

c. Si dice .... l'insieme dei meccanismi che portano alla formazione di una nuova specie.

d. Una causa comune di isolamento riproduttivo è l'.......... .... tra popolazioni.

7. PROCESSI MACROEVOLUTIVI

7 **Scegli il completamento corretto (anche più di uno).**

1. Si definisce macroevoluzione l'evoluzione
   - **a.** che avviene a livello di individui
   - **b.** che avviene a livello delle specie e di categorie superiori
   - **c.** degli animali più grandi
   - **d.** degli organismi che si sono diffusi in tutto il mondo
2. Si chiama divergenza evolutiva il differenziamento di alcune specie
   - **a.** simili che vivono in ambienti diversi
   - **b.** diverse che vivono in ambienti simili
   - **c.** diverse che vivono in ambienti diversi
   - **d.** simili che vivono in ambienti simili
3. La radiazione adattativa è
   - **a.** sinonimo di estinzione di massa
   - **b.** la diffusione di una specie in numerosi ambienti diversi
   - **c.** un ampio processo di divergenze evolutive
   - **d.** un processo evolutivo veloce di un gran numero di specie molto diverse

Verifica le ABILITÀ

1 **Completa la frase e giustifica la tua scelta.**

Se il Beagle non si fosse fermato alle isole Galápagos, Darwin avrebbe avuto più difficoltà a capire

a. l'età della Terra
b. l'importanza dell'isolamento delle varie popolazioni
c. il fatto che esiste la tendenza a fare più figli di quelli che possono sopravvivere e riprodursi
d. la presenza dei fossili sulle Ande

2 **In che modo, secondo te, le osservazioni che compì Darwin durante il suo viaggio hanno influenzato la formulazione della sua teoria?**

....

....

3 **Quale di queste affermazioni sulla selezione naturale è corretta?**

a. L'adattamento di una specie a un habitat la favorisce anche in altri habitat.
b. Due specie che vivono in uno stesso habitat subiscono le stesse mutazioni.
c. Gli adattamenti favorevoli oggi lo saranno anche nel futuro.
d. Gli individui con certe mutazioni generano più figli di altri e ciò significa che sono meglio adattati al loro ambiente.
e. La selezione naturale è il principale meccanismo implicato nell'evoluzione.

4 **Spiega brevemente perché senza la variabilità dei caratteri la selezione naturale non potrebbe agire producendo l'evoluzione.**

....

....

....

....

5 **Collega ciascun evento macroevolutivo con uno o più esempi.**

1. convergenza evolutiva
2. divergenza evolutiva
3. estinzione
4. radiazione adattativa

a. la forma del lupo europeo e il lupo della Tasmania
b. l'ala di un uccello e l'ala di una farfalla
c. la diffusione dei mammiferi sulle terre emerse
d. la scomparsa dei dinosauri alla fine del Mesozoico
e. la forma del delfino, della foca e dei pesci
f. la zampa del cane e l'ala di un uccello

[**1.** ....]; [**2.** ....]; [**3.** ....]; [**4.** ....].

Verifica di competenze

• IL PRINCIPIO BIOGENETICO FONDAMENTALE

Il biologo tedesco Ernst Haeckel (1834-1919) fu un acceso sostenitore del darwinismo e lo divulgò in tutta Europa. Studioso di embriologia, sosteneva che gli stadi di sviluppo degli embrioni presentano strutture proprie di stadi evolutivi di specie loro antenate. Per esempio, l'embrione dell'uomo presenta una specie di coda, come i suoi antenati scimmieschi. Da queste osservazioni formulò il suo **principio biogenetico fondamentale**: l'*ontogenesi* (lo sviluppo dell'individuo) è una breve ricapitolazione della *filogenesi* (l'evoluzione del gruppo).

6 ***Osserva le figure della scheda sulle prove dell'evoluzione alle pagine 220-221.***

Quale secondo te può illustrare bene il principio biogenetico fondamentale?

Motiva la tua risposta.

....

....

....

....

....

....

APPROFONDIMENTO *ON LINE*

• Mappa interattiva

SUMMARY

1. *In biology the term* ***evolution*** *refers to the process leading, over time, to the formation of new species.*
Evolutionary theory *states that all living beings are connected by ties of kinship and that every species is derived, following some modifications, by some previous species.*
Up until two centuries ago, however, the dominant conceptions regarding the origin of species were different.

2. *In the 1700s, the concept of changes occurring over time in organisms starts to appear.* ***Jean Louis de Buffon*** *hypothesised "natural processes" from which all today's species would have derived.*
Jean-Baptiste Lamarck's *theory of evolution was structured on the basis of modern concepts but was not backed up by evidence. Lamarck suggested that organisms transmit to the offspring the traits acquired by use during their lifetime.*

3. ***Charles Darwin****'s theory of evolution was based on his observations while travelling around the world, such as the resemblance of some fossils with animals living in our time, and the diversity of animal species from the Galàpagos islands.*
Darwin, in his formulation of the theory of evolution, also found important cues to support: Lyell's ***principle of uniformitarianism****, according to which minute transformations occurring in the Earth's crust can lead over time to major changes; the mechanisms of artificial selection; and the* ***competition for resources*** *theorised by Thomas Malthus.*

4. *Darwin's evolutionary process is based on* ***natural selection****. This is a mechanism through which the environment acts on the variation of individuals of a population. Individuals with the better adapted traits are favoured and are free to transmit those traits to their offspring. This way, a population changes its traits over time, in other words it evolves. Less adapted organisms, instead, are set for extinction.*
An evolutionary theory, very similar to that of Darwin, was proposed in the same years by ***Alfred Wallace****, a famous biogeographer.*
After 1900, following the development of genetics, the evolutionary theory was perfected in what is known today as the ***modern evolutionary synthesis*** *or* ***Neo-darwinism****.*

5. *Natural selection operates at different levels: on the* ***variability of single individuals****; on the sexual diphormism, that is the different shape or colour between same-species individuals of different sex; on the* ***population****, by eliminating mutations that lead to risky phenotypes or by keeping those that provide better adaptations; simultaneously on* ***different*** *but related* ***species (co-evolution)****.*

6. *A* ***species*** *is a group of organisms that share a genetic heritage and can produce fertile offspring.*
Speciation *(the creation of new species) can occur after two populations of the same species are geographically isolated and therefore follow different evolutionary paths.*

7. *Macroevolution refers to evolutionary events regarding whole species or higher taxa over long time periods. Examples of macroevolution are:* ***divergent evolution****, the differentiation of similar species occupying the same habitat;* ***adaptive radiation****, a large process of evolutionary divergences that occur as a single species adapts to a number of different habitats;* ***convergent evolution****, where two or more populations from different species acquire similar traits as a response to similar environmental stress. The evolution of a species has static phases and phases of speciation, usually following the* ***extinction*** *of few or many species.*

EXERCISES

1 **Select which statement is true.**

1. Evolutionary theory states that
- **a.** all living beings are related
- **b.** each species is derived from a previous species
- **c.** each species shows some differences from the deriving species
- **d.** a new species has nothing in common with earlier species

2. We say that a species evolved from another if
- **a.** it has undergone a modification over time
- **b.** an improved trait emerges
- **c.** a new trait emerges
- **d.** an old trait is lost

2 **Match the theory or hypothesis with the name of the scientist.**

1. Lamarck; **2.** Lyell; **3.** Malthus **4.** Darwin.

a. natural selection; **b.** actualism (uniformitarianism); **c.** organ use and non-use; **d.** evolution of the species **e.** struggle for life; **f.** survival of the fittest.

[**1.** ....]; [**2.** ....]; [**3.** ....]; [**4.** ....].

3 **Which of the following statements is not compatible with the theory of natural selection?**

a. Different environments on the Earth change over time.

b. There is variation among individuals.

c. Fossils of creatures that have disappeared have no link to current organisms.

d. Island animals may be different from mainland animals, while having similarities as well.

4 **Which statement best describes Darwin's theory?**

a. Contemporary species descended unchanged from fossil forms.

b. Contemporary life descended from fossil forms so completely changed that they share no characteristics with fossil ancestors.

c. Closely related species may have descended from a common ancestor.

d. Species present today are identical to their ancestors.

CAPITOLO 7

Ordinare la biodiversità: la classificazione degli organismi

Introduzione

La biodiversità

Che differenza c'è tra il bruco e lo stelo su cui si arrampica? E il bruco diventerà una maestosa farfalla con ali colorate o una poco appariscente falena notturna? Oppure si tratta di una specie infestante che distruggerà il raccolto? Il riconoscimento e la classificazione della varietà degli organismi che ci circonda è fondamentale per lo studio della biologia ed è alla base di numerose ricerche applicate.

OBIETTIVI

- **Riconoscere l'importanza della classificazione come metodo di ordinamento della diversità dei viventi.**
- **Identificare i principali criteri di classificazione dei viventi.**
- **Applicare l'uso di chiavi dicotomiche nella classificazione dei viventi.**
- **Collegare i diversi sistemi di classificazione dei viventi con l'evoluzione del pensiero scientifico nel tempo.**
- **Riconoscere l'importanza dell'opera di Linneo.**
- **Saper ordinare le principali categorie sistematiche e conoscere le principali regole di nomenclatura biologica.**
- **Distinguere le caratteristiche di Archei, Batteri ed Eucarioti.**

1 Fare ordine tra i viventi

1.1 La varietà delle forme viventi

Come possiamo concludere da quanto detto nel capitolo precedente, il risultato dell'evoluzione è la straordinaria molteplicità di forme di vita presenti sulla Terra, noi compresi. La vita, dunque, si manifesta in forme che vanno dai microbi alle giraffe, dai funghi alle farfalle o dalle alghe ai pini. Per cominciare a capire il complicato mondo vivente o, in altre parole, per studiare la biologia, occorre innanzi tutto "fare ordine" incasellando il nostro materiale di studio, gli organismi, in **categorie**.

Per esempio, si possono dividere gli organismi in gruppi più generici (animale, pianta, fungo, microrganismo...) e poi in raggruppamenti più particolari (animale acquatico o terrestre, animale senza scheletro o con scheletro; pianta con fiori o senza fiori...) e sempre più precisi (animale acquatico con branchie, pianta con fiori a tre petali...). Soltanto così si potranno distinguere le diverse forme di vita ed evitare confusioni ogni volta che se ne incontra una nuova.

In agricoltura bisogna conoscere con sicurezza non solo le numerose specie e varietà coltivate, ma anche tutte le specie (di insetti, acari, vermi, batteri) che possono essere utili o dannose per le piante stesse. In medicina è importantissimo sapere quale parassita ha causato una malattia (batterio, virus...) e da quale agente (da quale specie di zanzara, di mosca, di acaro, di verme ecc.) viene trasmessa (*fig. 1*). Un errore nel riconoscimento e, quindi, una cura sbagliata potrebbero avere gravi conseguente per il malato.

1a

1b
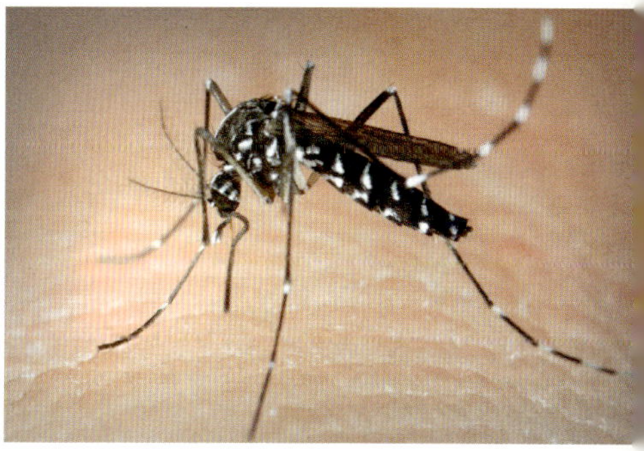

Fig. 1
Non tutte le specie di zanzara sono solo fastidiose: alcune possono provocare gravi malattie.
(**a**) Una zanzara anofele che trasmette la malaria.
(**b**) La zanzara tigre che può trasmettere diversi agenti di gravi malattie.

1.2 La classificazione

È impossibile studiare la biologia, e in particolare l'evoluzione, la genetica, l'ecologia o la parassitologia, senza saper riconoscere i caratteri generali degli organismi studiati, senza cioè saperli *classificare*.

Classificare
Classificare significa letteralmente "fare delle classi", ossia costruire delle categorie.

In biologia ***classificare*** significa confrontare tra loro gli organismi, incasellarli in raggruppamenti in base ai caratteri comuni e infine attribuire loro un nome.

L'attribuzione di un solo e preciso nome a ciascun gruppo di organismi permette agli studiosi di tutto il mondo di trasmettere le proprie conoscenze e di utilizzare quelle degli altri, evitando confusioni. Ci sarebbe non poca agitazione nel mondo scientifico se un ricercatore chiamasse una specie di insetto che si mimetizza tra le foglie con un nome che in un altro paese indica una balena!

Il ramo della biologia che studia la diversità degli organismi per permetterne il riconoscimento e classificarli in uno schema generale è la **sistematica** (dalla parola "sistema").

RISPONDI
- Perché è importante classificare i viventi? Fai qualche esempio.
- Qual è la differenza tra i termini classificazione e sistematica?

2 Come si classificano i viventi

2.1 I caratteri identificativi

Molti dei caratteri comuni secondo i quali si classificano i viventi sono individuabili attraverso la semplice osservazione, a occhio nudo o con l'aiuto di una lente o di un microscopio. Altri richiedono lo studio di organi interni, del comportamento, o del DNA (*tabella 1*).

Tabella 1. I principali tipi di carattere su cui si basa la classificazione degli organismi

CARATTERI MORFOLOGICI	Riguardano l'aspetto di un organismo (forma, colore ecc.).
CARATTERI ANATOMICI	Riguardano la struttura corporea interna.
CARATTERI FISIOLOGICI	Riguardano il funzionamento delle differenti parti del corpo.
CARATTERI BIOCHIMICI	Riguardano la presenza nel corpo di determinate sostanze che svolgono certe funzioni (come l'emoglobina nel sangue).
CARATTERI ECOLOGICI	Riguardano le relazioni tra un organismo e l'ambiente in cui vive.
CARATTERI ETOLOGICI	Riguardano il comportamento di un organismo (attitudine ad aggregarsi in gruppi o a condurre una vita solitaria, rituali di corteggiamento, cure dedicate alla prole).

Certi caratteri che sono peculiari per un gruppo di animali, come le penne nel caso degli uccelli, sono detti **caratteri chiave**.

Le caratteristiche più evidenti che sono usate per distinguere i grandi gruppi di viventi sono, per esempio, quelle indicate nella *tabella 2*.

Tabella 2. Alcuni caratteri chiave

Carattere	Tipi di organismi
COMPLESSITÀ DELLA CELLULA	**Procarioti**, se formati da una cellula procariote. **Eucarioti**, se formati da una o più cellule eucarioti.
NUMERO DI CELLULE	**Unicellulari**, se formati da una sola cellula; sono microscopici, come i batteri o le muffe. **Pluricellulari**, se formati da più cellule. Sono gli animali, le piante, i funghi, divisi a loro volta secondo la varietà e la specializzazione dei tessuti e degli apparati del corpo.
TIPO DI NUTRIZIONE	**Autotrofi**, se si costruiscono le sostanze organiche da soli, come le piante. **Eterotrofi**, se assumono le sostanze organiche da altri viventi, come gli animali.
TIPO DI RIPRODUZIONE	Organismi che si riproducono per via **agamica** o **asessuata**, ossia senza intervento di cellule specializzate (come quasi sempre gli unicellulari). Organismi che si riproducono per via **gamica** o **sessuata**, ossia con la produzione di cellule specializzate, i **gameti**, prodotte in genere da organismi di sessi diversi (perlopiù i pluricellulari).
AMBIENTE DI VITA	**Terrestri** o **acquatici**, di acqua dolce o di acqua salata.

APPROFONDIMENTO *ON LINE*
- Che animale è?

2.2 Le chiavi analitiche

L'identificazione di una specie non è, nella maggior parte dei casi, semplice: per lo più occorre l'intervento di uno specialista in materia. Anche un esperto in sistematica ha bisogno tuttavia di testi, tabelle e schemi per orientarsi: tra gli schemi più utilizzati ci sono le **chiavi analitiche** o **chiavi dicotomiche**.

Le chiavi dicotomiche ("divise in due") sono schemi costruiti su successive divisioni in due gruppi degli organismi da classificare. A ogni passaggio si sceglie una delle due caratteristiche indicate (per esempio "con ali" o "senza ali"). Così facendo, si restringe il campo fino ad arrivare all'identificazione del nostro esemplare. L'esempio proposto di chiave dicotomica, molto semplificata, ci permette di classificare alcuni insetti (che già riconosciamo perché sono invertebrati e hanno tre paia di zampe) (*fig. 2*).

2

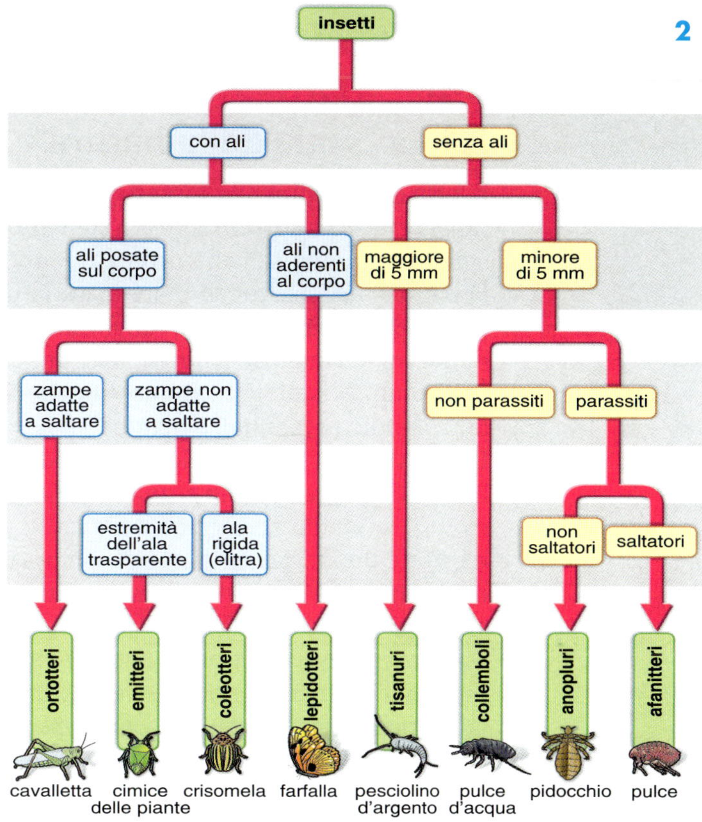

APPROFONDIMENTO *ON LINE*

- Esempi di chiavi analitiche

Il rischio di conclusioni sbagliate

3a

Fig. 3
(**a**) Il levriero è un cane da caccia corridore, adatto a inseguire la preda.
(**b**) Un bassotto è un cane da caccia di piccola taglia, utile per stanare gli animali nel sottobosco.

3b

I caratteri più facili da osservare sono quelli che riguardano l'aspetto esteriore di un organismo, come la forma e il colore, detti **caratteri morfologici** (dalla parola greca *morphé* = forma). Spesso, tuttavia, la semplice analisi della forma porta a conclusioni sbagliate.

Per esempio, un levriero e un bassotto sono talmente diversi per forma e dimensioni che potrebbero sembrare due specie diverse (*fig.* 3). Invece appartengono a una sola specie: il cane. Viceversa, esistono molti animali (per esempio formiche, zanzare, pesci e topi) di specie diverse che però sono difficili da distinguere tra loro.

Un altro facile errore sarebbe raggruppare tutti gli animali che nuotano con le pinne nella categoria "Pesci". È vero che i delfini e le balene vivono nel mare, sono dotati di pinne e hanno l'aspetto da pesce ma, a differenza dei pesci, respirano l'aria attraverso i polmoni, hanno "sangue caldo", hanno cuore, reni e cervello simili ai nostri e partoriscono e allattano i piccoli. Insomma: non sono Pesci, ma Mammiferi come noi.

Infatti, osservando con maggiore attenzione, si può notare che le pinne delle balene sono ben diverse da quelle dei pesci, perché sono sostenute da cinque ossa che corrispondono alle nostre cinque dita (*vedi fig.* 27 del capitolo precedente). È pertanto evidente che queste pinne sono un esempio di convergenza evolutiva, ossia erano zampe che si sono trasformate, nel corso di molte generazioni, nelle attuali pinne.

Gli antenati dei delfini e delle balene erano infatti antichi mammiferi terrestri (parenti dei bovini e degli ippopotami) che si sono adattati, a poco a poco, alla vita acquatica. Ancor oggi esiste un altro gruppo di mammiferi, ben distinto dai precedenti, dotato di mani che assomigliano a pinne: sono le foche. In conclusione: i delfini e le balene sono molto più simili e più imparentati con l'uomo che con i pesci.

RISPONDI

- Quali caratteri possono essere considerati identificativi di una specie o di un gruppo di specie?
- In base alle tue conoscenze, quali caratteri distintivi prenderesti in esame per classificare, per esempio, un delfino e un pesce? E un ragno e un insetto?

3 I sistemi di classificazione

3.1 La "scala della natura"

APPROFONDIMENTO *ON LINE*
- Aristotele
- Le prime idee sull'origine dei viventi

Il fatto che i delfini non fossero pesci era già ben chiaro al filosofo e naturalista greco **Aristotele**. Egli era convinto che le creature viventi dovessero collocarsi in uno schema ordinato e immutabile: una sorta di "scala della natura" che, partendo dalla materia inanimata, gradino dopo gradino, ascendeva dai muschi e dai funghi alle piante superiori, poi ad animali primitivi come i molluschi e gli insetti, per culminare nei mammiferi e, infine, nell'uomo. Aristotele introdusse anche il termine *specie* e classificò circa 500 organismi (animali e piante).
Dopo di lui, per tutta l'antichità, il Medioevo e il Rinascimento, non vi furono molti progressi nello studio degli organismi. Soltanto nel Cinquecento riprese lo studio scientifico della natura. Infatti, dopo la scoperta dell'America e dopo i primi viaggi di esplorazione intorno al mondo, ci si rese conto che sulla Terra vivono molte più specie di animali e piante di quanto si pensasse.
Dare un nome alle specie che via via si scoprivano divenne un compito arduo, anche perché molti libri elencavano insieme animali reali con animali fantastici (draghi, cavalli alati, liocorni ecc.) senza far distinzione tra realtà e leggenda.

3.2 Le categorie sistematiche di Linneo

APPROFONDIMENTO *ON LINE*
- Linneo

Nel 1758 il naturalista svedese **Carlo Linneo** (1707-1778; *fig. 4*) pubblicò il primo testo moderno di sistematica zoologica e botanica.
Linneo ordinò gli organismi viventi in raggruppamenti o **categorie sistematiche** (o *taxa*) secondo un ordine gerarchico basato sul criterio delle somiglianze o affinità. Come unità di base del suo sistema di classificazione Linneo pose la **specie**. Nel suo libro *Systema Naturae* elenca e descrive brevemente 4376 specie di animali, dall'uomo all'ameba.
Più specie simili e strettamente imparentate vengono poi raggruppate in un **genere** (per esempio *Homo*). Più generi simili formano una **famiglia** (per esempio Ominidi) e più famiglie simili formano un **ordine** (per esempio Primati, al quale apparteniamo noi e tutte le scimmie). Ordini simili formano a loro volta una **classe** (come quella dei Mammiferi che comprende Primati, Roditori, Carnivori, Cetacei ecc.) e classi simili formano un *subphylum* o un ***phylum*** (rispettivamente, nel nostro caso, *subphylum* Vertebrati e *phylum* Cordati). Più *phyla* (plurale di *phylum*) formano un **regno** (*fig. 5*). Per esempio, il regno degli Animali conta una trentina di *phyla* quali i già citati Cordati, nonché i Molluschi, gli Artropodi, gli Echinodermi, le Spugne ecc. (*fig. 6*).

4

Fig. 4
Un ritratto di Linneo (1707-1778).

5

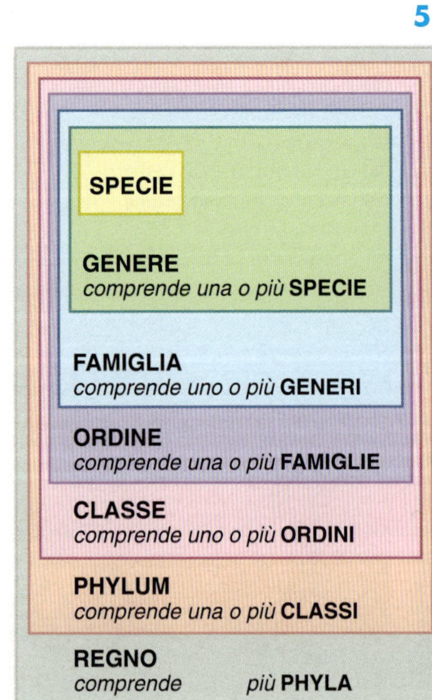

Fig. 5
Il sistema di classificazione oggi usato è basato su sette categorie gerarchiche principali.
A partire dalla specie, che è la categoria fondamentale, ogni categoria è inclusa nella categoria di ordine superiore, fino al regno, che comprende tutte le altre categorie.

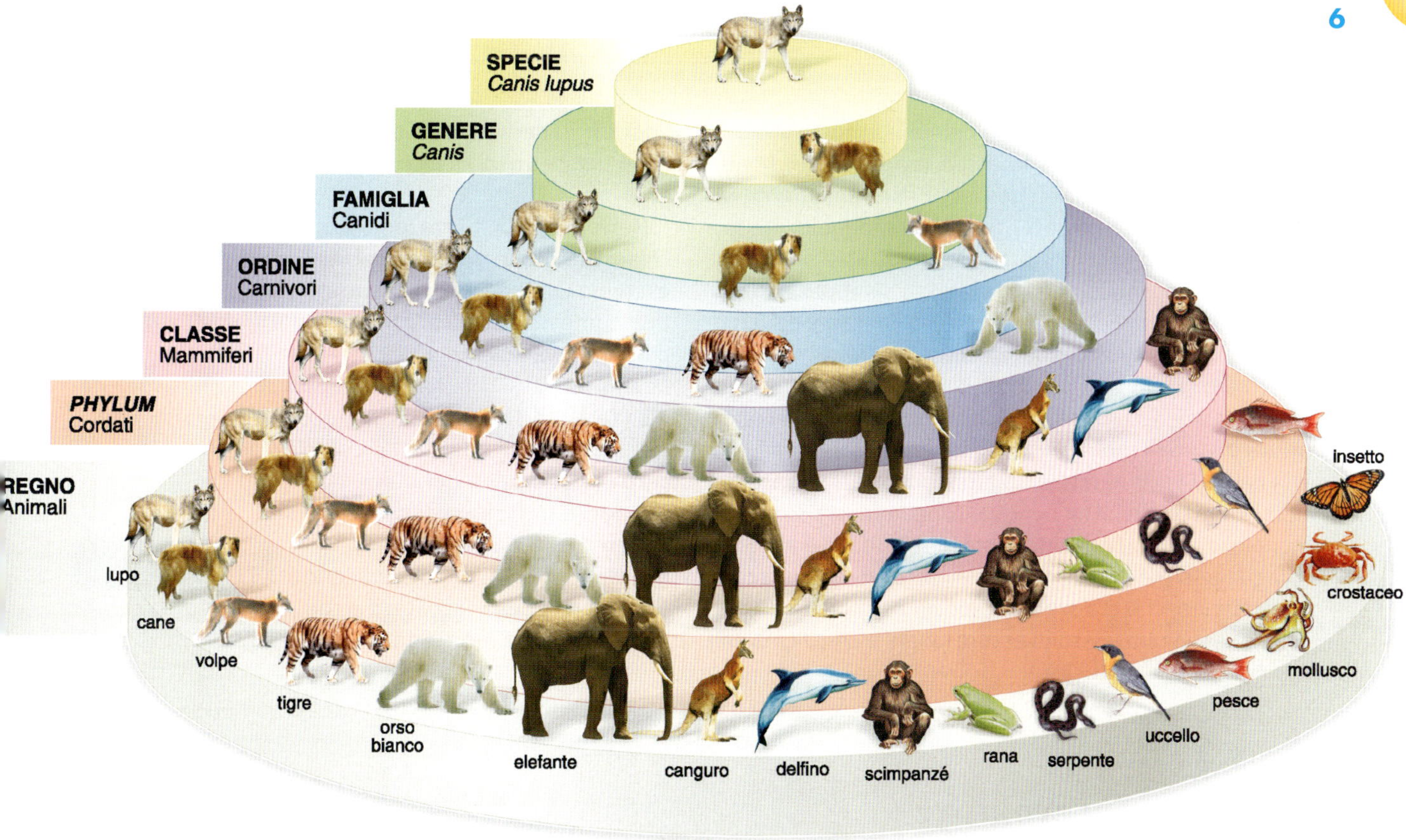

Fig. 6
Un esempio di classificazione del lupo (*Canis lupus*) nelle varie categorie sistematiche.
Il genere *Canis* riunisce, accanto al lupo, il cane domestico (*Canis familiaris*) e lo sciacallo (*Canis aureus*) e si ritrova nella famiglia dei Canidi con altri generi con caratteristiche comuni, come quello di cui fa parte la volpe (*Vulpes vulpes*); la famiglia dei Canidi rientra nell'ordine dei Carnivori, insieme ad altre famiglie, come quella dei Felidi (gatto, leone e tigre); i Carnivori fanno parte della classe dei Mammiferi, raggruppata insieme ad altre classi simili nel *phylum* dei Cordati; quest'ultimo, insieme agli altri *phyla*, costituisce il Regno degli Animali.

Come noi veniamo identificati da due nomi (nome e cognome) così Linneo identificò ogni specie con due nomi latini (o latinizzati). Per esempio chiamò la nostra specie *Homo sapiens*, il lupo *Canis lupus*, la quercia da sughero *Quercus suber* ecc.
Questo modo di chiamare gli organismi con due nomi si dice **nomenclatura binomia** (= "due nomi").
Il primo dei due nomi (*Homo*, *Canis*, *Quercus*), scritto in maiuscolo, si riferisce al **genere**. Ogni genere, a sua volta, può comprendere una o più **specie** relativamente simili tra loro, da scrivere con lettera minuscola.
Per rimanere nel nostro esempio, ricordiamo infatti che i tre generi citati comprendono anche altre specie. Esiste infatti anche *Homo neanderthalensis* (uomo di Neandertal, estinto), *Canis familiaris* (cane domestico) e *Quercus ilex* (leccio; *fig. 7*).

7a

7b

Fig. 7
Due specie del genere *Quercus*. (**a**) Leccio (*Quercus ilex*); (**b**) quercia da sughero (*Quercus suber*).

RISPONDI

- Quali sono le categorie sistematiche usate da Linneo nella classificazione dei viventi?
- Come sono identificate le specie secondo la nomenclatura binomia?

Scienze e realtà

Il nomi scientifici

Il cane è una specie animale comune in tutto il mondo e ogni lingua lo chiama a suo modo: *Hund, hond, dog, chien, perro, sobaka, gou* ecc., rispettivamente in tedesco, olandese, inglese, francese, spagnolo, russo, cinese. Ma anche all'interno di una lingua esistono nomi diversi: per esempio, la carpa viene chiamata *gobb* in Lombardia, *raina* nel Veneto, *regina* in Toscana, *carpuna* in Puglia, *salpa* in Sardegna.

È chiaro che la scienza, che è universale, deve far uso di un linguaggio universale. Ecco perché il cane è conosciuto in tutto il mondo scientifico come *Canis familiaris*, e la carpa *Cyprinus carpio*. In ambedue i casi si tratta di nomi latini perché il latino, quale lingua morta sovranazionale, è stato per duemila anni (e talvolta lo è ancora) il linguaggio dei dotti e della scienza. Due secoli e mezzo fa Linneo, che era svedese, scriveva ancora in latino. Anche se talvolta possono essere lunghi e difficili, i nomi scientifici (derivati dal latino o dal greco latinizzato) sono unici e validi in tutto il mondo, senza possibilità di equivoci.

Nella maggior parte dei casi il nome scientifico richiama una particolare caratteristica della specie (per esempio *Canis* è il nome latino del cane, *familiaris* significa domestico). Altre volte il nome è dedicato a una persona. Per esempio, il batterio più comune del nostro intestino si chiama *Escherichia coli* in onore del medico tedesco **Theodor Escherich** che lo scoprì nel 1885; *coli* in latino significa "del colon" cioè intestinale. In certi casi, l'origine del nome non è di facile intuizione: il nome del genere della carpa, *Cyprinus*, deriva da Cipro, isola in cui nacque Venere, dea della fertilità, perché la carpa genera molti figli.

APPROFONDIMENTO *ON LINE*
- Theodor Escherich

3.3 Le relazioni evolutive

Circa un secolo dopo Linneo, con la formulazione della teoria dell'evoluzione di Darwin, la classificazione delle forme di vita acquistò un nuovo significato: l'ordinamento dei viventi in categorie sistematiche rifletteva i rapporti di parentela evolutiva tra gli organismi.

Per ordinare gli organismi viventi occorreva dunque anche ricostruire la loro storia evolutiva o **filogenesi** (cioè "genesi del gruppo o stirpe"), rintracciare l'origine di un possibile antenato comune, non più esistente, e le forme che presentano la maggiore affinità.

Le rappresentazioni grafiche più utilizzate delle relazioni di parentela tra le varie specie di organismi, via via che si retrocede nel tempo, sono schemi ramificati detti **alberi evolutivi** o **alberi filogenetici**.

Le specie più recenti si trovano nella parte superiore dei rami, quelle più antiche o meno complesse alla base dell'"albero"; ogni biforcazione corrisponde all'origine di nuove specie (*fig. 9*).

APPROFONDIMENTO *ON LINE*
- Ernst Haeckel
- Alcuni esempi di alberi evolutivi

8

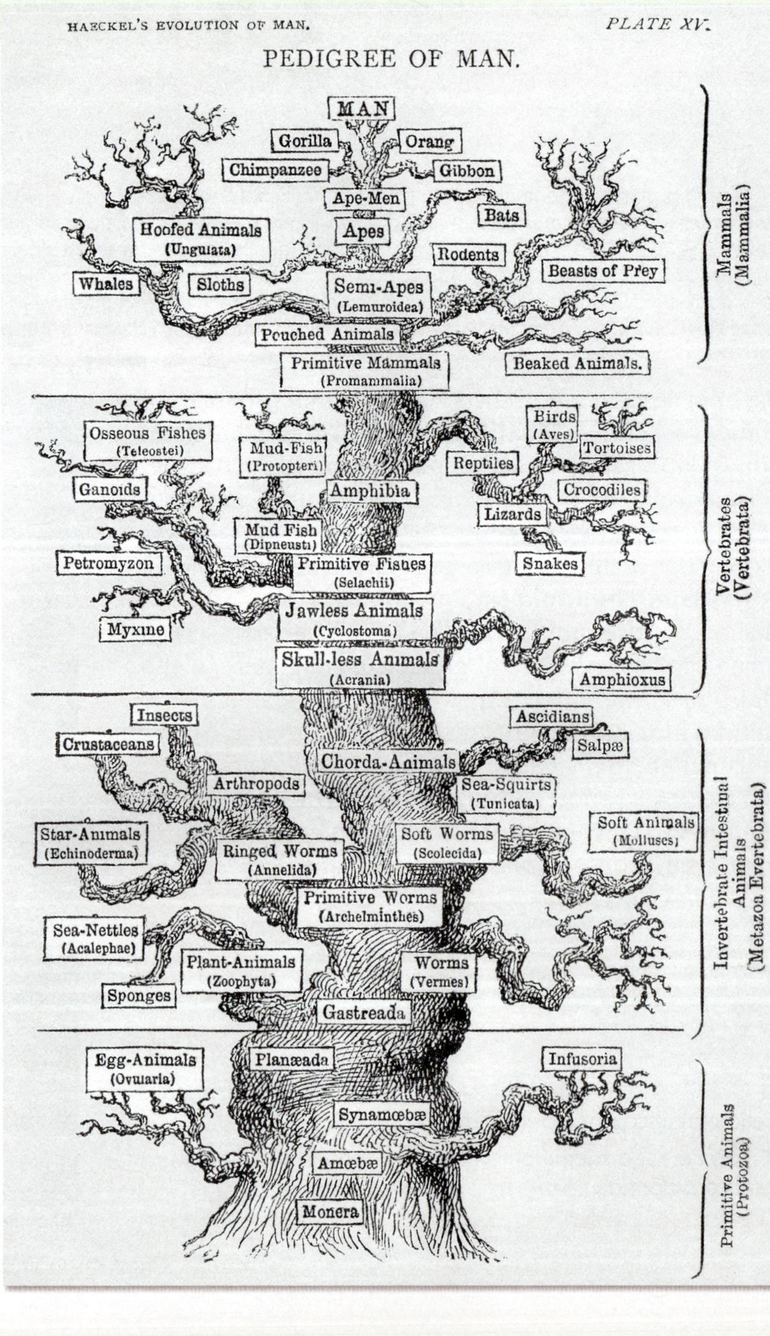

Fig. 8
Un elegante disegno dell'albero evolutivo dell'uomo (Ernst Haeckel, 1879).

3.4 Procarioti ed eucarioti

Le classificazioni biologiche tradizionali distinguevano gli esseri viventi in due grandi categorie: *piante* e *animali*. Erano i cosiddetti *Regni della natura* e fino ad alcuni decenni fa i batteri, le alghe e i funghi erano considerati vegetali e quindi collocati nel Regno delle Piante. Questa suddivisione oggi non è più considerata valida, perché si è osservato che la differenza principale tra gli esseri viventi è quella tra organismi a cellula molto piccola (mediamente 1 μm di diametro) e con il DNA non racchiuso in un nucleo, e organismi con cellule anche mille volte più voluminose (diametro medio di almeno 10 μm) e con DNA racchiuso in una membrana in modo da formare un vero e proprio nucleo cellulare. Il primo tipo di cellule è quello più primitivo (**cellule procarioti**), il secondo è molto più complesso ed evoluto (**cellule eucarioti**). *Procarioti* sono i batteri, organismi microscopici che vivono a miliardi dovunque sulla Terra. Tutti gli altri organismi, unicellulari o pluricellulari, sono *eucarioti*.

Pertanto nel 1969 l'ecologo **Robert Whittaker** classificò gli esseri viventi in *cinque Regni* e due raggruppamenti: **Procarioti**, con tutti i batteri o Monere, ed **Eucarioti**, comprendenti i regni Protisti (protozoi e alghe), Funghi, Piante, Animali (*tab. 3*).

APPROFONDIMENTO *ON LINE*
- Robert Whittaker
- Carl Woese

Negli ultimi decenni le scienze biologiche hanno fatto enormi progressi, grazie anche alle nuove tecniche di analisi molecolare e, in particolare, all'**analisi del DNA**: ora ne sappiamo molto di più sui rapporti di parentela tra i vari gruppi di batteri, di animali e di piante.

Ma c'è di più: collocare tutti i batteri in un unico regno non ha molto senso perché la parola "batteri" comprende in realtà due gruppi di organismi estremamente diversi dal punto di vista molecolare e del metabolismo. Un primo gruppo comprende i batteri comuni, cioè i batteri "propriamente detti" (in greco: *eu*). Sono chiamati pertanto **Eubatteri** o semplicemente **Batteri**. Il secondo gruppo, che spesso vive in ambienti assai ostili alla vita, comprende microrganismi che alcuni ritengono "primitivi" (in greco: *arché*). Sono chiamati pertanto **Archei**.

Anche la sistematica degli esseri viventi, dunque, come tutti i modelli di studio utilizzati nell'indagine scientifica, è soggetta a continue revisioni.

I tre grandi gruppi in cui oggi viene diviso il mondo vivente, secondo la proposta di **Carl Woese**, sono i **Domìni** (*fig. 9*; *tab. 3*).

Punti chiave 9

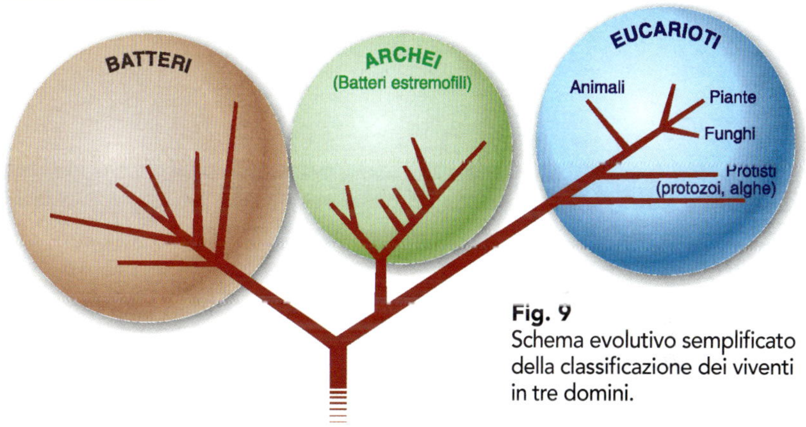

Fig. 9
Schema evolutivo semplificato della classificazione dei viventi in tre domini.

- **Dominio degli Archei (*Archaea*)**: comprende i procarioti spesso di ambienti estremi
- **Dominio dei Batteri (*Bacteria*)**: comprende i batteri propriamente detti
- **Dominio degli Eucarioti (*Eucarya*)**: comprende Protisti (Protozoi, Alghe), Funghi, Animali, Piante

Tabella 3. I principali sistemi di classificazione dei viventi

LINNEO 1735 *2 regni*	HAECKEL 1866 *3 regni*	CHATTON 1937 *2 imperi*	COPELAND 1956 *4 regni*	WHITTAKER 1969 *5 regni*	WOESE *et al.* 1977 *6 regni*	WOESE *et al.* 1990 *3 domìni*
		Procarioti	Monere	Monere	Eubatteri	Batteri
					Archeobatteri	Archei
	Protisti	Eucarioti	Protisti	Protisti	Protisti	Eucarioti
				Funghi	Funghi	
Vegetali	Piante		Piante	Piante	Piante	
Animali	Animali		Animali	Animali	Animali	

Sviluppo delle competenze

CONCETTI IN SINTESI

Audiosintesi

1. Per studiare la biologia occorre innanzitutto "fare ordine" tra la molteplicità di forme viventi presenti sulla Terra.
Classificare significa confrontare tra loro gli organismi, incasellarli in raggruppamenti o categorie, in base ai caratteri comuni, e infine attribuire loro un nome.
La **sistematica** è la disciplina biologica che si occupa della classificazione dei viventi, suddividendoli in raggruppamenti in base ai caratteri comuni.

2. Molti dei caratteri comuni secondo i quali si classificano i viventi sono individuabili attraverso la semplice osservazione. Altri richiedono lo studio di organi interni, del comportamento, o del DNA. Certi caratteri peculiari per un gruppo di animali, che consente di distinguerlo prontamente da altri organismi o gruppi di organismi, sono detti **caratteri chiave**.
Le **chiavi analitiche** o **chiavi dicotomiche** sono schemi costruiti su successive divisioni in due gruppi degli organismi da classificare. Forniscono un utile strumento per l'identificazione di un esemplare.

3. Aristotele propose uno schema di organizzazione dei viventi (una "**scala della natura**") che, partendo dalla materia inanimata, arrivava all'uomo.
Carlo Linneo catalogò gli organismi viventi in *categorie sistematiche* di ampiezza crescente, ordinate in senso gerarchico secondo il criterio delle somiglianze o affinità. La categoria sistematica alla base della classificazione di Linneo è quella di **specie**, dalla quale si passa a categorie (***taxa***) sempre più ampie che sono il **genere**, la **famiglia**, l'**ordine**, la **classe**, il **tipo** o ***phylum*** e il **regno**. Per denominare ciascuna specie, Linneo introdusse la **nomenclatura binomia**, in base alla quale ogni organismo è identificato da due parole latine: la prima indica il genere, la seconda la specie.
Con la formulazione della teoria dell'evoluzione, l'ordinamento degli organismi in categorie sistematiche veniva a riflettere i rapporti di parentela evolutiva (**filogenesi**) tra di essi.
Oggi, grazie anche alle nuove tecniche di analisi molecolare e, in particolare, all'analisi del DNA, gli esseri viventi sono divisi in 3 **Domini**: **Archei** (*Archaea*), batteri che spesso vivono negli ambienti estremi; **Eubatteri** o **Batteri** (*Bacteria*), i batteri propriamente detti; **Eucarioti** (*Eucarya*), che comprendono quattro regni: **Protisti**, **Funghi**, **Animali**, **Piante**.

Verifica le CONOSCENZE

Verifiche interattive

1. Fare ordine tra i viventi

1 **Scegli il completamento corretto (anche più di uno).**

1. Classificare significa
   a. disporre oggetti in ordine di grandezza
   b. raggruppare oggetti secondo caratteri comuni
   c. scegliere delle caratteristiche comuni a più oggetti
   d. disporre una raccolta di campioni animali e vegetali
2. La classificazione dei viventi è importante per
   a. riconoscere la variabilità dei viventi
   b. capire come le affinità o le diversità siano state il frutto di un'evoluzione
   c. preparare un'esposizione in un museo
   d. attuare interventi sull'ambiente mirati e consapevoli
3. La sistematica è
   a. il ramo della biologia che studia l'anatomia e la fisiologia degli organismi
   b. il ramo della biologia che si occupa della diversità degli organismi e della loro classificazione
   c. uno schema di classificazione basato su chiavi dicotomiche
   d. una raccolta ordinata di campioni

2. Come si classificano i viventi

2 **Scegli il completamento corretto (anche più di uno).**

1. I caratteri morfologici riguardano
   a. la forma di un organismo o di parte di esso
   b. il funzionamento delle differenti parti del corpo
   c. la presenza nel corpo di determinate sostanze
   d. il comportamento di un organismo
2. I caratteri anatomici riguardano
   a. la forma di un organismo o di parte di esso
   b. il funzionamento delle differenti parti del corpo
   c. la struttura corporea interna
   d. le relazioni tra un organismo e l'ambiente in cui vive
3. La presenza o l'assenza di una colonna vertebrale è un carattere
   a. anatomico b. biochimico
   c. ecologico d. morfologico
4. La capacità di effettuare la fotosintesi è un carattere
   a. anatomico b. biochimico
   c. ecologico d. morfologico
5. La capacità di vivere in un ambiente con caratteristiche estreme è un carattere
   a. anatomico b. biochimico
   c. ecologico d. morfologico

3. I SISTEMI DI CLASSIFICAZIONE

3 **Scegli il completamento corretto (anche più di uno).**

1. La classificazione moderna si basa sulla classificazione di
a. Aristotele
b. Plinio
c. Linneo
d. Darwin

2. Ogni organismo è identificato mediante il nome
a. della specie
b. del genere e della specie
c. della specie, del genere e del regno
d. della specie, del genere, della famiglia, dell'ordine, della classe

3. Il genere
a. comprende più domini
b. fa parte di una famiglia
c. è un insieme di classi
d. comprende più specie

4. Nella classificazione delle specie si usano nomi
a. inglesi
b. latini
c. del proprio paese
d. con iniziale maiuscola

5. Gli organismi procarioti si trovano nei domini
a. degli Archei
b. dei Batteri
c. dei Funghi
d. dei Protisti

6. Gli organismi eucarioti appartengono ai regni
a. Alghe, Funghi, Piante, Animali
b. Batteri, Protisti, Piante, Animali
c. Archei, Funghi, Piante, Animali
d. Protisti, Funghi, Piante, Animali

4 **Stabilisci quali delle seguenti affermazioni sono vere (V) e quali false (F), indicando in quest'ultimo caso il termine corretto.**

	V	F
a. Gli eucarioti e i procarioti appartengono a due regni distinti.	❑	❑
....		
b. I regni degli Eucarioti sono quattro.	❑	❑
....		
c. Il dominio degli Archei comprende tutti i batteri.	❑	❑
....		
d. I batteri attuali sono eucarioti.	❑	❑
....		
e. I Protisti sono procarioti.	❑	❑
....		
f. Le alghe appartengono al dominio dei Batteri.	❑	❑
....		
g. I Funghi appartengono al dominio degli Eucarioti.	❑	❑
....		
h. Tutti gli animali e le piante appartengono allo stesso dominio.	❑	❑
....		

Verifica le ABILITÀ

1 **Ordina le categorie sistematiche dalla minore alla maggiore ampiezza.**

a. classe; **b.** famiglia; **c.** genere; **d.** ordine; **e.** *phylum*; **f.** regno; **g.** specie.

[**1.** ....]; [**2.** ....]; [**3.** ....]; [**4.** ....]; [**5.** ....]; [**6.** ....]; [**7.** ....].

2 ***Canis familiaris, Canis lupus, Canis aureus*** **sono i nomi scientifici, rispettivamente, del cane, del lupo e dello sciacallo.**

a. Perché sono usati i nomi latini?
....
....

b. Il fatto che il primo nome sia uguale per tutti ha un significato preciso. Quale?
....
....
....

c. Come si chiama questo tipo di nomenclatura? ....

d. Chi la ideò? ....

Sviluppo delle competenze

3 **Osserva la *figura 6 a pag. 231* e scegli il completamento corretto.**

1. Cane, tigre e orso appartengono
   a. alla stessa specie
   b. alla stessa classe
   c. alla stessa famiglia
   d. allo stesso ordine
2. Canguro, tigre e serpente appartengono
   a. alla stessa specie
   b. alla stessa famiglia
   c. allo stesso ordine
   d. allo stesso *phylum*
3. Molluschi, pesci, insetti appartengono
   a. allo stesso ordine
   b. alla stessa classe
   c. allo stesso *phylum*
   d. allo stesso regno

4 **Osserva gli oggetti che puoi trovare in classe.**

Classificali utilizzando le seguenti categorie sistematiche: *phylum, classe, ordine, famiglia, genere, specie*. Per ogni categoria definisci quali sono i criteri di classificazione che vuoi adottare
(per esempio: la forma, il colore, la funzione...).
Il procedimento che usi è come quello che utilizzano i biologi per classificare gli organismi.

5 **Immagina di aver scoperto in Antartide una nuova specie (anche fantastica).**

a. Descrivi le sue principali caratteristiche.
b. Quali criteri useresti per classificarlo?
c. Come lo potresti chiamare? Inventa un nome (genere e specie) che ricordi qualche sua caratteristica o il nome dello scopritore e giustifica la tua scelta.

Verifica di competenze

• LA CLASSIFICAZIONE DEI VIVENTI NON È PER SEMPRE

6 **1. Dai tempi di Linneo a oggi nella classificazione degli organismi si è mantenuta una divisione in categorie gerarchiche.**
Secondo te, perché i biologi utilizzano un sistema di classificazione basato su categorie gerarchiche?

2. Rileggi con attenzione la tabella delle principali classificazioni dei viventi (*paragrafo 3*). Osserva come il numero delle divisioni è cambiato più volte.
Secondo te, quali motivi potrebbero aver suggerito questi cambiamenti?

3. Per esempio, dalle tue conoscenze, che cosa potrebbe aver suggerito di separare un nuovo regno, quello dei Protisti (organismi prevalentemente unicellulari e di piccolissime dimensioni)?
a. il perfezionamento del microscopio ottico
b. l'invenzione del microscopio elettronico
c. la teoria dell'evoluzione
d. la nascita della genetica

4. Quale osservazione potrebbe aver suggerito, nella prima metà del Novecento, la divisione in Procarioti ed Eucarioti?
a. la scoperta di organismi unicellulari
b. la presenza di un nucleo nella cellula
c. la presenza di un nucleo separato da membrana
d. la presenza di una parete cellulare

5. Oggi la classificazione dei viventi è in continua revisione, soprattutto per il contributo di nuovi approcci di ricerca.
Secondo te, quale (o quali) delle seguenti "tecniche" sono utilizzate sempre più comunemente?
a. rilievi ecologici
b. ricerche sullo sviluppo embrionale
c. tecniche di microscopia elettronica
d. analisi del DNA

APPROFONDIMENTO *ON LINE*
• Mappa interattiva

SUMMARY

1. *In order to study biology we preliminarily must "tidy up" the numerous life forms present on Earth.*
To classify *means to compare organisms, allocate them into groups or categories based on their common traits and ultimately to name them.*
Systematics *is a field of study dealing with the classification and recognition of living beings according to common traits.*

2. *Many of the common traits used to classify living things are identified by simple observation. Others require the study of internal organs, of the behaviour or DNA.*
Certain peculiar traits of a group of animals, that allow us to promptly distinguish it from other organisms are referred to as ***key traits****.*
Analytical keys *or* ***dichotomous keys*** *are schemes structured in successive subdivisions into two groups of the organism to be classified. These furnish a tool for the identification of a specimen.*

3. *Aristotle proposed a schematic organisation of living beings (a* **"ladder of life"***) that, starting from inanimate matter, ends with the humans.*
Carl Linnaeus *arranged living organisms in a hierarchical order according to physical similarities, using systematic categories (or* **taxa***) growing in size. The defining systematic category in Linnaeus's system is the* ***species****, followed in growing order by the* ***genus****,* ***family****,* ***order****,* ***class****,* **phylum** *and finally the* ***kingdom****.*
Linnaeus introduced the use of ***binomial nomenclature****: each organism is identified using two Latin words; the first indicates the genus and the second indicates the species.*
*Following the formulation of the evolutionary theory, the organisation of organisms in systematic categories reflects the level of evolutionary relationships (****phylogenesis****) between them.*
Today, also thanks to new molecular analysis techniques and, in particular, to DNA analysis, living organisms are divided in three ***Domains****:* ***Archaea****, bacteria often living in extreme conditions;* ***Eubacteria or Bacteria****;* ***Eukarya****, further divided into four* ***Kingdoms****:* ***Protista****,* ***Fungi****,* ***Animalia*** *and* ***Plantae****.*

EXERCISES

1 **Link the definitions with the relevant term.**

a. Assigning an organism to a group based on common traits.
b. The evolutionary history of a species.
c. The scheme used to illustrate the evolutionary history of a species.
d. Modifications of a species over time.
e. A scheme based on successive subdivisions into two groups of the organism being classified

1. evolutionary tree
2. dichotomous key
3. classification
4. evolution
5. phylogenesis

[**a.** ....]; [**b.** ....]; [**c.** ....]; [**d.** ....]; [**e.** ....].

2 **Answer the question.**

Which are the most important criteria to determine into which group any organism should be classified?
a. Land or water habitat.
b. Manner of locomotion.
c. Cell structure and biochemistry.
d. Presence of cell membrane and DNA.

3 **Complete the sentences by choosing the correct term from the list below.**

a. The systematic category with most classes is known as ....
b. The order is made up of ....
c. Individuals that mate and produce fertile offspring belong to the same ....
[*class – families – genus – kingdom – order* – phylum – species]

CAPITOLO 8

Regni e domini

Introduzione

Quante specie diverse si possono trovare in un metro quadrato di prato? A prima vista potremmo dire l'erba, due o tre specie di fiori colorati, forse un ragno, formiche, una farfalla. Ma non basta: prima di tutto l'"erba" comprende diverse specie di graminacee e tra loro si possono nascondere piantine erbacee non ancora fiorite; poi, sulle foglie potrebbe esserci un fungo parassita, sul terreno umido della muffa, e potrebbe affiorare un lombrico; e sicuramente ci sono tanti batteri. Occorre imparare a distinguere le diverse specie di viventi, anche le meno visibili, perché ciascuna ha un ruolo importante nell'equilibrio del nostro ambiente.

OBIETTIVI

- **Elencare le principali caratteristiche dei procarioti.**
- **Conoscere i criteri distintivi di Archei e Batteri.**
- **Elencare le caratteristiche degli Eucarioti.**
- **Distinguere i principali raggruppamenti sistematici degli Eucarioti e le loro principali conquiste evolutive.**
- **Elencare le caratteristiche di Protisti, Funghi, Piante e Animali.**
- **Distinguere le principali divisioni sistematiche delle Piante.**
- **Distinguere le principali divisioni sistematiche degli invertebrati e dei vertebrati.**
- **Riconoscere le principali tappe dell'evoluzione dell'uomo.**

1 Il dominio degli Archei

1.1 Caratteristiche generali dei procarioti

I **procarioti** sono tutti gli organismi **microscopici, unicellulari** con **cellula procariote.**

I procarioti erano comunemente chiamati batteri e sono diffusi in tutti gli ambienti della Terra, dal sottosuolo all'atmosfera. Alla fine degli anni Settanta del secolo scorso, tuttavia, alcuni ricercatori scoprirono che i procarioti non erano tutti uguali: si potevano distinguere "batteri" che si differenziavano nettamente dagli altri per caratteristiche genetiche (la sequenza del DNA), biochimiche (le molecole di cui sono fatti) e metaboliche (ossia da quali sostanze traggono energia e come le trasformano). Pertanto, in seguito fu proposta la divisione dei procarioti in due domini distinti: il dominio degli **Archei** e quello dei **Batteri** (o **Eubatteri**).
Lo studio degli Archei è ancora all'inizio, soprattutto perché al microscopio la maggior parte di loro non appare morfologicamente diversa dai Batteri e perché le loro particolari condizioni di vita ne rendono difficile la coltura in laboratorio.

Punti chiave

Le principali caratteristiche dei **procarioti** sono le seguenti.

- Tutti i procarioti sono organismi **unicellulari**. Le cellule sono visibili solo al microscopio e spesso non superano le dimensioni di uno o pochi micron (1 micron = 1/1000 di mm).
- Le forme della cellula sono molto varie; i procarioti a forma di bastoncello sono detti **bacilli**; quelli sferici, **cocchi**; quelli filamentosi spiraliformi sono gli **spirilli**. Alcune cellule si possono unire fra loro e formare colonie: per esempio a due a due (come i diplococchi) o filamentose (come gli streptococchi) (*fig. 1*).
- Tutte le cellule viventi sono formate da una membrana che racchiude il citoplasma e il materiale genetico. Le cellule procarioti **non hanno membrane interne**, per cui non vi è un nucleo definito.
- Il materiale genetico è sparso nel citoplasma ed è costituito da **un'unica molecola di DNA**. Spesso sono presenti altre piccole unità di DNA di forma circolare, dette **plasmidi**, che si replicano in modo indipendente.
- In alcuni casi alla membrana può essere attaccato un **flagello**, che ne consente il movimento, o **pili** per aderire alle superfici.
- Esternamente alla membrana cellulare quasi tutti i procarioti possiedono una **parete cellulare** che aiuta a mantenere la forma della cellula.
- Tutti i procarioti si riproducono per divisione cellulare (**scissione binaria**): una cellula si divide in due e poi, anche solo dopo mezz'ora, le due cellule "figlie" si dividono a loro volta e si avranno in tutto 4 cellule. Successivamente diventeranno 8, nella generazione successiva 16, poi raddoppieranno a 32, poi a 64 e così via.

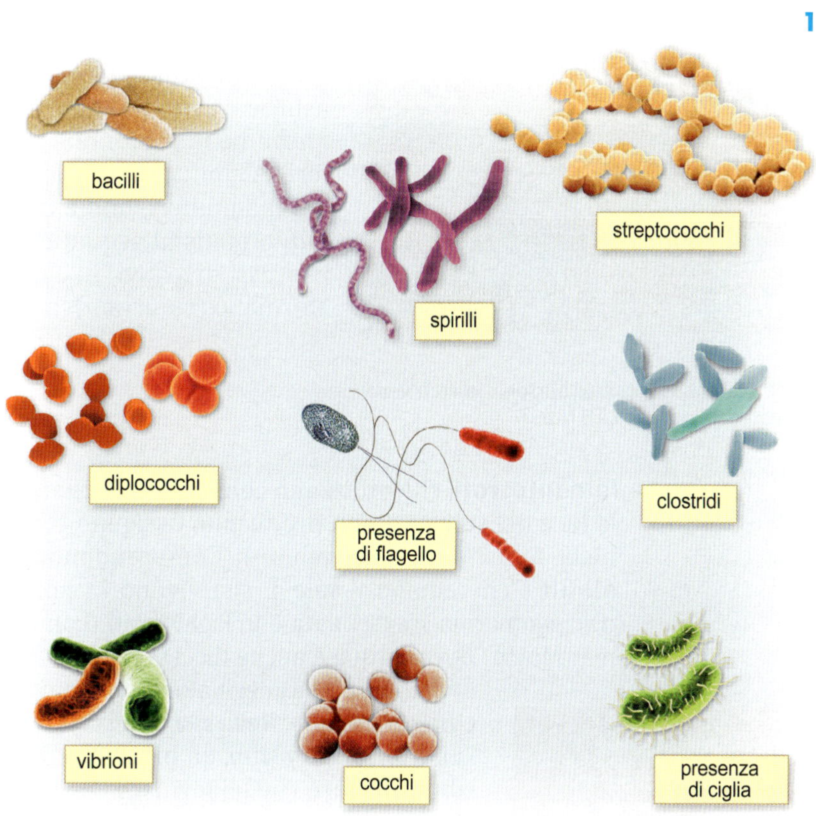

Fig. 1
Le forme dei procarioti.

1.2 Caratteristiche degli Archei

Come detto, gli Archei non sono diversi per forma e dimensioni dagli altri procarioti. Le differenze principali tra gli Archei e gli altri organismi si trovano invece:

- nella sequenza genetica;
- nella struttura chimica dei fosfolipidi che costituiscono la **membrana cellulare**, che conferirebbe loro una maggiore resistenza alle condizioni ambientali;
- nella struttura chimica della parete, che non contiene cellulosa (come nelle cellule vegetali) e nemmeno il peptidoglicano (come vedremo nei batteri, anche se in qualche specie si trova una sostanza simile);
- nella struttura chimica dei flagelli;
- nel tipo di metabolismo.

Metabolismo ed ecologia

Le fonti di energia e il tipo di metabolismo utilizzati dagli Archei per le loro funzioni vitali sono diversi; inoltre una stessa specie può passare da una forma di metabolismo all'altra secondo necessità. Questa varietà permette loro di vivere e riprodursi in condizioni ambientali estreme, per cui vengono definiti **estremofili**.

Tuttavia, non tutti gli Archei sono estremofili: molte specie abbondano infatti nel terreno, nell'acqua del mare e dei laghi. Alcuni, come quelli intestinali, vivono all'interno di altri organismi viventi, sebbene non siano note specie parassite.

Secondo la **fonte di energia** utilizzata gli Archei possono essere:

2

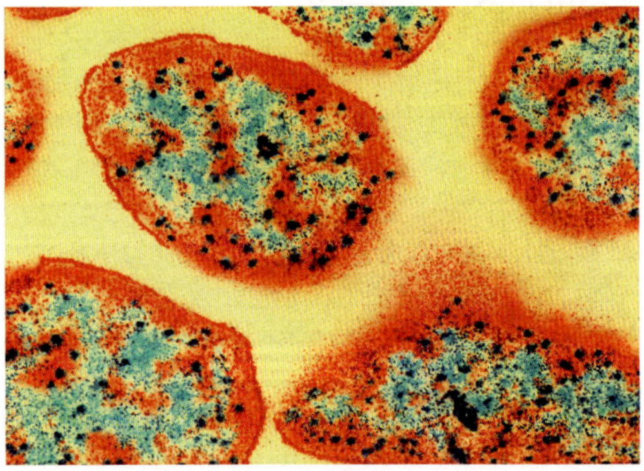

Fig. 2
Cellule di *Methanococcoides burtonii*: le aree verdi sono il materiale genetico (DNA).

- **chemioautotrofi**, che traggono energia da composti inorganici come lo zolfo o l'ammoniaca. Comprendono i **metanogeni** ("che producono metano"; *fig. 2*), che vivono nel fondale asfittico delle paludi, nel fondale oceanico e anche nelle profondità dei giacimenti petroliferi. Alcuni metanogeni vivono nell'intestino dei mammiferi, uomo compreso, delle termiti e di organismi acquatici, partecipando ai loro processi digestivi; in assenza di ossigeno, trasformano (riducono) la CO_2 in metano (CH_4);
- **fotoautotrofi**, che utilizzano come fonte di energia la luce del sole (ma non producono ossigeno come nella fotosintesi delle piante). Comprendono gli **alofili** ("che amano il sale"), che vivono in pozze d'acqua marina sovrassalata o in laghi salati (come il mar Morto) dove l'acqua è anche dieci volte più salata del mare. Uno degli alofili più studiati è *Halobacterium*. Nella sua cellula si trova la ***batteriorodopsina***, un pigmento sensibile alla luce che gli fornisce l'energia chimica e la caratteristica colorazione porpora (*fig. 3*);

Batteriorodopsina
È una sostanza molto simile alla rodopsina, una proteina sensibile alla luce che si trova nella retina dei vertebrati.

Fig. 3
Lago sovrassalato colorato per la presenza di archei alofili.

3

- **eterotrofi,** se utilizzano come fonte di energia composti organici. Comprendono i *Pyrococcus*, genere di **termofili** ("che amano il caldo") che si trovano nelle sorgenti d'acqua calda sottomarine, a temperature intorno ai 98 °C. Sono **anaerobi**, perché alla temperatura dell'acqua bollente l'ossigeno disponibile è scarso.
  Spesso i termofili vivono in ambienti che sono anche molto acidi e in tal caso vengono chiamati **termoacidofili** (*fig. 4*).

4a

4b

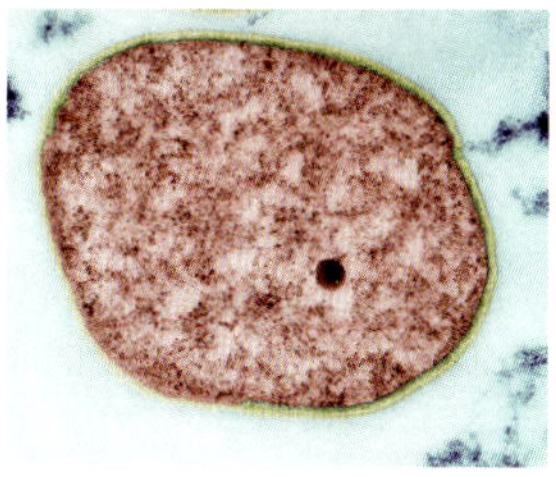

Fig. 4
(**a**) Gli Archei termoacidofili vivono nelle sorgenti molto calde e acide, come le solfatare. Spesso danno colorazioni vivaci all'acqua e ai sedimenti.
(**b**) *Sulfolobus solfataricus* vive nelle solfatare a pH 3, a temperatura di circa 80 °C e in presenza di zolfo, elemento che è alla base del loro metabolismo.

1.3 Evoluzione degli Archei

Le tracce fossili dei procarioti (Archei e Batteri) sono troppo piccole per essere facilmente trovate e identificate; inoltre, essendo i rappresentanti dei due gruppi molti simili morfologicamente, per l'identificazione dei loro resti si deve ricorrere all'analisi dei **fossili molecolari**. Questi sono composti che si trovano in un solo gruppo di organismi, sono molecole stabili (che non si trasformano nel tempo) oppure, se instabili, danno origine a prodotti a loro volta stabili e facilmente identificabili.

Negli Archei i marcatori fossili utilizzabili sono alcune molecole (*isoprene*) della loro membrana, che, oltre a essere una loro peculiarità, non si decompongono alle alte temperature. Residui di queste molecole, probabilmente appartenuti a metanogeni anaerobi, sono stati trovati nelle rocce del Miocene di Messel, in Germania, nel 1979. Da allora sono state trovate diverse altre tracce fossili che fanno risalire gli Archei al Precambriano, quando sulla Terra vi erano condizioni che erano considerate inospitali per la vita. Il metabolismo anaerobico si è evoluto molto presto, e quindi si può ipotizzare che il **primo essere vivente** potesse essere un metanogeno che viveva negli ambienti asfittici di palude.

APPROFONDIMENTO *ON LINE*
- La storia dei viventi

Gli **Archei** furono chiamati così proprio perché erano ritenuti i più antichi viventi.

Oggi però non sappiamo ancora se gli Archei siano davvero più primitivi degli altri procarioti (i Batteri) e non è ancora ben chiaro il loro rapporto di parentela con gli Eucarioti. Secondo alcuni studiosi, gli Archei attuali non si sarebbero evoluti per adattarsi ad ambienti molto particolari, ma potrebbero essere i sopravvissuti di una comunità che un tempo dominava la giovane Terra.

RISPONDI
- Perché si è ritenuto necessario separare gli Archei dagli altri procarioti?
- Che cosa significa alofilo? E termoacidofilo?
- Che tipo di metabolismo hanno i metanogeni?

Prospettive sulle applicazioni biotecnologiche degli Archei

Gli **Archei** (*Archaea*), insieme ai batteri (Bacteria), sono Procarioti.
Questi organismi mostrano delle strutture biochimiche molto peculiari che hanno portato a considerarli come un ramo basilare, presto distaccatosi dalle altre forme viventi.
Se da una parte gli Archei hanno caratteristiche tipiche dei procarioti, quali l'assenza di un nucleo distinto e di organuli citoplasmatici rivestiti da membrane e la presenza di un unico filamento di DNA, dall'altra si contraddistinguono per la peculiare composizione chimica delle loro strutture di rivestimento che li rende capaci di svilupparsi in condizioni estreme e per questo motivo un'interessante risorsa per lo sviluppo di nuovi processi biotecnologici.
Sulla base delle caratteristiche fisiologiche, molti Archei vengono distinti in:

- **termofili**, capaci di crescere a temperature superiori ai 70 °C;
- **metanoproduttori**;
- **alofili**, in grado di sopravvivere in ambienti a elevata salinità;
- **acidofili** e **alcalofili**, capaci di crescere in ambienti molto acidi o molto basici.

Applicazione delle biomasse degli Archei

Nonostante il grande fervore della ricerca in questo ambito, attualmente le applicazioni industriali degli Archei sono limitate principalmente al *trattamento microbiologico dei rifiuti*. La metanogenesi biologica è applicata per il trattamento anaerobico delle acque di scolo e per i rifiuti agricoli, municipali e industriali.
Ancora in fase di studio è, invece, l'uso di microrganismi alofili per il biorisanamento degli ambienti ostili, per la degradazione di inquinanti organici e per il trattamento delle acque di scarto dell'industria tessile che spesso hanno un'elevata concentrazione di sali.

Gli enzimi degli Archei di interesse biotecnologico

Gli enzimi degli Archei rappresentano anch'essi una fonte preziosa per potenziali applicazioni industriali. Il valore biotecnologico di queste molecole è legato non solo alla loro applicazione diretta, ma anche alle conoscenze acquisite dagli studi sulla loro struttura fine. Si prevede che in un futuro non lontano questo tipo di conoscenza permetterà di ridisegnare enzimi convenzionali per utilizzarli come biocatalizzatori in condizioni industriali ostili. Il limitato uso attuale di questi enzimi è in parte dovuto alle difficoltà incontrate nella loro produzione in larga scala, ma sono in corso ricerche per superare, o quanto meno attenuare, questo ostacolo.
Di grande interesse è l'**uso di enzimi coinvolti nel metabolismo dei carboidrati**, in modo particolare per quelli della famiglia delle *glicosil-idrolasi*, nel processo industriale di **conversione dell'amido** in prodotti di maggior valore come le destrine, il glucosio o il fruttosio.
Un'altra promettente applicazione degli enzimi estratti da Archei ipertermofili riguarda la produzione di **trealosio**, un disaccaride rivelatosi capace di stabilizzare enzimi, anticorpi, vaccini e ormoni e con potenziali applicazioni anche nella preparazione dei cibi come conservante o per trattenere l'umidità.

I metaboliti degli Archei di interesse bioteconologico

Alcuni metaboliti degli Archei, come le proteine, alcune sostanze osmoticamente attive (i cosiddetti "soluti compatibili"), gli esopolisaccaridi e alcuni lipidi, sono in fase di studio per le loro possibili applicazioni industriali. Di particolare interesse sono alcuni soluti compatibili prodotti dagli Archei alofili. Alcune di queste molecole sono già state brevettate come idratanti per i cosmetici, ma la loro applicazione più promettente potrebbe essere come **stabilizzatori nella PCR** (*Polymerase Chain Reaction*).
I lipidi degli Archei sono molecole uniche per la loro topologia e funzione nelle membrane di questi microrganismi e proprio in virtù di queste peculiarità ben si prestano ad applicazioni biotecnologiche. Sono un'eccellente fonte per la formazione di liposomi (vescicole fosfolipidiche) altamente termostabili e capaci di evitare il legame con eventuali soluti. Studi condotti in vivo e in vitro ne hanno dimostrato la sicurezza, la stabilità e il profilo di distribuzione nei tessuti, cosa che ne renderebbe possibile l'applicazione in sistemi per la somministrazione di farmaci, geni o altre terapie.

Lo schema mostra le caratteristiche degli habitat in cui riescono a sopravvivere gli organismi estremofili. Le frecce ai bordi indicano le condizioni ambientali via via più estreme in termini di temperatura, pH, salinità e pressione. Al centro la molecola di trealosio, disaccaride prodotto utilizzando enzimi estratti da archei ipertermofili.

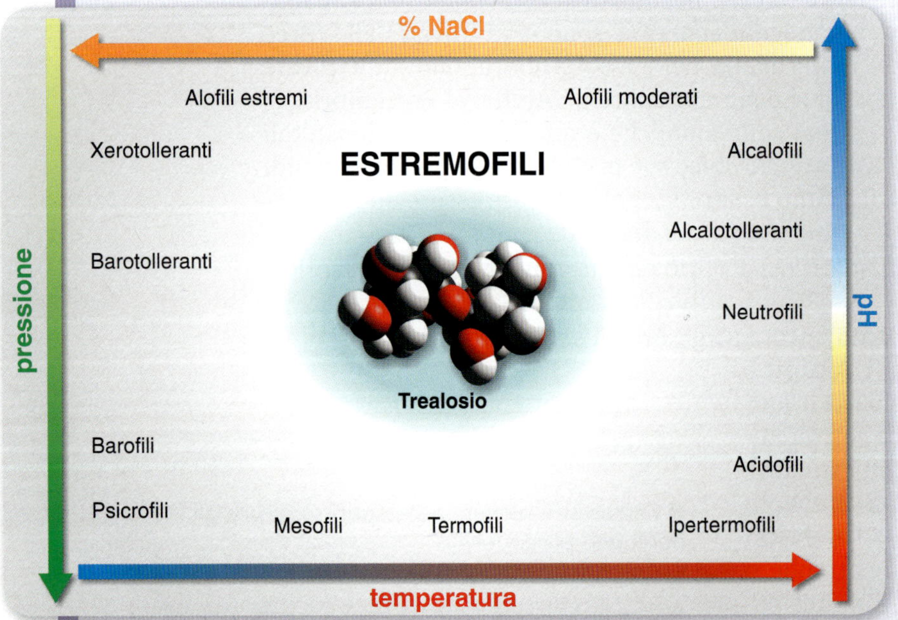

2 Il dominio dei Batteri

2.1 Caratteristiche dei Batteri

I **Batteri** sono **procarioti unicellulari**, con dimensioni di uno o pochi micron.

- Il materiale genetico è costituito un'unica molecola di DNA, non delimitata da una membrana nucleare, e spesso anche da **plasmidi**.
- Le cellule possiedono una **parete cellulare** e talvolta una **capsula** protettiva (*fig. 5*).
- I Batteri possono avere diverse forme, vivere isolati (*fig. 6*) o formare colonie.
- Come tutti i procarioti, si moltiplicano mediante divisione cellulare (**scissione binaria**) (*fig. 7*). In poche ore possono diventare milioni, smettendo di dividersi solo quando non trovano più nutrimento, ossigeno e buone condizioni ambientali. In ambiente sfavorevole i batteri sviluppano strutture resistenti chiamate **spore**, particelle in cui il materiale genetico è mantenuto incapsulato in una spessa parete protettiva. Le spore possono sopravvivere anche molti anni, e rivitalizzarsi e riprodursi quando le condizioni tornano favorevoli.
- In certi casi vi possono essere fenomeni di riproduzione di tipo sessuale: si tratta di occasionali scambi di materiale genetico (DNA) tra cellule batteriche (**coniugazione batterica**). Quando un batterio acquista un po' del DNA di un altro funzionerà anche in modo un po' diverso: si parla allora di **trasformazione batterica**.

5

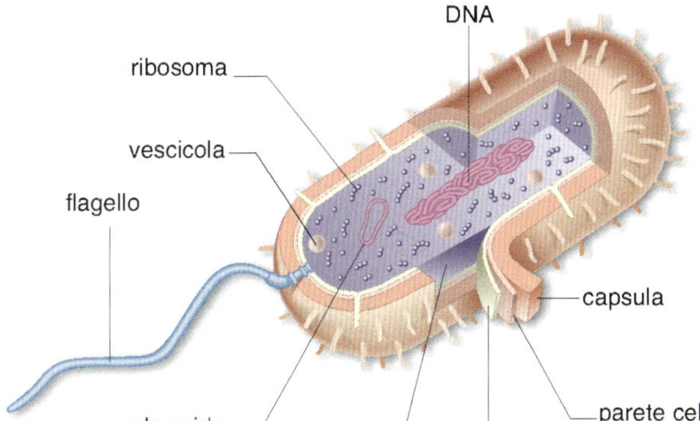

Fig. 5 Schema della struttura di un batterio.

6

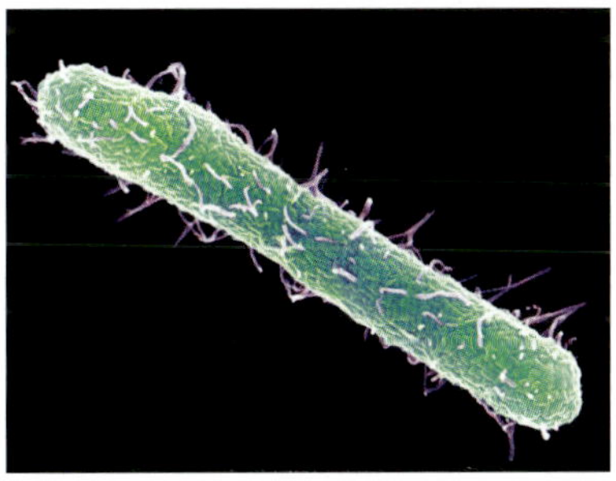

Fig. 6 Si conoscono circa 10 000 specie di batteri. Nella foto al microscopio elettronico a scansione una cellula di Salmonella, un bacillo responsabile di malattie intestinali.

7

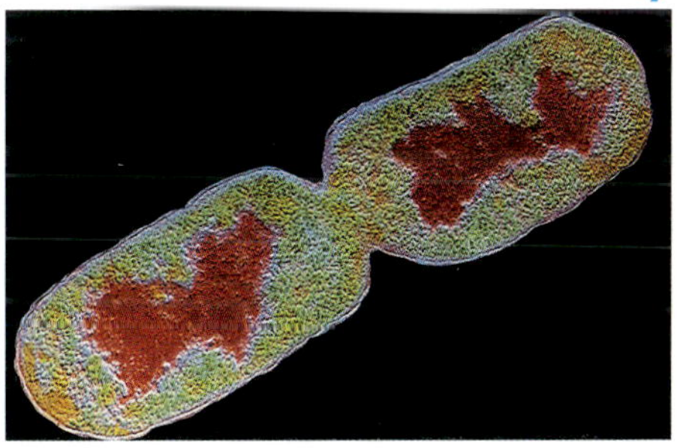

Fig. 7 Scissione di un batterio. Il materiale ereditario, qui colorato artificialmente in rosso, si divide nelle due cellule figlie.

Batteri Gram-positivi e Gram-negativi

Come abbiamo visto, i Batteri non si distinguono morfologicamente dagli Archei. Le loro caratteristiche più importanti risiedono dunque nella struttura biochimica e nel tipo di metabolismo. Inoltre classificare i Batteri non è facile.
Una prima semplice classificazione consiste nel distinguere due tipi di batteri: quelli facilmente colorabili con il colorante viola, secondo il metodo proposto nel 1884 dallo scienziato danese **Hans Gram** (batteri perciò chiamati **Gram-positivi**), e i batteri che rimangono poco colorati (**Gram-negativi**). La colorabilità dei batteri dipende dalla quantità di una certa sostanza, il **peptidoglicano**, contenuta nella parete della loro cellula. Esempi di batteri Gram-positivi (ricchi di peptoglicano) sono i bacilli (come quello del carbonchio), gli stafilococchi, i clostridi (per esempio il botulino) e i micobatteri (causano tubercolosi e lebbra). Esempi di batteri Gram-negativi, di regola i più resistenti agli antibiotici, sono i cianobatteri, le spirochete, le salmonelle, *Brucella* ed *Escherichia coli*.

APPROFONDIMENTO *ON LINE*
- Hans Gram

8

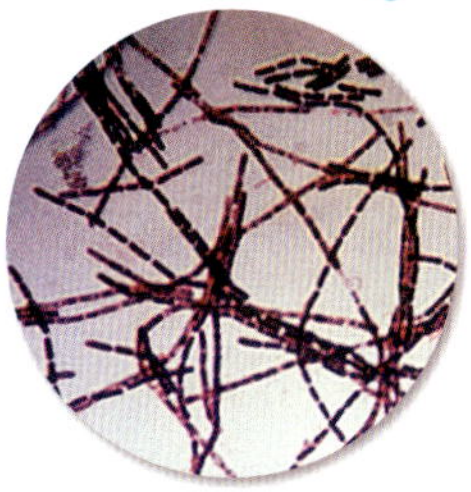

Fig. 8 Al microscopio ottico il bacillo del carbonchio (Gram positivo) appare colorato di viola scuro.

■ **Saprofiti** (Da *saprós* = putrefazione)
Attingono il loro nutrimento dai residui di organismi, vegetali o animali, che decompongono per mezzo di enzimi.

■ **Parassiti** (Da *pará* = vicino; *sitos* = cibo)
Invadono il corpo di altri organismi (piante, animali, protisti) da cui ricavano direttamente gli elementi nutritivi.

■ **Simbionti** (Da *syn* = insieme; *bioun* = vivere)
Sono batteri che vivono in unione con altri organismi in una situazione di reciproco vantaggio.

Il metabolismo

Esistono batteri **eterotrofi** (sono la maggior parte) che utilizzano per produrre energia molecole organiche già formate, assorbite dall'ambiente esterno. Possono essere ***saprofiti***, ***parassiti*** e ***simbionti***.
I batteri autotrofi comprendono **fotoautotrofi**, se utilizzano come fonte di energia l'energia solare (fotosintesi), come i cianobatteri, e **chemioautotrofi**, se utilizzano energia chimica che ricavano da composti inorganici (come l'acido solfidrico).

■ Batteri fotoautotrofi

Tra i batteri **fotoautotrofi** ricordiamo i **cianobatteri** (da *kianos* = azzurro) dalla forma sferica o, più spesso, con cellule riunite a formare lunghi filamenti di color verde-bluastro (*fig. 9*).
Oltre alla clorofilla (che li rende verdi) possiedono anche pigmenti come la **ficocianina**, che, come dice il nome, conferisce un colore azzurro.
Vivono nei mari e nei laghi, soprattutto in quelli piuttosto inquinati, impartendo all'acqua una colorazione lievemente verdastra.
Alcune specie vivono nel suolo.

9

Fig. 9
Colonia di cianobatteri vista al microscopio.

■ Batteri saprofiti decompositori

È **saprofita** la maggior parte dei batteri che vivono nel suolo e nelle acque (*fig. 10*).
Un grammo (un cucchiaino) di terra contiene circa 50 milioni di batteri e un grammo (1 ml o centimetro cubo) d'acqua di fiume o di lago ne contiene in media un milione.
Sono organismi importantissimi, perché decompongono e riciclano (insieme con i funghi) le sostanze organiche quali fogliame, legno, carta, tessuti, sterco, carcasse di animali.

10

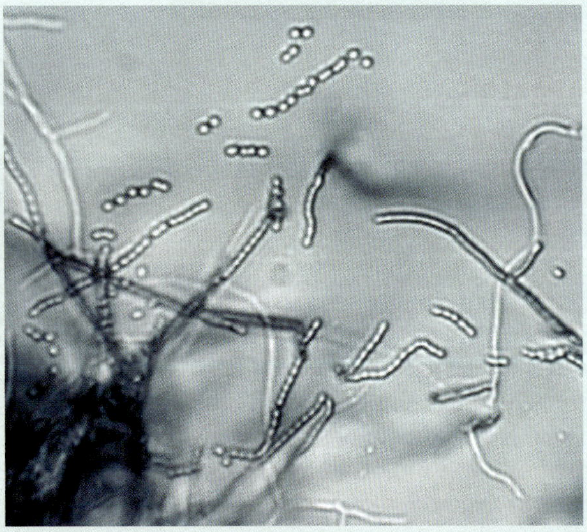

Hanno quindi la funzione di **decompositori**.
Per mezzo della decomposizione delle sostanze organiche i batteri ricavano nutrimento ed energia; come prodotto di "scarto" si formano diossido di carbonio (CO_2) e acqua. Ecco perché i resti morti delle piante e degli animali prima o poi scompaiono: vengono trasformati (decomposti) quasi completamente.
Altri batteri saprofiti sono usati nelle tecnologie alimentari: per esempio *Acetobacter* causa la formazione dell'aceto, mentre *Lactobacillus* serve per ottenere lo yogurt dal latte.
Con una porzione di yogurt noi ingeriamo più di 10 miliardi di batteri.

Fig. 10
Batteri saprofiti del suolo sono gli streptomiceti, che formano colonie filamentose.

Batteri patogeni

Spesso i batteri parassiti sono anche **patogeni** ("generatori di malattia", da *pathos* = malattia).
Tra le malattie più importanti causate dai batteri citiamo il colera, la difterite, certe forme di dissenteria, la lebbra, la meningite, la pertosse, la salmonellosi (*fig. 11*), la scarlattina, il tetano.
Altri batteri provocano malattie nelle piante (*fig 12*).

11

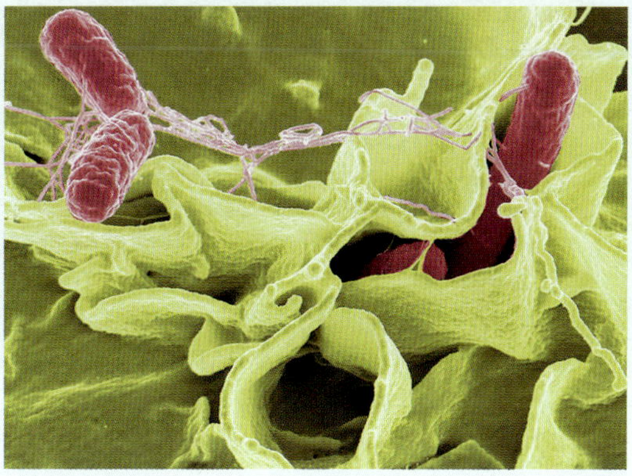

Fig. 11
Fotografia al microscopio elettronico a scansione di Salmonella, parassita dell'apparato digerente (colori artificiali).

12

Fig. 12
Gli effetti del cancro batterico su una foglia di kiwi. L'infezione è provocata da un batterio del genere *Pseudomonas*.

Batteri simbionti

Esempio di **simbionti** sono i batteri che vivono sulla nostra pelle o nell'intestino (ve ne sono miliardi). Alcuni batteri intestinali sono utili perché producono vitamina K, implicata nei processi di coagulazione del sangue (il suo nome viene infatti dal tedesco *Koagulation*).
Altri importanti batteri simbionti sono gli azotofissatori che vivono nei noduli radicali delle leguminose (*fig. 13*).

13

Fig. 13
Noduli radicali di leguminosa che contengono batteri azotofissatori.

Rispondi

- Come si riproducono i batteri? Quando si può parlare di una riproduzione "sessuata" nei procarioti?
- Che cosa significa fotoautotrofo? E chemioautotrofo?
- Che differenza c'è tra batteri saprofiti e batteri parassiti?

APPROFONDIMENTO *ON LINE*

- Il filtraggio dell'acqua: il ruolo dei batteri
- I batteri utili all'uomo

2.2 Evoluzione

I primi batteri sulla Terra furono molto probabilmente **batteri eterotrofi anaerobi**, in grado di vivere in assenza di ossigeno. Circa 3 miliardi di anni fa cominciarono a svilupparsi anche **batteri autotrofi**, simili ai cianobatteri, in grado di fabbricarsi in proprio le sostanze organiche necessarie attraverso la fotosintesi (*fig. 14*); in questo modo liberavano contemporaneamente ossigeno come sottoprodotto.
Per oltre 2 miliardi di anni i batteri autotrofi furono i dominatori incontrastati dei mari; le acque si arricchirono di ossigeno e ciò contribuì a determinare lo sviluppo di procarioti aerobi, capaci di utilizzare ossigeno per i propri processi vitali (che divennero più efficienti).

14

Fig. 14
Le stromatoliti sono rocce sedimentarie formate dall'attività prevalente di batteri e cianobatteri.
Microfossili di procarioti sono stati trovati in strati di queste rocce datate 3,5-2 miliardi di anni fa.

3 Il dominio degli Eucarioti

3.1 Caratteristiche generali

Il dominio degli **Eucarioti** comprende i regni dei **Protisti**, dei **Funghi**, delle **Piante** e degli **Animali**.

La caratteristica comune è che tutti sono formati da uno stesso tipo di cellula: la **cellula eucariote**. Questo tipo di cellula è, di regola, almeno dieci volte più grande delle cellule procarioti (quelle degli Archei e dei Batteri). Siccome le cellule funzionano come microscopici laboratori chimici in cui, a ogni istante, vengono trasformate migliaia o milioni di molecole, è logico pensare che una cellula "grande", per essere efficiente, debba essere divisa in scomparti assai più di una piccola.

Caratteristica fondamentale delle cellule eucarioti, quindi, è il fatto di essere provviste di **membrane interne** che le suddividono in zone funzionali. Quella principale è il **nucleo**, racchiuso da un'apposita **membrana nucleare** (*vedi Capitolo 2*). Anche il citoplasma è invaso da una sistema di membrane (reticolo endoplasmatico e apparato di Golgi), mentre altre membrane delimitano gli organuli cellulari. Se la cellula possiede anche ciglia o flagelli, questi hanno una struttura molto diversa da quelli dei procarioti.

3.2 La conquista della compartimentazione cellulare

APPROFONDIMENTO *ON LINE*
- Lynn Margulis

Si pensa che gli Eucarioti siano comparsi tra 1 e 2 miliardi di anni fa. Già da più di un secolo vi fu chi sospettò che la prima cellula eucariote fosse il prodotto dell'unione di due o più cellule procarioti, ma soltanto dopo il 1960 la biologa americana **Lynn Margulis** sostenne la **teoria dell'endosimbiosi** (= simbiosi interna), oggi universalmente accettata. I mitocondri (organuli cellulari tipici degli Eucarioti) sarebbero antichi batteri aerobi che finirono all'interno di un altro procariote che non era in grado di respirare ossigeno. Invece di essere distrutti e digeriti, i batteri aerobi sopravvissero in simbiosi con l'ospite (*fig. 15*). Nacque così un nuovo tipo di cellula dalla quale poi si svilupparono i protozoi, i funghi e gli animali. Alcune di queste antiche cellule avrebbero inglobato anche singoli cianobatteri e si trasformarono in complesse cellule fotosintetiche, da cui derivarono le alghe e le piante. I cloroplasti sarebbero dunque i discendenti di antichi batteri fotosintetici.

Fig. 15a
Schema della formazione dei mitocondri in una cellula eucariote, secondo la teoria dell'endosimbiosi.

15a

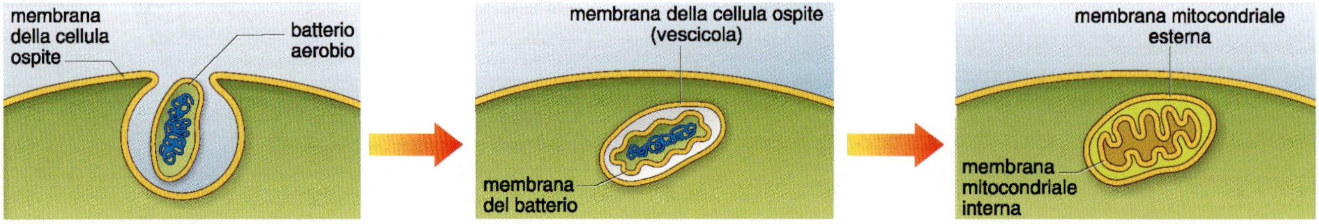

15b

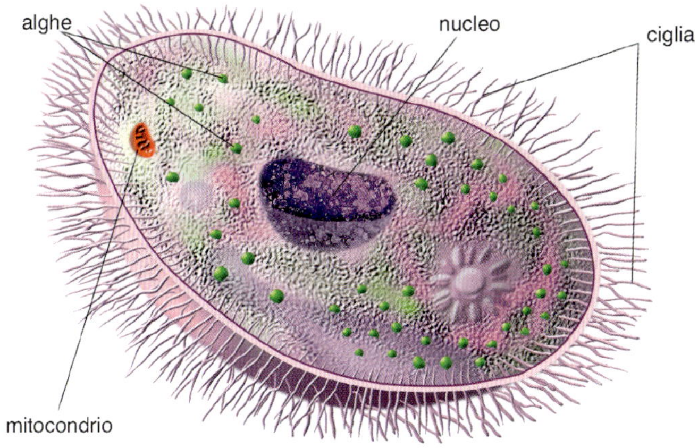

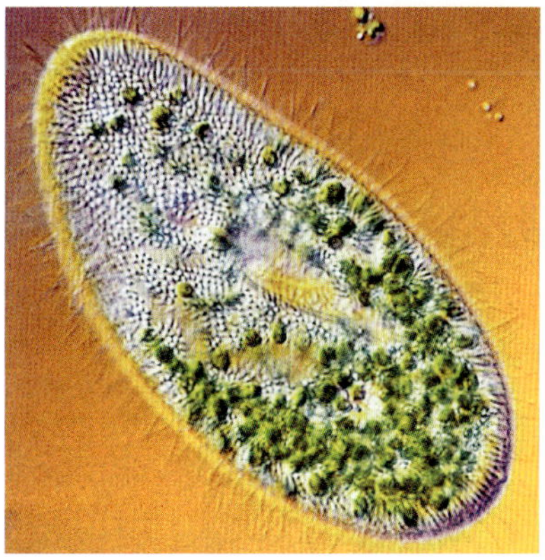

Fig. 15b
A sinistra, rappresentazione schematica di piccole alghe in simbiosi con un organismo unicellulare; a destra, micrografia del medesimo organismo (protozoo ciliato) al cui interno sono visibili alghe (pallini verdi) simbiontiche.

3.3 La conquista della pluricellularità

La successiva importante conquista evolutiva degli Eucarioti fu la formazione di organismi **pluricellulari** anche di grandi dimensioni.

Gli organismi pluricellulari sono costituiti da molti tipi cellulari, ognuno dei quali è specializzato nel compiere una funzione specifica.

In un pluricellulare le varie mansioni possono essere affidate a squadre di cellule specificamente attrezzate per svolgerle, con un sensibile guadagno di efficienza complessiva nel funzionamento della "macchina biologica".

Uno dei primi passi nell'evoluzione degli organismi pluricellulari sarebbe stata l'associazione di organismi unicellulari in **colonie**, cioè in insiemi di individui che vivono a contatto, ma che mantengono la propria individualità. Già alcuni tipi di batteri manifestano tale comportamento, anche se in forma primordiale.

Colonie più complesse si osservano nei primi eucarioti, in cui alcune cellule possono svolgere compiti di tipo nutritivo o riproduttivo (*fig. 16*).

Man mano che le cellule aumentano di numero per divisione, devono rimanere unite tra loro e potere comunicare reciprocamente. Per questo nei pluricellulari si sono sviluppati **sistemi di comunicazione** tra cellule più o meno complessi. Negli animali e nelle piante tutte le cellule che sono specializzate nello stesso tipo di lavoro si organizzano in **tessuti**; molti tessuti si possono associare tra loro in **organi** e questi in **sistemi** e **apparati**.

La *tabella 1* mostra le principali caratteristiche degli Eucarioti.

16

Fig. 16
Microscopiche alghe unicellulari (*Volvox*) formano una colonia a forma di sfera.

Tabella 1. I regni degli Eucarioti

Dominio Eucarioti			
Regno Protisti	**Regno Funghi**	**Regno Piante**	**Regno Animali**
unicellulari e pluricellulari (tessuti indifferenziati)	unicellulari e pluricellulari (tessuti indifferenziati)	pluricellulari (tessuti differenziati)	pluricellulari (tessuti differenziati)
autotrofi ed eterotrofi	eterotrofi (si nutrono per assorbimento)	autotrofi	eterotrofi (si nutrono per ingestione)

Rispondi

- Quali importanti novità evolutive hanno gli eucarioti?
- Quando si sarebbero differenziati gli eucarioti?
- Che cosa significa endosimbiosi?

4 Il regno dei Protisti

4.1 Caratteristiche

Nel gruppo dei **Protisti** sono stati inseriti organismi molto diversi, che hanno in comune solo la cellula eucariote, ma che non potevano rientrare per qualche motivo nelle altre categorie (Piante, Funghi, Animali). Per esempio, le alghe (*fig. 17*), che sono autotrofe, sono state a lungo classificate tra le Piante, ma, al contrario delle piante, non possiedono tessuti differenziati che permettono, per esempio, di distinguere organi, come la radice, il fusto e le foglie, specializzati per funzioni diverse.

17a

17b

Il **regno dei Protisti** comprende organismi **unicellulari**, microscopici, e **pluricellulari**, ma **senza tessuti differenziati**.

La riproduzione dei Protisti è di tipo **sessuata** (nella maggior parte dei casi) oppure di tipo **asessuata**, che avviene in genere per divisione della cellula o frammentazione del corpo. I Protisti presentano in genere un **metabolismo aerobio**; possono essere **autotrofi** o **eterotrofi**; tra questi ultimi vi sono saprofiti e parassiti. La maggior parte dei Protisti vive nell'acqua e costituisce la frazione prevalente del **plancton** (fitoplancton e zooplancton), che rappresenta la base delle catene alimentari acquatiche.

Fig. 17
(**a**) Un'alga verde: non vi sono foglie e fusti distinti.
(**b**) Il morso di rana è una piantina acquatica che può diventare infestante.
Anche senza i fiori, si distinguono chiaramente le foglie galleggianti e qualche fusto.

4.2 Evoluzione

L'evoluzione dei primi Protisti, ossia delle prime cellule eucarioti, probabilmente in seguito a diverse forme di endosimbiosi, risale a circa 1,2 miliardi di anni fa, dopo che per oltre 2 miliardi e mezzo di anni la Terra era stata abitata esclusivamente dai procarioti.
Poiché i Protisti hanno un metabolismo aerobio (non possono vivere in assenza di ossigeno), si sono potuti evolvere solo dopo che sulla Terra si formò un'atmosfera ricca di ossigeno. Fossili di organismi unicellulari eucarioti, con nucleo distinto e capacità di riproduzione sessuale, si sono trovati in rocce che risalgono a 1,5 miliardi di anni fa (*fig. 18*).
La comparsa della riproduzione sessuata poi porta a un rimescolamento dei caratteri ereditari e quindi a un aumento della variabilità degli organismi e della loro adattabilità alle situazioni ambientali. Dai Protisti si evolveranno, in qualche centinaia di milioni di anni, tutti gli altri eucarioti: le Piante dalle alghe, i Funghi e gli Animali da protisti eterotrofi.
Data la difficoltà di definire le relazioni evolutive, la classificazione di questi organismi è in continua modificazione. Per comodità di studio dividiamo il regno dei Protisti in **protisti autotrofi** (alghe) e **protisti eterotrofi** (protozoi e funghi mucillagginosi).

Fig. 18
Tra i resti fossili dei primi eucarioti vi sono gli acritarchi, ossia delle cisti algali con una parete robusta (simili a delle spore) che ne ha permesso la conservazione. Sono cellule relativamente grandi (tra 10 e 3000 micrometri); la parete è spesso ornata da strutture esterne.

18

RISPONDI
- Quali sono le differenze tra Batteri e Protisti?
- Quali gruppi di organismi sono compresi nel regno dei Protisti?

4.3 I Protisti autotrofi: le alghe

I protisti autotrofi possiedono i cloroplasti e la capacità di effettuare la fotosintesi clorofilliana.
Vengono raggruppati in un certo numero di divisioni in base ad alcune caratteristiche fondamentali: il tipo di pigmenti fotosintetici (che conferiscono loro varie colorazioni), il tipo di organizzazione cellulare (unicellulari o pluricellulari). I protisti autotrofi sono tutti acquatici e vengono genericamente chiamati **alghe**.

APPROFONDIMENTO *ON LINE*

- Alghe utili all'uomo
- L'osservazione di alghe diatomee
- Come raccogliere e classificare le alghe

I PRINCIPALI GRUPPI DI PROTISTI AUTOTROFI

19

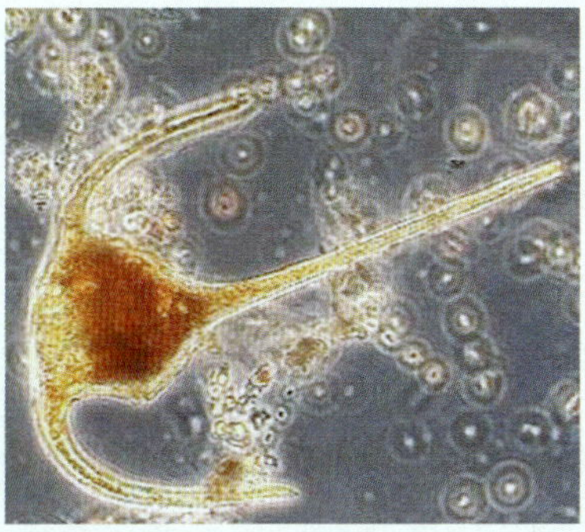

I **dinoflagellati** sono microscopiche alghe unicellulari, con una parete cellulare formata da robuste placche di cellulosa. Si muovono per mezzo di due flagelli.
Fanno parte del *fitoplancton*.

20

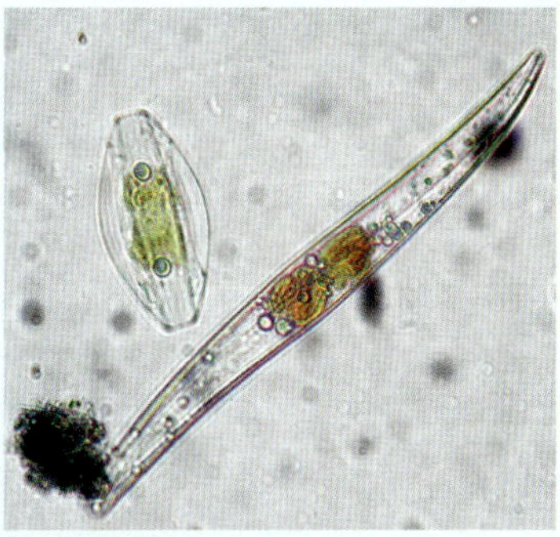

Le **diatomee** sono alghe unicellulari, protette da un guscio impregnato di silice.
Vivono nelle acque dolci e salate.

21

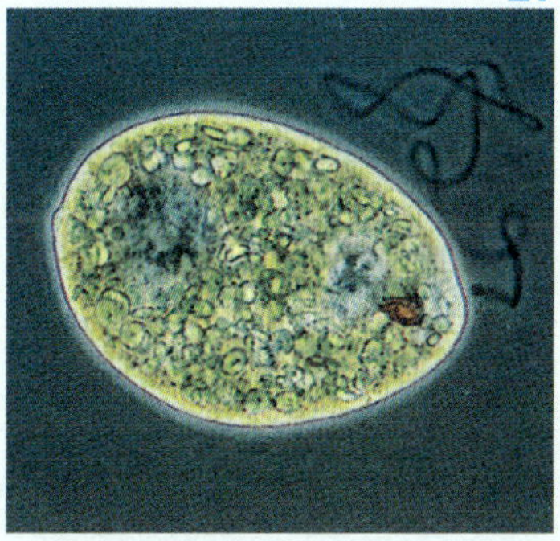

Le **euglenofite**, anch'esse unicellulari e microscopiche, hanno l'estremità anteriore munita di un lungo flagello e una macchia oculare rossastra (stigma), capace di percepire la luce e reagire a essa.

22

Le **alghe rosse** (o **rodofite**) sono perlopiù pluricellulari e marine. Devono il loro colore alla presenza di un pigmento rosso.
Nelle pareti cellulari è contenuto un polisaccaride da cui si estrae una gelatina (agar) di largo impiego nell'industria alimentare e nei laboratori di biologia.

23

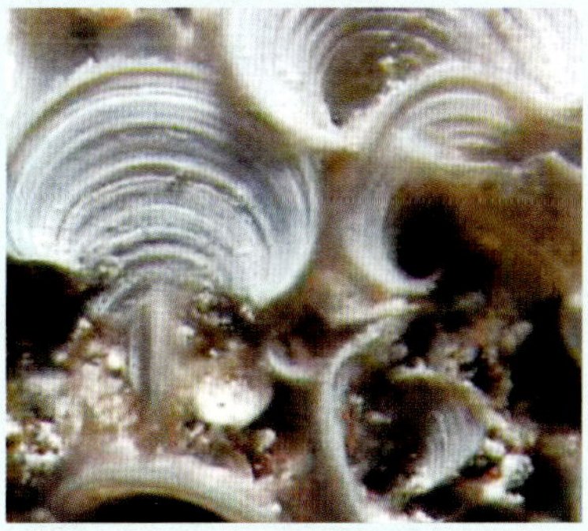

Le **alghe brune** (o **feofite**) sono pluricellulari e marine. (*Nella fotografia*: alga bruna molto comune nei nostri mari.)
Molte specie, come i sargassi, hanno dimensioni di alcune decine di metri.
Dalla loro parete cellulare si estraggono gelatine.

24

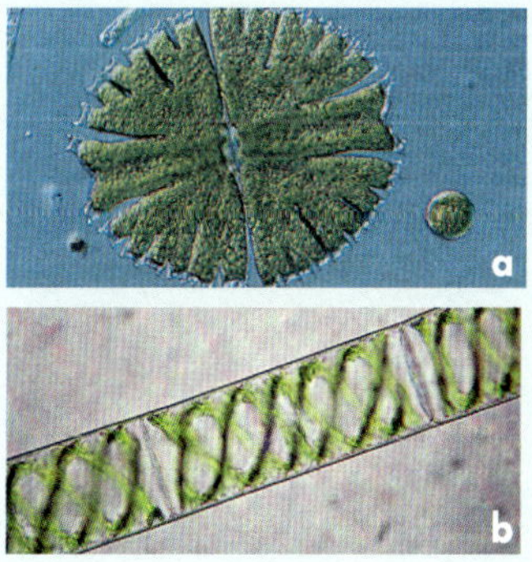

Le **alghe verdi** (o **clorofite**) possono essere unicellulari (***a***), formare colonie o essere pluricellulari (***b***, *Spirogyra*).
Vivono in mare e in acqua dolce.
Possiedono *clorofilla a* e *b*, contengono amido e hanno una parete cellulare solitamente ricca di cellulosa, come le piante; si ritiene perciò che da queste alghe abbiano avuto origine le piante superiori.

4.4 I Protisti eterotrofi: i protozoi

I protisti eterotrofi sono principalmente i **protozoi**. Il loro nome (*protos* = primo; *zoon* = animale) significa "animali primitivi". Infatti sono organismi unicellulari, privi di clorofilla, più o meno trasparenti. Per la maggior parte sono mobili e solitari, ma taluni vivono in colonie. Di regola sono microscopici; alcuni sono circondati da un piccolo guscio solitamente calcareo o siliceo.

Si contano 27 000 specie di protozoi; si trovano in tutti i tipi di ambiente, in ogni cucchiaiata di acqua di mare o di lago e in ogni granello di terra. Molti sono parassiti. Sul nostro pianeta solamente i virus e i batteri sono più numerosi dei protozoi.

La maggior parte dei protozoi non possiede un'apertura fissa che serva da bocca, ma ingloba le particelle alimentari da un punto qualsiasi del corpo per **fagocitosi**.

Il materiale ingerito viene introdotto nel citoplasma e racchiuso in un **vacuolo alimentare**: qui si riversano gli enzimi digestivi che lo demoliscono (*fig. 25a*).

Il **vacuolo pulsante** è invece una struttura presente in molti protozoi, che si dilata e si rimpicciolisce una o due volte al minuto. Il vacuolo raccoglie l'acqua in eccesso dal citoplasma e, pulsando, la pompa all'esterno. Lo si osserva nei protozoi d'acqua dolce nei quali, per motivi osmotici, l'acqua tende a entrare attraverso la membrana semipermeabile. Senza vacuoli pulsanti, questi organismi si gonfierebbero fino a scoppiare (*fig. 25b*).

25

a

b

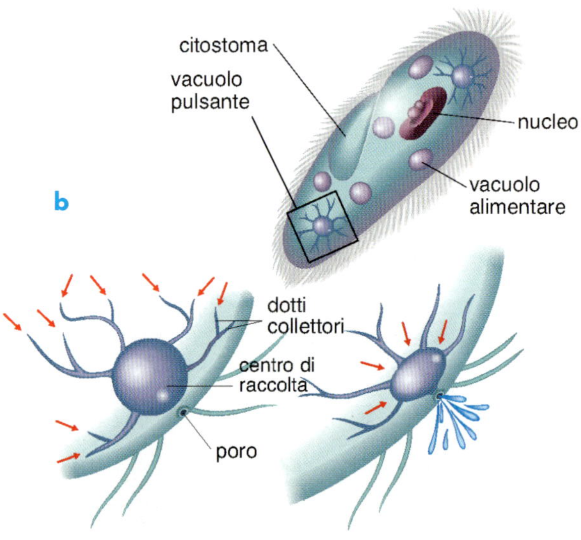

Fig. 25
(**a**) Struttura di un protozoo ciliato (paramecio).
(**b**) Funzionamento del vacuolo pulsante.

LE PRINCIPALI CLASSI DI PROTOZOI

■ **Flagellati.** Si spostano per mezzo di uno o più flagelli. Sono i più numerosi tra tutti i protozoi. Vivono nelle acque dolci e salate di tutto il mondo e in un grammo di terra umida se ne possono contare anche centomila. Talora assorbono direttamente le sostanze organiche disciolte in acqua, in altri casi fagocitano particelle organiche (di solito batteri). (*Nella fotografia*, flagellati su un'alga filamentosa.)

26

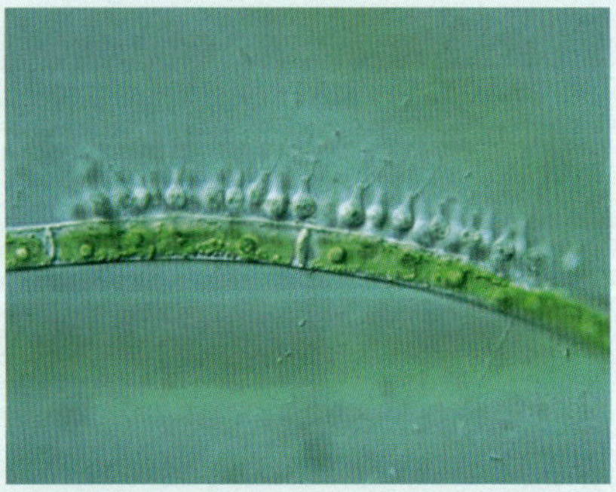

a

27

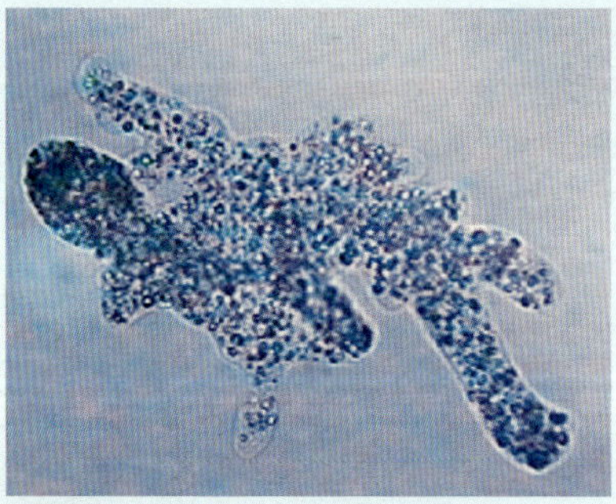

■ **Sarcodici.** Comprendono le amebe e organismi simili. Le amebe (**a**) si presentano come un grumo gelatinoso piuttosto trasparente; di solito si muovono con grande lentezza mediante espansioni del citoplasma, raramente per mezzo di flagelli. Le mobili e instabili espansioni lobose delle amebe sono dette **pseudopodi** (letteralmente "falsi piedi", **b**) e servono anche a circondare e a inglobare i batteri e i protozoi di cui le amebe si cibano. Quasi metà della popolazione umana ospita tra le gengive la specie *Entamoeba gingivalis*.

b

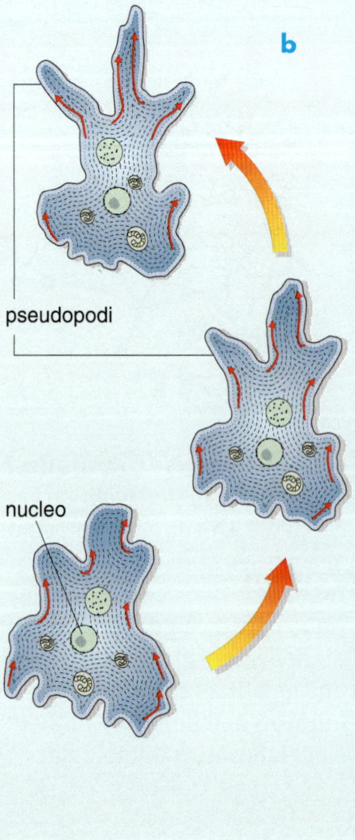

28

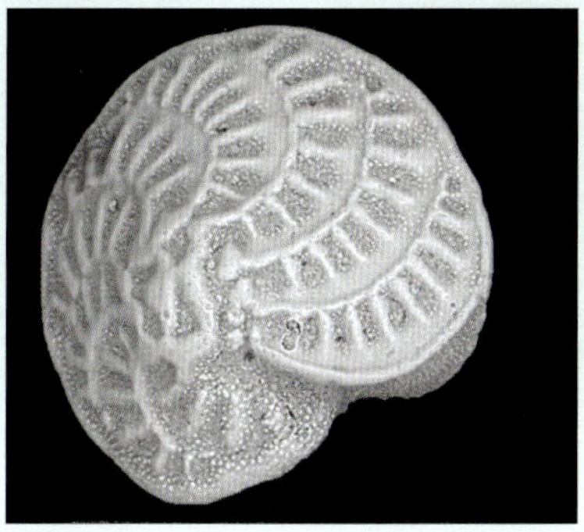

■ **Sarcodici.** Al gruppo dei sarcodici appartengono anche i **foraminiferi** (*nella fotografia*) e i radiolari, dotati di guscio costituito, rispettivamente, da carbonato di calcio e da silice. Questi gusci, fossilizzando, hanno dato origine a imponenti depositi di rocce sedimentarie.

■ **Ciliati**. Così chiamati perché il loro corpo viene mosso da un numero più o meno grande di ciglia, sono i protozoi più complessi che si conoscano (nella foto, *Stentor*). Lo spostamento, effettuato per mezzo delle ciglia, richiede da parte della cellula una capacità di coordinazione del movimento. I ciliati sono comuni nelle acque dolci (come il paramecio) e nel mare. Si nutrono di batteri, di alghe unicellulari o di altri protozoi.

30

29

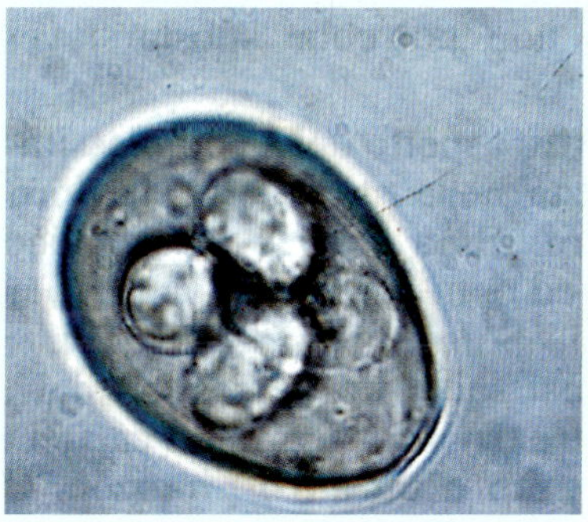

APPROFONDIMENTO *ON LINE*

• Osservazione di protozoi del gruppo delle amebe

■ **Sporozoi**. Comprendono specie parassite che producono delle spore (forme infestanti) che vengono trasmesse a un organismo ospite. Alcuni infestano il bestiame domestico, altri l'uomo stesso. È il caso delle specie del genere *Plasmodium* che comprende i plasmodi che causano la malaria.

4.5 Protisti eterotrofi di tipo fungino

Tra i protisti eterotrofi sono comprese specie particolari, di difficile classificazione e un tempo classificati come Funghi.

I **funghi mucillagginosi** sono saprofiti e vivono su tronchi marci (o altro materiale organico in decomposizione). Fra questi, i **mixomiceti** hanno un enorme citoplasma contenente molti nuclei, detto **plasmodio** (*fig. 31*). Il citoplasma si può estendere fino a un diametro di uno o più centimetri.

31

Fig. 31
I mixomiceti formano estese reti vivacemente colorate sul materiale vegetale in decomposizione.

RISPONDI

- Quali sono le principali caratteristiche delle amebe?
- Che cosa sono i foraminiferi?
- Perché è difficile classificare i Protisti?

5 Il regno delle Piante

5.1 Caratteristiche

Le **Piante** sono organismi **autotrofi fotosintetici pluricellulari**.

Sono perlopiù terrestri, prive di movimento evidente. Le cellule sono provviste di una parete di polisaccaridi (essenzialmente **cellulosa**). Nella maggior parte delle piante, le cellule sono riunite in **tessuti differenziati** che assicurano funzioni specifiche e il loro corpo è diviso in **organi distinti** (radice, fusto, foglie).

Riproduzione e cicli vitali

Le Piante possono riprodursi sia per via asessuata, genericamente per frammentazione e diffusione di parti del corpo, sia per via sessuata, con la produzione di gameti seguita dalla fecondazione.

32

Fig. 32
Granuli pollinici di balsamina.

Le **strutture riproduttive** delle piante sono:
- le **spore**: strutture microscopiche che si formano per via asessuata (senza fecondazione) e germinano formando un nuovo individuo per mitosi;
- i **granuli pollinici**, strutture di protezione rigide che trasportano i gameti maschili (*fig. 32*);
- le **cellule uovo**: i gameti femminili.

Il **ciclo vitale** delle Piante comprende sia una fase sessuata sia una asessuata (*fig. 33*): dopo la fecondazione dei gameti si forma un individuo diploide (con numero cromosomico $2n$), detto **sporofito**.
Lo sporofito è, per esempio, la parte non verde (marrone) di un muschio (*fig. 33c*), la piantina di papavero o la quercia che osserviamo comunemente. Da questo si formeranno per meiosi delle **spore** aploidi (con numero cromosomico n) che daranno origine a un **gametofito**, per esempio la parte verde di un muschio, che produrrà per mitosi i **gameti**.

33

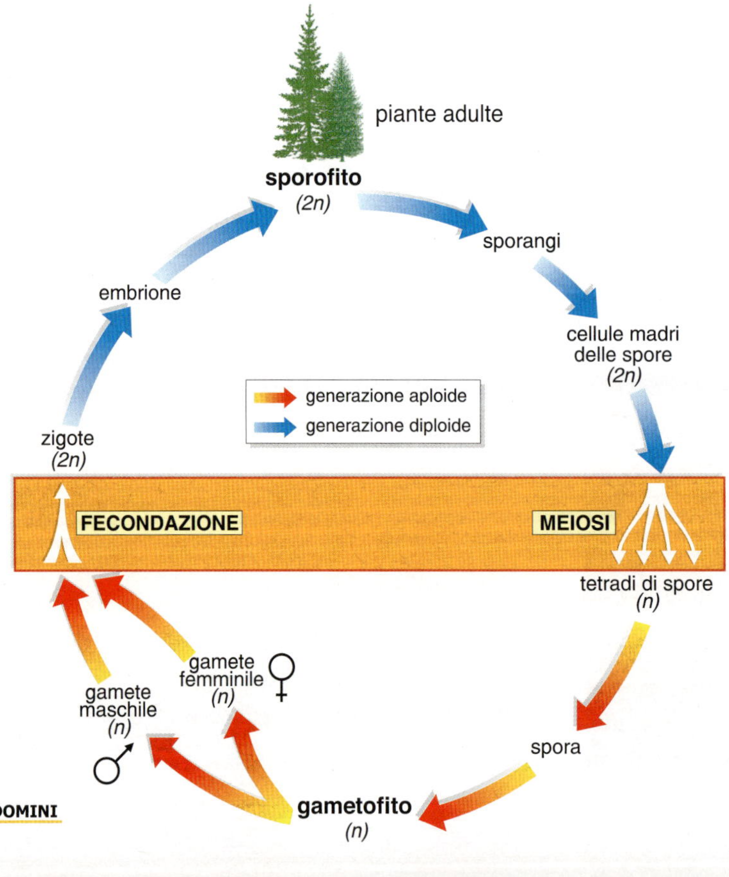

Fig. 33
Schema del ciclo vitale di una pianta. Vi si alternano due generazioni (sporofito e gametofito).

APPROFONDIMENTO *ON LINE*
- La formazione dei gameti nelle piante con fiori
- La fecondazione nelle piante con fiore

5.2 Evoluzione e classificazione

Le Piante si sarebbero evolute dalle alghe verdi più di 400 milioni di anni fa. Il passaggio dall'ambiente acquatico a quello terrestre ha lasciato poche testimonianze fossili, ma le prime piante terrestri sarebbero comparse in un ambiente soggetto a continue inondazioni. La successiva colonizzazione di tutte le terre emerse è stata possibile grazie ad alcuni adattamenti fondamentali:

- **tessuti di sostegno**, non essendo le piante più sostenute dall'acqua; **tessuti di rivestimento**, per impedire la disidratazione delle cellule; **tessuti di conduzione** (***vasi***) per trasportare l'acqua e i liquidi con le soluzioni nutritive alle cellule;
- strutture riproduttive protette in grado di resistere in ambienti asciutti ed essere diffuse non più dall'acqua ma anche dal vento (**granuli pollinici** e **semi**).

■ **Vasi**
Le piante provviste di vasi sono dette **piante vascolari**.

5.3 Le principali divisioni delle Piante

Le Piante sono classificate secondo le loro conquiste evolutive in quattro gruppi principali: **Briofite**, **Pteridofite**, **Gimnosperme** e **Angiosperme**.
Le loro principali caratteristiche sono sintetizzate nella *tabella 2*.

APPROFONDIMENTO *ON LINE*
- Costruiamo un erbario

Tabella 2. Le principali divisioni delle Piante

<table>
<tr><th colspan="4">PIANTE</th></tr>
<tr><td>con tessuti scarsamente differenziati
piante non vascolari</td><td colspan="3">con tessuti differenziati
piante vascolari</td></tr>
<tr><td>BRIOFITE</td><td>con spore
PTERIDOFITE</td><td colspan="2">con semi
SPERMATOFITE</td></tr>
<tr><td></td><td></td><td>senza fiori
Gimnosperme</td><td>con fiori
Angiosperme</td></tr>
</table>

Le piante

■ Briofite

Solitamente alte meno di 2 cm, comuni nei climi umidi, le Briofite crescono su tronchi, rocce o suolo. Non hanno vere foglie (ma **foglioline**), né vere radici (ma **rizoidi**, che significa simili a radici). Comprendono 16 000 specie divise in **Epatiche** (*fig. 34a*), **Antocerote** (*fig. 34b*) e **Muschi** (*fig. 34c*).

34

35

■ Pteridofite

Le Pteridofite sono fornite di tessuti vascolari e quindi di **radici**, **fusto** e **foglie** ben differenziati. Le forme attuali sono il poco che resta, per numero e dimensioni, delle grandi Pteridofite del Carbonifero (300 milioni d'anni fa). Comprendono gli **Equiseti** (*fig. 35a*) o code di cavallo (15 specie) e le **Felci** (12 000 specie; *fig. 35b*).

Spermatofite

Sono dette **spermatofite** le piante che si riproducono mediante **semi**. Comprendono le **Gimnosperme** e le **Angiosperme**.

36

a

b

APPROFONDIMENTO *ON LINE*

- Chiave analitica per il riconoscimento delle principali conifere

- Le **Gimnosperme** sono spermatofite senza fiori, e con seme non protetto (*gymnos* = nudo; *sperma* = seme), perché non compreso in un frutto, ma in coni (pigne) o strutture simili. Comprendono le **Conifere** (600 specie) come il pino marittimo (*fig. 36a*), l'abete, il cipresso, la sequoia, l'araucaria, il tasso, il larice, il ginepro; le **Ginkgofite** (una specie: *Ginkgo biloba*) con foglie a ventaglio, vero fossile vivente; le **Cicadofite** (130 specie) spesso presenti nei nostri parchi e giardini (*fig. 36b*).

- Le **Angiosperme** sono spermatofite con **fiori** e seme racchiuso (*angeion* = vaso; *sperma* = seme) nel frutto. Comprendono le *monocotiledoni* e le *dicotiledoni*.

37

a

b

c

Le **Monocotiledoni** (60 000 specie) sono essenzialmente piante erbacee; il seme ha un solo cotiledone (*fig. 37a, seme di mais*), le foglie hanno le nervature parallele (*fig. 37b, foglia di mais*) e il fiore ha 3 petali o multipli di 3 (*fig. 37c, fiore di giglio*).

38

a

b

Le **Dicotiledoni** (170 000 specie) sono piante erbacee o arboree, caratterizzate da semi con 2 cotiledoni (*fig. 38a, seme di fagiolo*), foglie con nervature ramificate (*fig. 38b*), e fiori con 4 o 5 petali o loro multipli (*fig. 38c, fiore di elleboro*).

c

APPROFONDIMENTO *ON LINE*

- Chiave analitica per il riconoscimento degli alberi più comuni
- Le piante e l'uomo

Rispondi

- Perché le Briofite non sono piante vascolari?
- Che differenza c'è tra Briofite e Pteridofite?
- Quale gruppo di piante, secondo te, è meglio adattato all'ambiente terrestre? Perché?
- Che differenza c'è tra Pteridofite e Spermatofite?
- E fra le Gimnosperme e le Angiosperme?
- Che cosa significa la parola dicotiledoni?

6 Il regno dei Funghi

6.1 Caratteristiche

I **Funghi** sono organismi **eterotrofi**, prevalentemente **pluricellulari,** che **si nutrono per assorbimento** del materiale nutritivo digerito all'esterno del loro corpo.

I Funghi non hanno cellule specializzate, perciò sono privi di tessuti e di organi differenziati. La parete cellulare dei funghi è costituita da **chitina**, un polisaccaride che si trova anche nella cuticola di crostacei e insetti.
Il corpo dei Funghi è costituito dal **micelio**, una fitta matassa di microscopici elementi filamentosi ramificati chiamati **ife**. L'ifa è una catena di cellule tubolari provviste di una parete cellulare, al cui interno è racchiuso il citoplasma, fornito di tutti gli organuli tipici degli eucarioti (tranne i cloroplasti) (*fig. 39a*). Le ife possono avere tanti nuclei ma senza separazioni (setti) che le dividono in più cellule; oppure essere divise da setti in tante cellule.
Il micelio sviluppa un'enorme superficie assorbente che si estende nel substrato (suolo, legno marcio ecc.) in modo assai diffuso. La parte visibile di un fungo, che osserviamo nei tipici funghi dei boschi e dei prati, è soltanto il **corpo fruttifero** destinato alla riproduzione (anch'esso comunque formato da un fitto intreccio di ife).

Fig. 39a
La parte più appariscente di un fungo è il corpo fruttifero. Questo si origina dalla parte più estesa e meno visibile costituita dal micelio sotterraneo, formato da un'estesa rete di ife.

39a

39b

La **riproduzione** dei funghi può essere asessuata o sessuata. Entrambe si realizzano per mezzo di **spore aploidi** prodotte nel corpo fruttifero e disperse poi nell'aria (*fig. 39b*). Quando la spora cade su un substrato adatto, germina producendo un nuovo micelio.
La riproduzione sessuata avviene attraverso la fusione di cellule appartenenti a due ife "di segno opposto".

Fig. 39b
Un fungo disperde milioni di spore nell'aria.

6.2 Metabolismo e ruolo ecologico

La nutrizione eterotrofa dei funghi può avvenire in modi differenti:
- alcuni funghi sono **saprofiti**, cioè si nutrono dei resti di organismi morti;
- altri sono **parassiti** e si nutrono a danno di organismi viventi, spesso causando malattie (*fig. 40*);
- altri ancora vivono in **simbiosi** con altri organismi formando i **licheni**, con alghe microscopiche, e le **micorrize**, con le radici delle piante (*vedi oltre*).

APPROFONDIMENTO *ON LINE*
- Far crescere e osservare le muffe
- Coltura di muffe su diversi substrati

I funghi sono organismi **decompositori** o **bioriduttori**. Essi svolgono un ruolo ecologico fondamentale: demolire le sostanze organiche complesse, assorbirle e poi trasformarle in prodotti inorganici rilasciati nel terreno o nell'aria. Questa loro azione si affianca a quella, analoga, svolta dai batteri che si trovano nel materiale organico in decomposizione.

I funghi costituiscono una componente degli ecosistemi di importanza almeno pari a quella delle piante e degli animali. Ogni zolla di terra contiene milioni di ife fungine e molte specie di **muffe** vivono nell'ambiente acquatico.

40a

40b

Fig. 40
(**a**) Le macchie sulla foglia di vite sono causate dalla peronospora, un fungo parassita.
(**b**) Un fungo parassita del gruppo dei "carboni" forma masse nerastre sulle pannocchie di mais.

6.3 Evoluzione

Mancano prove fossili dell'evoluzione dei Funghi, perché questi organismi sono formati solo da tessuti molli, che sono decomposti rapidamente. Secondo studi recenti i Funghi comparvero tra 1060 e 760 milioni di anni fa (nel Proterozoico), con forme unicellulari acquatiche provviste di flagello.

Si sarebbero evoluti da protisti di tipo algale che hanno "perso" la clorofilla e la capacità fotosintetica.

Durante il Cambriano (più di 500 milioni di anni fa), furono i primi viventi a colonizzare la terraferma.

RISPONDI
- Quali sono le caratteristiche dei Funghi?
- Qual è il ruolo ecologico dei Funghi?
- Perché non vi sono funghi fossili?

6.4 Le principali divisioni dei Funghi

La classificazione dei **Funghi** si basa essenzialmente sul tipo di micelio, sul tipo di corpi fruttiferi e sui complessi cicli vitali che li caratterizzano. Questi ultimi comprendono in genere una fase sessuata e una fase asessuata.

Le circa 100 000 specie di funghi conosciuti sono ripartite in cinque divisioni: **Chitridiomiceti**, **Zigomiceti**, **Glomeromiceti**, **Ascomiceti**, **Basidiomiceti**.

APPROFONDIMENTO *ON LINE*
- Come osservare e riconoscere i funghi

Chitridiomiceti

Sono funghi microscopici unicellulari o formati da poche cellule, acquatici e parassiti di altri organismi microscopici. Hanno spore dotate di flagello. Sono considerati i funghi evolutivamente più antichi.

Zigomiceti

Negli **Zigomiceti** le ife sono formate da cellule con più nuclei (polinucleate), non divise da setti. Di solito gli Zigomiceti (600 specie) sono saprofiti e vivono nel suolo o su materiale vegetale e animale in decomposizione, come la muffa nera del pane (*Rhizopus niger*) che forma un esteso micelio nel pane umido con caratteristici corpi fruttiferi (*fig. 41*).
Altre forme sono parassite.

41

Glomeromiceti

Comprendono prevalentemente funghi con ife non settate che costituiscono simbiosi con molte specie di piante (**micorrize**; *vedi oltre*); all'interno delle radici formano ammassi di ife ramificate, detti **arbuscoli**.

Ascomiceti

Hanno ife settate e corpi fruttiferi (detti **ascocarpi**) di varia forma: possono essere alveolati, come nelle spugnole o morchelle (*fig. 42*), o a coppa (*fig. 43*).
Gli Ascomiceti (30 000 specie) annoverano specie di grande importanza economica, come i **lieviti** (unicellulari).
Comprendono anche quasi tutte le muffe, che spesso danneggiano le piante e le derrate alimentari, e i funghi simbionti dei licheni.
I tartufi, che vengono raccolti come pregiati funghi eduli, sono i corpi fruttiferi sotterranei del genere *Tuber (fig. 44).*

42

Fig. 42
Una morchella.

43

Fig. 43
Un ascomicete con caratteristico corpo fruttifero a coppa.

44

Fig. 44
Il *Tuber melanosporum* è un ascomiceta noto comunemente come tartufo nero.

Basidiomiceti

Comprendono i funghi più conosciuti, con corpi fruttiferi caratteristici. Le ife abbondano in ogni manciata di suolo e spesso stabiliscono rapporti con le radici delle piante (**micorrize**).
I basidiomiceti (25 000 specie) sono assai diffusi, con forme parassite come le ruggini e i carboni (dannosi per le piante), simbionti e, soprattutto, saprofite (*fig. 45*).

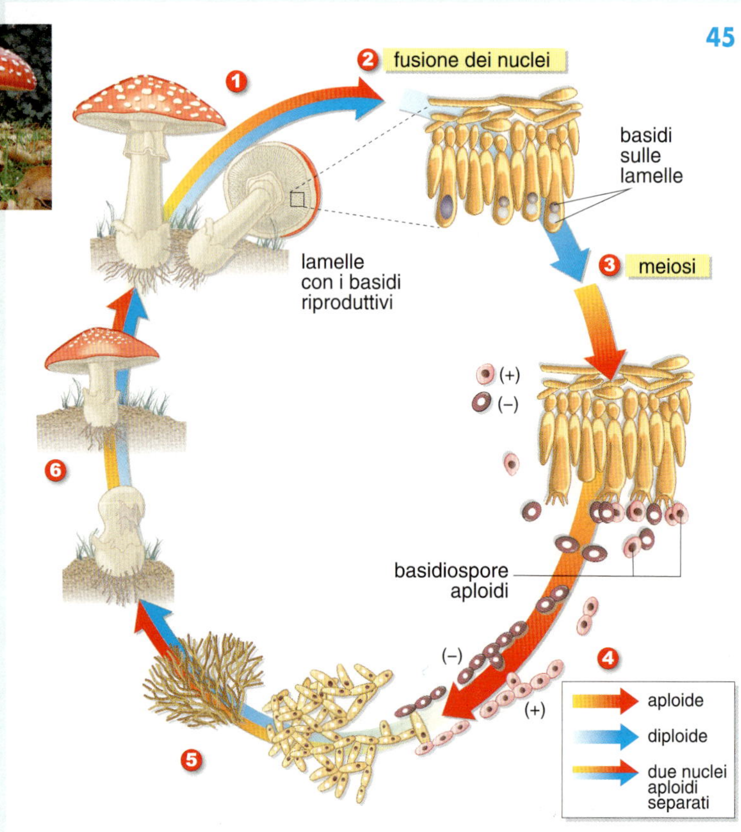

Fig. 45
Ciclo vitale di un basidiomicete (nella foto la velenosa *Amanita muscaria*).
1. Nella parte inferiore del corpo fruttifero (cappello) vi sono le strutture riproduttive (**basidi**) a forma di bastoncello, ciascuna delle quali contiene due nuclei aploidi di segno opposto.
2. Nei basidi i due nuclei aploidi si fondono per formare uno zigote.
3. Questo per meiosi dà origine a ***basidiospore*** aploidi.
4. Le spore germinano e sviluppano ife aploidi.
5. Due ife di segno opposto fondono il citoplasma.
6. Si sviluppa il micelio e il corpo fruttifero.

APPROFONDIMENTO *ON LINE*
- I più comuni funghi velenosi

Funghi imperfetti (Deuteromiceti)

Sono le specie di cui non si conosce la fase sessuata (o "fase perfetta") perché non evidente o perché regredita nel corso dell'evoluzione di questi organismi. Sono perlopiù Ascomiceti e comprendono 25 000 specie, tra cui le muffe che insaporiscono i formaggi, i generi *Penicillium* (nella *fig. 46*, ingrandimento delle spore) che produce la penicillina, un antibiotico; *Aspergillus*, adoperato in vari processi biotecnologici e *Candida* (parassita della pelle e delle mucose).

46

APPROFONDIMENTO *ON LINE*
- Funghi utili all'uomo
- Le scoperte che ci salvano la vita: gli antibiotici

Forme meno note di basidiomiceti

Non tutti funghi hanno la forma a ombrello con gambo e cappello.

a. Questo fungo che sembra un fiore ha da giovane la forma di una palla; a maturità scoppia, aprendo i "petali" e libera le spore.

b. Il corpo fruttifero di questo basidiomicete ha la forma delle dita di una mano in guanti gialli.

6.5 Le associazioni simbiotiche dei Funghi

I **Funghi** presentano casi interessanti di **simbiosi**, una forma di convivenza reciprocamente vantaggiosa tra due organismi appartenenti a specie evolutivamente anche molto lontane. Quando questa associazione è indispensabile alla vita delle specie interessate viene definita **simbiosi obbligatoria** o **mutualismo**.

■ Licheni

I **licheni** sono strettissime associazioni simbiotiche tra un fungo e un'alga.
Sono costituiti da un fitto intreccio di ife, che assorbono l'acqua e i sali, nelle cui maglie sono strettamente incorporate migliaia di alghe unicellulari (o cianobatteri) con funzione fotosintetica (*fig. 47*). Oltre che per la diversa colorazione dovuta alle varie pigmentazioni delle alghe, i licheni si distinguono anche per la forma. Spesso hanno un aspetto crostoso e aderiscono a substrati assai poveri come la roccia (*fig. 48*) o il tronco degli alberi, altre volte sono fogliosi con corpo laminare che si sfiocca in strutture nastriformi o lobate, che pendono dai rami di alberi come barbe, oppure cespugliosi che crescono su terreni poveri e inospitali come quelli della tundra artica o alpina.

47

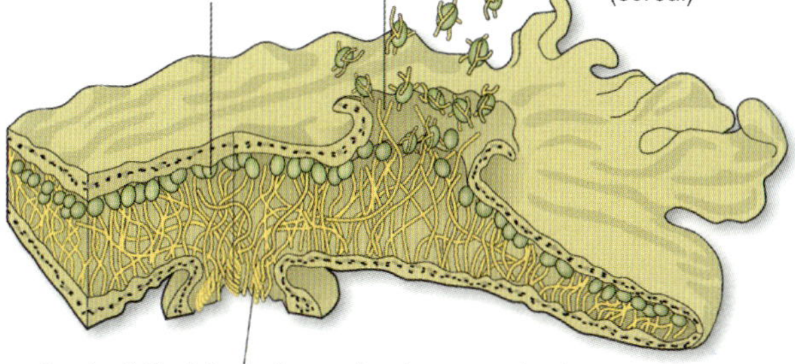

Fig. 47 Schema di organizzazione di un lichene, risultato della simbiosi tra alghe unicellulari e un fungo.

48

Fig. 48 Licheni crostosi su una roccia.

I licheni sono *organismi pionieri*, in quanto macerano lentamente rocce o altri substrati inospitali rendendoli gradualmente idonei a ospitare nuovi organismi, come i muschi prima e le piante poi. Questi organismi sono sensibili indicatori dell'inquinamento atmosferico, che ne diminuisce la vitalità fino a farli morire. Questo è uno dei motivi per cui i licheni sono assenti in città, nelle zone industriali e nelle aree ricche di smog. Non tutti i licheni hanno la stessa sensibilità all'inquinamento atmosferico, perciò lo studio della loro distribuzione fornisce dati utili per gli studi ecologici.

■ Micorrize

Le **micorrize** (*mycos* = fungo; *rhiza* = radice) sono associazioni simbiotiche mutualistiche tra funghi e radici di piante.
Interessano quasi tutti i Basidiomiceti e alcuni Ascomiceti.

49

Le numerose ife del micelio prendono intimo contatto con le radici, avvolgendole o penetrando nel loro interno per mezzo di apposite strutture: ciò permette al fungo di ricevere dalle piante zuccheri e altre sostanze organiche.
Questo tipo di simbiosi ha un grande valore ecologico perché il micelio del fungo, con la sua estesissima rete di ife disperse nel terreno (*fig. 49*), è in grado di assorbire elevate quantità di acqua e di sali minerali che, convogliate alla pianta, ne favoriscono la nutrizione.
In particolare, le associazioni micorriziche migliorano in modo significativo l'assorbimento di importanti elementi inorganici quale, per esempio, il fosforo minerale.

Fig. 49 Nelle micorrize le ife dei funghi formano un ampio intreccio che avvolge l'apparato radicale dell'albero.

7 Il regno degli Animali

7.1 Caratteristiche

Gli **Animali** sono **eucarioti eterotrofi pluricellulari**, con cellule differenziate.

Tutti gli Animali hanno in comune alcune caratteristiche:

- possiedono **cellule prive di parete cellulare**;
- si nutrono per **ingestione**, ossia assumendo cibo dall'esterno che poi viene trasformato in sostanze più semplici con la digestione;
- si riproducono in genere per via **sessuata**, spesso con sviluppo indiretto (stadi larvali);
- possiedono, di regola, aggregati più o meno complessi di **cellule nervose**, che permettono loro di reagire agli stimoli esterni.

Gli Animali **si differenziano** tra loro per diversi aspetti.

- Il tipo di **simmetria del corpo**: la **simmetria raggiata** (quando il corpo è incentrato attorno a un asse centrale) è tipica degli organismi fissi (spugne, polipi) e di quelli poco mobili (meduse), a cui risulta vantaggioso avere tentacoli rivolti in tutte le direzioni (*fig. 50a*).
  La **simmetria bilaterale** (quando il corpo può essere diviso in due metà, uguali e simmetriche rispetto a un piano, *fig. 50b*) è tipica di animali che si spostano attivamente e che possiedono un'estremità anteriore (capo), munita di organi di senso e cervello (**cefalizzazione**).

Fig. 50 (**a**) Esempio di simmetria raggiata (polipo di cnidario); (**b**) esempio di simmetria bilaterale (crostaceo).

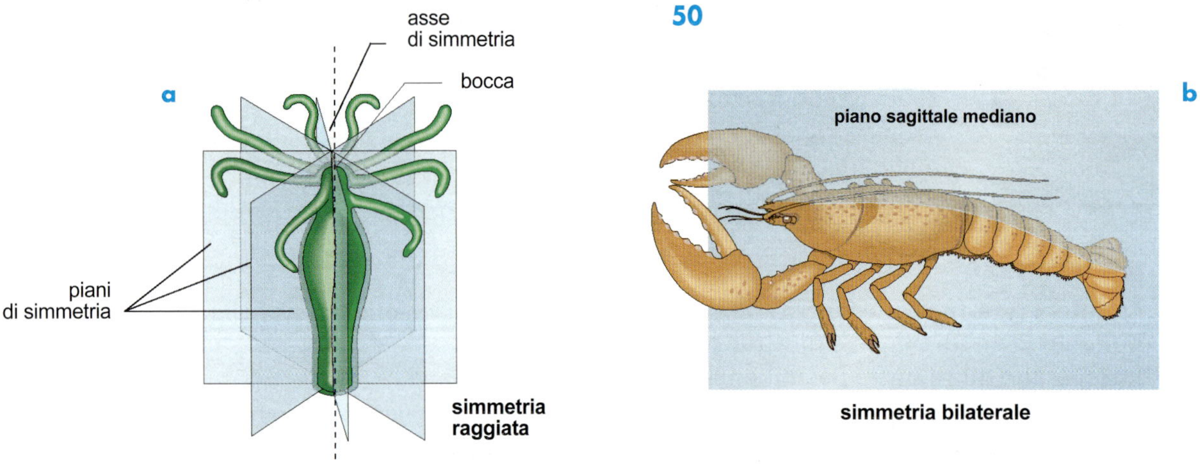

- La segmentazione del corpo (**metameria**), per cui si possono distinguere sezioni del corpo che si ripetono (metàmeri). Sono evidenti nella parte posteriore del crostaceo della *figura 50b*.
- La presenza di un **celoma**, una cavità interna tra il tubo digerente e la parete corporea che consente a organi, quali il cuore e il tubo digerente, di poter effettuare movimenti indipendenti da quelli della parete corporea.

7.2 Evoluzione e classificazione

Si presume che gli Animali siano derivati da antichi protozoi flagellati che formavano colonie marine simili alle attuali spugne. I primi fossili risalgono al Precambriano (700-650 milioni di anni fa): sono soprattutto impronte di organismi acquatici simili a meduse e a vermi. Ritrovamenti fossili di animali con le caratteristiche della maggior parte degli attuali *phyla* sono di età più recente, tra 570 e 500 milioni di anni fa.

51

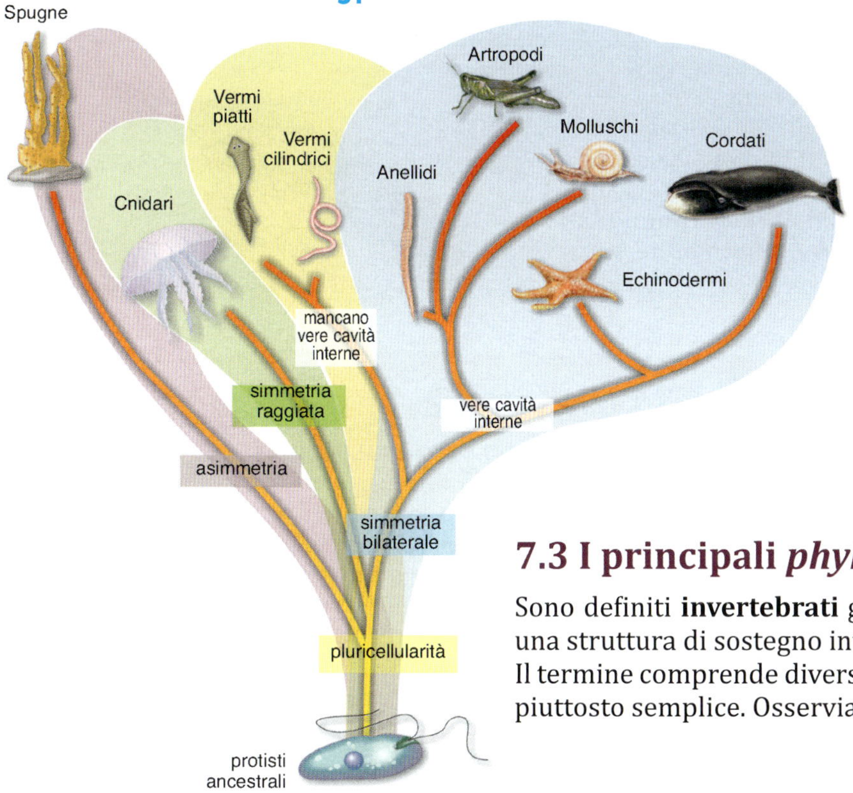

Le più importanti **conquiste evolutive** sono legate all'**adattamento alla vita terrestre**: tessuti specializzati per il sostegno e la respirazione; simmetria bilaterale; uovo con guscio che protegge l'embrione dalla disidratazione (*fig. 51*).

Fig. 51
Albero evolutivo semplificato dei principali *phyla* animali.

7.3 I principali *phyla* di invertebrati

Sono definiti **invertebrati** gli animali **privi di colonna vertebrale**, una struttura di sostegno interna al corpo.
Il termine comprende diversi *phyla* con una organizzazione del corpo piuttosto semplice. Osserviamo le caratteristiche dei più diffusi.

Gli Invertebrati

Poriferi o spugne

Sono animali marini, più rari in acqua dolce. Hanno una struttura corporea semplice, costituita da cellule non strutturate in tessuti e organi. Il loro corpo è continuamente attraversato dall'acqua, spinta da cellule flagellate, un semplice meccanismo che permette la cattura di batteri e piccole alghe, nonché la respirazione.
L'acqua poi esce da un'apertura detta **òsculo** (*fig. 52*). Il corpo è sostenuto da microscopiche spicole calcaree o silicee.
Le larve sono planctoniche; gli adulti, spesso in colonie, sono fissi al substrato.
Comprendono 10 000 specie.

Cnidari o Celenterati

Sono animali marini forniti di tessuti (muscolare, nervoso, epiteliale), ma quasi privi di organi.
Possono avere forma di **polipo** (lungo da 2 mm ad alcuni cm) o di **medusa** (*fig. 53*).
Sono provvisti di **tentacoli** con numerose **cellule urticanti**, cavità digerente con un'unica apertura che fa da bocca e ano.
Gli Cnidari (9000 specie) possono vivere solitari (attinie, pomodori di mare, idre), o in colonie flessibili (pennatule, gorgonie), rigide e ramificate (coralli) o compatte (madrepore).

52

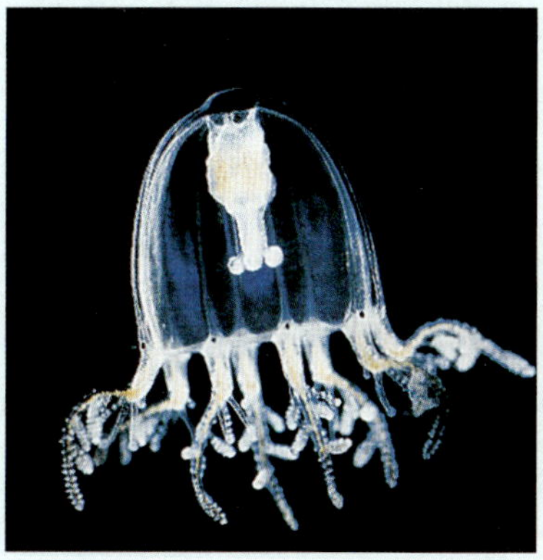

53

Platelminti o Vermi piatti

Hanno corpo allungato e appiattito, con un sistema digerente alquanto ramificato, provvisto di una sola apertura, e senza un sistema circolatorio. Di regola sono ermafroditi (possiedono gli organi sessuali sia maschili sia femminili). Sono animali acquatici, come le planarie (*fig. 54*), oppure sono parassiti di animali e dell'uomo, come le tenie o vermi solitari, lunghi fino a 15 m e privi di intestino perché si nutrono per assorbimento. Comprendono 16 000 specie.

54

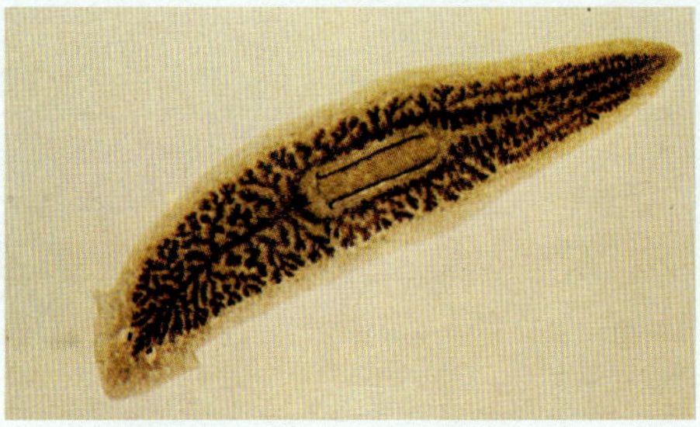

55

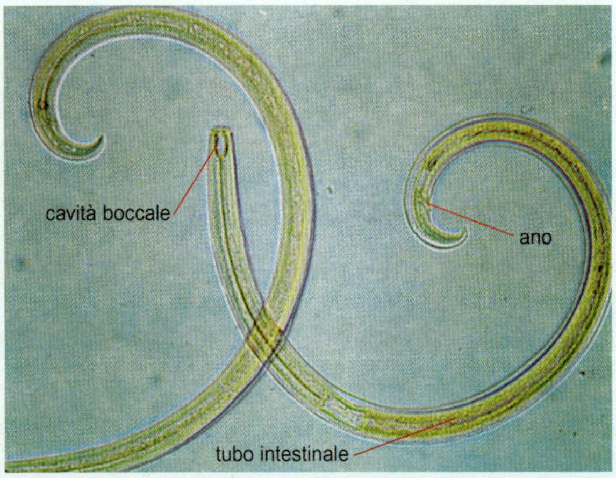

Nematodi o Vermi cilindrici

Hanno corpo filiforme più o meno trasparente, lungo circa 1 mm nelle specie marine, d'acqua dolce, del suolo e parassite delle piante; lungo anche 1 o molti centimetri nei parassiti di animali. Hanno un tubo digerente con bocca e ano, ma manca un sistema circolatorio (*fig. 55*). Di regola sono a sessi separati. Comprendono 20 000 specie; molte provocano gravi danni all'agricoltura; altre sono parassiti dell'uomo: ascaris, ossiuro, anchilostoma, filarie.

56

Anellidi

Hanno corpo vermiforme segmentato in numerosi anelli più o meno simili (**metàmeri**) che si allungano e si accorciano durante il movimento; intestino (con **bocca** e **ano**) sospeso in una cavità (**celoma**) piena di liquido. Comprendono 15 000 specie, divise in **Policheti** (marini, ricchi di *chete* o *setole*, a sessi separati e con larva natante), **Oligocheti** (solitamente d'acqua dolce o terrestri, ermafroditi; come i lombrichi) e **Irudinei** (sanguisughe, *fig. 56*).

Echinodermi

Sono animali esclusivamente marini, a simmetria raggiata, ma con larve (microscopiche, planctoniche) a simmetria bilaterale. Il corpo, privo di capo, è più o meno irto di spine, protetto da un **dermascheletro** calcareo.
Si muovono per mezzo di numerosi **pedicelli ambulacrali** collegati con un **sistema acquifero** contenente acqua di mare. I sessi sono separati e la fecondazione è esterna. Comprendono 6000 specie: gigli di mare, ricci di mare (*fig. 57a*) e stelle marine, oloturie o cetrioli di mare (*fig. 57b*).

57a

Fig. 57a
Sopra, dermascheletri di ricci.
Sotto, ricci di mare interi.

57b

Fig. 57b
Oloturia, cetriolo di mare spinoso (*Leptopentacta*).

Molluschi

I Molluschi sono animali a corpo molle, solitamente con una bocca munita di minuti dentelli raspanti (**ràdula**), un organo muscoloso ventrale (**piede**) utilizzato per spostarsi, e un **sacco dei visceri** dorsale solitamente ricoperto da una pelle (mantello) difesa da una conchiglia calcarea.
Di regola respirano con **branchie**. La cavità corporea (celoma) è ridotta a uno spazio che circonda il cuore.
Possono essere a sessi separati o ermafroditi. Comprendono le classi dei **Gasteropodi**, dei **Bivalvi** e dei **Cefalopodi**.

58a

58b

• Gasteropodi

I **Gasteropodi** (100 000 specie) hanno una conchiglia fatta da un pezzo unico non concamerato. Il piede ventrale è a forma di suola strisciante. Possono essere ermafroditi o a sessi separati. Le specie marine si sviluppano da minuscole larve planctoniche. Le chiocciole marine, che possono misurare fino a 50 cm, si nutrono di alghe del fondale; le lumache (*fig. 58a*) e le chiocciole terrestri (*fig. 58b*) si nutrono di foglie.

• Bivalvi

I **Bivalvi** (12 000 specie) sono molluschi acquatici, con una conchiglia a due pezzi (**valve**, *fig. 59*) articolati dorsalmente e tenuti insieme da un legamento elastico. Mancano capo e radula. Le branchie, oltre che per respirare, servono per filtrare dall'acqua batteri e alghe microscopiche di cui si nutrono.
Il piede, compresso a forma di vomere, serve di solito per scavare nella sabbia. Comprendono: mitili (cozze), ostriche, vongole, telline, pinne, tridacne.

59
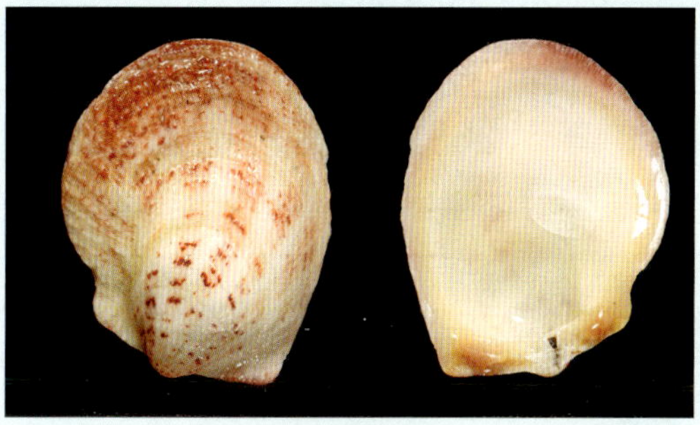

60a

• Cefalopodi

I **Cefalopodi** (700 specie) sono molluschi marini con conchiglia concamerata, spesso ridotta o assente.
Nuotatori attivi, carnivori, hanno un capo con grandi occhi, cervello sviluppato e tentacoli per afferrare le prede.
Il piede è trasformato in un tubo (**imbuto**) che fa da ugello per l'acqua spinta in uscita da una cavità formata dal mantello: per reazione l'animale scatta in avanti o indietro (a seconda di come posiziona l'imbuto).
Comprendono: polpo (*fig. 60a*), nautilus (*fig. 60b*), seppie, calamari.

60b

Rispondi

- Quali sono le principali differenze tra Poriferi e Cnidari?
- Da quali caratteristiche potresti riconoscere i vari *phyla* di "vermi"?

Artropodi

Sono animali **metamerici** con scheletro esterno (**esoscheletro**) formato da cuticola chitinosa più o meno dura che viene più volte sostituita (**mute**) durante lo sviluppo. Hanno **appendici articolate** (antenne, pezzi boccali, zampe); solitamente con occhi composti; celoma regredito. Sono il *phylum* più ricco di specie (circa un milione) e misurano da un decimo di millimetro (come gli acari), fino ai 3 metri del granchio gigante giapponese.
Comprendono le classi **Aracnidi**, **Miriapodi**, **Crostacei**, **Insetti**.

61

• Aracnidi

Gli **Aracnidi** (70 000 specie) sono artropodi terrestri, raramente acquatici, con 4 paia di zampe, privi di antenne e mandibole, ma provvisti di particolari appendici boccali (**cheliceri** e **pedipalpi**). Generalmente carnivori, spesso possiedono **ghiandole velenifere** e succhiano il sangue delle vittime. Solitamente hanno un certo numero di occhi non composti.
Comprendono: scorpioni, ragni, acari (*fig. 61, al microscopio*).

62

• Miriapodi

I **Miriapodi** (13 000 specie) sono terrestri, con corpo allungato con 9-180 paia di zampe e un paio di antenne.
Respirano mediante tubicini sottili (**trachee**).
Citiamo i **Diplopodi** (millepiedi), vegetariani e detritivori, con due paia di zampe per segmento corporeo (metamero), movimenti lenti, e i **Chilopodi** (o centopiedi, nella *fig. 62* una scolopendra), carnivori, con un paio di zampe per metamero.

63

• Crostacei

I **Crostacei** (40 000 specie), prevalentemente acquatici, hanno due paia di antenne e arti generalmente bifidi. Spesso portano uno scudo dorsale protettivo (**carapace**) formato da una ripiegatura dell'esoscheletro.
Respirano con le **branchie** o con il tegumento.
Comprendono: copèpodi (*fig. 63*), dafnie (pulci d'acqua), isòpodi (porcellini di terra), eufasie, gamberi, aragoste, granchi, paguri.

• Insetti

Gli **Insetti** (850 000 specie) sono artropodi terrestri, talora d'acqua dolce, con corpo metamerico diviso in **capo** (5 segmenti fusi tra loro, con occhi, un paio di antenne e pezzi boccali), **torace** (3 segmenti recanti 6 zampe e solitamente 4 ali), **addome** (10-11 segmenti). Respirano con le **trachee**. Presentano stadi larvali che con successive metamorfosi formano l'adulto (*fig. 64, cavalletta* e *fig. 65, farfalla*).

64

65

APPROFONDIMENTO *ON LINE*

- Come raccogliere gli invertebrati
- Chiave analitica per il riconoscimento degli invertebrati
- Le classi di Artropodi
- I principali ordini di Insetti
- L'allevamento di Tenebrionidi

66

Fig. 66
Un'ascidia,
un urocordato.

7.4 I Cordati

I Cordati hanno un'origine antichissima: i primi erano animali acquatici di piccole dimensioni, esili e forse trasparenti.

Punti chiave

Le principali caratteristiche comuni sono:

- la **corda dorsale**, un cordone di sostegno flessibile ed elastico, ai cui lati si attaccano i muscoli; è presente almeno nello stadio embrionale;
- la **faringe branchiale**, ossia una faringe modificata per la respirazione, con numerose fessure branchiali. I Cordati primitivi si nutrivano filtrando l'acqua attraverso queste fessure; così respiravano e, nel contempo, catturavano il plancton di cui si nutrivano;
- il **tubo neurale**, un cordone longitudinale cavo, dorsale, posto sopra la corda, ripieno di liquido.

Il *phylum* dei ***Cordati*** (*tab. 3*) comprende due gruppi di Cordati di antica origine, gli **Urocordati** (*fig. 66*) e i **Cefalocordati** (*fig. 67*), e il gruppo dei **Vertebrati**, animali più moderni, metà dei quali hanno conquistato le terre emerse.

I Cordati
"**Cordati**" significa "provvisti di corda". Gli Urocordati e i Cefalocordati non hanno uno scheletro provvisto di vertebre.

I **Vertebrati** sono cordati metamerici provvisti di **vertebre**. Si sono diffusi in tutti gli ambienti, acquatici e terrestri, con diversi adattamenti (*tab. 4*): comprendono i **Ciclostomi**, i **Pesci cartilaginei**, i **Pesci ossei**, gli **Anfibi**, i **Rettili**, gli **Uccelli** e i **Mammiferi**.

67

Fig. 67
L'anfiosso è un cefalocordato marino, lungo 5 centimetri.

Tabella 3. Le principali caratteristiche dei Cordati

Urocordati	Corda solo nella porzione posteriore del corpo; corpo gelatinoso più o meno trasparente; vivono sui fondali o nel plancton marino.
Cefalocordati	Corda dalla testa alla coda che rimane per tutta la vita; aspetto pisciforme; vivono nella sabbia marina.
Vertebrati	Corda solo nelle prime settimane dell'embrione: poi sostituita da anelli cartilaginei od ossei (vertebre); sistema nervoso con cervello e midollo spinale; corpo con tronco e due paia di pinne o di zampe; eterotermi (la loro temperatura varia con l'ambiente) o omeotermi (temperatura corporea costante); acquatici e terrestri.

Tabella 4. Le principali classi dei Vertebrati

Classe	Rivestimento del corpo	Temperatura corporea	Respirazione
Ciclostomi	nessuno	eterotermi	branchie
Pesci cartilaginei	scaglie	eterotermi	branchie
Pesci ossei	scaglie	eterotermi	branchie
Anfibi	muco	eterotermi	branchie/polmoni
Rettili	squame	eterotermi	polmoni
Uccelli	piume e penne	omeotermi	polmoni
Mammiferi	peli	omeotermi	polmoni

APPROFONDIMENTO *ON LINE*
- Le sottoclassi dei mammiferi

8 L'evoluzione e la classificazione dell'uomo

68

Fig. 68 L'antenato dei primati potrebbe essere stato un piccolo mammifero arboricolo simile alla tupaia. (*Cromolitografia di Joseph Wolf, 1865.*)

Al *phylum* dei Cordati apparteniamo anche noi. La nostra specie, *Homo sapiens*, è stata collocata tra i Vertebrati nella classe dei Mammiferi.

Gli antenati dell'uomo erano piccoli mammiferi simili a toporagni o a piccoli roditori che, invece di vivere a terra, iniziarono ad arrampicarsi sugli alberi (*fig. 68*). La vita sugli alberi favorì la comparsa di zampe capaci di afferrare i rami, lo sviluppo della vista e del cervello.

A poco a poco da questi antichi mammiferi derivarono i **Primati**. Questi, vivendo sugli alberi, divennero abili e capaci di valutare le distanze e la resistenza dei rami. Perfezionarono, così, il senso dello spazio, della vista e dell'equilibrio, e impararono anche a usare mani e dita per afferrare rami e frutti. La vita sugli alberi, acrobatica e pericolosa, non favorisce, tuttavia, l'allevamento di molti figli. Perciò i Primati partoriscono di regola un solo piccolo alla volta che, per alcuni mesi, se ne sta aggrappato al pelo della madre. È un fatto importante, perché ha contribuito all'evoluzione dell'intelligenza. Infatti, il lungo contatto tra madre e figlio e le cure assidue favoriscono lo sviluppo dei processi di apprendimento e di comunicazione tra gli individui.

Oggi i Primati comprendono circa 200 specie tradizionalmente divise in **Proscimmie** e **Scimmie**, queste ultime distinte in **Platirrine** (con naso piatto) e **Catarrine** (con naso sottile).

Le scimmie catarrine comprendono la famiglia degli **Ominidi**, che include le **scimmie *antropomorfe*** (come orango, gorilla e scimpanzé), i nostri antenati estinti più lontani (gli **Australopitechi**) e il genere ***Homo*** (*fig. 69*).

Antropomorfe
Significa che hanno una forma simile a quella dell'uomo.

RISPONDI

- Quali sono le scimmie antropomorfe?
- Che cosa significa il loro nome?

69

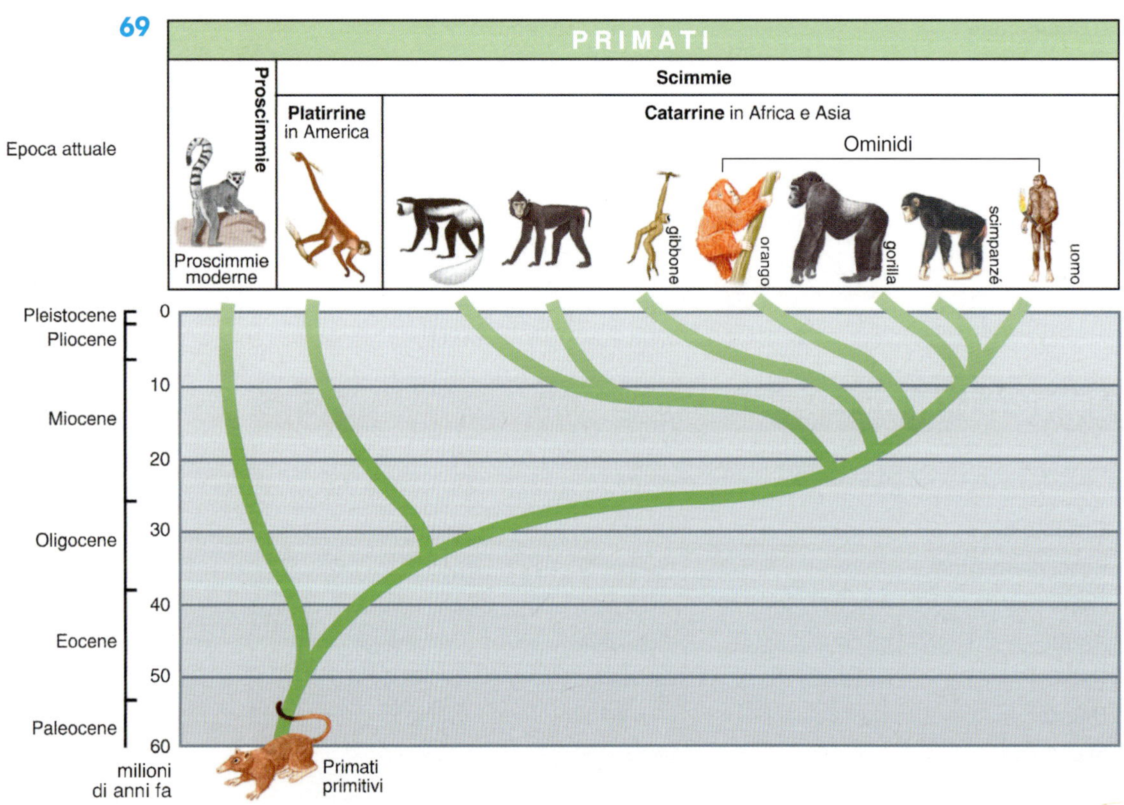

APPROFONDIMENTO ON LINE
- Le principali scimmie antropomorfe

Fig. 69 Albero evolutivo dei Primati. La linea evolutiva che ha portato all'uomo si è staccata da quella delle altre scimmie circa 6 milioni di anni fa.

8.1 Gli Ominidi

Circa dieci milioni di anni fa, una lunga fascia dei territori orientali dell'Africa (dall'odierna Etiopia al Sudafrica) venne colpita da un clima piuttosto arido. Ciò ebbe un'importanza fondamentale per l'evoluzione dell'uomo, perché i discendenti delle antiche scimmie dovettero adattarsi a fare a meno della foresta e a cercare il cibo nella savana. Così impararono a camminare sulle zampe posteriori in **posizione eretta**. La capacità di camminare con due gambe offrì il grandissimo vantaggio di liberare le mani per afferrare sassi e bastoni, o per portare ai propri piccoli il cibo raccolto.
Gli Ominidi sono anche caratterizzati da grandi dimensioni, da un notevole sviluppo cerebrale, dall'assenza di coda e da braccia lunghe, adatte per gli spostamenti sugli alberi. Soltanto l'uomo possiede braccia relativamente brevi e poco snodabili, ma si tratta di una riduzione recente.

Gli ***Australopitechi***. Sono note 4 o 5 specie vissute in Africa orientale e meridionale tra 4,2 e 1,2 milioni d'anni fa (*fig. 70*). Tali ominidi erano alti un metro e trenta circa e avevano un'andatura umana. Probabilmente si arrampicavano ancora sugli alberi per cercare rifugio per la notte.
Erano più piccoli dei pigmei attuali e avevano un aspetto nettamente scimmiesco con forte prognatismo (mascelle sporgenti). Il cervello era circa un terzo del nostro, circa 500 centimetri cubici (nelle attuali scimmie antropomorfe il cervello è di 400 centimetri cubici). Sono stati gli artefici dei primi utensili in pietra riconoscibili (2,5 milioni di anni fa).

Australopitechi
Il loro nome significa "scimmie del Sud": da *australo-*, (= sud), perché furono scoperti nell'Africa australe (Sudafrica), e *-pithekos*, che significa scimmia.

70

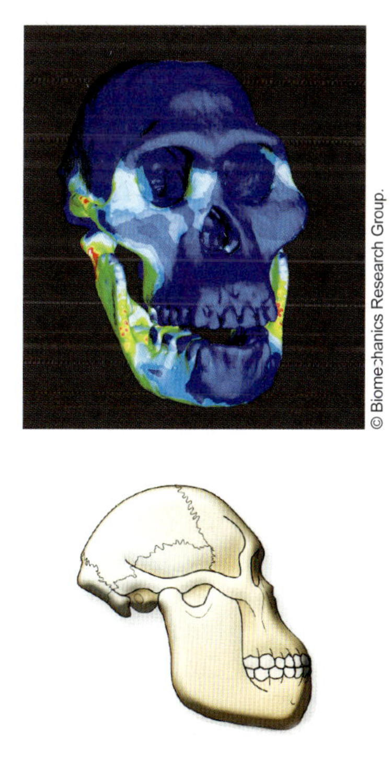

Fig. 70
Australopithecus.
Nella foto in alto, una virtuale ricostruzione al computer del cranio.

8.2 Il genere *Homo*

Attualmente sono state individuate circa dieci specie del genere *Homo*. Noi ci limiteremo comunque a considerare le più note e meglio studiate.

Homo habilis. Comparve circa 2 milioni di anni fa. Il suo ritrovamento coincide con quello di un certo numero di strumenti di pietra. L'abilità manuale di questa specie va collegata al suo sviluppo cerebrale (in media 750 cm^3). *Homo habilis* (*fig. 71*) non si limitava a consumare bacche, radici, tuberi e insetti, ma adottò anche una dieta carnivora vera e propria. Dovendo tagliare pezzi di carne, per la prima volta nella storia, cominciò a scheggiare ciottoli. Nacquero così gli strumenti per scuoiare pelli e recidere muscoli e tendini. Sappiamo che camminava perfettamente eretto. Si ritiene che fosse nomade e che dormisse sugli alberi per sfuggire ai predatori.

Fig. 71
Homo habilis.

71

72

Fig. 72
Homo ergaster.

Homo ergaster e ***Homo erectus***. Circa 2 milioni di anni fa comparve in Africa *Homo ergaster,* ominide piuttosto alto e slanciato che viveva nella savana aperta (*fig. 72*). Presso i suoi resti sono stati trovati oggetti lavorati che gli hanno valso il nome (in greco *ergaster* significa lavoratore). Spintosi in Asia, vi lasciò un discendente, *Homo erectus* i cui resti si rinvengono in Cina e a Giava. Questi due ominidi, molto simili, erano verosimilmente dotati di un'intelligenza di tipo umano, e il loro cervello aveva un volume di circa 1000 cm^3. Non erano in grado di parlare come noi, ma modulavano rozzamente i suoni in un linguaggio molto primitivo. Praticavano un'elaborata caccia di gruppo. La maggior parte della dieta, tuttavia, era vegetale. Per tagliare la carne facevano uso di pietre scheggiate dal bordo tagliente (*cultura del Paleolitico inferiore*).

Circa 0,4 milioni di anni fa il clima si raffreddò a causa della seconda glaciazione. In coincidenza di questo fatto si trovano le prime tracce sicure dell'uso del fuoco che permetteva di sopravvivere anche nelle regioni fredde. Inoltre, essendo possibile la cottura delle carni, non era più necessario possedere mandibole robuste e potenti muscoli masticatori.

Homo neanderthalensis. L'uomo di Neandertal (*fig. 73*) è così chiamato dalla valle di Neander, in Germania, dove nel 1856 fu scoperto il primo fossile; era considerato fino a pochi anni fa una sottospecie di *Homo sapiens*. Non si conosce con sicurezza la sua origine, ma è probabile che *Homo ergaster* sia stato un suo antenato più o meno diretto.

I neandertaliani avevano una corporatura molto robusta, faccia larga e fronte bassa. Gli occhi erano sormontati da sporgenze ossee arcuate (visiera), il naso era largo e prominente. Il cervello aveva un volume di 1400-1500 centimetri cubici, cioè leggermente superiore, in media, del nostro. È probabile che si trattasse di individui con occhi e capelli chiari. Avevano una dieta essenzialmente carnivora e cacciavano soprattutto cavalli e bovini selvatici, stambecchi, cinghiali, cervi e renne. Erano discreti artigiani e sapevano costruire raschiatoi e altri strumenti di pietra che utilizzavano per lavorare legno, pelli, corna e ossa (*cultura del Paleolitico medio*). Le loro occasionali sepolture, prive di oggetti votivi, possono essere state effettuate per motivi pratici.
I Neandertal vissero in Europa e in Asia occidentale; la loro comparsa data a circa 130 000 anni fa. Scomparvero, quasi improvvisamente, 30 000 anni fa, immediatamente rimpiazzati dalla nostra specie (*Homo sapiens*).

73

Fig. 73
Homo neanderthalensis.

HOMO SAPIENS. Tutta l'umanità che abita oggi la Terra discende da un unico ceppo africano di *Homo sapiens,* vissuto poco meno di 200 000 anni fa. Giunto nel vicino Oriente, vi coesistette con *Homo neanderthalensis* per molte decine di migliaia d'anni. Successivamente *Homo sapiens* colonizzò l'Europa, 40 000 anni fa. Era abilissimo nel lavorare la pietra (*cultura del Paleolitico superiore*) e utensili di osso e di corno. Produceva sculture, pitture rupestri, ornamenti, strumenti a fiato, sofisticati attrezzi di caccia e pesca e siti abitativi complessi. I morti venivano sepolti con offerte votive, segno di credenza nell'oltretomba. *Homo sapiens* colonizzò anche tutte le terre possibili fuori dell'Africa, e circa 12 000 fa, se non prima, attraversò lo stretto di Bering, invadendo poco dopo il Nord America e quindi il Sud America (*fig. 74*). Essendosi estinte tutte le altre forme umane, la Terra rimase abitata soltanto dalla nostra specie.

Fig. 74
I principali siti di fossili umani e le probabili rotte di popolamento della Terra.

74

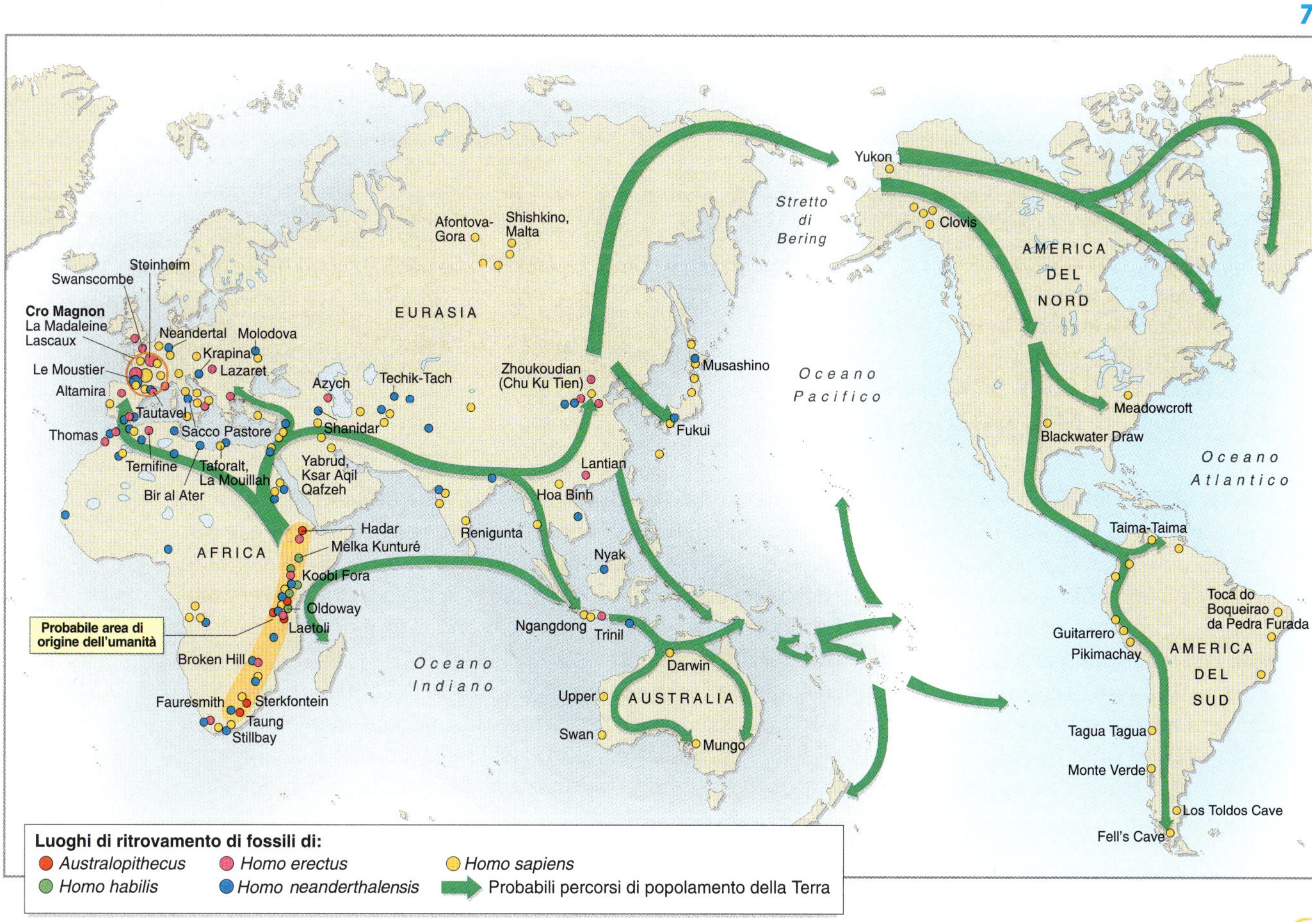

Paleontologia e paleoantropologia

APPROFONDIMENTO *ON LINE*

• La storia dei viventi

La **paleontologia** è il ramo della geologia che si occupa dello studio dei **fossili**, ossia dei resti di antichi esseri viventi e delle tracce della loro attività nelle rocce.
Il lavoro dei **paleontologi** è utilissimo per ricostruire la storia della Terra, ma è molto importante anche per i biologi. Attraverso i dati raccolti si può ricostruire la **storia della vita** dalle prime cellule alla biodiversità di oggi, o com'erano i diversi ambienti della Terra e come si sono modificati nel tempo. Ogni informazione aiuta a capire meglio come gli esseri viventi si sono adattati ai nuovi scenari che si venivano a formare o, viceversa, perché molte specie si sono estinte
I ***paleoantropologi***, in particolare, studiano la storia della specie uomo e come la nostra specie si sia differenziata nel tempo dalle scimmie e dagli altri ominidi (*fig.* 75).

Paleoantropologi
Il nome deriva dal greco e significa "studiosi dell'uomo antico".

75a

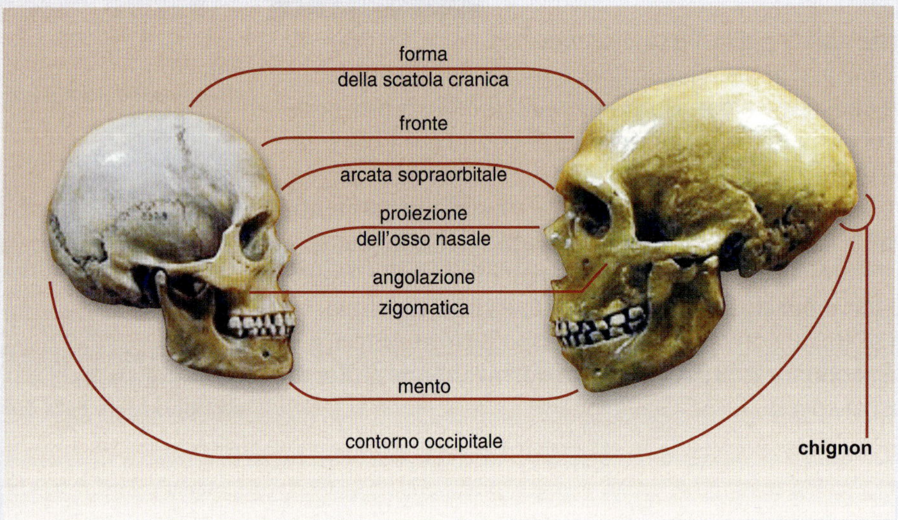

75b

Fig. 75
(**a**) Confronto tra cranio di un uomo moderno (*a sinistra*) e quello di un uomo di Neandertal (*a destra*). Si notino nel cranio di Neandertal la "visiera" frontale e il bozzo occipitale, detto comunemente "chignon".
(**b**) Ricostruzione di *Homo floresiensis*, una scoperta fatta nel 2003 dagli studiosi di paleoantropologia nell'isola di Flores (Indonesia). Gli scopritori sono convinti che si tratti di una nuova specie del genere *Homo*, vissuta da 100000 a 12000 anni fa e probabile discendente di *Homo erectus*.

Scienze e realtà

Come è stato scoperto l'Uomo di Neandertal

Nel 1856 alcuni operai erano intenti a scavare in una cava di calcare nella valle di Neander, nel nord della Germania, non lontano dall'Olanda. Trovarono delle ossa che credettero resti di un orso e le portarono a un professore di scienze di scuola media. Costui capì che, invece, si trattava di ossa umane, ma di tipo un po' strano. Pertanto si consultò con un professore di anatomia della vicina università di Bonn. Dopo aver ben studiato i reperti, l'anno successivo i due annunciarono al mondo la scoperta di una antica razza umana diversa da quelle conosciute.
La notizia provocò sconcerto e incredulità, anche perché il libro di Darwin sull'evoluzione (del 1859) non era ancora stato pubblicato, ma intanto una nuova scienza era nata: la **paleoantropologia**.
Da allora si sono trovati centinaia di fossili dell'uomo di Neandertal e ci si è accorti che alcuni erano stati scoperti già molto prima del 1856 (in Belgio e a Gibilterra), ma non ci si era resi conto della loro importanza.

CONCETTI IN SINTESI

Audiosintesi

1. Il **dominio degli Archei** comprende alcuni gruppi di procarioti, che si distinguono per la particolare struttura chimica della membrana cellulare e dei flagelli e per il tipo di metabolismo. Spesso sono **estremofili**, perché vivono in condizioni ambientali estreme. Comprendono i **termofili**, i **termoacidofili**, gli **alofili** e i **metanogeni**.

2. Il **dominio dei Batteri** o **Eubatteri**, comprende altri gruppi di procarioti; possono essere fotoautotrofi, chemioautotrofi o eterotrofi e vivono isolati o in colonie in tutti gli ambienti.

3. Il **dominio degli Eucarioti** comprende tutti gli organismi unicellulari e pluricellulari con cellule eucarioti. Comprende i Regni dei **Protisti** (protozoi e alghe), dei **Funghi**, delle **Piante** e degli **Animali**.

4. Il **regno dei Protisti** comprende gli eucarioti più semplici, unicellulari o pluricellulari: i **protozoi**, eterotrofi, sia acquatici, sia terrestri, molti dei quali sono parassiti; e le **alghe**, organismi **autotrofi** solitamente **acquatici**.

5. Il **regno delle Piante** comprende **organismi eucarioti pluricellulari autotrofi**. Comprende le **Briofite**, senza tessuti conduttori differenziati (piante non vascolari); le **Pteridofite**, piante vascolari senza semi; le **Spermatofite**, piante vascolari con semi, suddivise in **Gimnosperme**, con semi nudi, e **Angiosperme**, con semi protetti, a loro volta divise in Monocotiledoni e Dicotiledoni.

6. Il **regno dei Funghi** comprende organismi **eterotrofi**, prevalentemente pluricellulari che si nutrono per **assorbimento** di sostanze organiche. Il corpo dei funghi è un micelio formato da una rete di **ife** filamentose, nascoste nel substrato (terra, legno ecc.). I funghi più evoluti producono corpi fruttiferi che emergono dal substrato e portano le **spore**. I funghi sono **decompositori** o **bioriduttori** e possono essere **saprofiti**, **parassiti**, o **simbionti**, quando sono in associazione con piante superiori (**micorrize**) o con alghe (**licheni**). Comprendono: **Chitridiomiceti**, **Zigomiceti**, **Glomeromiceti**, **Ascomiceti**, **Basidiomiceti**.

7. Il **regno degli Animali** comprende **organismi pluricellulari eterotrofi**, acquatici e terrestri, che si nutrono per **ingestione**; hanno cellule prive di parete cellulare e si riproducono in genere per via sessuata. Comprendono numerosi *phyla*: **Poriferi**, **Cnidari**, **Platelminti**, **Nematodi**, **Anellidi**, **Echinodermi**, **Artropodi**, **Molluschi**, **Cordati**. Ai Cordati appartiene il gruppo dei **Vertebrati**, con le classi: **Ciclostomi**, **Pesci**, **Anfibi**, **Rettili**, **Uccelli** e **Mammiferi**.

8. La specie **uomo** appartiene alla classe dei Mammiferi e all'ordine dei **Primati**, animali adattati a una vita arboricola, che favorì lo sviluppo del pollice opponibile, l'acutezza visiva e le cure parentali. I Primati comprendono le **Proscimmie** e le **Scimmie**. Queste ultime sono distinte in **Platirrine** e **Catarrine**, alle quali appartiene la famiglia degli **Ominidi**, che include il genere ***Homo***. La linea evolutiva che porta all'uomo moderno (*Homo sapiens*) comprende alcune specie di **Australopitechi** (3,7 milioni di anni fa o m.a.f.), *Homo habilis* (2 m.a.f.), *Homo ergaster* e *Homo erectus* (1,5 m.a.f.), *Homo neanderthalensis* (circa 0,2 m.a.f).

Verifica le CONOSCENZE

Verifiche interattive

1. Il dominio degli Archei

1 Scegli il completamento corretto (anche più di uno).

1. I batteri metanogeni
- **a.** sono autotrofi
- **b.** sono chemioautotrofi
- **c.** sono eterotrofi
- **d.** producono metano

2. Gli archei alofili vivono
- **a.** in ambienti estremamente caldi
- **b.** in acque molto salate
- **c.** in alta montagna
- **d.** sottoterra

3. I termoacidofili vivono
- **a.** nelle sorgenti molto calde e acide
- **b.** in acque molto salate
- **c.** in ambienti freddi
- **d.** in ambienti salati

2. Il dominio dei Batteri

2 Stabilisci quali delle seguenti affermazioni sono vere (V) e quali false (F), indicando in quest'ultimo caso il termine corretto.

	V	F
a. I Batteri sono tutti eterotrofi.	❑	❑
b. I Batteri sono organismi eucarioti.	❑	❑
c. Alcuni Batteri possono vivere senza ossigeno.	❑	❑
d. I Batteri eterotrofi compiono la fotosintesi.	❑	❑
e. La scissione dei Batteri è un tipo di riproduzione sessuata.	❑	❑
f. I cianobatteri sono Batteri autotrofi.	❑	❑

3 **Completa le frasi con i termini elencati sotto.**

a. I batteri .... utilizzano, per .... dall'ambiente esterno, molecole .... già formate.

b. I batteri .... compiono la fotosintesi clorofilliana sfruttando l'energia ....; i .... sfruttano l'energia .... che ricavano dall'.................... di composti chimici.

[*assorbimento – chemioautotrofi – chimica – eterotrofi – fotoautotrofi – organiche – ossidazione – solare*]

3. Il dominio degli Eucarioti

4 **Stabilisci quali delle seguenti affermazioni sono vere (V) e quali false (F), indicando in quest'ultimo caso il termine corretto.**

V F

a. Dalle prime cellule procarioti si sono evoluti i Batteri attuali e gli Eucarioti. ❑ ❑

....

b. La cellula eucariote deriva da una simbiosi di procarioti. ❑ ❑

....

c. Il sistema di membrane è una novità evolutiva degli Eucarioti. ❑ ❑

....

d. Gli organismi pluricellulari derivano dagli unicellulari eucarioti. ❑ ❑

....

e. I mitocondri sono derivati da procarioti autotrofi. ❑ ❑

....

f. I cloroplasti sarebbero derivati da cianobatteri simbionti. ❑ ❑

....

g. I Protisti sono unicellulari procarioti. ❑ ❑

....

h. Gli Animali possono essere unicellulari e pluricellulari. ❑ ❑

....

i. Tutti gli Eucarioti sono pluricellulari. ❑ ❑

....

4. Il regno dei Protisti

5 **Scegli il completamento corretto.**

1. Il vacuolo pulsante dei Protozoi serve per
a. la respirazione **b.** la nutrizione
c. l'escrezione **d.** galleggiare

2. Gli pseudopodi sono una caratteristica
a. dei Ciliati **b.** dei Flagellati
c. dei Sarcodici **d.** degli Sporozoi

5. Il regno delle Piante

6 **Stabilisci quali delle seguenti affermazioni sono vere (V) e quali false (F), indicando in quest'ultimo caso il termine corretto.**

V F

a. Le Piante sono organismi autotrofi fotosintetici unicellulari e pluricellulari. ❑ ❑

....

b. Le cellule vegetali sono provviste di una parete di chitina. ❑ ❑

....

c. Tutte le Piante hanno tessuti conduttori. ❑ ❑

....

d. Le piante vascolari sono le Briofite e le Pteridofite. ❑ ❑

....

6. Il regno dei Funghi

7 **Scegli il completamento corretto.**

1. I Funghi non sono piante perché
a. hanno il corpo formato da ife
b. non compiono la fotosintesi
c. non possiedono mitocondri
d. si riproducono per spore

2. Le pareti cellulari dei funghi sono costituite di
a. cellulosa **b.** chitina
c. glucosio **d.** basi azotate

7. Il regno degli Animali

8 **Scegli il completamento corretto.**

1. Gli Animali sono organismi
a. unicellulari eterotrofi che si nutrono per assorbimento
b. pluricellulari eterotrofi che si nutrono per ingestione
c. pluricellulari autotrofi
d. unicellulari autotrofi

2. Gli Animali possiedono cellule prive di
a. membrana cellulare **b.** parete cellulare
c. membrana nucleare **d.** organuli

8. L'evoluzione e la classificazione dell'uomo

9 **Scegli il completamento corretto (anche più di uno).**

1. Gli antichi Primati sono comparsi
a. 600 milioni di anni fa **b.** 60 milioni di anni fa
c. 6 milioni di anni fa **d.** 60 000 anni fa

2. Le scimmie antropomorfe comprendono
a. lo scimpanzé **b.** il gorilla
c. l'orango **d.** l'australopiteco

Sviluppo delle competenze

Verifica le ABILITÀ

1 Attribuisci i seguenti procarioti al loro dominio di appartenenza (A = Archei; B = Batteri).

a. cianobatteri [..........] **d.** saprofiti [..........]
b. metanobatteri [..........] **e.** termoacidofili [..........]
c. lattobacilli [..........] **f.** alofili [..........]

2 Colloca le seguenti specie nelle categorie sistematiche corrette.

a. primula; **b.** pino; **c.** capelvenere; **d.** muschio; **e.** abete; **f.** felce; **g.** glicine; **h.** quercia.

1. Briofite: ....

2. Pteridofite: ....

3. Angiosperme: ....

4. Gimnosperme: ....

3 Associa i seguenti gruppi di funghi alle relative caratteristiche.

a. Zigomiceti; **b.** Glomeromiceti; **c.** Ascomiceti; **d.** Basidiomiceti; **e.** Funghi imperfetti.

1. Comprendono i tartufi.
2. Le ife sono divise da setti.
3. Sono le muffe del pane.
4. Comprende il *Penicillium*.
5. Formano micorrize.

[**a.** ....]; [**b.** ....]; [**c.** ....]; [**d.** ....]; [**e.** ....].

4 Collega le seguenti definizioni ai gruppi di animali a cui si riferiscono.

a. Animali con una colonna vertebrale costituita da vertebre articolate tra loro.
b. Animali privi di colonna vertebrale, con simmetria raggiata e dermascheletro.
c. Animali privi di colonna vertebrale, provvisti di esoscheletro.
d. Animali privi di colonna vertebrale, con corpo molle.

1. Molluschi
2. Artropodi
3. Echinodermi
4. Vertebrati

[**1.** ....]; [**2.** ....]; [**3.** ....]; [**4.** ....]

5 Quali sono le principali caratteristiche dei Primati?

6 Discuti l'importanza della conquista della stazione eretta nell'evoluzione dell'uomo.

7 Quali tra le seguenti sono caratteristiche che differenziano gli ominidi dalle altre scimmie?

a. assenza di coda **e.** maggiori dimensioni
b. presenza di coda **f.** notevole sviluppo cerebrale
c. braccia corte **g.** piccole dimensioni
d. braccia lunghe **h.** posizione eretta

Verifica di competenze

• LA SIMMETRIA DEL CORPO

Tra le caratteristiche degli Animali si è parlato della **simmetria** del corpo.

8 **1. Definisci che cos'è la simmetria. Quali sono i principali tipi di simmetria che si incontrano negli Animali?**

....

....

2. La simmetria è utilizzata anche come carattere chiave per la classificazione, ma non sempre la simmetria del corpo è immediatamente riconoscibile. Assegna ai *phyla* che conosci la corretta simmetria e giustifica la tua risposta.

- Poriferi ....
- Cnidari ....
- Platelminti ....
- Nematodi ....
- Anellidi ....
- Artropodi ....
- Molluschi ....
- Echinodermi ....
- Cordati ....

3. Osservi qualche correlazione tra il tipo di simmetria e il grado evolutivo dei *phyla* esaminati? Se sì, quale?

....

....

4. Quali vantaggi e quali svantaggi ci sono in ciascun tipo di simmetria? Esamina, per esempio, il caso di un anemone di mare o di un pesce.

....

....

5. Discuti quali adattamenti o conquiste evolutive, secondo te, si possono essere sviluppati in seguito o insieme alla simmetria del corpo.

APPROFONDIMENTO *ON LINE*
• Mappa interattiva

Bio in English

SUMMARY

1. *The **Archaea domain** is composed of prokaryote groups. They have a different cellular membrane, flagella structure and metabolism type than other procaryotes. Often they are **extremophiles** because they can live in extreme environmental conditions. Some examples are **thermophiles**, **thermoacidophiles**, **halophiles** and **methanogens**.*

2. *The **Bacteria domain** is composed of bacteria or **eubacteria**. Bacteria can be photoautotrophic, chemoautotrophic or heterotrophic, they live isolated or in large colonies in every type of environment.*

3. *The **Eukarya domain** consists of eukaryotic unicellular and multicellular organisms. It includes the Kingdoms: **Protista** (protozoa and algae), **Fungi**, **Plantae** (plants) and **Animalia** (animals).*

4. *The **Protista kingdom** is composed of simple **eukaryotic** unicellular and multicellular organisms: **protozoa** are aquatic or terrestrial heterotrophs, usually parasitic; **algae** are aquatic autotrophs.*

5. *The **Plantae kingdom** is composed of **multicellular eukaryotic autotrophs**. **Bryophyta** are non-vascular plants. **Pteridophyta** are vascular plants with no seeds. **Spermatophyta** are vascular plants with seeds and are further divided into **Gymnosperms**, which have exposed seeds, and **Angiosperms**, which have enclosed seeds. They include **Dicotyledons** and **Monocotyledons**.*

6. *The **Fungi kingdom** is composed of **heterotrophic** organisms, usually multicellular and feeding by **absorption** of organic matter. The body of a fungus is the **mycelium** and is formed by a network of filamentous **hyphae**. They are usually found in soil or wood. The most evolved fungi produce fruiting bodies that carry **spores**. Fungi are **decomposers** and can be **saprotrophs**, **parasites** or **symbionts**, many are associated with plant roots (**mycorrhizas**), or algae (**lichens**). Fungi are grouped in: **Chytridiomycota**, **Zygomycota**, **Glomeromycota**, **Ascomycota**, **Basidiomycota**.*

7. *The **Animalia kingdom** is composed of **multicellular heterotrophic** organisms. These can be aquatic and terrestrial and feed by **ingestion**. The cells do not have a cell wall. Animals usually reproduce sexually and consist of numerous phyla: **Porifera**, **Cnidaria**, **Platyhelminthes**, **Nematodes**, **Annelids**, **Arthropods**, **Molluscs**, **Echinoderms**, **Chordata**. The Chordata include the* subphylum ***Vertebrata**. This* subphylum *is divided into classes: **Cyclostomes**, **Fishes**, **Amphibians**, **Reptiles**, **Birds** and **Mammals**.*

8. *The **human** species is part of the **Mammal** class in the order of **Primates**. Primates are adapted to living in trees, which spurred the development of opposable thumbs, sharp vision and parental care. Primates include **Prosimians** and **Simians**. The latter are divided into **Platyrrhini** and **Catarrhini**. Catarrhini belong to the **Hominid** family, which includes the genus* **Homo**. *Modern man's (*Homo sapiens*, 200 000 years ago) evolutionary lineage includes* Australopithecus *(3.7 million years ago),* Homo habilis *(2 mya),* Homo ergaster *and* Homo erectus *(1.5 mya),* Homo neanderthalensis *(200 000 ya).*

EXERCISES

1 **Indicate which of the following structures is exclusive to prokaryotes.**

a. cytoplasm
b. ribosome
c. mitochondrion
d. plastids
e. plasmid
f. nucleus
g. lysosome

2 **Complete the sentences.**

a. Bacteria are .... , prokaryote one or few micron in size.

b. Bacteria cells have a cellular .... and occasionally a protective ....

c. Bacteria do not have a .... around the nucleus.

d. As genetic material bacteria can also have circular ....

3 **Finish the statement correctly.**

In the Eukaryote domain are found

a. all the organisms with prokaryote cells.
b. all the organisms without an internal membrane.
c. all the multicellular organisms.
d. unicellular and multicellular organism with cells provided with a nuclear membrane.
e. Protista, Fungi, Plantae, Animalia.
f. only Plantae and Animalia.

4 **Indicate if the following sentences are True or False.**

	V	F
a. The name protists means "first animals appeared on Earth".	❑	❑
b. Protozoa are heterotrophic protists.	❑	❑
c. Protozoa are organisms mostly microscopic, unicellular and aquatic.	❑	❑
d. The pulsatile vacuole controls the amount of water inside the cell of protozoa.	❑	❑
e. Algae are autotrophic protists.		
f. Many algae move by means of amoeboid movements.	❑	❑
g. Algae are always green because they contain chlorophyll.	❑	❑
h. Gels can be extracted from algae.	❑	❑

5 **Select, from those listed below, the correct term relative to the following definitions.**

a. Diploid individual producing haploid spores
b. Plants with "naked" seeds
c. Vascular plants without seeds
d. Reproductive structure that protects and disperses the embryo
e. Haploid individual producing gametes
f. Haploid reproductive structure
g. Plants with flowers
h. Protects the ovules in the angiosperms

[*angiosperms – gametophyte – gymnosperms – ovary – pteridophytes – seed – spore – sporophyte*]

6 **Match the definition with the corresponding term.**

1. decomposer
2. parasite
3. saprophage
4. symbiont

a. Organism that obtains nutrients from dead plants and animals.
b. Organism that benefits nutrients from a living host.
c. Organism that obtains nutrients by decomposing organic matter.
d. Organism that lives together with another organism, both lifeforms benefit.

[**1.** ....]; [**2.** ....]; [**3.** ....]; [**4.** ....].

7 **Match each trait to the corresponding group of invertebrates.**

a. Long segmented body
b. Lacking muscle or nerve cells
c. Jointed feet and chitinous exoskeleton
d. Sac like body with a single opening
e. Radial symmetry with a mesodermal endoskeleton
f. Soft body with a ventral foot

1. Porifera
2. Cnidaria
3. Annelids
4. Arthropods
5. Molluscs
6. Echinoderms

[**a.** ....]; [**b.** ....]; [**c.** ....]; [**d.** ....]; [**e.** ....]; [**f.** ....].

8 **Match the following terms with the correct sentence.**

1. *Australopiths*
2. *Homo*
3. *Homo sapiens*
4. *Hominids*

a. They include australopiths, apes and humans.
b. Modern man.
c. This genus includes all of modern man's evolutionary lineages.
d. The first Hominids.

[**1.** ....]; [**2.** ....]; [**3.** ....]; [**4.** ....].

CAPITOLO 9

L'ecologia: ecosistemi, comunità e popolazioni

Introduzione

Spesso d'estate la macchia mediterranea è colpita da incendi distruttori, ma non sempre sono opera dell'uomo. Nell'equilibrio della natura anche il fuoco ha una precisa funzione: "pulire" il sottobosco, lasciando spazio e luce per la crescita di nuove piante.
Nella foto, *cinque anni dopo un incendio, sono ricresciuti folti cespugli di erica.*

OBIETTIVI

- **Conoscere il significato di ambiente e di ecosistema.**
- **Riconoscere i livelli di complessità dell'organizzazione ecologica.**
- **Riconoscere le componenti abiotiche e biotiche e i fattori limitanti in un ecosistema.**
- **Riconoscere come in un ecosistema l'energia fluisce attraverso le catene e le reti alimentari.**
- **Conoscere i principali cicli biogeochimici.**
- **Riconoscere le principali relazioni interspecifiche in una comunità.**
- **Comprendere l'importanza delle nicchie ecologiche in un ecosistema.**
- **Descrivere l'evoluzione di un ecosistema.**
- **Comprendere le cause dei diversi modelli di crescita delle popolazioni.**

1 Il concetto di ambiente e l'ecologia

APPROFONDIMENTO ON LINE
• Ernst Haeckel

L'**ambiente** naturale è la "casa" degli organismi viventi. Ispirandosi alla parola greca *oikos*, che significa appunto casa (e da cui deriva anche il termine "economia"), il naturalista tedesco **Ernst Haeckel** (*fig. 1*), nella seconda metà dell'Ottocento, chiamò

ecologia la scienza che studia i rapporti che gli organismi viventi stabiliscono tra loro e con l'ambiente che li circonda.

Come Haeckel stesso precisa, l'ecologia "ha il compito di studiare i rapporti complessivi dell'animale con il suo ambiente organico e inorganico e, soprattutto, i rapporti benevoli od ostili con gli animali e le piante con cui esso viene in contatto diretto o indiretto. Questa ecologia ha finora costituito la parte principale della cosiddetta Storia naturale nel senso abituale della parola".

1

Fig. 1
Ernst Haeckel (1834-1919).

1.1 Lo studio dell'ecologia

Il principio importante alla base dell'ecologia è, quindi, che l'ambiente non è considerato una cosa a se stante rispetto agli esseri viventi che lo popolano, ma un elemento che si intreccia strettamente con la loro esistenza e che svolge una funzione fondamentale nella loro stessa evoluzione.
L'ecologia è una scienza biologica largamente basata su osservazioni condotte "sul campo", cioè nell'ambiente naturale, anche se i risultati sono spesso di non facile interpretazione, poiché entrano in gioco numerose variabili da considerare contemporaneamente. Si ricorre perciò spesso a modelli matematici che vengono studiati con l'aiuto del computer: ciò permette agli ecologi di simulare esperimenti su larga scala che sarebbe impossibile effettuare sul campo.
Lo studio dell'ecologia può essere condotto su quattro livelli di indagine, che corrispondono ai livelli di organizzazione degli organismi.

Punti chiave

- L'**ecologia degli organismi** studia l'*adattamento* dei viventi all'ambiente, ossia il modo in cui i singoli organismi sono attrezzati per affrontare la loro sfida ai vincoli posti dall'ambiente, dal punto di vista fisiologico-anatomico e in termini di comportamento.
- L'**ecologia delle *popolazioni*** studia gruppi di organismi della stessa specie che vivono in una determinata area (per esempio, una popolazione di rane in un certo stagno o di leoni in un certo tratto di savana), indagando i rapporti che si stabiliscono al loro interno (*relazioni intraspecifiche*) e analizzando aspetti *demografici* (cioè relativi alla densità e alle variazioni nella consistenza numerica delle popolazioni).
- L'**ecologia delle *comunità*** studia le interazioni reciproche (*relazioni interspecifiche*) degli organismi delle *varie specie* presenti in un'area (*fig. 2*), indagando, per esempio, come la predazione e la competizione alimentare o territoriale influiscono sulla struttura e sull'organizzazione delle comunità.
- L'**ecologia degli ecosistemi** studia i fattori relativi *all'ambiente fisico* e *alla comunità biologica* che coesistono in una certa area, indagando, in particolare, aspetti relativi al flusso di energia all'interno della comunità stessa e alla circolazione di sostanze tra i viventi e l'ambiente.

Popolazione
Gruppi di organismi della stessa specie che vivono in una determinata area.

Comunità
Insieme di popolazioni che vivono in una determinata area.

2

Fig. 2
Una leonessa in competizione con le iene per la cattura della stessa preda.

2 L'ecologia degli ecosistemi

Habitat
È così detto, in ecologia, il tipo di ambiente in cui vive una certa specie. Per esempio, lo stagno è l'habitat della rana, il deserto caldo è l'habitat del cactus.

Abiotico
Termine che deriva dal greco *a-bios* = privo di vita.

Biotòpo
Termine che deriva dal greco *tópos* = luogo; quindi "luogo della vita".

Per studiare gli esseri viventi e il loro ambiente come un insieme inscindibile, sia che si tratti di una piccola aiuola o di un'intera foresta, dobbiamo definire un'*unità funzionale comune*, a cui è stato dato il nome di *ecosistema*:

l'**ecosistema** è l'insieme costituito da una comunità di organismi viventi e dall'ambiente dove questi risiedono e con il quale sono integrati attraverso una serie di complesse relazioni.

Un ecosistema può essere descritto in base a una serie di caratteristiche, dette **fattori ecologici**: questi possono essere *abiotici* o *biotici*.

2.1 I fattori abiotici

I **fattori *abiotici*** rappresentano la *componente non vivente* di un ecosistema. Si riferiscono quindi alle *caratteristiche fisiche* e *chimiche* dell'ambiente, quali la luce solare, le condizioni di temperatura e di umidità connessa con le precipitazioni, la disponibilità di acqua e di sali minerali, il tipo di suolo. Dipendono ampiamente dal clima e definiscono il ***biotòpo***, cioè un certo spazio fisico in cui si trovano degli organismi viventi legati al loro substrato inorganico (acqua, suolo ecc.). Esempi di biotopo sono il lago di Bolsena (nel Lazio), la foresta di Migliarino (in Toscana), il passo del Tonale (Alpi) ecc. Osserviamo i principali fattori abiotici di un ecosistema.

ACQUA

L'acqua è un componente fondamentale degli organismi viventi ed è un potente agente modellatore del clima. Poiché la mancanza di acqua provoca morte per disidratazione, in varie specie che vivono in ambienti aridi si sono sviluppati, per adattamento, meccanismi e strutture in grado di ridurne al minimo le perdite (*fig. 3*).

LUCE

Fondamentale per la fotosintesi clorofilliana, è la fonte di energia primaria per quasi tutti gli ecosistemi; inoltre, le variazioni stagionali del periodo di illuminazione (*fotoperiodo*) condizionano i tempi di riproduzione e di crescita degli organismi sia vegetali sia animali.

3

Fig. 3
Un cactus nel deserto.
La mancanza di foglie riduce la traspirazione e il fusto verde ha assunto la funzione fotosintetica.

4a

4b

TEMPERATURA

Influenza in modo determinante la distribuzione geografica degli ecosistemi. La maggior parte degli organismi può svolgere le proprie attività vitali entro un intervallo compreso tra 0 e 60 °C; ogni organismo presenta comunque *intervalli di temperatura ottimali* per la propria crescita e riproduzione.
Le basse temperature rallentano le funzioni vitali in quanto riducono la velocità delle reazioni del metabolismo, mentre le alte temperature accelerano questi processi. In condizioni di temperature estreme si sono evolute particolari forme di adattamento. Così le foche che vivono tra i ghiacci polari possiedono sotto la pelle uno spesso strato di grasso che serve a trattenere il calore corporeo (*fig. 4a*).Viceversa, la volpe del deserto deve disperdere il calore attraverso le grandi orecchie (*fig. 4b*).

2.2 I fattori biotici

I **fattori biotici** rappresentano la *componente vivente* dell'ecosistema.
Riguardano il tipo e il numero di organismi delle varie specie ospitate nell'ecosistema e il sistema di relazioni che li lega reciprocamente in popolazioni e comunità.
Ricordiamo che una **popolazione** è un gruppo di individui della stessa specie presenti contemporaneamente in una stessa area.
Una **comunità** vivente o ***biocenosi*** è l'insieme di più popolazioni diverse che vivono in uno stesso ambiente.

Biocenosi
Termine che deriva dal greco *bíos* = vita e *kóinosis* = comunità.

La quantità delle diverse specie presenti in un ambiente è detta **biodiversità**.

Possiamo a questo punto definire un **ecosistema** anche come l'insieme costituito da un habitat, o da un insieme di habitat, comprensivo della rispettiva comunità (o biocenosi) (*fig. 5*).

5

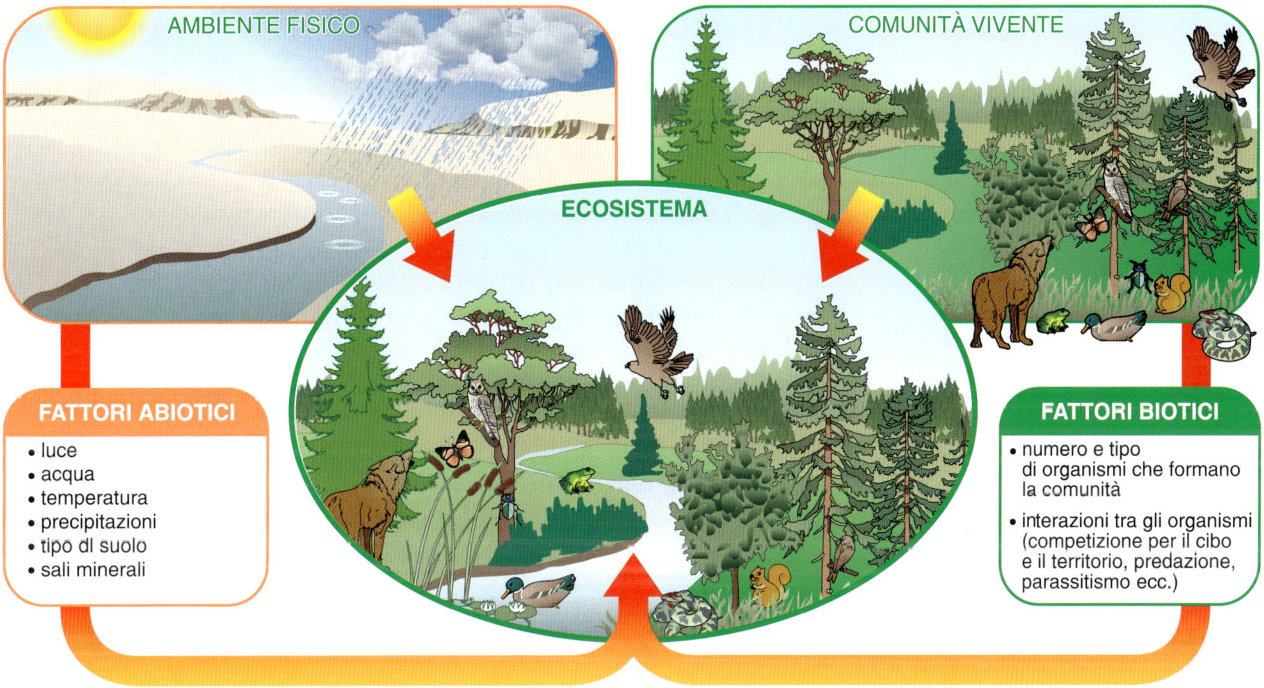

Fig. 5
Rappresentazione del concetto di ecosistema come combinazione di fattori abiotici e fattori biotici.

2.3 Il fattore limitante

Quando un certo *fattore abiotico* raggiunge il valore minimo (o supera il massimo) che può essere tollerato da un organismo, *limita* lo sviluppo e quindi la sopravvivenza di quell'organismo. Fu il chimico tedesco **Justus von Liebig** a scoprire (1840) questo fenomeno osservando come la crescita di un organismo vegetale viene regolata dall'elemento minerale presente nel terreno in minore quantità relativa: si tratta della **legge del minimo**, che fu poi estesa a tutti i fattori abiotici.

APPROFONDIMENTO *ON LINE*
- L'influenza del pH sullo sviluppo animale
- L'influenza del pH sulla vegetazione
- L'influenza della luce sulla schiusa di drosofile
- Justus von Liebig
- Un esempio di ecologia applicata: le innovazioni di Justus von Liebig
- L'intervallo ottimale per lo sviluppo della vita

Si definisce **fattore limitante** quello la cui concentrazione o la cui intensità è inferiore (o superiore) al suo valore ottimale limitando lo sviluppo dell'organismo.

Per esempio, la scarsa disponibilità di sali azotati limita la crescita di una pianta, anche se tutti gli altri fattori (acqua, luce, temperatura ecc.) fossero favorevoli; per un erbivoro che si nutrisse esclusivamente di quella pianta, questa, divenendo scarsa, costituirebbe a sua volta un fattore limitante della sua crescita.
Anche i *fattori biotici*, quindi, possono agire, a seconda dei casi, come fattori limitanti che mantengono sotto controllo la crescita dei gruppi di organismi.

RISPONDI
- Quali sono i fattori ecologici?
- Qual è l'importanza ecologica dei fattori limitanti?

3 L'energia degli ecosistemi

Un ecosistema è "vivo" e per funzionare deve essere alimentato da un flusso continuo di energia.

3.1 Come catturare l'energia del Sole

L'energia che fa vivere l'ecosistema è l'**energia solare** che arriva sulla superficie della Terra prevalentemente sotto forma di radiazioni elettromagnetiche nella banda del visibile e di radiazioni caloriche dell'infrarosso.

Un terzo tipo di radiazioni, i raggi ultravioletti, viene invece in gran parte assorbito dallo strato di ozono che circonda la Terra (*fig. 6*).

Dell'energia solare che investe la Terra, circa la metà viene subito riflessa dalle nubi o assorbita come calore dall'atmosfera, che si riscalda. L'altra metà raggiunge la superficie e in massima parte si trasforma in calore che viene assorbito dal suolo e dalle acque degli oceani.

Solo una piccola frazione dell'energia solare che raggiunge il suolo, corrispondente circa all'1-2%, viene immessa negli ecosistemi, grazie alla capacità degli organismi fotoautotrofi (piante, alghe e alcuni batteri) di operare la **fotosintesi clorofilliana** (*vedi Capitolo 3*). Dalla scomposizione delle molecole organiche prodotte dalla fotosintesi (carboidrati), attraverso i processi del metabolismo come la **respirazione cellulare**, si libera poi l'energia sfruttata dalla maggior parte dei viventi dell'ecosistema.

6

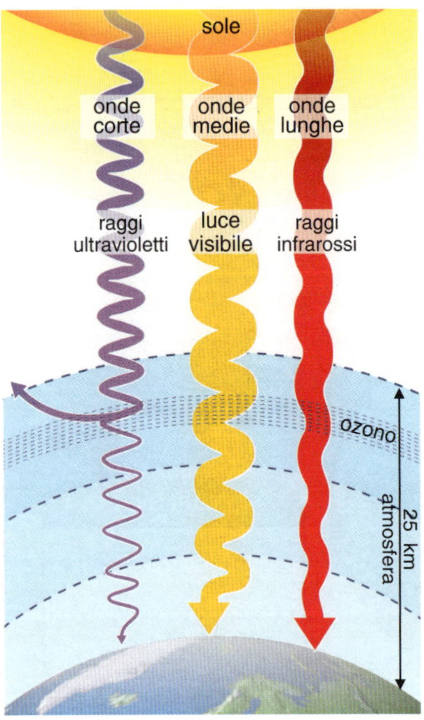

Fig. 6
Le radiazioni solari che giungono al suolo.

3.2 Produttori, consumatori, decompositori

Rispetto al modo in cui utilizzano l'energia, si definiscono tre ruoli ecologici differenti svolti dalle diverse categorie di organismi: *produttori*, *consumatori* e *decompositori*.

■ **I PRODUTTORI.** Le **piante** e gli altri **organismi fotosintetici** svolgono il ruolo di **produttori** di sostanza organica. Poiché la fabbricano senza trasformare o utilizzare sostanze organiche già presenti in natura, sono detti organismi **autotrofi**, cioè in grado di ricavare "da se stessi" (*autós*) il proprio nutrimento (*trophé*).

■ **I CONSUMATORI.** Gli animali e altri organismi **eterotrofi**, che rielaborano le sostanze organiche già sintetizzate da altri (vegetali o animali) per produrre le proteine, i grassi, gli zuccheri e ogni altro fattore necessario alla propria crescita, sono detti **consumatori**. I **detritivori** sono consumatori specializzati nel nutrirsi di resti di altri organismi morti, comportandosi da *spazzini* (ne sono esempi i granchi o i lombrichi, *fig. 7*).

7

Fig. 7
Lombrico nel terreno.

■ **I decompositori.** Prima o poi, la materia organica di cui sono fatti i viventi è destinata a decomporsi, cioè a venire smantellata nei composti inorganici semplici di partenza: diossido di carbonio, acqua e sali minerali (nitrati, fosfati ecc.). Tali trasformazioni chimiche avvengono per l'azione di particolari organismi eterotrofi, detti **decompositori**, come **batteri** e **funghi**, presenti nel terreno.
Funghi e batteri prosperano sul materiale organico non vivente (tronchi e rami caduti, foglie morte, cadaveri di animali, sterco) del quale si nutrono mediante assorbimento. Così facendo, disarticolano il materiale e ne decompongono le molecole fino a completa "mineralizzazione". Oltre all'acqua, vengono così restituiti all'ambiente i sali minerali (che andranno a fertilizzare il suolo) e il diossido di carbonio (che servirà di nuovo per la fotosintesi).

3.3 Il flusso dell'energia: le catene alimentari

In un ecosistema i vari gruppi di organismi della comunità sono legati tra loro da **relazioni di tipo alimentare**. Ogni organismo, da vivo o da morto, è una fonte di cibo per altri esseri viventi: i bruchi si cibano di foglie e sono a loro volta mangiati dagli uccelli insettivori, che possono essere divorati dai rapaci; con i resti di tutti costoro banchettano i detritivori e infine i decompositori.
Nell'ecosistema si stabilisce così una gerarchia di livelli nutrizionali o **livelli trofici**: dai produttori, ai consumatori e ai decompositori.

La sequenza dei passaggi del cibo da un livello trofico a un altro è detta **catena alimentare**.

I livelli trofici si possono considerare come gli anelli di questa catena. Nella *figura 8* è schematizzata una catena alimentare terrestre.

8

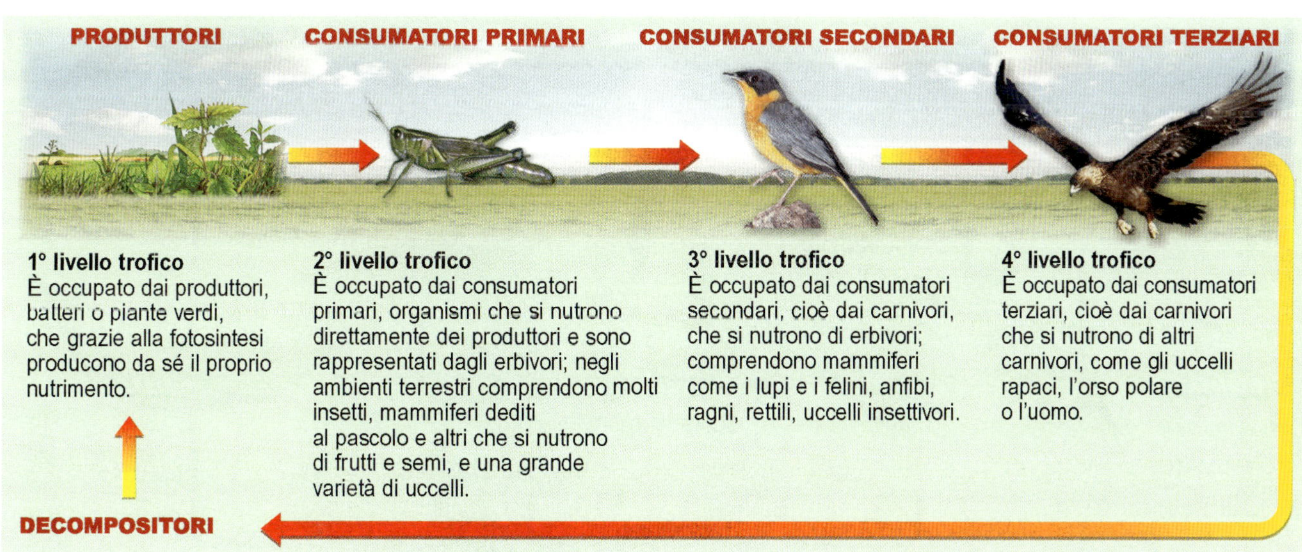

APPROFONDIMENTO *ON LINE*
- **L'amplificazione biologica**

La catena alimentare rappresenta il **flusso di energia** dell'ecosistema, che dal Sole passa attraverso una serie di scambi alimentari tra organismi produttori, ai consumatori e ai decompositori. A ogni passaggio, tuttavia, una parte dell'energia si disperde come calore: questo si libera soprattutto nei processi biologici che servono a mantenere in vita gli esseri viventi.

Rispondi

■ Quali sono i livelli trofici di una catena alimentare?
■ Quale funzione svolgono i decompositori?
■ Quali sono i produttori in una catena alimentare marina?

3.4 Le reti alimentari

Nella realtà, in un ecosistema non vi è una sola catena alimentare; infatti, i rapporti tra i vari viventi sono molto più complessi e numerosi, perché non sempre un organismo si ciba di una sola specie. In effetti, troviamo erbivori, come le cavallette, che mangiano quasi tutte le piante che trovano, mentre altri erbivori, quali per esempio le larve di farfalle, si nutrono di una o poche specie vegetali. I carnivori, a loro volta, possono avere una dieta più o meno variata: per esempio, una volpe può nutrirsi di uccelli, topi o conigli. In un prato o in un bosco, così come in uno stagno, in un fiume o nelle acque del mare esiste, in genere, un insieme di catene alimentari collegate fra loro, che formano una *rete alimentare*.

Una **rete alimentare** è un insieme di catene alimentari che hanno una o più prede in comune.

Una rete alimentare è tanto più intricata quanto più un ambiente è ricco di specie e quindi tanto più numerose sono le catene alimentari. Al vertice di una rete alimentare vi possono essere **uno** o **più predatori**; l'*uomo* stesso fa parte di una rete alimentare. Essendo onnivoro si nutre, come molte altre specie viventi, di prodotti sia vegetali sia animali. Appartiene, cioè, a più livelli trofici.
Un esempio di rete alimentare marina è rappresentato nella *figura 9*.

RISPONDI

- In che modo si svolge il flusso di energia in un ecosistema?
- Che cos'è una rete alimentare?
- Perché l'uomo occupa più livelli trofici contemporaneamente?

9

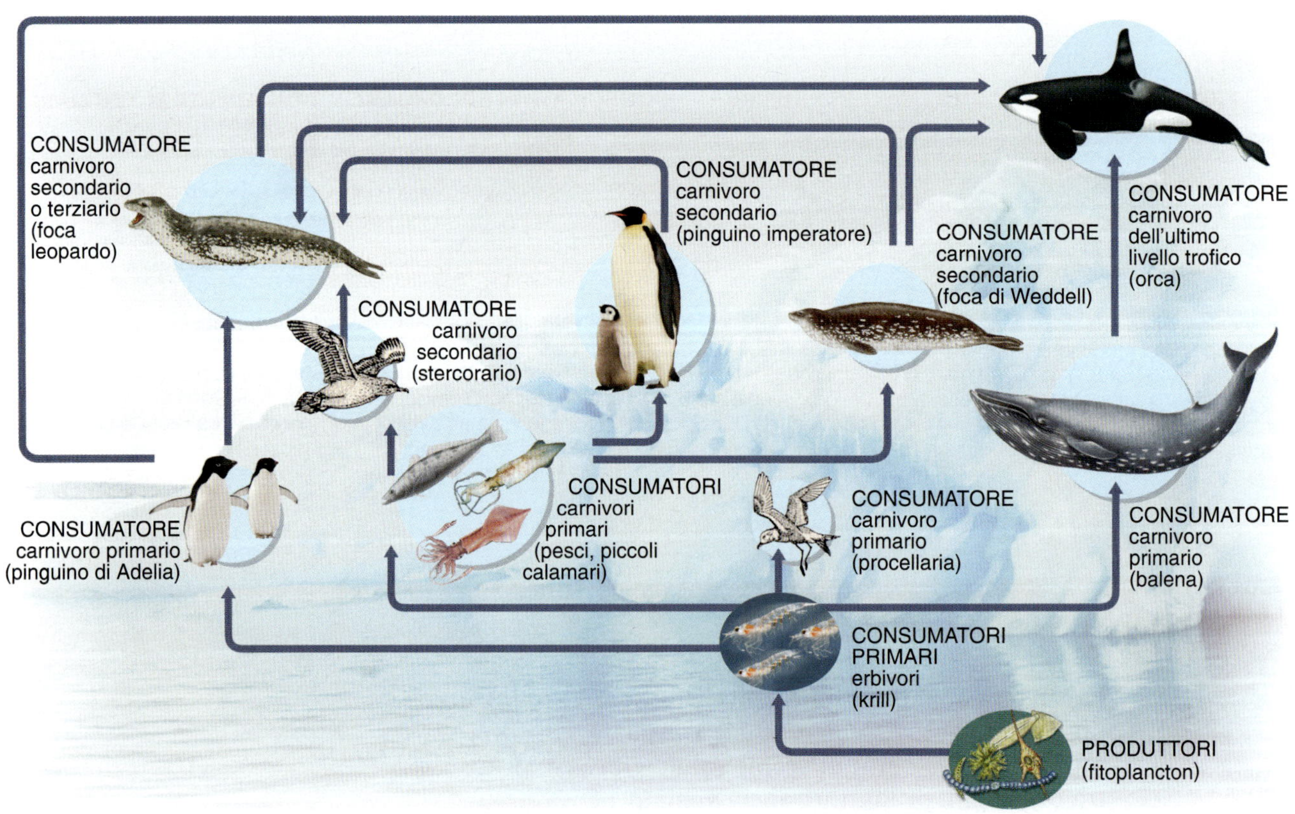

Fig. 9
Lo schema rappresenta alcuni dei numerosi componenti della rete alimentare del mare intorno all'Antartide, un ambiente ricco di vita nonostante il clima freddo. Ciò si deve al gioco delle correnti che provoca la risalita lungo le coste di acque profonde ricche di sostanze nutrienti: questo permette un abbondante sviluppo di alghe microscopiche (**fitoplancton**) che sono il nutrimento di piccoli crostacei, che costituiscono il **krill**, il cibo prediletto dalle balene e da alcune specie di pinguini, di pesci e piccoli calamari. Si formano così i primi anelli di un'intricata rete alimentare al cui vertice si colloca un temibile predatore: l'orca.

4 Il ciclo della materia

Le strutture biologiche degli organismi viventi devono essere fabbricate a partire da elementi e composti chimici presenti nell'ambiente terrestre, la cui disponibilità è limitata.
Per questo motivo i materiali che formano la massa corporea degli esseri viventi, a mano a mano che questi muoiono, devono essere smantellati e rimessi in circolazione per consentire la "costruzione" di nuovi individui; lo stesso accade per i rifiuti espulsi nell'ambiente dagli organismi nel corso della loro esistenza.
Nell'ecosistema la **materia**, che fa da vettore dell'energia nel suo tragitto presso i vari utenti dell'ecosistema, è incessantemente trasformata, cioè smontata e rimontata chimicamente. Gli atomi degli elementi che formano le complesse molecole biologiche rimangono tuttavia sempre gli stessi: non si creano e non si distruggono.
Un atomo di carbonio appartenente a una molecola di amido (per esempio, di un filo d'erba) può finire, il giorno dopo, in una proteina del muscolo di un cavallo per poi far parte, più tardi, di una molecola di diossido di carbonio (CO_2) sospesa nell'aria. Si calcola che una molecola di diossido di carbonio rimanga nell'atmosfera (mediamente) per circa 300 anni, prima di essere catturata di nuovo da una pianta.

La trasformazione ciclica dei costituenti chimici della materia in un ecosistema è detta ***ciclo biogeochimico***.

Ciclo biogeochimico
Il ciclo della materia è così chiamato perché gli elementi *chimici* passano continuamente dal mondo vivente (*bio*) a quello inorganico (*geo*) e viceversa.

I più importanti cicli biogeochimici sono quelli del *carbonio*, dell'*ossigeno*, dell'*azoto* e del *fosforo*.
Tutti questi cicli, in particolare quelli del carbonio e dell'ossigeno, si intrecciano con un altro fondamentale ciclo, il *ciclo dell'acqua* o *ciclo idrologico*, che oltre a rivestire una vitale importanza biologica è uno dei principali fattori di regolazione climatica e di modellamento del paesaggio della Terra (*fig. 10*).

10

Il ciclo dell'acqua

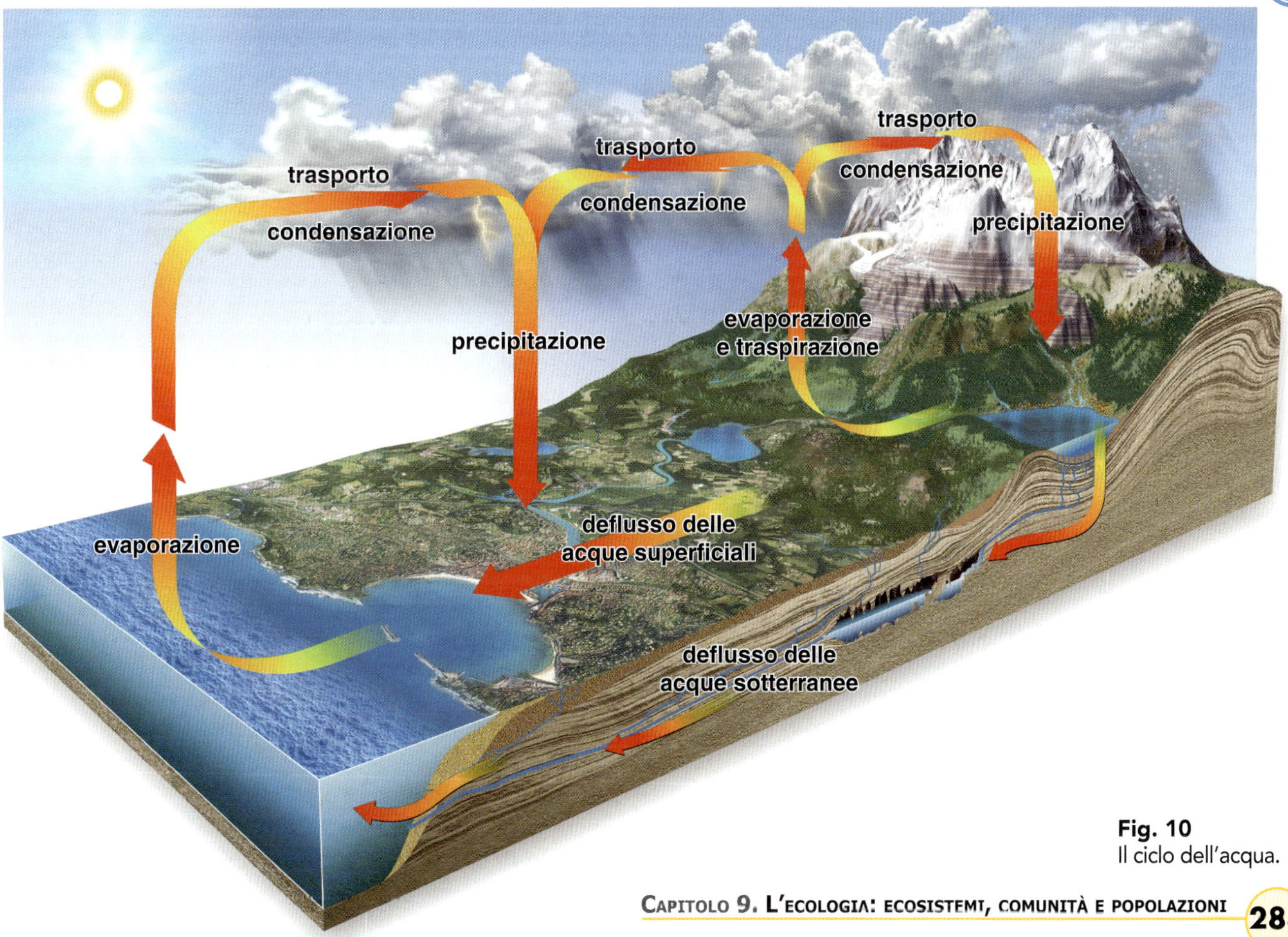

Fig. 10
Il ciclo dell'acqua.

4.1 Il ciclo dell'ossigeno

L'ossigeno viene prodotto dalle piante nel corso della fotosintesi (staccandolo dalle molecole d'acqua) e si accumula nei "serbatoi" dell'atmosfera, di cui costituisce circa il 21% in volume, e delle acque marine (in cui si trova disciolto), da dove viene prelevato dagli animali e dalle piante stesse che lo utilizzano nella respirazione.
L'ossigeno ritorna poi nell'ambiente incorporato nelle molecole di acqua che si formano nel processo respiratorio. Il ciclo dell'ossigeno, come vedremo, è strettamente intrecciato con il ciclo del carbonio (*par. 4.3*).

11

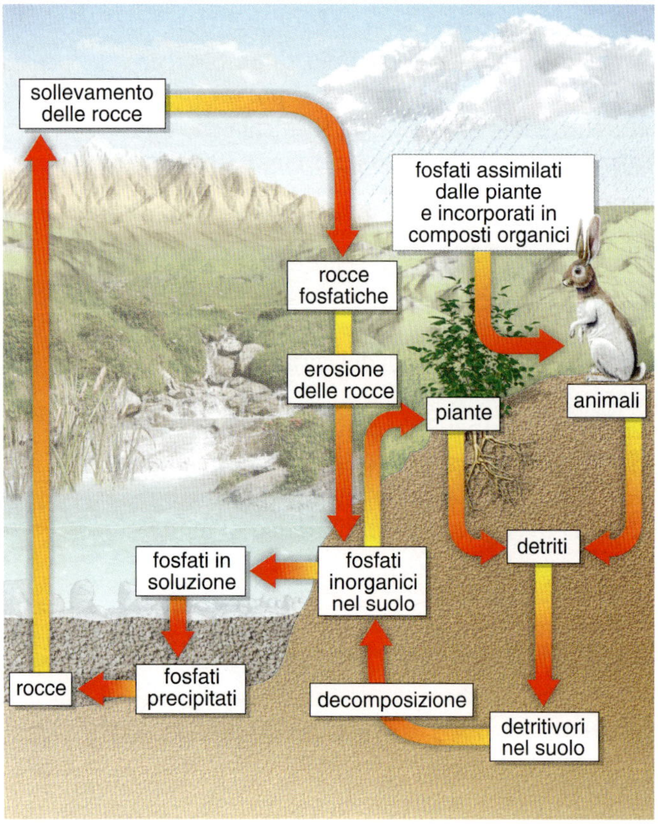

Fig. 11
Il ciclo del fosforo.

4.2 Il ciclo del fosforo

Il serbatoio di questo elemento che serve, tra l'altro, per la formazione delle ossa (fosfato di calcio) e degli acidi nucleici, sono le **rocce fosfatiche**, da cui inizia l'intero processo.
I sali di fosforo, portati dalle acque e sparsi nel terreno e nei mari, sono indispensabili per lo sviluppo delle piante e delle alghe.
Attraverso le catene alimentari gli atomi di fosforo passano negli erbivori e poi nei carnivori ma, una volta dispersi nell'ambiente (con la morte degli organismi che li contengono), vengono riciclati solo in parte. Infatti il ciclo del fosforo non prevede un riciclo completo e così una certa quantità di fosforo dispersa nel mare non viene più recuperata dagli organismi (*fig. 11*).

RISPONDI

- Che cosa sono i cicli biogeochimici? Spiega il significato della parola.
- Perché non tutto il fosforo viene riciclato?

4.3 Il ciclo del carbonio

L'unica fonte di carbonio utilizzabile dai vegetali è il diossido di carbonio (CO_2), presente in parte nell'atmosfera e in parte molto maggiore disciolta nelle acque degli oceani (*fig. 12*).
Nella **fotosintesi** operata da piante, alghe e fitoplancton, il CO_2 viene prelevato dall'ambiente e con l'intervento dell'energia luminosa viene fatto combinare con atomi di idrogeno provenienti dall'acqua (H_2O) (gli atomi di ossigeno dell'acqua si liberano, invece, nell'aria come molecole di ossigeno, O_2): in questo modo, il carbonio viene "fissato", cioè incorporato in composti organici (**biomolecole**).
In seguito alla scomposizione delle biomolecole, compiuta attraverso la **respirazione aerobica** (in presenza di ossigeno), operata da animali, piante e molti organismi decompositori, si riottengono i prodotti di partenza, cioè acqua e CO_2, che vengono restituiti all'ambiente.
Parte del carbonio contenuto nel CO_2 disciolto nelle acque si sottrae temporaneamente al ciclo, in quanto viene incorporato nei gusci o negli scheletri di certi organismi marini come **carbonato di calcio insolubile**; i resti

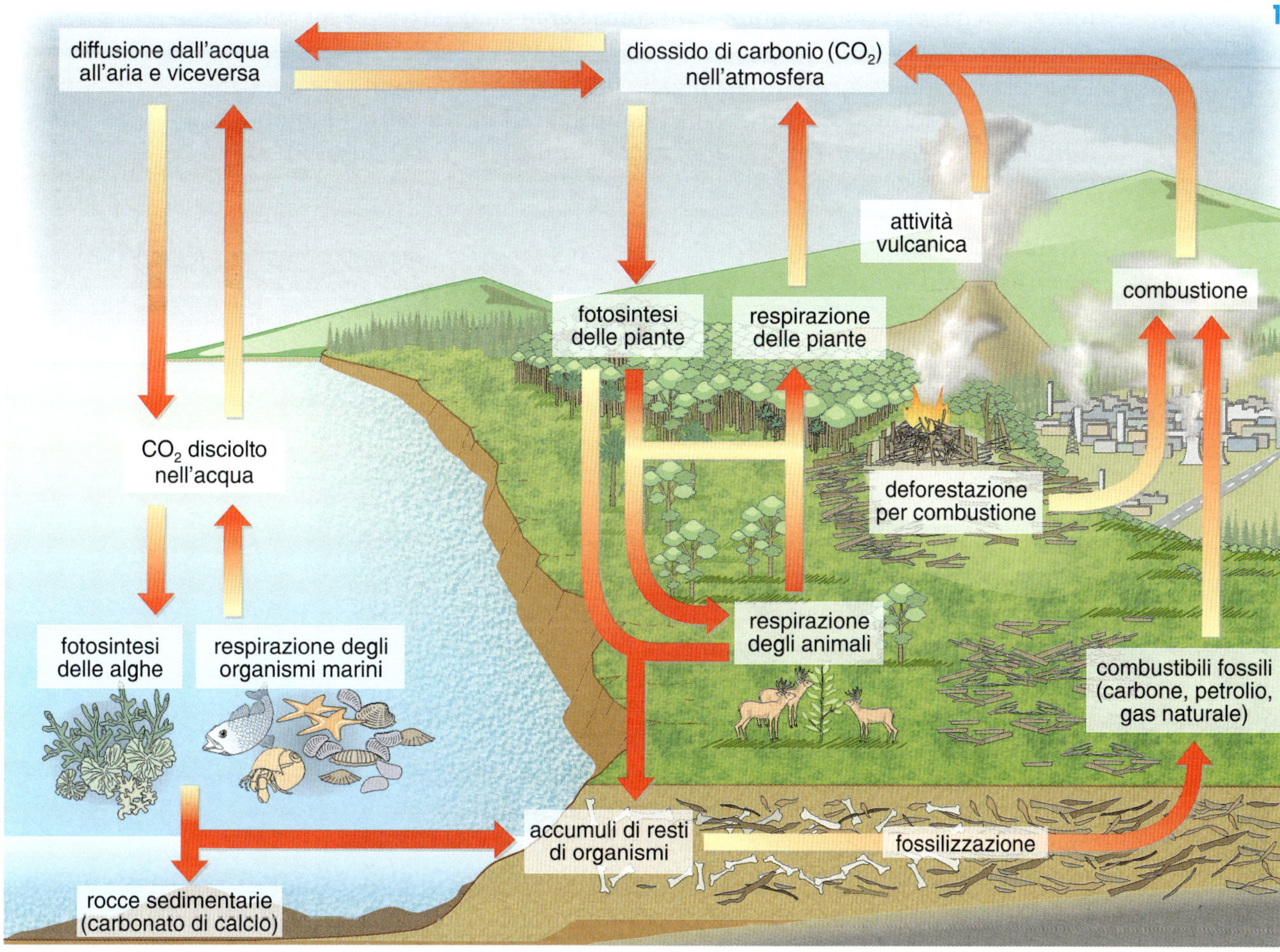

Fig. 12
Il ciclo del carbonio.

di questi organismi si accumulano come **sedimenti** che danno origine a vasti depositi di rocce calcaree: queste ultime possono essere trascinate in profondità nel mantello terrestre, dove passano allo stato fuso nei magmi, trasformandosi in CO_2, che, nelle eruzioni vulcaniche, viene di nuovo restituito all'atmosfera, rientrando nel ciclo.

Altre imponenti quantità di carbonio incorporate nei resti di antichi organismi marini e di piante sono rimasti sepolti in grandi ammassi che, nel corso dei tempi geologici, hanno subito processi di fossilizzazione, trasformandosi in giacimenti di **combustibili fossili** (carbone, petrolio e gas naturale): in seguito alla loro combustione per opera dell'uomo, enormi quantità di CO_2 vengono immesse nell'atmosfera.

Altre fonti di immissione di CO_2 nell'atmosfera sono gli incendi della vegetazione e le emissioni gassose dei vulcani.

RISPONDI

- Quali sono i principali cicli della materia?
- Come si compie il ciclo del carbonio?

4.4 Il ciclo dell'azoto

L'azoto, elemento indispensabile per la costruzione delle proteine (oltre che degli acidi nucleici DNA e RNA), è il principale componente dell'atmosfera (ne costituisce circa il 78% in volume), dove è presente come molecole biatomiche (N_2); tuttavia, né le piante né gli animali sono in grado di utilizzarlo in questa forma gassosa. Ci riescono invece certi batteri che vivono nel suolo e molti cianobatteri acquatici, definiti **azotofissatori** in quanto capaci di "fissare l'azoto", cioè di incorporarlo in composti azotati inorganici biologicamente utilizzabili come l'*ammoniaca* (NH_3) e gli ioni *ammonio* (NH^{4+}) da essa derivati (**ammonificazione**).

Gli ioni ammonio sono assimilabili dalle piante sia direttamente sia dopo essere stati trasformati da altri batteri dapprima in *nitriti* (NO^{2-}) e quindi in *nitrati* (NO^{3-}), che sono sali minerali azotati utili per le piante (*fig. 13*).

I batteri azotofissatori

I batteri azotofissatori che vivono nel suolo svolgono un ruolo importante, ma relativamente limitato.
Più attivi ed efficienti sono certi batteri che vivono in simbiosi con le radici delle leguminose (trifoglio, erba medica, legumi, soia); essi provocano la formazione di **noduli radicali**, di circa 1 mm, entro i quali vivono a spese della pianta; a questa forniscono in cambio i composti azotati che fabbricano con l'azotofissazione.
Per questa ragione le leguminose hanno una grande importanza ecologica, dato che arricchiscono il suolo di azoto (concimazione naturale).

13

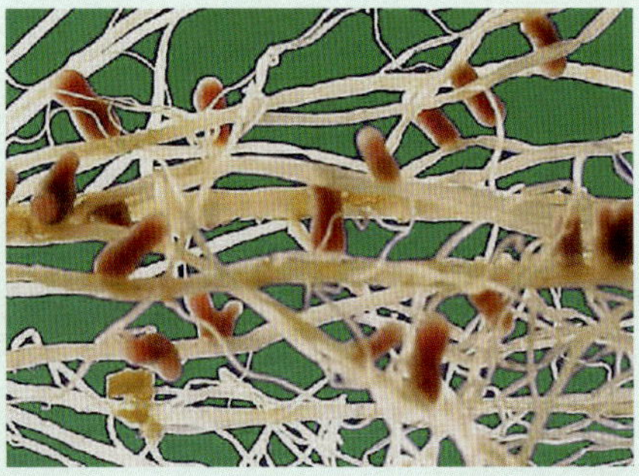

L'azoto, fissato e in seguito assimilato dalle piante, viene incorporato nelle biomolecole vegetali (soprattutto proteine) e quindi, attraverso gli erbivori, entra a far parte delle proteine animali. Prima o poi, l'azoto finisce per essere espulso con le urine, oppure restituito al terreno o alle acque in seguito alla morte e alla decomposizione della pianta o dell'animale. Entra così a far parte dei composti ammoniacali o di altre molecole organiche più o meno tossiche. Tali sostanze sono quindi trasformate da funghi e altri batteri (tra cui quelli detti **nitrificanti**) in nitrati nuovamente disponibili per le piante.

Vi è infine un altro gruppo di batteri, detti **denitrificanti**, in grado di decomporre i nitrati trasformandoli in azoto gassoso, che viene così restituito all'atmosfera chiudendo il ciclo (*fig. 14*).

RISPONDI

Quale funzione svolgono i batteri azotofissatori?

Fig. 14
Il ciclo dell'azoto.

14

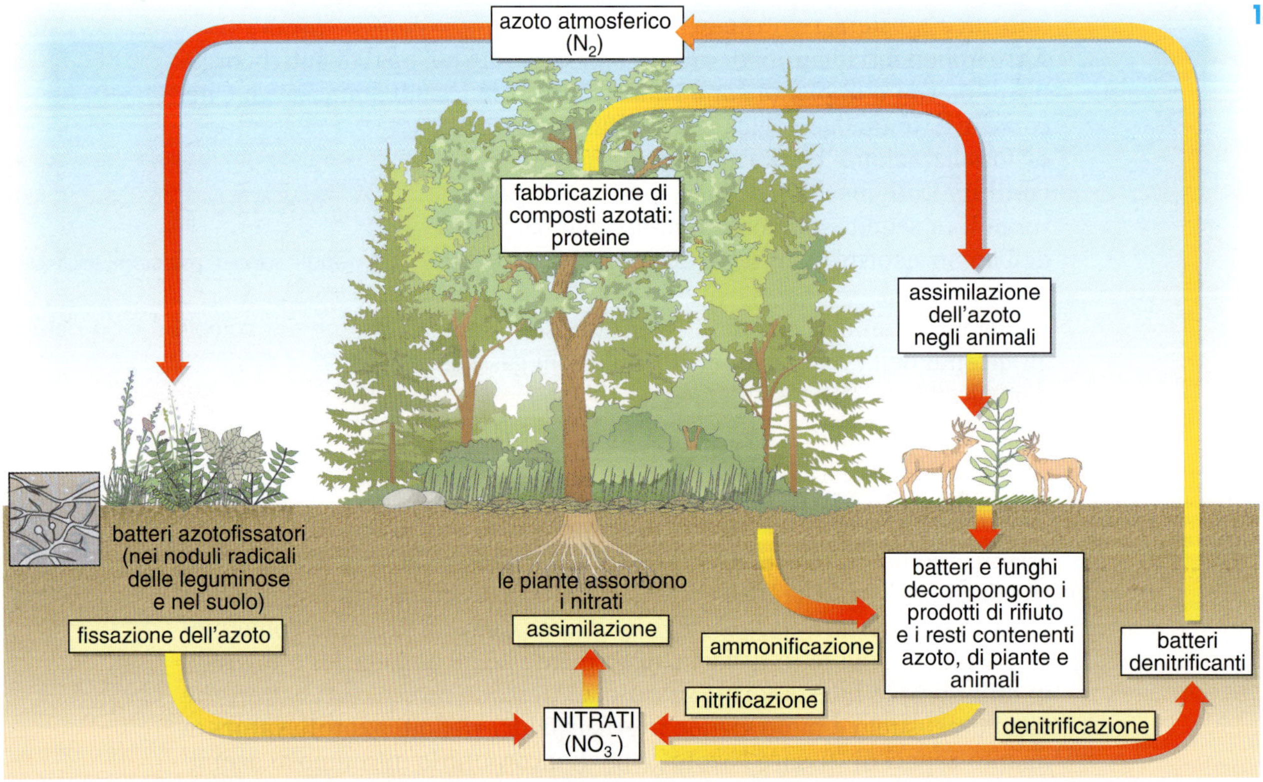

4.5 Energia e biomassa

Abbiamo parlato di trasferimenti di energia e materia negli ecosistemi, limitandoci a descrivere questi concetti da un punto di vista "qualitativo"; ora dobbiamo cercare di rispondere a questa domanda: *quanta energia e quanta materia sono trasferite da ogni livello trofico a quello successivo?*

Consideriamo una catena alimentare "tipo" come quella della *figura 15*.

Vediamo come si svolge il flusso di energia lungo i vari livelli.

15

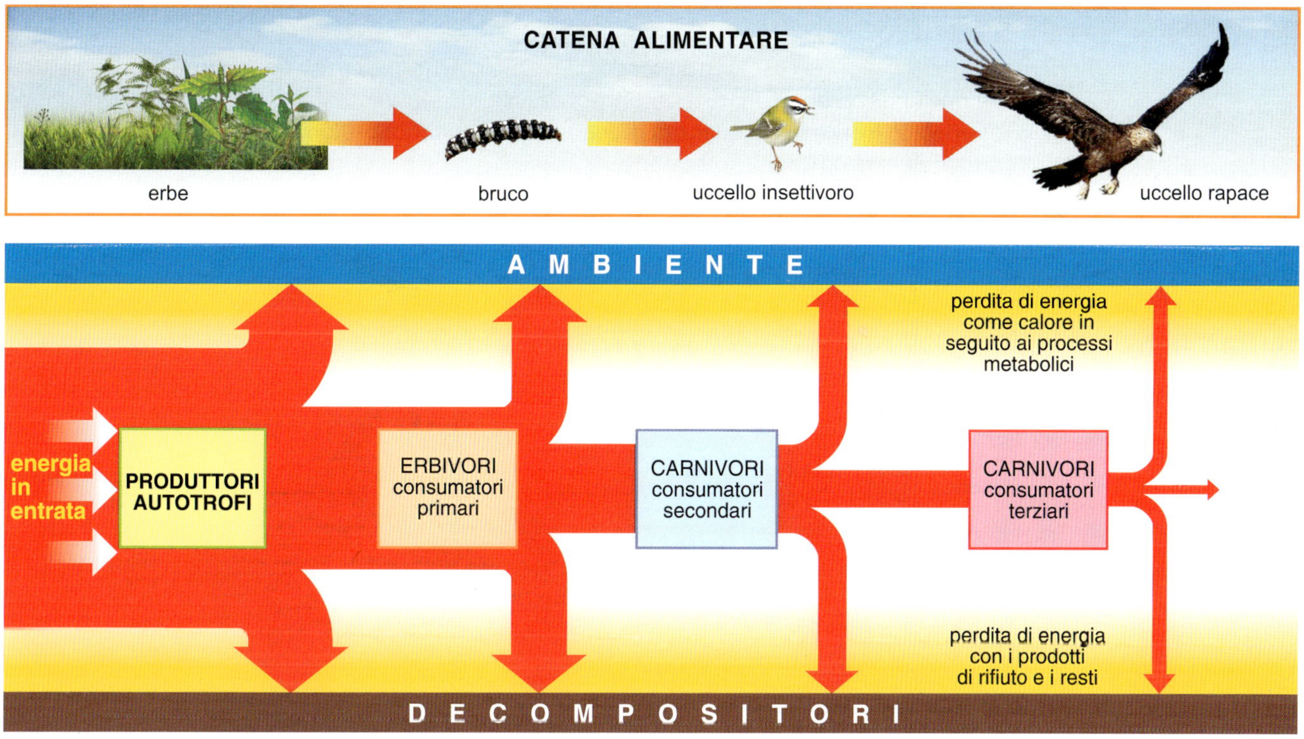

Fig. 15
Il flusso di energia in una catena alimentare terrestre.

Con la fotosintesi, l'energia solare iniziale assorbita dai produttori si trasforma in energia chimica, cioè in materia vivente o biomassa vegetale:

in ecologia viene indicata con il termine di **biomassa** la quantità in peso di materia vivente secca, cioè senza l'acqua.

Quanta di questa energia iniziale sarà disponibile per il successivo livello dei consumatori primari, i bruchi? Bisogna stabilire quali sono i consumi di energia al livello dei produttori. Le piante spendono una quota di energia nella respirazione cellulare, utilizzando parte delle sostanze organiche prodotte per le proprie funzioni vitali e questa energia alla fine è dispersa come calore. Un'altra quota di energia si sottrae, incorporata nei resti vegetali che saranno decomposti: come risultato, solo una frazione dell'energia accumulata sarà disponibile per i bruchi.

I bruchi, consumatori primari, richiedono energia, oltre che per la respirazione cellulare, anche per il movimento e alla fine dissipano energia come calore, attraverso i prodotti di escrezione e i resti destinati alla decomposizione. La quota di energia resa disponibile ai consumatori secondari sarà così molto ridotta rispetto a quella acquisita dalle piante.

Per gli uccelli si ripete quanto visto per i bruchi: l'energia trasmessa agli uccelli rapaci (consumatori terziari) sarà molto inferiore rispetto a quella ricevuta dai bruchi.

Nei passaggi attraverso i vari livelli di una catena alimentare l'energia disponibile diminuisce progressivamente. Dagli studi effettuati, risulta che in una catena alimentare l'**energia disponibile a ogni livello è meno del 10%** di quella disponibile al livello precedente. All'incirca lo stesso vale in genere anche per la biomassa, tranne che in alcuni ecosistemi acquatici.

Scienze e realtà

Le piramidi ecologiche

La diminuzione di energia (o di biomassa) che compete ai vari livelli di una catena alimentare viene rappresentata per mezzo di un diagramma a piramide chiamato **piramide ecologica**. Secondo i casi, può essere una **piramide dei numeri**, una **piramide dell'energia** (*fig. 16a*) o una **piramide della biomassa** (*figg. 16b, c*). La biomassa rappresenta l'energia chimica immagazzinata in un dato livello trofico come materia organica e quindi, similmente a quanto accade per l'energia, si riduce di solito vistosamente a ogni passaggio da un livello trofico a quello successivo.

Le piramidi sono costruite a blocchi, ciascuno corrispondente a un livello trofico, a partire da quello dei produttori, di area proporzionale, rispettivamente, al *numero di organismi* di ogni livello trofico o alla quantità di *energia* o alla quantità di *biomassa* che ogni livello trofico può prelevare da quello sottostante.

16a

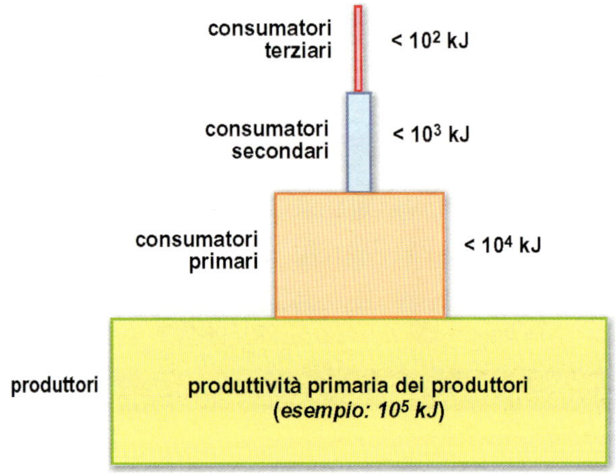

16b

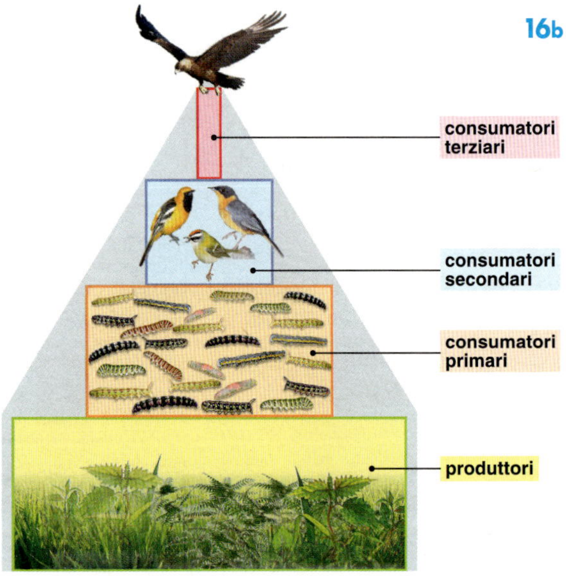

Fig. 16
(**a**) Piramide dell'energia che si riferisce alla catena alimentare della *figura 15*.
(**b**) Piramide della biomassa che si riferisce alla stessa catena alimentare. Si può stimare che, per mantenere in vita un uccello predatore, per ogni chilogrammo del suo peso sono necessari 10 kg di uccelli, che richiedono a loro volta 100 kg di bruchi, che necessitano di 1000 kg di foglie.

16c

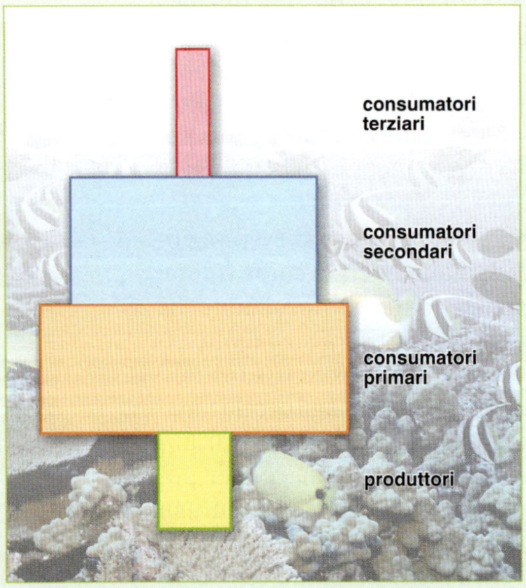

Quanto detto per la piramide della biomassa vale per gli ecosistemi terrestri. Nel caso degli ecosistemi acquatici, in genere, la piramide assume una forma irregolare, con la base che corrisponde al fitoplancton (produttori) ridotta rispetto a quella dei consumatori primari (*fig. 16c*).

Di fatto, nel mare la biomassa animale (cetacei, pesci, crostacei, molluschi e altri) supera in ogni momento la biomassa vegetale costituita dalle alghe microscopiche del fitoplancton; va tuttavia considerato che queste ultime si riproducono molto velocemente a differenza dello zooplancton e degli altri consumatori che crescono e si riproducono con ritmo più lento. Se però consideriamo non i rapporti di "peso" tra biomassa vegetale e animale, ma i flussi di energia che interessano gli organismi, allora si vede che l'energia coinvolta nello sviluppo delle alghe è ben maggiore (come è giusto che sia) di quella coinvolta nello sviluppo degli organismi consumatori.

Fig. 16c
Piramide della biomassa in una catena alimentare marina.

5 L'ecologia delle comunità

Come già accennato,

una **comunità** o **biocenosi** è l'insieme delle popolazioni di specie diverse che vivono in un medesimo habitat, legate tra loro da diverse forme di relazioni tra le specie (**relazioni interspecifiche**).

17

Si conoscono molti tipi di comunità. Per esempio, la comunità del suolo comprende batteri, funghi, lombrichi, insetti del terreno, mammiferi come talpe, oltre a vari tipi di piante con le loro radici (*fig. 17*).
Una comunità della costa marina sommersa include, per esempio, stelle di mare, chiocciole, alghe, pesci e altri organismi. Differenti ancora sono le comunità di una prateria, di un lago o di un bosco. Persino la microfauna e la microflora che abitano un cuscinetto di muschio costituiscono una piccola biocenosi.

Fig. 17
Questo minuscolo angolo di sottobosco può essere considerato una piccola biocenosi. Infatti oltre a diverse piante erbacee, ospita, nascosti tra il fogliame e l'humus, differenti specie tra lombrichi, insetti microscopici (collemboli), acari e nematodi che, a loro volta, interagiscono con funghi e batteri.

Punti chiave

Le comunità presentano caratteristiche strutturali e funzionali proprie:
- sono attraversate, come abbiamo visto, da un flusso di energia che collega i suoi componenti con catene e reti alimentari (**relazioni trofiche**);
- presentano determinati schemi di **distribuzione delle popolazioni e della biodiversità** delle specie presenti, oltre che una certa loro stratificazione spaziale;
- occupano una determinata posizione nell'**evoluzione** complessiva dell'ambiente.

5.1 Le relazioni interspecifiche

Le **relazioni** o **interazioni interspecifiche**, cioè tra specie differenti di una stessa comunità, sono la **predazione**, la **competizione**, il **parassitismo**, la **simbiosi** ("vita in comune"): tra le forme di simbiosi distinguiamo il **commensalismo**, il **mutualismo** e la **simbiosi facoltativa**.
La predazione, la competizione e il parassitismo tendono a limitare o impedire la crescita di una popolazione e quindi agiscono come fattori limitanti.

Fig. 18
Un ragno con le sue prede.

Fig. 19
Lo scoiattolo rosso (**a**) e quello grigio (**b**) sono specie in competizione tra loro.

■ Competizione

È un'interazione nella quale due (o più) specie competono per lo stesso cibo o per il medesimo spazio, per cui si limitano vicendevolmente lo sviluppo (*fig. 19*).

■ Predazione

Si ha predazione quando una specie si ciba di un'altra mediante uccisione diretta (*fig. 18*). Predatore, in senso tecnico, è anche chi divora una pianta intera o una pianta non ancora formata (un seme). Solitamente il predatore è più grande della preda, possiede organi di senso sviluppati e ha movimenti rapidi e ben coordinati.

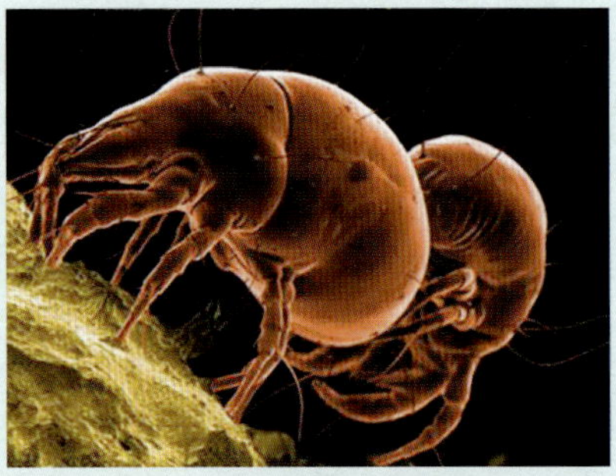

Fig. 20
Molti acari sono ectoparassiti.

Fig. 21
Pesce tropicale tra i tentacoli di un'attinia.

■ Commensalismo

È un tipo di simbiosi tra due specie, delle quali una ricava vantaggio, mentre l'altra resta indifferente. Molti animali marini fissi (molluschi, attinie; *fig. 21*) ospitano animali mobili (pesci, piccoli granchi). Questi ultimi fruiscono del cibo avanzato o anche dell'alloggio dell'animale che li ospita.

■ Parassitismo

È un tipo di simbiosi in cui una specie prende il proprio nutrimento dal corpo di un'altra specie. Il parassita è più piccolo della propria vittima, ha vita più breve, ha un apparato riproduttore molto sviluppato (deve produrre molte uova) e solitamente non uccide la vittima. Sono parassiti esterni all'ospite (**ectoparassiti**): pulci, cimici, pidocchi, acari (*fig. 20*), sanguisughe. Sono parassiti interni (**endoparassiti**): nematodi parassiti di piante e di animali, tenie, alcuni protozoi (provocano, per esempio, la malaria) e batteri.

■ Mutualismo (o simbiosi obbligatoria)

È un'associazione indispensabile alla vita delle due specie interessate che si instaura, di regola, tra organismi molto lontani tra loro dal punto di vista evolutivo. Ne sono esempi le simbiosi tra le alghe e i molluschi, gli insetti e le piante (*fig. 22*), i batteri che demoliscono la cellulosa e i ruminanti, i batteri azotofissatori e le leguminose, le micorrize e i licheni.

Fig. 22
Mutualismo tra pianta e insetto.

■ Simbiosi facoltativa

È un'associazione tra due specie che convivono con un vantaggio reciproco; le due specie possono vivere anche senza questo tipo di rapporto. Esempi sono gli uccelli che ripuliscono la bocca ai coccodrilli nutrendosi dei frammenti di cibo rimasti tra i denti (*fig. 23*); o l'associazione tra paguro (crostaceo) e attinia (cnidario) e quella tra uomo e cane; o le attinie che ricoprono e mimetizzano un granchio e nello stesso tempo si alimentano dei detriti lasciati dal loro ospite.

Fig. 23
Uccelli pulitori.

24

Fig. 24
Per la trota che vive nei torrenti di montagna l'intervallo ottimale di temperatura è di 5-10 °C, mentre per la tinca, che predilige i laghi e le pianure melmose di pianura, tale intervallo è di 16-20 °C.

5.2 La nicchia ecologica

All'interno di una comunità ogni specie è definita, da un punto di vista ecologico, da una serie di parametri entro i quali il suo sviluppo è ottimale. Ciascun organismo, in altre parole, ha un suo campo di preferenze per quanto riguarda le condizioni climatiche, chimico-fisiche (*fig. 24*), spaziali e biologiche. In ecologia si dice che ogni specie ha una sua **nicchia ecologica**.

Si definisce ***nicchia ecologica*** il ruolo o la *funzione* svolta da un organismo all'interno del suo habitat.

Nicchia ecologica
Contrariamente a quanto il termine potrebbe suggerire, la **nicchia ecologica** di un organismo non è (o è solo in via secondaria) l'ambiente o lo spazio occupato: per definire questo aspetto si usa un altro termine, quello di habitat.

Poiché la funzione principale di un organismo riguarda l'utilizzazione dell'energia, la nicchia ecologica è definita innanzitutto dal suo tipo di alimentazione (*effettua la fotosintesi, cioè è un produttore, o è un consumatore? È erbivoro, carnivoro o decompositore? Come si procura il cibo?*). In secondo luogo, la nicchia ecologica è definita dalle preferenze climatiche, dai fattori limitanti e dagli intervalli ottimali per quanto riguarda tutti i fattori ambientali che influenzano il suo "stile di vita". In base a una serie di osservazioni, si è potuto stabilire che:

in uno stesso habitat non possono coesistere due o più specie diverse che hanno la stessa nicchia ecologica.

APPROFONDIMENTO *ON LINE*
- Georgii Frantsevich Gause

Si tratta di una legge generale molto importante enunciata nel 1934 dal biologo russo **Georgii Frantsevich Gause**, nota come **principio dell'esclusione competitiva** o **principio di Gause**.

Se in un habitat vivono due specie con nicchie ecologiche molto simili, si scatena una forte competizione e una specie, quella più efficiente, finisce prima o poi per soppiantare l'altra. Quella perdente scompare dalla scena o si rifugia altrove; oppure, *modifica la propria nicchia ecologica*, adattandosi per esempio a una dieta diversa, cioè acquisendo una *specializzazione alimentare*.

In questo modo gli organismi possono sfruttare al meglio le risorse disponibili: così nell'ecosistema ci sarà spazio per un numero maggiore di specie a tutto vantaggio della sua biodiversità e della stabilità della comunità.

Nel caso degli habitat forestali, per esempio, molti organismi delle comunità differenziano la propria nicchia ecologica andando a occupare preferenzialmente differenti livelli di altezza: chi sulla cima degli alberi, chi rasoterra; si ha cioè una distribuzione "stratificata" delle varie specie o **stratificazione ecologica** (*fig. 25*).

RISPONDI
- Quali sono i principali tipi di rapporti interspecifici in una comunità?
- Quando si può instaurare un rapporto di competizione?
- Qual è la differenza tra habitat e nicchia ecologica?
- Che cosa sostiene il principio dell'esclusione competitiva?

25

Fig. 25
Nella savana africana varie specie di erbivori convivono in armonia nello stesso habitat cibandosi di parti differenti di erbe, cespugli e alberi.

5.3 Equilibrio ed evoluzione di un ecosistema

Un ecosistema raggiunge nel tempo una condizione di **equilibrio ecologico**, in cui le diverse specie ai vari livelli della catena alimentare si sono assestate con un numero di individui nelle proporzioni adeguate rispetto alle risorse ambientali disponibili e, se non intervengono gravi perturbazioni, la comunità si mantiene stabile nel tempo.

L'equilibrio di un ecosistema è tuttavia *dinamico*: infatti, in un ecosistema "maturo", cioè con una consistente biodiversità, la rete di interazioni che collega gli organismi tra loro e con l'ambiente è abbastanza ampia ed elastica da consentire all'ecosistema di ricostituire un nuovo equilibrio quando una sua parte viene perturbata o danneggiata.

26

Fig. 26
(**a**) Lupo.
(**b**) Cervo.

Per esempio, se per qualche causa diminuisce il numero dei predatori, come i lupi (*fig 26a*), aumenta quello delle loro prede, come i cervi (*fig. 26b*); ma un aumento di cervi, che sono erbivori, porterà presto alla riduzione dei vegetali di cui si cibano; gli erbivori rischiano così di morire di fame. Solo una reintroduzione di predatori permette di ristabilire l'equilibrio nel tempo.

Le comunità che compongono gli ecosistemi in equilibrio sono dunque il risultato di un'*evoluzione*, cioè di una serie di trasformazioni iniziate, all'origine, da una situazione completamente diversa.

Il processo attraverso il quale varie comunità subentrano nel tempo le une alle altre su una certa area si chiama **successione ecologica**.

Si parla di **successione primaria** se l'area non è mai stata colonizzata in precedenza. Se l'ecosistema rimane indisturbato per un tempo opportuno, cioè non viene distrutto dal fuoco o da eruzioni vulcaniche, si "stabilizza" o, come si dice, raggiunge una condizione di **clìmax** (da una parola greca che significa "scala"). Il tipo di clìmax è determinato dalla situazione geografica e meteorologica della zona (*fig. 27*).

APPROFONDIMENTO ON LINE
- La predazione e l'equilibrio ecologico

27

Fig. 27
Dallo stagno alle torbiere. Le piante palustri, a mano a mano che muoiono, si accumulano sul fondo, dove iniziano a decomporsi a opera di batteri che agiscono in ambiente povero di ossigeno.
A poco a poco si trasformano in un materiale di colore bruno scuro ricco di carbonio, la **torba**, che è il primo stadio della formazione del carbone. Lo stagno finisce per riempirsi sempre più di torba e in superficie viene progressivamente invaso dalla vegetazione,
mentre l'acqua si riduce fino a scomparire del tutto: lo stagno si trasforma così in una **torbiera**.
Su questa cominciano a crescere anche gli alberi e lo stagno può alla fine ritrovarsi trasformato in un bosco.

Rispondi

- Che cosa significa successione ecologica?
- Quale significato ecologico ha la predazione sulla stabilità della biocenosi?

Si verifica invece una **successione secondaria** quando un ecosistema preesistente viene alterato, come nel caso di una foresta distrutta da un incendio o disboscata dall'uomo oppure di un terreno coltivato che viene abbandonato. In questo caso, se il suolo, come in genere accade, conserva buona parte dei suoi elementi nutritivi, interverrà un graduale ripristino della vegetazione iniziale.

6 L'ecologia delle popolazioni

Ciascun organismo di un ecosistema fa parte di una **popolazione**, cioè di un insieme di individui della sua stessa specie.

Punti chiave

Ogni popolazione è caratterizzata, in ogni dato momento:

- dalla **dimensione**, cioè dal numero di individui componenti;
- dalla **densità**, data dal censimento del numero di individui per unità di superficie (km^2) o di volume, nel caso di ambienti acquatici (per esempio m^3) che vivono in un certo habitat;
- dalla **dispersione**, cioè la modalità con cui gli individui sono distribuiti nello spazio (*fig. 28*);
- dalla **struttura per classi di età**, che rappresenta la proporzione di individui di una popolazione appartenenti alle varie fasce di età.

APPROFONDIMENTO *ON LINE*

- Densità e dispersione di una popolazione
- Metodi di conteggio degli animali

Questi elementi permettono di valutare come la consistenza di una popolazione possa essere influenzata dalle condizioni ambientali e dall'interazione con popolazioni di altre specie. Informazioni di questo tipo sono tra i requisiti essenziali
28 per caratterizzare lo stato di un ecosistema.

Fig. 28
I bufali si riuniscono sempre in grandi gruppi di individui.

6.1 La dinamica delle popolazioni

Le popolazioni sono entità *dinamiche*, poiché le loro dimensioni sono soggette a variazioni nel tempo.

Gli indicatori per lo studio della dinamica delle popolazioni sono:

- la **natalità**, cioè il numero di nuovi nati per unità di tempo;
- la **mortalità**, cioè il numero di individui morti nell'unità di tempo;
- l'**immigrazione**, cioè il numero di nuovi individui che si sono aggiunti provenendo dall'ambiente esterno;
- l'**emigrazione**, cioè il numero di individui che si sono trasferiti in un altro ambiente.

Il numero **totale di individui** di una popolazione in un determinato momento è calcolato come nello *schema a lato*.

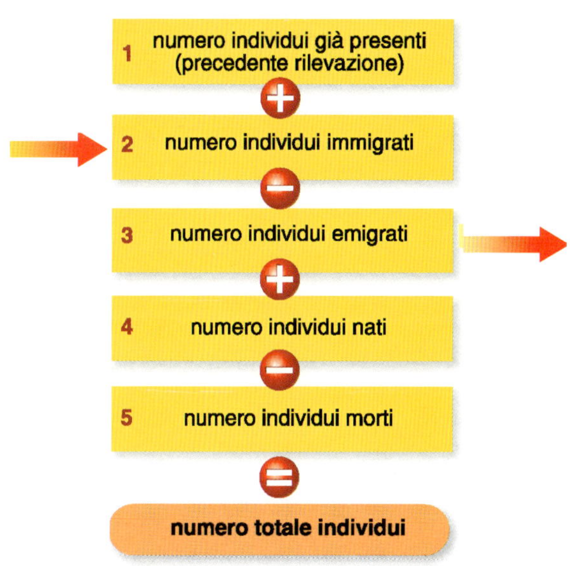

In assenza di immigrazioni ed emigrazioni, la differenza tra natalità e mortalità di una popolazione rappresenta il **tasso di accrescimento intrinseco**, che permette di stabilire la dinamica di una popolazione: se è positivo, la popolazione è in crescita; se è negativo, la popolazione è in diminuzione; se, infine, è uguale a zero, la dimensione della popolazione si mantiene stabile (popolazione a **crescita zero**).

6.2 Modello di crescita esponenziale

Consideriamo una popolazione in presenza di condizioni ottimali: cibo, spazio e altre risorse vitali abbondanti per tutti gli individui, del tutto trascurabili le interferenze da parte di altre specie in competizione per le risorse, nonché da parte di predatori o parassiti. In tale situazione, in assenza cioè di fattori limitanti, la popolazione tenderebbe a riprodursi all'infinito e a crescere di numero secondo una progressione geometrica, in quanto la velocità di crescita aumenterebbe essa stessa con l'aumentare della popolazione.
Consideriamo la curva di crescita di un tipo di organismo che si riproduce rapidamente coltivato in laboratorio: un batterio (*fig. 29*).

29

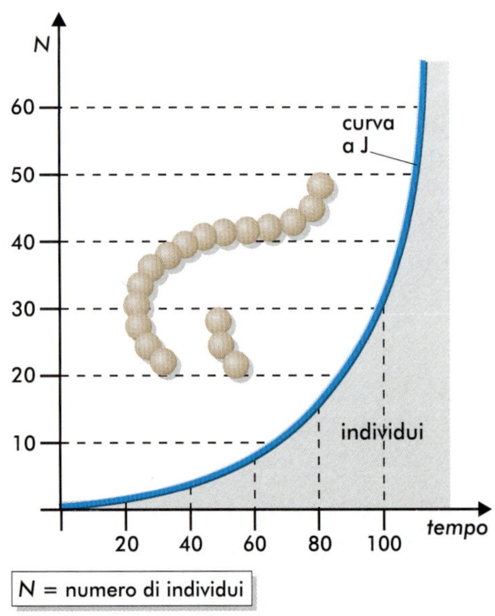

tempo (min)	numero batteri
0	$1 = 2^0$
20	$2 = 2^1$
40	$4 = 2^2$
60	$8 = 2^3$
80	$16 = 2^4$
100	$32 = 2^5$

Fig. 29
Se il batterio si trova in una capsula di laboratorio contenente sostanze nutritive in abbondanza, si divide ogni 20 minuti circa. Se si parte da una cellula, dopo 20 min avremo 2 cellule che saranno diventate 4 dopo 40 min, 8 dopo 60 min e così via; dopo 12 ore avremo una popolazione di quasi 69 miliardi di batteri (pari a 2^{36}). La colonia batterica raddoppia ogni 20 min e la progressione di crescita può essere espressa come potenze di 2; l'esponente apposto a 2 aumenta di un'unità a ogni generazione (2^0, 2^1, 2^2, 2^3 ecc.).

In questo caso osserviamo una spaventosa **esplosione demografica** (o "boom demografico", dalla parola greca *demos* che significa "popolo" o "popolazione"). La curva di crescita è impennata verso l'alto, cioè è una **curva a J** o **curva di crescita esponenziale**.

6.3 Modello di crescita logistica

In natura, però, aumenti demografici secondo il modello di crescita esponenziale non avvengono (o si verificano per brevi periodi) poiché vi sono diversi fattori limitanti.
Per esempio, in una popolazione di mosche molte uova risultano non vitali e altre vengono divorate (da acari o da insetti) prima di schiudersi; molte larve muoiono per scarsità di cibo, o a causa di predatori o di parassiti; molti adulti, infine, muoiono precocemente per avversità ambientali, o non riescono ad accoppiarsi, o risultano sterili.
Di fatto, per quasi ogni specie esiste una **densità critica**, oltre la quale la popolazione non trova sufficienti risorse (cibo, acqua, spazio abitabile) per vivere e riprodursi.

La dimensione massima di una popolazione che un dato ambiente è in grado di sostenere per tempi abbastanza lunghi è chiamata **capacità portante** dell'ambiente.

Ciascuna specie ha un suo valore limite di densità che corrisponde alla capacità portante dell'ambiente in cui vive. Nel caso dei cervi, per esempio, tale densità corrisponde di solito a circa 3 individui per km^2: superata questa soglia, nei cervi inizia uno stress da affollamento e la popolazione tende a diminuire.

APPROFONDIMENTO *ON LINE*
- Curva di sopravvivenza e strategie riproduttive

La crescita di una popolazione in natura avviene in genere secondo una **curva a S** o **sigmoide** (*fig. 30*, in blu), Questo tipo di crescita è chiamato modello di **crescita logistica**.
Non sempre tuttavia, in natura, ogni accrescimento esponenziale è destinato a rallentare assumendo l'andamento di una curva a S. Numerosi sono gli esempi di popolazioni sia vegetali sia animali (soprattutto insetti) in cui si osservano fasi di rapida crescita che si alternano ciclicamente a fasi di altrettanto rapida diminuzione: queste fluttuazioni sono note come cicli di **espansione-collasso** (*fig. 31*).

RISPONDI

- Qual è la differenza tra crescita esponenziale e crescita logistica?
- Che cos'è la capacità portante dell'ambiente?

30

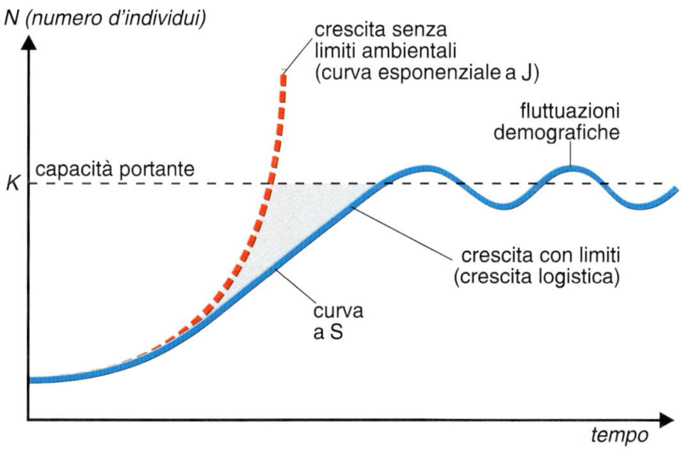

Fig. 30
La curva a S coincide, nel suo tratto iniziale, con una curva esponenziale, che tende a portare il numero degli individui della popolazione vicino al valore corrispondente alla capacità portante dell'ambiente (in rosso); successivamente, la velocità di accrescimento si riduce, stabilizzandosi intorno a valori più o meno costanti (con possibili fluttuazioni), che consentono alla specie di mantenersi in relativo equilibrio con il proprio ambiente.

31

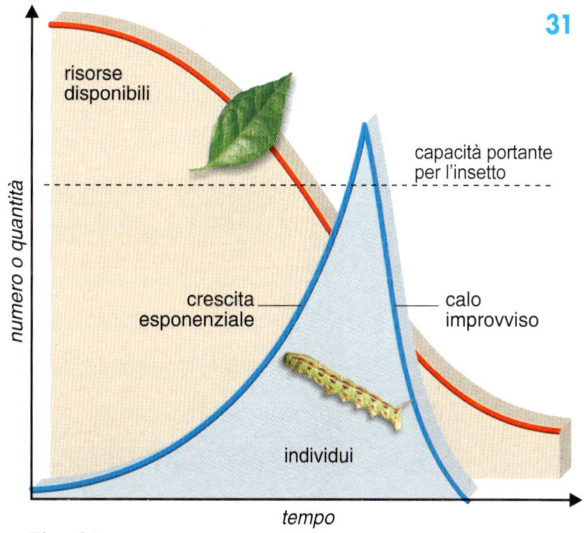

Fig. 31
In seguito a un'esplosione demografica viene superato il limite della capacità portante dell'ambiente, per cui subentra bruscamente una carenza di cibo o di spazio vitale o un aumento dei predatori che provocano un crollo della popolazione.

6.4 Struttura di una popolazione per classi di età

Nello studio di una popolazione, è importante valutare non solo quanto è grande, ma se è composta in prevalenza da invidui giovani, adulti o vecchi.

La distribuzione per età può essere raffigurata con un grafico, detto **istogramma delle età** (*fig. 32*).

Questo tipo di istogramma ha forma piramidale ed è costituito da più rettangoli sovrapposti: la lunghezza della base di ogni rettangolo rappresenta la percentuale degli individui appartenenti a ciascuna classe di età rispetto alla popolazione totale di una data specie (la parte sinistra della linea verticale si riferisce ai maschi, quella a destra alle femmine).

Quanto più si innalza la vita media degli individui tanto più si restringe la base della piramide, in quanto si riduce il divario tra il numero degli individui giovani e il numero degli individui di età sempre più avanzata: si dice allora che la popolazione invecchia.

32

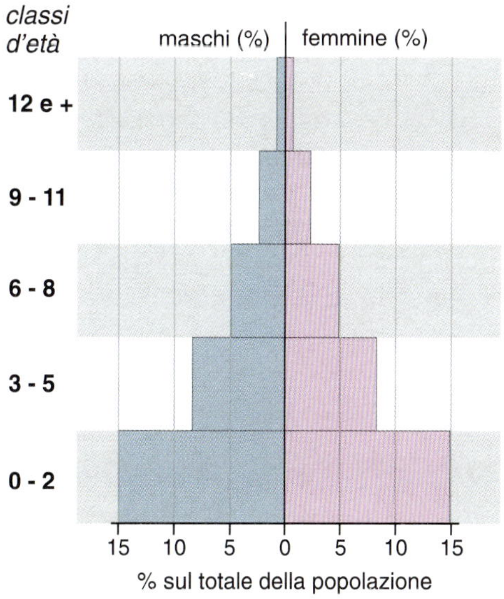

Fig. 32
Un istogramma delle età di una popolazione animale in crescita, con tanti giovani e pochi vecchi.

La crescita della popolazione umana

Un'eccezione ai modelli di crescita logistici osservati in natura è rappresentata dalla popolazione umana, che sembra mantenere da circa tre secoli una **crescita di tipo esponenziale.**

Secondo stime attendibili, 100 000 anni fa la popolazione umana contava all'incirca 100 000 individui, pari alla popolazione di Ancona. I nostri lontani antenati, pur dovendo sopravvivere in un ambiente ostile riuscirono tuttavia a non farsi sopraffare dalle difficoltà e così la nostra specie continuò a crescere lentamente di numero.

Quando, intorno a 10 000 anni fa, nell'antica Mesopotamia, alcuni gruppi di uomini cominciarono a coltivare piante e ad allevare animali diventando stanziali, la Terra era, presumibilmente, popolata da 5 milioni di abitanti (*fig. 33*).

33

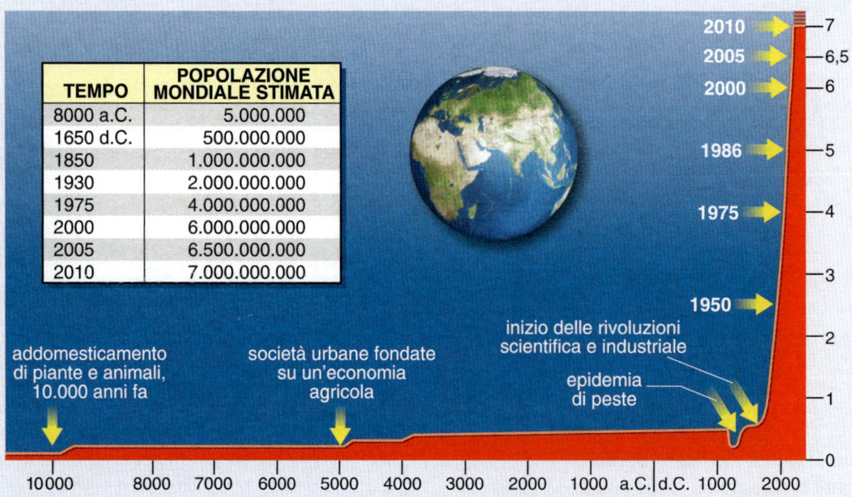

TEMPO	POPOLAZIONE MONDIALE STIMATA
8000 a.C.	5.000.000
1650 d.C.	500.000.000
1850	1.000.000.000
1930	2.000.000.000
1975	4.000.000.000
2000	6.000.000.000
2005	6.500.000.000
2010	7.000.000.000

Fig. 33
La curva di crescita della popolazione umana da 10 000 anni fa a oggi.

Nel 1650 sulla Terra vi era circa mezzo milardo di individui; la popolazione umana aveva continuato a crescere in modo lento e stabile, salvo per l'improvvisa diminuzione conseguente all'epidemia di peste che aveva colpito l'Europa verso la metà del XIV secolo, uccidendone almeno un terzo degli abitanti.

Dalla fine del XVII secolo, il tasso di crescita della popolazione è cominciato ad aumentare, portandola al raddoppio (1 miliardo di persone) all'inizio del XIX secolo e di nuovo al raddoppio (2 miliardi di persone) nel 1930.

Nel 2011 la popolazione umana ha toccato i 7 miliardi.

Attualmente, il tasso di crescita medio è pari all'1,3% annuo.

Le cause del progressivo aumento demografico sono diverse: tra queste, i progressi dell'agricoltura, lo sviluppo industriale e tecnologico, i miglioramenti delle condizioni igienico-sanitarie e dell'alimentazione. Come risultato si sono verificati una diminuzione della mortalità infantile e l'allungamento della vita media.

RISPONDI

- Con quale schema grafico si può rappresentare se una popolazione è "giovane" o "vecchia"?
- Che cosa significa avere un istogramma delle età con una base ampia e un vertice stretto?
- Perché è importante, secondo te, stabilire se una popolazione è formata prevalentemente da giovani o da vecchi?

CONCETTI IN SINTESI

Audiosintesi

1. L'**ambiente** è lo spazio che ci circonda, con le sue caratteristiche fisico-chimiche e biologiche.
L'**ecologia** è la scienza che studia i rapporti che gli organismi viventi stabiliscono tra loro e con l'ambiente che li circonda. L'ecologia si occupa dei viventi ai vari livelli di organizzazione: dalle singole **specie** alle **popolazioni**, alle **comunità** e agli **ecosistemi**.

2. Un **ecosistema** è l'insieme costituito da una comunità di organismi viventi e dall'ambiente dove essi risiedono e con il quale sono integrati attraverso una serie di complesse relazioni.
Un ecosistema può essere descritto in base a **fattori abiotici** (le caratteristiche fisiche e chimiche dell'ambiente) che definiscono il **biotòpo**, e **fattori biotici**, ossia le relazioni che legano reciprocamente gli organismi che rappresentano la **biocenosi**.
È detto **fattore limitante** ogni fattore che, essendo presente nell'ambiente in quantità troppo scarsa (o troppo abbondante) rispetto al suo valore ottimale, compromette la crescita di un organismo.

3. Il funzionamento di un ecosistema si mantiene grazie a un **flusso unidirezionale di energia** solare. Questa viene inizialmente sfruttata dagli organismi **produttori** che trasformano le sostanze inorganiche semplici in sostanze organiche ricche di energia, utilizzate dagli organismi **consumatori** (animali) e quindi dagli organismi **decompositori** (funghi e batteri), che demoliscono le sostanze organiche in sostanze inorganiche (minerali) che sono di nuovo rese disponibili per i produttori.
Gli organismi di un ecosistema sono dunque legati tra loro da relazioni di tipo alimentare, strutturate in **livelli trofici** (o nutrizionali: produttori, consumatori primari, consumatori secondari, consumatori terziari, decompositori). La sequenza dei passaggi del cibo (e quindi dell'energia) da un livello trofico a un altro è detta **catena alimentare**. Un insieme di catene alimentari collegate e intrecciate fra loro forma una **rete alimentare**.

4. Gli atomi degli elementi che costituiscono la materia sono soggetti a trasformazioni cicliche, dette **cicli biogeochimici**, che li fanno passare continuamente dal mondo vivente (*bio*), attraverso le relazioni alimentari, a quello inorganico non vivente (*geo*) e viceversa. I più importanti cicli biogeochimici sono quelli del **carbonio**, dell'**ossigeno**, dell'**azoto** e del **fosforo**. Nei passaggi attraverso i vari livelli di una catena alimentare si ha una progressiva diminuzione dell'energia via via disponibile e una variazione della **biomassa**. Queste variazioni sono rappresentate graficamente dalle **piramidi dell'energia** e **piramidi della biomassa**.

5. Una **comunità** o **biocenosi** è l'insieme delle popolazioni di specie diverse che vivono in un ecosistema. La varietà di specie ben rappresentate in una comunità si dice **biodiversità**. In una comunità si stabiliscono diverse **relazioni interspecifiche**. Comprendono: la **predazione**, la **competizione** e la **simbiosi** (parassitismo, commensalismo, mutualismo e la simbiosi facoltativa).
La **nicchia ecologica** definisce il ruolo o la funzione svolta da un organismo all'interno del suo habitat. La **legge di Gause**, o **principio di esclusione competitiva**, definisce che due specie molto simili per esigenze alimentari e ambientali non possono vivere nel medesimo habitat, perché si svilupperà tra loro una competizione per le risorse in cui quella più efficiente alla fine soppianterà l'altra.
Si instaura un **equilibrio ecologico** quando i vari componenti di un ecosistema sono presenti con un numero di individui nelle proporzioni adeguate rispetto alle risorse disponibili. La **successione ecologica** è il processo attraverso il quale comunità diverse subentrano nel tempo le une alle altre in una certa area geografica, fino a raggiungere una condizione di stabilità detta **climax**.

6. Una **popolazione** è l'insieme di individui della medesima specie che vivono in una certa area interagendo attraverso relazioni intraspecifiche. Ogni popolazione è caratterizzata, in ogni dato momento, da **dimensione**, **densità**, **dispersione** e **classi di età**.
Se non vi fossero limiti di sorta, una popolazione tenderebbe a ingrandirsi secondo un modello di **crescita esponenziale**. Solitamente, in natura, tuttavia, una popolazione cresce secondo una curva a S (**modello di crescita logistica**). Si dice **capacità portante dell'ambiente** la dimensione massima di una popolazione che un dato ambiente è in grado di sostenere per tempi abbastanza lunghi.

Verifica le CONOSCENZE

Verifiche interattive

1. Il concetto di ambiente e l'ecologia

1 **Indica quali di queste affermazioni sono vere.**

a. L'ambiente è l'insieme delle caratteristiche di temperatura e umidità del luogo dove viviamo.

b. L'ecologia è la scienza che studia l'ambiente inquinato.

c. L'ecologia degli organismi studia gli adattamenti delle specie all'ambiente.

d. La popolazione è un gruppo di organismi di specie diverse.

e. Le relazioni intraspecifiche si instaurano all'interno di una popolazione.

f. Una popolazione rimane immutata nel tempo.

g. L'ecologia delle comunità studia le relazioni interspecifiche.

h. L'ecologia degli ecosistemi si occupa anche di relazioni alimentari.

2. L'ecologia degli ecosistemi

2 **Stabilisci quali delle seguenti affermazioni sono vere (V) e quali false (F), indicando in quest'ultimo caso il termine corretto.**

	V	F
a. Il termine ecologia fu coniato da Charles Darwin.	❑	❑
b. I fattori biotici riguardano la componente vivente di un ecosistema.	❑	❑
c. La temperatura è un fattore biotico.	❑	❑
d. Il biotòpo è l'insieme degli organismi presenti in un certo ambiente.	❑	❑
e. I fattori abiotici riguardano l'ambiente fisico.	❑	❑
f. Una popolazione forma la biocenosi.	❑	❑
g. Un ecosistema è formato da un biotòpo e da una biocenosi.	❑	❑
h. Un ecosistema è chiamato anche habitat.	❑	❑
i. Quando una risorsa essenziale per un organismo scarseggia, costituisce un fattore limitante.	❑	❑

3. L'energia degli ecosistemi

3 **Stabilisci quali delle seguenti affermazioni sono vere (V) e quali false (F), indicando in quest'ultimo caso il termine corretto.**

	V	F
a. L'energia circola continuamente all'interno di un ecosistema.	❑	❑
b. La radiazione solare raggiunge la superficie terrestre soprattutto sotto forma di raggi ultravioletti.	❑	❑
c. I produttori sono organismi autotrofi.	❑	❑
d. Gli animali sono organismi autotrofi.	❑	❑
e. I consumatori sono organismi eterotrofi.	❑	❑
f. I decompositori comprendono i batteri.	❑	❑
g. I detritivori sono organismi decompositori.	❑	❑
h. Il 2° livello trofico di una catena alimentare è occupato dalle piante.	❑	❑
i. Una catena alimentare inizia sempre dai produttori.	❑	❑
l. Un consumatore del 3° livello trofico si nutre sempre di animali.	❑	❑

4 **Scegli il completamento corretto.**

1. I decompositori comprendono
- **a.** funghi e piante
- **b.** animali e batteri
- **c.** batteri e funghi
- **d.** funghi, piante e batteri

2. Un carnivoro che si nutre di un erbivoro occupa
- **a.** il 4° livello trofico
- **b.** il 3° livello trofico
- **c.** il 2° livello trofico
- **d.** il 1° livello trofico

3. Gli organismi dello zooplancton sono perlopiù
- **a.** consumatori terziari
- **b.** consumatori primari
- **c.** consumatori secondari
- **d.** produttori

4. Il ciclo della materia

5 **Scegli il completamento corretto.**

1. Un ciclo biogeochimico è
- **a.** l'insieme delle trasformazioni chimiche che avvengono in una catena alimentare
- **b.** l'insieme dei processi di decomposizione operati dai funghi e dai batteri
- **c.** il trasferimento degli atomi degli elementi chimici dal mondo vivente all'ambiente fisico e viceversa
- **d.** l'insieme delle trasformazioni di composti inorganici semplici in composti organici complessi

2. La fissazione dell'azoto atmosferico avviene per opera di
- **a.** batteri e funghi
- **b.** batteri azotofissatori
- **c.** funghi
- **d.** piante

3. La perdita di energia nel passaggio da un livello trofico a quello successivo di una catena alimentare è di circa il
   a. 10% **b.** 20% **c.** 50% **d.** 90%

5. L'ecologia delle comunità

6 Scegli il completamento corretto.

1. Sono in competizione tra loro
   a. un leone e un'antilope
   b. un ghepardo e una gazzella
   c. una gazzella e una giraffa
   d. una iena e un avvoltoio
2. È un tipo di interazione interspecifica che arreca vantaggio a entrambe le specie interessate
   a. il parassitismo
   b. la predazione
   c. il mutualismo
   d. il commensalismo
3. L'associazione tra lo squalo e il pesce remora è un esempio di
   a. parassitismo
   b. competizione
   c. mutualismo
   d. commensalismo

7 Stabilisci quali delle seguenti affermazioni sono vere (V) e quali false (F), indicando in quest'ultimo caso il termine corretto.

	V	F
a. Due organismi di specie diverse presenti nello stesso habitat convivono pacificamente se le loro nicchie ecologiche si sovrappongono.	❑	❑
....		
b. La legge di Gause è nota anche come principio di mutua esclusione.	❑	❑
....		
c. Il commensalismo è un tipo di simbiosi.	❑	❑
....		
d. Il mutualismo è una relazione interspecifica in cui una specie trae vantaggio, mentre l'altra non trae vantaggio né subisce danno.	❑	❑
....		
e. L'equilibrio di un ecosistema è di tipo dinamico.	❑	❑
....		
f. Una comunità subentra a un'altra in un ecosistema attraverso un processo detto evoluzione ecologica.	❑	❑
....		

6. L'ecologia delle popolazioni

8 Stabilisci quali delle seguenti affermazioni sono vere (V) e quali false (F), indicando in quest'ultimo caso il termine corretto.

	V	F
a. In assenza di fattori limitanti l'aumento di una popolazione avviene secondo un modello di crescita logistica.	❑	❑
....		
b. La capacità portante dell'ambiente può essere misurata dalla densità di popolazione.	❑	❑
....		
c. La curva di crescita della popolazione umana segue un andamento a "S".	❑	❑
....		

Verifica le ABILITÀ

1 Collega ogni termine della colonna A con il temine o i termini a esso logicamente associati della colonna B.

A	B
a. Comunità	**1.** Temperatura
b. Fattore limitante	**2.** Relazioni interspecifiche
c. Fattore abiotico	**3.** Relazioni intraspecifiche
d. Fattore biotico	**4.** Biocenosi
e. Popolazione	**5.** Legge del minimo

[**a.** ....]; [**b.** ....]; [**c.** ....]; [**d.** ....]; [**e.** ....].

Sviluppo delle competenze

2 **Considera la frase seguente.**

"Gli alberi di un bosco sono in concorrenza tra di loro per lo spazio e le risorse disponibili e nello stesso tempo influiscono sulla temperatura e sull'umidità presenti nel loro habitat; tutto ciò fa sentire i suoi effetti su tutti gli altri organismi che vivono nel bosco".

a. Quali fattori ecologici, e di che tipo, sono indicati nel brano riportato?

....

....

b. Quale considerazione generale si può fare circa la relazione tra i differenti tipi di fattori ecologici?

....

....

....

3 **Completa la tabella indicando con + un vantaggio, con – uno svantaggio e con 0 l'indifferenza per quanto riguarda la specie B.**

	SPECIE A	SPECIE B
predazione	+	❑
parassitismo	+	❑
competizione	–	❑
commensalismo	+	❑
mutualismo	+	❑
simbiosi facoltativa	+	❑

4 **Nel grafico la curva in nero rappresenta un modello di crescita della popolazione.**

a. Di quale modello si tratta? ....

....

b. Completa il grafico collegando con ciascuno dei suoi elementi, indicato da lettere, i seguenti termini:

1. capacità portante – **2.** crescita illimitata – **3.** crescita con limiti – **4.** curva a J – **5.** curva a S – **6.** numero di individui – **7.** tempo.

[**a.** ....]; [**b.** ....]; [**c.** ....]; [**d.** ....]; [**e.** ....]; [**f.** ....].

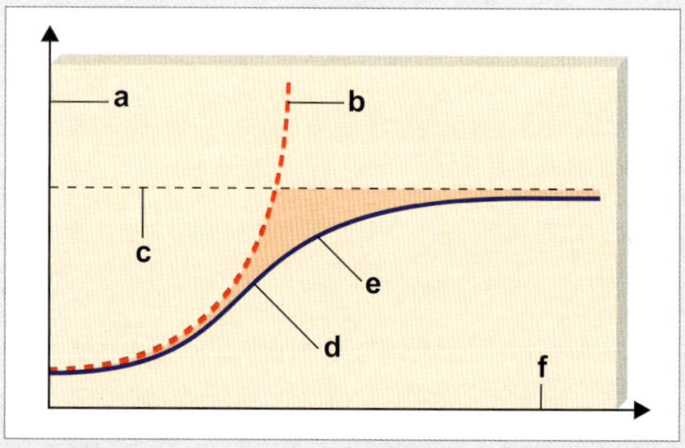

5 **Rispondi alle domande.**

a. Che tipo di successione ecologica si stabilisce, rispettivamente, sopra una distesa lavica raffreddata e su un terreno coltivato in seguito abbandonato?

b. In quale caso i primi organismi a svilupparsi saranno piante erbacee?

Verifica di competenze

• L'ESPERIMENTO DI GAUSE

Gause allevò due specie di protozoi, *Paramecium aurelia* e *Paramecium caudatum* che si nutrono dello stesso tipo di batteri.
I risultati sono riassunti nel *grafico a lato*: le curve tratteggiate indicano la crescita delle popolazioni allevate separatamente; le curve continue indicano la crescita delle popolazioni allevate insieme.

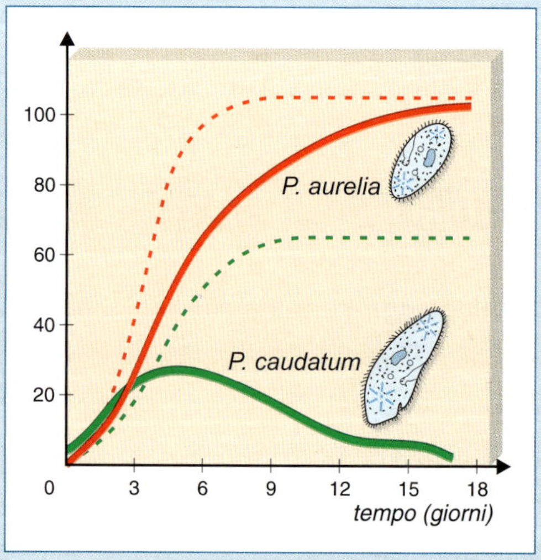

6 **1. Da quanto osservi nel grafico, in quanto tempo le due popolazioni di *Paramecium aurelia* e *Paramecium caudatum*, allevate separatamente, raggiungono ciascuna la dimensione massima possibile per la propria specie?**

2. Osserva l'andamento della crescita delle due popolazioni di *P. aurelia* e *P. caudatum* quando vengono allevate insieme. Una delle due popolazioni si estingue? Se sì, quale? Giustifica la tua risposta.

APPROFONDIMENTO *ON LINE*
- Mappa interattiva

SUMMARY

1. *The* ***environment*** *is the space which surrounds us with physical, chemical and biological properties.*
Ecology *is the science which studies the relationship between living organisms and their surrounding environment. Ecology is concerned with living beings at various levels of organisation:* **species**, ***populations***, ***communities*** *and* ***ecosystems***.

2. *An* ***ecosystem*** *is composed of a community of living organisms and the environment in which they are integrated by a series of complex connections.*
An ecosystem can be described based on a series of ***ecological factors***. *On one hand they can represent* ***non-living*** *components, known as* ***abiotic factors***, *which include physical and chemical environmental characteristics and define the* ***biotope***.
On the other hand there are the ***living*** *components, or* ***biotic factors***, *which include the reciprocal bonds between the organisms of the* ***living community***, *or* ***biocoenosis***.
The ***limiting factor*** *is a factor which is present in too great or too small a quantity in the environment, compromising the growth of an organism.*

3. *Ecosystems function because of a* ***unidirectional solar energy flow***.
This is initially used by organisms known as ***producers*** *(plants) to transform simple inorganic substances into energy rich* ***organic substances***, *using* ***photosynthesis***. *These are used as a nutritional source by* ***consumer*** *organisms (animals) and then by* ***decomposers*** *(fungi and bacteria). The latter breakdown the organic substances found in the waste produced by consumers, and turn them into inorganic minerals which are once again available for the producers.*
Organisms in an ecosystem are tied by ***nutritional relations***, *structured by a hierarchy of* ***trophic levels***:
- *producers;*
- *primary consumers;*
- *secondary consumers;*
- *tertiary consumers;*
- *decomposers.*

The sequence representing the passage of food from one trophic level to another is known as the ***food chain***. *Multiple food chains that are linked and connected, form a* ***food web***.

4. *The atoms of elements which make up matter undergo cyclic changes known as* ***biogeochemical cycles***. *The atoms continually go from the living* (bio) *world to the inorganic non living* (geo) *world and vice versa.*
The most important biogeochemical cycles are the ***carbon***, ***oxygen***, ***nitrogen*** *and* ***phosphorous*** *cycle. Through various levels of the food chain the available energy decreases and the biomass (dry weight of living matter) varies.*
Energy pyramids and ***biomass pyramids*** *are diagrams used to represent the quantity of energy and biomass at each trophic level.*

5. *A* ***community*** *or* ***biocoenosis*** *is composed of all the populations of different species that live in a certain area. The variety of the species present defines its* ***biodiversity***.
The most important interspecific relations between different species in the community include:
- *predation,*
- *competition,*
- *symbiosis (parasitism, commensalism, mutualism and facultative symbiosis).*

The ***ecological niche*** *defines the role and function of an organism within its habitat. According to the* ***Gause's law***, *or the* ***principal of competitive exclusion*** *two similar species (sharing food and environment) cannot coexist in the same habitat, because a competition for resources will arise where the most efficient will prevail over the other.*
An ***ecological equilibrium*** *is attained when the various components of an ecosystem have numbers of individuals of adequate proportions with respect to the available resources.*
Ecological succession *is the process through which different communities enter new geographic areas over time, until they reach stable conditions known as the* ***climax***.

6. *A* ***population*** *is a group of organisms of the same species that interact thorough intraspecific relations and live in a certain area.*
Each population is characterised by:
- ***size***,
- ***density***,
- ***dispersion***,
- ***structure by age groups***.

If there were no limitations, a population would increase geometrically, following an ***exponential growth*** *model, represented by a* ***J curve***. *In nature, however, a population usually varies its dimensions according to a logistic growth model with a representative* ***S curve***.
The ***environment's carrying capacity*** *is defined as the maximum size of a population that can be sustained, over a fairly long period, by that environment.*

EXERCISES

1 **Choose the correct statement.**

1. Biocoenosis is
   a. the entirety of the planet's abiotic factors
   b. every single population present in an ecosystem
   c. the habitat of an organism
   d. all the communities present in an ecosystem

2 **Point out the incorrect statement.**

1. An ecosystem
   a. consists of a living and a non-living component
   b. is described as a series of charateristics known as ecological factors
   c. consists of a habitat and a biocoenosis
   d. consists of a biotope and a biocoenosis

3 **Complete the following definitions by inserting the correct terms among the ones indicated below.**

a. During photosynthesis plants convert solar energy into .... energy.
b. Plants make their own nutritional organic substances and are therefore .... organisms.
c. The flow of energy in an ecosystem is continuous and ....
d. The passage of food through trophic levels of an ecosystem is known as the ....
e. .... is the 1st trophic level of the marine food chain.
f. Multiple food chains with one or more trophic levels in common form a ....
g. .... feed from dead plants and animals.
h. Essential for protein synthesis ....
i. During photosynthesis plants absorb .... from the atmosphere.

[*autotrophs – chemical –* CO_2 *– cyclic – detritivores – food chain – food web – heterotrophs –* H_2O *– N – nitrogen fixing bacteria –* O_2 *– phytoplankton – secondary consumers – thermal – unidirectional – zooplankton*]

5 **Choose the correct statement.**

1. Communities include populations of species
   a. of different types that live in different habitats
   b. of different types that live in the same habitat
   c. of the same type that live in the same habitat
   d. of the same type that live in different habitats
2. The ecological niche is
   a. the environment in which an organism lives
   b. the habitat of an organism
   c. the function of the organism
   d. the species diversity
3. The carrying capacity of an environment is
   a. the density of organisms it can sustain
   b. the quantity of resources present in an environment
   c. the maximum quantity a population it is able to sustain
   d. the quantity of resources present in an environment per square metre

6 **Solve the following problems.**

a. Suppose a lawn inhabits 1000 ladybirds and that this population had a growth rate of 100 individuals per year.
How many individuals will the ladybird population have after 20 years?

....

b. Suppose a different lawn inhabits 2 ladybirds and that the population number doubles each year.
How many individuals will be in the population after 20 years?

....

4 **Match the expressions in column A with the words in column B.**

A

1. Oxygen cycle
2. Exchange of matter between abiotic and biotic components of an ecosystem
3. Amount of dry living matter expressed in g/m^2
4. Second trophic level
5. Photosynthesis
6. Secondary consumers
7. Process making atmospheric nitrogen available to plant
8. Food chain

B

a. Biomass
b. Carnivores
c. Trophic levels
d. Fixation
e. Herbivores
f. Biogeochemical cycle
g. Respiration
h. Carbon cycle

[**1.** ....]; [**2.** ....]; [**3.** ....]; [**4.** ....]; [**5.** ....]; [**6.** ....]; [**7.** ....]; [**8.** ....].

CAPITOLO 10

Ecologia: dagli ecosistemi alla biosfera

Introduzione

Esiste una grande varietà di ecosistemi naturali e vi sono anche moltissimi ecosistemi alterati in diverso modo dalla presenza dell'uomo. I più fragili sono stati inquinati o distrutti dalle nostre attività, ma spesso si sono formati nuovi equilibri. Conoscere la diversità dei biomi ci insegna come convivere con l'ambiente che ci circonda senza distruggere i suoi ecosistemi.

Nella foto, *un filare di pioppi piantato lungo un canale della campagna lombarda.*

OBIETTIVI

- **Osservare la biodiversità degli ecosistemi.**
- **Descrivere le principali caratteristiche degli ecosistemi marini.**
- **Riconoscere la biodiversità degli ecosistemi d'acqua dolce.**
- **Conoscere la distribuzione geografica dei biomi.**
- **Riconoscere la complessità nei diversi biomi terrestri.**
- **Riconoscere l'azione degli organismi (e dell'uomo in particolare) sull'ambiente.**
- **Essere consapevole dei problemi della riduzione della biodiversità sulla Terra.**

1 La diversità degli ecosistemi

Non è sempre facile distinguere i diversi ecosistemi sulla Terra. Gli ecosistemi sono molto vari per tipo e per estensione: un ecosistema può essere circoscritto alle crepe di un muretto (*fig. 1*), a una pozzanghera, a un piccolo acquario artificiale, oppure comprendere un boschetto, un prato, un tratto di suolo (*fig. 2*), un tratto di fiume, fino ad abbracciare una grande foresta, una barriera corallina, un'isola o un deserto.

1

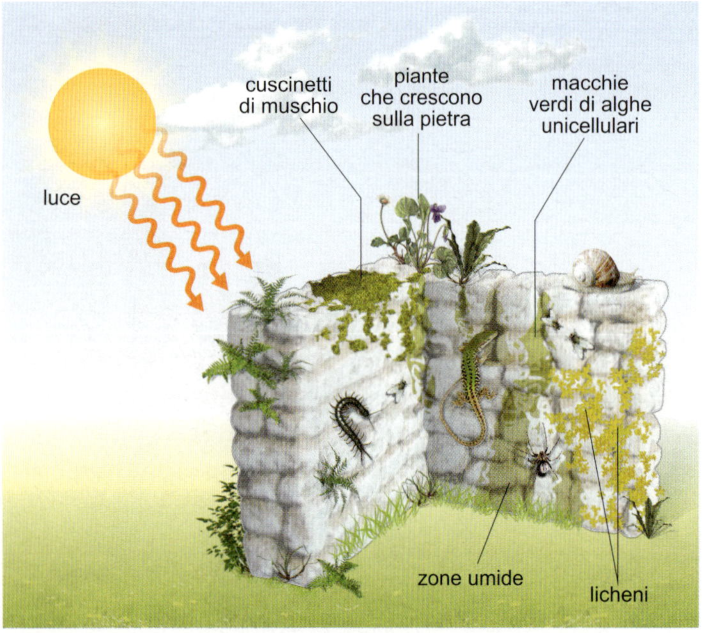

Fig. 1
Nell'**ecosistema di un muretto**, fattori abiotici importanti sono l'esposizione al sole, la forma e l'altezza delle pareti e la disposizione delle crepe che possono influire sulla temperatura e sull'umidità. Le piante che si abbarbicano sui muri sono dapprima di piccole dimensioni, come licheni e muschi, ma con il tempo possono svilupparsi felci, erbe e persino piccoli cespugli in relazione alla presenza di acqua e alla porosità del muro che la trattiene. Gli animali che possono eleggere come habitat un certo muro sono di piccole dimensioni, ma mostrano una certa biodiversità: chiocciole, insetti, centopiedi, ragni, lucertole...

APPROFONDIMENTO *ON LINE*

- Misurazione della quantità di acqua presente nel suolo
- Misurazione della quantità di aria presente nel suolo
- Metodi di estrazione della pedofauna
- La costruzione di un lombricario

Fig. 2
L'ecosistema di un suolo.
I principali fattori abiotici del suolo sono la luce (o la mancanza di luce), la presenza (o assenza) di acqua determinata dalle condizioni di piovosità e di temperatura dell'ambiente, il tipo di sostanze minerali presenti. In un bosco di clima temperato, lo strato superficiale del suolo, ricco di sostanza organica (**humus**) ospita numerosi organismi decompositori (batteri, funghi, lombrichi). Vi abitano alcune specie di animali, come il toporagno, la talpa e il merlo, che, anche se sfruttano la stessa fonte di cibo, i lombrichi, evitano la competizione perché occupano nicchie differenti. Ciascuna specie si è infatti specializzata in una particolare tecnica di cattura: il merlo estrae i lombrichi con il becco dai loro cunicoli; il toporagno se li va a scovare sotto le foglie; la talpa li cattura direttamente nella sua tana sotterranea.

2

Gli ecosistemi sono tra loro interconnessi: i loro confini non sono mai netti ed essi "sfumano" l'uno nell'altro. Possiamo comunque dividere prima di tutto gli ecosistemi acquatici da quelli terrestri.

RISPONDI

- Quale funzione svolgono nel suolo batteri e funghi?
- Quali sono i principali fattori abiotici di un suolo?
- Quali sono i principali fattori abiotici di un muretto esposto a sud?

2 Ecosistemi marini

Le acque marine ricoprono il 71% della superficie terrestre, formando oceani e mari, tutti comunicanti tra loro. Offrono numerosi habitat che si differenziano per le condizioni fisiche (*tab. 1*) e chimiche (*tab. 2*; *fig. 3*) e ospitano una grande varietà di organismi: tutti i gruppi animali più importanti vi sono rappresentati, nonché un certo numero di specie vegetali, soprattutto alghe.

Tabella 1. Le principali caratteristiche fisiche del mare

Temperatura	Varia specialmente in funzione della latitudine e della profondità.
Densità	Varia da zona a zona; nella stessa zona aumenta con la profondità.
Pressione idrostatica	Aumenta con la profondità.
Luce	L'acqua assorbe in modo differente la luce solare, secondo il tipo di lunghezza d'onda. La luce solare penetra fino a 70-200 m di profondità (**zona fotica**). Fino a 500-600 m la luce consente una debole visione ma non la fotosintesi (**zona disfotica**). Più in profondità regna il buio (**zona afotica**).

Tabella 2. Le principali caratteristiche chimiche del mare

Salinità: è la quantità in grammi di sali disciolti in 1 kg di acqua	Varia con la profondità e la latitudine. Il valore medio è di 35 g di sali per kg di acqua (35 per mille o 35‰).
Sostanze nutrienti: sono quelle indispensabili per la vita degli organismi fotosintetici (fitoplancton).	Comprendono composti dell'azoto, del fosforo e del potassio: in gran parte provengono dai prodotti di rifiuto e dai resti di organismi marini che tendono a precipitare sul fondo degli oceani dove si decompongono. Questi nutrienti sono riportati alle acque superficiali da particolari *correnti di risalita* e nelle aree dove questo si verifica si riscontra la più alta produttività degli ecosistemi marini.
Gas disciolti: provengono per la maggior parte dall'atmosfera.	Comprendono **azoto**, il più abbondante, **ossigeno** e **diossido di carbonio** che derivano anche in parte dall'attività degli organismi viventi. La loro concentrazione è influenzata dalla temperatura: al crescere di questa la loro solubilità in acqua generalmente diminuisce. Pertanto, i mari freddi sono ricchi di ossigeno e di fauna marina.

Fig. 3
Le diverse zone dell'ambiente marino.

3

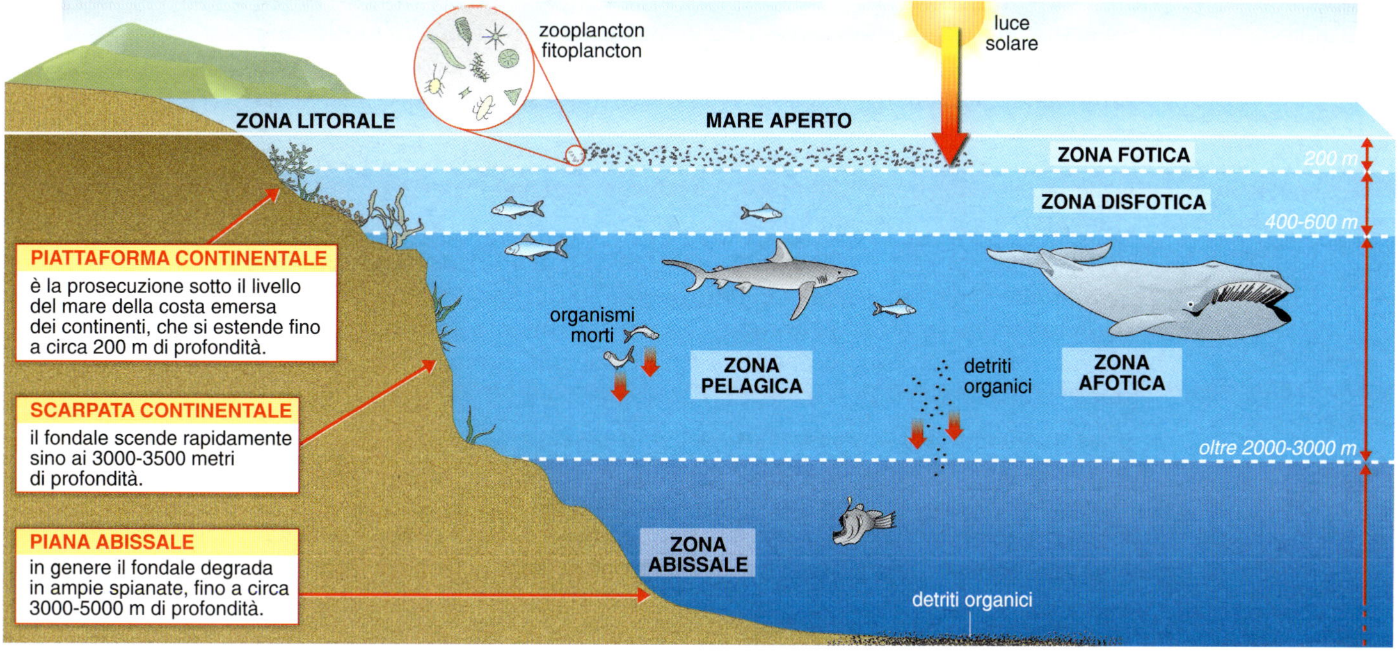

2.1 Le comunità del mare

In rapporto alle abitudini di vita e al modo di muoversi, gli organismi marini si possono genericamente suddividere in tre grandi gruppi.

4

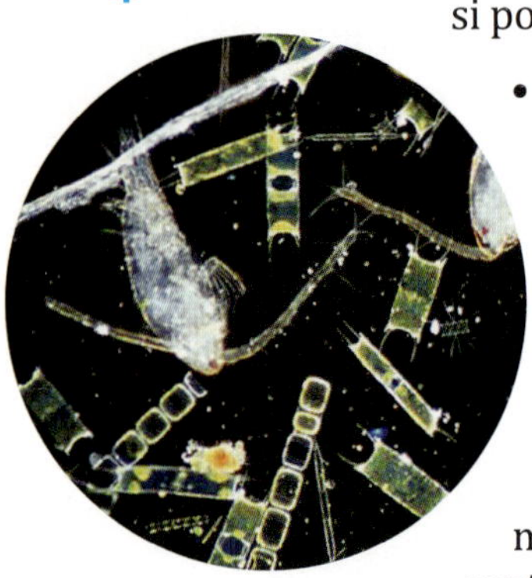

Fig. 4 Alcuni componenti del plancton visti al microscopio. Si riconoscono delle diatomee (alghe microscopiche) e un copepode (crostaceo).

- **Plancton** (*fig. 4*): comprende organismi che vivono sospesi nell'acqua lasciandosi trasportare passivamente dalle correnti; il **fitoplancton** è formato soprattutto da cianobatteri e alghe unicellulari quali le diatomee; lo **zooplancton** comprende protozoi, piccoli crostacei e molluschi, larve di molti animali e meduse.

- **Bentos** (*fig. 5*): comprende organismi che vivono ancorati al fondale o in un rapporto di stretta vicinanza con esso. Comprende le alghe verdi e brune, le piante acquatiche, le spugne, le attinie, i coralli, vari molluschi dotati di conchiglia; organismi che si spostano muovendosi a contatto con il fondo, come i granchi, i paguri, le stelle e i ricci di mare o i polpi; pesci che amano nascondersi in mezzo alla sabbia, come le sogliole, le tracine e i rombi.

5a

5b

5c

5d

5e

5f

5g

Fig. 5 Alcuni abitanti del fondo marino nella zona litorale: **a.** alga verde; **b.** patella (mollusco con conchiglia); **c.** corallo rosso; **d.** spugne; **e.** sogliola, un pesce che vive tra la sabbia del fondo; **f.** stella di mare; **g.** polpo (un mollusco cefalopode).

- **Necton**: comprende tutti gli animali marini che si muovono in modo autonomo da una zona all'altra del mare, spostandosi anche tra zone a differente profondità; per la maggior parte sono pesci, molluschi, come seppie e calamari, e cetacei.

Nella fascia superficiale del mare si localizza la maggior parte delle catene alimentari degli ecosistemi marini.

- Nella zona fotica si trovano infatti gli **organismi produttori**: **alghe**, **piante acquatiche** come la posidonia e il **fitoplancton**. Qui si ritrova anche lo **zooplancton** (**consumatore primario**) che trae nutrimento dal fitoplancton ed è a sua volta il nutrimento di organismi di maggiori dimensioni, come crostacei, molluschi, pesci e balene.
- Nella zona sottostante il numero degli organismi si riduce notevolmente con la profondità. Si tratta di animali in grado di sopravvivere in condizioni ambientali caratterizzate da basse temperature e pressioni molto elevate, che richiedono particolari adattamenti.

RISPONDI

■ Qual è la differenza tra plancton, bentos e necton?

Particolari ecosistemi marini

Vivere tra l'alta e la bassa marea

Lungo le coste marine rocciose, vi è una zona che periodicamente, nel corso della giornata, viene sommersa dall'acqua e lasciata all'asciutto, a causa dell'alternarsi dell'alta e della bassa marea. In questa parte di scogliera gli organismi devono resistere sia al moto ondoso sia alla disidratazione e agli sbalzi termici a cui sono esposti quando rimangono all'asciutto.
Si tratta in genere di organismi di piccole dimensioni capaci di vivere saldamente aggrappati alla roccia, come per esempio i **balani** (*fig. 6*) e le patelle, o di rintanarsi nella sabbia.

6

Fig. 6
Un gruppo di balani attaccati alla roccia.

7

Fig. 7
La Grande Barriera Corallina si snoda per circa 2000 km lungo le coste nordorientali dell'Australia.

Le scogliere coralline

I coralli sono cnidari che vivono in tutti i mari tropicali, dove le acque sono limpide e la temperatura è sempre superiore ai 20 °C. Quando i polipi di una colonia muoiono, i loro esoscheletri di carbonato di calcio si accumulano e servono da base per l'insediamento di nuove colonie; in tal modo la struttura si accresce fino a formare vere e proprie scogliere. Se queste strutture rocciose sorgono a una certa distanza dalla costa, seguendone l'andamento, sono chiamate **barriere coralline** (*fig. 7*).
Le scogliere coralline, ricche di anfratti, ospitano numerose popolazioni di alghe e invertebrati che costituiscono fonte di cibo per un'enorme varietà di pesci, dalle forme e dai colori più fantasiosi, e rettili quali le tartarughe.

Gli atolli

Quando un vulcano sottomarino affiora sin quasi alla superficie dell'acqua (*fig. 8a*), sul bordo del cono possono attaccarsi e svilupparsi dei coralli (*b*). Quando nel corso del tempo il cono vulcanico si distrugge, il suo posto viene occupato dall'acqua. Rimane però l'edificio corallino che nel frattempo si è accresciuto nella tipica forma circolare, noto come **atollo**. Gli atolli racchiudono al loro interno una **laguna** poco profonda, che è in comunicazione con il mare aperto (*c*, *d*).

d

Fig. 8
La formazione di un atollo.

8

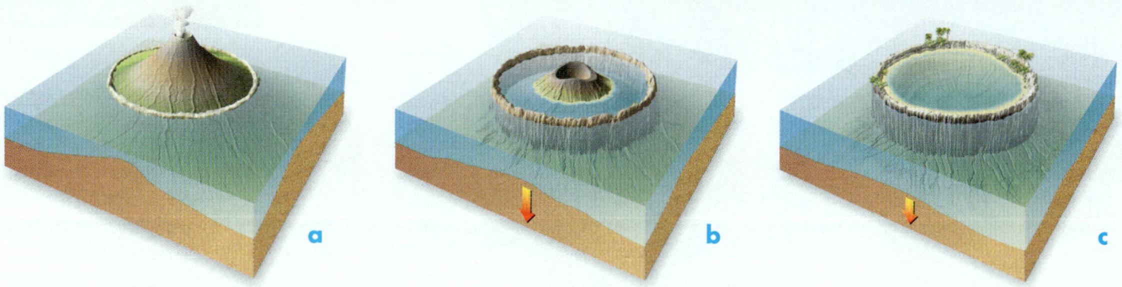

La zona abissale

È il regno del buio più assoluto, dove l'acqua è freddissima ed esercita una pressione terrificante. Per esempio, un pesce che vive a circa 3000 m di profondità si trova a una pressione idrostatica (dovuta al peso dell'acqua) ben 300 volte superiore alla pressione atmosferica! Eppure ci sono organismi ben adattati a questo habitat apparentemente ostile: comprendono pesci dall'aspetto mostruoso (*fig. 9*), con il corpo appiattito e la bocca enorme, per meglio intercettare ogni minima particella di cibo che "piove" dall'alto. Ai lati del corpo sono spesso presenti numerosi organi ***bioluminescenti***, simili a quelli delle lucciole, detti **fotofori**, che permettono loro di rendersi visibili anche nell'oscurità totale.

Bioluminescenza
Alcuni organismi viventi emettono luce convertendo energia chimica in energia luminosa.

9

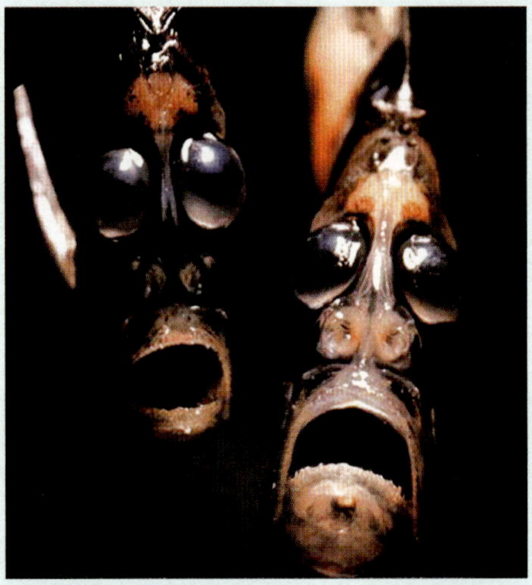

Fig. 9
Due esemplari di pesce accetta, dalle enormi mascelle e dai grandi occhi; è uno degli abitanti delle profondità abissali.

Sorgenti idrotermali sottomarine

Nel 1977, alcuni scienziati americani, a bordo di un batiscafo, compivano ricerche a 2600 m di profondità, al largo delle isole Galápagos, nell'oceano Pacifico. In questo ambiente inospitale, nel buio assoluto e in acque gelide, con una temperatura di circa 3 °C, scoprirono inaspettatamente oasi pullulanti di vita intorno a **sorgenti idrotermali sottomarine**, cioè ad acqua calda che scaturiva dalle profondità della crosta oceanica in corrispondenza di zone vulcaniche.
Le sorgenti, di forma simile a camini, furono battezzate **black smokers** ("fumatori neri"), perché emettevano nuvole di acqua nera ricca di zolfo, diossido di carbonio, ossigeno e sali minerali (*fig. 10a*). Tutt'intorno prosperava una florida comunità di granchi ciechi, molluschi bivalvi simili ai mitili, pesci e soprattutto vermi a forma di tubi sottili come un dito e lunghi fino a tre metri, sconosciuti nel resto del mondo (*fig. 10b*).

Dopo alcune ricerche gli scienziati scoprirono che la fonte di energia di questi organismi era l'**acido solfidrico** (o solfuro di idrogeno, H_2S), un composto dal tipico odore di uova marce che viene emesso in queste sorgenti, così come avviene in molte sorgenti sulfuree sulla superficie terrestre.
I vermi a forma di tubo e alcuni molluschi di questo habitat ospitano infatti nel loro corpo dei batteri che sono in grado di fare combinare l'acido solfidrico con il diossido di carbonio disciolto nell'acqua e ricavare così i composti organici di cui si nutrono. Questi batteri sono alla base di una singolare catena alimentare. Vivendo al buio sfruttano l'energia chimica al posto dell'energia solare (come invece avviene nella fotosintesi) e cedono una parte dei composti organici sintetizzati agli organismi che li ospitano.
I batteri autotrofi che sfruttano l'energia chimica sono detti **chemioautotrofi** o **chemiosintetici**.

10a

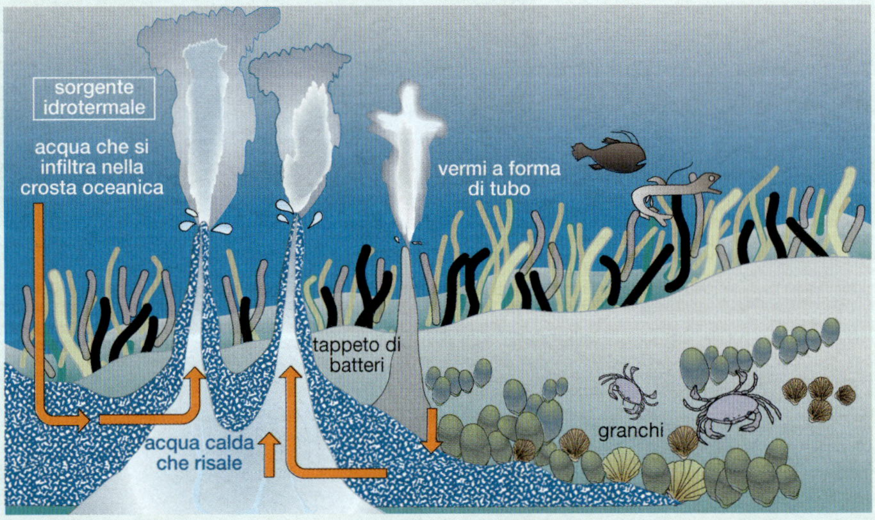

10b

Fig. 10
(**a**) Ricostruzione della comunità che si è creata intorno a una sorgente sottomarina di acqua calda a circa 2600 m sotto l'oceano Pacifico.
(**b**) Un gruppo di vermi tubicoli (*Richtia pachyptila*).

3 Gli ecosistemi di acqua dolce

Il principale fattore ecologico che differenzia le acque dolci è, ovviamente, la salinità, mediamente inferiore al 2‰. Inoltre, mentre l'ambiente marino presenta, nelle diverse stratificazioni, una certa uniformità, le acque dolci si possono trovare in ambienti molto diversi per morfologia ed estensione del territorio, dalla montagna alla pianura.

3.1 La vita nei fiumi

Dal punto di vista ecologico, i corsi d'acqua svolgono una funzione molto importante: costituiscono un sistema di comunicazione tra gli ecosistemi terrestri, come i boschi e le foreste, e quelli marini. Tutti i materiali che un fiume trasporta e riversa nel mare sono infatti raccolti dai vari ecosistemi che via via attraversa.
Lungo il corso dei fiumi, dalla montagna alla pianura, cambiano i valori di temperatura media, la portata, la trasparenza delle acque, la quantità e la qualità di sali disciolti, la natura del letto fluviale. Sono quindi presenti specie differenti di piante, pesci e altri animali acquatici (*figg. 11, 12, 13*).

11a

11b

11c

Fig. 11
Il **corso superiore**, in cui il fiume è ancora un torrente (**a**), si sviluppa dalla montagna all'inizio della pianura; le acque, piuttosto fredde, scorrono veloci su un letto in genere pietroso o ghiaioso e sono limpide e ossigenate. I *pesci* caratteristici di questo habitat sono le trote (**b**), i temoli e i salmerini; si trovano anche *crostacei*, come gamberi di fiume (**c**), *anfibi* come larve di salamandra e di varie specie di rane; tra gli *uccelli*, il merlo acquaiolo. La vegetazione comprende le felci, che crescono abbondanti lungo le rive, e alberi come *ontani* e *salici*.

12a

12b

12d

12c

12e

Fig. 12
Il **corso medio** si svolge nel primo tratto in pianura e le acque di quello che è ora un fiume scorrono in un letto più ampio con minore velocità (**a**); il fondo è in prevalenza ghiaioso e sabbioso, l'acqua è meno limpida e più povera di ossigeno ed è più calda che nel corso superiore; sul fondo, specialmente vicino alle rive, si sviluppano numerose *alghe*; lungo le rive si insediano varie specie di *alberi*, tra cui pioppi, frassini e olmi, oltre a salici e ontani.
I *pesci* caratteristici sono il barbo (**b**), il cavedano (**c**), oltre al luccio e al pesce persico reale; tra gli *uccelli* presenti in questo tratto del fiume vi sono il martin pescatore (**d**) e l'airone (**e**); si possono incontrare *mammiferi* come la lontra.

13a

13b

13d

13c

13e

Fig. 13
Il **corso inferiore** è quello dove la pendenza è quasi nulla e la corrente è molto lenta (**a**); il fondo è fangoso e l'acqua è torbida e con scarso ossigeno. Oltre alle piante presenti nel corso medio, lungo le rive cresce un'abbondante vegetazione palustre con canneti, giunchi, carici e tife. La fauna è molto varia: *insetti* con le loro larve acquatiche (ditischi, libellule, zanzare); *crostacei* come il granchio di fiume (**b**) e *molluschi* (gasteropodi e bivalvi); numerose specie di *pesci* tra cui carpe (**c**), tinche, lucci (**d**) e anguille (**e**); *rane* e *rettili*, come la biscia d'acqua; *uccelli* come aironi, beccaccini, gallinelle d'acqua e cannareccioni.
Al termine del suo corso inferiore il fiume incontra il mare nella **foce**; l'acqua diventa salmastra e le rive sono spesso ricoperte da un folto canneto. I pesci presenti in questo habitat particolare comprendono la passera di mare, lo spinarello e la spigola.

3.2 La vita nei laghi, negli stagni e nelle paludi

Dal punto di vista naturalistico, i *laghi*, gli *stagni*, le *paludi* rientrano nella denominazione di **zone umide** e per la loro grande importanza ecologica in genere sono sottoposti a tutela ambientale; fanno parte di queste aree anche le sponde e le foci dei fiumi di cui abbiamo parlato in precedenza.

■ I **laghi** sono distese di acqua più o meno ampia che occupano una depressione della superficie terrestre o una valle chiusa.

14b

14a

Fig. 14
(**a**) L'ecosistema di un lago.
(**b**) Un esemplare di pesce persico.

In un lago possiamo individuare tre zone distinte a seconda della profondità dell'acqua e della vicinanza della costa (*fig. 14a*):

- una *zona litoranea*, caratterizzata da acque basse, dove la luce riesce ad arrivare fino al fondo: è ricca di piante, insetti, anfibi e numerose specie di uccelli e pesci, tra cui la tinca e la carpa, in parte simili a quelli che si incontrano nel corso medio e inferiore dei fiumi;
- una *zona di acqua aperta*, dove penetra ancora la luce, in genere ricca di plancton e pesci, tra cui, caratteristico, il pesce persico (*fig. 14b*), oltre al luccio, al barbo e al cavedano;
- una *zona profonda*, abbastanza estesa, dove la luce non riesce a filtrare e nel fondo melmoso vivono organismi, tra cui vermi e batteri, che si nutrono di materiali di rifiuto che vi si depositano.

Limnologia
È lo studio dei laghi.

Gli **stagni** sono piccoli specchi d'acqua che possono formarsi quando una sorgente riempie una conca di terreno o in seguito al prosciugamento di un lago.

Le **paludi** sono specchi d'acqua, in parte ricoperti da vegetazione, che comprende anche alberi, che possono formarsi, per esempio, in seguito all'espansione fuori dagli argini delle acque dei fiumi finite in depressioni del terreno. Vi sono **paludi costiere**, dette anche **stagni costieri** o **lagune**, che si trovano al confine tra l'ambiente terrestre e quello marino, e le cui acque sono generalmente salmastre o salate.
Stagni e paludi sono caratterizzati dalla scarsa profondità dell'acqua e sono popolati da una fitta vegetazione fissa e galleggiante che ospita una notevole varietà di animali (*fig. 15*).

Fig. 15
Tra le piante vi sono le lenticchie d'acqua (**a**) e le ninfee (**b**); le foglie di queste ultime, dotate di cavità piene d'aria, sono fissate al fondo tramite un fusto resistente; il fusto della tifa (**c**) porta alla sommità una spiga marrone cilindrica e compatta. Tra gli *invertebrati* vi sono dafnie o pulci d'acqua (**d**), minuscoli crostacei che si nutrono di alghe microscopiche; le zanzare (**e**), comuni presso gli stagni, depongono le uova in acqua. Tra i *vertebrati* troviamo il rospo (**f**); la biscia d'acqua (**g**), un serpente non velenoso che si nutre di rane e piccoli topi; il falco di palude (**h**), un uccello predatore.

15h

15g

15f

15e

15d

15a

15b

15c

Scienze e realtà

Gli ecosistemi più ricchi del mondo

Gli stagni e le paludi sono ambienti che fino a circa mezzo secolo fa erano considerati luoghi malsani, popolati da zanzare portatrici di malaria e perciò da prosciugare e bonificare per recuperare terreni fertili da destinare all'agricoltura. L'estensione di queste zone si è perciò molto ridotta rispetto al passato: la maggior parte degli stagni e delle paludi è stata eliminata con opere di bonifica e canali di drenaggio per allontanare le acque stagnanti.

Per esempio, le **paludi costiere**, diffuse un tempo su tutte le coste basse del Mediterraneo, sono state in gran parte prosciugate dall'uomo o ridotte di dimensioni. Nel nostro Paese ne sopravvivono alcune nella Maremma laziale e toscana, nell'alto Adriatico (come le *valli di Comacchio* e le *lagune venete*), nell'Italia meridionale (le *saline*) e soprattutto lungo le coste della Sardegna, i cosiddetti stagni sardi.

Questi ultimi ospitano, in particolare, fenicotteri rosa (*fig. 16*), grossi uccelli dalle lunghe zampe, dotati di un becco robusto con il quale frugano il fondo fangoso alla ricerca di crostacei come l'artemia salina: le sfumature rosseggianti sulle penne del fenicottero sono derivate dai pigmenti rossi contenuti nei crostacei. Vari altri uccelli popolano le paludi costiere: tra questi, anatre, avocette, beccacce di mare, il cavaliere d'Italia e cormorani.

Negli ultimi decenni le zone umide sono state rivalutate grazie agli studi naturalistici che hanno evidenziato come queste aree ospitino **ecosistemi tra i più ricchi** di vita animale e vegetale presenti sulla Terra; la biomassa prodotta per metro quadrato (**produttività biologica**), sia vegetale sia animale, è la più alta nel nostro pianeta: cinque volte superiore a quella degli ecosistemi delle foreste tropicali.

Fig. 16
Fenicotteri rosa, dalle lunghe zampe.

16

Rispondi

- Come si differenzia l'habitat di un fiume passando dal corso superiore a quello medio a quello inferiore?
- In quali zone viene distinto l'habitat di un lago?
- Per quali motivi, secondo te, gli ambienti umidi sono particolarmente ricchi di vita?

4 La diversità dei biomi

Sugli ecosistemi terrestri il **clima** esercita un'influenza determinante: le diverse combinazioni di temperatura e umidità (per esempio caldo secco, caldo umido, freddo secco, freddo umido) influiscono fortemente sul tipo di organismi che possono vivere in una determinata zona e che, a loro volta, sono il prodotto di continui adattamenti evolutivi avvenuti nel corso di lunghi periodi. Un effetto non secondario del clima è quello anche di incidere sulle modalità di formazione e sulle caratteristiche dei sedimenti e dei suoli (per esempio attraverso l'erosione delle rocce), che condizionano la crescita degli organismi vegetali e, attraverso questa, la consistenza e la distribuzione degli ecosistemi.
La vita sulle terre emerse si è venuta organizzando in grandi aree pressappoco corrispondenti alle grandi zone climatiche della Terra. Si possono allora individuare "sistemi di ecosistemi terrestri " di ampia estensione geografica, con caratteristiche ben riconoscibili e distinte.

Ecosistemi terrestri di grande estensione con un clima e associazioni vegetali caratteristici sono detti **biomi.**

Flora e vegetazione

La **flora** è l'elenco di tutte le specie di piante che si possono trovare in una data zona.

La **vegetazione** è l'associazione delle diverse specie di piante (***comunità vegetale***) che vivono spontaneamente insieme in un certo territorio.

Biomi sono, per esempio, la foresta tropicale, la savana o la tundra. Nelle **zone montuose** le fasce di ***vegetazione*** che si susseguono salendo in altitudine corrispondono alla successione dei biomi secondo la latitudine (dall'Equatore ai Poli) (*fig. 17*).

L'insieme di tutti gli ecosistemi e dei biomi formano la **biosfera**, cioè l'"ecosistema globale".

APPROFONDIMENTO ON LINE
- Il clima modella la biosfera

Fig. 17
Successione delle diverse vegetazioni per altitudine e per latitudine.

17

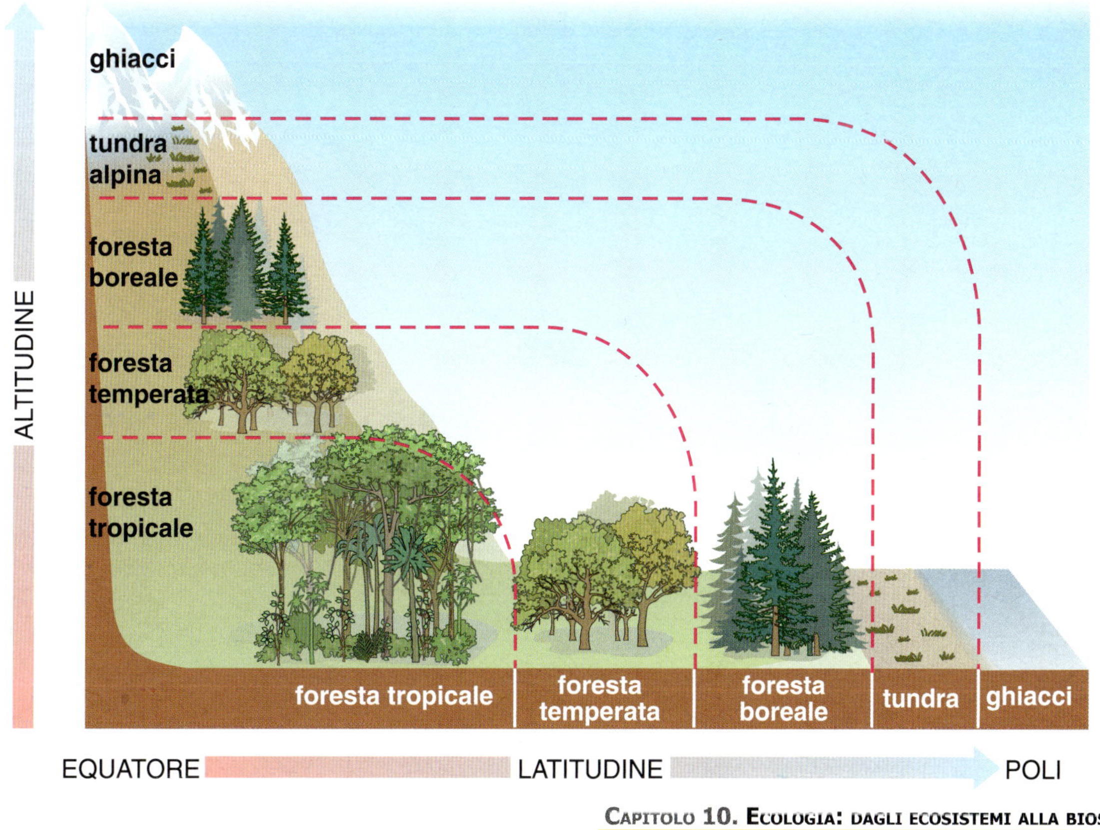

Punti chiave

I biomi (*fig. 18*) sono raggruppati secondo il tipo prevalente di vegetazione.

■ **Biomi forestali**, con disponibilità annua di acqua continua o regolata su ritmi stagionali.

Le associazioni arboree possono essere costituite da:

- *latifoglie sempreverdi*, presenti alle latitudini intertropicali nel bioma della **foresta equatoriale** (o **tropicale**);
- *latifoglie decidue*, presenti alle medie latitudini nella **foresta decidua tropicale** e più a nord nel bioma della **foresta temperata decidua**;
- *conifere sempreverdi* (aghifoglie), presenti alle latitudini elevate nel bioma della **foresta boreale** (o **taiga**).

■ **Biomi con associazioni di tipo arbustivo ed erbaceo**, con periodi di pioggia intervallata da periodi asciutti, come la **savana** e la **prateria temperata**.

Un bioma particolare è la **macchia mediterranea**, che si trova, oltre che nel bacino del Mediterraneo, in poche regioni del mondo.

■ **Biomi di ambiente arido**, come il **deserto**, o comunque caratterizzati da scarse precipitazioni, come la **tundra**.

Rispondi

■ Quali sono i fattori che principalmente influenzano la distribuzione dei biomi sulla Terra?

■ Che cos'è la vegetazione?

■ Perché i biomi sono definiti dal tipo di vegetazione prevalente?

Fig. 18
Distribuzione dei principali biomi terrestri.

18

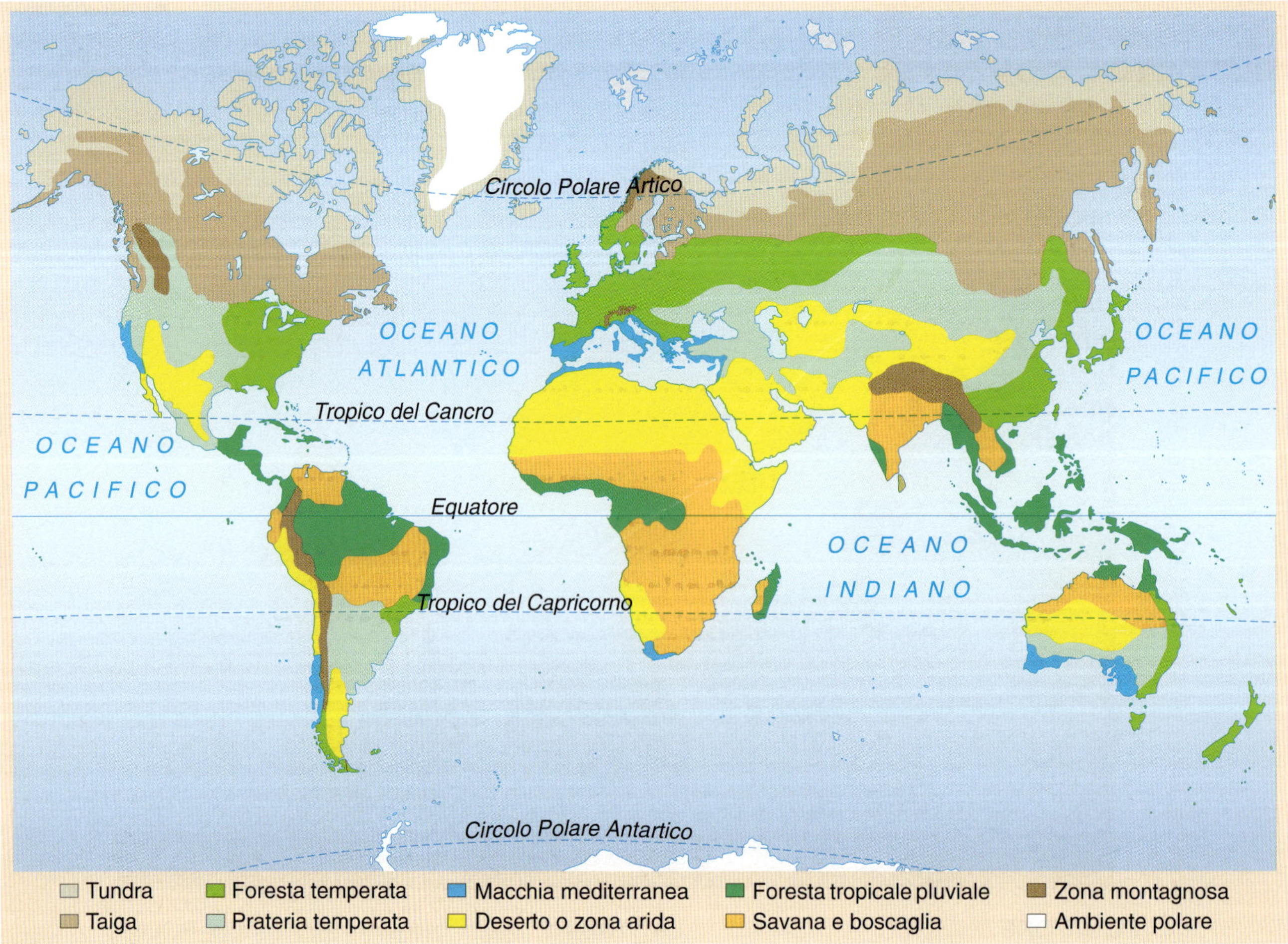

I principali biomi

• La foresta equatoriale pluviale

La **foresta equatoriale pluviale** si estende entro la fascia intertropicale compresa tra 15° di latitudine nord e 15° di latitudine sud (*fig. 19*) ed è presente soprattutto in Amazzonia, nel Congo, nell'Asia meridionale continentale e insulare (Indonesia, Borneo, Nuova Guinea). Piove in abbondanza lungo tutto l'arco dell'anno e la temperatura media è intorno ai 25 °C e di conseguenza il tasso di umidità è molto elevato. Gli alberi, molto fitti, formano una volta pressoché continua, che raggiunge un'altezza media di 20-25 m, con piante che svettano qua e là fino a 50 m e più. La massa fogliare è talmente compatta che lascia filtrare al suolo meno del 2% della luce solare e non permette quindi lo sviluppo di piante del sottobosco a eccezione di felci e specie erbacee; sugli alberi si sviluppano piante legnose rampicanti come le liane.

Nel suolo lo strato di humus è ridotto a pochi centimetri di spessore: infatti umidità e temperatura elevate favoriscono la rapida decomposizione dei resti organici operata da funghi e batteri. La modesta consistenza dello strato di humus spiega perché il terreno delle foreste pluviali sia totalmente inadatto a scopi agricoli.

Fig. 19 La foresta equatoriale pluviale. Una testimonianza dell'eccezionale biodiversità di questo bioma è offerta dalla foresta pluviale del Borneo: in un raggio di 200 metri sono state identificate 700 specie di alberi, più di quante se ne possono contare nell'intera Europa.

La varietà di specie vegetali e animali della foresta equatoriale è straordinaria; si stima che questo bioma, che ha attualmente una superficie minore di un decimo di tutte le terre emerse, ospiti circa la **metà delle specie** esistenti: è quindi il bioma terrestre che presenta, in assoluto, la **massima biodiversità**, un patrimonio biologico inestimabile.

L'alta vegetazione offre a diverse specie di organismi la possibilità di distribuirsi in modo stratificato a differenti altezze dal suolo, dove trovano le condizioni di luce, umidità, temperatura, cibo e difesa più adatte alle proprie esigenze.

Sulle chiome più alte vivono aquile, arpie, falchi, tucani; poco sotto la volta si trovano scimmie arboricole, bradipi e uccelli che si nutrono di nettare; nello strato mediano si incontrano pappagalli, serpenti arboricoli, scoiattoli volanti, pipistrelli, rane arboricole e grandi farfalle; nello strato inferiore del sottobosco vivono giaguari, tapiri, mammiferi scavatori come ratti e armadilli; il suolo è popolato di chiocciole, vermi, formiche, termiti e ragni.

Problemi ambientali. Ogni giorno grandi aree di foresta sono abbattute per ottenere legname o incendiate per ricavarne pascoli e campi coltivati; dopo due o tre anni, la fertilità del terreno si esaurisce ed esso viene abbandonato: l'ambiente si trasforma ben presto in una sterpaglia dilavata dalle piogge, che richiede almeno un secolo per tornare a essere una foresta matura. Questi interventi di **deforestazione** provocano ogni anno la distruzione di circa 100 000 km^2 di foresta pluviale e la scomparsa di migliaia di specie viventi. Il rischio è che entro un secolo, ai ritmi attuali di abbattimento, la foresta tropicale, con il suo immenso patrimonio di biodiversità, possa estinguersi irreparabilmente.

• La savana

La **savana** è il bioma caratterizzato da un clima molto caldo che separa la foresta tropicale dalle zone aride e desertiche (*fig. 20*). Si estende in gran parte del Brasile, nell'Africa e in una parte dell'Australia. Differisce dalle praterie temperate avendo un ciclo che alterna la stagione delle piogge (concentrate in pochi mesi dell'anno) alla stagione secca (anziché la stagione fredda alternata alla stagione calda).

Il suolo è costituito da roccia o argilla rossastra, spessa anche alcuni metri. Lo strato fertile superficiale, troppo sottile, non consente un'attività agricola normale.

La vegetazione della savana è costituita da piante erbacee (in particolare graminacee) e da arbusti, con poche specie di alberi radi: le più comuni sono le acacie, dalla tipica forma a ombrello. La fauna è rappresentata da insetti come cavallette, termiti, rettili spesso velenosi o di grandi dimensioni come i coccodrilli, e soprattutto da mammiferi erbivori di grossa taglia (gnu, zebre, antilopi, giraffe, bufali, rinoceronti, ippopotami ed elefanti in Africa; canguri in Australia) e da carnivori come leoni, leopardi, iene, licaoni e sciacalli.

Problemi ambientali. Una parte dei territori dove ora sorge la savana un tempo ospitava foreste abbattute dall'uomo, alla ricerca di spazi coltivabili o di pascoli per l'allevamento del bestiame.

Fig. 20 La savana ospita animali predatori come leoni, ma soprattutto specie erbivore come i rinoceronti e le antilopi.

Ciò ha in molti casi causato l'inaridimento del suolo, per l'eccessivo sfruttamento, favorendo il processo di **desertificazione** di aree già di per sé soggette a periodi di siccità, come successo in Africa nel Sahel, la fascia di savana predesertica a sud del Sahara.

L'aumento della popolazione umana dell'Africa orientale, inoltre, si accompagna alla diffusione di mandrie di bestiame domestico e di recinzioni dei pascoli che inevitabilmente disturbano le migrazioni degli erbivori della savana. Una grave minaccia è il bracconaggio, che colpisce elefanti e rinoceronti; tuttavia molti Paesi africani, per tutelare l'ambiente, hanno istituito parchi nazionali.

• Il deserto

L'ambiente del **deserto** è caratterizzato dalla scarsità di pioggia, che può mancare anche per anni. Può offrire un panorama dominato da ampie distese di sabbia attraversate da dune o presentare superfici coperte di massi rocciosi e ciottoli. Circa un quarto delle terre emerse è occupato da regioni con clima desertico, caldo o freddo.

I **deserti caldi**, come per esempio il Sahara in Africa (*fig.* 21), sono in genere localizzati nelle zone di alte pressioni subtropicali e sono caratterizzati dalle elevatissime temperature massime, spesso superiori ai 50 °C, da una assai accentuata escursione termica giornaliera e dalla quasi totale assenza di vegetazione, tranne che nella fascia ai margini del deserto (*steppa predesertica*).

21

Fig. 21
I pochi animali adattati a vivere nei deserti caldi comprendono il fennec o volpe del deserto, il gerbillo e gli scorpioni.

Il deserto è un ambiente estremo, dove la vita delle piante e degli animali è molto difficile a causa dell'aridità. In queste condizioni i non numerosi organismi presenti in questo bioma devono affidarsi a particolari processi di adattamento per sopravvivere. La vegetazione è coriacea e spinosa; molte piante "grasse" immagazzinano acqua nei loro fusti ingrossati (come per esempio i cactus).

Gli animali, che comprendono rettili, artropodi e mammiferi, si rintanano invece durante il giorno in ripari sotterranei per sfuggire ai raggi del Sole; i mammiferi, in genere di piccola taglia, sono in grado di resistere alla sete per la capacità di espellere urina molto concentrata che consente loro un risparmio di acqua.

I **deserti freddi**, come il deserto di Gobi in Asia, sono localizzati alle medie latitudini all'interno dei continenti e sono caratterizzati da forti differenze di temperatura tra inverno ed estate e da piogge scarse ma comunque più abbondanti rispetto ai deserti caldi; la vegetazione è costituita in prevalenza da graminacee.

Fenomeni di espansione di aree desertiche sono in atto in molte zone del mondo, in particolare in Africa (Sahel) e in America meridionale, per cause spesso innescate dall'intervento umano attraverso la deforestazione e l'eccessivo sfruttamento agricolo di suoli di per sé fragili ed esposti alla siccità.

• La macchia mediterranea

Il bioma della **macchia mediterranea**, tipico delle regioni costiere peninsulari e insulari italiane (*fig.* 22), è presente in poche, ristrette zone del mondo: oltre al bacino mediterraneo, in alcuni lembi del Sudafrica, nell'Australia meridionale, nel Cile, nel Messico occidentale e in California. Nonostante la sua limitata estensione, questo bioma ospita circa il 20% delle specie vegetali del pianeta. È caratterizzato da estati calde e secche e inverni miti e piovosi.

La vegetazione comprende piante cespugliose, spesso aromatiche; latifoglie, tra cui il leccio, l'olivo, la quercia da sughero; aghifoglie, come il pino domestico e marittimo, il cipresso e il ginepro.

Fig. 22
Animali tipici della macchia mediterranea sono le lepri e i ricci.

RISPONDI

- Quali sono le caratteristiche della foresta pluviale?
- In che cosa differiscono dal punto di vista climatico il deserto freddo e il deserto caldo?

Animali caratteristici della macchia mediterranea sono: cinghiali, daini, caprioli, cervi, volpi, lepri, ricci e numerosissime specie di uccelli.

Un tempo assai più estesa, la macchia mediterranea si è progressivamente ridotta e degradata in seguito all'espansione delle attività umane.

• La foresta temperata decidua

La **foresta temperata decidua**, costituita da **latifoglie**, bioma tipico dei climi temperati freschi, è presente in gran parte dell'Europa (*fig.* 23).

L'aggettivo "deciduo" (dal latino *decadere*) indica che le piante nei mesi freddi perdono le foglie: le foreste decidue occupano aree soggette a differenze stagionali accentuate: caldo umido d'estate e freddo d'inverno. La perdita delle foglie è, tra l'altro, utile a proteggere le piante dal gelo invernale.

Il suolo, ricco di materia organica in decomposizione che ha modo di accumularsi, è molto fertile e nel sottobosco hanno un certo sviluppo piante erbacee e cespugli.

Gli alberi principalmente rappresentati sono querce, faggi, castagni, frassini, olmi, tigli, pioppi, aceri e betulle.

Un tempo l'Europa, compresa l'Italia, era in gran parte ricoperta da foreste a latifoglie che sono state via via distrutte, già a partire dal Medioevo, per ricavare legname da costruzione e per fare posto a città e campi coltivati.

L'area della foresta temperata è oggi molto ridotta (in Italia occupa zone circoscritte su gran parte dei rilievi sotto i 1500 m di quota).

Le aree boscose rimaste delle vecchie foreste decidue ospitano ancora, tuttavia, una discreta fauna selvatica, tra cui: caprioli, daini, toporagni, scoiattoli, talpe, volpi, cinghiali, donnole, tassi e uccelli come civette, poiane, picchi e ghiandaie.

Durante l'inverno alcuni di questi animali vanno in letargo o rallentano la loro attività.

• La prateria temperata

La **prateria temperata** è un bioma diffuso in tutti i continenti (*fig.* 24). Il termine si riferisce propriamente alle "praterie" degli Stati Uniti occidentali, mentre altrove assume differenti denominazioni: **puszta** in Ungheria, **steppa** nella Russia meridionale e in Mongolia, **pampa** in Argentina, **veldt** in Sudafrica.

I grandi alberi sono molto rari e ciò è dovuto alla scarsità delle piogge, ma anche al pascolo degli erbivori.

La vegetazione è composta prevalentemente da piante erbacee (graminacee, leguminose e composite).

Il suolo, solitamente fertile e ricco di humus, è adatto alla coltivazione di specie come il frumento e il mais.

La mancanza di alberi e arbusti capaci di fare ombra fa sì che gli strati superficiali siano spesso soggetti a prosciugamento.

Gli animali includono roditori, come i cani della prateria, mammiferi di grossa taglia come i bisonti e carnivori come i lupi e i coyote; tra le numerose specie di uccelli vanno segnalati i rapaci, come il condor.

Fig. 23
La foresta di latifoglie è caratterizzata da alberi come querce (nel riquadro) e faggi su cui vivono, tra gli altri, civette e scoiattoli.

Fig. 24
La prateria temperata è dominata dalle graminacee. Vi possono vivere erbivori come i bisonti e numerosi animali più piccoli come le volpi e i cani della prateria.

• La foresta boreale o *taiga*

A sud della tundra e a nord della foresta temperata ha inizio una vasta fascia di **foresta boreale**, o **foresta a conifere** chiamata **taiga** (parola di lingua russa). Il clima è caratterizzato da inverni freddi e nevosi, e da estati fresche (*fig. 25*).

Le conifere comprendono principalmente abeti, oltre a pini e larici, e devono il loro nome al fatto di custodire i semi dentro pigne legnose chiamate coni.

Sono alberi sempreverdi, solitamente ad alto fusto, che rinnovano gradualmente le foglie, chiamate aghi per la forma lunga e sottile (da qui il termine di aghifoglie usato talvolta per indicare queste piante).

Il suolo è in genere poco adatto allo sviluppo di un sottobosco: la crescita di erbe e arbusti è anche ostacolata dall'accumulo di aghi morti che acidificano il terreno e lo arricchiscono di sostanze resinose. Anche per questo motivo, nella taiga gli insetti come le altre specie animali sono poco numerosi; la fauna comprende alci, linci, ermellini, orsi, scoiattoli e molte specie di uccelli, tra cui il crociere.

Fig. 25
La taiga è un ambiente freddo che ospita boschi di aghifoglie sempreverdi, come l'abete.
Tra gli animali si trovano la lince, l'ermellino e gli orsi.

25

• La tundra

La **tundra** artica si estende a nord della fascia della foresta boreale dell'Europa, dell'Asia e del Nordamerica, fino alla calotta polare artica (*fig. 26*). Questo bioma, il cui nome deriva da *tuntura* (parola lappone che significa "pianura brulla") si presenta come una vasta distesa con piccoli alberi radi e poche specie vegetali (occupa circa il 20% della superficie delle terre emerse). Il clima è caratterizzato da temperature molto basse in tutto l'anno e da un'estate molto breve.

26

Fig. 26
La tundra, ambiente freddo apparentemente inospitale, mostra nella breve estate una certa ricchezza di piante e di licheni (nella foto) e di animali come il bue muschiato, le renne e i lemming.

Durante il lungo inverno, il Sole sta quasi sempre sotto la linea dell'orizzonte, determinando notti lunghissime e freddissime (con temperature anche inferiori a – 40 °C); durante i tre mesi estivi, il Sole è invece quasi sempre al di sopra dell'orizzonte e quindi non esistono vere notti: i raggi solari cadono molto obliqui sul suolo e riscaldano ben poco. Il sottosuolo rimane gelato per tutto l'anno, formando il **permafrost** o *permagelo*; in estate avviene il disgelo della parte superficiale del terreno, che si inzuppa d'acqua formando stagni e acquitrini: ciò permette la crescita di erbe, muschi e licheni, che è l'associazione tipica della tundra. La tundra è popolata da vari animali, alcuni stanziali (volpe artica, lemming e altri roditori), altri che vi sostano nei mesi meno freddi (bue muschiato, renna in Europa e Siberia, caribù in Canada, tutti erbivori che si cibano di muschi e licheni); tra gli insetti abbondano zanzare, mosche e tafani favoriti dal terreno umido e ricco di sostanze organiche.

Rispondi

- Perché la foresta temperata a latifoglie è chiamata decidua?
- Quali caratteristiche hanno le piante che dominano la taiga?

Biomi italiani

La varietà dei climi in Italia si riflette nella varietà di ambienti che coesistono nella nostra penisola.

LA REGIONE ALPINA

Questa regione può essere considerata una specie di "riassunto" degli ambienti che si estendono dalle latitudini temperate a quelle polari.
Salendo di quota si incontrano via via la foresta decidua a latifoglie (boschi di castagno, querce e faggi) fino ai 1500 m; la taiga (boschi di abeti *fig. 27*, pini e larici) e, oltre i 3000 m, la tundra alpina, dove crescono muschi e licheni e altre specie simili a quelle della tundra artica. Rispetto a questa, tuttavia, la tundra alpina differisce per la più forte insolazione, la maggiore piovosità e i più ampi sbalzi termici. Alle quote superiori troviamo infine l'ambiente polare dei ghiacciai perenni, come sul Monte Bianco. Abitanti tipici della regione alpina sono marmotte, camosci, stambecchi, scoiattoli, volpi e uccelli come il gallo cedrone, la pernice bianca e la rara aquila reale (*fig. 28*).

27

28

La regione appenninica

Questa regione presenta somiglianze con quella alpina fino alle medie altitudini, ma risente dell'influsso del mare e ospita specie vegetali tipiche della macchia mediterranea, come il cipresso (*fig. 29a*) e l'olivo (*fig. 29b*). In ogni caso la nota dominante è costituita, alle quote più basse, dalla foresta decidua a latifoglie, con boschi di leccio, quercia, rovere, farnia.
Più in alto si trovano pascoli e alberi come il faggio e alcune conifere.
Animali tipici di questo ambiente sono: volpi, lupi, camosci, caprioli, lepri, donnole e l'orso marsicano del Parco Nazionale d'Abruzzo; tra gli uccelli figurano il gufo reale, il picchio nero, l'aquila.

29a

29b

Le regioni costiere insulari e peninsulari

Queste regioni ospitano l'ambiente italiano forse più tipico: il bioma della macchia mediterranea (*fig. 30a*).
Questo ambiente è caratterizzato da estati calde e secche e da inverni miti e piovosi. Accanto a piante cespugliose, come l'euforbia, il lentisco, il mirto, il rosmarino e l'erica, si incontrano alberi a latifoglie (leccio, corbezzolo, olivo, alloro e carrubo), e ad aghifoglie (pino domestico e marittimo, cipresso e ginepro).
Gli animali che si possono incontrare nella macchia mediterranea comprendono cinghiali (*fig. 30b*), daini, caprioli, cervi, volpi, lepri.
Un tempo assai più estesa, la macchia mediterranea si è progressivamente ridotta. L'ambiente si è inoltre degradato in seguito all'espansione delle attività umane, allo sfruttamento dei terreni come pascoli, al disboscamento e alla creazione di insediamenti sui litorali marini.

30a

30b

APPROFONDIMENTO *ON LINE*
• Piante e animali d'Europa e d'Italia

5 La biosfera e il ruolo attivo degli organismi viventi

Le vicende della **biosfera**, nel corso della sua lunga storia, si sono sempre intimamente intrecciate con le vicende dell'ambiente fisico; queste hanno fortemente plasmato il fenomeno della vita e la sua evoluzione, ma a sua volta il sistema vivente ha contribuito e contribuisce tuttora a trasformare in modo significativo l'ambiente fisico terrestre.
Per esempio, l'atmosfera, così come la conosciamo, sarebbe diversa senza le **modificazioni provocate dagli organismi** che dal più lontano passato hanno popolato il pianeta.
Anche il volto geologico del nostro pianeta sarebbe diverso se esso non fosse abitato da organismi viventi. Infatti molte isole oceaniche, come gli **atolli** e le **barriere coralline** lunghe anche decine o centinaia di chilometri, non esisterebbero se non fosse per l'incessante lavorio di organismi marini quali coralli, madrepore e alghe.
Persino molti rilievi montuosi come le Dolomiti (*fig. 31a*) non sarebbero stati neppure edificati senza la presenza di queste e altre creature marine che hanno contribuito a formarne le rocce calcaree con gli enormi depositi sedimentari costituiti dai loro gusci e scheletri (*fig. 31b*).

31a

31b

Fig. 31
(**a**) Le Dolomiti.
(**b**) Roccia sedimentaria con fossili di antichi organismi marini.

Neppure la sottile pellicola "verde" di vegetazione che ricopre buona parte dei continenti esisterebbe se non ci fosse una miriade di abitanti del suolo, come insetti, funghi e batteri che insieme alle piante contribuiscono a formare e mantenere un sottile ma prezioso strato di **terreno fertile**.
Pertanto, se da un lato l'ambiente fisico terrestre ha una grande importanza nel decidere il tipo e la distribuzione delle forme di vita della biosfera, è anche vero che gli esseri viventi sono altrettanto importanti nel determinare le caratteristiche dell'ambiente stesso (come per esempio il clima, il tipo di suolo, l'umidità atmosferica).

5.1 L'impatto ambientale dell'attività umana

In natura gli ecosistemi tendono a mantenersi in condizioni di relativa stabilità grazie a processi di riequilibramento interno. Questi, entro limiti più o meno elastici, assicurano la conservazione della *biodiversità* e quindi la continuità nel tempo della comunità vivente; a meno, ovviamente, che entrino in gioco fattori in grado di determinare cambiamenti che ne superino la **capacità di autoregolazione**.

Uno di tali fattori si è presentato in seguito all'evoluzione della specie umana. Questa, nel corso di millenni e soprattutto degli ultimi secoli, ha modificato l'ambiente circostante, per soddisfare le proprie esigenze, a livelli impensabili rispetto a qualunque altra specie vivente, scardinando i meccanismi di autoregolazione in vaste porzioni dell'ecosistema terrestre.

Si calcola che oltre i due terzi delle specie presenti fin da epoca storica siano state variamente danneggiate, direttamente o in seguito alla distruzione del loro habitat: molte si sono ridotte, alcune sono state decimate fino a rischiare la scomparsa, altre infine sono state condannate all'estinzione.

Le più estese modifiche al tessuto della biosfera sono state apportate dall'uomo attraverso le attività connesse all'**agricoltura** (*fig. 32*) e all'**allevamento di bestiame**.

32

Fig. 32
Mietitrebbiatrici in azione durante la raccolta di frumento in regime di monocoltura: questa è una procedura produttiva agricola che consiste nell'attrezzare vaste zone di territorio alla coltivazione di un'unica specie vegetale, in maniera intensiva e standardizzata, per massimizzare le rese. Comporta un massiccio utilizzo di fertilizzanti chimici e pesticidi.

L'espansione dell'attività agricola in epoca moderna si intreccia strettamente con le vicende della **rivoluzione industriale**, iniziata in Europa e in Nord America a partire dalla fine del Settecento, che registra una svolta storica nella capacità di sfruttamento dell'ambiente da parte dell'uomo. A partire da quegli anni, questa capacità si è andata ampliando enormemente rispetto ai secoli passati, traducendosi in un enorme aumento della produzione indu-

striale, agricola e zootecnica, accompagnato da una crescita esponenziale della popolazione umana.
Il successo e l'espansione della nostra civiltà ha reso sensibilmente più fragile la biosfera, che ora appare vicina a una soglia critica.

Punti chiave

Le cause sono dovute all'accumularsi, a ritmo crescente, di **alterazioni** arrecate all'ambiente come effetto collaterale dell'attività umana: per esempio,

- l'immissione incontrollata di sostanze che contaminano l'aria, le acque e il suolo;
- l'abbattimento sconsiderato di foreste (*fig. 33*) per ricavarne legname o terreno coltivabile o da adibire a pascolo;
- l'espansione di aree "cementificate", come centri abitati, strade, grandi complessi industriali, agglomerati turistici, o di insediamenti minerari;
- l'eccessivo prelievo di risorse biologiche, come quelle ittiche.

33

Fig. 33
Il disboscamento sconsiderato e spesso illegale sta mettendo a rischio il continente africano.

Tutti questi interventi hanno come effetto la **distruzione diretta degli ecosistemi** attraverso la sottrazione o l'alterazione degli habitat, la scomparsa di specie che hanno un ruolo chiave nelle catene alimentari, la perturbazione dei cicli biogeochimici: in poche parole, attraverso la **perdita di biodiversità**.

5.2 La biologia della conservazione

A partire dalla seconda metà del XX secolo, gli effetti delle alterazioni arrecate all'ambiente a causa dell'impatto antropico hanno drammaticamente evidenziato lo stretto legame che esiste tra il destino della biosfera e la nostra stessa sopravvivenza. Comprendere l'origine delle modificazioni apportate alla biosfera, tentare di contenerle e, nello stesso tempo, avviare su basi differenti il rapporto tra "sistemi naturali e specie umana" si sono imposti come obiettivi primari a livello globale.
Come risposta a questa esigenza si è sviluppato un nuovo ambito di studi a forte componente interdisciplinare, la **biologia della conservazione**, finalizzato alla ricerca di metodologie e strumenti mirati a una "gestione della biosfera".
In particolare, la biologia della conservazione studia i fattori di rischio a cui la biodiversità è esposta e le azioni da intraprendere per salvaguardare specie e habitat. I biologi conservazionisti possono affiancare i politici nelle scelte della gestione del territorio.

RISPONDI

- Quali sono le principali cause del declino della biodiversità?
- Di che cosa si occupa la biologia delle conservazione?

APPROFONDIMENTO *ON LINE*

- L'uomo e la crisi della biosfera
- L'impronta ecologica
- La Terra senza gli uomini

Sviluppo delle competenze

CONCETTI IN SINTESI

Audiosintesi

1. Gli **ecosistemi** sono molto vari per tipo e per estensione e sono sempre tra loro interconnessi. Possiamo comunque dividere gli **ecosistemi acquatici** da quelli **terrestri**.

2. Negli **ecosistemi marini** importanti caratteristiche fisico-chimiche sono la **salinità**, la **pressione dell'acqua** e **la luce**, che non può penetrare oltre poche centinaia di metri di profondità. Gli organismi vengono distinti in base alle loro abitudini di vita in tre gruppi: il **plancton**, comprendente fitoplancton e zooplancton; il **bentos**, formato dagli organismi che vivono ancorati al fondale o in stretto rapporto con esso; il **necton**, formato da tutti gli organismi in grado di muoversi nel mare aperto in modo autonomo.
Il primo anello della **catena alimentare del mare** è costituito dal **fitoplancton**, del quale si nutre lo **zooplancton**, che a sua volta costituisce il nutrimento di organismi di maggiori dimensioni, come crostacei, molluschi, pesci e balene.

3. Tra gli **ecosistemi di acqua dolce** possiamo distinguere, secondo il tipo di ambiente: i **fiumi** e le loro rive che si differenziano a seconda che siano presenti nel loro corso superiore, oppure nel loro corso medio o in quello inferiore; le **zone umide**, comprendenti i **laghi**, gli **stagni** e le **paludi**.

4. La vita sulle terre emerse si è organizzata in grandi aree pressappoco corrispondenti alle grandi zone climatiche della Terra. Si tratta di "sistemi di ecosistemi", chiamati **biomi**, caratterizzati dalla presenza prevalente di un certo tipo di associazione vegetale.
Procedendo dall'Equatore verso i Poli i principali biomi sono:

- la **foresta pluviale equatoriale**, nella fascia compresa tra i due tropici; piove in abbondanza tutto l'anno e la temperatura media è intorno ai 25 °C;
- la **savana**, un bioma semiarido;
- il **deserto**, caratterizzato dalla scarsità di pioggia; i **deserti caldi** sono caratterizzati dalle elevatissime temperature massime che si raggiungono e da una accentuata escursione termica giornaliera; i **deserti freddi** sono caratterizzati da forti differenze di temperatura media tra inverno ed estate;
- la **macchia mediterranea**, caratterizzata da estati calde e secche e da inverni miti e piovosi;
- la **foresta temperata decidua**, costituita da **latifoglie**, è tipica dei climi temperati freschi, presente in buona parte dell'Europa;
- la **prateria temperata**, nei climi continentali;
- la **foresta boreale**, o **foresta di conifere** o **taiga**, è caratterizzata da inverni freddi e nevosi, e da estati fresche;
- la **tundra**, caratterizzata da temperature molto basse in tutto l'anno e da un'estate molto breve.

5. Nel corso della storia della Terra, l'ambiente fisico ha fortemente plasmato la nascita della vita e la sua evoluzione, ma a sua volta il sistema vivente ha contribuito e contribuisce tuttora a modellare l'ambiente fisico terrestre.
L'uomo, in particolare è riuscito, soprattutto dalla rivoluzione industriale, a trasformare pesantemente gli ecosistemi e minacciarne la biodiversità. Le cause sono, per esempio, l'**immissione incontrollata di sostanze che contaminano l'aria, le acque e il suolo**; l'**abbattimento sconsiderato di foreste** per ricavarne legname o terreno coltivabile o da adibire a pascolo; l'**espansione di aree cementificate**, come centri abitati, strade, grandi complessi industriali, agglomerati turistici, o di insediamenti minerari; l'**eccessivo prelievo di risorse biologiche**, come quelle ittiche.

Verifica le CONOSCENZE

Verifiche interattive

1. La diversità degli ecosistemi

1 **Stabilisci quali delle seguenti affermazioni sono vere (V) e quali false (F), indicando in quest'ultimo caso il termine corretto.**

	V	F
a. Un muretto non è un ecosistema perché è costruito dall'uomo.	❑	❑
b. Le fessure di un muretto trattengono l'umidità.	❑	❑
c. Su un muretto vivono diverse specie di animali.	❑	❑
d. Per la biodiversità delle specie di un muretto è importante l'esposizione al sole.	❑	❑
e. Nel suolo vi è ossigeno.	❑	❑
f. L'humus è lo strato roccioso del suolo.	❑	❑
g. Nell'ecosistema del suolo vi sono diverse nicchie ecologiche.	❑	❑

2. Ecosistemi marini

2 **Stabilisci quali delle seguenti affermazioni sono vere (V) e quali false (F), indicando in quest'ultimo caso il termine corretto.**

	V	F
a. La salinità del mare non supera il 25 per mille.	❑	❑
....		
b. La luce solare può penetrare nel mare fino a una profondità di 200 metri.	❑	❑
....		
c. La maggior parte degli organismi marini vive nella zona afotica.	❑	❑
....		
d. Nella zona fotica del mare si trovano gli organismi produttori.	❑	❑
....		
e. Gli organismi del necton vivono perlopiù nel mare aperto.	❑	❑
....		
f. Le alghe verdi e brune fanno parte del necton.	❑	❑
....		
g. Le scogliere coralline sono costituite dagli esoscheletri dei coralli.	❑	❑
....		

3 **Completa le seguenti definizioni con il termine corretto.**

a. La zona del mare fin dove penetra la luce solare è detta ....

b. Per la mancanza di luce la zona abissale è compresa nella zona ....

c. L'insieme di organismi marini che vivono sospesi nell'acqua lasciandosi trasportare dalle correnti è detto ....

d. Le alghe unicellulari sono componenti del ....

e. L'insieme degli organismi marini che vivono in stretto rapporto con il fondale è detto ....

f. L'insieme degli organismi che si muovono nuotando è detto ....

3. Gli ecosistemi di acqua dolce

4 **Stabilisci quali delle seguenti affermazioni sono vere (V) e quali false (F), indicando in quest'ultimo caso il termine corretto.**

	V	F
a. Il corso superiore di un fiume è a regime torrentizio.	❑	❑
....		
b. Il corso inferiore di un fiume è caratterizzato dalla forte corrente.	❑	❑
....		
c. In un lago la zona di acqua aperta è vicino alla riva.	❑	❑
....		
d. Gli stagni costieri hanno spesso acqua salmastra.	❑	❑
....		
e. La palude è l'ultimo stadio di evoluzione di uno stagno.	❑	❑
....		

4. La diversità dei biomi

5 **Scegli il completamento corretto.**

1. Le piante della taiga sono
   a. decidue **c.** latifoglie
   b. conifere **d.** aghifoglie
2. La foresta boreale è detta anche
   a. tundra **c.** puszta
   b. steppa **d.** taiga
3. In Italia, le zone di alta montagna (oltre i 3000 m) ospitano una vegetazione paragonabile a quella presente
   a. nella tundra
   b. nelle foreste decidue
   c. nella taiga
   d. nella foresta tropicale

5. La biosfera e il ruolo attivo degli organismi viventi

6 **Scegli il completamento corretto (anche più di uno).**

1. I paesaggi della Terra sono stati plasmati
   a. solo dagli agenti atmosferici
   b. dagli agenti atmosferici e dagli organismi
   c. solo dai vulcani e dai terremoti
   d. solo dagli organismi viventi
2. Esempi di ambienti costruiti da piccoli animali sono
   a. le spiagge sabbiose
   b. le montagne calcaree come le Dolomiti
   c. le montagne come il Monte Bianco
   d. le barriere coralline
3. Soprattutto dalla rivoluzione industriale
   a. l'uomo è riuscito a conservare intatto il suo ambiente
   b. l'uomo ha inquinato pesantemente l'aria e l'acqua
   c. vi sono molte più aree boschive
   d. sono aumentate le aree cementificate
4. I biologi della conservazione
   a. studiano come salvaguardare la biodiversità a tutti i livelli
   b. progettano come ripristinare le aree inquinate
   c. individuano aree naturali in cui costruire nuove case
   d. sollecitano i politici ad avere nuove leggi

Sviluppo delle competenze

Verifica le ABILITÀ

1 **Collega i seguenti termini con la definizione corrispondente.**

1. abissale – **2.** plancton – **3.** bentos – **4.** limnologia – **5.** necton – **6.** zona profonda

a. parte di un lago dove non arriva la luce
b. comunità biologica legata al fondale
c. organismi che si spostano essenzialmente a nuoto
d. organismi che vivono in sospensione nell'acqua
e. zona del mare più profonda
f. studio dei laghi

[**1.** ....]; [**2.** ....]; [**3.** ....]; [**4.** ....]; [**5.** ....]; [**6.** ....].

2 **Collega ciascun organismo di acqua dolce con il tratto di fiume in cui lo si può incontrare più facilmente.**

a. salamandra ....; **b.** barbo ....; **c.** ontani ....; **d.** passera di mare ....; **e.** aironi ....; **f.** granchio di fiume ....

TRATTO DI FIUME:

CS = *corso superiore* – **CM** = *corso medio* – **CI** = *corso inferiore*

3 **Osserva il planisfero sul quale sono individuate le aree corrispondenti ai diversi biomi terrestri. Assegna a ciascuno di essi il nome esatto.**

1 ....
2 ....
3 ....
4 ....
5 ....
6 ....
7 ....
8 ....
9 ....

4 **Collega ciascun bioma con i termini elencati di seguito che a esso si riferiscono.**

BIOMA

1. foresta pluviale equatoriale
2. foresta boreale
3. foresta decidua
4. savana
5. prateria temperata
6. deserto
7. tundra

a. muschi e licheni; **b.** clima caldo e piovoso tutto l'anno; **c.** piogge assenti o molto rare; **d.** querce, faggi, castagni; **e.** baobab; **f.** bisonte, coyote; **g.** alci, ermellini.

[**1.** ....]; [**2.** ....]; [**3.** ....]; [**4.** ....]; [**5.** ....]; [**6.** ....]; [**7.** ....].

Verifica di competenze

• GLI UCCELLI DI PALUDE

Le paludi sono ecosistemi con una elevata biodiversità.

5 **1. Come puoi definire una palude?**

2. Che diversi tipi di palude puoi trovare, per esempio, in Italia?

Osserva la figura.

3. Quali sono le caratteristiche abiotiche che illustra la figura?

....

....

4. Quali sono i fattori biotici mostrati nella figura?

....

....

5. Scrivi il nome delle specie di uccelli che convivono in questa ricostruzione.

....

6. Quale aspetto della loro vita è considerato nella figura?

a. respirazione
b. alimentazione
c. movimento

7. Le diverse specie non sembrano competere tra loro; possiamo dire che occupano nicchie diverse? Perché?

a. No, perché una specie vola, una nuota e un'altra cammina.
b. No, perché si nutrono dello stesso cibo anche se a diverse profondità.
c. Sì, perché si nutrono dello stesso cibo a diverse profondità.
d. Sì, perché si nutrono di cibi diversi alla stessa profondità.

8. Quali caratteristiche del loro aspetto ti permettono di capire che hanno sviluppato abitudini diverse?

a. forma del becco e lunghezza delle zampe
b. forma del becco e zampe palmate
c. colore delle piume
d. velocità di volo

APPROFONDIMENTO *ON LINE*
• Mappa interattiva

Bio in English

SUMMARY

1. *Ecosystems are different in type and size and are always interconnected. We can, however, always divide ecosystems in aquatic and terrestrial.*

2. *In marine ecosystems key chemical-physical characteristics are* ***salinity, water pressure*** *and* ***light****, that cannot penetrate more than a few hundred metres of depth. Marine organisms are divided in three groups distinguished by their living habits:*
– ***plankton****, including phytoplankton and zooplankton;*
– ***benthos****, formed by bottom dwelling organisms who are anchored or closely related to the seabed;*
– ***nekton****, formed by all organisms which are free to move autonomously between sea areas.*
The first link of the ***marine food chain*** *is made up of* ***phytoplankton****. It is fed upon by* ***zooplankton****, which in turn is food for larger organisms, such as crustaceans, molluscs, fish and whales.*

3. *Aquatic freshwater ecosystems can have the following physical environments:*
– ***rivers*** *and their banks, which go from the* ***upper stage*** *to the* ***middle stage*** *and the* ***lower stage****;*
– the ***wetlands****, which include* ***lakes, ponds*** *and* ***swamps****.*

4. *Life on land is organised in large areas, approximately corresponding to the climatic zones of Earth. These are "systems of ecosystems", called* ***biomes*** *and characterised by the presence of a specific vegetable association. Starting from the Equator and going towards the planet's Poles, the main biomes encountered are:*
– the ***equatorial rainforest****, this extends in the belt between the two tropics; it rains abundantly all year round and the average temperature is around 25 °C; it is the biome with the highest biodiversity;*
– the ***savannah*** *is a semi-arid biome found in-between the equatorial rainforest and the desert;*
– the ***desert****, has very little rainfall, a desert climate may be hot or cold:* ***hot deserts*** *are characterised by very high maximal temperatures and large daily thermal amplitudes;* ***cold deserts*** *are characterised by large differences in average temperatures between winter and summer;*
– the ***Mediterranean climate****, typical of the Mediterranean basin; it is characterised by hot and dry summers, and mild and rainy winters;*
– the ***deciduous temperate forest****, characterised by broad-leave trees, is the typical biome of fresh temperate climates and is common in Europe;*
– the ***temperate grasslands****, the typical biome of continental climates;*
– the ***boreal forest*** *or* ***coniferous forest****, also known as* ***taiga****, extends north of the temperate forest and is characterised by cold snowy winters and fresh summers;*
– the ***tundra*** *extends north of the boreal forest belt, over the polar regions, it is characterized by very low temperatures and short summers.*

5. *During Earth's history, the physical environment strongly influenced the birth of life and its evolution; in turn, however, the system of living beings contributed, and still is, to the modelling of Earth's physical environment. Humankind, in particular, was able, mostly after the industrial revolution, to heavily transform ecosystems and threaten biodiversity. The causes are, for example: the uncontrolled* ***discharge of substances contaminating the air, water and soil;*** *the* ***inconsiderate cutting of forests*** *for wood or agricultural land or for pasture; the* ***expansion of "cemented" areas*** *such as urban areas and roads, large industrial complexes, tourist areas or mining areas; the* ***excessive use of biological resources*** *such as fishing.*

EXERCISES

1 **Complete the sentences with the correct term.**

a. Ecosystems are very *different/similar* in terms of size and chemical, physical and biological characteristics.
b. Ecosystems are always *separate/interconnected.*
c. We can divide the ecosystems in *land/forest* and *marine/aquatic.*

2 **Choose the correct statement.**

1. Posidonia seagrass lives
   a. in the abyssal aphotic zone
   b. in the pelagic aphotic zone
   c. in the euphotic zone
   d. in open water
2. Cetaceans are part of
   a. plankton
   b. nekton
   c. benthos
   d. krill

3 **Indicate if the following sentences are True or False.**

	T	F
a. Lakes, rivers and swamps are called wetlands.	❑	❑
b. A pond is only formed when heavy rain occurs.	❑	❑
c. Swamps can be formed near rivers.	❑	❑

4 **Choose the correct statements.**

1. Biomes are mostly characterized by
   a. rainfall **b.** type of plant life
   c. winds **d.** number of animal species
2. In the equatorial rainforest
   a. it rains more abundant only in certain periods of the year
   b. the average temperature is about 15 °C
   c. it rains abundantly throughout the year
   d. the average temperature is above 20 °C

5 **List the main causes of biodiversity decline.**

■ **Acidi nucleici** Composti organici formati da molecole costituite da lunghe catene di nucleotidi presenti nelle cellule procarioti e nel nucleo delle cellule eucarioti. Sono depositari dell'informazione genetica e comprendono il DNA o acido desossiribonucleico e l'RNA o acido ribonucleico.

■ **Acido piruvico** Acido organico contenente tre atomi di carbonio, che si forma come prodotto finale della glicolisi.

■ **Adattamento** Insieme delle modificazioni nella struttura e nelle funzioni (causate dalla selezione naturale) che conferisce a un organismo migliori possibilità di sopravvivenza e/o riproduzione.

■ **Adattamento indotto** Modello proposto per spiegare come il sito attivo di un enzima sia indotto, attraverso la formazione di deboli legami con il substrato, a modificare parzialmente la propria forma in modo da renderla perfettamente complementare con quella del substrato.

■ **Adenina** Base azotata del gruppo delle purine, indicata con la lettera A. È presente nel DNA e nell'RNA.

■ **Adenosintrifosfato** (ATP) Composto organico della classe dei nucleotidi, costituito da zucchero ribosio, adenina e tre gruppi fosfato. Rappresenta la principale sorgente di energia per il metabolismo cellulare. L'energia si libera quando l'ATP perde un gruppo fosfato per idrolisi trasformandosi in ADP (adenosindifosfato).

■ **ADP** Sigla di adenosindifosfato (*vedi adenosintrifosfato*).

■ **Aerobico** Termine che si riferisce a un processo che si svolge solo in presenza di ossigeno; detto anche di un organismo che vive solo in presenza di ossigeno libero.

■ **Alghe** Organismi autotrofi di struttura semplice, unicellulari e pluricellulari. Le alghe con struttura più complessa sono le alghe marine.

■ **Allele** Forma alternativa di un gene che codifica per un determinato carattere.

■ **Ambiente** Insieme delle condizioni chimico-fisiche (fattori fisici o abiotici) e biologiche (fattori biotici) a cui è soggetto un organismo.

■ **Amido** Carboidrato polisaccaride formato da lunghe catene costituite da unità di glucosio, utilizzato dalle piante come sostanza di riserva energetica, che in genere immagazzinano nelle radici e nei semi.

■ **Amminoacidi** Composti organici caratterizzati da un gruppo $-NH_2$ (amminico), un gruppo $-COOH$ (carbossilico) e un gruppo R che può variare (residuo o catena laterale): tutti e tre i gruppi sono legati a uno stesso atomo di carbonio. Gli amminoacidi sono le unità costitutive delle proteine.

■ **Amminoacidi essenziali** Amminoacidi necessari all'organismo, ma che questo non è in grado di sintetizzare; devono pertanto essere assunti attraverso gli alimenti.

■ **Anabolismo** Insieme delle reazioni biochimiche del metabolismo in cui sono sintetizzate molecole complesse a partire da molecole semplici, grazie al consumo di energia.

■ **Anaerobico** Termine che si riferisce a un processo che si svolge solo in assenza di ossigeno; detto anche di un organismo che vive in assenza di ossigeno libero.

■ **Anafase** Terza fase della divisione cellulare in cui i due cromatidi di ciascun cromosoma si separano e migrano ai poli della cellula.

■ **Angiosperme** Piante con fiori adattate agli habitat più diversi. È la divisione che possiede il maggior numero di specie.

■ **Antibiotici** Farmaci ricavati da sostanze prodotte da certe muffe fortemente tossiche per i batteri.

■ **Aploide** Dotato di un'unica serie di cromosomi (indicata con *n*).

■ **Apparato di Golgi** Organulo cellulare costituito da pile di vescicole appiattite che funziona come centro di deposito e distribuzione dei prodotti cellulari.

■ **Archei** Dominio che comprende procarioti spesso estremofili come i termofili, i termoacidofili, gli alofili e i metanogeni.

■ **Ascomiceti** Funghi con ife settate; sono forniti di corpi fruttiferi.

■ **Atmosfera** Componente del sistema Terra costituito dall'insieme delle sostanze gassose che avvolgono la superficie terrestre.

■ **ATP** Sigla di adenosintrifosfato.

■ **Autotrofi** Organismi in grado di elaborare le molecole organiche complesse di cui hanno bisogno (per esempio zuccheri, proteine) a partire da molecole inorganiche semplici (come diossido di carbonio, acqua, sali minerali), sfruttando una fonte di energia esterna che nel caso più diffuso è l'energia solare.

■ **Basi azotate** Molecole organiche contenenti azoto, componenti dei nucleotidi che costituiscono il DNA e l'RNA; appartengono a due gruppi: le purine e le pirimidine.

■ **Basidiomiceti** I funghi più comuni, con ife settate. Hanno caratteristici corpi fruttiferi, perlopiù a forma di ombrello.

■ **Batteri** *vedi Eubatteri.*

■ **Biocenosi** Insieme delle comunità viventi di un ecosistema.

■ **Biodegradabile** Sostanza che viene decomposta dall'azione di microrganismi.

■ **Biodiversità** Varietà delle forme viventi in una determinata area geografica.

■ **Bioma** Ecosistema di grande estensione caratterizzato dalla presenza prevalente di un certo tipo di associazione vegetale.

■ **Biosfera** Insieme dei biomi e quindi degli ecosistemi presenti sulla Terra (include tutti gli ambienti del pianeta in grado di ospitare forme di vita e tutti gli organismi che li popolano).

■ **Biotopo** Ambiente fisico di un ecosistema.

■ **Carboidrati** Composti organici (detti anche glucidi o zuccheri) contenenti carbonio, idrogeno e ossigeno, di formula generale $(CH_2O)n$. Comprendono: gli zuccheri semplici (monosaccaridi), tra cui il glucosio; i disaccaridi, tra cui il saccarosio, formati da due unità di monosaccaridi; i polisaccaridi, tra cui l'amido, il glicogeno, la cellulosa, formati da numerose unità di glucosio.

■ **Cariotipo** Ricostruzione del corredo cromosomico di un organismo.

■ **Catabolismo** Insieme delle reazioni biochimiche del metabolismo cellulare in cui molecole complesse vengono demolite in composti più semplici, con liberazione di energia.

■ **Catena di trasporto degli elettroni** Sistema costituito da enzimi e cofattori presenti in determinate membrane cellulari, che provvedono al trasferimento di elettroni attraverso una sequenza di reazioni di ossidoriduzione, nel corso delle quali viene liberata energia, utilizzata per la sintesi di molecole di ATP.

■ **Cellula** Unità strutturale e funzionale costitutiva di tutti gli organismi viventi.

■ **Cellula uovo** Gamete femminile.

■ **Cellulosa** Carboidrato polisaccaride insolubile formato da unità di glucosio; si trova nella parete delle cellule vegetali.

■ **Ciclo di Calvin-Benson** Sequenza ciclica di reazioni mediante la quale il diossido di carbonio è fissato in carboidrati durante le reazioni della fase oscura della fotosintesi.

■ **Ciclo di Krebs** Stadio della respirazione cellulare costituito da una sequenza ciclica di reazioni in cui l'acido piruvico ricavato dalla glicolisi viene demolito a CO_2, con contemporanea formazione di ATP e altre molecole energetiche. Si svolge nella matrice dei mitocondri.

■ **Citodieresi** Processo di separazione delle cellule figlie alla fine del ciclo cellulare.

■ **Citologia** Parte della biologia che si occupa dello studio della cellula.

■ **Citoplasma** Struttura cellulare che occupa lo spazio interno costituito da una parte fluida (citosol) e dagli organuli (escluso il nucleo).

■ **Citoscheletro** Impalcatura all'interno della cellula formata da strutture filamentose di natura proteica.

■ **Citosina** Base azotata del gruppo delle pirimidine, indicata con la lettera C. È presente nel DNA e nell'RNA.

■ **Climax** Ecosistema maturo giunto al termine del processo evolutivo.

■ **Clone** Linea cellulare derivata dalla stessa cellula iniziale attraverso una serie di divisioni cellulari.

■ **Clorofilla** Il principale pigmento fotosintetico contenuto nei cloroplasti; assorbe radiazioni luminose di lunghezza d'onda nel violetto-blu e nel rosso e riflette quelle corrispondenti al verde.

■ **Cloroplasti** Organuli cellulari presenti nelle cellule vegetali deputati allo svolgimento della fotosintesi e forniti di pigmenti verdi, in particolare la clorofilla.

■ **Codominanza** Manifestazione nell'eterozigote di entrambi gli alleli.

■ **Condensazione** Reazione chimica in cui due molecole si uniscono con un legame covalente, con contemporanea eliminazione di una molecola d'acqua.

■ **Consumatori primari** Organismi, soprattutto animali, consumatori di sostanze organiche.

■ **Corpo fruttifero** Parte del fungo specializzata per la produzione di spore.

■ **Cromatidi** I due filamenti di un cromosoma in duplicazione.

■ **Cromatina** Filamenti di DNA legati a diversi tipi di proteine.

■ **Cromoplasti** Organuli cellulari presenti nelle cellule vegetali colorati per la presenza di pigmenti.

■ **Cromosomi** Strutture costituite da DNA e proteine che contengono l'informazione genetica; nelle cellule eucarioti sono localizzate nel nucleo.

■ **Crossing-over** Scambio incrociato di regioni più o meno lunghe di cromatidi omologhi.

■ **Decompositori** Organismi come i funghi e i batteri responsabili della decomposizione delle sostanze organiche.

■ **Degrado ambientale** Grave forma di alterazione dell'ambiente provocata dalle attività umane.

■ **Desertificazione** Trasformazione di un territorio in precedenza coperto da vegetazione e da suolo fertile in una distesa arida e priva di vita.

■ **Dicotiledoni** Piante vascolari produttrici di semi contenenti due foglie embrionali, i cotiledoni.

■ **Diffusione** Movimento passivo di molecole o ioni in soluzione che avviene secondo un gradiente di concentrazione.

■ **Diffusione facilitata** Diffusione di molecole attraverso una membrana cellulare, favorita da proteine incorporate nella membrana stessa.

■ **Diploide** Provvisto di due serie complete di cromosomi (indicate con 2*n*).

■ **Disaccaridi** Carboidrati risultanti dall'unione di due molecole di monosaccaridi.

Dissesto idrogeologico Forma di degrado del territorio dovuta principalmente alla mancata regolazione delle acque che scorrono sul terreno; si manifesta generalmente con frane e alluvioni.

DNA o **Acido Desossiribo Nucleico** Molecola costituita da due catene di polinucleotidi avvolte l'una sull'altra a formare una doppia elica. Contiene le istruzioni necessarie alla costruzione delle proteine.

Dominio Categoria tassonomica superiore al regno. Oggi si distinguono gli organismi in tre domini: Archei, Eubatteri, Eucarioti.

Ecologia Studio delle interazioni tra gli organismi e tra questi e il loro ambiente.

Ecosistema Complesso degli organismi che vivono in una data area e che interagiscono fra loro e con l'ambiente fisico in un determinato equilibrio.

Effetto serra Fenomeno per il quale una parte del calore che raggiunge la superficie terrestre viene trattenuta a causa della presenza di vapore acqueo e di diossido di carbonio nell'atmosfera.

Endocitosi Processo cellulare in cui viene introdotto materiale all'interno della cellula inglobato in vescicole che liberano il loro contenuto nel citoplasma.

Energia Grandezza fisica derivata che misura la capacità di un corpo di compiere lavoro.

Energia di attivazione Valore minimo di energia che devono possedere le molecole dei reagenti per dare luogo a una reazione chimica, trasformandosi nei prodotti.

Entropia Grandezza termodinamica che misura il grado di disordine di un sistema.

Enzimi Catalizzatori biologici costituiti da proteine globulari, che agiscono su specifiche trasformazioni biochimiche. Come tutti i catalizzatori, intervengono nelle reazioni senza consumarsi o subire alterazioni permanenti.

Esocitosi Processo cellulare in cui sostanze presenti nel citoplasma sono inglobate in vescicole che le trasportano fino alla membrana cellulare; le vescicole quindi si fondono con la membrana cellulare e liberano il proprio contenuto all'esterno.

Esperimento Tipo particolare di esperienza realizzata in condizioni controllate con lo scopo di sottoporre a verifica previsioni formulate in base a ipotesi scientifiche.

Esplosione demografica Aumento esponenziale di una popolazione.

Eterotrofi Organismi che per nutrirsi devono assumere materiali organici prodotti da altri organismi.

Eterozigote Individuo che possiede due alleli diversi per un determinato carattere.

Eubatteri o **Batteri** Dominio che comprende procarioti con un'unica molecola di DNA e spesso plasmidi circolari.

Eucariote Organismo costituito da una o più cellule dotate di nucleo delimitato da una membrana. Sono eucarioti i Protisti, i Funghi, le Piante e gli Animali.

Eutrofizzazione Abnorme proliferazione di alghe, dovuta a un'elevata concentrazione di sostanze organiche nell'acqua.

Evoluzione Processo attraverso il quale nel corso del tempo si verifica lo sviluppo graduale di nuove specie di organismi a partire da specie precedenti.

Fagocitosi Processo cellulare che rientra nell'endocitosi, mediante il quale una cellula introduce al proprio interno particelle solide inglobandole in seguito alla formazione di vescicole.

Fenotipo Insieme dei caratteri osservabili di un individuo.

Fermentazione Via metabolica anaerobica in cui si ricava energia attraverso l'ossidazione parziale del glucosio in composti come l'etanolo (fermentazione alcolica) o l'acido lattico (fermentazione lattica).

Fosfolipidi Composti formati dall'unione di una molecola di glicerolo con due molecole di acidi grassi e una molecola di acido fosforico; sono i componenti fondamentali delle membrane cellulari.

Fossile Resto di un antico organismo vegetale o animale, o una semplice traccia, che ha subito processi che gli permettono di conservarsi entro rocce di tipo sedimentario.

Fotosintesi Processo metabolico di conversione dell'energia luminosa in energia chimica per intervento di pigmenti fotosensibili come la clorofilla che ha come risultato la sintesi di composti organici a partire da diossido di carbonio e acqua, con liberazione di ossigeno come sottoprodotto. La fotosintesi, operata da piante verdi, alghe e alcuni batteri, si svolge in due fasi: fase luminosa e fase oscura (o ciclo di Calvin-Benson).

Gameti Cellule riproduttive prodotte per meiosi da due individui di sesso opposto.

Gametogenesi Processo mediante il quale si formano i gameti maschili e femminili.

Geni Tratti di DNA occupanti ciascuno una posizione definita in determinati cromosomi. Ciascun gene è responsabile di uno specifico carattere ereditario.

Genoma Insieme dei geni di un individuo.

Geosfera Denominazione sotto cui si riuniscono i tre componenti inorganici del sistema Terra: litosfera, idrosfera e atmosfera.

Glicogeno Polisaccaride formato da catene ramificate di unità di glucosio, usato come riserva energetica negli animali; è prevalentemente accumulato nel fegato.

Glicolisi Processo metabolico che si svolge nel citoplasma e che consente la demolizione di una molecola di glucosio in due molecole di acido piruvico, con liberazione di una piccola quantità di energia.

Glucidi Altra denominazione dei carboidrati.

Glucosio Il più diffuso e importante carboidrato monosaccaride a sei atomi di carbonio. Svolge una funzione fondamentale nel metabolismo cellulare.

Grassi Lipidi appartenenti al gruppo dei trigliceridi. I grassi sono solidi a temperatura ambiente.

Gruppo funzionale Gruppo di atomi che determina le proprietà di una molecola organica; tra i più importanti figurano l'ossidrile alcolico (alcoli), il carbossile (acidi), il gruppo amminico (ammine).

Guanina Base azotata del gruppo delle purine, indicata con la lettera G. È presente nel DNA e nell'RNA.

Habitat Tipo di ambiente fisico in cui vive un organismo.

Idrocarburi Composti organici costituiti solo da carbonio e idrogeno.

Idrosfera Componente del sistema Terra che comprende la totalità delle acque del pianeta.

Ife Filamenti costituiti da cellule allungate, spesso con più nuclei, che formano il corpo dei funghi.

Inquinamento Immissione nell'ambiente di sostanze estranee; è grave quello dovuto a rifiuti e residui di varia natura prodotti dall'attività umana.

Ipotesi Spiegazione provvisoria delle regolarità riscontrate nel corso di ripetute e rigorose osservazioni di fenomeni naturali. L'ipotesi guida le successive fasi della ricerca, dirette a verificare la sua validità.

Isotopi Atomi dello stesso elemento, con medesimo numero atomico ma dotati di un numero differente di neutroni e, quindi, con diverso numero di massa.

Lattosio Disaccaride composto da glucosio e galattosio; si trova nel latte dei mammiferi.

Legame idrogeno Legame debole intermolecolare che si stabilisce tra un atomo di idrogeno di una molecola e un atomo che attrae fortemente elettroni, come l'ossigeno, di un'altra molecola (come per esempio accade tra le molecole dell'acqua).

Legame peptidico Legame covalente che si instaura tra l'azoto del gruppo amminico e il carbonio del gruppo carbossilico di due differenti amminoacidi; mediante questo tipo di legame, si formano le catene polipeptidiche che costituiscono le proteine.

Leucoplasti Organuli cellulari presenti nelle cellule vegetali contenenti materiali di riserva (perlopiù amido).

Lichene Associazione di un fungo e un'alga unicellulare (o un cianobatterio) che vivono in simbiosi.

Lipidi Molecole costituite prevalentemente da lunghe catene formate da atomi di carbonio e idrogeno unite a una molecola di glicerolo. Svolgono perlopiù funzioni di riserva energetica. I lipidi includono oli e grassi (trigliceridi), fosfolipidi e steroidi.

Lisosomi Vescicole contenenti enzimi "distruttivi" che vengono utilizzati per la digestione endocellulare o per l'eliminazione di materiali dannosi.

Litosfera Componente del sistema Terra costituito dall'insieme dei materiali solidi: rocce, minerali, suoli.

Meiosi Particolare divisione cellulare per cui da una cellula diploide si formano quattro cellule aploidi.

Membrana cellulare (o **plasmatica**) Involucro esterno di una cellula, che la separa dall'ambiente esterno e ne contiene il citoplasma; è costituito da un doppio strato di fosfolipidi in cui sono incorporate proteine e altre molecole organiche.

Metabolismo Insieme delle reazioni chimiche mediate da enzimi, per mezzo delle quali le cellule si procurano e utilizzano energia.

Metafase Seconda fase della divisione cellulare in cui i cromosomi, già raddoppiati si portano all'equatore della cellula.

Metodo sperimentale Procedura seguita, a partire dalla scienza moderna, nello studio dei fenomeni naturali. Si articola in quattro fasi fondamentali: osservazione, ipotesi, verifica sperimentale, enunciazione della legge.

Micorriza Associazione di un fungo e le radici di una pianta che vivono in simbiosi.

Mitocondri Organuli cellulari delimitati da una doppia membrana che sono sede di processi di conversione energetica del metabolismo cellulare.

Mitosi Divisione cellulare per cui da una cellula si formano due cellule con uguale numero di cromosomi.

Modello a mosaico fluido Modello di membrana cellulare, formata da un doppio strato di fosfolipidi in cui sono inglobate proteine; il doppio strato lipidico è "fluido" per permettere il movimento delle proteine.

Monocotiledoni Piante vascolari produttrici di semi contenenti una sola foglia embrionale, il cotiledone.

Monomeri Molecole semplici che si uniscono a formare i polimeri.

Monosaccaridi Carboidrati comprendenti gli zuccheri semplici costituiti da una catena a 5 o 6 atomi di carbonio. Sono solubili in acqua.

Mutazione Modificazione dell'informazione genetica che può avvenire durante la replicazione del DNA e può dare origine a un nuovo carattere ereditario.

NAD Sigla del nicotinammide adenin dinucleotide.

NADP Sigla del nicotinammide adenin dinucleotide fosfato.

Nicchia ecologica Ruolo che un organismo svolge in un ecosistema.

Nucleo (cellulare) Organulo circondato da una membrana, tipico delle cellule eucarioti, in cui è racchiuso il materiale genetico.

Nucleolo Struttura tondeggiante all'interno del nucleo, in cui avviene la sintesi di costituenti dei ribosomi.

Nucleotidi Unità strutturali degli acidi nucleici, costituite da uno zucchero a cinque atomi di carbonio o pentoso (ribosio o desossiribosio), una base azotata (adenina, citosina, guanina, timina o uracile) e un gruppo fosfato.

Omeostasi Mantenimento nell'organismo di un ambiente relativamente costante per assicurare alle cellule un funzionamento ottimale.

Ominidi Famiglia di primati che comprende le scimmie antropomorfe (orango, gorilla, scimpanzé) e l'uomo.

Omozigote Individuo che possiede due alleli identici per un determinato carattere.

Organo Unità funzionale della struttura corporea di un organismo costituita in genere da più tessuti.

Osmosi Diffusione spontanea di acqua attraverso una membrana semipermeabile che separa soluzioni acquose a concentrazione diversa: l'acqua passa dalla soluzione più diluita a quella più concentrata.

Ossidoriduzioni Reazioni che consistono in un trasferimento di elettroni da molecole donatrici (che si ossidano) a molecole accettrici (che si riducono).

Ozono Gas presente nell'atmosfera, a circa 25000 metri di altitudine, che funziona da schermo che ripara la Terra dalle radiazioni ultraviolette.

Parassiti Organismi che invadono il corpo di altri organismi da cui ricavano tutti gli elementi nutritivi.

pH Modo di esprimere la concentrazione degli ioni idrogeno (H^+) in una soluzione. La scala del pH va da 0 a 14; 0 rappresenta la condizione di massima acidità, 14 la condizione di massima basicità, 7 il punto di neutralità che si riscontra nell'acqua pura a 25 °C.

Plasmide Struttura presente nel citoplasma di molti batteri, costituita da una corta molecola circolare di DNA.

Plastidi Organuli delle cellule vegetali, specializzati nell'immagazzinamento di varie sostanze.

Poligenico Carattere determinato da due o più geni diversi.

Polimeri Molecole organiche di grandi dimensioni costituite dall'aggregazione di molecole più semplici chiamate monomeri.

Polinucleotide Molecola formata dall'unione di numerose unità di nucleotidi; tali sono il DNA e l'RNA.

Polipeptide Composto formato da numerose subunità di amminoacidi; sinonimo di proteina.

Polisaccaridi Carboidrati costituiti da polimeri formati dall'unione di unità monomeriche di zuccheri semplici.

Popolazione Gruppo di individui della stessa specie presenti contemporaneamente in una stessa area.

Predatori Organismi che si cibano di altri organismi, mediante uccisione diretta.

Primati Ordine di mammiferi comprendente le proscimmie e le scimmie.

Procarioti Organismi unicellulari, la cui cellula è priva di membrane interne. Sono gli Archei e gli Eubatteri.

Produttori Organismi fotosintetici che producono sostanza organica.

Profase Prima fase della divisione cellulare in cui i cromosomi si condensano nel nucleo, assumendo l'aspetto di filamenti spessi.

Proteine Composti organici formati da macromolecole costituite da catene di amminoacidi variamente assortiti.

Protone Particella subatomica fondamentale dotata di una carica elettrica elementare di segno positivo (+).

Protozoi Protisti eterotrofi di tipo animale.

Pseudopodi Espansioni lobose delle amebe (protozoi) che servono sia per muoversi sia per circondare e inglobare i batteri e i protozoi di cui si cibano.

Radioisotopo Isotopo instabile che emette radiazioni (isotopo radioattivo).

Reazione accoppiata Insieme di due reazioni, l'una esoergonica e l'altra endoergonica, che si associano in modo che l'energia prodotta dalla prima serva ad attivare la seconda.

Reazione endoergonica Reazione che avviene con assorbimento di energia dall'esterno, in quanto i prodotti hanno un contenuto energetico superiore a quello dei reagenti.

Reazione esoergonica Reazione che avviene con liberazione di energia verso l'esterno, in quanto i prodotti hanno un contenuto energetico inferiore a quello dei reagenti.

Respirazione cellulare Complesso di reazioni che si svolgono nei mitocondri, durante le quali l'ossigeno è utilizzato per ossidare a CO_2 e acqua i carboidrati e produrre energia.

Reticolo endoplasmatico Serie di membrane che all'interno della cellula formano un fitto intreccio, con o senza ribosomi associati (reticolo endoplasmatico liscio e rugoso, rispettivamente). È il principale sito di produzione di lipidi e proteine.

Retroazione negativa Sistema di regolazione per cui una modificazione delle condizioni iniziali scatena una serie di eventi che tendono a opporsi a quella modificazione e a ripristinare lo stato iniziale. È alla base del mantenimento dell'omeostasi nei sistemi fisiologici.

Ribosomi Organuli citoplasmatici liberi o associati al reticolo endoplasmatico, sui quali avviene la sintesi proteica.

Riproduzione Processo mediante il quale ciascun organismo è in grado di generare altri organismi simili a se stesso.

Risorse naturali Tutto ciò che è necessario per la sopravvivenza e le attività umane e che viene ricavato attraverso lo sfruttamento dell'ambiente naturale. Possono essere rinnovabili o non rinnovabili.

RNA o **Acido Ribo Nucleico** Molecola organica costituita da una sequenza di nucleotidi uniti tra loro da ponti fosfato; provvede a tradurre l'informazione genetica, contenuta nel DNA, nella struttura delle proteine.

Saprofiti Organismi (batteri e funghi) che attingono il loro nutrimento dai residui organici, vegetali o animali.

Sarcodici Classe di protozoi che catturano il cibo mediante espansioni del citoplasma.

Simbionti Organismi che vivono in unione con altri organismi in una situazione di reciproco vantaggio.

Sistema Insieme di parti reciprocamente connesse e interagenti in modo da formare un'unità le cui caratteristiche e proprietà non sono date semplicemente dalla somma delle parti componenti.

Sistematica Branca della biologia che si occupa della classificazione e del riconoscimento delle forme viventi.

Smog fotochimico Inquinamento atmosferico causato dalle reazioni chimiche innescate dalle radiazioni solari tra l'ossigeno dell'aria, gli ossidi di azoto presenti nei gas di scarico degli autoveicoli e gli idrocarburi liberati dall'incompleta combustione del carburante. Si producono ozono e altri inquinanti.

Soluzione tampone Soluzione acquosa di una determinata specie chimica, in grado di mantenere il suo pH pressoché invariato.

Specie Gruppi di popolazioni naturalmente interfeconde che sono riproduttivamente isolate da altri gruppi simili.

Steroidi Lipidi la cui molecola è formata da una struttura base costituita da quattro anelli condensati di atomi di carbonio.

Strutture vestigiali Strutture residuali del corpo la cui presenza sarebbe incomprensibile senza un'ipotesi evolutiva.

Sviluppo Stadio della vita di tutti gli esseri viventi durante il quale compaiono nuovi tipi cellulari, nuovi tessuti e nuovi organi.

Sviluppo sostenibile Modello di crescita economica e industriale in grado di garantire all'intera comunità umana condizioni di esistenza in costante miglioramento, senza tuttavia intaccare irreparabilmente il patrimonio di risorse che l'ambiente può offrire anche alle generazioni future.

Temperatura Grandezza fisica fondamentale che indica il grado di agitazione termica delle particelle di un corpo.

Teoria Spiegazione scientifica generale di un fenomeno (o di un insieme di fenomeni collegati) che ne indica le cause, ne descrive le modalità e consente di formulare previsioni circa la sua evoluzione.

Tessuto Gruppo di cellule (perlopiù simili) che insieme compiono una funzione specifica. Il tessuto può includere materiale extracellulare prodotto dalle stesse cellule.

Tilacoide Lamelle formate dalla membrana di un cloroplasto; le membrane dei tilacoidi contengono i fotosistemi e gli enzimi che sintetizzano ATP usati nelle reazioni della fase luminosa della fotosintesi.

Timina Base azotata pirimidinica, di simbolo T, presente nel DNA.

Trasportatore di elettroni Molecola in grado di acquistare e perdere elettroni in modo reversibile.

Trasporto attivo Processo di trasporto di sostanze attraverso le membrane delle cellule che avviene contro il gradiente di concentrazione e che richiede energia.

Trasporto passivo Passaggio di molecole attraverso una membrana cellulare secondo il gradiente di concentrazione, senza consumo di energia.

Uracile Base azotata pirimidinica, di simbolo U, presente nell'RNA.

Vacuoli Vescicole presenti nelle cellule con funzioni di immagazzinamento dei liquidi. Sono particolarmente grandi nelle cellule vegetali.

Vertebrati Cordati muniti di vertebre. Nell'adulto la corda viene sostituita dalla colonna vertebrale.

Virus Entità visibili solo al microscopio elettronico, costituite da una molecola di DNA (DNA virus) o di RNA (RNA virus) racchiusa in un involucro proteico (capside).

Zigomiceti Funghi primitivi con ife non settate.

Zigote Cellula ottenuta dalla fusione di un gamete maschile con uno femminile (fecondazione).

GLOSSARY

Activation energy Minimum energy required by reagents for a chemical reaction to occur. Catalysts can lower the activation energy of substances. Enzymes act as catalysts in biochemical reactions.

Active transport Process where substances are transported across cell membranes against the concentration gradient. It requires energy.

Adaptation Changes in structure and function (caused by natural selection) that give an organism better chances of survival and/or reproduction.

Adenine Purine nitrogenous base represented by the letter A. It is present in DNA and RNA molecules.

Adenosine triphosphate (ATP) Nucleotide made up of a ribose sugar, adenine and three phosphate groups. It is the main source of energy for the cellular metabolism. Energy is given out when the molecule loses a phosphate group through hydrolysis forming ADP (adenosine diphosphate).

ADP (adenosine diphosphate), see *Adenosine triphosphate*.

Aerobic Process which occurs in the presence of oxygen. An organism which is only able to live in the presence of oxygen is also aerobic.

Algae Simple autotrophic, unicellular and multicellular organisms. The most complex form of algae are known as seaweed.

Allele Alternative form of a gene that codes for a specific characteristic.

Amino acids Organic compounds with an amine functional group ($-NH_2$), a carboxyl group (− COOH) and a residual R group which varies. All three groups are bonded to a carbon atom. Amino acids are the building units of proteins.

Anabolism Biochemical cellular metabolic reactions in which complex molecules are synthesized from simple ones. Energy is consumed during the process.

Anaerobic A process which occurs in the absence of oxygen. An organism that lives in the absence of oxygen is also anaerobic.

Anaphase Third phase of cell division, where two chromatids from each chromosome separate and migrate to the cell's poles.

Angiosperm Flowering plants adapted to diverse environments. This section contains the largest number of species.

Antibiotics Pharmaceutical substance produced by moulds, highly toxic for bacteria.

Archaea Domain of prokaryotes which includes extremophiles such as thermophiles, thermoacidophiles, halophiles and methanogens.

Ascomycota Fungi with hyphae (divided into septa) that produce an ascocarp (fruiting structure).

Atmosphere Part of the Earth which consists of all gaseous substances surrounding the Earth's surface.

ATP, see *Adenosine triphosphate.*

Autotroph An organism which can construct complex organic molecules it needs for survival (sugars and proteins) from simple inorganic molecules (carbon dioxide, water, salts), using an external energy source (usually sunlight).

Bacteria see *Eubacteria*.

Basidiomycota The most common type of mushroom with hyphae. They have fruiting bodies (sporocarps) shaped like umbrellas.

Biocoenosis All the living communities in a system.

Biodegradable Substance that is decomposed by microorganisms.

Biodiversity Variety of living organisms in a specific geographical area.

Biome Large ecosystem characterised by the prevalence of a certain type of plant life.

Biosphere This includes all the biomes and ecosystems present on Earth (including all environments capable of supporting life and all life forms of the planet).

Biotope Physical environment of an ecosystem.

Buffer Aqueous solution which is capable of maintaining a certain pH.

Calvin-Benson Cycle Series of cyclic reactions through which carbon dioxide is fixed in carbohydrates, this occurs during the dark phase of photosynthesis.

Carbohydrates Organic compounds (sugars) made of carbon, hydrogen and oxygen with the empirical formula $(CH_2O)n$. They include: simple sugars, monosaccharides such as glucose; disaccharides, such as saccharose, formed by two monosaccharides; polysaccharides such as starch, glycogen, cellulose, all formed by many glucose units.

Catabolism Biochemical cellular metabolic reactions where complex molecules are broken down into simple molecules. The processes release energy.

Cell Structural and functional unit in living organisms.

Cell (or plasma) membrane This is an external layer surrounding the cell separating its contents from the external environment. It is made up of a double layer of phospholipids in which proteins and organic molecules like cholesterol are embedded.

Cellular respiration Series of reactions which occur in the mitochondria. Oxygen is used to oxidate carbohydrates and produce CO_2, water and energy.

Cellulose Insoluble polysaccharide carbohydrate formed by single glucose units; it is found in the cell wall of plant cells.

Chlorophyll The main photosynthetic pigment found in chloroplasts. It absorbs wavelengths of violet/blue and red light and reflects green light.

Chloroplasts Cell organelles found in plant cells which carry out photosynthesis. They have green pigments such as chlorophyll.

Chromatids Two filaments of a duplicating chromosome.

Chromatin DNA filaments bound to different types of protein.

Chromoplasts Cellular organelles containing coloured pigments present in coloured plant cells.

Chromosomes Structures made of protein and DNA that contain genetic information. Eukaryote cells store chromosomes in the nucleus.

Climax A mature ecosystem which has come to the end of its evolutionary process.

Clone Cell line derived from the same initial cell through a series of cell divisions.

Codominance Expression of both heterozygote alleles.

Concentration Quantity of a solute present in a certain volume of solution.

Condensation reaction Chemical reaction where two molecules form a covalent bond and eliminate a water molecule.

Coupled reaction The association of two reactions, one exergonic, the other endergonic. The energy given out from the first reaction is used to activate the second one.

Crossing-over Exchange between far away regions of homologous chromosomes.

Cytokinesis Process through which the daughter cells of an organism separate at the end of the cell cycle.

Cytology The study of cell biology.

Cytoplasm Cellular structure which is made of a fluid part (cytosol) and organelles (excluding the nucleus).

Cytosine Nitrogenous pyrimidine base represented by the letter C. It is present in DNA and RNA molecules.

Cytoskeleton Cell structure made of filamentous protein scaffolding.

Decomposers Organisms like fungi and bacteria, responsible for the decomposition of organic substances.

Demographic explosion Exponential increase of a population.

Desertification The degradation of fertile land into arid and dry soil.

Development Life stage where new cell types, new tissue and new organs appear.

Dicotyledon Vascular plants whose seeds have two cotyledons (embryonic leaves).

Diffusion Passive movement of molecules or ions in a solution along a concentration gradient.

Diploid Having two complete sets of chromosomes (known as $2n$).

Disaccharides Carbohydrates made up of two monosaccharide molecules.

DNA-deoxyribose nucleic acid Molecule made up of two polynucleotide chains bonded with each other in the shape of a double helix. DNA contains the instructions for protein synthesis.

Domain Taxonomic rank higher than a kingdom. Today we divide organisms in three domains: Archaea, Bacteria and Eukarya.

Ecology The study of interactions between organisms and the environment.

Ecosystem A system of organisms which live in a given area and interact with each other and their physical environment with a specific equilibrium.

Egg cell Female gamete.

Electron transport chain A system made up of enzymes and cofactors which transfer electrons across a sequence of redox reactions during which energy is released and used to synthesize ATP.

Electron transporter Molecule which is capable of gaining and losing electrons reversibly. Electron transporters usually capture high energy electrons produced during exergonic reactions. They then give the electrons up to acceptor molecules which use their energy to activate endergonic reactions.

Endergonic reaction Reaction which takes in energy, giving products with a higher energy value than the reagents.

Endocytosis Cell process in which material is introduced into the cell after being surrounded by vesicles which release their contents in the cytoplasm.

Endoplasmic reticulum A series of membranes which form a tight network, with or without ribosomes (rough and smooth endoplasmic reticulum respectively). It is the main site of lipid and protein synthesis.

Energy Derived physical quantity which measures the ability of a body to do work.

Entropy Thermodynamic quantity which measures the degree of disorder in a system.

Environment Chemical and physical (abiotic or physical factors) and biological conditions (biotic factors) that surround an organism.

Environmental degradation The deterioration of the environment caused by human activity.

Enzymes Biological catalysts made of globular proteins. They act on specific biochemical reactions.
ike all catalysts, they mained unchanged after e reaction.

Essential amino acids ino acids which are essary for the organism survive but which the y cannot synthesize must therefore ngested.

ubacteria or Bacteria ain of prokaryotic nisms with gle DNA molecule circular plasmids.

ukaryote Organism ade up of one or more cells with a nucleus enclosed in a nuclear membrane. Protists, Fungi, Plants and Animals are all eukaryotic.

Eutrophication Algal proliferation caused by a rich provision of organic matter.

Evolution Process through which species of organisms gradually develop into new species during a long period of time.

Exergonic reaction Reaction which frees energy, giving products with a lower energy value than the reagents.

Exocytosis Cellular process in which substances in the cytoplasm are surrounded by vesicles and transported to the cell membrane, here the vesicles fuse with the membrane and release the contents outside of the cell.

Experiment An experience carried out in controlled conditions with the aim of verifying a scientific hypothesis.

Facilitated diffusion Diffusion of molecules across a cellular membrane with the help of proteins embedded in the membrane.

Fats Lipids belonging to the triglyceride group. Fats are solid at room temperature.

Fermentation Anaerobic metabolic pathway which releases energy through the partial oxidation of glucose. It produces ethanol (ethanol fermentation) and lactic acid (lactic acid fermentation).

Fluid mosaic model A model representing a double layer of phospholipids which make up the cellular membrane. Proteins are embedded in the lipid layer which is "fluid" because it allows the proteins to move around.

Fossil Remains or traces of an ancient plant or animal conserved within sedimentary rock material.

Fruiting body Part of a mushroom which produces spores.

Functional group Group of atoms which determines the property of a molecule. Some important ones are: hydroxyl (alcohols), carboxyl (acids), and amine group (amines).

Gametes Reproductive cells produced by meiosis from individuals of opposite genders.

Gametogenesis Process through which male and female gametes are formed.

Genes Sequences of DNA with a predefined position in specific chromosomes. Each gene is responsible for a specific hereditary trait.

Genome Sum of all genes of an individual.

Geosphere Part of the Earth which include three inorganic components: the lithosphere, the hydrosphere and the atmosphere.

Glucose The most common and important monosaccharide carbohydrate. It has 6 carbon atoms and has an essential function in cell metabolism.

Glycogen Polysaccharide formed from branching chains of glucose units. It is used as an energy reserve in animals and stored mostly in the liver.

Glycolysis Metabolic process which occurs in the cytoplasm and breaks down one glucose molecule into two molecules of pyruvate, freeing a small quantity of energy.

Golgi apparatus Cellular organelle made of flattened vesicles which functions as a deposit and distribution centre for cellular products.

Greenhouse effect The ability of the atmosphere greenhouse gases and water vapour on the Earth's surface to capture and retain heat from the Sun.

Guanine Purine nitrogenous base represented by the letter C. It is present in DNA and RNA molecules.

Habitat Type of physical environment where an organism lives.

Haploid Containing a single set of chromosomes (known as *n*).

Heterotroph Organisms which feed by ingesting organic materials produced by other organisms.

Heterozygote Individual with two different alleles of a specific trait.

Homeostasis Organism maintains itself in a relatively constant environment to assure normal cell functioning.

Hominids Family of primates which includes anthropomorphic monkeys (orangutans, gorilla, chimpanzee) and humans.

Homozygote Individual that has two identical alleles for a specific trait.

Hydrocarbons Organic compounds made of hydrogen and oxygen.

Hydrogen bond Weak intermolecular bond between the hydrogen atoms of a molecule and an atom that attracts electrons. Water has hydrogen bonds.

Hydrogeological disturbance Degradation of a territory caused by floods and landslides. Occurs in areas where bodies of water are poorly regulated.

Hydrosphere Part of the Earth where water is present.

Hypha (plural: *hyphae*) Filament made of long cells. Hyphae often have more than one nucleus and they form the mushroom's body.

Hypothesis Temporary proposal used to explain regularities encountered from repeated observations of natural phenomena. The hypothesis guides the next phase of research which will aim to test its validity.

Induced adaptation The partial modification of the shape of an enzyme's active site in order to accommodate a substrate forming weak temporary bonds.

Isotopes Atoms of the same element, with the same atomic number but with a different number of neutrons, therefore a different mass number.

Karyotype The chromosome profile of an organism.

Krebs Cycle A series of cyclic reactions during cellular respiration where pyruvate formed in glycolysis is broken down to CO_2 and ATP is formed along with other energy providing molecules. It occurs in the mitochondrial matrix.

Lactose Disaccharide made from glucose and galactose. It is found in mammal milk.

Leucoplasts Cellular organelles found in plant cells with storage tissue (starch).

Lichen Fungi and algae living in symbiosis.

Lipids Molecules made mostly of long carbon and hydrogen atom chains joined by a glycerol molecule. Their function is mostly for energy reserves. Oils and fats (triglycerides), phospholipids and steroids are lipids.

Lithosphere Part of the Earth which includes all solid materials: rocks, minerals, soil.

Lysosomes Vesicles that contain destructive enzymes that are used for the endocellular digestion or the breaking down of harmful substances.

Meiosis Specific type of cell division where a diploid cell forms four haploid cells.

Metabolism Chemical reactions mediated by enzymes, through which cells obtain and use energy to synthesize, accumulate and eliminate substances for growth, survival and reproduction of the organism.

Metaphase Second phase of cell division where the duplicated chromosomes migrate to the cell's equator.

Mitochondria Cellular organelles surrounded by a double membrane. They are the site of energy conversion processes for cell metabolism.

Mitosis Cell division where one cell forms two cells with the same number of chromosomes.

Monocotyledons Vascular plants that produce seeds with a single cotyledon.

Monomers Simple molecules that bond to form polymers.

Monosaccharides Carbohydrates like simple sugars which are made up of 5 or 6 bonded carbon atoms. They are soluble in water.

Mutation Modification of genetic information that can occur during DNA replication and may give rise to a new hereditary trait.

Mycorrhiza A fungi and plant roots living in symbiosis.

NAD Nicotinamide adenine dinucleotide.

NADP Nicotinamide adenine dinucleotide phosphate.

Natural resources Material found in the environment used for human activity and survival. Resources can be renewable or non-renewable.

Negative feedback Regulatory system where a change in initial conditions will cause an opposition to that change, in order to return to initial conditions. It is fundamental to maintain homeostasis in physiological systems.

Niche The ecological role of an organism within an ecosystem.

Nitrogenous base Organic molecules with nitrogen. They are part of nucleotides in DNA and RNA molecules. There are two groups, purines and pyrimidines.

Nucleic Acids Organic compounds made of long chains of nucleotide molecules present in prokaryote cells and in the nucleus of eukaryote cells. They carry genetic information and include DNA (deoxyribose nucleic acid) and RNA (ribose nucleic acid).

Nucleolus Round structure inside the nucleus where some parts of the ribosome are synthesized.

Nucleotides Structural units of nucleic acids made up of five carbon atoms (pentose), a nitrogenous base (adenine, cytosine, guanine, thymine or uracil) and a phosphate group.

Nucleus The central part of the a cell. It directs cell function and contains genetic information.

Organ Functional unit in the body structure of an organism made up of numerous types of tissue.

Osmosis Spontaneous diffusion of water molecules through semi-permeable membrane from a solution of high concentration to a solution of low concentration. The passage of water stops when the hydrostatic pressure is equal to the osmotic pressure.

Ozone Gas present in the atmosphere, at around 25,000 metres of altitude. It functions as a protective screen to shade the Earth from ultraviolet radiation.

Parasites Organisms that invade the body's of other organisms and live off their nutrients.

Passive transport Passage of molecules across a cell membrane towards the concentration gradient. It does not require energy.

Peptide bond Covalent bond between the nitrogen of the amine group and the carbon of the carboxylic group of two amino acids. Polypeptide chains are formed with this bond to create proteins.

pH Concentration of hydrogen ions (H^+) in a solution. The pH scale ranges from 0 to 14. 0 represents maximum acidic conditions and 14 represents maximum alkali conditions. 7 is neutral pH which is that of pure water at 25 °C.

Phagocytosis A type of endocytosis where a cell surrounds solid particles with vesicles.

Phenotype The sum of all observable traits in an individual.

Phospholipids Compounds formed by one glycerol molecule, two fatty acid molecules and one phosphate group. They are the main components of the cell membrane.

Photochemical smog Atmospheric pollution caused by light reacting with oxygen, nitrates and waste from incomplete combustion of fuels. It produces ozone and other pollutants.

Photosynthesis Metabolic process where light energy is converted to chemical energy using photosensitive pigments such as chlorophyll. Organic compounds are synthesized using carbon dioxide and water and oxygen is produced as a byproduct. Green plants, algae and some bacteria carry out photosynthesis. It has a light phase and a dark phase.

Plasmid Structure present in the cytoplasm of most bacteria, made up of a short molecule of circular DNA.

Plastids Organelles specialised in storage present in plant cells.

Pollution Waste produced from human activity which contaminates the environment.

Polygenic Trait which is determined by two or more genes.

Polymers Large organic molecules made up of repeating units of simple monomer molecules.

Polynucleotide Molecule formed from the bonding of numerous nucleotide units. Examples are DNA and RNA.

Polypeptide Compound made up of numerous subunits of amino acids. Proteins are polypeptides.

Polysaccharides Carbohydrates made up of many monomer units (simple sugars) bonded together.

Population Group of individuals of the same species living in the same area.

Predators Organisms which feed on other organisms, killing them directly.

Primary consumers Organisms, usually animals, which consume organic substances.

Primates Order of mammals which include simians and prosimians.

Producers Photosynthetic organisms responsible for the production of organic substances.

Prokaryotes Single celled organisms whose cell does not have internal membranes. Archeae and Eubacteria are prokaryotes.

Prophase First phase of cell division where chromosomes condense in the nucleus and appear as thick filaments.

Proteins Organic compounds made up of macromolecules formed from chains of amino acids in different sequences. Proteins are fundamental for cell activity. Their functions are structural (they are part of the cell's molecular architecture) catalytic (enzyme proteins speed up cellular reactions), regulatory (some cells change the activity of other proteins, in particular the expression of genetic traits).

Proton Fundamental subatomic particle with a positive electric charge (+).

Protozoa Heterotrophic animal-like protists.

Pseudopods Temporary projections in amoebas (protozoa) which are used for movement and to surround and eat bacteria.

Pyruvate Organic compound that contains three carbon atoms and forms as a product of glycolysis.

Radioisotope Unstable isotope that emits radiation (radioactive isotope).

Redox reactions The transfer of electrons from donor molecules (that become oxidated) to accepting molecules (that become reduced).

Reproduction Process through which an organism is able to generate other similar organisms.

Ribosomes Cytoplasmic organelles where protein synthesis takes place. They are free or associated with the endoplasmic reticulum.

RNA or ribose nucleic acid. Organic molecule made up of a sequence of nucleotides joined by phosphate bridges. RNA translates genetic information found in DNA, into proteins.

Saccharides Also known as carbohydrates.

Saprophytes Organisms (bacteria and mushrooms) that feed on plant and animal organic remains.

Sarcodines Class of protozoa which captures food by expanding the cytoplasm.

Scientific method Procedure adopted by modern science in the study of natural phenomena. It has four main phases: observation, hypothesis, experimental verification, conclusion.

Species Groups of populations that are naturally inter-fertile and reproductively isolated from other similar groups.

Spermatozoon (sperm) Reproductive male cell, capable of swimming thanks to a long tail.

Starch Polysaccharide carbohydrate made up of long chains of single glucose units. It is used by plants as an energy reserve, usually found in roots and stems.

Steroids Lipids whose base molecule is a four rings carbon structure.

Sustainable development Economic and industrial growth model that guarantees optimal conditions for the human community without depleting our environmental resources for future generations.

Symbionts Organisms that live with other organisms in a mutually beneficial interaction.

System A network of reciprocally connected interacting parts which forms a unit whose properties and characteristics are more complex than the sum of its components.

Systematics Field of study concerned with the classification and recognition of living beings.

Temperature Base physical quantity which measures the degree of thermal excitation in particles.

Theory Scientific explanation of a phenomenon (or a number of connected phenomena). The theory indicates the cause, the functioning and allows the prediction of future effects.

Thylakoid Small compartments formed by the chloroplast membrane. Thylakoid membranes contain enzymes and photosystems which synthesize ATP in the light dependent phase of photosynthesis.

Thymine Nitrogenous pyrimidine base represented by the letter T, present in DNA.

Tissue Group of cells (mostly similar) which carry out a specific function. The tissue can include extracellular material made by the same cells.

Uracil Nitrogenous pyrimidine base, represented by the letter U, present in RNA.

Vacuoles Vesicles found in cells which have the function of storing liquids. They are particularly large in plant cells.

Vertebrates Chordates with backbones.

Vestigial structures Residual structures in ou body whose presence co not be explained without evolutionary theory.

Virus An entity which consists of a DNA molec (DNA virus) or RNA molecule (RNA virus) wrapped in a protective protein cover (capsid). I only visible with an electron microscope. Virus are parasites of eukaryotic cells and prokaryotic cells and use their metabolism and organelles to reproduce. They are the cause of many illnesses.

Zygomycota Primitive mushrooms with aseptate hyphae.

Zygote Cell obtained from the fusion of a male gamete with a female gamete (fertilisation). Its genetic material is half from the mother and half from the father.